"十四五"时期国家重点出版物出版专项规划·重大出版工程规划项目

变革性光科学与技术丛书

Fiber Optic Communication Based on Digital Signal Processing

基于数字信号处理的光纤通信

余建军 周雯 迟楠 肖江南 著

清华大学出版社
北京

内 容 简 介

本书主要介绍了数字相干光通信中的各种先进技术,对相干光通信系统的概念、实现技术以及技术难点进行重点阐述。同时介绍了单载波、多载波调制及其在相干光通信系统中的具体实现技术,并详细介绍了无载波幅相调制和脉冲幅度调制的数字信号处理探测技术,最后对近年来较先进的光通信系统的数字信号处理算法、方法和应用进行了讨论。本书是对近年来高速相干光通信技术的总结,对各种技术有比较系统而又详细的介绍,融合了本领域的理论基础和前沿进展,注重深入浅出,并在每章末尾附有思考题。

本书可作为通信工程专业或者光电信息专业的研究生、本科生、专科生的专业课教材,也可以作为从事光纤通信和光载无线通信领域相关工作的科技工作者的参考书。

图书在版编目(CIP)数据

基于数字信号处理的光纤通信 / 余建军等著. -- 北京 :清华大学出版社, 2025. 6. --(变革性光科学与技术丛书). -- ISBN 978-7-302-69112-9

Ⅰ. TN929.11

中国国家版本馆 CIP 数据核字第 20254DQ069 号

责任编辑:鲁永芳
封面设计:意匠文化·丁奔亮
责任校对:欧 洋
责任印制:刘海龙

出版发行:清华大学出版社
   网 址:https://www.tup.com.cn,https://www.wqxuetang.com
   地 址:北京清华大学学研大厦 A 座   邮 编:100084
   社 总 机:010-83470000   邮 购:010-62786544
   投稿与读者服务:010-62776969,c-service@tup.tsinghua.edu.cn
   质量反馈:010-62772015,zhiliang@tup.tsinghua.edu.cn
印 装 者:小森印刷(天津)有限公司
经 销:全国新华书店
开 本:185mm×260mm 印 张:29   字 数:701 千字
版 次:2025 年 6 月第 1 版   印 次:2025 年 6 月第 1 次印刷
定 价:99.00 元

产品编号:107312-01

丛书编委会

主 编

罗先刚　中国工程院院士,中国科学院光电技术研究所

编 委

周炳琨　中国科学院院士,清华大学

许祖彦　中国工程院院士,中国科学院理化技术研究所

杨国桢　中国科学院院士,中国科学院物理研究所

吕跃广　中国工程院院士,中国北方电子设备研究所

顾　敏　澳大利亚科学院院士、澳大利亚技术科学与工程院院士、
中国工程院外籍院士,皇家墨尔本理工大学

洪明辉　新加坡工程院院士,新加坡国立大学

谭小地　教授,北京理工大学、福建师范大学

段宣明　研究员,中国科学院重庆绿色智能技术研究院

蒲明博　研究员,中国科学院光电技术研究所

丛 书 序

    光是生命能量的重要来源,也是现代信息社会的基础。早在几千年前人类便已开始了对光的研究,然而,真正的光学技术直到 400 年前才诞生,斯涅耳、牛顿、费马、惠更斯、菲涅耳、麦克斯韦、爱因斯坦等学者相继从不同角度研究了光的本性。从基础理论的角度看,光学经历了几何光学、波动光学、电磁光学、量子光学等阶段,每一阶段的变革都极大地促进了科学和技术的发展。例如,波动光学的出现使得调制光的手段不再限于折射和反射,利用光栅、菲涅耳波带片等简单的衍射型微结构即可实现分光、聚焦等功能;电磁光学的出现,促进了微波和光波技术的融合,催生了微波光子学等新的学科;量子光学则为新型光源和探测器的出现奠定了基础。

    伴随着理论突破,20 世纪见证了诸多变革性光学技术的诞生和发展,它们在一定程度上使得过去 100 年成为人类历史长河中发展最为迅速、变革最为剧烈的一个阶段。典型的变革性光学技术包括:激光技术、光纤通信技术、CCD 成像技术、LED 照明技术、全息显示技术等。激光作为美国 20 世纪的四大发明之一(另外三项为原子能、计算机和半导体),是光学技术上的重大里程碑。由于其极高的亮度、相干性和单色性,激光在光通信、先进制造、生物医疗、精密测量、激光武器乃至激光核聚变等技术中均发挥了至关重要的作用。

    光通信技术是近年来另一项快速发展的光学技术,与微波无线通信一起极大地改变了世界的格局,使"地球村"成为现实。光学通信的变革起源于 20 世纪 60 年代,高琨提出用光代替电流,用玻璃纤维代替金属导线实现信号传输的设想。1970 年,美国康宁公司研制出损耗为 20 dB/km 的光纤,使光纤中的远距离光传输成为可能,高琨也因此获得了 2009 年的诺贝尔物理学奖。

    除了激光和光纤之外,光学技术还改变了沿用数百年的照明、成像等技术。以最常见的照明技术为例,自 1879 年爱迪生发明白炽灯以来,钨丝的热辐射一直是最常见的照明光源。然而,受制于其极低的能量转化效率,替代性的照明技术一直是人们不断追求的目标。从水银灯的发明到荧光灯的广泛使用,再到获得 2014 年诺贝尔物理学奖的蓝光 LED,新型节能光源已经使得地球上的夜晚不再黑暗。另外,CCD 的出现为便携式相机的推广打通了最后一个障碍,使得信息社会更加丰富多彩。

    20 世纪末以来,光学技术虽然仍在快速发展,但其速度已经大幅减慢,以至于很多学者认为光学技术已经发展到瓶颈期。以大口径望远镜为例,虽然早在 1993 年美国就建造出 10 m 口径的"凯克望远镜",但迄今为止望远镜的口径仍然没有得到大幅增加。美国的 30 m 望远镜仍在规划之中,而欧洲的 OWL 百米望远镜则由于经费不足而取消。在光学光刻方面,受到衍射极限的限制,光刻分辨率取决于波长和数值孔径,导致传统 i 线(波长: 365 nm)光刻机单次曝光分辨率在 200 nm 以上,而每台高精度的 193 光刻机成本达到数亿元人民币,且单次曝光分辨率也仅为 38 nm。

在上述所有光学技术中,光波调制的物理基础都在于光与物质(包括增益介质、透镜、反射镜、光刻胶等)的相互作用。随着光学技术从宏观走向微观,近年来的研究表明:在小于波长的尺度上(即亚波长尺度),规则排列的微结构可作为人造"原子"和"分子",分别对入射光波的电场和磁场产生响应。在这些微观结构中,光与物质的相互作用变得比传统理论中预言的更强,从而突破了诸多理论上的瓶颈难题,包括折反射定律、衍射极限、吸收厚度-带宽极限等,在大口径望远镜、超分辨成像、太阳能、隐身和反隐身等技术中具有重要应用前景。譬如:基于梯度渐变的表面微结构,人们研制了多种平面的光学透镜,能够将几乎全部入射光波聚集到焦点,且焦斑的尺寸可突破经典的瑞利衍射极限,这一技术为新型大口径、多功能成像透镜的研制奠定了基础。

此外,具有潜在变革性的光学技术还包括:量子保密通信、太赫兹技术、涡旋光束、纳米激光器、单光子和单像元成像技术、超快成像、多维度光学存储、柔性光学、三维彩色显示技术等。它们从时间、空间、量子态等不同维度对光波进行操控,形成了覆盖光源、传输模式、探测器的全链条创新技术格局。

值此技术变革的肇始期,清华大学出版社组织出版"变革性光科学与技术丛书",是本领域的一大幸事。本丛书的作者均为长期活跃在科研第一线,对相关科学和技术的历史、现状和发展趋势具有深刻理解的国内外知名学者。相信通过本丛书的出版,将会更为系统地梳理本领域的技术发展脉络,促进相关技术的更快速发展,为高校教师、学生以及科学爱好者提供沟通和交流平台。

是为序。

罗先刚

2018 年 7 月

目　录

第 1 章

导　论

现代社会正处于信息时代，随时随地需要进行信息的传递，而我们正是利用通信系统来传递信息，将信息从此处传到彼处。在通信系统中，信息一般不会直接传递，而是调制到载波上之后再发射出去，载波频率可以从几兆赫兹（MHz）到几百太赫兹（THz），如图 1.1 所示。光通信系统是指利用电磁波频谱中的红外、可见光或者紫外区域的高频电磁波进行通信的系统[1-5]。随着低损耗光纤的出现，光通信系统在 20 世纪 70 年代开始广泛应用，并迅速改变了全球的通信网络结构[1]。

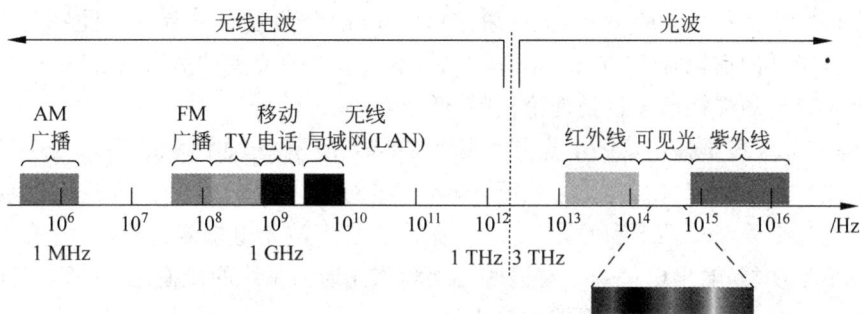

图 1.1　频谱资源示意图

传统的光通信系统一般采用强度调制/直接检测（IM/DD）技术[1-8]，即在发射端利用传输信号对光载波幅度进行调制，在接收端进行包络检测以恢复出发送信号。尽管这种方式具有结构简单、成本低等优点，但是由于只能采用幅移键控（ASK）调制格式，限制了系统传输速率[3-4,9]。因此，在对系统容量要求更高的今天，相干光通信系统又开始成为研究的热点[10-93]。在相干光通信系统中，在发射端通过调制光载波的频率或相位来传输信息，在接收端利用零差或外差技术来检测传输信号[18,31,38-39]。本书旨在向各位读者介绍数字相干光通信技术，希望各位读者可以通过本书对相干光通信系统的概念、实现技术以及技术难点，有一个整体的了解与把握。本书共 17 章，第 1 章为导论，简要讲述光通信系统的概念、发展现状和发展趋势等。第 2~5 章主要介绍单载波调制及其在相干光通信系统中的具体实现技术，第 6 章则介绍多载波奈奎斯特（Nyquist）调制格式，第 7~9 章介绍光的正交频分复用(orthogonal frequency division multiplexing,OFDM)调制格式及其相关技术,第 10 章介绍无载波幅相调制技术,第 11 章介绍脉冲幅度调制(pulse amplitude modulation,PAM)信号的调制和基于数字信号处理的探测技术,第 12~17 章介绍一些近年来较先进的光通信系统的方法和算法。

本书彩图请扫二维码观看。

1.1　光通信的发展与现状

光通信的发展历史可谓悠久。从广义上来说,凡是利用光作为信息传输媒介的通信方式,都可以称作光通信。如此说来,中国是世界上第一个进行光通信的国度,早在远古时代,人们已经知道利用烟火传输单个信息。随着社会文明的发展,之后还出现了信号灯、旗语等通信方式。在西方 1880 年,贝尔甚至发明了光电话。然而此时,广义上的光通信的发展也走到了尽头,模拟电通信技术已经成为通信领域的主流技术。

直到 20 世纪 50 年代,人们开始重新设想利用光作为载波来进行通信,但此时并没有合适的相干光源和传输介质。1960 年,激光器的发明解决了光源问题。但是此时光纤的损耗问题仍然存在,最好的光纤损耗也达到了 1000 dB/km,根本不能使用。1966 年,标准电信实验室(STC Labs)的英籍华裔科学家高锟博士与何克汉(G. A. Hockham)共同提出光纤可作为通信传输媒介,并通过移除玻璃纤维中的杂质,将光纤的损耗降至 20 dB/km。这一研究成果具有划时代的意义,带来了一场通信领域的革命,而高锟博士因这一成果而获得 2009 年的诺贝尔物理学奖[1]。1970 年,美国康宁(Corning)公司宣布制造出了世界上第一根低损耗光纤,将光纤的损耗降至 17 dB/km。之后,通过众多研究者的努力,光纤的传输损耗一降再降,至今光纤的损耗已经达到理论极限,低至 0.15 dB/km[8]。

高锟博士与何克汉最早提出了一个点到点的光通信系统模型,如图 1.2 所示。在发送端,采用激光器或发光二极管(LED)作为光源,输入信号对激光器或 LED 的光进行强度调制,然后调制后的光信号经过几千米的光纤传输,在接收机端被光电探测器检测,转换为电信号,最后经过信号恢复,输出电信号。高锟博士预测该光通信系统的传输比特率可以达到 1 Gb/s,相较于 20 世纪 70 年代通信系统的最大通信容量 100 Mb/s,该光通信系统显示出了良好的扩容能力[1-8]。

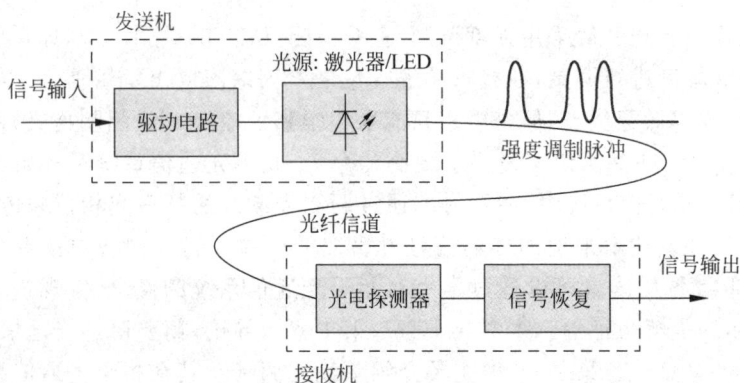

图 1.2　高锟与何克汉提出的光通信系统模型

　　研究者们看到了光通信系统可观的发展前景,纷纷致力于光通信技术的研究,新技术、新器件接连出现,使得光通信系统的通信容量在不到半个世纪的时间里增加了几个数量级,并且还在不断增加中。现今的光通信系统的结构已经非常复杂,图 1.3 给出了一个覆盖范围很广的光网络的示意图,覆盖范围达到 1000 多千米,传输容量的比特率达到 Tb/s 量级,并且在光网络中采用了光放大器进行光能量的放大,配置了上下行链路的可重构光分插复用器(reconfigurable optical add-drop multiplexer,ROADM)和光交叉连接器。

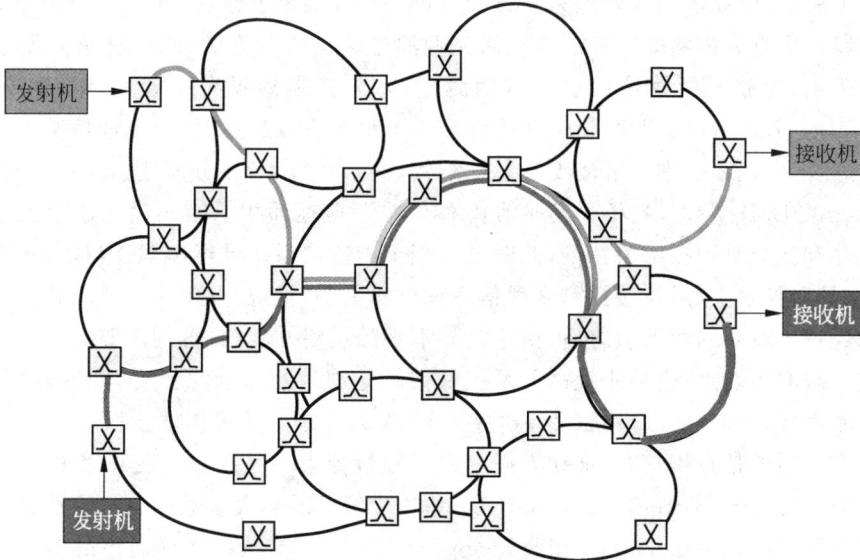

图 1.3　现代光纤通信系统

(请扫 2 页二维码看彩图)

　　光通信系统从最初提出的模型发展到现在复杂的实用系统,经历了数次技术革新,每一次技术革新都促使系统容量得到提高。图 1.4 给出了从 1980—2022 年间,光通信实验与商用系统传输容量的变化,可以看出光通信系统在不到半个世纪的时间里传输容量的巨大增长[4-5]。特别是在 2011 年引进空分复用(SDM)光纤技术后,实验室结果表明传输速率增加更快[78-107]。

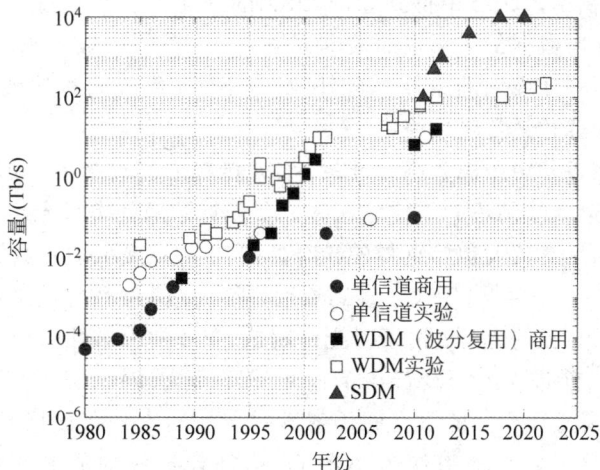

图 1.4　1980—2022 年光通信系统容量的变化

3

第一代实用的光通信系统于 1978 年投入商业应用,该系统工作于 0.8 μm,采用多模光纤,比特率为 20～100 Mb/s。随着单模光纤的出现,以及激光器和光电探测器的发展,第二代光通信系统于 1987 年开始商业运营,该系统工作于 1.3 μm,采用单模光纤,比特率高达 1.7 Gb/s。紧接而来的第三代光通信系统工作于 1.55 μm,因为光纤的最低损耗在 1.55 μm 附近,该系统的比特率可以达到 10 Gb/s 以上。以上三代光通信系统都是采用强度调制/直接探测(intensity modulation with direct detection,IM/DD),其系统容量在 20 世纪 80 年代后期遇到了瓶颈,研究者们开始探索新方向以进一步提高系统性能,这一时期诞生了许多对光通信发展产生重大影响的研究成果。研究者的思路主要分为两种,一种是开发新器件以增加传输距离,光放大器就是在这一时期诞生的,尤其是掺铒光纤放大器(erbium-doped fiber amplifier,EDFA),是光通信史上最重要的发明之一,现在仍然是光通信系统中应用最广泛的放大器[1-8];另一种思路是改变系统结构,探索新技术,波分复用(wavelength division multiplexing,WDM)技术[1-8]、相干光通信技术[17,38-39]应运而生。第四代光通信系统就以采用光放大器和波分复用技术为特征,此时虽然相干光通信系统已经出现,但是由于其系统的复杂性,以及器件水平等,直接探测光通信系统仍然是 20 世纪 90 年代的主流趋势。相干光通信技术经过一段时间的沉寂之后,由于器件水平的发展、系统扩容的需要等,进入 21 世纪之后又成为研究的热点,进一步提高了系统的传输速率。经过 10 余年的发展,商用相干产品最高速率已经达到了 800 Gb/s[69],超过 1 Tb/s 的商用产品很快就会推出。

呈指数递增的带宽需求[37]推动人们在光子领域探索一系列新的光纤和相关技术来替代标准单模光纤(single mode fiber,SMF)。单模光纤目前是大多数高容量商业光纤系统的基础。空分复用(space-division multiplexing,SDM)[94-95]支持在光纤通道的多个空间路径上传输信号。采用这类系统的目的不仅是增加光纤的信息承载能力,而且是通过集成、共享硬件和联合数字信号处理(digital signal processing,DSP)[5-10]来降低能耗和提高效率。

虽然利用光纤的空间维度进行多路复用的想法可以追溯到更早[96-97],但 SDM 研究在过去十年中才变得非常热门,这是因为使用具有相干检测的波分复用的单模光纤系统开始逼近其理论容量极限[98]。光纤制造和加工技术的改进推动了 SDM 研究的快速发展,导致许多新光纤和耦合技术的出现。除了光纤和放大器之外,SDM 系统还需要空间多路复用器来引导光信号进出空间通道。具有超过 100 个空间通道的 SDM 系统,每个通道承载数百个波分复用通道,已在单根光纤中得到验证,得到的总速率已经超过 10 Pb/s[99-100]。这些系统集成了数千个并行数据信号通道而共享一根光纤。除了一般光源、放大器、泵浦激光器或数字信号处理器等较低级别的组件集成外,期望 SDM 系统固有的硬件集成优势能够使其广泛用于将来的大容量光传输网络中。

图 1.5 总结了在各种短距离和高吞吐量 SDM 传输的实验结果。每个子图都包含相同的实验,针对空间信道数绘制不同的传输速率。我们标记两种类型光纤:标准单模光纤(包层直径为 125 μm)和具有较大包层直径的光纤。图 1.5(a)展示了总数据传输速率,目前的最高传输速率超过了 10 Pb/s[100-102]。直到最近,所有数据速率超过 1 Pb/s 的传输演示都使用了具有更大包层直径的光纤;由于对光纤制造、布线和可靠性的担忧,近期光纤发展的趋势向更小包层直径前进[103-105]。若与单模光纤阵列或带状光纤竞争,重要的是要证明 SDM 传输具有与单模光纤相似的单空间信道数据传输速率。当使用 C 和 L 波段时,据报道单模光纤的最大数据传输速率约为 100 Tb/s,而最近添加的 S 波段其传输速率接近

200 Tb/s[106]。图 1.5(b)显示,采用 SDM 技术单空间信道的数据传输速率约为 100 Tb/s,这表明数据传输速率随空间信道数的线性增加是可行的[107]。并非所有 SDM 传输实验都使用相同的光带宽,很多时候人们更多的是关注高光谱效率而不是总数据传输速率。为了对这些研究进行比较,同时对光纤直径进行归一化,图 1.5(c)显示了系统空间频谱效率(spatial-spectral efficiency,SSE)[107]。图 1.5(c)表明,当光纤支持更多空间信道时,SSE 通常会增加。我们也可以看到,少模光纤(few-mode fiber,FMF)和少模多芯光纤(few-mode multicore fiber,FM-MCF)通常比弱耦合多芯光纤(weakly coupled multicore fiber,WC-MCF)具有更高的 SSE,后者需要小的芯间间隔以减少串扰。

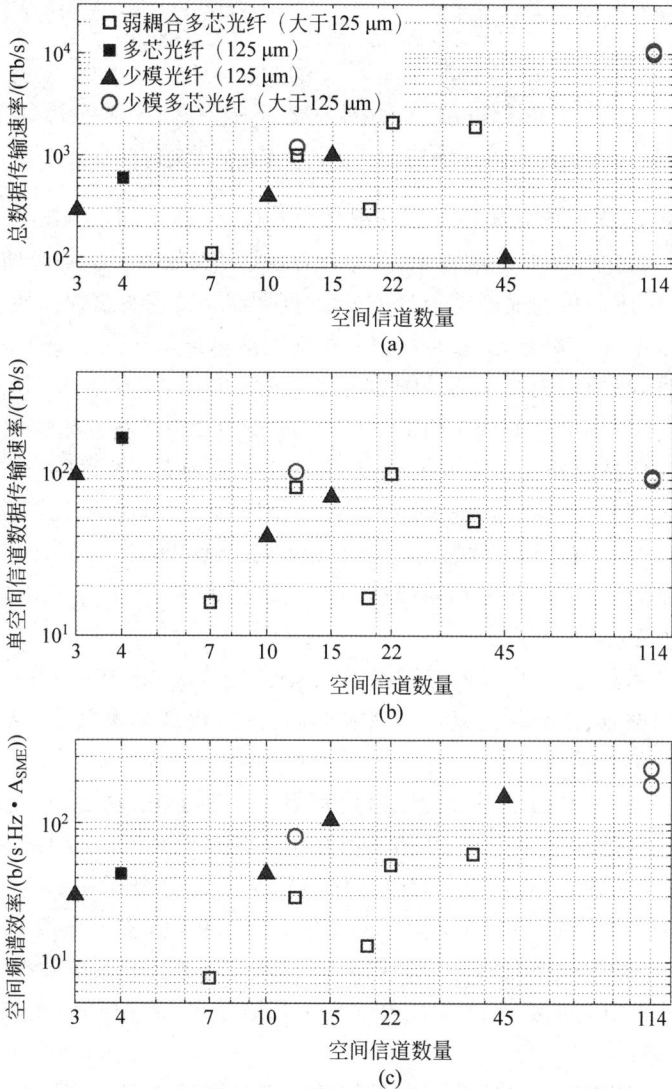

图 1.5　各种短距离和高吞吐量 SDM 传输的实验结果

(a) 总数据传输速率;(b) 单空间信道数据传输速率;(c) 系统空间频谱效率

图 1.6 示出 1995 年以来光通信系统的发展历程。20 世纪 80 年代后期,波分复用技术问世,但是由于波分复用器的插入损耗问题,限制了波分复用系统的传输速率。20 世纪 90

年代初,EDFA 的迅速商用化,解决了插入损耗问题,EDFA 能提供很大的功率增益,并且其放大带宽高,可以同时放大多路信号,非常适用于波分复用系统。由此,波分复用技术的发展走上了快车道,光通信系统的速率也迅速成倍增长[4]。

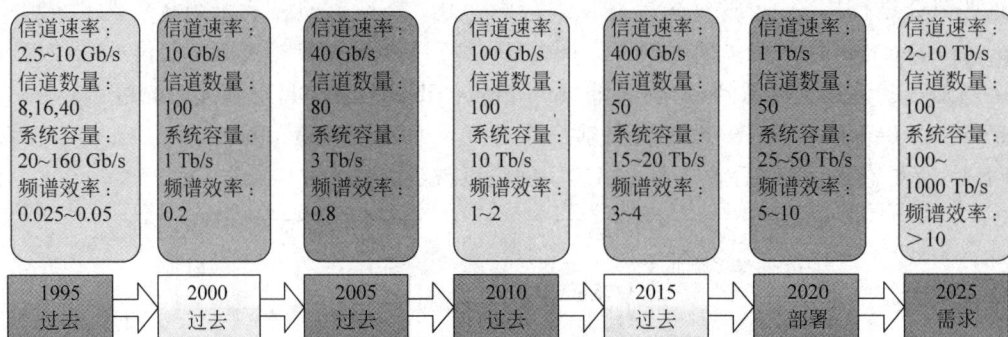

信道速率:2.5~10 Gb/s 信道数量:8,16,40 系统容量:20~160 Gb/s 频谱效率:0.025~0.05	信道速率:10 Gb/s 信道数量:100 系统容量:1 Tb/s 频谱效率:0.2	信道速率:40 Gb/s 信道数量:80 系统容量:3 Tb/s 频谱效率:0.8	信道速率:100 Gb/s 信道数量:100 系统容量:10 Tb/s 频谱效率:1~2	信道速率:400 Gb/s 信道数量:50 系统容量:15~20 Tb/s 频谱效率:3~4	信道速率:1 Tb/s 信道数量:50 系统容量:25~50 Tb/s 频谱效率:5~10	信道速率:2~10 Tb/s 信道数量:100 系统容量:100~1000 Tb/s 频谱效率:>10
1995 过去	2000 过去	2005 过去	2010 过去	2015 过去	2020 部署	2025 需求

图 1.6　1995 年以来光通信系统的发展历程

20 世纪 90 年代,光通信系统单信道速率从 2.5 Gb/s 提高到 10 Gb/s,主要是通过提高激光器输出波长的稳定性和光滤波技术(如平顶滤波器)实现的。这一时期还是直接探测光通信系统的天下,采用简单的通断键控(OOK)强度调制格式与直接探测技术,通过波分复用技术,在一根光纤上传输多路数据,直接探测系统的通信总速率达到了 160 Gb/s。2000 年,通过提高波分复用度,将单根光纤上的传输信道提高至 100 个,实现了 1 Tb/s 的通信总速率。之后,通过采用频谱效率更高的调制格式(如双二进制、DPSK(差分相移键控)、DQPSK(差分正交相移键控)、PDM-QPSK(偏振模分复用-正交相移键控)等,可以直接检测或相干检测),单信道通信速率从 10 Gb/s 进一步提高到 40 Gb/s。为了再度提高系统容量,采用更高阶的调制格式(如 PM-QPSK(偏振复用正交相移键控)、PM-8QAM、PM-32QAM 等),只能相干检测。目前,商用的波分复用系统已经实现单信道 800 Gb/s 的传输速率,系统总数据传输速率达 100 Tb/s[2-10]。

相干光通信技术是通过采用相移键控(phase-shift keying,PSK)相位调制、正交调幅(QAM)、极化复用调制、正交频分复用等高阶调制格式,提高频谱效率,从而提高系统的单信道传输速率和通信容量[108-111]。

通过采用新的技术,光通信系统的频谱效率得以不断上升,从 20 世纪 90 年代至今,几乎每十年频谱效率就增加至原来的 10 倍,近 20 年来的频谱效率如图 1.7 所示(单模单芯)。在 2018 年前后已经实现了 20 b/(s·Hz),调制 QAM 已经达到了 4096QAM[77],但要进一步提升频谱效率,需要更高阶 QAM,这样对激光器要求更高,主要是线宽。由于激光器线宽的限制,最近几年频谱效率没有明显的提高。如果需要更高的频谱效率,可能最好的方法就是空分复用了。采用空分复用,人们已经实现了频谱效率 1099.9 b/(s·Hz)传输 11.3 km 的多维复用光纤[102]。

近年来,研究者们对高速相干光通信系统的研究如雨后春笋,涌现了一系列突破性的进展。2007 年,Core Optics 公司最先实现了 100 Gb/s 极化复用的正交相移键控(QPSK)信号传输距离超过 1600 千米[18]。2008 年,美国 NEC 实验室和 AT&T 实验室采用 PDM-RZ-8PSK 调制与相干检测相结合的方式,实现了经由 662 km 超低损光纤的 161×114 Gb/s 密集波分复用(DWDM)的传输,创下了在 C 波段光带宽(4.025 THz)中容量为 17 Tb/s 的纪

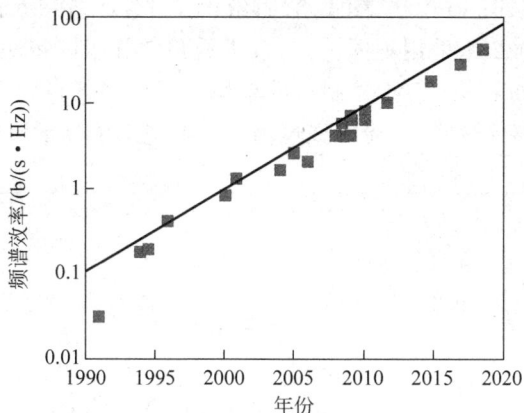

图 1.7　1990—2020 年频谱效率的变化

录[10]。2009 年,美国贝尔实验室首次实现了 112 Gb/s PDM-16QAM 的信号的相干探测[19]。2012 年,日本 NTT 实验室采用 PDM-64QAM,实现了 102.3 Tb/s 的 C+L 波段光信号 240 千米的传输[24],直到 2021 年,经过采用更多的频谱带宽(S 波段),人们才实现了 200 Tb/s 的 S+C+L 波段传输[106]。

目前,相干光通信技术的研究已经成为光通信领域的主流,几乎所有的关于高速传输的实验中,都是采用相干检测的接收方式。随着手机、个人计算机的普及,各种多媒体业务的出现,通信系统的容量将受到越来越大的挑战,现在的系统容量将不再满足人们的要求,需要进一步提高传输速率。或许在这一个 10 年之内(2021—2030 年),光通信系统的单信道传输速率就将进一步提高到 1 Tb/s,其至 10 Tb/s[33,111]。可以预见,相干光通信技术具有美好的发展前景,未来的光通信领域将是相干光通信系统的天下。

1.2　光通信系统中的信号劣化

信号在光通信系统中传输的时候,光电器件中存在的噪声,光纤的损耗、色散、非线性等特性,会对信号造成损伤,因此信号不可避免地会劣化[8,112-115]。对这些造成信号劣化因素的补偿情况,在很大程度上决定了系统的通信容量。在这一节中,我们将对光通信系统中存在的信号劣化及其解决办法进行简要的讲述。

光通信系统中信号劣化的主要原因在于光电器件的噪声所造成的干扰,以及光纤传输所造成的信号衰减与信号失真[112]。光电器件的噪声主要来自于光放大器。信号衰减,也称为光纤损耗,是光纤的重要特性之一,它在很大程度上决定了在没有光放大器和光中继器的情况下,光通信系统中信号可以传输的最大距离。由光纤传输而造成的信号失真,可以分为线性失真和非线性失真。线性失真是指由光纤色散造成的光脉冲展宽,非线性失真是指由光纤的非线性效应造成的信号畸变。当系统传输距离很长时,光纤的色散和非线性效应将对信号传输产生显著的影响,限制系统的传输容量。

高锟博士 1966 年制造出第一根可用于通信的光纤[1],其后十几年,通过众多科学家的共同努力,将多模光纤的损耗在 1.3 μm 附近降至 0.6~0.7 dB/km,将单模光纤的损耗在

1.55 μm 附近降至 0.2 dB/km[8]。图 1.8(a)给出了 1972—1982 年多模光纤的损耗谱变化,图 1.8(b)给出了 1982 年采用不同工艺[改进的化学气相沉积法(MCVD),棒外气相沉积法(OVD),轴向气相沉积法(VAD)]制造的单模光纤的损耗谱。虽然当时光纤的损耗已经很低,但是对于长距离传输系统,光纤损耗仍然是限制系统容量增长的关键性因素。

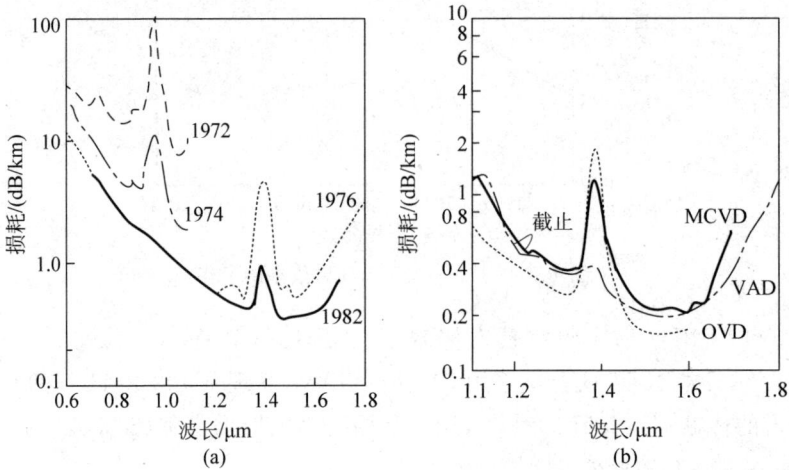

图 1.8　(a)多模光纤和(b)单模光纤的损耗谱

20 世纪 90 年代,随着光放大器的发明以及迅速商用化,光纤损耗的问题得到了彻底解决。通过利用光放大器对光纤损耗进行补偿,可以实现长距离的传输。EDFA 是光放大器中最重要的一种,在光通信系统中已经有广泛的应用,其结构如图 1.9 所示[2-8]。EDFA 采用掺铒离子单模光纤作为增益介质,在泵浦光激发下发生粒子数反转,通过信号光诱导而实现受激辐射放大。EDFA 具有高增益、高功率和宽带宽等优良特性,非常适用于波分复用系统,推动了波分复用技术的商用化,给光通信领域带来了一场巨大的变革,使得通信容量在十年间迅速成倍增长。值得一提的是,当在波分复用系统中使用光放大器(例如 EDFA)时,波分复用链路在 EDFA 放大带宽内的非一致性增益,会导致信道质量的差异,在此种情况之下,均衡技术是很有必要的。

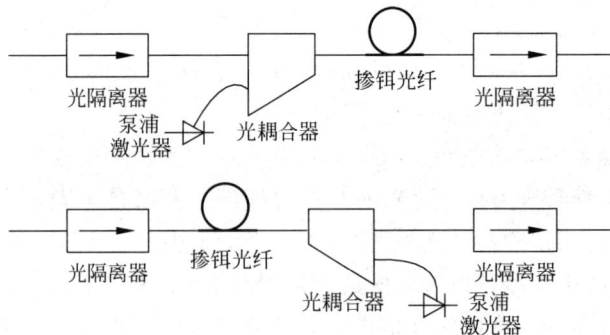

图 1.9　EDFA 的基本结构

光放大器的发明解决了光纤损耗的问题,但光纤的另一个重要参数——光纤色散,仍然限制着通信容量与通信距离。光纤色散是指光纤中传输的光脉冲随着传输距离的增加而展宽。当传输的距离足够长时,相邻的光脉冲就可能因展宽而发生重叠,从而导致接收机的误判决,因而光纤色散限制了光纤的信息承载容量。

光纤色散主要有色度色散(包括材料色散和波导色散)、模式色散和偏振色散。色度色散是指光源光谱中不同的频率(波长)成分在光纤中传播的群延时之差所引起的光脉冲展宽,其中材料色散是由材料的折射率随波长非线性变化造成的,而波导色散则是由导波模式的传播常数随波长的非线性变化特性造成的。模式色散是指在同一波长下、不同模式的传播常数不同而引起的色散。在单模光纤中,存在简并的偏振方向正交的两个偏振模式,当光纤存在双折射时,两个简并模式的传播速度不相等,由此引起的色散称为偏振色散。严格来说,偏振色散也属于模式色散的范畴。一般而言,在多模光纤中,存在模式色散和色度色散,以模式色散为主;在单模光纤中,存在材料色散和波导色散,一般以材料色散为主[112]。

大部分的光纤通信系统都采用单模光纤作为传输媒介,因此这里我们主要介绍单模光纤的色散补偿办法。对系统的色散要求一直是促进单模光纤发展的主要推动力,如图 1.10 所示。为了解决光纤的色散问题,研究者们对光纤的结构与参数不断进行改进,制造出了多种新型光纤。

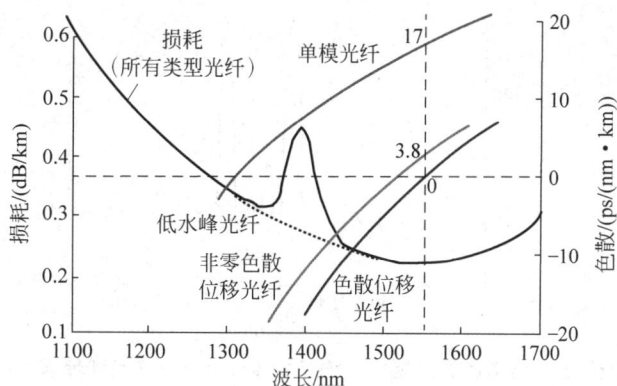

图 1.10　各种单模光纤的色散特性与衰减特性
(请扫 2 页二维码看彩图)

我们知道,普通单模光纤的零色散点在 $1.3~\mu m$ 附近,但是工作于 $1.3~\mu m$ 的光通信系统受限于 $1.3~\mu m$ 附近的光纤损耗(典型值为 $0.5~dB/km$);单模光纤的最低损耗在 $1.55~\mu m$ 附近,但是 $1.55~\mu m$ 处的光纤色散很高(典型值为 $17~ps/(nm \cdot km)$)。基于对色散形成机制的分析与计算,研究者们改进了普通单模光纤的结构和参数,将零色散波长右移到 $1.55~\mu mm$ 附近,实现了同时具有零色散和低衰减的色散位移光纤(DSF)。通过采用色散位移光纤,可以同时增加光通信系统的通信距离与通信速率[112]。

随着波分复用技术的商用化,色散位移光纤遇到了严重的非线性问题。光纤的非线性效应按照其起因可以分为两类:第一类涵盖了非线性非弹性散射过程,即受激拉曼散射(SRS)与受激布里渊散射(SBS);第二类起因于光纤中与光强相关的折射率变化,包括自相位调制(SPM)、交叉相位调制(XPM)和四波混频(FWM)。目前对光通信系统影响最大的非线性效应是四波混频,我们将会进行重点介绍。

波分复用系统同时要求高输入功率和低色散,导致了四波混频效应[112],产生了新的频谱。产生的新频率会对波分复用系统的工作产生干扰,导致系统性能下降。四波混频是光纤中的三阶非线性效应,类似于电气系统中的互调失真,即在多信道系统中,三个光频率混合产生了第四个光频率，$f_g = f_i + f_j - f_k$。色散越低，四波混频效应产生的新频率能量越高，对通信干扰越大。当在色散位移光纤上应用波分复用技术时，会产生严重的四波混频效应。对于 N 条信道的系统，四波混频产生的新频率数量为 $M = \frac{1}{2}(N^3 - N^2)$，即对于 2 信道和 3 信道系统，将会分别产生 2 个和 9 个新频率，如图 1.11 所示。图 1.12 给出了每信道输入功率为 3 mW 的 3 信道波分复用系统，在经过 25 km 的色散位移光纤传输之后，在输出端测得的光功率谱。

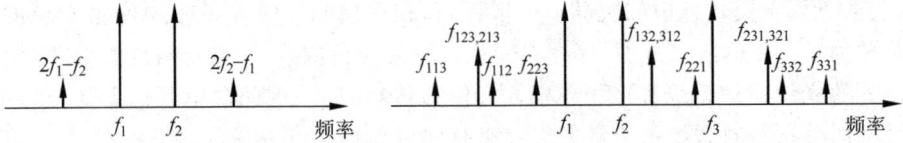

图 1.11　2 信道和 3 信道波分复用系统的四波混频效应示意图

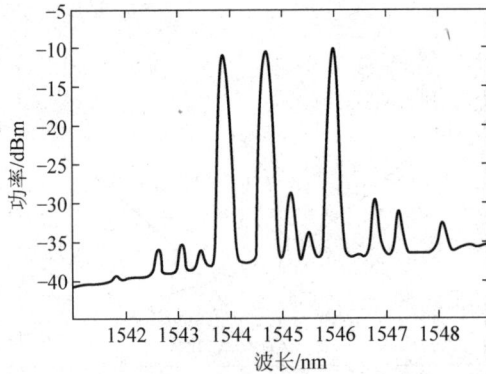

图 1.12　3 mW 每信道、3 信道的波分复用系统经 25 km 色散位移光纤传输之后的输出光功率谱

　　由于在色散位移光纤上应用波分复用技术时严重的四波混频效应，色散位移光纤并不适用于波分复用系统，因此没有得到广泛的使用。为了抑制在 EDFA 带宽内应用波分复用技术时产生的四波混频效应，一定程度的色散值是必需的，但同时色散值又必须足够小，以降低色散损失，因此研究者们又设计制造了一种新型光纤，即非零色散位移光纤（NZDSF）。NZDSF 设计时，将零色散点从 1.55 μm 处移到 EDFA 的放大带宽之外，如图 1.10 所示，其在 1.55 μm 处的典型色散值为 3～8 ps/(ns·km)。NZDSF 的应用，同时标准单模光纤在 1.55 μm 处的高色散限制和非线性效应四波混频的限制，非常适用于波分复用系统[112]。

　　由于非线性效应与光纤有效面积成反比，增大光纤的有效面积可以降低非线性效应。大部分 NZDSF 的有效面积为 50 μm²，比标准单模光纤小很多。为了提高有效面积，研究者们设计制造了一种大有效面积的 NZDSF，称为大有效面积光纤（LEAF），其有效面积为 72 μm²。因此在传输相同的光功率时，采用 LEAF 降低了光纤中的功率密度和非线性效应，更加适宜在波分复用系统中使用[112]。

　　全世界范围内现在已经铺设了大量色散位移光纤，用于单波长传输系统，当升级为波分复用系统时，四波混频就成为严重问题，需要进行色散管理。色散管理即是通过合理安排不同色散特性的光纤，以获得局部较高但对于整体而言却较低的色散，以抑制四波混频。较低的平均色散使光脉冲展宽小，较高的局部色散可以破坏形成四波混频互调产物的载波频率的相位关系。色散管理的方法之一是采用无源色散补偿，即在光纤链路中插入具有负色散特性的光纤，用于抵消传输光纤的累积色散。插入的负色散特性光纤称为色散补偿光纤（DCF）。采用这种方法之后，系统的总色散为零，但是光纤中每个频率点上的绝对色散不一定为零，非零的色散值破坏了波长信道间的相位匹配，从而破坏了四波混频的产生条件[112]。

目前，光通信系统已经从模拟通信发展到了数字通信，数字端的色散补偿、载波恢复、偏振解复用等数字信号处理已经比较成熟，然而光纤的非线性效应依然是限制信号速率和传输距离进一步提高的关键因素[38-39]。研究者们对于非线性效应的补偿也进行了许多研究，并取得了一系列成果[116-137]。沃尔泰拉（Volterra）滤波和数字后向传播（DBP）相继被提出用于非线性的补偿，并已经形成理论体系[116,137]。2011 年，研究者使用 Volterra 滤波器缓和非线性效应，仿真实现了 14 Gbaud/s DP-16QAM 信号传输 500 km，28 Gbaud/s DP-QPSK 信号传输 1200 km。2012 年，贝尔实验室使用数字相位共轭补偿光纤非线性效应的方法，实验证明了 40 Gb/s CO-OFDM-16QAM 10400 km 的传输；NEC 实验室使用计算量简化的数字后向传播算法，有效地补偿了光纤的非线性效应；Kobayashi 使用 RF pilot 补偿非线性效应，实现了 538 Gb/(s·ch)PDM-64QAM SC-FDM 信号 1200 km 的传输。针对光纤非线性损伤，参考文献[116]中提出改进的基于对数步长的数字后向传播光纤非线性补偿技术，可以有效地补偿光纤带来的非线性损伤。但是为了实现较好的补偿效果，数字后向传播算法需要增加大量的步数，这会导致非常大的计算复杂度。近来，基于 Volterra 级数的非线性补偿技术得到广泛关注。Volterra 均衡器的主要优点是可以同时补偿线性和非线性损伤。并且，Volterra 均衡器的使用不针对特定的非线性损失的来源，而是针对非线性损伤的阶数。不同阶数的 Volterra 均衡器会基于相应阶数的 Volterra 级数。随着 Volterra 阶数的增加，算法复杂度会急剧增长，因此多数情况下会选择采用二阶或者三阶的 Volterra 均衡器。基于 Volterra 级数的非线性补偿技术尚未应用于商用产品中，但鉴于高速光通信中对系统性能的较高需求，非线性补偿技术仍然得到了广泛关注。在近几年的研究中，Volterra 均衡器在 IM/DD 系统中得到了广泛应用[116-117]，并取得了一定的补偿效果。随后，华为慕尼黑研究中心等开始尝试将 Volterra 均衡器应用于相干光通信系统[118]。由于 Volterra 均衡器属于实值单进单出均衡器，因而更适用于 PAM 信号。而采用 QAM 调制格式的相干光通信系统还需要考虑 IQ（同相、正交）分量之间的相互干扰、IQ 不平衡和 IQ 偏斜等问题的影响。在本书中，我们提出改进的多进多出（MIMO）Volterra 均衡器，使其更适用于基于 QAM 调制格式的相干光通信系统。

基于 Volterra 级数的非线性补偿技术尚未应用于商用产品中，一个主要原因是 Volterra 均衡器的复杂度仍然较高。于是针对降低 Volterra 均衡器复杂度的研究逐渐得到开展。2020 年，华为慕尼黑研究中心提出了通过 Kernel 筛选规则来降低三阶 Volterra 均衡器复杂度的方法[120]，取得性能下降和复杂性降低之间的良好折中。在本书中，我们提出保留部分 Kernel 的 Volterra 均衡器，在性能没有明显下降的情况下将第二阶 Kernel 的数量减半。

近年来，机器学习（ML）技术的发展呈现上升趋势，并开始被应用于光通信领域[121-125]。深度神经网络（DNN）[126-128]、卷积神经网络（CNN）[129-130]、循环神经网络（RNN）[131-136]相继被应用于光纤通信系统的非线性补偿。

循环神经网络是一类通过赋予神经网络记忆能力来提高神经网络性能的神经网络,是一种专门为时间序列数据设计的模型。它可以关注到时间连续这一特性,从而从数据中提取相应的信息;通过门控单元赋予循环神经网络控制其内部信息积累的能力,在训练时既可以掌握长距离依赖,又可以选择性地遗忘信息防止过载。循环神经网络具有记忆性、参数共享、图灵完备的特点,因此在针对序列的非线性特征进行训练时具有一定的优势,可以让非线性损伤得到更好的补偿[131-136]。作为一种特殊的循环神经网络,长短期记忆(LSTM)神经网络可以克服长序列训练中的梯度消失和梯度爆炸问题。LSTM 的这一卓越特性使其成为光通信系统中应用于非线性补偿的理想选择。2019 年,LSTM 神经网络开始被用于补偿 IM/DD 系统 PAM 信号的非线性损伤[137-138]。2020 年,希腊西阿提卡大学(University of West Attica)将基于 LSTM 的非线性均衡器应用于基于 16QAM 的波分复用相干光通信中[139],得到了显著的性能增益。然而,LSTM 非线性均衡器对概率整形的16QAM(PS-16QAM)信号却没有任何作用。这是因为交叉熵损失函数并不擅长处理概率分布不均匀的数据。文献[140]提出一种可以兼容于概率整形信号的改进的 LSTM 非线性均衡器。非线性效应的补偿算法目前尚处于实验阶段,由于其算法的复杂性以及器件的限制等因素而不能实际应用,我们期待在不久的将来,这方面的研究取得突破,使得系统容量可以突破限制,实现飞跃。

1.3 光通信系统

光通信系统的基本组成结构如图 1.13 所示。光通信系统主要由光发送机、光纤信道、光接收机三个基本单元组成[2]。此框图只是一个讲述原理的简略图,实际的光系统中还包括一些光互连与光信号处理器件,如光纤跳线、光耦合器、光分束器、光放大器、再生中继器等。

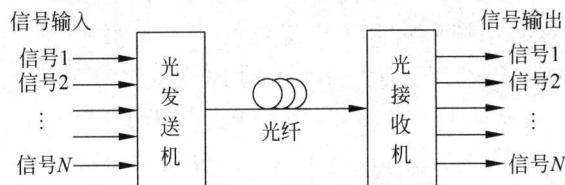

图 1.13 光通信系统组成框图

光发送机的作用是将电信号转化为光信号,并将光信号注入光纤中进行传输,一般由光源、调制器和信道耦合器组成。发光二极管和半导体激光器(LD),由于其发光波长适配于光纤信道,而被用作光源。通信信道是光纤,其基本特性参数是损耗与色散,为了实现高速长距离传输,要求光纤具有低损耗低色散特性。光接收机的作用是将从光纤输出的光信号转化为电信号,一般是由信道耦合器、光电探测器和解调器组成。半导体光电二极管由于其响应特性适配于光通信波长而被用作光电探测器。解调器的设计取决于系统所用的调制格式,根据采用的解调方式可以将光通信系统分为直接探测光通信系统与相干探测光通信系统。

1.3.1 直接探测光通信系统

目前商用的光通信系统大部分仍然是直接探测系统,这里将简要介绍直接探测光通信系统的组成及原理。直接探测光通信系统的组成框图如图 1.14 所示。直接探测光通信系统的发射机采用强度调制,接收机为直接检测接收机。输入的电信号通过驱动电路对光源进行强度调制,转换为光信号在光纤上进行传输。光源一般采用发光二极管或者半导体激光器,根据系统不同的性能要求进行光源的选择。光信号在光纤上进行传输之后,输入光接收机中,通过光电探测器将光信号转换为电信号,对电信号进行放大之后,再经过信号恢复对信号进行整形,最后输出电信号。光电探测器可以采用 PIN 型光电二极管或者雪崩光电二极管(APD),一般 PIN 更为常用。

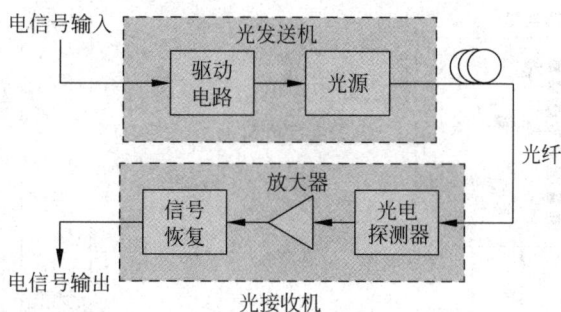

图 1.14　直接探测光通信系统框图

直接探测光通信系统由于其结构简单、成本低廉的优点,现在已经得到普遍的应用,商用的光通信系统大部分都为直接探测系统,但是直接探测接收机的灵敏度不高,频带利用率低,并不能充分发挥光纤通信的优越性。在信息量剧增的今天,直接探测光通信系统已经渐渐不能满足人们的通信要求,相干检测光通信系统的时代已经到来。

1.3.2 相干光通信系统

相干光通信系统于 20 世纪 80 年代在全世界得到了发展,当时的相干光通信系统为模拟系统,但是由于与直接检测光通信系统相比,其系统结构较为复杂、成本较高,以及当时器件水平的限制,加上 EDFA、WDM 的问世将直接检测光通信系统的系统容量提升到了新高度,相干光通信沉寂了很长一段时间。进入 21 世纪,由于器件水平的发展,相干光通信又重新回到了人们的视野之中[18]。相干光通信系统采用的相干检测光接收机具有灵敏度高、中继距离长、选择性好、通信容量大、调制方式多样等众多优点,因此具有良好的应用前景。此时的相干光通信系统为数字系统,接收机后端的数字信号处理显得尤为重要,通过数字信号处理,可以对系统的信道损伤,如色散、非线性效应、偏振旋转、相位噪声等进行补偿[17,18,39]。

图 1.15 给出了数字相干光通信系统的框图,与直接探测系统的主要区别在于调制方式与检测方式。相干光通信系统的发射机一般采用外调制,光辐射产生之后,再利用发送的信号来改变光载波的频率、相位或者幅度,具体的先进调制格式将在第 2 章详细介绍,而直接检测系统一般采用直接调制。相干系统的接收机采用相干检测,与直接检测最主要的区别在于增加了本振(LO)光源。本振光与接收到的信号光经光混频器混频,信号从光载频下变

频到微波载频,随后经光电检测器探测到信号的中心频率,即是信号光与本振光的频率之差。然后中频信号经过解调和补偿算法,就可以得到基带信号输出。光电检测可以采用单端(图 1.15)和平衡接收机(图 1.16)。采用平衡接收机可以降低本振信号的光功率,文献[16]进行了详细的分析。相干接收根据本振光和信号光中心频率的差别可以分为零差和外差相干探测。如果本振光和信号光中心频率相同,则为零差相干探测;如果不同,则称为外差相干探测。

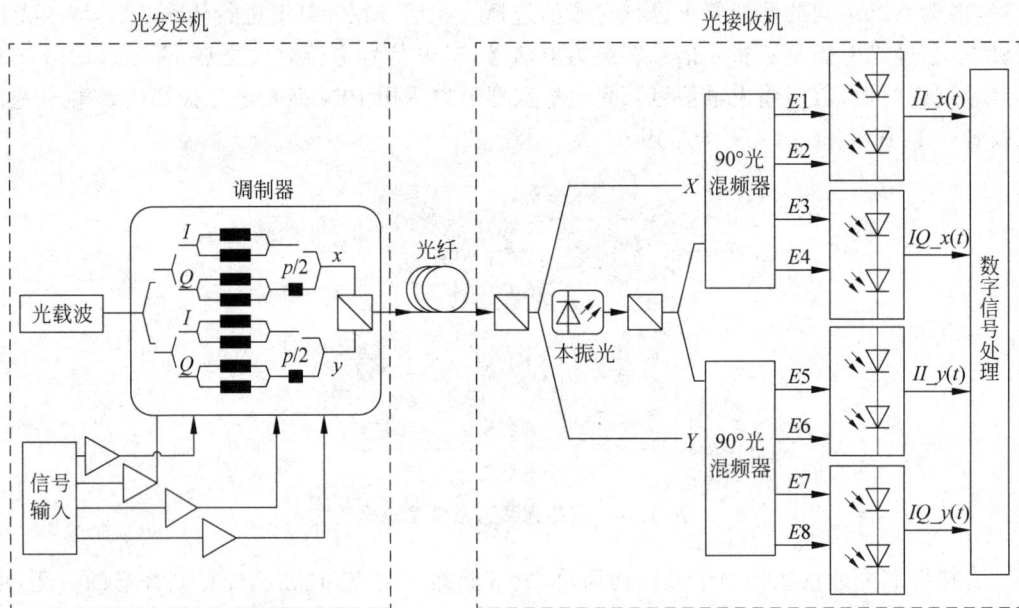

图 1.15　相干光通信系统框图

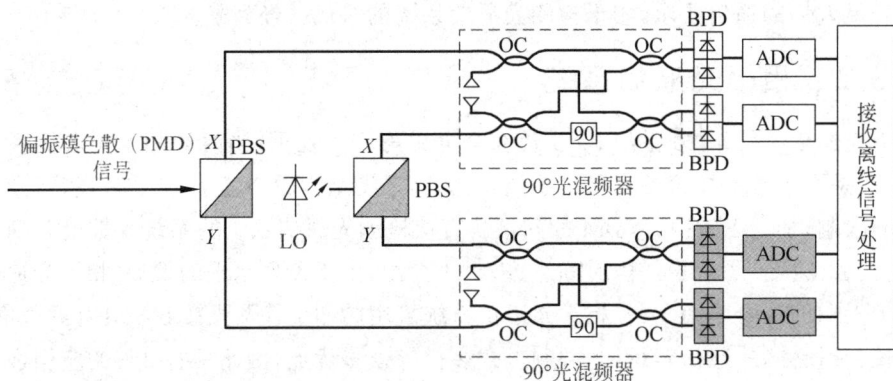

图 1.16　基于数字信号处理的相干接收机

　　与零差相干接收相比,光外差相干探测能够简化接收机[141-142],因为在极化复用的相干接收机中只用到两个平衡光电探测器(BPD)及两个模数转换器(ADC)就可完成相干光探测和信号恢复。检测到的中频信号首先下经过数字下变换到基带,然后通过数字信号处理算法均衡恢复信号。

　　图 1.17 给出了简化的外差式相干接收机的原理框图[141]。相比于零差式相干接收机

的双混频器结构,在外差式相干接收机中,只需要两个偏振光分束器(polarization beam splitter,PBS)和两个光耦合器(OC)对接收到的偏振复用光信号和 LO 光源进行光域里的偏振分集。光域偏振分集之后得到的两路输出只需要对应的两个 BPD 执行光电转换,以及对应的两个模数转换器执行模数转换。并且,基于高速率大带宽的光电探测器和模数转换器,外差式相干接收机中传统的基于正弦式射频信号和电混频器的模拟下变频可以避免,转而在数字频域里执行中频的下变频操作。图 1.18 给出了数字频域里的中频下变频的原理图。我们从中可以看出,以中频为中心的 I 分量和 Q 分量被同时接收。f_{IF} 为中频频率,B_W 表征 I 分量或 Q 分量的带宽。为了能够在无串扰的情况下分离 I 分量和 Q 分量,需要满足 $f_{IF} \geqslant B_W$。然后,通过与产生于一个数字 LO 的同步的余弦信号和正弦信号相乘,接收到的中频信号可以在数字频域里被下变频到基带。

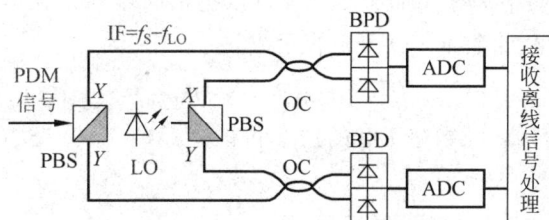

图 1.17　简化的外差式相干接收机

(请扫 2 页二维码看彩图)

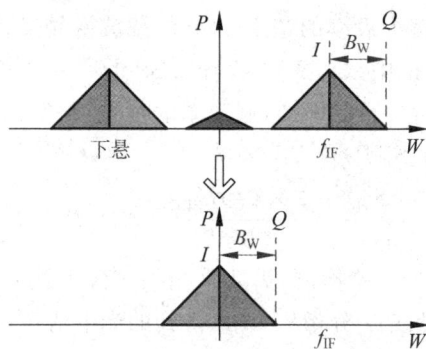

图 1.18　数字频域里的中频下变频

(请扫 2 页二维码看彩图)

在光域偏振分集之后,X 偏振方向上的光信号可以表示成

$$E_S(t) = \sqrt{P_S} \exp[j2\pi f_S t + \theta_S(t)] \tag{1-1}$$

其中,P_S、f_S 和 θ_S 分别表征 X 偏振方向上光信号的功率、载波频率和相位。类似地,X 偏振方向上的 LO 可以表示成

$$E_{LO}(t) = \sqrt{P_{LO}} \exp[j2\pi f_{LO} t + \theta_{LO}(t)] \tag{1-2}$$

其中,P_{LO}、f_{LO} 和 θ_{LO} 分别表征 X 偏振方向上 LO 的功率、载波频率和相位。

假定光电探测器和模数转换器的带宽足够大。平衡式光探测后,X 偏振方向上的 BPD 的其中一路输出光电流含有携带全部 I 分量和 Q 分量的基带分量和中频分量,可以表示成

$$\begin{cases} I_{\mathrm{BPD1}}(t) = P_{\mathrm{S}} + P_{\mathrm{LO}} + R\sqrt{P_{\mathrm{S}}P_{\mathrm{LO}}}\exp\{\mathrm{j}[2\pi f_{\mathrm{IF}}t + \theta_{\mathrm{IF}}(t)]\} \\ f_{\mathrm{IF}} = f_{\mathrm{S}} - f_{\mathrm{LO}} \\ \theta_{\mathrm{IF}}(t) = \theta_{\mathrm{S}}(t) - \theta_{\mathrm{LO}}(t) \end{cases} \tag{1-3}$$

其中，R 表征光电探测器的灵敏度；f_{IF} 和 θ_{IF} 分别表征中频分量的频率和相位。而同一个 BPD 的另外一路输出光电流可以表示成

$$I_{\mathrm{BPD2}}(t) = P_{\mathrm{S}} + P_{\mathrm{LO}} - R\sqrt{P_{\mathrm{S}}P_{\mathrm{LO}}}\exp\{\mathrm{j}[2\pi f_{\mathrm{IF}}t + \theta_{\mathrm{IF}}(t)]\} \tag{1-4}$$

此 BPD 的两路输出光电流经由一个减法器相减后，最终输出的光电流可以表示成

$$I_{\mathrm{BPD}}(t) = 2R\sqrt{P_{\mathrm{S}}P_{\mathrm{LO}}}\exp\{\mathrm{j}[2\pi f_{\mathrm{IF}}t + \theta_{\mathrm{IF}}(t)]\} \tag{1-5}$$

Y 偏振方向上的 BPD 的最终输出与式(1-5)类似。

模数转换后，一个频率为 f_{IF} 的数字 LO 可以提供同步的余弦信号和正弦信号以实现基于 DSP 的中频下变频，此数字 LO 可以表示成

$$E_{\mathrm{LO\_d}}(t) = \sqrt{P_{\mathrm{LO\_d}}}\exp\{-\mathrm{j}[2\pi f_{\mathrm{IF}}t + \theta_{\mathrm{LO\_d}}(t)]\} \tag{1-6}$$

其中，$P_{\mathrm{LO\_d}}$ 和 $\theta_{\mathrm{LO\_d}}$ 分别表征数字 LO 的功率和相位。式(1-5)与式(1-6)相乘后得到的下变频分量可以表示成

$$\begin{cases} E_{\mathrm{IF}}(t) = 2R\sqrt{P_{\mathrm{S}}P_{\mathrm{LO}}P_{\mathrm{LO\_d}}}\exp\{\mathrm{j}[\theta_{\mathrm{IF}}(t) - \theta_{\mathrm{LO\_d}}(t)]\} \\ \qquad = K[I(t) + \mathrm{j}Q(t)]\exp\{\mathrm{j}[\theta_{\mathrm{IF}}(t) - \theta_{\mathrm{LO\_d}}(t)]\} \\ K = 2R\sqrt{P_{\mathrm{LO}}P_{\mathrm{LO\_d}}} \end{cases} \tag{1-7}$$

$[\theta_{\mathrm{IF}}(t) - \theta_{\mathrm{LO\_d}}(t)]$ 能够为后续的基于 DSP 的载波恢复过程所处理。相比于基于正弦式射频信号和电混频器的模拟中频下变频，基于 DSP 的数字中频下变频更为高效。

正如参考文献[141]中所分析的那样，假定 ζ 表征信号的噪声密度，外差检测情形下的信噪比(signal-to-noise ratio，SNR)可以表示成

$$\mathrm{SNR}_{\mathrm{He}} = \frac{S_{\mathrm{He}}}{N_{\mathrm{He}}} = \frac{2 \times 0.5 I_{\mathrm{BPD}}^2}{2B_{\mathrm{W}}\zeta} = 2P_{\mathrm{S}}P_{\mathrm{LO}}R^2/B_{\mathrm{W}}\zeta \tag{1-8}$$

但是对于满足 $f_{\mathrm{IF}} = 0$ 的零差检测，需要采用一个经典的双混频器结构将 I 分量和 Q 分量进行分离。于是，I 分量或 Q 分量经 BPD 得到的光电流可以表示成

$$I_{\mathrm{BPD\_i/q}} = 2R\sqrt{P_{\mathrm{S}}P_{\mathrm{LO}}}\cos[\theta_{\mathrm{S}}(t) - \theta_{\mathrm{LO}}(t)] \tag{1-9}$$

因此零差检测情形下的信噪比为

$$\mathrm{SNR}_{\mathrm{Ho}} = \frac{S_{\mathrm{Ho}}}{N_{\mathrm{Ho}}} = \frac{I_{\mathrm{BPD\_i/q}}^2}{B_{\mathrm{W}}\zeta} = 4P_{\mathrm{S}}P_{\mathrm{LO}}R^2/B_{\mathrm{W}}\zeta \tag{1-10}$$

由此可以看出，相比于零差检测，外差检测存在 3 dB 的 SNR 代价。

1.3.3 直接检测与相干检测

将光信号转变为电信号的方式通常有两种：直接检测和相干检测。直接检测是目前商用光通信系统最常用的检测方式，因为其简单，并且成本低廉；但是，由于直接检测是利用光电探测器的平方律检测，因此只能检测幅度信息。相干检测将是未来光通信系统的检测方式，其光接收机接收的信号光和本地振荡器产生的本振光经光混频器作用后，发生干涉，然后经由光电检测器输出光电流。由于混频输出光信号的中频信号功率分量带有信号光的

幅度、频率或相位信息,因此发射端不管采用哪种调制方式,均可以在中频功率分量中反映出来,所以相干接收方式适合于所有调制方式的通信。

由于在相干检测中,经相干混合后输出光电流的大小与信号光功率和本振光功率乘积的大小成正比,并且本振光功率远大于信号光功率,从而大大提高了接收机的灵敏度。另外,相干检测输出的电信号包含光相位信息,所以通过调制光载波的相位来传输信息是可能的。而直接检测由于丢失了有关信号光相位的所有信息,不允许进行相位或频率调制。

相干检测的缺点也源于对相位的高敏感度。在理想的情况下,本振信号和接收信号的相位应该是一个恒定值。但是事实上,本振信号和接收信号的相位均是随时间随机浮动的,这增加了相干检测光接收机的复杂度。相干检测的另一个缺点是,由于相干检测要使发射机频率和接收机本地振荡器的频率相匹配,这就对两个光源提出了严格的要求[17-18]。

相较于直接检测,相干检测的优点可以归纳为以下四个方面。

(1) 可以达到最佳的噪声灵敏度。其根本原因在于直接检测检测到的信号是两个被噪声污染后的信号的拍频,而相干检测检测到的信号则是被噪声污染后的信号和干净的本振信号之间的拍频。

(2) 可以明显改善接收机灵敏度,增大中继传输距离。在前面我们已经提到,经相干混合后的输出光电流的大小与信号光功率和本振光功率乘积的大小成正比。由于本振光功率远大于信号光功率,从而使接收机的灵敏度大大提高,增加了光信号的无中继传输距离。

(3) 可以在电端补偿光纤的所有线性损伤。光场线性地映射到电场上,可以在电端利用数字信号处理对光线的线性损伤进行补偿,从而提高系统性能。

(4) 可以采用多种调制方式,提高系统频谱效率。在直接检测系统中,只能使用强度调制方式对光波进行调制。而在相干检测系统中,对光波除了可以进行幅度调制外,还可以进行频移键控或相移键控调制,即可以采用多种调制方式,利于灵活的工程应用,虽然这样增加了系统的复杂性和光损耗。相对于 IM/DD 系统只响应光功率的变化,相干检测可检测出光信号的振幅、频率、相位以及偏振态携带的所有信息,因此相干检测是一种全息检测技术。

总之,相干检测相较于直接检测,具有很多优点。

1.4 光通信系统发展趋势

如果考虑信号传输带宽需求以每年 40%～50% 增长,以及计算和存储能力以每年 60% 增长,则将直接导致互联网带宽以每年 60% 的速率增长。按照摩尔定律,单信道 1 Tb/s 的需求在 2020 年已经出现。由此可见,大容量传输毋庸置疑是传输网络最重要的目标,而只有光通信系统具有承载如此超大容量信息的潜力。目前,100 Gb/s 光传输系统正在大量商用,而更高速率例如 800 Gb/s、1 Tb/s 传输正在成为研究的热点。400 Gb/s、1 Tb/s,甚至 10 Tb/s 每信道传输是 100 Gb/s 后可选的单信道速率。

光纤放大器的发明促进了波分复用技术在光传输系统中的使用,并且伴随波分复用设备的广泛采用,单通道速率也成倍提升,使得传输容量能够成百上千地增加。然而单通道速率迈过 10 Gb/s 之后,单纯的不归零(NRZ)码型以及直接检测技术已经难以满足长距离传输的需求,因此在未来的商用 100 Gb/s 及超 100 Gb/s 系统中,需要采用新型的调制解调技术和探测技术,相干光通信系统是必然趋势。为了进一步提高单信道速率,达到 400 Gb/s,

甚至 1 Tb/s,考虑到目前的光电器件水平,特别是接收机模数转换器(ADC)带宽的限制,目前的研究方向主要有高阶调制格式、Nyquist 波分复用技术和正交频分复用(OFDM)技术[22-23]。

采用高阶调制格式可以提高频谱效率,从而在有限的带宽下实现更高比特率的传输。但是,高阶调制格式如 64QAM 等,对于光电器件带宽限制所带来的非线性畸变更加敏感,而且对激光器线宽以及 ADC 的高分辨率的精度要求也要提高。

光 OFDM(OOFDM)技术采用多载波的密集调制,每个载波之间没有串扰,因而也能够实现较高的频谱效率。目前产生多子载波还存在稳定性、性能和造价问题,需要研究新的方法产生高性能、高可靠性的多子载波。同时 OFDM 调制信号探测时需要同时探测多个子载波(一般需要探测三个),这样对接收机的 ADC 带宽也有一定的要求。

为了克服对 ADC 带宽的要求,研究者们提出了 Nyquist 波分复用技术。Nyquist 波分复用技术采用强滤波技术,其每个子载波占用的带宽等于每个子载波信号的波特率。通过强滤波技术,子载波之间串扰已经很小,因而在接收端每一个子载波接收机只需要探测该子载波,这样就降低了对 ADC 带宽的要求。但因为经过了强滤波,也会带来较大的光信噪比(OSNR)代价。

近年来,用户对高通信效果和质量的宽带视频、多媒体业务、实时/准实时业务等新兴数据业务的应用需求不断增长,从而对于光纤通信网络的带宽和容量规模的需求不断增大,相干光通信系统由于其传输潜力,已经成为热门的研究方向。目前,相干光通信的研究正在热火朝天地进行中。随着器件水平的发展,新技术的出现,数字相干光通信系统必然成为下一代光通信领域的主流。

思考题

1.1 光纤通信采用光纤进行信息传输,光纤损耗是一个重要的考虑因素,你知道现在的每千米光纤损耗是多少吗? 光纤损耗是由什么因素引起的?

1.2 光纤的损耗相比于铜缆要小很多,你知道其物理原因吗?

1.3 请列出光纤中的线性和非线性效应。一般来说光纤的非线性效应对信号传输不利,但也可以利用光纤的非线性效应实现一些功能,你能举例说明 1~2 个吗?

1.4 请列出提高光纤频谱效率的主要方法。

1.5 请列出延长光纤传输距离的主要方法。

1.6 请列出多维复用光纤的种类,并说明它们的优缺点。

1.7 请简述相干光通信的原理,以及现在的相干探测和 1980 年前的相干探测的主要区别。

1.8 早些年(2007—2010 年)的相干传输系统中传输的信号基本是归零码信号,但现在很少看到用归零码调制了,你能说出原因吗?

1.9 相干光检测系统和你看到的收音机调谐收信号有什么主要区别?

1.10 请列出零差和外差相干探测的优缺点。请用商用软件或 MATLAB 仿真验证零差检测比外差检测有 3 dB 信噪比接收灵敏度提高。

1.11 为什么说采用平衡接收比单端接收能够忍受更大范围的本振光功率?

1.12 单模光纤的传输容量是由哪些因素决定的？目前实验得到的最大传输容量是多大？你觉得今后还有哪些可行技术进一步提升传输容量？

1.13 实验室实现的相干接收的最高 QAM 是 4096QAM，如何才能实现更高级 QAM 信号的相干接收？其限制因素是什么？

1.14 光纤通信是人类历史上一个伟大的发明，高锟博士因此获得了诺贝尔物理学奖。请列出光纤通信技术中的主要发明成就，并简述这些发明是如何推动光纤通信发展的。

1.15 掺铒光纤放大器和拉曼放大器都能够用来放大光信号，它们的主要区别是什么？

参考文献

[1] KAO G M W. Nobel Prize speech, A Revolution in Fiber Optics Nobel Prize[EB/OL]. org, 2009, www. nobel prizes. org/prize/physics/2009/kao/lecture/.

[2] TKACH R W. Network traffic and system capacity: scaling for the future[C]. ECOC'10, 2010, Turin, Italy. We. 7. D. 1.

[3] GNAUCK A H, TKACH R W, CHRAPLYVY A R, et al. High-capacity optical transmission systems[J]. Journal of Lightwave Cechnology, 2008, 26(9): 1032-1045.

[4] LI T. Advances in optical fiber communications: an historical perspective[J]. IEEE Journal on Selected Areas in Communications, 1983, 1: 356-372.

[5] WINZER P J, NEILSON D T. From scaling disparities to integrated parallelism: a decathlon for a decade[J]. J. Lightwave Technol. , 2017, 35: 1099-1115.

[6] CHRAPLYVY A R, NAGEL J A, TKACH R W. Equalization in amplified WDM lightwave transmission systems[J]. IEEE Photonics Technology Letters, 1992, 4: 920-922.

[7] TKACH R W, CHRAPLYVY A R, FORGHIERI F, et al. Four-photon mixing and high-speed WDM systems[J]. J. Lightwave Tech. , 1995, 13: 841-849.

[8] LI M J, NOLAN D A. Optical transmission fiber design evolution[J]. Journal of Lightwave Technology, 2008, 26: 1079-1092.

[9] WINZER P, ESSIAMBRE R J. Advanced optical modulation formats[J]. Proc. IEEE, 2006, 94(5): 952-985.

[10] YU J, ZHOU X, HUANG M F, et al. 17 Tb/s(161×114 Gb/s)PolMux-RZ-8PSK transmission over 662 km of ultra-low loss fiber using C-band EDFA amplification and digital coherent detection[C]. Proc. ECOC'08, Brussel, Belgium, 2008, Paper Th. 3. E. 2.

[11] WINZER P J, GNAUCK A H, DOERR C R, et al. Spectrally efficient long-haul optical networking using 112-Gb/s polarization-multiplexed 16-QAM[J]. J. Lightw. Technol. , 2010, 28(4): 547-556.

[12] ZHOU X, YU J, HUANG M F, et al. 64-Tb/s(640 107-Gb/s)PDM-36QAM transmission over 320 km using both pre-and post-transmission digital equalization[C]. Proc. OFC'10, 2010, San Diego, USA. Paper PDP.

[13] ZHOU X, YU J, MAGILL P. Cascaded two-modulus algorithm for blind polarization de-multiplexing of 114-Gb/s PDM-8-QAM optical signals[C]. OFC 2009, San Diego, USA. paper OWG3.

[14] ZHOU X, YU J, HUANG M, et al. 32 Tb/s(320×114 Gb/s)PDM-RZ-8QAM transmission over 580km of SMF-28 ultra-low-loss fiber[C]. OFC 2009, San Diego, USA. paper PDPB4.

[15] ZHOU X, YU J, DU M, et al. 2 Tb/s(20×107 Gb/s)RZ-DQPSK straight-line transmission over 1005 km of standard single mode fiber(SSMF)without Raman amplification[C]. OFC 2008, San Diego, CA, USA. OMQ3.

[16] ZHOU X,YU J,HUANG M F,et al. 64-Tb/s,8 b/s/Hz,PDM-36QAM transmission over 320 km using both pre-and post-transmission digital signal processing[J]. J. Lightwave Technol. ,2011,29: 571-577.

[17] TSUKAMOTO S, LY-GAGNON D S, KATOH K, et al. Coherent demodulation of 40-Gbit/s polarization-multiplexed QPSK signals with 16-GHz spacing after 200-km transmission[C]. OFC 2005,Anaheim,CA,USA,2005. paper PDP-29.

[18] FLUDGER C R S,DUTHEL T, VAN DEN BORNE D,et al. 10 × 111 Gb/s, 50 GHz spaced, POLMUX-RZ-DQPSK transmission over 2375 employing coherent equalization[C]. OFC 2007, Anaheim,CA,USA,2007,PD22.

[19] GNAUCK A H.10×112 Gb/s PDM 16-QAM transmission over 630 km of fiber with 6. 2-b/s/Hz spectral efficiency[C]. OFC 2009,San Diego,CA,USA,2009,paper PDPB8.

[20] WINZER P J,GNAUCK A H,CHANDRASEKHAR S,et al. Generation and 1,200-km transmission of 448-Gb/s ETDM 56-Gbaud PDM 16-QAM using a single I/Q modulator[C]. ECOC 2010,San Diego CA,USA,2010,paper PD2-2.

[21] ZHOU X,NELSON L,MAGILL P,et al. 8×450-Gb/s,50-GHz-spaced,PDM-32-QAM transmission over 400km and one 50 GHz-grid ROADM[C]. OFC 2011, Los Angeles, CA, USA, 2011, paper PDPB3.

[22] QIAN D, HUANG M F, IP E, et al. 101. 7-Tb/s (370 × 294-Gb/s) PDM-128QAM-OFDM transmission over 3 × 55-km SSMF using pilot-based phase noise mitigation[C]. OFC 2011, Los Angeles,CA,USA,2011,paper PDPB5.

[23] QIAN D,HUANG M F,ZHANG S,et al. Transmission of 115×100G PDM-8QAM-OFDM channels with 4bits/s/Hz spectral efficiency over 10,181 km[C]. ECOC 2011,Geneva,Switzerland,2011, paper Th. 13. K.

[24] SANO A,KOBAYASHI T,YAMANAKA S,et al. 102. 3-Tb/s(224×548-Gb/s)C-and extend L-band all-raman transmission over 240 km using PDM-64QAM single carrier FDM with digital pilot tone[C]. OFC 2012,Los Angeles,CA,USA,2012,paper PDP5C. 3.

[25] YU J,DONG Z,CHIEN H C,et al. 30 Tb/s(3×12. 84-Tb/s)signal transmission over 320 km using PDM 64-QAM modulation[C]. OFC 2012,Los Angeles,CA,USA,2012,paper OM2A. 4.

[26] MA Y,YANG Q. 1-Tb/s per channel coherent optical OFDM transmission with subwavelength bandwidth access[C]. OFC 2009,San Diego,CA,USA,2009,paper PDPC1.

[27] SAKAMOTO T,CHIBA A,KAWANISHI T. 50-Gb/s 16 QAM by a quad-parallel Mach-Zehnder modulator[C]. ECOC'07,Berlin,Germany,2007,PDS2. 8.

[28] CAI J X,CAI Y, DAVIDSON C, et al. Transmission of 96 × 100G pre-filtered PDM-RZ-QPSK channels with 300% spectral efficiency over 10608km and 400% spectral efficiency over 4368km[C]. OFC 2010,San Diego,CA,USA,2010,paper PDPB10.

[29] SANJOH H,YAMADA E,YOSHIKUNI Y. Optical orthogonal frequency division multiplexing using frequency time domain filtering for high spectral efficiency up to 1 bit/s/Hz[C]. OFC 2002, Anaheim,CA,USA,2002,paper ThD1.

[30] FLUDGER C R S,DUTHEL T,VAN DEN BORNE D,et al. Coherent equalization and POLMUX-RZ-DQPSK for robust 100-GE transmission[J]. Journal of Lightwave Technology,2008,26 (1): 64-72.

[31] SANO A,MASUDA H, YOSHIDA E, et al. 30 × 100-Gb/s all-optical OFDM transmission over 1300 km SMF with 10 ROADM nodes[C]. ECOC 2007,Berlin Germany,2007,paper PD 1. 7.

[32] YU J,DONG Z,XIAO X,et al. Generation,transmission and coherent detection of 11. 2Tb/s(112× 100Gb/s)single source optical OFDM superchannel[C]. OFC 2011, Los Angeles,CA, USA,2011,

PDPA 6.

［33］ YU J,DONG Z,CHIEN H C,et al. Field trial Nyquist-WDM transmission of 8×216. 4Gb/s PDM-CSRZ-QPSK exceeding 4b/s/Hz spectral efficiency［C］. OFC 2012,Los Angeles,CA,USA,2012, PDP5D. 3.

［34］ AMAYA N,ZERVAS G S,IRFAN M,et al. Experimental demonstration of gridless spectrum and time optical switching［J］. Optics Express,2011,19(12)：11182-11188.

［35］ SHEN G X,YOU S H,YANG Q,et al. Experimental demonstration of CO-OFDM optical transport network with heterogeneous ROADM nodes and variable optical channel bit-rates［J］. IEEE Communications Letters,2011,15(8)：890-892.

［36］ CISCO. Cisco annual internet report(2018-2023),white paper［R］. 2020//https://www. cisco. com/c/en/us/solutions/collateral/executiveperspectives/annual-internet-report/white-paper-c11-741490. html.

［37］ WINZER P J,NEILSON D T,CHRAPLYVY A R. Fiber-optic transmission and networking：the previous 20 and the next 20 years［J］. Optics Express,2018,26(18)：24190-24239.

［38］ 余建军,迟楠,陈林. 基于数字信号处理的相干光通信技术［M］. 北京：人民邮电出版社,2013.

［39］ KIKUCHI K. Fundamentals of coherent optical fiber communications［J］. Journal of Lightwave Technology,2016,34(1)：157-179.

［40］ KHANNA G,SPINNLER B,CALABRO S,et al. 400G single carrier transmission in 50 GHz grid enabled by adaptive digital pre-distortion［C］. OFC 2016,Anaheim,CA,USA,2016,Th3A. 3.

［41］ LAGHA M K,GERZAGUET R,BRAMERIE L,et al. Blind joint polarization demultiplexing and IQ imbalance compensation for M-QAM coherent optical communications［J］. Journal of Lightwave Technology,2020,38(16)：4213-4220.

［42］ ZHANG J,YU J,ZHU B,et al. Transmission of single-carrier 400G signals(515. 2-Gb/s)based on 128. 8-GBaud PDM QPSK over 10130-and 6078 km terrestrial fiber links［J］. Optics Express,2015, 23(13)：16540-16545.

［43］ KONG M,LI X,ZHANG J,et al. High spectral efficiency 400 Gb/s transmission by different modulation formats and advanced DSP［J］. Journal of Lightwave Technology,2019,37(20)： 5317-5325.

［44］ MATSUSHITA A,NAKAMURA M,HAMAOKA F,et al. Transmission technologies beyond 400-Gbps/carrier employing high-order modulation formats［C］. ECOC 2018,Rome,Italy,2018：10. 1109/ECOC. 2018. 8535476.

［45］ MAEDA H,SAITO K,KOTANIGAWA T,et al. Field trial of 400-Gbps transmission using advanced digital coherent technologies［J］. Journal of Lightwave Technology,2017,35(12)： 2494-2499.

［46］ MAEDA H,SAITO K,SASAI T,et al. Real-time 400 Gbps/carrier WDM transmission over 2000 km of field-installed G654E fiber［J］. Optics Express,2020,28(2)：1640-1646.

［47］ CHIEN H C,YU J,CAI Y,et al. Approaching terabits per carrier metro-regional transmission using beyond-100GBd coherent optics with probabilistically shaped DP-64QAM modulation［J］. Journal of Lightwave Technology,2019,37(8)：1751-1755.

［48］ KONG M,WANG K,DING J,et al. 640-Gbps/carrier WDM transmission over 6400 km based on PS-16QAM at 106 Gbaud employing advanced DSP［J］. Journal of Lightwave Technology,2020, 39(1)：55-63.

［49］ CHIEN H C,YU J,ZHU B,et al. Probabilistically shaped DP-64QAM coherent optics at 105 GBd achieving 900 Gbps net bit rate per carrier over 800 km transmission［C］. ECOC 2018,Rome,Italy, 2018：10. 1109/ECOC. 2018. 8535294.

［50］ BLUEMM C,SCHAEDLER M,KUSCHNEROV M,et al. Single carrier vs. OFDM for coherent

600Gb/s data centre interconnects with nonlinear equalization[C]. OFC 2019,San Diego,CA,USA,2019：M3H. 3.

[51]　SCHÄDLER M,BÖCHERER G,PITTALÀ F,et al. Recurrent neural network soft-demapping for nonlinear ISI in 800Gbit/s DWDM coherent optical transmissions[J]. Journal of Lightwave Technology,2021,39(16)：5278-5286.

[52]　RAYBON G,ADAMIECKI A,CHO J,et al. Single-carrier all-ETDM 1. 08-Terabit/s line rate PDM-64-QAM transmitter using a high-speed 3-bit multiplexing DAC[C]. IEEE Photonics Conference,2015：10. 1109/IPCon. 2015. 7323760.

[53]　SCHUH K,BUCHALI F,IDLER W,et al. Single carrier 1. 2 Tbit/s transmission over 300 km with PM-64 QAM at 100 GBaud[C]. OFC 2017,Los Angeles,CA,USA,2017：Th5B. 5.

[54]　CHEN X,CHANDRASEKHAR S,RAYBON G,et al. Generation and intradyne detection of single-wavelength 1. 61-Tb/s using an all-electronic digital band interleaved transmitter[C]. OFC 2018,San Diego,CA,USA,2018：Th4C. 1.

[55]　BAJAJ V,BUCHALI F,CHAGNON M,et al. Single-channel 1. 61 Tb/s optical coherent transmission enabled by neural network-based digital pre-distortion[C]. ECOC 2020,Brussel,Belgium,2020：10. 1109/ECOC48923. 2020. 9333267.

[56]　DIROSA G,RICHTER A. Likelihood-based selection radius directed equalizer with time-multiplexed pilot symbols for probabilistically shaped QAM[J]. Journal of Lightwave Technology,2021,39(19)：6107-6119.

[57]　FORGHIERI F,TKACH R W,CHRAPLYVY A R. Fiber nonlinearities and their impact on transmission systems[J]. Optical Fiber Telecommunications IIIA,1997,50(2)：196-264.

[58]　TURITSYN S K,PRILEPSKY J E,LE S T,et al. Nonlinear Fourier transform for optical data processing and transmission：advances and perspectives[J]. Optica,2017,4(3)：307.

[59]　JIN C,SHEVCHENKO N A,LI Z,et al. Nonlinear coherent optical systems in the presence of equalization enhanced phase noise[J]. Journal of Lightwave Technology,2021,39(14)：4646-4653.

[60]　HUI R,O'SULLIVAN M. Estimating nonlinear phase shift in a multi-span fiber-optic link using a coherent transceiver[C]. OFC 2021,(online),2021：M3C. 5.

[61]　张教. 高速短距离光纤传输系统的先进数字信号处理技术研究[D]. 上海：复旦大学,2020.

[62]　BAJAJ V,BUCHALI F,CHAGNON M,et al. Deep neural network-based digital pre-distortion for high baudrate optical coherent transmission[J]. Journal of Lightwave Technology,2021,40(3)：597-606.

[63]　ZHANG J,YU J,FANG Y,et al. High speed all optical Nyquist signal generation and full-band coherent detection[J]. Scientific Reports,2014,4：6156.

[64]　ZHANG J,YU J,CHIEN H. WDM Transmission of 16-channel single-carrier 128-GBaud PDM-16QAM signals with 6. 06 b/s/Hz SE[C]. OFC 2017,Los Angeles,CA,USA,2017：Tu2E. 5.

[65]　ZHANG J,YU J,CHIEN H C. High symbol rate signal generation and detection with linear and nonlinear signal processing[J]. Journal of Lightwave Technology,2018,36(2)：408-415.

[66]　JIA Z. Experimental demonstration of PDM-32QAM single-carrier 400G over 1200-km transmission enabled by training-assisted pre-equalization and look-up table[C]. OFC 2016,Anaheim,CA,USA,2016：Tu3A. 4.

[67]　CHIEN H C,YU J,ZHU B,et al. Probabilistically shaped DP-64QAM coherent optics at 105 GBd achieving 900 Gbps net bit rate per carrier over 800 km transmission[C]. ECOC 2018,Rome,Italy,2018：10. 1109/ECOC. 2018. 8535294.

[68]　SCHUH K,BUCHALI F,IDLER W,et al. Single carrier 1. 2 Tbit/s transmission over 300 km with PM-64 QAM at 100 GBaud[C]. OFC 2017,Los Angeles,CA,USA,2017：Th5B. 5.

［69］ SCHÄDLER M,BÖCHERER G,PITTALÀ F,et al. Recurrent neural network soft-demapping for nonlinear ISI in 800Gbit/s DWDM coherent optical transmissions［J］. Journal of Lightwave Technology,2021,39(16)：5278-5286.

［70］ PETROV K B, MATHIEU C, FELIX T, et al. End-to-end deep learning of optical fiber communications［J］. Journal of Lightwave Technology,2018,36(20)：4843-4855.

［71］ IP E. Nonlinear compensation using backpropagation for polarization-multiplexed transmission［J］. Journal of Lightwave Technology,2010,28(6)：939-951.

［72］ MATEO E F,XIANG Z,LI G. Improved digital backward propagation for the compensation of inter-channel nonlinear effects in polarization-multiplexed WDM systems［J］. Optics Express,2011,19(2)：570-583.

［73］ KOIZUMI Y,TOYODA K, YOSHIDA M,et al. 1024 QAM(60 Gbit/s) single-carrier coherent optical transmission over 150 km［J］. Opt. Express,2012,20：12508-12514.

［74］ WAKAYAMA Y,GERARD T, SILLEKENS E,et al. 2048-QAM transmission at 15 GBd over 100 km using geometric constellation shaping［J］. Opt. Express,2021,29：18743-18759.

［75］ BEPPU S,KASAI K,YOSHIDA M,et al. 2048 QAM(66 Gbit/s) single-carrier coherent optical transmission over 150 km with a potential SE of 15. 3 bit/s/Hz［C］. Optical Fiber Communication Conference,OSA Technical Digest(online)(Optica Publishing Group,2014),paper W1A. 6.

［76］ OLSSON S L I,CHO J,CHANDRASEKHAR S,et al. Probabilistically shaped PDM 4096-QAM transmission over up to 200 km of fiber using standard intradyne detection［J］. Opt. Express,2018,26：4522-4530.

［77］ TERAYAMA M,OKAMOTO S, KASAI K,et al. 4096 QAM(72 Gbit/s) single-carrier coherent optical transmission with a potential SE of 15. 8 bit/s/Hz in all-Raman amplified 160 km fiber link ［C］. Optical Fiber Communication Conference, OSA Technical Digest(online)(Optica Publishing Group,2018),paper Th1F. 2

［78］ ZHU B,TAUNAY T F,FISHTEYN M,et al. Space-, wavelength-, polarization-division multiplexed transmission of 56-Tb/s over a 76. 8-km seven-core fiber［C］. OFC 2011,Los Angeles,CA,USA, 2011,paper PDPB7.

［79］ SAKAGUCHI J,AWAJI Y,WADA N,et al. Propagation characteristics of seven-core fiber for spatial and wavelength division multiplexed 10-Gbit/s channels［C］. OFC 2011,Los Angeles,CA, USA,2011,paper OWJ2.

［80］ LI A,AL AMIN A,CHEN X,et al. Reception of mode and polarization multiplexed 107-Gb/s CO-OFDM signal over a two-mode fiber［C］. OFC 2011,Los Angeles,CA,USA,2011,paper PDPB8.

［81］ KOEBELE C,SALSI M,MILORD L,et al. 40km transmission of five mode division multiplexed data streams at 100Gb/s with low MIMO-DSP complexity［C］. ECOC 2011,Geneva,Switzerland,2011, Th. 13. C.

［82］ RYF R,RANDEL S,GNAUCK A H,et al. Space-division multiplexing over 10 km of three-mode fiber using coherent 6×6 MIMO processing［C］. OFC 2011, Los Angeles, CA, USA, 2011, paper PDPB10.

［83］ RANDEL S,RYF R,GNAUCK A H,et al. Mode-multiplexed 6×20 GBd QPSK transmission over 1200 km DGD-compensated few-mode fiber［C］. OFC 2012,Los Angeles,CA,USA,2012,paper PDP5C. 5.

［84］ CHAN F Y M,LAU A P T,TAM H Y. Mode coupling dynamics and communication strategies for multi-core fiber systems［J］. Opt. Express,2012,20(4)：4548-4563.

［85］ IP E,BAI N,HUANG Y K,et al. 88×3×112-Gb/s WDM transmission over 50-km of three-mode fiber with inline multimode fiber amplifier［C］. OFC 2011,Los Angeles,CA,USA,2011,Th. 13. C. 2.

[86] RYF R,ESSIAMBRE R J,GNAUCK A H,et al. Space-division multiplexed transmission over 4200 km 3-core microstructured fiber[C]. OFC 2012,Los Angeles,CA,USA,2012,paper PDP5C. 2.

[87] SAKAGUCHI J,PUTTNAM B J,KLAUS W,et al. 19-core fiber transmission of $19\times100\times172$ Gb/s SDM-WDM-PDM QPSK signal at 305Tb/s[C]. OFC 2012, Los Angeles, CA, USA, 2012, paper PDP5C. 1.

[88] GRUNER-NIELSEN L,SUN Y,NICHOLSON J,et al. Few mode transmission fiber with low DGD, low mode coupling and low loss[C]. OFC 2012,Los Angeles,CA,USA,2012,paper PDP5A. 1.

[89] FONTAINE N K. Space-division multiplexing and all-optical MIMO demultiplexing using a photonic integrated circuit[C]. OFC 2012,Los Angeles,CA,USA,2012,paper PDP5B. 1.

[90] RYF R,MESTRE M A,GNAUCK A. Low-loss mode coupler for mode-multiplexed transmission in few-mode fiber[C]. OFC 2012,Los Angeles,CA,USA,2012,paper PDP5B. 5.

[91] SAKAGUCHI J,AWAJI Y,WADA N,et al. 109-Tb/s($7\times97\times172$-Gb/s)SDM/WDM/PDM QPSK transmission through 16. 8-km homogeneous multicore fiber[C]. National Fiber Optic Engineers Conference,OSA Technical Digest(CD)(Optical Society of America,2011),paper PDPB6.

[92] HAYASHI T,TARU T,SHIMAKAWA O,et al. Ultra-low-crosstalk multicore fiber feasible to ultra-long haul transmission[C]. OFC 2011,Los Angeles,CA,USA,2011,PDPC2.

[93] ZHU B. Seven-core multicore fiber transmissions for passive optical network[J]. Opt. Express,2010, 18: 11117-11122.

[94] RICHARDSON D,FINI J,NELSON L. Space-division multiplexing in optical fibres [J]. Nat. Photonics,2013,7: 354-362.

[95] SARIDIS G,ALEXANDROPOULOS D,ZERVAS G,et al. Survey and evaluation of SDM: from technologies to optical networks[J]. Commun. Surveys Tuts. ,2015,17: 2136-2156.

[96] INAO S,SATO T,SENTSUI S,et al. Multicore optical fiber[C]. Optical Fiber Communications Conference,1979.

[97] BERDAGUÉ S,FACQ P. Mode division multiplexing in optical fibers[J]. Appl. Opt. ,1992,21: 1950-1955.

[98] NAKANISHI T,HAYASHI T,SHIMAKAWA O,et al. Spatialspectral-efficiency-enhanced multi-core fiber[C]. Optical Fiber Communications Conference,2015.

[99] SOMA D,WAKAYAMA Y,BEPPU S,et al. 10. 16-peta-B/s dense SDM/WDM transmission over 6-mode 19-core fiber across the C+L band[J]. J. Lightwave Technol,2018,36: 1362-1368.

[100] RADEMACHER G,PUTTNAM B J,LUÍS R S,et al. 10. 66 petabit/s transmission over a 38-core-three-mode fiber[C]. Optical Fiber Communications Conference,2020.

[101] PUTTNAM B J,LUÍS R S. 2. 15 Pb/s transmission using a 22 core homogeneous single-mode multi-core fiber and wideband optical comb[C]. ECOC 2015,Valencia,Spain,2015.

[102] SOMA D,WAKAYAMA Y,BEPPU S,et al. 10. 16 peta-bit/s dense SDM/WDM transmission over low DMD 6-mode 19-core fibre across C+L band[C]. ECOC 2017,Gothenburg,Sweden,2017.

[103] MATSUO S,TAKENAGA K,SASAKI Y,et al. High-spatial-multiplicity multicore fibers for future dense space-division-multiplexing systems[J]. J. Lightwave Technol. ,2016,34: 1464-1475.

[104] MATSUO S,TAKENAGA K,ARAKAWA Y,et al. Large-effective-area ten-core fiber with cladding diameter of about $200\mu m$[J]. Opt. Lett. ,2011,36: 4626-4628.

[105] HAYASHI T,NAKANISHI T,HIRASHIMA K,et al. $125\text{-}\mu m$-cladding eight-core multi-core fiber realizing ultra-high-density cable suitable for O-band short-reach optical interconnects[J]. J. Lightwave Technol. ,2016,34: 85-92.

[106] PUTTNAM B J,LUIS R S,RADEMACHER G,et al. S,C and extended L-band transmission with doped fiber and distributed Raman amplification[C]. OFC 2021,(online)2021,paper Th4C. 2.

[107] PUTTNAM B J, RADEMACHER G, LUÍS R S. Space-division multiplexing for optical fiber communications[J]. Optica,2021,8: 1186-1203.

[108] DONG Z,YU J,XIN X,et al. 24Tb/s(24×1.3Tb/s)WDM transmission of terabit PDM-CO-OFDM superchannels over 2400km SMF-28[C]. proceeding of OECC,2011: 756-757.

[109] YU J J,DONG Z,CHIEN H C,et al. 7 Tb/s(7×1.284 Tb/s/ch)signal transmission over 320 km using PDM-64QAM modulation[J]. Photonics Technology Letters,2011,24(4): 264-266.

[110] YU J J,DONG Z,CHI N. 1.96 Tb/s(21×100 Gb/s)OFDM optical signal generation and transmission over 3200 km fiber[J]. Photonics Technology Letters,2011,23(15): 1061-1063.

[111] YANG Q,HE Z X,LIU W,et al. 1-Tb/s large girth LDPC-Coded coherent optical OFDM transmission over 1040-km standard single-mode fiber[C]. OFC 2011,Los Angeles,CA,USA,2011, paper JThA035.

[112] GOVIND P. Agrawal,nonlinear fiber optics[M]. New York: Academic Press,2013.

[113] MAMYSHEV P,MAMYSHEVA N. Pulse-overlapped dispersion-managed data transmission and intrachannel four-wave mixing[J]. Optics Letter,1999,21: 1454-1456.

[114] KILLEY R I,THIELE H J,MIKHAILOV V,et al. Reduction of intrachannel nonlinear distortion in 40-Gb/s-based WDM transmission over standard fiber[J]. IEEE Photonics Technology Letters, 2000,12: 1624-1626.

[115] ELLIS A. Modulation formats which approach the Shannon limit[C]. OFC 2009,San Diego,CA, USA,2009,OMM4.

[116] ZHANG J,LI X. Digital nonlinear compensation based on the modified logarithmic step size[J]. Journal of Lightwave Technology,2013,31(22): 3546-3555.

[117] STOJANOVIC N,PRODANIUC C,ZHANG L,et al. 210/225 Gbit/s PAM-6 transmission with BER below KP4-FEC/EFEC and at least 14 dB link budget[C]. ECOC 2018,Rome,Italy,2018, 10.1109.

[118] XIANG M,XING Z,EL-FIKY E,et al. Single-lane 145 Gbit/s IM/DD transmission with faster-than-Nyquist PAM4 signaling[J]. IEEE Photonics Technology Letters,2018,30(13): 1238-1241.

[119] BLUEMM C,SCHAEDLER M,KUSCHNEROV M,et al. Single carrier vs. OFDM for coherent 600Gb/s data centre interconnects with nonlinear equalization[C]. Optical Fiber Communication Conference,2019: M3H.3.

[120] WETTLIN T,RAHMAN T,WEI J,et al. Complexity reduction of Volterra nonlinear equalization for optical short-reach IM/DD systems[J]. Photonic Networks: 21th ITG-Symposium. VDE,2020.

[121] FREIRE P J,ABODE D,PRILEPSKY J E,et al. Transfer learning for neural networks-based equalizers in coherent optical systems[J]. Journal of Lightwave Technology, 2021, 39 (21): 6733-6745.

[122] XU T,JIN T,JIANG W,et al. Analysis of neural network compensation for fiber nonlinearity in coherent optical communication system based on perturbation model[C]. Asia Communications and Photonics Conference,2021: T4A.37.

[123] BAJAJ V,BUCHALI F,CHAGNON M,et al. Single-channel 1.61 Tb/s optical coherent transmission enabled by neural network-based digital pre-distortion[C]. European Conference on Optical Communication,2020: 10.1109.

[124] KOIKE-AKINO T,WANG YE,MILLAR D,et al. Neural turbo equalization: Deep learning for fiber-optic nonlinearity compensation[J]. Journal of Lightwave Technology, 2020, 38 (11): 3059-3066.

[125] OLIARI V, GOOSSENS S, HAGER C, et al. Revisiting efficient multi-step nonlinearity compensation with machine learning: an experimental demonstration[J]. Journal of Lightwave Technology,2020,38(12): 3114-3124.

[126] LUO M,FAN G,LI X,et al. Transmission of 4×50-Gb/s PAM-4 signal over 80-km single mode

fiber using neural network[C]. Optical Fiber Communication Conference,2018：M2F.2.

[127] BAJAJ V,BUCHALI F,CHAGNON M,et al. Deep neural network-based digital pre-distortion for high baudrate optical coherent transmission[J]. Journal of Lightwave Technology,2021,40(3)：597-606.

[128] LIU X,WANG Y,LI C. Nonlinear equalizer by feature engineering based-deep neural network for coherent optical communication system[C]. Asia Communications and Photonics Conference,2020：M4A.275.

[129] LI P,YI L,LEI X,et al. 56 Gbps IM/DD PON based on 10G-class optical devices with 29 dB loss budget enabled by machine learning[C]. Optical Fiber Communication Conference,2018.

[130] LIEHR S,BORCHARDT C,MUENZENBERGER S. Long-distance fiber optic vibration sensing using convolutional neural networks as real-time denoiser[J]. Optics Express,2020,28(26)：39311-39325.

[131] SCHÄDLER M,BÖCHERER G,PITTALÀ F,et al. Recurrent neural network soft-Demapping for nonlinear ISI in 800Gbit/s DWDM coherent optical transmissions[J]. Journal of Lightwave Technology,2021,39(16)：5278-5286.

[132] DELIGIANNIDIS S,MESARITAKIS C,BOGRIS A. Performance and complexity analysis of bi-directional recurrent neural network models vs. Volterra nonlinear equalizers in digital coherent systems[J]. Journal of Lightwave Technology,2021,39(18)：5791-5798.

[133] YE C,ZHANG D,HU X,et al. Recurrent neural network(RNN)based end-to-end nonlinear management for symmetrical 50Gbps NRZ PON with 29dB+loss budget[C]. ECOC 2018,Rome,Italy,2018：10.1109.

[134] XU Z,SUN C,JI T,et al. Feedforward and recurrent neural network-based transfer learning for nonlinear equalization in short-reach optical links[J]. Journal of Lightwave Technology,2020,39(2)：475-480.

[135] XU Z,SUN C,JI T,et al. Cascade recurrent neural network-assisted nonlinear equalization for a 100-Gb/s PAM4 short-reach direct detection system[J]. Optics Letters,2020,45(15)：4216-4219.

[136] WANG Y,LIU X,WANG X,et al. Bi-directional gated recurrent unit neural network based nonlinear equalizer for coherent optical communication system[J]. Optics Express,2021,29(4)：5923-5933.

[137] DAI X,LI X,LUO M,et al. LSTM networks enabled nonlinear equalization in 50-Gb/s PAM-4 transmission links[J]. Applied Optics,2019,58(22)：6079-6084.

[138] PETROV K B,MATHIEU C,FELIX T,et al. End-to-end deep learning of optical fiber communications[J]. Journal of Lightwave Technology,2018,36(20)：4843-4855.

[139] DELIGIANNIDIS S,BOGRIS A,MESARITAKIS C,et al. Compensation of fiber nonlinearities in digital coherent systems leveraging long short-term memory neural networks[J]. Journal of Lightwave Technology,2020,38(21)：5991-5999.

[140] KONG M,SANG B,WANG C,et al. 645-Gbit/s/carrier PS-16QAM WDM coherent transmission over 6800 km using modified LSTM nonlinear equalizer[C]. ECOC 2021,Bordeaux,France,2021：Th2C.1.

[141] ZHANG J,DONG Z,YU J,et al. Simplified coherent receiver with heterodyne detection of eight-channel 50 Gb/s PDM-QPSK WDM signal after 1040 km SMF-28 transmission[J]. Opt. Lett.,2012,37：4050-4052.

[142] LI X,ZHANG J,LI F,et al. Over 2000-km transmission of 60-Gbaud PDM-QPSK signal with heterodyne detection and SE of 4b/s/Hz[C]. OFC 2014,San Francisco,CA,USA,2014：OTh4F.4.

第 ② 章

单载波先进调制格式

构建一个灵活、低成本、高容量的基于光路由的波分复用光纤网络时,选择合适的调制格式是关键。单载波速率 100 Gb/s 的系统已经在广泛使用,尽管更高单载波速率 400 Gb/s 的传输距离有限,但还是使用在许多现网中。为了更进一步地增加系统容量和降低成本,实现高速大容量光信号的长距离传输,先进光调制格式成为国际上光通信技术研究的一个热点。现今,单载波先进光调制格式的研究主要聚焦于多维多阶调制格式,国内外的光通信研究组织已做了不少的实验,已进入比较成熟的研究阶段。本章,我们首先对单载波光调制格式的基本原理进行介绍[1],并对实现光调制的光调制器原理进行详细阐述,对正交相移键控(quadrature phase shift keying, QPSK)、16QAM 以及高阶正交调幅(quadrature amplitude modulation, QAM)等单载波先进调制格式的实现方式[2-13]和产生原理进行分析;最后讲述单载波光通信中的软件定义收发机(SDT)[14-20]。

2.1　调制格式概述

在单模光纤中,光域里可以用来传递信息的物理量有四个:强度、相位、频率、偏振。根据选用哪一个物理量来传递数据信息,我们将调制格式分为强度、相位、频率和偏振数据调制格式四种形式,如图 2.1 所示。需要注意的是,这种分类方法并不要求相位调制时其幅度值恒定不变,或强度调制时其相位保持不变。这种分类方法是由传递数据信息的物理量决定的。典型的例子:差分相移键控(differential phase shift keying, DPSK)是相位调制格式,而不考虑 DPSK 信号是以恒定包络传输还是以归零形式传输;另外,抑制载波归零(carrier-suppression return-to-zero, CSRZ)是强度调制格式,而不考虑光电场相位是否有反转。

强度和相位数据调制格式现在已广泛用于高速光通信中,但偏振位移键控(PolSK)的应用相对较少。这主要是因为光纤中的偏振变化是随机的,PolSK 要求在接收机端有灵活的偏振管理。而对于强度调制或相位调制以及直接检测接收机,只有在极化模色散比较严重时才需要偏振管理。如果 PolSK 的接收机灵敏度能够得到重大改善,那么应用 PolSK 数据调制而增加的接收机复杂度还是可以接受的。另外,偏振常常在研究试验中用以提高信

$$E(t) = \sqrt{P(t)} \cos\left[w_o(t)t - \phi(t)\right] \hat{x}(t)$$

幅度	载波频率	相位	偏振
ASK, IM	FSK, CPFST	PSK, DPSK	PolSK

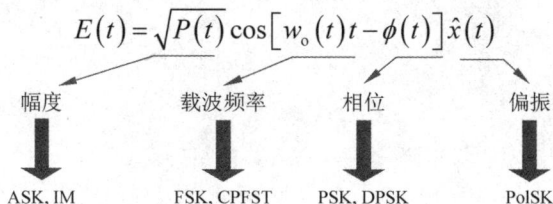

图 2.1　光调制方式与光信号电场参量的关系

号的频谱效率,例如,相同波长的不同信号可以用两个正交的偏振态传输(即偏振复用(polarization-multiplexing,PM)),以及相邻的波分复用信道间采用交互的偏振态来减少信道间的非线性作用和交叉串扰(即偏振交织(polarization-interleaving))。由于相干检测技术以及数字信号处理技术的应用,将传输光纤中波长决定的随机性偏振变化所引入的复杂度转移到离线的数字信号处理中,减小了接收机的复杂度,因此,偏振复用现今已广泛应用于高速相干光通信中,目前 100 Gb/s 的光发射机芯片即基于 QPSK 的偏振复用。此外衍生出的混合调制技术是以上两种或两种以上调制方式的有机结合。以通断键控(on-off keying,OOK)和 DPSK 为例,图 2.2 显示了现今最重要的单载波光调制格式的分类方法。

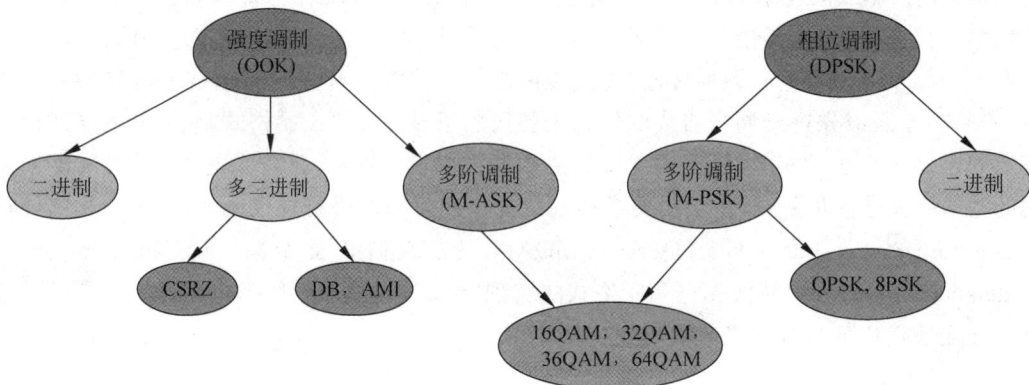

图 2.2　先进光调制格式

(请扫 2 页二维码看彩图)

通过多阶信号处理,M 个符号可以映射为 $\log_2(M)$ 位数据比特,以 $R/\log_2(M)$(R 为比特率)符号速率进行传输,减小了传输所需的符号率。一般来说,分配给一个符号的数据码元与其前一个传送的符号和下一个将要传送的符号之间是没有任何关系的,也就是通常所说的无记忆调制。多阶信号处理提高了频谱效率,但这是以抗噪声能力的降低为代价的。使用多阶信号处理,则单个信道的数据速率可以超出高速光电器件的极限速率。换句话说,在固定的数据速率的情况下,经过多阶信号处理所需的符号速率较小,这对观察色散信号失真(例如色散或极化模色散)以及数字电信号处理的应用都非常有利。

多阶强度调制、多阶相位调制以及多阶混合调制在高速光传输里面都有讨论[21-28]。多阶强度调制或多幅度幅移键控(M-ASK)在光纤传输应用里还没有显示出优越性,这主要是因为相对于 OOK 来说,M-ASK 接收机有大量的背靠背灵敏度损耗。M-ASK 有时也称为 PAM-M(pulse-amplitude modulation,PAM)信号,在数据中心光互联中普遍这样称呼。例如,4-ASK 由于信号振幅水平不一致,在平方律检测时引入了信号噪声,因此,4-ASK 会有一个大约 8 dB 的损耗。DQPSK 是最具前景的光调制格式之一,DQPSK 将比特序列映射到如 $\{0,\pi/2,-\pi/2,\pi\}$ 的符号集里,如表 2.1 所示,通过将信息加载在相互正交的相位上,实现信号的传输。QAM 属于多阶混合调制,跟 M-ASK 以及 M-PSK 不同的是,QAM 同时对光场的幅度和相位加载信息,因此,QAM 调制格式能够提供更高的调制速率和更高的频谱效率。同时,QAM 调制里相邻星座点的距离在同进制的调制方式中也是最大的,这使得 QAM 接收机具有灵敏度高的优势。然而万事万物都不是绝对的完美,QAM 调制的这些优点也使得其发射机和接收机的复杂程度大,对数字信号处理的要求比较高。目前,国际上高速大容量的传输实验很大一部分是采用 QAM 调制技术进行信号的传输。

表 2.1　不同调制格式的编码映射

数 据 序 列	0	0	1	0	1	1	1	0	0	1	0	1
DQPSK	0		$+\pi/2$		π		$+\pi/2$		$-\pi/2$		$-\pi/2$	
CSRZ	0	0	+1	0	+1	−1	+1	0	0	1	0	−1
DB	0	0	+1	0	−1	−1	−1	0	0	1	0	+1
AMI	0	0	+1	0	−1	+1	−1	0	0	+1	0	1

如果调制格式里一个比特位可以用两个以上的符号来表示,且冗余符号与传输位之间的分配和数据信号无关,则称这种调制格式为伪多阶数据调制格式;而如果冗余位的分配是由传输的数据信息决定的,通常情况下,则称它为相关编码的数据调制,它是部分响应数据调制格式中最重要的一种形式。

最普遍的伪多阶调制格式为载波抑制归零(CSRZ),因为它最容易产生,它将信息根据强度大小编码在 0 和 1 上,而相位变化为 π/bit,且相位的变化与数据信息无关。最重要的部分响应数据调制格式为光双二进制(DB)调制格式。对于 CSRZ,信息是通过强度水平 $\{0,1\}$ 来进行传递的,而 π 相移只有当 1 比特被奇数个 0 比特分隔时才会发生。辅助性相位变化和信息编码之间的这种关联是部分响应调制格式的特性。然而,需要强调的是,由于平方律直接检测接收机的相位不敏感性质,相位信息通常不用于信息的检测。为了克服光纤的非线性,国内外的一些研究组致力于研究更高级的线路编码方案(包括伪多阶和相关编码)。

图 2.3 是光通信中常见的四种最重要的符号图,其几乎包括了图 2.2 中所有分类的调制格式。图 2.3(a)是 OOK 的符号图。假设波形是理想化的且采样是最佳时间采样,则符号图能够捕获所有数据符号的幅度和相位信息,然后将它们映射到光域的复平面上。如果位过渡在调制格式的研究中有意义,那么符号集里不符合规则的曲线也能在符号图中显示出来,这对研究位过渡提供了一条途径。图 2.3(a)中虚线表示的就是这种位过渡,且它是一种啁啾 OOK 的调制方式。但是,符号图并不能将符号之间转变的动态过程显示出来,如脉冲的上升和下降时间,或光脉冲的持续时间(在图 2.3(a)的符号图中,我们也不能判断出虚线表示的是 C-NRZ 还是 CRZ)。图 2.3(b)是 CSRZ、DB 以及 AMI(传号交替翻转码)的符号图。而图 2.3(c)和(d)分别为 DPSK 和 DQPSK 的符号图。为了便于比较,设这两种相位调制的平均光功率相等,图 2.3(a)和(b)两种强度调制格式也是如此。图 2.3 中的符号图都是二维形式的,只包括光强度和光相位信息,多维的符号星座图很可能会把光的偏振信息加入符号图中。

若信息加载到光脉冲的强度、相位或偏振上,此时便得到了不归零码或归零码,后者表

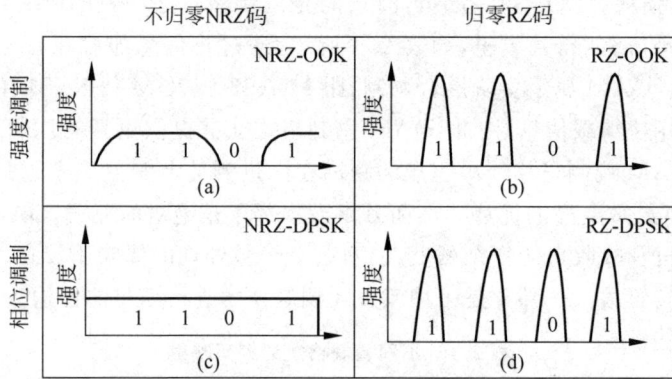

图 2.3　不同调制格式在复光场域的符号图

示在一个位时隙里,光脉冲会回到零。相比之下,不归零允许经过连续的数据位后,光强保持不变。

多电平相移键控(M-PSK)是一种数字调制格式[28],信息在等于符号周期整数倍的瞬间被编码成载波信号相位的离散变化 $\Delta\phi_k$[21-22]。相对于幅度变化,加性高斯白噪声(AWGN)对相位变化的影响较小,因此这种调制格式相对于幅度键控(ASK)表现出更高的灵敏度。

M-PSK 可以表示为[21]

$$s(t) = \Re\{\tilde{s}(t)e^{jw_s t}\} \tag{2-1}$$

其中,$\Re\{\cdot\}$ 表示实部; $\tilde{s}(t)$ 表示复包络:

$$\tilde{s}(t) = A\sum_{k=0}^{N-1} c_k g(t-kT) \tag{2-2}$$

其中,A 是载波幅度;N 是传输的符号数;T 是符号周期;$g(t)$ 是矩形脉冲;并且定义复符号

$$c_k = e^{j\Delta\varphi_k} \tag{2-3}$$

在式(2-3)中,离散的相位变化值 $\Delta\varphi_k$ 在集合中取值:

$$\{2\pi(i-1)/M + \Phi\}_{i=1}^{M} \tag{2-4}$$

其中,Φ 是任意的初始相位。

将式(2-2),式(2-3)代入式(2-1)并且使用三角恒等式化简,我们可以将 M-PSK 调制表示为两个频率相同、相位相差 90°的载波在进行 M 阶幅度键控后的叠加(称作同相分量 I 和正交分量 Q)。

$$s(t) = \underbrace{I(t)\cos\omega_s t}_{\text{同相分量}} - \underbrace{Q(t)\sin\omega_s t}_{\text{正交分量}} \tag{2-5}$$

其中,

$$\begin{cases} I(t) = A\sum_{k=0}^{N-1}\cos\Delta\phi_k g(t-kT) \\[2mm] Q(t) = A\sum_{k=0}^{N-1}\sin\Delta\phi_k g(t-kT) \end{cases} \tag{2-6}$$

从式(2-3)和式(2-4)中,我们观察到符号 c_k 可以取 M 个离散的复数值。这 M 个复数值集合的几何表示如图 2.4 所示。这些符号在复平面上表示为圆上等间距的星座点。

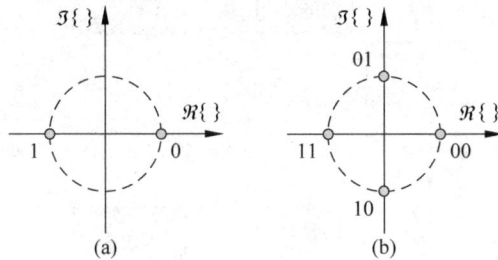

图 2.4 M-PSK 信号集合的复平面几何表示

(a) $M=2,\Phi=0$;(b) $M=4,\Phi=0$

值得注意的是,发射机入口处的随机比特必须映射为在传输前可以采用的 M 个离散的复数符号 c_k。在图 2.4 中,$m=\log_2 M$ 字节比特通过格雷映射与不同的星座点对应起来,例如,相邻星座点对应的字节仅相差 1 bit。

从式(2-5),式(2-6)可以直接得到 QPSK 的发射机架构。图 2.5 为理想 QPSK 发射机的示意图。发射机没有将输入的二进制信号变成两位比特,而是使用一个串并转换器交替发送两个二进制比特序列。然后这两路信号分别调制到两个连续载波 $A\cos\omega_s t$,$-A\sin\omega_s t$ 上。这样经过正交调制后,信号速率只有初始信号的一半。两个正交分量叠加并在信道中传输。在相干光通信系统中,这个正交分量的叠加是通过一个 IQ 光调制器实现的。通过这个 IQ 调制器调制后,将 I、Q 信号加载在高载频的光波上。在接收端将经过相干接收和数字信号处理,将 I、Q 数据恢复出来。

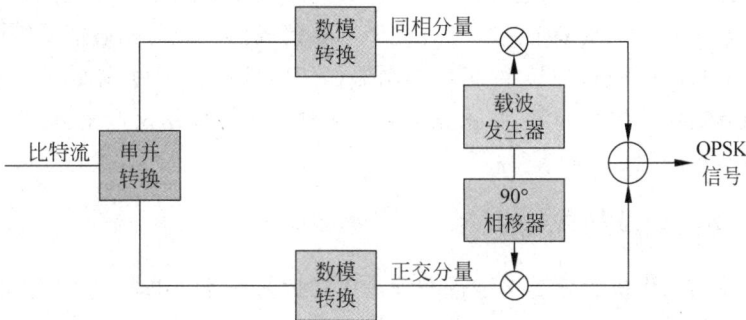

图 2.5 QPSK 发射机

QPSK 接收机的结构如图 2.6 所示。同步接收机用于计算在传输过程中获得载波相位变化 θ 的载波相位。接收到的波形被分成两部分,每部分分别与 $\cos(\omega_s t+\theta)$,$-\sin(\omega_s t+\theta)$ 相乘,然后利用两个脉冲响应为 $g(T-t)$ 的低通滤波器进行滤波(匹配接收)。对于理想的不归零(NRZ)码脉冲,这些低通滤波器可以被用来实现积分-清零滤波(I-D filter 例如,时域有限积分执行的平均时间为持续时间 T)。在没有损伤的情况下,积分-清零滤波器输出的波形与基带波形 $I(t)$ 和 $Q(t)$ 保持一致。在合适的采样时刻对每个符号进行一次采样,为了使错误概率最小,采样时刻利用符号同步电路进行计算得到。用两个阈值为零的二进制判决器来恢复比特。两个接收分支是相互独立的。最后,通过使用并串转换器将恢复的二进制序列组合成一个比特流。

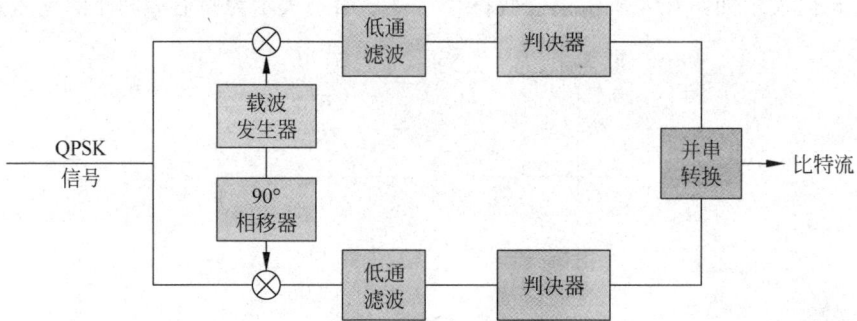

图 2.6　QPSK 接收机

2.2　光调制器

在光通信系统中,光调制器是一种将承载信息的电信号转换为光信号的变换器件,它将电信号调制到光源产生的光载波上,实现光信号传输。目前最常用光调制器是基于材料的电光效应,即电光材料的折射率随施加的外电压而变化,从而实现对激光的相位、频率和幅度的调制,这样的调制器具有调制速率高、频带宽的特点,适用于高速通信系统。最常用的电光晶体是铌酸锂(LiNbO₃)晶体。

光调制发射机有直接调制发射机和外调制发射机两种。直接调制发射机具有高度特定于器件的啁啾效应,激光器的啁啾效应使光频谱拓宽,这对密集波分复用信道的隔离十分不利,且会加剧由光纤色散效应引起的信号失真,因此在现今高速相干光通信中应用很少。外调制发射机一般是由一个或多个基本的外光调制器组成的。目前光通信系统中常见的外光调制器有相位调制器(PM)、马赫-曾德尔调制器(MZM)以及光 IQ 调制器。它们不仅可以用来实现不同调制格式的光调制,在正弦信号的驱动下还可以用来产生多波长光源,因此在光通信中应用非常广泛。

2.2.1　相位调制器

相位调制器的工作机制正是基于铌酸锂晶体的折射率随外电场变化而产生的光波传播速度和相位的变化。电光效应的实验发现,晶体材料折射率随外加电场而存在复杂的关系,可近似认为 $\Delta n \sim (R|E| + \gamma|E|^2)$,其第一项与 E 成线性关系,称为泡克耳斯(Pockels)效应;第二项与 E 成平方关系,称为克尔(Kerr)效应。在电光相位调制器中主要利用泡克耳斯效应。

采用铌酸锂晶体集成的光相位调制器结构如图 2.7 所示。可以看到,相位调制器是在铌酸锂衬底上用扩散技术制造出一个条形波导,波导上下加上电极。当电极上施加调制电压时,波导折射率因电光效应而改变,导致光波通过电极区后相位随调制电压而变,实现了调相功能。

根据电光效应可知,相位调制器的调制系数 $\varphi_{PM}(t)$ 是输入光波长 λ,光和电极相互作用长度 L 以及有效折射系数的改变 Δn_{eff} 的函数。当只考虑一阶泡克耳斯效应时,相位的改变可视为输入驱动电压 $u(t)$ 的线性函数:

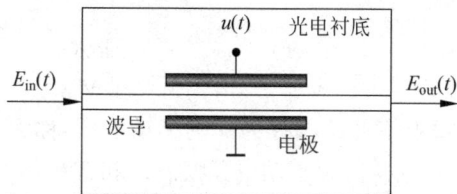

图 2.7　铌酸锂晶体集成光相位调制器结构

$$\varphi_{PM}(t) = \frac{2\pi}{\lambda} \cdot k \, \Delta n_{eff} L \cdot u(t) \tag{2-7}$$

同时,定义了一个调制器的主要特征参数半波电压 V_π,即当调制器相位发生 π 变化反转时所需的调制电压,称为半波电压。可以表示为

$$V_\pi = \frac{\lambda}{2k \, \Delta n_{eff} L} \tag{2-8}$$

由式(2-7)和式(2-8)可以得到调制系数与输入驱动电压和半波电压的关系:

$$\varphi_{PM}(t) = \frac{u(t)}{V_\pi} \pi \tag{2-9}$$

2.2.2　马赫-曾德尔调制器

马赫-曾德尔调制器(MZM)是基于干涉原理的光调制器。其结构如图 2.8 所示。

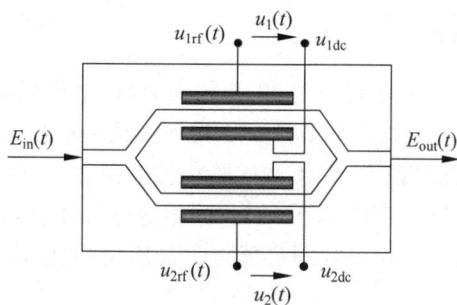

图 2.8　MZM 的结构

可以看到,通过将两个相位调制器平行组合在铌酸锂晶体衬底上就可以构成 MZM。在铌酸锂衬底上制作了一对平行条形波导,两端均连接一个 3 dB Y 型分支波导,波导两侧和中间为表面电极。从输入端进入的光束,经过一个 3 dB Y 型分支波导被分割为功率相等的两束光,耦合进两个结构参数完全相同的平行直波导中。在上下两臂驱动信号的作用下,两束光分别进行相位调制,然后通过第二个 3 dB Y 型分支波导后将两调相波相互干涉,转换为强度调制。在 MZM 中,上下两臂的驱动不仅有射频信号,还包括直流偏置电压,这两种信号相互作用决定了 MZM 的工作状态。

首先,我们可以通过对相位调制器的原理分析得到 MZM 的传输函数,可以表示为

$$E_{out} = E_{in} \cdot \frac{1}{2} \cdot (e^{j\varphi_1(t)} + e^{j\varphi_2(t)}) \tag{2-10}$$

其中,$\varphi_1(t)$ 和 $\varphi_2(t)$ 分别为 MZM 的上臂和下臂的相移。根据相位调制器原理,上下臂的

相移可以表示为

$$\varphi_1(t) = \frac{u_1(t)}{V_{\pi 1}}\pi, \quad \varphi_2(t) = \frac{u_2(t)}{V_{\pi 2}}\pi \tag{2-11}$$

其中，$V_{\pi 1}$ 和 $V_{\pi 2}$ 分别为使得上下臂的相移为 π 的驱动电压，称为半波电压；$u_1(t)$ 和 $u_2(t)$ 分别为上下臂的外接电压，其包括射频驱动电压 $u_{\mathrm{rf}}(t)$ 和直流偏置电压 $u_{\mathrm{dc}}(t)$。

当 MZM 工作在 push-push 模式时，意味着上下臂的相移完全相同。上下臂只是增加了相移，对信号仍然是相位调制。

当 MZM 工作在 push-pull 模式时，双臂之间的相移相反，即 $\varphi_1(t) = -\varphi_2(t)$，$u_1(t) = -u_2(t) = \frac{1}{2}u(t)$。这时输出端得到的就是强度调制的光信号。输入和输出光信号表示为

$$
\begin{aligned}
E_{\mathrm{out}}(t) &= \frac{1}{2} \cdot E_{\mathrm{in}}(t) \cdot (\mathrm{e}^{\mathrm{j}\varphi_1(t)} + \mathrm{e}^{\mathrm{j}\varphi_2(t)}) \\
&= \frac{1}{2} \cdot E_{\mathrm{in}}(t) \cdot (\cos[\varphi_1(t)] + \cos[\varphi_2(t)] + \mathrm{j} \cdot \{\sin[\varphi_1(t)] + \sin[\varphi_2(t)]\}) \\
&= E_{\mathrm{in}}(t) \cdot \left[\frac{\Delta\varphi_{\mathrm{MZM}}(t)}{2}\right] = E_{\mathrm{in}}(t) \cdot \cos\left[\frac{u(t)}{2V_{\pi}}\pi\right]
\end{aligned} \tag{2-12}
$$

当进行强度调制时，调制器的直流偏置要在正交位置，即 $-V_{\pi}/2$，驱动电压变化范围为 $0 \sim V_{\pi}$。当直流偏置在功率传输函数最低点时，驱动电压变化范围为 $2V_{\pi}$，当驱动电压经过最低点时，有 π 相移。

2.2.3　IQ 调制器

光 IQ 调制器是由两个 MZM 和一个 90° 相移器组成，其集成器件已经商用化，广泛应用于高速相干光通信中。其原理如图 2.9 所示：输入光信号在输入端输入后，被等分为两路信号——同相分路 I 和正交分路 Q，沿不同的路径传输。然后，两路信号中的一路通过相位调制器，使这两路光信号具有 90° 相对相位差。同相分路和正交分路的 MZM 工作在 push-pull 模式，且直流偏置在功率传输函数的最低点。最后，这两路信号在输出端的输出耦合器干涉，合并为一路有用信号。

图 2.9 中，同相分路和正交分路中 MZM 产生的相差为

$$\varphi_I(t) = \frac{u_I(t)}{V_{\pi 1}}\pi, \quad \varphi_Q(t) = \frac{u_Q(t)}{V_{\pi 2}}\pi \tag{2-13}$$

不考虑插入损耗的影响，同时使相位调制器的驱动电压为 $U_{\mathrm{PM}} = -V_{\pi}/2$，光 IQ 调制器的传输函数可以表示为

$$E_{\mathrm{out}}(t) = \frac{1}{2} \cdot E_{\mathrm{in}}(t) \cdot \left\{\cos\left[\frac{\varphi_I(t)}{2}\right] + \mathrm{j}\sin\left[\frac{\varphi_Q(t)}{2}\right]\right\} \tag{2-14}$$

基于铌酸锂薄膜的调制器最近几年发展特别迅速[29-31]。将铌酸锂薄膜在硅基芯片上混合集成，具有优越的线性电光效应，可以充分发挥硅和铌酸锂这两种重要光子学材料各自的优势，实现了创新的"硅与铌酸锂混合集成电光调制器"。该器件实现了远超传统纯硅电光调制器的调制带宽（约 100 GHz）、创纪录的低插入损耗（小于 2.5 dB）、高于传统铌酸锂调制器 4 倍以上的调制效率（2.2 V·cm），并具有高线性度、高集成度以及低成本等优异特性，其加工方法与标准互补金属氧化物半导体（CMOS）工艺可后端兼容[29-31]。

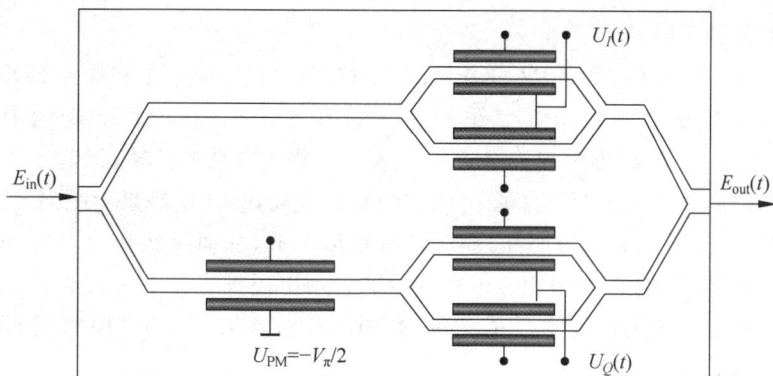

图 2.9　光 IQ 调制器

2.2.4　电吸收光调制器

电吸收光调制器(EAM)是一种 PIN 半导体结构的调制器[32-33]。通过一个外部电压,可以对其带隙进行调制,从而改变设备的吸收特性。EAM 的显著特点是其驱动电压低。现在,它实际应用的调制速率可达 40 Gb/s,在实验室研究中,调制速率最高可达 120 Gb/s。然而,与直接调制激光器一样,它也会产生剩余啁啾效应,因此在现今研究的高速相干光通信中应用很少。EAM 的吸收特性是由波长决定的,动态消光比(最大调制光功率与最小调制光功率之比)通常不会超过 10 dB,且它具有有限的功率响应。EAM 光纤与光纤之间连接引入的插入损耗大约为 10 dB。在 EAM 中,激光二极管与芯片集成在一起,从而减小了光纤-芯片输入接口的损耗,同时也减小了发送机的尺寸。这种调制格式叫作 EMLs(光电吸收激光调制器),它的输出功率为 0 dBm 数量级,调制速率可达几十吉比特每秒。另外一种减小 EAM 插入损耗的方法是将激光二极管与半导体光放大器集成在一起,这样甚至可以产生光纤增益。EAM 的光传输函数如下:

$$E_{out}(t) = E_{in}(t) \cdot \sqrt{d(t)} \cdot \exp\left\{\frac{ja}{2}\ln[d(t)]\right\} \tag{2-15}$$

其中,$E_{in}(t)$ 是输入的光信号;功率传输函数 $d(t)$ 的表达式为 $d(t)=(1-m)+m \cdot data(m)$,这里 m 是调制器的调制指数,$data(m)$ 是电调制信号。为了使功率传输函数 $d(t)$ 大于 0,一般情况下,输入数据的值只能在 0~1 变化。因此,我们可以得到输出信号的功率为 $P_{out}=|E_{out}(t)|^2$:

$$P_{out} = P_{in}(t) \cdot d(t) = P_{in}(t) \cdot [(1-m)+m \cdot data(t)] \tag{2-16}$$

2.3　单载波高阶调制

随着互联网(Internet)业务和多媒体应用的快速发展,网络业务量正在以指数级的速度迅速膨胀,这就要求网络必须具有高比特率的数据传输能力和大吞吐量的交叉能力。为了满足下一代密集波分复用(DWDM)系统不断增长的带宽需求,高频谱效率传输变得前所未有的重要,基于偏振复用和相干检测的多维多阶调制格式,由于其频谱效率可达几比特每秒赫兹,并在抗色散和非线性效应等损耗方面表现出明显的优势,所以被认为是解决不断增长的带宽需求的最佳传输技术。

2007 年,Gnauck 使用 PDM-RZ-DQPSK 调制技术、直接检测技术和混合 EDFA/拉曼光纤放大技术,在 C+L 波段 50 GHz 的信道间距上,实现了 160×160 Gb/s(容量为 25.6 Tb/s)DWDM 信号在 240 km 标准单模光纤上的传输。如此大容量的传输,激起了人们对多维多阶调制格式的研究热情。但是如果调制格式的阶数太高,会使星座点间距离很近,接收机的判决变得非常困难,虽然频谱效率高,但波特率难以提升,从而导致整个系统的容量并不太高。而多级强度调制(例如 M-ASK)在光纤传输应用里还没有显示出优越性,因此,对于单载波多维多阶调制格式的研究主要是针对 QPSK、8PSK、8QAM、16QAM 等调制格式的研究,以实现长距离大容量的应用。

图 2.10 给出单载波光多阶调制发射机的几种基本形式,其中图(a)为串联方式;图(b)

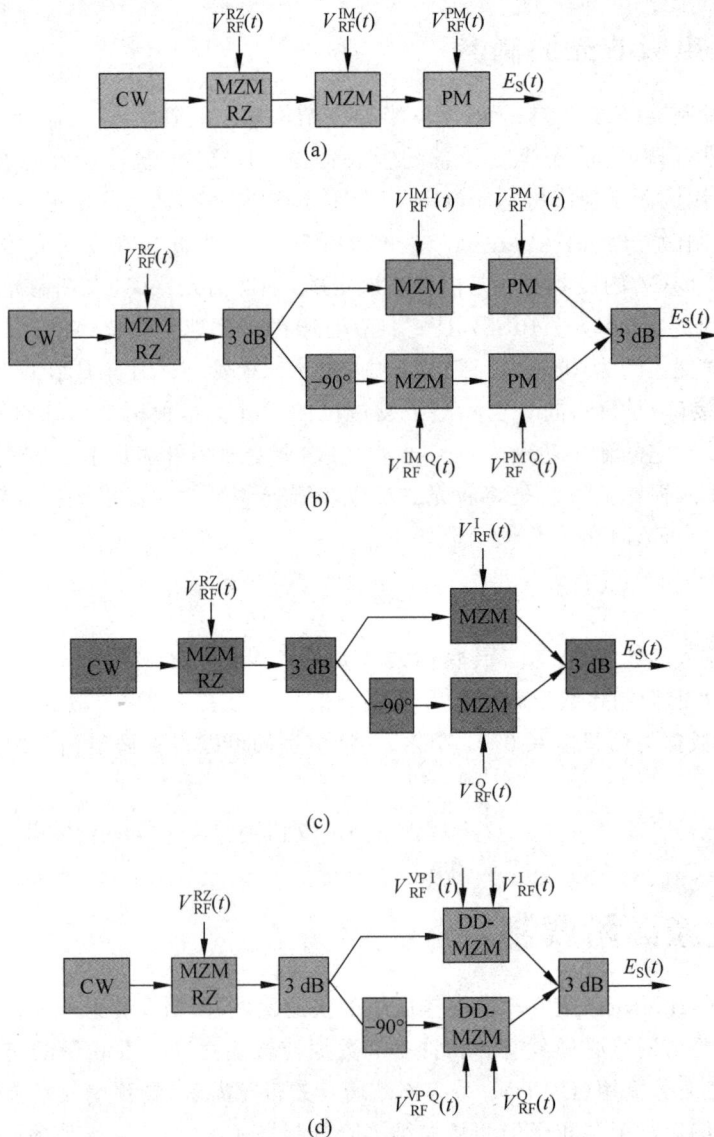

图 2.10　不同的多阶调制发射机

为 MZM 与 PM 组成的 IQ 调制方式；图(c)为单臂驱动 MZM 的 IQ 调制方式；图(d)为双臂 MZM 组成的 IQ 调制方式。要实现多维多阶信号的光调制,必须完成原始的电信号到光载波参量的映射。而要完成这种映射,主要是基于 MZM 和 PM 的串并配置,从系统拓扑结构来说主要有串行和并行两种方案：串行方案基于级联思想,该方案中是对输入光场的信号一级一级的调制,最后实现对上述光信号的调制；并行方案中则通过并联多个 MZM 来实现多路二进制数字信号到上述光信号的映射。另外我们也可以根据集成需要,采用串并混合的方式实现电信号到光信号的调制。需要指出的是,不同的调制发射机具有不同的性能,在实际的系统中,我们需要对各种不同的调制发射机进行比较,以选取最佳的方案。

作为高效的调制方式,QPSK、8PSK、8QAM 以及 16QAM 被认为是 100 GbE(传输速率为 1 Gb/s 的以太网)传输系统的候选。而如果要实现更大容量的传输,则需使用更高阶的调制格式,如 32QAM、64QAM、256QAM 等。本节将对以上几种调制格式的产生方法进行详细地分析。

2.3.1　QPSK 实现方式

QPSK 是一种四进制相移调制格式,是目前高速光通信中获得最多关注的多进制调制格式。它以总比特率一半的符号率传输四个相移(幅度保持不变)。通过两个 MZM,可以很容易地产生所需要的 QPSK 信号。

QPSK 调制结构如图 2.11 所示,有两种形式,即并联式和级联式[2]。在并行方案中(图 2.11(a)),双平衡结构中的两个 MZM 都是偏置在 0 处,驱动信号波动的幅度为 $2V_\pi$,从而产生两路 BPSK 信号(两路 BPSK 信号分别为 $E_1 = E_{in}e^{j\pi c_k}$、$E_2 = E_{in}e^{j\pi(d_k+0.5)}$,这里 c_k 和 d_k 为两路输入数据比特序列),QPSK 信号就是由这两路正交的 BPSK 信号干涉产生的,输出为 $E_{out} = E_{in}(e^{j\pi c_k} + e^{j\pi(d_k+0.5)})$；而在级联式方案中(图 2.11(b)),QPSK 信号则是在 0.5π 相位调制器的旋转作用下实现的,此时,QPSK 的输出信号为 $E_{out} = E_{in}e^{j\pi(c_k+0.5d_k)}$,这里 c_k 和 d_k 为两路输入数据比特序列。

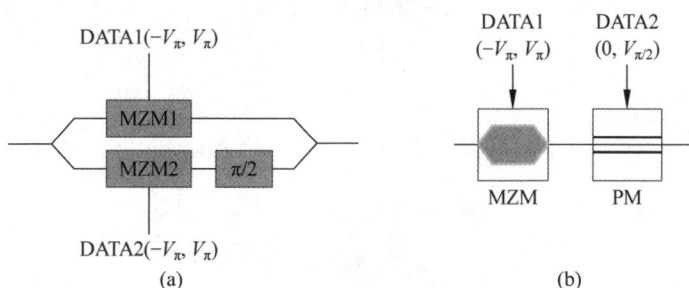

图 2.11　QPSK 调制结构
(a) 并联式；(b) 级联式

虽然这两种实现方式的拓扑结构都比较简单,使用现有商用化的光电器件都能实现,但是实际应用中通常采用前者,这主要是因为相位调制器会将驱动电流的抖动转化为光信号相位的抖动,从而在带宽受限的系统中,串联 MZM 形式的 QPSK 调制器性能比较差。

2.3.2 8PSK 实现方式

PDM-8PSK 是一种具有很大吸引力的多维多阶调制格式,主要是因为:①通过在一个 QPSK 调制器后面添加一级(0,$\pi/4$)相位调制器,就可以产生我们所需要的 8PSK 信号;②由于 8PSK 的幅度值保持恒定,因而相对于其他 64 进制调制格式(如 8QAM),8PSK 有更好的光纤非线性容限;③大多数针对 QPSK 开发的数字信号处理算法同样适用于 8PSK。

图 2.12 是 8PSK 在不使用数模转换器情况下的发射机结构框图,图 2.12(a)所示的串行结构当中,8PSK 发射机是由两个 MZM(MZM1 和 MZM2)和两个相位调制器(PM1 和 PM2)组成[2]。前面的三个调制器 MZM1、PM1、PM2 分别提供 $0/\pi$、$0/0.5\pi$、$0/0.25\pi$ 的相位调制,通过三个调制器以后的输出分别为:$E_{out} = E_{in}e^{j\pi c_k}$、$E_{out} = E_{in}e^{j\pi(c_k + 0.5d_k)}$、$E_{out} = E_{in}e^{j\pi(c_k + 0.5d_k + 0.25e_k)}$,这里 c_k、d_k 和 e_k 为图中三路输入数据比特序列,整个结构相当于在一个 QPSK 调制器后面添加一级(0,$\pi/4$)相位调制器,最终实现 8PSK 的调制。MZM2 则是负责整形产生占空比为 50% 的 RZ-8PSK 信号,若只需产生 NRZ-8PSK,则 MZM2 可省略;而若要生成 PDM-8PSK 信号,则只需在图 2.12(a)结构后面增加一级偏振复用装置。

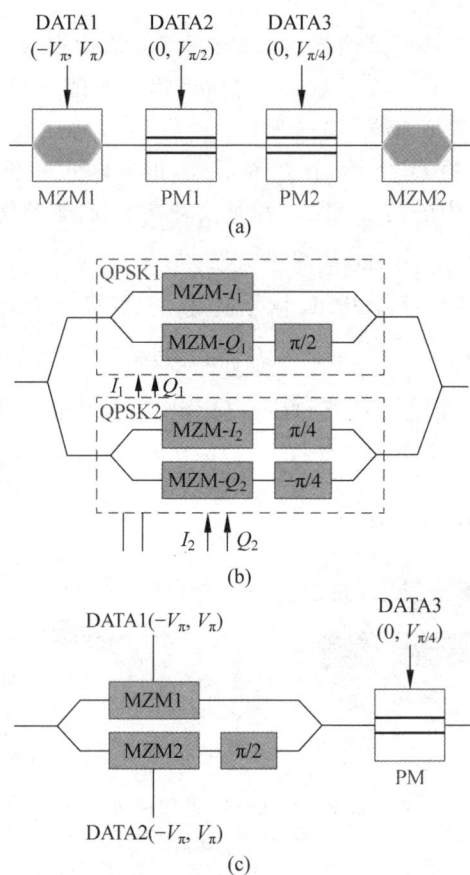

(a)

(b)

(c)

图 2.12　8PSK 发射机框图

然而,这种在 QPSK 调制器后面增加一级(0,$\pi/4$)相位调制器产生 8PSK 信号的方法并不是理想的。因为在这种传统的产生 8PSK 信号的模式当中,相移变化将引起非线性影响,在某种程度上将引入不必要的信号啁啾。图 2.12(b)是一种产生 8PSK 信号的新方法,通过使用一种新的有四个并行的 MZM 结构的调制器(QPMZM)来产生 8PSK 信号[3]。QPMZM 结构中的每一个 MZM 的偏置点都为 0,NRZ 数据序列驱动信号的波动幅度为 $2V_\pi$,因此每一条臂都会产生一个 BPSK 信号,且这些臂的偏置电压不相同,具体为 $n\pi/4(n=-1,0,1,2)$。从图 2.12(b)中可以看出,MZM-I_1,MZM-Q_1,MZM-I_2 以及 MZM-Q_2 的光相位偏置分别为 0、$\pi/2$、$\pi/4$ 和 $-\pi/4$。因此,当输入的三路数据比特序列经过编码生成 I_1、I_2、Q_1、Q_2 后(编码规则为:$I_1=c_k$、$Q_1=d_k$,当 I_1 XOR $Q_1=1$ 时,$I_2=d_k$、$Q_2=e_k$;当 I_1 XOR $Q_1=0$ 时,$I_2=e_k$、$Q_2=e_k$),通过分别对[MZM-I_1,MZM-Q_1]和[MZM-Q_2 MZM-I_2]组合可以产生两路 QPSK 信号,两路 QPSK 信号的光相位偏置变为 $\pi/4$,然后两路 QPSK 信号叠加就可以产生 8PSK 信号。通过这种方法产生的 8PSK 信号不会产生多余的频率啁啾,因而,符号之间的传输是理想的线性轨道,且发射机集成度较高。而图 2.12(c)是图 2.12(a)和(b)两种方法的综合,它是一种串并结合的结构模式,首先通过并行模式产生 QPSK 信号,然后在 $\pi/4$ 相位调制器的旋转作用下,产生 8PSK 信号。

从上述实现方式的简要分析可以知道,使用现有商用的调制器件,通过级联的方式就可以实现 8PSK 的调制,这种合成信号的方法容易实现,但器件集成度不高,且性能也没有得到足够优化;而通过并行方法来合成信号,可以减小甚至消除由频率啁啾引起的非线性效应,集成度和性能得到了优化,同时也对光学器件的成本和工艺提出了更加严格的要求。值得指出的是,虽然通过并行方法可以减小由频率啁啾引起的非线性效应,却并不能消除铌酸锂器件自身所引起的非线性效应(MZM 的功率传递函数具有正弦波特性)。目前,我们可以采用预失真(发射机端)或使用相干接收并匹配相关算法(接收机端)的方法来减小由器件本身引起的非线性效应。在现有的工艺和技术背景下,通过图 2.12(b)并行方法来合成信号还不太实际;通过图 2.12(a)串行方法合成的信号在性能、集成度方面也有待改善;而图 2.12(c)的产生方法虽然在一定程度上继承了前面两种方法的优点,但性能方面的改善要大于由此带来的系统复杂度。

大概在 2013 年以后,随着采样速率达到 64 Gsample/s 和带宽超过 16 GHz 的 DAC 或任意波形发生器(AWG)的商用,8PSK 或其他高阶 QAM 信号的产生难度已极大简化。在 DAC 使用的系统中,我们只需要将 8PSK 矢量信号的实部和虚部进行分离,然后分别由两个 DAC 产生实部和虚部电信号。用这两个电信号经过放大后再驱动一个如图 2.11(a)所示的 IQ 调制器就能产生 8PSK 光信号。也可以用相同的方法产生 16QAM、32QAM 或更高阶 QAM 光信号。然而,为了更好更直观地理解高阶 QAM 的特点,我们还是介绍如何用多个调制器,而不使用 DAC 来产生这些光信号。

2.3.3 8QAM 实现方式

8QAM 信号的产生不像 8PSK 这么直接,因为在光场的相位被调制的同时振幅也被调制。使用任意波形发生器可以很容易产生所需要的 8QAM 信号,但这在全光情况下很难实现。图 2.13 是一种全光条件下基于串行结构的 8QAM 调制方案[2]。该 8QAM 调制器由一个 $\pi/4$ 偏置的双平衡的 MZM 和一个 $(0,\pi/2)$ 相位调制器组成。$\pi/4$ 偏置的双平衡的 MZM 与 QPSK 调制器类似:结构中的双平衡的两个 MZM 都是偏置在 0 处;不同的是,MZM2 的驱动信号的波动幅度只有 $0.7V_\pi$。两路信号叠加后产生的星座图如图 2.13(b)所示,之后在 0.5π 相位调制器的旋转作用下,产生图 2.13(c)所示的 8QAM 星座图,产生 8QAM 信号。值得指出的是,将图中的 MZM2 波动幅度设为 V_π,在其后级联一个 5.7 dB 的光衰减器,亦可以实现相同的调制效果。

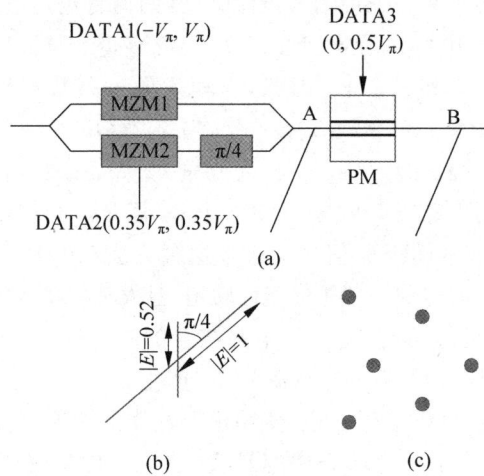

图 2.13 8QAM 调制结构图

2.3.4 16QAM 实现方式

目前,实现 16QAM 调制的方法主要有三种。一种是使用任意波形发生器(AWG),输入的二进制电信号送往 AWG,产生四阶强度信号,通过 IQ 调制器,分别对相位相差 $90°$ 的 I 光与 Q 光进行多阶强度调制,这样 IQ 光混叠后产生 0 到 $\pi/2$ 区间的星座点,同时 AWG 输出一路电信号驱动级联的相位调制器,使得 IQ 调制器输出的光信号相位发生旋转,从而使得星座点分布 4 个星座区域,最终生成 16QAM 光信号[5]。

另外一种是使用 QPMZM(quadruplex parallel MZMS),其结构和图 2.12(b)相似,在调制器的每一条臂上通过 MZM 产生 BPSK 信号,两条臂上的 BPSK 信号合成一路 QPSK(QPSK1、QPSK2)信号,通过衰减使两路 QPSK 信号具有不同的幅度,然后使两路 QPSK 信号耦合生成 16QAM 信号,其通用模型如图 2.14 所示,当 $n=2$ 时,则实现 16QAM 光信号的调制[4]。

在上述两种方案当中,需要使用到 AWG、QPMZM 等新型光学器件,对光学器件的工艺水平提出了较为苛刻的要求。而通过新的产生方式,利用现有商用化的光学器件,也可以产生 16QAM 信号,如图 2.14 所示[2]。

图 2.15 方案中的双平衡 MZM 的偏置为 $\pi/2$,其中的 MZM1、MZM2 均偏置在 0.6π,驱动波动峰峰值为 0.8π。经过该双平衡 MZM 结构产生如图 2.15(b)所示的直角 4QAM 星座点。将该 4QAM 信号通过设置为 $(0,\pi)$ 的相位调制器 MZM3 后,产生如图 2.15(c)所示的特殊 8QAM 星座点,最后在 $(0,\pi/2)$ 相位调制器的旋转作用下产生 16QAM 星座点。从该 16QAM 产生过程可以看到,与图 2.13 所示的 8QAM 方案思想类似,该方案是先采用双平衡 MZM 生成某个象限中的星座点,然后通过相位调制器实现星座点的旋转变换,使得星座点布满整个空间。

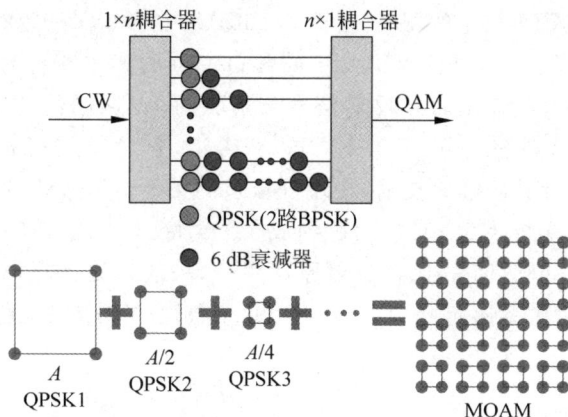

图 2.14　高阶 QAM 调制结构图

（请扫 2 页二维码看彩图）

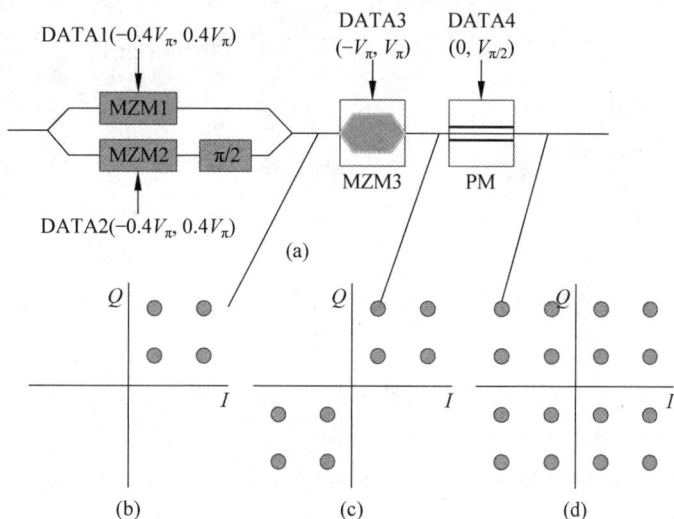

图 2.15　级联 16QAM 调制结构图

2.3.5　高阶 QAM 调制

为了合理利用有限的带宽资源，进一步提高光信号传输的频谱效率，更高阶的 QAM 调制近年来备受关注。目前，已在实验室实现调制传输的具有更高频谱效率的 QAM 调制格式主要有 32QAM、36QAM、64QAM、128QAM、256QAM、512QAM 以及 1024QAM。

1. 36QAM[6-7]

由于采用 2.3.4 节所述的 QPMZM 的方法，只能产生阶数为 $4m$ 的 QAM 信号，因此，目前光 32QAM 都是通过 AWG 实现的。商用的 AWG 可以产生 6 阶的强度信号，因而，对于 32QAM，同相分量和正交分量不能在同一时间都为最高阶；不然，就会产生 36QAM 信号。

采用商用的 AWG，使其工作在交织模式，只输出一路数据信号，可以很容易地产生 36QAM 电信号。另外，通过合适的编码方案，36QAM 可以获得比 32QAM 更高的频谱效率。

因而,随着预均衡、后均衡等技术的发展,近年来,36QAM也获得了一定的关注。图2.16(a)是光36QAM的产生原理图:通过AWG,在I路和Q路同时产生6阶的强度信号,输出6阶模拟信号;AWG输出及其输出时延反转信号分别驱动IQ调制器的I路和Q路,产生光36QAM信号。虽然,从理论上说,36QAM可以获得比32QAM更高的频谱效率,但需要采用非常复杂的多维信号编码/解码技术,在现已报道的关于36QAM的传输实验中,为了简化信号处理,在接收机端将36QAM符号映射成5个比特(与32QAM一样)。图2.16(b)是基于正交差分编码的36QAM的比特映射原理图[6],一般来说,映射比特的前两位是由测量符号的相对象限位置关系决定,而后三位则由每个象限的9个星座点的位置决定。

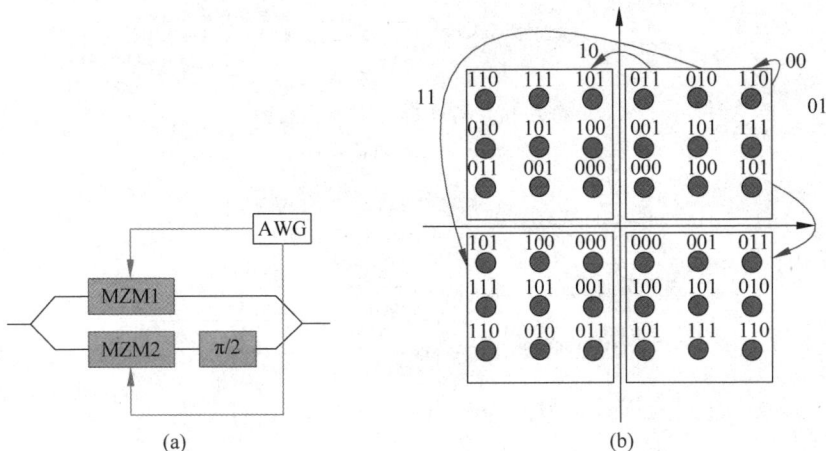

图2.16 36QAM产生原理图(a)和基于正交差编码的36QAM比特映射原理图(b)
(请扫2页二维码看彩图)

而在发射机端,由AWG和IQ调制器引起的线性带限效应,在频域基于测量的传输函数,通过静态预均衡技术可以得到补偿,且不需要使用反馈环回路。如图2.17所示[7],同时采用预均衡和后均衡的效果比只采用后均衡的效果要好。这主要是因为,对发射机滤波带限效应而言,后均衡会增强噪声分量,从而降低信号的光信噪比。

2. 64QAM[8-11]

64QAM光信号的产生主要有两种方法。一种是全光产生64QAM信号,这时,具有高速光电响应和复杂光结构的集成光模块必不可少。为了获得64QAM的集成光调制模块,Yamazaki等采用铌酸锂高速相位调制器和硅基平面波导电路(PLC)的混合集成技术,研制了64QAM的集成光调制器[8],其结构如图2.18所示,原理与图2.14的原理结构图相同:6个平行的MZM、低损耗耦合器以及PLC集成在一起,通过3路QPSK信号耦合成光64QAM信号。

另外一种是先产生电的64QAM信号,然后再通过IQ调制器调制到光上,产生光64QAM信号。这种方法主要有两种实现形式:①通过AWG和DAC产生8阶强度信号[10-11];②采用电耦合器组合3个幅度不同的电信号而获得8阶强度的电信号,分别调制IQ调制的同相分量和正交分量,实现光64QAM的调制。

对于上述的8阶电信号产生的第②种形式,由于连接器、电缆以及电耦合器存在反射,因而在通常的实验室环境下,很难通过单个的离散元件获得高质量以及高速的8阶电信号。

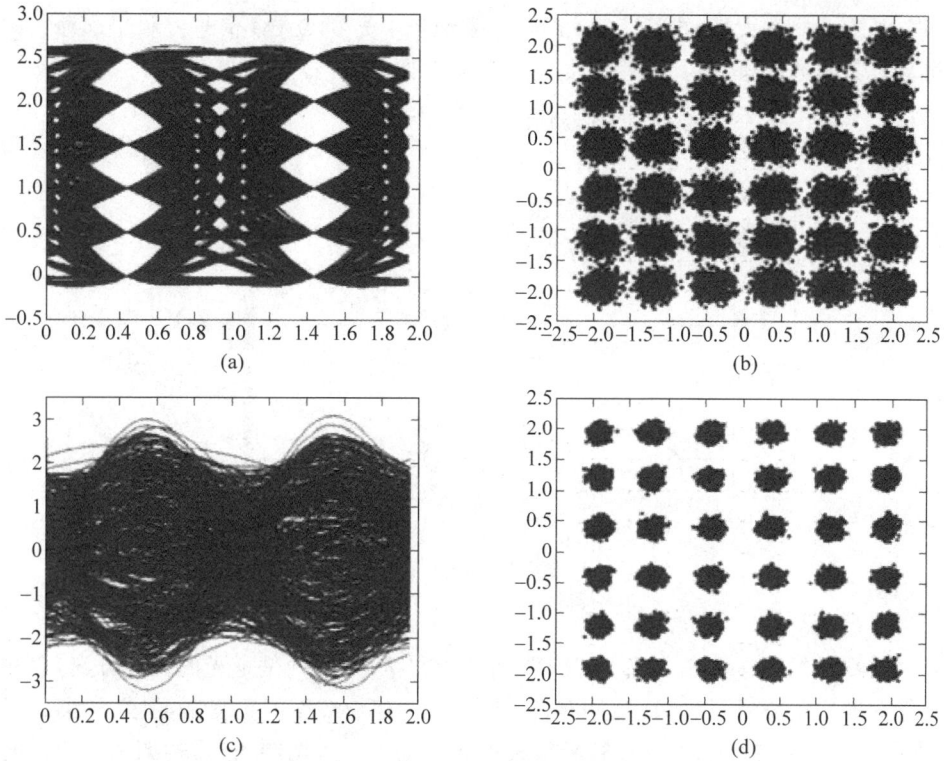

图 2.17 后均衡时电域波形(a)、后均衡时光星座图(b)、预均衡和后均衡时电域波形
(c)及预均衡和后均衡时光星座图(d)

(请扫 2 页二维码看彩图)

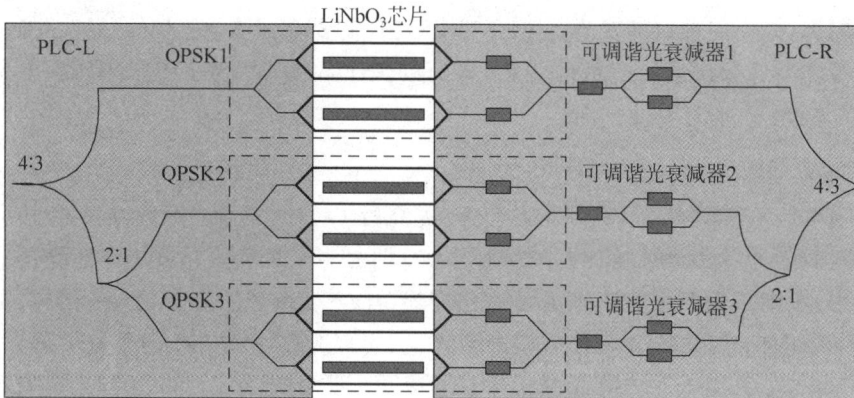

图 2.18 64QAM 光调制器结构

(请扫 2 页二维码看彩图)

然而,通过采用现在流行的光载无线通信(RoF)技术可以克服这个难点,产生高质量的多阶光信号。图 2.19 是 E-O-E 方案的原理图[9]:三个连续的光源经过不同强度调制(IM)后,使其中两路分别经过 3 dB 和 6 dB 的衰减,产生幅度不同的三路光信号,通过光耦合器耦合产生 8 阶光信号;然后使 8 阶光信号经过一个光电探测器(PD),得到 8 阶强度的电信号。结构中,可以使用光时延进行三路信号的同步控制。值得一提的是,为了驱动 IQ 调制器产生光 64QAM 信号,8 阶电信号需满足一定的幅度要求,因此,可以使产生的 8 阶电信号先

通过一个电放大器放大后,再注入 IQ 调制器驱动产生光 64QAM 信号。利用这种结构可以产生稳定的 8 阶电信号,且其速率只受到光电器件如 IM、PD 等的带宽限制。

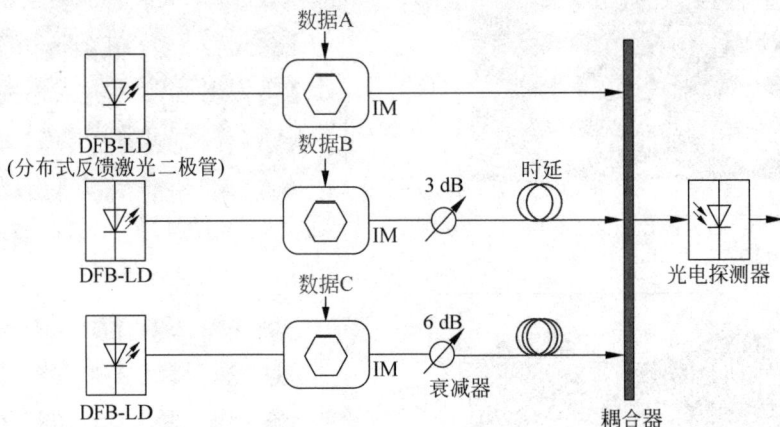

图 2.19　E-O-E 8 阶电信号产生原理

(请扫 2 页二维码看彩图)

前面一共介绍了三种实现光 64QAM 调制的方案,第一种是全光的调制方案,它几乎不受电器件的速率限制,可以实现高速率、稳定性高的光 64QAM 的调制,但是其集成工艺复杂,成本高;而采用 AWG 可以很容易地实现光 64QAM 的调制,且通过调节 AWG 的输出信号的阶数,可以实现如 32QAM、128QAM 等多种光调制格式的调制,但这种结构的光调制容易受到 DAC 速率和精度的限制;E-O-E 方法虽然可以产生高速、稳定的 8 阶电信号,但由于结构中存在光电转换,所以功率消耗大,且三路不同幅度的信号之间需同步,同步控制困难。因而,采用何种结构实现光 64QAM 调制,需要在成本、速率、稳定性、复杂度以及功率消耗等之间进行权衡。但目前为止,报道的关于 64QAM 光传输实验中,主要是采用 AWG 实现调制。

3. 1024QAM[12-13]

采用 AWG 能够实现 1024QAM[12-13] 或更高阶 QAM 信号。例如在文献[12]和文献[13]中,分别在 160 km 和 150 km 光纤上实现了 50.53 Gb/s 和 60 Gb/s 的光传输。在他们的实验中,也都是先利用高精度 AWG(精度为 10)产生基带的 1024QAM 信号,然后再通过 IQ 调制器将基带 1024QAM 信号调制到光上,实现光 1024QAM 的调制。另外,通过对 1024QAM 信号进行升余弦奈奎斯特数字滤波以减小其基带带宽,可以在 4.05 GHz 频谱上实现 3 Gsymbol/s 的信号传输,频谱效率高达 13.8 b/(s·Hz)。目前报道的最高 QAM 相干探测是 4096QAM 信号[23-24]。文献[23]实现了 3 Gbaud 极化复用的 4096QAM 信号的 200 km 传输,其方案使用了 1 Hz 线宽的激光器,利用概率整形和全拉曼放大方式进行光放大。

2.3.6　多维多阶调制格式比较研究

从上述多维多阶调制格式实现方式的简要分析可知,使用现有商用的调制器件,通过级联的方式可以实现 QPSK、8PSK、8QAM 以及 16QAM 的调制,这种合成信号的方法器件集成度不高,且性能也没有得到足够优化,但较容易实现;而通过并行方法来合成信号,可以减小甚至消除由频率啁啾引起的非线性效应,集成度和性能得到了优化,但同时也对光学器件的成本和工艺提出了更加严格的要求,多维多阶调制格式的比较见表 2.2。值得指出的是,虽然通过并行方法可以减小由频率啁啾引起的非线性效应,却并不能消除铌酸锂器件自身引起的非线性效应(MZM 调制器件的功率传递函数具有正弦波特性)。目前,我们可以采用预失真(发射机端)或使用相干接收并匹配相关算法(接收机端)的方法来减小由器件本身引起的非线性效应。

表 2.2　多维多阶调制格式的比较

调制格式	实现方式	系统复杂度	所需调制器总数(MZM、PM)	集成度	对器件的要求程度	器件工程上是否已实现
QPSK	级联	简单	2	低	低	是
	并行	简单	2	较高	低	是
8PSK	级联	简单	3	低	低	是
	并行	复杂	4	高	高	否
8QAM	级联	复杂	3	低	低	是
	AWG 级联	复杂	3	低	高	否
16QAM	QPMZM	复杂	4	高	高	否
	耦合级联	复杂	4	低	低	是

而对更高阶的 QAM 信号,如 36QAM、64QAM、1024QAM 等,目前要实现其光信号的产生,主要还是通过 AWG 和 DAC 产生基带的电信号,然后再通过 IQ 调制器调制到光上。但随着“绿色”概念植入人心,人们对器件的尺寸、功率消耗越来越注重,集成的高阶 QAM 调制器是发展趋势,也是器件水平发展的主流。

表 2.3 总结了当传输速率为 128 Gb/s 时,采用幅度调制或相位调制时需要使用的接收机种类、符号速率、星座图、波分复用颗粒度和频谱效率。当使用 OOK 垂直滤波(OOK-VSB)调制时可以将光谱变成单边带,可以提高色散忍受能力并提高频谱效率,理论上可以做到 OOK 调制的两倍。采用 PAM 调制,例如 PAM-4 或 PAM-8 能够降低信号的波特率,这样可以极大地降低光电器件的带宽,因而广泛应用在价格敏感的短距离光互连传输系统中。因为波特率降低,所以相对地提升了频谱效率,当采用 PAM-8 调制时应该可以实现 50 GHz 传输 100 G 的信号。DQPSK 信号可以用直接检测也可以用相干接收,早期的研究大多是用直接检测,在接收端,两个光延迟线干涉仪使用 1 位时隙延迟解调同相和正交相位分量,相位差为 $\pm\frac{\pi}{2}$[1]。两个解调器的差分光输出信号馈送到差分光电二极管或差分光接收器,用于检测 QPSK 信号的相位变化。此处应该指出,现在已经很少再用这种方式接收 DQPSK 信号,因为相干接收已经相当成熟。如果采用高阶 QAM 调制,特别是 256QAM 调制,能够极大地降低波特率,在使用极化复用(PM)后波特率还能够降低一半。如果考虑到软判决的 25% 左右的前向纠错(FEC)开销和其他的 3% 左右开销(例如以太网帧同步开销),100 Gb/s 信号的速率需要 128 Gb/s,这样采用 PM-256QAM,信号的波特率只需要 128/16＝8 Gbaud。这样波分复用情况下的颗粒度只需要 12.5 GHz。对于单波 1 Tb/s 的 PM-256QAM 信号,其波特率也只需要 80 Gbaud,目前满足这个速率的光电器件都能够商用化。

表 2.3　100 Gb/s 不同调制格式总结

调制格式	OOK	OOK-VSB	PAM-4	PAM-8	DQPSK	PM-QPSK	PM-16QAM	PM-64QAM	PM-256QAM
直接/相干	直接	直接	直接	直接	直接	相干	相干	相干	相干
b/symbol	1	1	2	3	2	2×2	2×4	2×6	2×8
Symbol Rate/Gbaud	128	128	64	128/3	128/2	128/4	128/8	128/12	128/16
星座图									
DWDM 颗粒度/GHz	200	100	100	50	100	50	25	12.5	12.5
频谱效率/(b/(s·Hz))	0.5	1	1	2	1	2	4	8	8

表 2.4 显示了不同极化复用信号在相同的速率下需要的 OSNR 的差别。这里以 PM-QPSK 信号为基点。当采用高阶 QAM 时,欧几里得距离减小,导致需要更高的光信噪比 OSNR。PM-64QAM 在相同的传输速率下比 PM-QPSK 需要额外的 8.5 dB OSNR。注意,这里显示的是理论值,通过同时考虑欧几里得距离和信号波特率计算出来的。对于实际的传输系统,高级 QAM 信号由于对器件的非线性忍受度更差,导致了更多的 OSNR 代价。

表 2.4　不同极化复用信号在相同的速率下需要的 OSNR 的差别

调制格式	PM-BPSK	PM-QPSK	PM-8QAM	PM-16QAM	PM-32QAM	PM-64QAM
b/symbol	2×1	2×2	2×3	2×4	2×5	2×6
星座图						
OSNR 代价/dB	0	0	2	4	6	8.5

表 2.5 列出了单通道 M-QAM 信号在传输速率为 200 Gb/s、400 Gb/s 和 1 Tb/s 时的各项性能指标。这里我们用极化复用的 100 Gb/s QPSK 作为参考。使用 25% 的软判决的增强 FEC[25]。在 50 GHz 颗粒度的波分复用情况下,32 Gbaud 的 400 Gb/s PM-256QAM 的频谱效率为 8 b/(s·Hz),这样 C 波段上的总容量将约为 35 Tb/s。当然,如果用奈奎斯特滤波方法[26]和高性能最大似然序列估计(MLSE)[27]算法,我们可以进一步减少波分复用间距并实现更高的频谱效率即 12.5 b/(s·Hz),这样可以实现 C 波段传输带宽大于 50 Tb/s。为了实现单波传输速率达到 1 Tb/s,需要采用较高级的 QAM 信号,这样才能降低波特率,以使用商用器件实现信号产生和探测。表 2.5 列出了采用具有较低 M-QAM 的两个选项:PM-64QAM 和 PM-32QAM。其波特率需要超过 100 Gbaud 才有可能实现 1 Tb/s 信号的产生。这些调制技术对 DAC 和 ADC 要求很高,而近年随着集成电路技术的进步,困难在被逐步克服。商用的 DAC 和 ADC 带宽可以做到大于 40 GHz,采样速率可以大于 130 Gsample/s。可以预计在不久的将来,商用的单波 1 Tb/s 的产品将用于光通信网

络中。表 2.5 中所示的 OSNR 灵敏度值的参考量为最小化 Q 品质因子＝6.4 dB(BER 阈值为 $1.8\times10^{-2[25]}$)，支持软判决 FEC。

表 2.5　在 100～1000 Gb/s 传输速率下不同级 QAM 信号的参数比较

调制格式	PM-QPSK	PM-16QAM	PM-QPSK	PM-8QAM	PM-16QAM	PM-32QAM
比特率/(Gb/s)	100	200	400			
波特率/Gbaud	32	32	128	80	64	51
信道间距/GHz	50	50	200	133	100	80
频谱效率/(b/(s·Hz))	2	4	2	3	4	5
OSNR 要求/dB	9.8	16.8	15.8	17.8	19.8	21.8

调制格式	PM-64QAM	PM-256QAM	PM-32QAM	PM-64QAM
比特率/(Gb/s)	400		1000	
波特率/Gbaud	43	32	128	107
信道间距/GHz	67	50	200	166
频谱效率/(b/(s·Hz))	6	8	5	6
OSNR 要求/dB	24.3	30	25.8	28.3

2.4　软件定义光收发机

对于下一代光传输系统来说，提高比特率和频谱效率是最基本的需求。因此，当前光传输的研究大都致力于在多样服务上提高比特率和频谱效率。然而除了对速率和频率效率的高要求之外，未来的光网络也突出了对灵活度的要求，并且这一点越来越受到关注。以软件定义技术为支撑的通用可配置的发送机和接收机对于光传输系统和网络的优化利用有着重要的意义，可以实现更好的资源配置。利用软件定义收发机，光传输系统能够在应用方面、信道要求以及服务质量上调节到最佳的配置状态。

软件定义光收发机(SDOT)的迅速发展主要源自两方面的驱动力。一方面，光电信号处理上的最新进展促进了发送技术的进步，使得传输光纤的可用带宽得到了最大化地利用。另一方面，实时数字信号处理的快速发展使得其能够摆脱离线处理的阻碍。许多新的传输记录对 SDOT 技术的成熟有很大的贡献[14]。近来软件定义的光多格式接收发机已经被报道[15]，这种收发机能够在不出现数据损失的条件下 5 ns 内转换 8 种调制格式。除了单载波传输系统中的 SDOT 外，实时软件定义的 OFDM 的收发机也有相应的报道[16]，这种收发机使用 64 点快速傅里叶逆变换(IFFT)和 16QAM 数据的 58 路子载波的电信号调制技术，能够到达 101.5 Gb/s 的实时线速率。下面主要讲述单载波光通信中的软件定义光收发机(SDOT)。

2.4.1　软件定义的多格式收发机

对于单载波通信中的软件定义收发机而言，适应多格式调制、极化选择以及前向纠错是关键技术也是亟待解决的问题。

图 2.20 是一种典型的软件定义的多调制格式收发机(SDOT)的原理图。SDOT 实时

生成 8 种调制格式,分别是 BPSK,QPSK,4PAM,6PAM,8PSK,16QAM,32QAM 和 64QAM,支持的波特率则高达 28 Gbaud。外腔激光器的光场由 IQ 调制器来调制,该调制器是由两个 6 比特分辨率的数模转换器(DAC)的输出信号来实现电驱动的,时钟均为 28 GHz。同时用到了两块生成伪随机序列的现场可编程门阵列(FPGA)板。每个 DAC 都带有 1:128 的分频器,为 FPGA 提供 218.75 MHz 的时钟信号。I 和 Q 信道各自独立,这些数据流驱使 FPGA 查找表(LUT)产生 6 位二进制输入,而表示一个字符的 6 位二进制输出以 28 Gbaud 的波特率驱动 DAC。为了在光域中获得等距的星座点,在存储 LUT 内的字符时,马赫-曾德尔调制器(MZM)的非线性传输效应应予以考虑,就可以把不规则分布的电输出转换成等距分布的光域信号。不同调制格式的切换是通过改写 LUT 的内容实现的。变换调制格式只需要一个单时钟循环(波特率为 28 Gbaud,周期为 5 ns)。7% 的 FEC 保证了在误码率 BER 小于或等于 2×10^{-3} 的情况下始终可以恢复出信号。

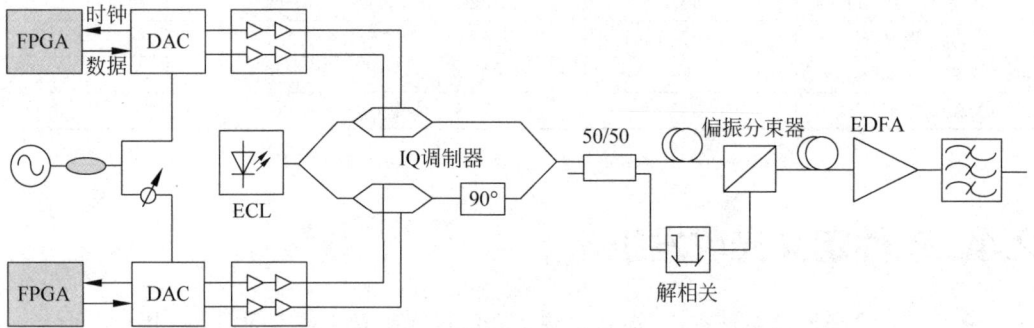

图 2.20   软件定义的多调制格式收发机原理图

2.4.2   软件定义的偏振转换的收发机

基于软件定义的偏振转换(PS)的收发机在长距离传输系统中也有着典型的应用[17]。偏振转换的 QPSK 格式已经被广泛关注,PS-QPSK 相比于偏振分路复用(PDM)-QPSK,对于光噪声有着更好的抵抗性能。此外实验也表明在 100 Gb/s 的波分复用传输模式中,对非线性噪声的容错也得到了提升。尽管有这些优势,但是 PS-QPSK 的频谱效率并不像 PDM-QPSK 那么好,这限制了它在 100 Gb/s 的光网络中的利用。不过 PS-QPSK 有一个非常引人注目的优点,就是其能够对应用于自适应比特率系统中的传统调制格式进行补充,在这样的系统中,光路的数据速率是根据容量需求和需要补偿的物理损耗而动态变化的。PS-QPSK 能够在相同的发送机硬件配置下以相同的波特率运作,而只需要在接收机一侧中的数字信号处理做小的调整。

PS-QPSK 格式通过一个 8 状态的 4D 星座图以 3 b/symbol 的方式编码,因为这样使得两个比特在同偏振上一起编码(有四种可能的状态),另外一个比特反映光的偏振。对于 PS-QPSK 的信号,并不是所有的四个 QPSK 符号都能够在满足 X 独立于另外四符号的 Y 的情况下被使用,如图 2.21(b)所示。因此一个 PS-QPSK 符号只能有 8 种状态,而 PDM-QPSK 符号则有 16 种状态。这种表示特别的好处是,在 PDM-QPSK 相同的硬件配置下,给出了生成 PS-QPSK 的一种简单方案[18],见图 2.21(a)。

PS-QPSK 由于其两个偏振方向的 QPSK 符号不完全独立的特点,其偏振解复用及均

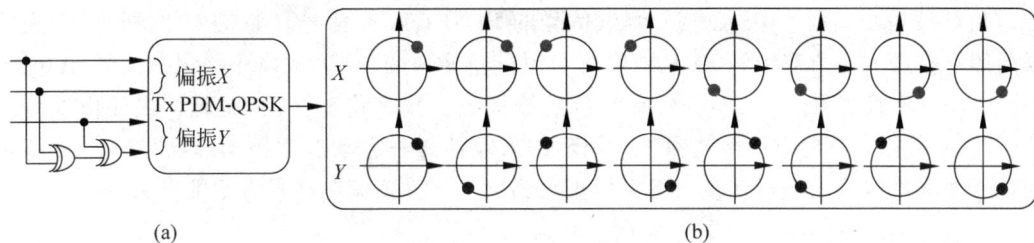

图 2.21　PS-QPSK 利用 PDM-QPSK 的硬件配置（a）及 PS-QPSK 信号在 X 和 Y 偏振
方向上的关联输出状态（b）

（请扫 2 页二维码看彩图）

衡算法不同于 PDM-QPSK。PDM-QPSK 系统中的偏振解复用的经典算法是常模算法
（CMA），已经在自适应盲均衡器中广泛使用。然而，CMA 不能用在 PS-QPSK 系统中偏振
解复用。最近提出了一种改进的 CMA 来允许偏振解复用和 PS-QPSK 的均衡[19]，另一个
解决方案是通过几个符号来延迟 PS-QPSK 发射机的在 X 和 Y 偏振的相关数据流驱动的
IQ 调制器，这样可以在偏振分支之间引入独立性，而且使得 PS-QPSK 信号就像 PDM-
QPSK 信号一样，可以很容易地被自相关接收机用常规的 CMA 来偏振解复用，在偏振解复
用后，符号延时被数字化地移除，来恢复真正的 PS-QPSK 信号，如图 2.22 所示。最后基于
维特比（Viterbi）算法被用于载波相位恢复，并通过以接收到的信号点的最小欧几里得距离
为依据的判决方式来检测信号。

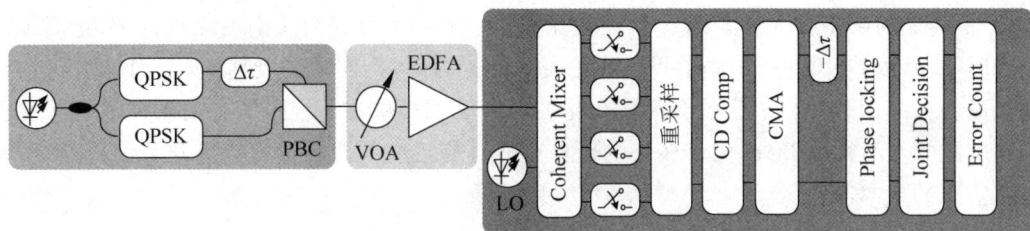

图 2.22　软件定义的 PS-QPSK 收发机原理图

（请扫 2 页二维码看彩图）

　　图 2.22 显示了基于 PS-QPSK 的 SDOT 原理图。从激光源产生的光被分为两个分支，
并输入两个工作在 28 Gbaud 的 QPSK 调制器中。根据图 2.21（a），驱动两个 IQ 调制器的
四个输入数据流是由 FPGA 电路板提供的相关二进制序列。在偏振合束之前，在一个分支
上引入了一个可调的光延迟线，如前所述。

　　基于 PS-QPSK 的 SDOT 的在波分复用传输场景中的设置如图 2.23 所示。发射器由
80 个分布反馈（DFB）激光器组成，它被分成 50 GHz 间隔，并分离成两个独立调制的、频谱
交错的奇偶梳状滤波器和一个可调谐激光器。从奇偶梳状滤波器产生的光被送到两个工作
在 28 Gbaud 的 QPSK 调制器中。调制器被速率 28 Gb/s 的伪随机二进制序列（PRBS）所
驱动。偏振复用最终通过将 QPSK 数据分成两个支流，并给它们加上 300 码元的延时后，
合束到一个光偏振合束器中，生成速率为 112 Gb/s 的 PDM-QPSK 数据。28 Gbaud 的 PS-
QPSK 信号，以及两路奇偶 PDM-QPSK 信号分别被送入一个 50 GHz 的网格波长选择开关
（WSS）的三个输入端口。根据 WSS 的配置，输出可以是一个完整的 PDM-QPSK 信号，或

者是在 C 波段中间插入 PS-QPSK 测试信号的 PDM-QPSK 信号。如图 2.23 所示,产生的
复用信号被送入一个双级的 EDFA,然后送到重新循环的环路中,该环路包括 4 段 100 km
跨距的标准单模光纤(SSMF)。所有的色散被接收机数字化地补偿,而光纤损耗由混合拉
曼-EDFA 来补偿。功率均衡是通过在循环的末端插入一个动态增益均衡器(DGE)来实现
的。这种软件定义的偏振转换方案可以被视为软件定义多调制格式方案的有力补充。

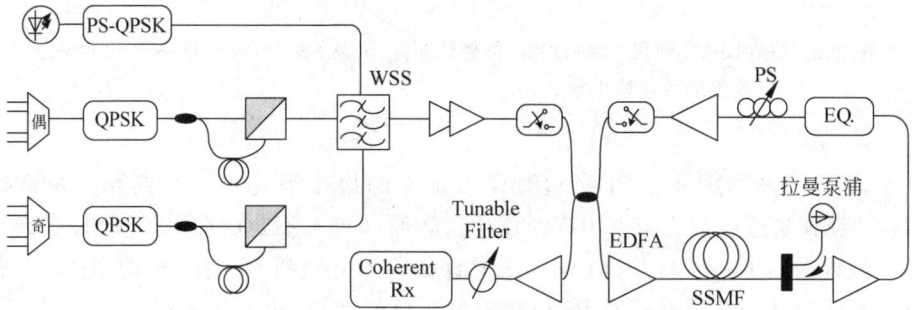

图 2.23　软件定义的 PS-QPSK 收发器的波分复用配置

2.4.3　自适应复用 PON 的软件定义收发器

除了多调制格式和偏振转换,复用是实施 SDOT 的另一个潜在的方向,尤其是在基于
数字软件的无源光网络(PON)中。综合了软件定义技术和无源光接入的基于数字软件的
PON 将会成为未来接入方案的一个有力竞争者。在这样的 PON 中的光线路终端(OLT)
和光网络单元(ONU)中包含数字信号处理部分。因此,不同的调制格式、复用技术和补偿
方法可以被应用和切换。这就会为多元化的服务需求提供在系统带宽有限条件下的高效利
用和广泛的灵活性。此外,由于较小的硬件改变会使系统的总容量得到提升,所以长期来说
有非常高的成本效益。

图 2.24 为星座共享的原理,在基于数字软件 PON 中的一个新颖的复用方法。星座共
享使得 OLT 可以同时给多个 ONU 发送不同的数据。因此,该功能类似于 OFDM 和单载
波的子载波复用(SCM)。在这种方法中,ONU 的容量被 OLT 发送来的若干个比特的多电
平调制信号所分割。该比特的分配由每一个 ONU 使用的辨别规则所决定。图 2.24(a)展
示了一个数字软件 PON 系统应用星座共享方法的一个例子。QAM 信号通过无源光分路

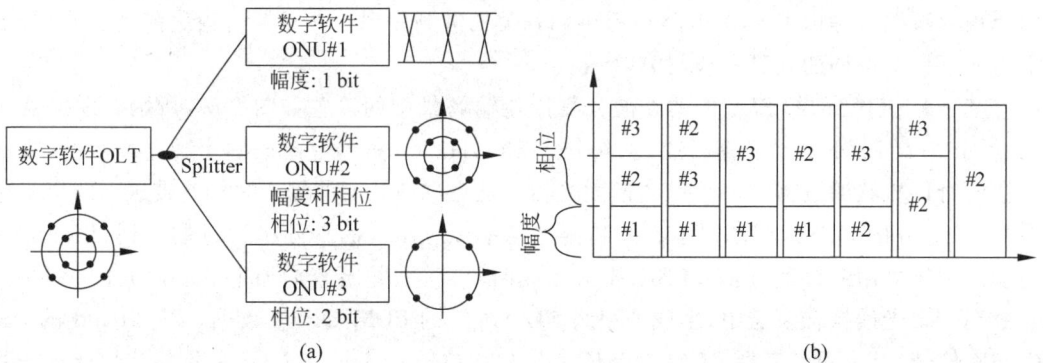

图 2.24　星座共享(a)及数字软件 PON 的分配模式(b)

器从 OLT 发送到所有的 ONU。ONU ♯1，♯2 和 ♯3 分别通过以下方式来辨别信号：仅通过幅度，通过幅度和相位，仅通过相位。当每个 ONU 接收到它能辨别的所有数据后，帧会被逐比特地恢复和排序，根据帧头的目的地址来决定接收或遗弃。采用该方法时，不同模式的比特分配方法将成为可能，如图 2.24(b)所示。

基于星座共享的 SDOT 的原理图如图 2.25 所示。假设这里的条件是，一个数字的基于软件的 OLT 连接到一个数字的基于软件的 ONU 和一个只能接受 OOK 信号的 ONU 上。该数字软件 OLT 包含一个 IQ 调制器，数字软件 ONU 包含一个有 90°混频器和两对平衡探测器的相干接收机，数字信号处理由 MATLAB 离线执行。为了模拟一个 OOK-ONU，用到了一个光电二极管(PD)。

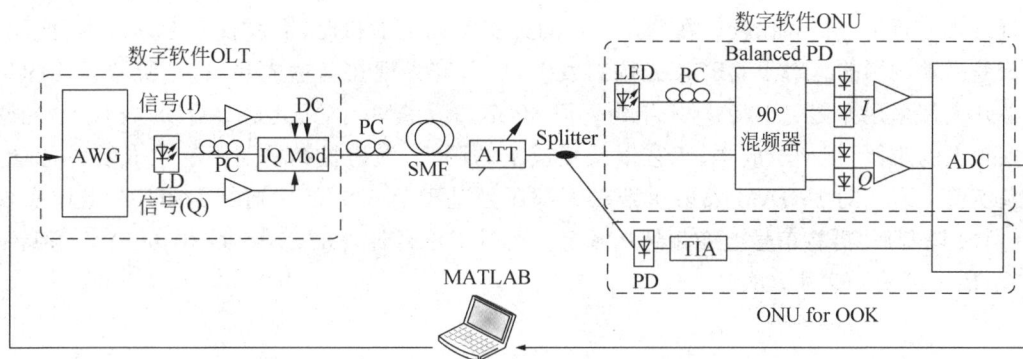

图 2.25　基于星座共享的 SDOT 的原理图

所用的调制格式在图 2.26 中示出。在发送的 3 比特中，1 比特是在幅度方向调制，其余 2 比特是相位方向调制。Ds1 和 Ds2 是分别是外圆和内圆中点与点的间距。在这里，引入了一个新的参数 Rds 用来调整点的间距的比例，也就是 Ds1/Ds2。在数字的基于软件的无源光网络中，Rds 可以自适应地改变，如图 2.26 所示。随着 Rds 的增大，内圈和外圈的距离也随之增大，星座图最终就变成通断键控(OOK)。因此，大的 Rds 值改善了幅度方向的接收灵敏度。与此相反，随着 Rds 逐渐变小，内圈和外圈的距离也随之变小，星座图最终就变成正交相移键控(QPSK)。因此，小的 Rds 值会改善相位方向的接收灵敏度。所以，在幅度方向和相位方向的接收灵敏度之间会有一个权衡问题。这个权衡的理想点可以通过调整 Rds 值来找到。一般来说，在一个 PON 系统中，从 OLT 到每个 ONU 之间的用户的用途和传输环境各不相同，因此，需要的带宽是时变的，而且必要的功率预算随每个 ONU 位置的

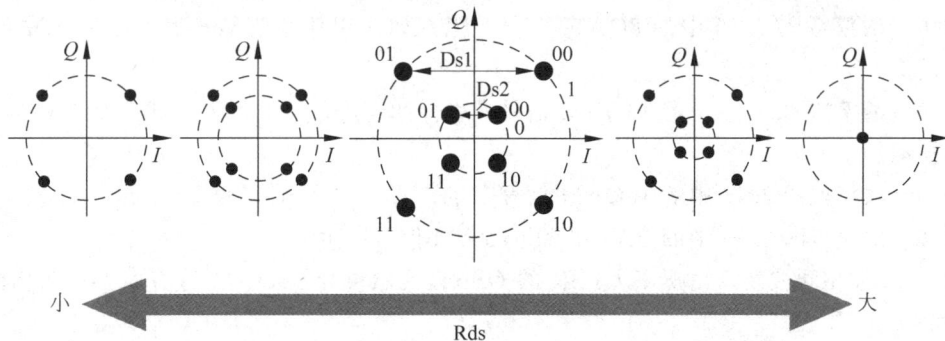

图 2.26　数字的基于软件 PON 的不同调制格式的星座图

不同而不同。在数字的基于软件的 PON 中,不同的 Rds 改变调制格式取决于实际需要,并且可以减轻由传输环境不同造成的影响。对于 PON 系统需要处理时变的带宽需求和不同的传输环境的要求,这种高度灵活的基于星座共享的 SPOT(卫星定位跟踪)具有很多优点。

2.5 小结

本章主要对高速相干光通信中发射机端单载波先进调制格式进行了详细的介绍。单载波多维多阶调制格式通过在每一个符号中传输多个比特的数据信息,降低信号传输的波特率,实现高频谱效率的传输。本章中,主要对 QPSK、8PSK、8QAM 以及 16QAM 的发射机实现方式进行了分析和比较。在选择合适的光多阶调发射机时,需要权衡考虑成本、性能、集成等因素的影响。对于 QPSK 光调制发射机,研究界现在已达成共识,已研制成功的集成芯片大都采用如图 1.10 的所示结构。但 8PSK、16QAM 等,尤其是 16QAM,由于全光调制实现上的难题,带来了成本、工艺以及集成上的困难,发射机结构还没有形成统一标准。目前实验室研究的 16QAM 发射机结构大都还是基于 AWG,然后通过 DAC,在电域实现 16QAM 调制后,再将信号上变频到光域上。而对于更高阶的 32QAM 到 4096QAM 等调制格式,也大都采用这种方法。

思考题

2.1 为什么在相干通信系统中一般采用相位调制而不是强度调制传输信号? 采用强度调制传输的信号能够用相干接收吗? 它们各有什么优缺点?

2.2 在相同的传输速率 100 Gb/s 的情况下,PAM-8 信号对接收机 OSNR 的要求比 OOK 信号的高多少?

2.3 请列出外调制器的种类。目前相关产品中普遍使用的调制器的类型是什么? 如何提高外调制器的带宽?

2.4 请模拟图 2.11 中的 QPSK 信号产生。采用级联的相位调制器产生 QAM 信号时,为什么一般需要采用一只归零码调制器产生归零信号?

2.5 请模拟图 2.12 中的 8PSK 信号产生的三种方式。如何用任意波形发生器产生 8PSK 信号,请模拟。

2.6 请模拟图 2.13 中的 8QAM 信号产生。如何用任意波形发生器产生 8QAM 信号,请模拟。

2.7 请模拟图 2.14 中的 16QAM 信号产生。如何用任意波形发生器产生 16QAM 信号,请模拟。

2.8 请模拟图 2.15 中的 16QAM 信号产生。

2.9 请模拟图 2.19 中的 PAM-8 和 64QAM 信号产生。

2.10 在相同波特率情况下 QPSK 的 OSNR 灵敏度比 16QAM 的高多少? 在相同速率下呢?

2.11 请计算表 2.4 中的 OSNR 代价值,以 QPSK 为基点。

2.12　请计算表 2.5 中采用不同调制格式时,为了实现 BER 接近软判决的阈值所需要的 OSNR 近似值。

2.13　请列出高阶调制和 QPSK 调制码信号的优缺点。

2.14　现在大多采用 DAC 产生高级 QAM 信号而不是用多级联的多调制器,你能解释这一做法吗?用多级联的多调制器能够产生 32QAM 信号吗?

2.15　如何采用物理方法或算法将一个 QPSK 信号变为一个高阶 QAM 信号?请列出至少两种方案。

参考文献

[1]　WINZER P J,ESSIAMBRE R J. Advanced optical modulation formats[J]. Proceedings of the IEEE,2006,94(5):952-985.

[2]　YU J,ZHOU X. Ultra-high-capacity DWDM transmission system for 100G and beyond[J]. IEEE Communications Magazine,2010,48(3):S56-S64.

[3]　SAKAMOTO T,CHIBA A,KAWANISHI T,et al. Electro-optic synthesis of 8PSK by quad-parallel Mach-Zehnder modulator[C]. OFC 2009,San Diego,CA,USA,2009,paper no. OTuG4.

[4]　SAKAMOTO T,CHIBA A,KAWANISHI T,et al. High-bit-rate optical QAM[C]. OFC 2009,San Diego,CA,USA,2009,paper no. OWG5.

[5]　GNAUCK A H. 10×112 Gb/s PDM 16-QAM transmission over 630km of fiber with 6.2-b/s/Hz spectral efficiency[C]. OFC 2009,San Diego,CA,USA,2009,paper no. PDPB8.

[6]　ZHOU X,YU J,HUANG M F,et al. 64-Tb/s,8 b/s/Hz,PDM-36QAM transmission over 320 km using both pre-and post-transmission digital signal processing[J]. Journal of Lightwave Technology,2011,29(4):571-577.

[7]　YU J,ZHOU X. 16×107-Gb/s 12.5-GHz-spaced PDM-36QAM transmission over 400 km of standard single-mode fiber[J]. IEEE Photonics Technology Letters,2010,22(17):1312-1314.

[8]　YAMAZAKI H,YAMADA T,GOH T,et al. 64QAM modulator with a hybrid configuration of silica PLCs and LiNbO₃ phase modulators for 100-Gb/s applications[C]. ECOC 2009,Vienna,Austria,2009,paper no. 2.2.1.

[9]　YU J,ZHOU X,GUPTA S,et al. A novel scheme to generate 112.8-Gb/s PM-RZ-64QAM optical signal[J]. IEEE Photonics Technology Letters,2010,22(2):115-117.

[10]　YU J,DONG Z,CHIEN H C,et al. 7-Tb/s(7×1.284 Tb/s/ch)signal transmission over 320 km using PDM-64QAM modulation[J]. IEEE Photonics Technology Letters,2012,24(4):264-266.

[11]　GNAUCK A H,WINZER P J,KONCZYKOWSKA A,et al. Generation and transmission of 21.4-Gbaud PDM 64-QAM using a novel high-power DAC driving a single I/Q modulator[J]. Journal of Lightwave Technology,2012,30(4):532-536.

[12]　HUANG M F,QIAN D,JP E. SO. S3-Gb/s PDM-I024QAM-OFDM transmission using pilot-based phase noise mitigation[C]. OECC 2011:752-753.

[13]　KOIZUMI Y,TOYODA K,YOSHIDA M,et al. 1024 QAM(60 Gbit/s)single-carrier coherent optical transmission over 150 km[J]. Optics Express,2012,20(11):12508-12514.

[14]　FREUDE W,SCHMOGROW R,NEBENDAHL B,et al. Software-defined optical transmission[C]. Proceedings of 13th International Conference on Transparent Optical Networks (ICTON),2011.

[15]　SCHMOGROW R, HILLERKUSS D, DRESCHMANN M, et al. Real-time software-defined multiformat transmitter generating 64QAM at 28 GBd[J]. Photonics Technology Letters, IEEE,

2010,22(21): 1601-1603.

[16] SCHMOGROW R, WINTER R M, NEBENDAHL B, et al. 101. 5 Gbit/s real-time OFDM transmitter with 16QAM modulated subcarriers[C]. Proceedings of Optical Fiber Communication Conference and Exposition(OFC/NFOEC),2011,Los Angeles,CA,USA,Paper OWE5.

[17] RENAUDIER J,BERTAN-PARDO O,MARDOYAN H,et al. Experimental comparison of 28Gbaud polarization switched-and polarization division multiplexed-QPSK in WDM long-haul transmission system[C]. Proceedings of 37th European Conference and Exhibition on Optical Communication (ECOC),Geneva,Switzerland,2011.

[18] KARLSSON M,AGRELL E. Which is the most power-efficient modulation format in optical links [J]. Optics Express,2009,17: 10814-10819.

[19] JOHANNISSON P, SJÖDIN M, KARLSSON M, et al. Modified constant modulus algorithm for polarization-switched QPSK[J]. Opt. Exp. ,2011,19: 7734.

[20] IIYAMA N,KIM S,SHIMADA T,et al. Co-existent downstream scheme between OOK and QAM signals in an optical access network using software-defined technology[C]. Proceedings of Optical Fiber Communication Conference(OFC)2012,Los Angeles,USA,paper JTh2A. 53.

[21] PROAKIS J. Digital communications[M]. 4th edn. New York: McGraw-Hill,2000: 177-178.

[22] PRESS W H,TEUKOLSKY S A,VETTERLING W T,et al. Numerical recipes in FORTRAN 77 C [M]. Cambridge: Cambridge University Press,1992.

[23] OLSSON S L I,CHO J,CHANDRASEKHAR S,et al. Probabilistically shaped PDM 4096-QAM transmission over up to 200 km of fiber using standard intradyne detection[J]. Opt. Express,2018, 26: 4522-4530.

[24] TERAYAMA M,OKAMOTO S,KASAI K,et al. 4096 QAM(72 Gbit/s)single-carrier coherent optical transmission with a potential SE of 15. 8 bit/s/Hz in all-Raman amplified 160 km fiber link [C]. OFC 2018,San Diego,CA,USA,2018,paper Th1F. 2.

[25] ONOHARA K,SUGIHARA T,KONISHI Y. et al. Soft-decision-based forward error correction for 100 Gb/s transport systems[J]. IEEE J. Sel. Top. Quant. Electron. ,2010,16(5): 1258.

[26] BOSCO G,CARENA A,CURRI V,et al. Performance limits of Nyquist-WDM and CO-OFDM in high speed PM-QPSK systems. IEEE Photon[J]. Technol. Lett. ,2010,22: 1129-1131.

[27] CAI J X,YI C,DAVIDSON C,et al. 20 Tbit/s capacity transmission over 6860 km[C]. OFC 2011, Los Angeles,CA,USA,2011,PDPB4.

[28] ROUDAS I. Coherent optical communications systems. Ch. 10[M]//ANTONIADES N, ELLINAS G,ROUDAS I. WDM systems and networks: Modeling, simulation, design and engineering. New York: Springer,2012.

[29] REED G T. Silicon optical modulators[J]. Nat. Photon. ,2010,4: 518-526.

[30] HINAKURA Y,AKIYAMA D, ITO H,et al. Silicon photonic crystal modulators for high-speed transmission and wavelength division multiplexing[J]. IEEE J. Sel. Top. Quantum Electron. ,2020, 27: 4900108.

[31] HE M,XU M,REN Y,et al. High-performance hybrid silicon and lithium niobate Mach-Zehnder modulators for 100 Gbit/s and beyond[J]. Nat. Photonics,2019,13: 359-364.

[32] ASAKURA H,NISHIMURA K,YAMAUCHI S,et al. 384-Gb/s/lane PAM8 operation using 76-GHz bandwidth EA-DFB laser at 50℃ with 1. 0-Vpp swing over 2-km transmission[C]. OFC 2022, San Diego,CA,USA,2022,paper Th4C. 4.

[33] YAMAUCHI S,ADACHI K,ASAKURA H,et al. 224-Gb/s PAM4 uncooled operation of lumped-electrode EA-DFB lasers with 2-km transmission for 800GbE application[C]. OFC 2021,(on line) 2021,Tu1D. 1.

第 3 章

单载波相干探测中的正交归一化与时钟恢复技术

发射机发送的光信号在经光纤传输后,不仅存在幅度的衰减,并且存在由光纤线性与非线性效应导致的信号畸变。光接收机的作用,主要是探测经传输后的光信号,并以此为基础完成对原始发射信号的恢复。

光接收机中一般可采用直接探测与相干探测两种方式。相干探测因其有助于改善接收机的灵敏度而更具优势,一般是通过本振光源与接收光信号经过光混频器拍频而实现。相干探测能够将信号光域中携带的幅度和相位信息完整地保留到光电转换后的电信号中,但由于接收端本振光源与发射端激光器之间的频率难以保持完全一致,且本振激光器的线宽将引入相应的相位偏移,电信号的频率及相位将受到本振光频率 f_{LO} 及相位 $\varphi_{LO}(t)$ 的扰动。此外,相干探测过程中还存在 IQ 两路信号之间幅度/相位失配、收发端采样时钟不匹配,以及由光纤色散造成的信道静态损伤和偏振模色散效应等其他信号损伤。相应地,也衍生出一系列数字信号处理算法,针对以上损耗分别进行估计与补偿,进而完成对原始发射信号的恢复再生与恢复。本章首先将就单载波相干接收机的结构及基本原理进行介绍,其次针对 IQ 不平衡、收发端采样时钟不匹配等问题,将分别在 3.2 节和 3.3 节就数字信号处理的主要流程模块中的正交化归一化和时钟恢复进行详细的阐述。

3.1 相干光通信

20 世纪初期,相干光通信因其高灵敏度和大信道容量而受到很多研究者的追捧,但随着 20 世纪 80 年代的波分复用系统和 EDFA 的广泛应用,直接检测因其结构简单和实现成本低而渐渐替代了相干检测。因此相干光通信在 20 世纪的最后 20 年里淡出了研究者的视线。但是,随着现代通信对系统信号传输速率要求的极大提高,以及对数字信号处理的应用和高阶光调制技术的研究更加成熟,相干光通信再次成为高速率高性能的现代光通信的研究热点。

相干光通信不但极大地提高了系统的频谱效率,在色散和非线性补偿以及控制方面也因为数字信号处理的应用而有了更好的效果,将偏振复用引入相干检测的系统中可更进一步提高系统的传输容量;此外,新兴的多模多芯光纤和光角动量复用等也被提出,用于进一步扩大单信道的传输容量。随着通信的业务量和复杂度的增加,以太网的带宽需求将达到100 GHz以上。在现代结构简化的直接检测传输系统中,由于现有的光电检测器的最大带宽为100 GHz左右,而且直接检测系统中只有强度可以被用来调制信息,这就成为通信速率提高的瓶颈。为了进一步提高光纤通信的系统容量,研究者重新将自己的目光转向了相干光通信。在相干光通信中,光信号的幅度和相位都可以被调制,高阶的幅度/相位调制格式的使用可以极大地提高系统的频谱效率,从而保证高速率的光纤通信系统的实现[1]。

3.1.1　单载波相干探测基本原理

相干光通信能够保证输入信号速率的根本原因在于相干光通信将矢量调制引入调制格式中,这样就可以极大地增加系统的频谱效率[1]。QPSK是相干光通信中最常见的矢量调制格式。在这种调制格式中,一个符号携带了2个比特的信号,这样在同样的带宽上就将信息速率提高1倍。同样地,当M-QAM调制格式被应用到光通信时,相对于直接检测系统中的OOK调制格式,其频谱效率提高M倍。

在相干检测的光纤通信系统中,调制后的光信号可以表示为

$$E_S(t) = A_S(t)\exp(j\omega_S t) \tag{3-1}$$

其中,$A_S(t)$为调制光信号的复振幅;ω_S为调制光信号的角频率。

类似地,接收端的LO信号被定义为

$$E_{LO}(t) = A_{LO}(t)\exp(j\omega_{LO}t) \tag{3-2}$$

类比于式(3-1),式(3-2)中的$A_{LO}(t)$和ω_{LO}分别为LO信号的复振幅和角频率。调制后的信号和LO信号的功率和振幅是相关联的,分别被表示为$P_S = \dfrac{|A_S|^2}{2}$和$P_{LO} = \dfrac{|A_{LO}|^2}{2}$。

在相干光通信系统中通常使用平衡检测的方式,这种方式可以抑制直流成分,同时保证输出的光电流为最大值。图3.1为平衡检测方式的结构图。

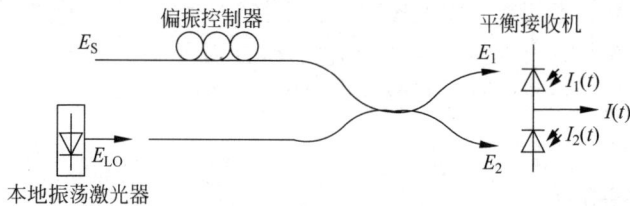

图3.1　平衡检测方式结构图

在这种检测方式中保证接收信号E_S和LO信号E_{LO}为同样的偏振态,这样在检测时进入平衡接收机两个光信号可以表示为

$$E_1(t) = \frac{1}{\sqrt{2}}(E_S + E_{LO}) \tag{3-3}$$

$$E_2(t) = \frac{1}{\sqrt{2}}(E_S - E_{LO}) \tag{3-4}$$

经过光电检测后,从两个光电二极管输出的电流$I_1(t)$和$I_2(t)$分别为

$$I_1(t) = R\left\{\text{Re}\left[\frac{A_S(t)\exp(j\omega_S t) + A_{LO}(t)\exp(j\omega_{LO}t)}{\sqrt{2}}\right]\right\}^{ms}$$

$$= \frac{R}{2}\{P_S + P_{LO} + 2\sqrt{P_S P_{LO}}\cos[\omega_{IF}t + \theta_{sig}(t) - \theta_{LO}(t)]\} \qquad (3\text{-}5)$$

$$I_2(t) = R\left\{\text{Re}\left[\frac{A_S(t)\exp(j\omega_S t) - A_{LO}(t)\exp(j\omega_{LO}t)}{\sqrt{2}}\right]\right\}^{ms}$$

$$= \frac{R}{2}\{P_S + P_{LO} - 2\sqrt{P_S P_{LO}}\cos[\omega_{IF}t + \theta_{sig}(t) - \theta_{LO}(t)]\} \qquad (3\text{-}6)$$

其中，ms 代表光电检测中的光电二极管实现的光强度到电流转换的平方检测；$\omega_{IF} = \omega_S - \omega_{LO}$ 为接收信号和 LO 信号的频率差；$\theta_{sig}(t)$ 和 $\theta_{LO}(t)$ 分别为接收信号和 LO 信号的相位；R 为光电二极管的响应度，详细地表示为

$$R = \frac{e\eta}{\hbar\omega_S} \qquad (3\text{-}7)$$

其中，e 为电子电量；η 为光电二极管的量子效率；$\hbar$ 为约化普朗克常量。根据式(3-5)和式(3-6)中得到的平衡检测光电二极管的两个电流 $I_1(t)$ 和 $I_2(t)$，得到了最终的平衡检测的电流输出：

$$I(t) = I_1(t) - I_2(t) = 2R\sqrt{P_S(t)P_{LO}}\cos[\omega_{IF}t + \theta_{sig}(t) - \theta_{LO}(t)] \qquad (3\text{-}8)$$

其中，LO 信号的功率 P_{LO} 是一个常量。根据 ω_{IF} 的值，将相干检测分为零差相干检测和外差相干检测两类。所谓零差相干检测就是 LO 信号的频率和接收信号的频率完全相同，即 $\omega_{IF} = 0$，这样经过平衡检测后信号就成为了基带信号；而对于外差相干检测，LO 信号的频率和接收信号的频率不同，存在频率差 ω_{IF}，平衡检测后信号处在中频，平衡检测后需要再进行电域的下变频才能得到基带信号。

零差相干检测和外差相干检测都有着自己的优势。对于零差相干检测系统来说，外差相干检测系统增加了电域的下变频，因而系统的实现复杂度需要增加。在实际的应用中，一般的核心传输网采用的是实现简单的零差相干检测；而在光和无线的混合网络中，外差检测得到很好的利用，用来产生和传输携带调制信号为微波、毫米波(甚至 W 波段)的信号。图 3.2 分析了两者的具体的带宽要求。零差相干检测系统要求的带宽即为发送端传输的基带信号带宽 BW；而从图 3.2(a)中可以看到，外差相干检测系统要求的带宽为 $\omega_{IF} + \text{BW}$；

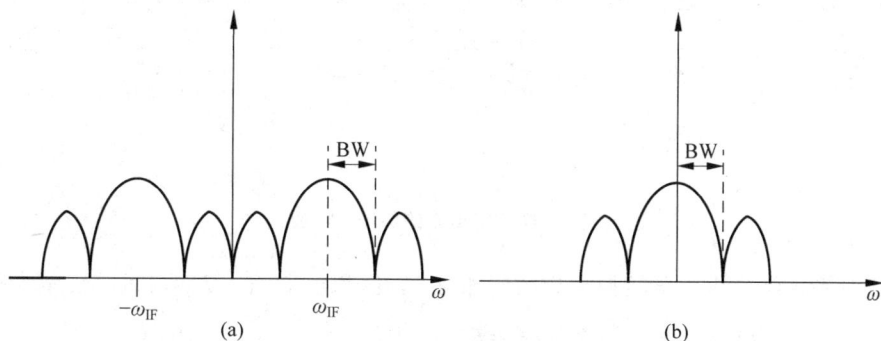

图 3.2　两种检测方式的信号频谱及带宽要求

(a) 外差检测；(b) 零差检测

为了保证信号的边带不发生混叠且尽量地节约带宽,在外差相干检测系统中,中频信号频率必须设置为 $\omega_{IF} \geqslant BW$,这样外差相干检测系统的带宽至少为 2BW。

在系统的复杂度上,相干检测系统中选择的调制格式并不只是简单的幅度调制,而是为了增加频谱利用率通常采用同时调幅和调相的方式。假设系统中采用的是正交幅度调制(QAM),则执行零差和外差相干检测方式时所需要的平衡检测器的个数不一样。对于单个偏振态的 QAM 调制格式的外差检测方式,需要 1 个平衡检测器;而对于零差检测则需要 2 个平衡检测器。此外,在外差相干检测系统中需要加入前置滤波器去滤除信号的虚边带;而对于零差检测这点则不需要。两者的详细系统要求对比在表 3.1 中给出[2]。

表 3.1　零差检测和外差检测系统要求和设置对比

零差检测	对于一个偏振态的正交幅度调制,需要 2 个平衡检测器; 系统的带宽为基带信号带宽 BW; 不需要预置放大器去除虚边带
外差检测	对于一个偏振态的正交幅度调制,需要 1 个平衡检测器; 系统的带宽为 $\omega_{IF} + BW$,至少为 2BW; 需要预置放大器去除虚边带

3.1.2　使用相位和偏振分集接收的相干检测系统

本节主要讨论如何将 3.1.1 节提到的简单的采用 1 个平衡接收机的相干检测系统,扩展到使用相位和偏振分集接收的复杂相干检测系统。首先分别讨论相位分集接收和偏振分集接收的原理和实现,最后将相位分集接收和偏振分集用到同一个相干检测系统中,实现基于相位和偏振分集接收的相干检测系统。

为了简单,在本书中只分析基于相位和偏振分集接收的零差相干检测系统,至于外差系统则可以类比来分析。根据 3.1.1 节推导,为了实现零差相干检测,必须保证 $\omega_{IF} = \omega_S - \omega_{LO} = 0$。在零差相干检测系统中如果能够同时提供 LO 及其产生 90° 相移的分量,则经过 2 个平衡检测器之后可得到信号的同相分量和正交分量,基本结构如图 3.3 所示。

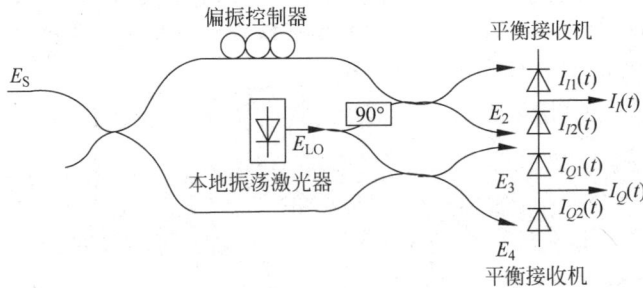

图 3.3　相位分集接收的零差系统结构图

从两对平衡接收机光电转换得到的同相分 $I_I(t)$ 和正交分量 $I_Q(t)$ 可以表示为

$$I_I(t) = I_{I1}(t) - I_{I2}(t) = R\sqrt{P_S P_{LO}} \cos[\theta_{sig}(t) - \theta_{LO}(t)] \tag{3-9}$$

$$I_Q(t) = I_{Q1}(t) - I_{Q2}(t) = R\sqrt{P_S P_{LO}} \sin[\theta_{sig}(t) - \theta_{LO}(t)] \tag{3-10}$$

式(3-9)中的同相分量和式(3-10)中的正交分量共同决定最终输出的信号:

$$I_C(t) = I_I(t) + jI_Q(t) = R\sqrt{P_S P_{LO}}\exp\{j[\theta_{\text{sig}}(t) - \theta_{LO}(t)]\} \tag{3-11}$$

输出信号的相位分量由信号本身的相位和相位噪声共同组成，即 $\theta_{\text{sig}} = \theta_S + \theta_{sn}$。定义解调后的相位噪声 θ_n 为：$\theta_n = \theta_{sn} - \theta_{LO}$，将这两个关系式代入式(3-11)，得到的最终输出信号为

$$I_C(t) = R\sqrt{P_S P_{LO}}\exp\{j[\theta_S(t) + \theta_n(t)]\} \tag{3-12}$$

由于光电二极管的响应度 R 和 LO 的功率 P_{LO} 都是固定不变的常量，式(3-12)中表示的最终接收到的信号和传输信号之间的唯一差别在于引入了一个相位未知量 $\theta_n(t)$。这个相位未知量就是通常人们所指的相位噪声，很多方法被提出以估计并消除这个相位噪声，最常见的是基于接收机的数字信号处理技术来实现对相位噪声的估计和消除。

为了增加系统的频谱效率，除了可以提高系统中传输信号的调制阶数之外，还可以通过偏振复用来实现扩容，采用偏振分集接收的系统相对于单偏振方向的传输系统其频谱效率将提高一倍。接下来将讨论如何在上述零差相干检测系统中实现偏振分集接收。在考虑偏振分集接收的同时也考虑了相位的分集接收，一般的偏振分集接收系统的原理如图3.4所示。

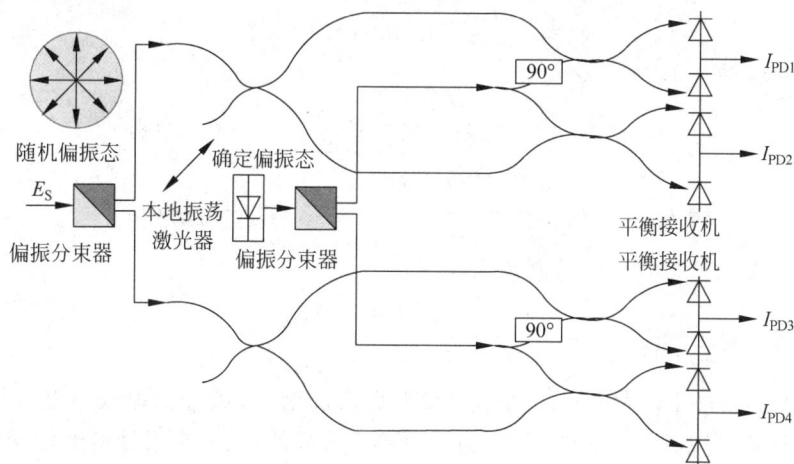

图 3.4　基于相位分集和偏振分集的零差相干检测系统

图中，偏振分束器(PBS)将信号分为两个正交偏振态的信号。光电二极管前面的器件为 90° 的光混频器，主要是为了实现单偏振态的相位分集接收。在接收端，传输来的信号 E_S 被偏振分束器分为 x 和 y 两个偏振态的信号，同样，LO 信号经过偏振分束器也被分为两个完全正交的偏振态的信号。信号 E_S 经过偏振分束器后得到的信号为

$$\begin{bmatrix} E_{Sx} \\ E_{Sy} \end{bmatrix} = \begin{bmatrix} \sqrt{\alpha}A_S e^{j\delta} \\ \sqrt{1-\alpha}A_S \end{bmatrix}\exp(j\omega_S t) \tag{3-13}$$

其中，α 为分配到两个偏振态的功率的比例；δ 为两个偏振态信号的相位差。这两个变量与传输光纤的双折射有关，并随时间改变。而 LO 信号经过偏振分束器后同样得到两个偏振态的信号为

$$\begin{bmatrix} E_{LOx} \\ E_{LOy} \end{bmatrix} = \frac{1}{\sqrt{2}}\begin{bmatrix} A_{LO} \\ A_{LO} \end{bmatrix}\exp(j\omega_{LO} t) \tag{3-14}$$

由式(3-14)可知，信号被按功率等分成两个不同的偏振态信号，并且两者的相位差为零。四对平衡检测光电二极管的待检测电信号 $E_{1,2,\cdots,8}$ 分别为

$$E_{1,2} = \frac{1}{2}\left(E_{sx} \pm \frac{1}{\sqrt{2}}E_{LO}\right) \tag{3-15}$$

$$E_{3,4} = \frac{1}{2}\left(E_{sx} \pm \frac{j}{\sqrt{2}}E_{LO}\right) \tag{3-16}$$

$$E_{5,6} = \frac{1}{2}\left(E_{sy} \pm \frac{1}{\sqrt{2}}E_{LO}\right) \tag{3-17}$$

$$E_{7,8} = \frac{1}{2}\left(E_{sy} \pm \frac{j}{\sqrt{2}}E_{LO}\right) \tag{3-18}$$

这些信号通过平衡检测后得到不同偏振态的同相和正交分量。图 3.4 中的四对平衡接收机 PD1～PD4 光电转换之后的电流分别为

$$I_{PD1} = R\sqrt{\frac{\alpha P_S P_{LO}}{2}}\cos[\theta_S(t) - \theta_{LO}(t) + \delta] \tag{3-19}$$

$$I_{PD2} = R\sqrt{\frac{\alpha P_S P_{LO}}{2}}\sin[\theta_S(t) - \theta_{LO}(t) + \delta] \tag{3-20}$$

$$I_{PD3} = R\sqrt{\frac{(1-\alpha) P_S P_{LO}}{2}}\cos[\theta_S(t) - \theta_{LO}(t)] \tag{3-21}$$

$$I_{PD4} = R\sqrt{\frac{(1-\alpha) P_S P_{LO}}{2}}\sin[\theta_S(t) - \theta_{LO}(t)] \tag{3-22}$$

两个偏振态的信号则可以分别表示为

$$I_{xc}(t) = I_{PD1}(t) + jI_{PD2}(t) \tag{3-23}$$

$$I_{yc}(t) = I_{PD3}(t) + jI_{PD4}(t) \tag{3-24}$$

式(3-23)和式(3-24)为信号的两个正交偏振态的信号,通过偏振耦合器就可以得到传输的信号。在单载波相干探测过程中,为了改善系统性能,人们在信号检测处理中加入了复杂的数字信号处理技术,很多过程都是通过数字信号处理算法实现,基本处理流程如图 3.5 所示。

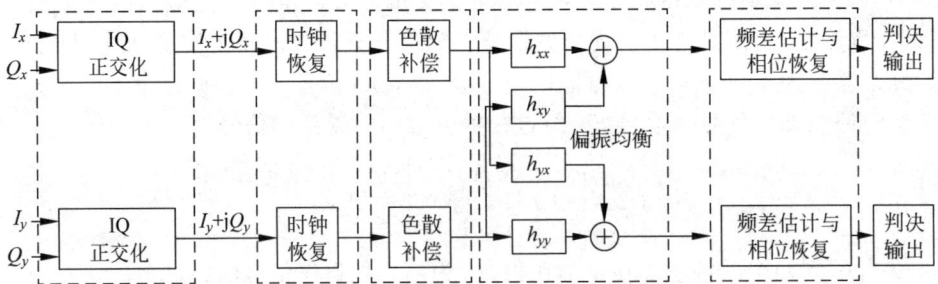

图 3.5　数字信号处理基本流程

首先,在通过 90°混频器及光电二极管平衡探测实现光相干接收的过程中,由于 I,Q 两路偏置点的设置不正确,混频器内部 3 dB 耦合器分光比不对称或光电二极管响应率不匹配等原因,可能会造成 I,Q 两路信号之间幅度以及相位的失配,也称 IQ 不平衡现象。

如图 3.6 所示,在假设本振光频率与发端激光器频率完全吻合的理想情况下,IQ 不平衡对接收信号星座点的影响。其中 α 和 θ 分别表示幅度与相位失配因子。很明显 α 和 θ 的

存在将造成在接收到的 Q 路中的数据混入了 I 路信息,混入的信息量随失配因子的变化而变化。因此如图 3.5 所示的数字信号处理流程中首先将对接收信号进行正交化与归一化处理,以补偿以上不平衡现象。

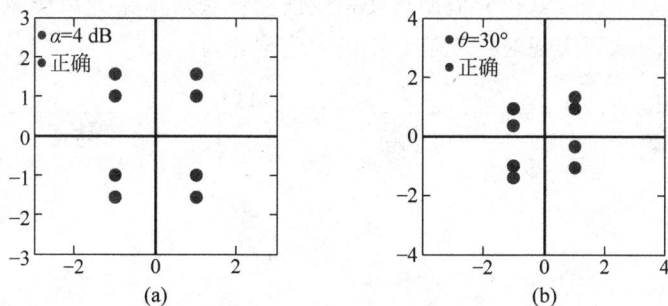

图 3.6　带有正交不平衡损伤的信号星座图

(a) 幅度失配;(b) 相位失配

(请扫 2 页二维码看彩图)

其次,每路偏振光的两路正交连续电信号在输入数字信号处理单元前必须经过 ADC 进行采样量化,但一般情况下 ADC 的采样时钟是由一个本地时钟提供。由于本地时钟独立于发端时钟,且时钟振荡器本身可能存在不理想特性,则收发端时钟在频率及相位上存在明显差异。因此数字信号处理流程中接着引入时钟恢复模块,以消除由 ADC 采样时钟不匹配造成的时钟未对准。

再次,根据光纤的传输函数,在忽略光纤非线性效应的前提下由光纤色散导致的信道静态损伤以及偏振模色散效应将对接收信号造成影响;此外,由光相干接收机前端偏振分束器引入的偏振旋转也将造成接收信号存在偏振串扰的影响,即接收的一路偏振光中可能携带了发送端两个偏振光上的原始信息。因此在数字信号处理流程中引入了色散补偿以及偏振均衡模块,以消除上述影响。

最后,由于受光器件制作工艺等各方面的影响,本振光源与发射端激光器之间的频率难以保持完全一致;同时,激光器的线宽也会引入相应的相位偏移,使相干检测后的信号中引入附加的大量相位噪声。其中频偏引入的相位分量是一个累积值,随着符号的序号不断增加,会造成接收信号星座点如图 3.7 所示呈现旋转发散的现象;而本振光源引入的相位偏

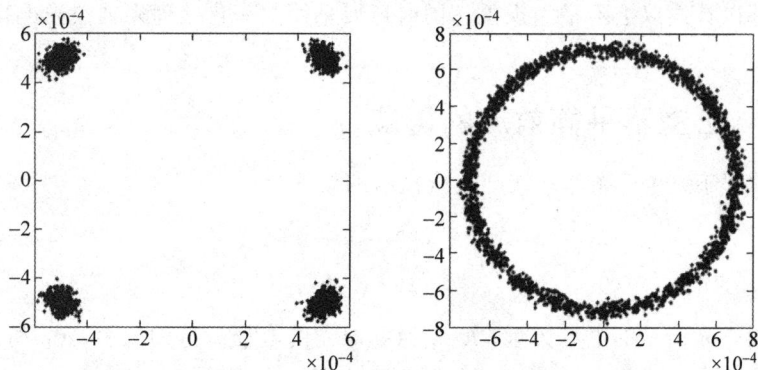

图 3.7　本振光源引入频偏对接收信号星座点的影响

(请扫 2 页二维码看彩图)

差分量将造成接收信号星座点如图 3.8 所示整体旋转某一固定的角度。由此可见,本振引入的频差与载波相位噪声对调相信号的损伤是决不能忽视的,且对于其他调制格式的发送信号也会造成明显的影响。因此在数字信号处理流程中,载波恢复模块首先将利用载波频偏估计算法对频偏进行补偿,接着借助载波相位恢复算法对本振光源线宽及残留频偏引起的相偏进一步修正,从而实现对接收信号正确判决与解调。

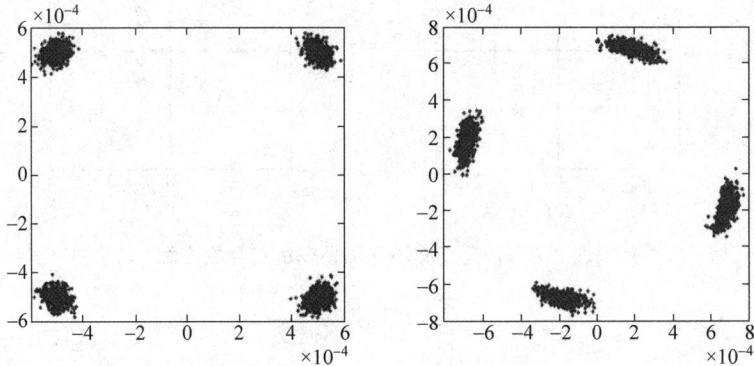

图 3.8　本振光源引入相偏对接收信号星座点的影响
(请扫 2 页二维码看彩图)

第 4 章和第 5 章将对图 3.5 所示的完整数字信号处理流程中每个模块所采用的数字信号处理算法的原理及实现逐一进行详细的介绍。

3.2　正交化与归一化

在理想情况下,在相干探测中,接收信号的 I 路和 Q 路是完全正交的,但是由于 I、Q 两路偏置点的设置不正确,3 dB 耦合器分光比不对称,光电二极管响应率不匹配以及偏振控制器失调等因素,都会产生接收信号幅度和相位的不平衡,从而破坏 I、Q 两路的正交性,使得系统的性能恶化,同时还会影响后续数字信号处理模块正常工作。与此同时,在实际中相位分集接收机很容易受到不完美的光 90°混频器的影响,从而导致在接收信号中的直流偏移以及幅度和相位误差。这些引起了正交不平衡现象,需要通过相应的算法对接收信号进行正交化处理以补偿以上不平衡现象。同时还要采用归一化处理来补偿光电探测器的响应度变化。

3.2.1　正交不平衡效应的影响

在理想情况下,90°混频器平衡接收后输出的信号为

$$\begin{bmatrix} r_I \propto \mathrm{Re}\{E_S E_{LO}^*\} \\ r_Q \propto \mathrm{Im}\{E_S E_{LO}^*\} \end{bmatrix} \tag{3-25}$$

其中,E_S 为输入光信号的电场分量;E_{LO}^* 为本振光的电场分量的共轭;r_I 和 r_Q 分别为光检测电流的 I 路和 Q 路分量;Re,Im 分别为取实部和虚部运算。

由于正交不平衡效应引入了 I、Q 两路信号之间幅度以及相位的失配,则经过 90°混频

器平衡接收后输出的信号为

$$\begin{bmatrix} r_I \propto \mathrm{Re}\{E_s E_{\mathrm{LO}}^*\} \\ r_Q \propto \alpha \mathrm{Im}\{E_s E_{\mathrm{LO}}^* \cdot \exp(\mathrm{j}\theta)\} \end{bmatrix} \tag{3-26}$$

其中,α 为 I、Q 两路之间的幅度失配因子;θ 为 I、Q 两路之间的相位失配因子。从星座图上,分别观察到的两类损伤如图 3.9 所示。

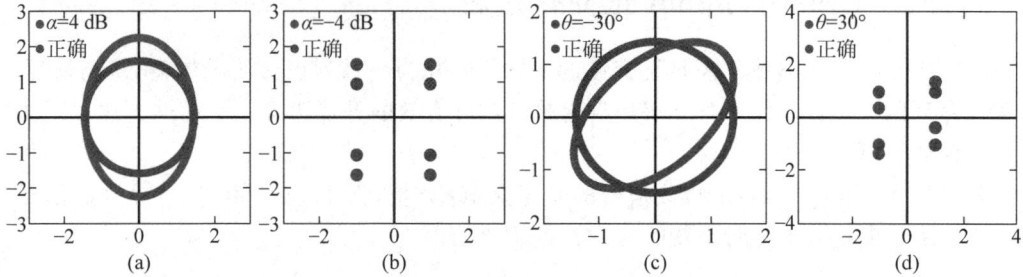

图 3.9　带有正交不平衡损伤的信号星座图,幅度失配因子为 4 dB

(a) 信号带有频偏损伤;(b) 信号无其他损伤;(c) 信号带有频偏损伤,相位失配因子为 30°;

(d) 信号无其他损伤,相位失配因子为 30°

(请扫 2 页二维码看彩图)

不考虑信道损伤和收发端激光器频率、相位偏差时,将 X 偏振态电场分量代入式(3-26),可以得到

$$\begin{bmatrix} X_I \propto \mathrm{Re}\{E_{s\_x} E_{\mathrm{LO}}^*\} = \cos(\pi e_{v,I}) \\ X_Q \propto \alpha \mathrm{Im}\{E_{s\_x} E_{\mathrm{LO}}^* \cdot \exp(\mathrm{j}\theta)\} = \alpha[\cos(\theta)\cos(\pi e_{v,Q}) + \sin(\theta)\cos(\pi e_{v,I})] \end{bmatrix} \tag{3-27}$$

其中,$e_{v,I}$ 和 $e_{v,Q}$ 为发送的原始比特序列。由式(3-27)可知,由于相位失配因子 θ 的存在,将造成在接收到的 Q 路中的数据混入了 I 路信息,混入的信息量随 θ 的变化而变化,这将对系统性能和后续数字信号处理模块的处理带来损伤。

在文献[3]中,通过仿真研究了在引入正交不平衡效应后,系统比特误差率(BER)随不同相位和幅度失配因子变化的关系。其中仿真数据为 112 Gb/s PM-DQPSK 信号,OSNR=16.5 dB,色散(CD)=800 ps/nm,偏振模色散(PMD)=10 ps,采样时钟偏差(SCO)=1000×10^{-6},收发端激光器频偏=3 GHz,收发端线宽=1 MHz,接收端经过时钟恢复、自适应均衡、载波恢复处理后进行数据判决和统计系统 BER。得到的曲线图如图 3.10 所示。

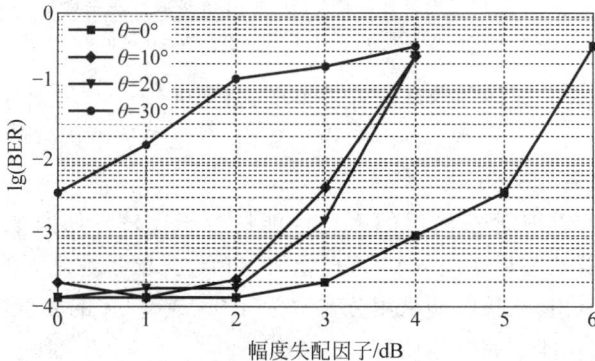

图 3.10　引入不同幅度和相位失配因子的情况下系统 BER

从图 3.10 可以看到,当正交不平衡的相位失配因子 $\theta \geqslant 30°$ 和幅度失配因子 $\alpha \geqslant 3$ dB 时,系统 BER 开始明显恶化,系统需要相应的数字信号处理算法补偿由正交不平衡带来的信号失真。

在实际中,通常采用 Gram-Schmidt 正交化过程(GSOP)和 Löwdin 正交化过程两种算法来对正交不平衡进行补偿。以下就是对两种正交化方法的介绍。

3.2.2 Gram-Schmidt 正交化过程

GSOP 算法[4]能够使不满足正交性的采样值转化为一系列正交的采样值,从而恢复 I、Q 采样序列的正交性。GSOP 算法是目前最常用和有效的补偿正交不平衡的方法。算法的具体实现如下所述。

假设 $r_I(t)$ 和 $r_Q(t)$ 表示接收信号的非正交 IQ 分量,而 $I_{\text{out}}(t)$ 和 $Q_{\text{out}}(t)$ 则表示经过 GSOP 算法处理后正交的两个新的 IQ 分量,那么有

$$\begin{cases} I_{\text{out}}(t) = \dfrac{r_I(t)}{\sqrt{P_I}} \\[2mm] Q'(t) = r_Q(t) - \dfrac{\rho r_I(t)}{P_I} \\[2mm] Q_{\text{out}}(t) = \dfrac{Q'(t)}{\sqrt{P_Q}} \end{cases} \tag{3-28}$$

其中,相关系数 $\rho = E[r_I(t) \cdot r_Q(t)]$; $P_I = E[r_I^2(t)]$; $P_Q = E[Q'^2(t)]$。

GSOP 算法是一种纠正正交不平衡的有效算法。它能够修复 I、Q 不平衡效应,采用这种算法前后信号星座图的比较如图 3.11 所示。

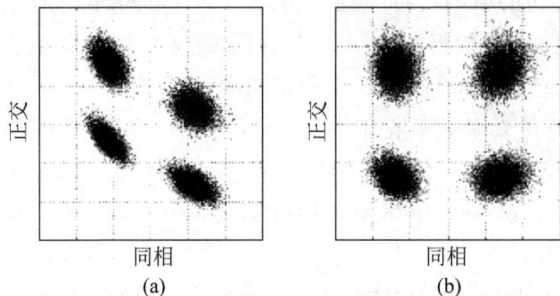

图 3.11　相位失配因子为 30°时接收信号星座图
(a) 没有采用 GSOP 算法;(b) 采用 GSOP 算法补偿正交不平衡

GSOP 算法对相位失配问题的理论补偿范围为 $(-90°, +90°)$,对应于幅度失配问题的理论补偿范围为 $(-\infty, +\infty)$。在实际中,由于噪声、色散等影响因素的存在,GSOP 算法相位失配的补偿范围大概为 $\pm 60°$。

文献[4]对采用 GSOP 算法前后的系统性能进行了比较。如图 3.12 所示,是 BER= 10^{-3} 时采用 GSOP 算法前后系统的 OSNR 损失与相位失配系数之间的关系。

从图 3.12 可以看出,在接收端采用分辨率为 4 bit 或 5 bit 的 GSOP 算法时,正交不平衡带来的系统性能损伤能够完好地恢复。

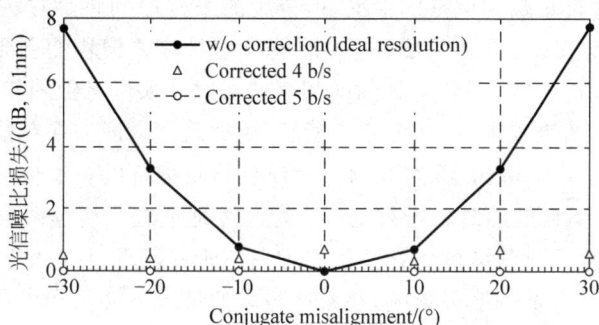

图 3.12　不同相位失配系数下的系统 OSNR 损失

3.2.3　Löwdin 正交化过程

虽然 GSOP 算法对于目前的相干传输系统而言是补偿正交不平衡的有效方法,但是这个算法增加了量化噪声对接收信号的影响。与之相比,当采用对称的正交化方法时,量化噪声会均匀分布在 IQ 分量上。Löwdin 正交化过程[5]采用的就是对称的正交化方法。以下是对 Löwdin 正交化过程的简介。

这里假设发送的信号的 IQ 分量为 s_I 和 s_Q,它们是独立零均值的。设接收到的信号为 r_I 和 r_Q,而混频器会带来正交不平衡效应,其相位失配系数为 θ,那么就有 $r_I = s_I \cos(\theta) + s_Q \sin(\theta)$ 和 $r_Q = s_Q \cos(\theta) + s_I \sin(\theta)$。由此,可以得到相关矩阵 R 为

$$R = \begin{bmatrix} \langle r_I^2 \rangle \langle r_I r_Q \rangle \\ \langle r_Q r_I \rangle \langle r_Q^2 \rangle \end{bmatrix} = \begin{bmatrix} 1 & \sin(2\theta) \\ \sin(2\theta) & 1 \end{bmatrix} \tag{3-29}$$

Löwdin 正交化方法的目的是产生一系列向量,使其均方差最小。如果对称矩阵为 R,那么最佳的转换矩阵为 $L = R^{-1/2}$,也就是满足 $L^2 R = I$ 这个正交条件。在这里,L 可以表示为

$$L = \begin{bmatrix} \dfrac{\cos(\theta)}{\cos(2\theta)} & -\dfrac{\tan(2\theta)}{2\cos(\theta)} \\ -\dfrac{\tan(2\theta)}{2\cos(\theta)} & \dfrac{\cos(\theta)}{\cos(2\theta)} \end{bmatrix} \tag{3-30}$$

随着高阶调制格式带来的谱密度的增加,采用 Löwdin 正交化方法来代替传统的 GSOP 方法可以进一步提高系统性能。

3.3　时钟恢复

如前所述,在将经平衡检测所得的电信号输入数字信号处理单元前,需利用 ADC 对电信号进行周期性采样,其采样时钟通常由接收端本地时钟提供。但由于本地时钟独立于发送端时钟,且时钟振荡器本身可能存在不理想特性,使得收发端时钟间存在频率偏移与相位抖动。通常在对接收信号进行处理的初期,由于受到光纤信道损耗如色散、偏振模色散等因素的综合影响,发送端时钟与接收机 ADC 采样时钟间的频率偏移会比较大,在没有时钟恢

复模块对采样频率进行跟踪和调整的情况下,得到的采样序列将存在一个累计的频率与相位定时误差,导致系统 BER 性能的严重恶化。因此时钟恢复模块的主要目标是追踪并且消除发送端时钟与接收机 ADC 采样时钟间的频率偏移以及采样时钟的相位抖动。

从数字信号处理的流程来说,如图 3.5 所示,时钟恢复一般需在色散补偿以及偏振均衡前完成。这一方面是因为同步的采样信号是后续两模块内部的自适应数字均衡器正常工作的先决条件;另一方面良好的时钟恢复也可一定程度地减轻对后续两模块内部滤波器收敛速度的要求,从而实现系统整体的优化。然而近期的研究发现,传统的时钟恢复方案会受到光纤传输损耗,特别是色散的明显影响,在某些极端的情况下甚至会出现采样信号无法正确同步的情况,导致接收端信号恢复的错误。因此也有部分研究人员提出将色散补偿模块提前到时钟恢复前进行,本节最后将就这一问题进行细致的分析与讨论,但本章整体仍按如图 3.5 所示的经典信号处理流程进行分模块的介绍。

时钟恢复方案首先可分为基于锁相环(PLL)及多个相位比较器的模拟方案[6]和基于采样数据的数字算法两类,在光相干接收机中采用纯数字算法或模拟与数字相结合的混合算法均可。此外时钟恢复方案还可分为分数据辅助(DA)和无数据辅助(NDA)两类。通常前者多应用于移动通信等快变信道,而后者更多地应用在光纤通信系统中。

具有代表性的 NDA 时钟恢复方案按照结构可分为前馈式全数字时钟同步和反馈式结构的混合时钟同步两种。其中,前馈式全数字时钟同步结构如图 3.13 所示,图中 $x(t)$ 为接收到经正交化与归一化处理后的信号;$x(mT_s)$ 为按接收端本地时钟采样所得的异步采样序列,T_s 为 ADC 的采样周期;$y(kT_i)$ 为经过时钟同步后输出的同步采样序列,有 $T_i = T/N, N \in C$,这里 T 为信号符号周期。

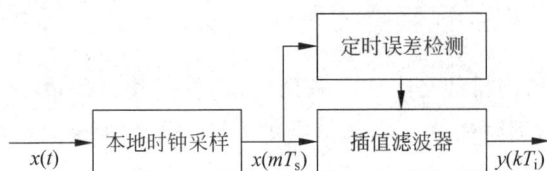

图 3.13　前馈式全数字时钟同步结构

在前馈式方案中,所有信号都是向前流动的,不存在反馈环延迟,因而具有高速的时钟抖动追踪能力,且通常对信号失真不敏感。前馈方案一般采用线性的定时误差检测算法,能够直接准确地计算当前定时误差的大小,插值滤波器将根据当前误差值进行定时调整,具有同步建立快和全数字化实现的优点。但由于实时性的要求,前馈式结构采用的定时误差检测算法通常计算复杂度较高,且还需对每符号至少采样 4 次,对于高速的传输系统将很难实现。

而对反馈式时钟同步模块而言,结构如图 3.14 所示。其中环路滤波器将根据定时误差信号形成控制电压,以调整压控振荡器(VCO)的时钟频率。VCO 的频率经反馈的定时误差信息不断调整,当环路进入稳定状态时,ADC 将输出同步采样值。很显然,该结构中因包含一个模拟器件 VCO,故将其称为一类半数字半模拟的混合时钟同步环路。反馈式结构由于存在反馈环结构引入的延迟,故对时钟抖动追踪能力有限。然而反馈式结构无需严格的线性定时误差检测且算法实现较为简单直接,每符号采样也仅需 2 次即可。但对高速传输系统而言,模拟器件的引入而造成的模拟元件漂移和容差等不理想特性,将会不可避免地影响时钟恢复模块整体的性能。

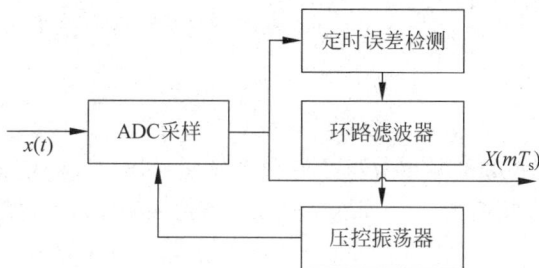

图 3.14　反馈式混合时钟同步结构

考虑到前馈式与反馈式结构各自存在的优势与劣势,目前时钟恢复方案已向反馈式全数字式结构的趋势发展,3.3.5 节将对反馈式全数字时钟恢复方案的实现进行详细介绍。下面将就时钟恢复方案中的一个重要环节——定时误差检测所采用的 4 种经典算法——数字滤波平方定时估计算法、Gardner 算法、Godard 算法以及 Muller 算法的原理与实现进行简单的介绍。

3.3.1　数字滤波平方定时估计算法

由 Martin 提出的数字滤波平方定时估计算法(square timing recovery)[7]是一种典型的前馈式时钟同步结构中采用的定时误差检测算法,它基于定时误差为慢变信号的原理,将接收数据进行分块处理,利用采样点模平方和序列的频谱分量中含有采样时间信息的特性,从中提取出每块异步采样序列相应的定时误差。算法在应用中对光纤传输损耗所引入的波形失真和载波相位不敏感,但受限于其平方运算计算复杂度高和采样速率要求高(正确的定时误差计算依赖于 4 倍符号速率以上的采样速率),从而在高速传输系统中的应用有限。

具体来说,某一慢变定时误差 ξ 对接收信号的影响如下式所示:

$$r(t) = \sum_{n=-\infty}^{\infty} a_n g_T[t - nT - \xi(t)T] + n(t) \tag{3-31}$$

其中,a_n 为发射信号的复数表示;$g_T(t)$ 表示传输信号波形;T 为一个符号的持续时间;$n(t)$ 表示信道噪声。

接着将接收数据进行分块,且对每一特定的分块 Δ_m,假设相应的定时误差为常量,对其进行一次估计 $\hat{\xi}_m$。对同一分块进行若干次估计后,将所有估计值做平均获得最终估计值 $\bar{\xi}_m$。

图 3.15 给出了数字滤波平方定时估计的算法框图。接收数据经过接收机前端滤波(假设滤波器时域冲击响应为 $g_R(t)$),随后 ADC 以 N 倍符号速率(N 的具体取值将在后续讨论)对时域信号 $\tilde{r}(t) = r(t) * g_R(t)$ 进行采样(* 表示时域卷积),得到相应的采样序列:$\tilde{r}_k(t) = \tilde{r}(kt/N)$。

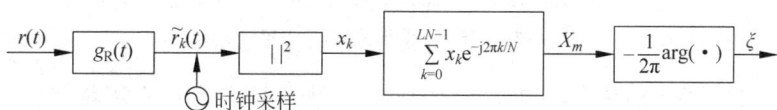

图 3.15　数字滤波平方定时估计算法框图

对上述采样序列中的采样点求模平方得

$$x_k = \left| \sum_{n=-\infty}^{\infty} a_n g\left(\frac{kT}{N} - nT - \xi T\right) + n\left(\frac{kT}{N}\right) \right|^2$$

其中，

$$g(t) = g_T(t) * g_R(t) \tag{3-32}$$

以上序列在 $f = 1/T$ 处的频率分量恰好包含发端采样时钟的信息。因此通过计算序列 x_k 在 $f = 1/T$ 的复傅里叶系数(complex Fourier coefficient)即可提取发送端采样时间的信息，如下式所示：

$$X_m = \sum_{k=0}^{LN-1} x_k \mathrm{e}^{-\mathrm{j}2\pi k/N} \tag{3-33}$$

其中，$L =$ 该分块总时间长度 $/T$；N 表示对每一符号采样的次数。

文献[7]的后续推导证明，对上述复傅里叶系数进行归一化处理的结果 $-\dfrac{1}{2\pi}\arg(X_m)$ 是对于实际定时误差 ξ 的无偏估计，读者可自行查阅具体证明过程。

由此，根据数字滤波平方定时估计算法确定的定时误差 $\xi = -\dfrac{1}{2\pi}\arg\left(\sum\limits_{k=0}^{LN-1} x_k \mathrm{e}^{-\mathrm{j}2\pi k/N}\right)$。

最后，讨论每符号采样次数 N 的取值问题。为了保证 $f = 1/T$ 处的频谱信息能够正确提取，接收机采样速率至少为 2 倍符号速率。但在该算法中考虑到对于一个单边带带宽小于 1 倍符号速率的发送信号而言，接收机前端滤波器的单边带带宽需小于 1 倍符号速率，那么对接收信号做模平方运算后的信号单边带带宽小于 2 倍符号速率。因此 N 至少取 4 才可以完全描述实际的连续时间信号。如此高的采样速率对于系统的硬件性能要求较高且成本也相当可观，因此对高速的传输系统并不适用。

3.3.2 Gardner 算法

Gardner 算法[8]是一种在反馈式时钟同步方案中广泛使用的定时误差估计算法，该算法通过合理地设置接收端采样时刻，对每符号仅需采样两次即可实现对定时误差的估计。其在系统中实现简单且对载波相位不敏感，因此应用非常广泛。

具体来说，如图 3.16 给出的采样点定时关系所示，对符号 $I(n)$ 的两次采样时刻分别为当前符号 $I(n)$ 时刻，以及 $I(n)$ 与相邻符号 $I(n-1)$ 间的中间时刻 $I(n-1/2)$。

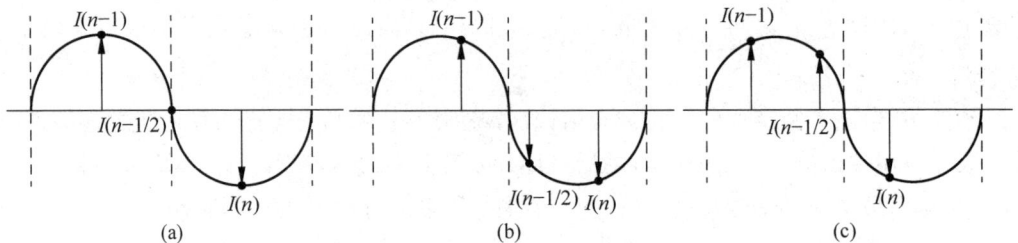

图 3.16 Gardner 算法采样点定时误差示意图
(a) 定时对准；(b) 定时滞后；(c) 定时超前

显然地，当相邻两个符号 $I(n)$ 和 $I(n-1)$ 间存在跳变时，若不存在定时误差(图 3.16(a))，则相邻符号中间时刻采样 $I(n-1/2)$ 的幅值为零；若存在定时误差(图 3.16(b)、(c))，则无论定时超前或滞后,相邻符号中间时刻采样 $I(n-1/2)$ 的幅值将变为非零。因此通过中间时刻采样值的幅值可简便地判断是否存在定时误差以及采样时刻相比对准时刻是超前($I(n-1/2)>0$)还是滞后($I(n-1/2)<0$)。

此外,中间时刻采样值幅值 $I(n-1/2)$ 的大小也一定程度上反映了定时误差的大小,可通过监测前后两个存在跳变现象的符号采样值 $I(n)$ 和 $I(n-1)$ 间的幅度差值确定原始信号的斜率信息,将所得斜率信息同中间时刻采样值 $I(n-1/2)$ 相乘即可得最终的定时误差大小。

图 3.17 给出了 Gardner 算法的框图,经接收机前段滤波器输出的采样序列分别为 $\{y_I(r)\}$,$\{y_Q(r)\}$(对应同相分量和正交分量)。

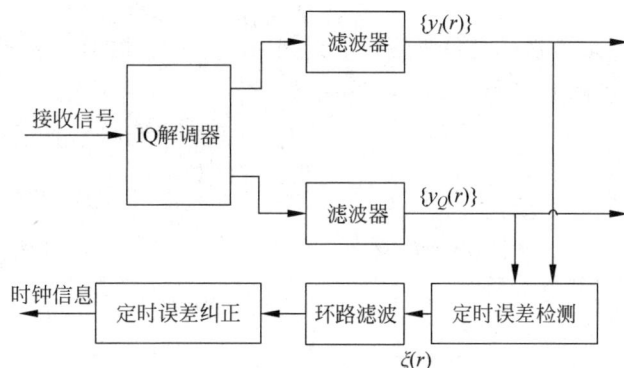

图 3.17　Gardner 算法框图

假设对第 r 个符号的同相与正交分量采样两次的采样值分别为 $\{y_I(r)\}$、$\{y_Q(r)\}$ 以及 $\{y_I(r-1/2)\}$、$\{y_Q(r-1/2)\}$,则基于 Gardner 算法确定的定时差错判决表达式如下所示:

$$\xi(r)=y_I(r-1/2)[y_I(r)-y_I(r-1)]+y_Q(r-1/2)[y_Q(r)-y_Q(r-1)]$$

(3-34)

3.3.3　Godard 算法

与上述两种算法有所区别,Godard 算法[9]从有效控制和避免符号频谱交叠引起的干扰的角度出发,提出了一种衡量接收端采样时钟相位 τ 的判定标准,并通过迭代的梯度搜索算法,对 τ 在初值的基础上进行调整以满足以上判定标准。Gordard 算法仅需以 1 倍符号速率采样即可对采样时钟相位 τ 实现合理的调整,实现时钟同步的目标。

为简化问题,首先考虑一个同步基带传输系统,系统的总体脉冲响应为 $h(t)$,系统输出如下所示:

$$x(t)=\sum_k a_k h(t-nT)+n(t)$$

(3-35)

其中,$n(t)$ 表示加性高斯白噪声;a_k 为相应的信息符号序列。假设接收机 ADC 在 $t=nT+\tau$ 时刻对接收信号进行采样,则采样值为

$$x(nT+\tau)=h(\tau)\left[a_m+\frac{1}{h(\tau)}\sum_i a_{m-i}h(nT+\tau)+\frac{n(nT+\tau)}{h(\tau)}\right]$$

(3-36)

其中,$h(\tau)$ 表示由系统整体响应以及采样时钟相位 τ 决定的增益系数。方括号内除了所需

的实际发送信息符号序列 a_m 外还有两项,其中第一项反映了符号间干扰(ISI)对采样的影响,由于 $h(nT+\tau)$ 的各谐波分量是采样时钟相位 τ 的函数,由此可见 ISI 的程度很大程度上由 τ 决定;另一项很明显是高斯噪声的影响。以上分析对经调制信号也同样适用。

因此 Gordard 算法提出,通过使包含在采样脉冲中的采样时钟相位 τ 的能量 $\Delta e^2(\tau)$ 最大,进而减低由符号频谱交叠引起的干扰。根据能量最大化原则确定初始时钟相位 τ^* 后,再通过引入迭代梯度搜索算法:

$$\tau(n+1)=\tau(n)+\lambda\left[\frac{\partial}{\partial\tau}\Delta e^2(\tau)\right]\Big|_{\tau=\tau(n)} \tag{3-37}$$

使得时钟控制信号自动地调整 τ^*,最终达到全局最优。其中 λ 是一个正的、随时间变化的调节因子。

图 3.18 为 Godard 算法的总体框图。假设某一低通滤波器 B 的传递函数为 $B(f)$,由此定义两个带通滤波器 B1 和 B2:

$$B_1(f)=B(f-f_1),\quad B_2(f)=B(f-f_2) \tag{3-38}$$

其中,$f_1=f_0-1/2T$;$f_2=f_0+1/2T$(f_0 为调制载波频率)。

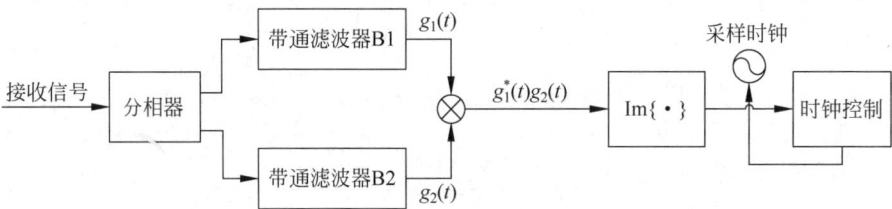

图 3.18　Gordard 算法框图

接收信号 $x(t)$ 首先分别经过如上定义的两个带通滤波器 B1 和 B2,经滤波输出的复信号分别为 $g_1(t)$ 和 $g_2(t)$。以 1 倍符号速率对 $g(t)=g_1^*(t)g_2(t)$ 进行采样,假设低通滤波器 B 为理想矩形截断低通滤波器,则在 $nT+\tau$ 时刻的采样:

$$p_n=\mathrm{Img}_1^*(nT+\tau)g_2(nT+\tau) \tag{3-39}$$

将构成对 $\frac{\partial}{\partial\tau}\Delta e^2(\tau)|_{\tau=\tau(n)}$ 的无偏估计,由此采样时钟相位 τ 将按如下迭代梯度算法在时钟控制信息的控制下进行调整:

$$\tau(n+1)=\tau(n)-u_1 p_n \tag{3-40}$$

为了保证梯度算法的快速收敛,u_1 需满足:

$$u_1=\frac{T}{2\pi K} \tag{3-41}$$

其中,K 是重建的时钟信息的幅度,$K=E|g_1^*(nT+\tau)g_2(nT+\tau)|$。

3.3.4　Muller 算法

与 Godard 算法类似,Muller 算法[10] 同样基于采样时钟相位 τ 提出了一种时间函数 $f(\tau)$ 的定义,并给出了如何直接通过接收信号的采样值获取对该时钟函数无偏估计的方法,文献[10]证明了该时间方程的根恰巧和系统均方误差最小时的时钟参数接近。

系统的时间函数 $f(\tau)$ 定义为 $f(\tau)=u^T h$,这里 h 是系统整体的时域冲击函数,u 为线性组合的系数,且需满足以下要求:当 $h(t)$ 为偶函数时,u 需满足奇对称条件,即 $u_0 = 0$,$u_i = u_{-i}$;而当 $h(t)$ 为奇函数时,u 需满足偶对称条件。

由于直接通过系统冲击函数 $h(t)$ 计算时间函数过程较为复杂,于是 Muller 提出利用采样信号 x_k 的线性组合 $g_k^T x_k$ 构造参数 $z_k = g_k^T x_k$。通过调整权重系数 g_k,使得参数 z_k 的期望和 $f(\tau)$ 相等且方差最小(即对 $f(\tau)$ 的估计均方差错最小),实现对 $f(\tau)$ 的无偏估计。

根据参数 z_k 的期望条件得

$$E\{z_k\} = f(\tau) = h^T u \text{ 且 } E\{z_k\} = h^T E\{A_k g_k\} \tag{3-42}$$

故

$$E\{A_k g_k\} = u \tag{3-43}$$

其中,A_k 是由符号向量 $\boldsymbol{a}_k^T = (a_{k-m+1}, a_{k-m+2}, \cdots, a_k)$ 中的元素构成的 $(2m-1) \times m$ 矩阵,具体定义参见文献[10]。

根据 z_k 方差最小且满足如式(3-43)给出的期望条件,得权重系数 g_k 的最优值:

$$g_{k,\text{opt}} = M_k^{-1} A_k^T E^{-1} \{A_k M_k^{-1} A_k^T\} u \tag{3-44}$$

其中,M_k 为 $m \times m$ 的矩阵,$M_k = E\{x_k^T x_k / \boldsymbol{a}_k\}$,其中的元素 m_{ij} 满足:

$$m_{ij} = \sum_{p=1}^{m} \sum_{r=1}^{m} a_{k-m+p} a_{k-m+r} h_{i-p} h_{j-r} + \bar{a}^2 \sum_{p \notin (1-m)} h_{i-p} h_{j-r} \tag{3-45}$$

由于 M_k 中的元素 m_{ij} 与系统的冲击函数 h 相关,而 $g_{k,\text{opt}}$ 又很大程度上受到 M_k 的影响,因此会随着信道参数,也包括采样时钟相位本身 τ 而改变。故根据期望及方差条件确定的某一时刻的 g_k 仅对于当前时刻是最优权重系数。

一种可行的解决方法是,以 $g_{k,\text{opt}}$ 决定的方差作为 z_k 最小方差下限,选取某一固定的次优 g_k,使与之相关的 z_k 方差趋近这一下限即可。文献[10]通过仿真证明以上这种时钟信息的提取具有良好的收敛特性。同时文献[10]给出了一些对于某些特定信道如何计算次优的但与信道参数独立的权重系数 g_k 的实例,在此不再赘述。

3.3.5　反馈式全数字时钟同步方案

反馈式全数字时钟同步方案[11]是指通过数字插值的方式实现定时调整,从而恢复出同步采样序列。全数字的实现方式有效避免了传统反馈式混合时钟同步方案中模拟器件漂移、容差等不理想特性。此外反馈式定时误差检测仅需提供时钟恢复定时调整的方向和趋势,无需如传统前馈式全数字时钟同步算法那样实时计算当前定时误差精确值的高计算复杂度问题,具有实现成本低、易制造的显著特点。

图 3.19 给出了反馈式全数字时钟同步结构图,它主要由插值滤波器、定时误差检测器、环路滤波器和控制单元四部分组成,可看作一个数字锁相环(DPLL)。其中插值滤波器根据控制单元提供的控制信息对异步采样序列进行定时调整,对插值处理后的采样值进行定时误差检测。在反馈式环路中,采用如 3.3.2 节介绍的 Gardner 算法的定时误差检测器将提供同步环路调整的方向和趋势,检测出的误差信号通过比例加积分环路滤波器滤除定时误差值的噪声后形成控制字提供给数控振荡器(NCO),从而完成整个闭环的反馈操作。整个反馈环路达到同步稳定状态,存在一个跟踪和调整的过程。

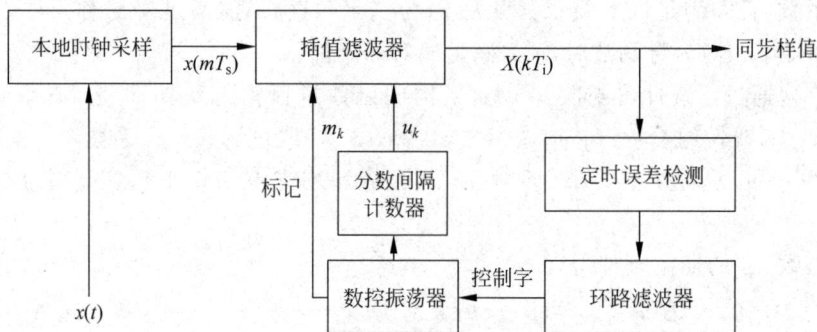

图 3.19　反馈式全数字时钟同步结构

　　在该结构中,插值滤波器是一个至关重要的子模块。它在环路中的主要作用是利用接收异步采样序列 $x(mT_s)$,全数字化地实现定时调整,输出同步后的采样序列 $X(kT_i)$,完成采样速率转换的功能。其中 T_s 为接收端独立时钟采样周期,T_i 为时钟恢复后同步的采样周期。

　　插值滤波器完成采样速率转换的过程实际可以看作是用采样值序列恢复原始信号后的第二次采样过程,分两个步骤完成:①根据异步采样序列 $x(mT_s)$ 经插值滤波器 h_1 还原成模拟信号 $X(t)$;②以周期 T_i 对模拟信号 $X(t)$ 重新进行采样得到 $X(kT_i)$。

　　在时间轴上以 T_s 为周期和以 T_i 为周期的采样时刻的对应关系如图 3.20 所示,则第 k 个以 T_i 为周期的采样时刻,有

$$kT_i = \left(\frac{kT_i}{T_s}\right)T_s = (m_k + u_k)T_s \tag{3-46}$$

其中,m_k、u_k 分别为第 k 个内插值的基本指针和分数间隔,由控制单元确定。

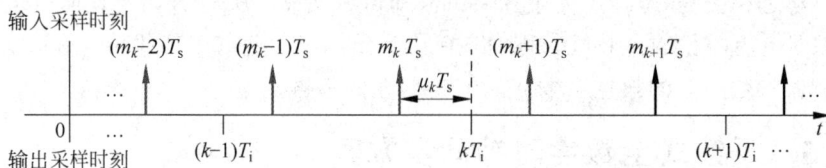

图 3.20　插值滤波器输入输出时刻对应关系

(请扫 2 页二维码看彩图)

　　由此得插值滤波器的基本方程:

$$X(kT_i) = X[(m_k + u_k)T_s] = \sum_{i=l_1}^{l_2} x[(m_k + i)T_s]h_1[(u_k - i)T_s], \quad i = m - m_k$$

$$\tag{3-47}$$

由式(3-47)可知,插值滤波器设计实际上就是对插值滤波器系数 h_1 的设计,在对实现复杂度与插值性能进行权衡的情况下,一般是采用拉格朗日立方插值滤波器。在拉格朗日立方插值滤波器中,要求对于某一内插点 $X(kT_i)$ 需选择 4 个基本样点:$x[(m_k-2)T_s]x[(m_k-1)T_s]x[m_kT_s]x[(m_k+1)T_s]$,且要求内插值采样时刻 kT_i 应在以上 4 个基本样点采样时刻之中。由于需要计算的内插值只与其相应的 4 个基本样点有关,则分别将 4 个样点的对应时间归一化为 $-2,-1,0,1$,得到 4 个坐标点 $(-2,x(m_k-2))(-1,x(m_k-1))(0,$

$x(m_k))(1,x(m_k+1))$，代表时间与已知点的对应关系，如图 3.21 所示。

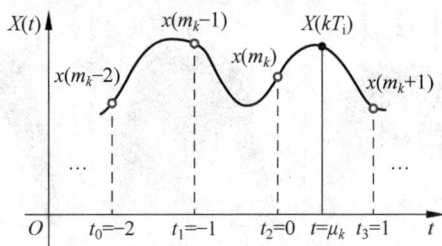

图 3.21　时间归一化条件下插值示意图

（请扫 2 页二维码看彩图）

在信号 $x(mT_s)$ 满足奈奎斯特采样定理的前提下，可近似认为原信号在这段时间内的波形曲线有

$$X(t)=x(m_k-2)C_{-2}+x(m_k-1)C_{-1}+x(m_k)C_0+x(m_k+1)C_1 \quad (3\text{-}48)$$

其中，C_{-2},C_{-1},C_0,C_1 为时钟归一化前提下拉格朗日立方插值滤波器对应的滤波器系数。故

$$X(t)=x(m_k-2)\left(-\frac{1}{6}u_k^3+\frac{1}{6}u_k\right)+x(m_k-1)\left(\frac{1}{2}u_k^3+\frac{1}{2}u_k^2-u_k\right)+$$

$$x(m_k)\left(-\frac{1}{2}u_k^3-u_k^2+\frac{1}{2}u_k+1\right)+x(m_k+1)\left(\frac{1}{6}u_k^3+\frac{1}{2}u_k^2+\frac{1}{3}u_k\right) \quad (3\text{-}49)$$

由此可见，在输入采样序列 $x(mT_s)$ 已知的前提下，参数 m_k 决定了参与计算内插点 $X(kT_i)$ 的 4 个基本样点的选取，参数 u_k 决定了与基本样点相乘的拉格朗日立方插值滤波器系数；通过控制单元模块向本模块提供以上两个参数 m_k 和 u_k，采样速率的转换即可通过全数字的算法实现。

参数 m_k 和 u_k 将由控制单元模块中的数控振荡器（NCO）利用环路滤波器输出确定。其中 NCO 相当于一个相位寄存器，寄存值将随环路滤波器输出的控制字 $W(n)$ 不断调整。当 $N(n)=[N(n-1)-W(n-1)]\bmod 1=0$ 时，对应采样点不存在时钟相位误差，则该时刻即同步采样时刻的输出时刻；当 $-1\leqslant N(n)-W(n)<0$ 时，则判定：

$$m_k=n,\quad u_k=\frac{N(n)}{W(n)} \quad (3\text{-}50)$$

随后控制单元将控制参量 m_k 和 u_k 提供给插值滤波器进行定时调整，使环路逐步建立同步。最后，当环路稳定（同步锁定后），控制字 $W(n)$ 应稳定在 T_s/T_i 附近，反映了独立采样时钟与同步时钟之间的关系。

在上述关于时钟恢复的主要目标、分类、经典定时误差估计算法以及新型反馈式全数字时钟同步的实现的基础上，本节最后将就光纤色散对传统时钟恢复算法的影响进行简要的理论分析，并给出克服这一影响的可行方案。

首先图 3.22 给出了光纤色散对时钟同步造成严重影响的直观例子。随着色散效应的增强，如图 3.22 所示，采样时钟信息开始慢慢消失，在 CD＝300 ps/nm 时几乎完全淹没在信号频谱中，此时将难以可靠地对时钟相位差错进行纠正。

导致上述结果的具体理论分析如下所述。

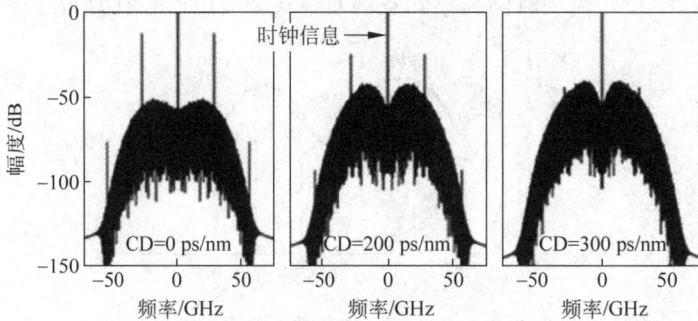

图 3.22　光纤色散对时钟恢复影响示意图[12]

在色散损耗的影响下,接收信号的频谱 $R(f)$ 和发射信号 $S(f)=[S_x(f),S_y(f)]^{\mathrm{T}}$ 间具有如下关系:

$$R(f)=[R_x(f),R_y(f)]^{\mathrm{T}}=H_{\mathrm{CD}}(f)S(f)\mathrm{e}^{\mathrm{j}2\pi f\tau_s} \tag{3-51}$$

其中,$H_{\mathrm{CD}}(f)$ 为光纤色散传输函数,具体将在 4.1 节色散补偿中详细介绍;τ_s 对应实际发送信号与 ADC 采样时钟间的时钟偏移,在此忽略其余的噪声以及滤波效应。

接收信号频谱 $R(f)$ 的自相关函数幅值可近似为如图 3.22 所示在频域显示的采样时钟信息幅度,计算 $R(f)$ 的自相关函数得

$$\begin{aligned}
C(f_s,B)&=\int_{-B/2}^{B/2}R(f-f_s)R^*(f-f_s)\mathrm{d}f\\
&=\int_{-B/2}^{B/2}S(f-f_s)\mathrm{e}^{\mathrm{j}\psi(f-f_s)^2}\mathrm{e}^{\mathrm{j}2\pi(f-f_s)\tau_s}S^*(f+f_s)\mathrm{e}^{-\mathrm{j}\psi(f+f_s)^2}\mathrm{e}^{-\mathrm{j}2\pi(f+f_s)\tau_s}\mathrm{d}f\\
&=\mathrm{e}^{-\mathrm{j}2\pi2f_s\tau_s}\int_{-B/2}^{B/2}S(f-f_s)S^*(f+f_s)\mathrm{e}^{-\mathrm{j}\psi4f_s}\mathrm{d}f
\end{aligned}$$
$$\tag{3-52}$$

由式(3-52)第一项可知,时间偏移 τ_s 将不会受到光纤色散效应 ψ 的影响,但 $|C(f_s,B)|$ 却和 ψ 相关。

为简化分析复杂度而得到幅度项的近似值,文献[13]对发射信号的频谱特性 $S(f)$ 给出了一定的限制,经此处理后得

$$\begin{aligned}
|C(f_s,B)|&=\left|\left[S(f-f_s)S^*(f+f_s)\frac{\mathrm{e}^{-\mathrm{j}\psi4f_s}}{-\mathrm{j}\psi4f}\right]_{-B/2}^{B/2}+\right.\\
&\quad\left.\int_{-B/2}^{B/2}S(f-f_s)S^*(f+f_s)\frac{\mathrm{e}^{-\mathrm{j}\psi4f_s}}{-\mathrm{j}\psi4f}\mathrm{d}f\right|\\
&\approx\left|\frac{\sin(\psi2Bf_s)}{\psi4f_s}S(B/2-f_s)S^*(B/2-f_s)\right|
\end{aligned}\tag{3-53}$$

由式(3-53)可知,频域采样时钟信息的幅度将主要受接收机前端预滤波器带宽 B 和色散程度 ψ 这两个参数的影响。

仿真结果显示,当色散程度较小时,采样时钟信息的幅度将主要受到预滤波器带宽 B 的影响;而当带宽 B 固定时,采样函数包络将同色散效应 ψ 的倒数成正比,也即当残余色散值偏大时采样时钟信息会受到明显影响。一旦时钟信息的幅度减小到与噪声幅度相当,则无法通过时钟恢复算法对时钟信息进行提取与恢复。此外,由式(3-53)得到的结果,与文

献[12]中给出的时域时钟恢复算法时钟信息幅度受预滤波器带宽 B 及色散影响的仿真数据结果完全吻合。这表明以上基于频域对于色散效应对时钟信息幅度影响的分析将可同时适用于时域和频域的时钟恢复算法。

由以上分析不难得出以下结论：①色散效应对于时钟恢复算法的影响可以通过优化预滤波器的带宽而得以缓解；②为了保证时钟恢复算法的性能，可如文献[13]提出的即将色散估计与补偿提前到时钟恢复模块前进行。

但在保留如图 3.5 所示经典数字信号处理流程的前提下，应如何有效地控制色散效应对时钟恢复的影响呢？一类可行的方案是，将蝶形 CD、PMD 补偿均衡器融合到时钟恢复模块中，在不增加原本计算开销的基础上提高了时钟恢复模块对于色散的抵抗能力；另一类方案是如文献[14]所提出的，改善时钟恢复算法本身对色散抵抗能力。文献[14]基于对每符号采样两次所得 2 个采样值间的二维相关函数在连续采样时刻分别为 $T/4$ 和 $3T/4$ 时是对称的这一特性，给出了一种新型时钟恢复算法。由于光纤色散的冲击响应也是对称的，因而该算法可有效抵抗光纤色散对于时钟提取的影响。与经典的数字滤波平方定时估计算法以及 Gardner 算法相比，该算法在色散程度较大时，计算所得时钟相位与后续时刻相关值的均方根（RMS）误差略有增加，但基本保持在有限范围内，从而验证了该算法的有效性。

3.4　小结

本章就单载波相干探测的整体实现与相应的数字信号处理算法进行了详细阐述。3.1 节先就单载波相干接收机的主要结构与数字信号处理的整体流程做了介绍，意在给读者以整体概念与印象。然后是重点展开的数字信号处理方面。首先，为了实现对接收光信号的相干探测，需引入本振光源与接收信号通过光 90°混频器进行拍频。由于受到不完美的光 90°混频器的影响，接收信号中带有了直流偏移以及幅度和相位误差从而引起了正交不平衡现象。因此 3.2 节就正交不平衡的影响与两种正交化过程——Gram-Schmidt 正交化过程与 Löwdin 正交化过程做了阐释。其次，由于收发端采样时钟不匹配，将导致接收端 ADC 采样时钟未对准。相应地，3.3 节首先就定时误差检测所采用的 4 种经典算法——数字滤波平方定时估计算法、Gardner 算法、Godard 算法以及 Muller 算法的原理与实现进行简单介绍，在该节最后详细介绍了一种新型反馈式全数字时钟恢复方案。

思考题

3.1　相干光通信系统的光载波调制方式有哪些？接收解调方式有哪几种？

3.2　如图 3.3 相位分集相干接收结构示意图所示，已知耦合器的转移矩阵为 $\begin{bmatrix} \sqrt{1-c} & \mathrm{j}\sqrt{c} \\ \mathrm{j}\sqrt{c} & \sqrt{1-c} \end{bmatrix}$，其中 2×2 的耦合器矩阵 $c=0.5$，推导出图 3.23 节点处 CP1 和 CP2 关于信号 E_S 和 E_{LO} 的矩阵表达式，并根据其推导出式（3-9）和式（3-10）的输出光电流 I_I 和 I_Q 的表达式。

3.3　在偏振分集的零差相干检测系统中，假设信号偏振分束器分配到两个偏振态的功

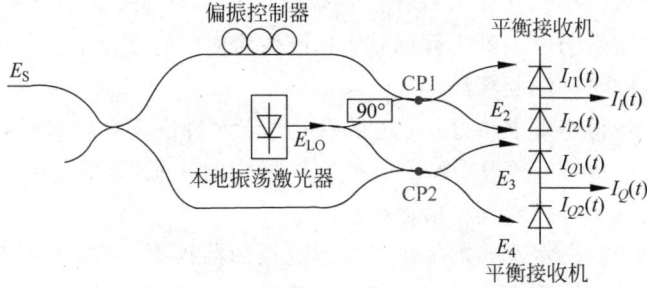

图 3.23　基于相位分集相干接收结构的检测系统

率的比例 $\alpha \neq 0.5$，δ 为两个偏振态信号的相位差，分析 α,δ 对式(3-19)～式(3-22)的影响。

3.4　利用 VPI 仿真软件，分别搭建适用于单载波 QAM 光通信系统中的零差和外差相干接收机，并画出接收信号的频谱。例如 1550 nm QPSK,16QAM 信号在 10 km 标准单模光纤中的传输系统，传输速率为 10 Gbaud，采样速率为 60 Gsample/s。

3.5　采用 MATLAB 软件仿真出如图 3.6 所示的幅度失配和相位失配。

3.6　采用 GSOP 算法可补偿正交不平衡，当相位失配因子为 30°，并且调制格式为 QPSK 调制时，采用 MATLAB 软件证明 GSOP 的有效性。

3.7　说明混频器会造成接收信号 I/Q 正交不平衡的原因。

3.8　Löwdin 正交化方法中，已知对称矩阵 $\boldsymbol{R}$ 如式(3-29)所示，给出式(3-30)所示最佳转换矩阵 $\boldsymbol{L}$ 的推导过程。

3.9　在数字滤波平方定时估计算法中，由式(3-33)可算出实际定时误差的无偏估计为：$\xi = -\dfrac{1}{2\pi}\arg\left(\displaystyle\sum_{k=0}^{LN-1} x_k \mathrm{e}^{-\mathrm{j}2\pi k/N}\right)$，给出相应的推导过程。

3.10　仿真计算出图 3.21 所示的光纤色散对时钟恢复影响的频谱图。

3.11　本章介绍了三种典型的定时误差检测算法，即数字平方滤波平方定时估计算法、Gardner 算法和 Godard 算法，分别给出三种定时误差估计值的表达式，并比较它们的优缺点。

3.12　使用仿真软件实现如图 3.22 所示的光纤色散对时钟恢复影响，调节色散系数，讨论色散对时钟恢复的影响。

3.13　结合式(3-28)～式(3-30)，讨论在有量化噪声的条件下 GSOP 和 Löwdin 正交化的公式变化，并比较量化噪声对两种正交化结果的影响。

3.14　结合图 3.5，讨论 IQ 正交化和时钟恢复的顺序是否可以调换，并分析原因。

参考文献

[1]　TSUKAMOTO S,KATOH K,KIKUCHI K. Coherent demodulation of optical multilevel phase shift-keying signals using homodyne detection and digital signal processing[J]. IEEE Photon. Technol. Lett. ,2006,18(10): 1131-1133.

[2]　IP E,LAU A,BARROS D,et al. Coherent detection in optical fiber systems[J]. Opt. Exp. ,2008, 16(2): 753-791; erratum 2008,16(26): 21943.

［3］　周娴. 100Gbps PM-(D)QPSK 相干光传输系统 DSP 算法研究［D］. 北京：北京邮电大学，2011.

［4］　FATADIN I，SAVORY S J，IVES D. Compensation of quadrature imbalancein an optical QPSK coherent receiver［J］. IEEE Photon. Technol. Lett. ，2008，20(20)：1733-1735.

［5］　MAYER I. On Lowdin's method of symmetric orthogonalization［J］. Int. J. Quantum Chem. ，2002，90(1)：63-65.

［6］　KAMINOW I，LI T. Optical fiber telecommunications IVA［M］. Amsterdam：Elsevier Science，2002.

［7］　OERDER M，MERY H. Digital filter and square timing recovery［J］. IEEE Transactions on Communications，1988，36(5)：605-612.

［8］　GARDNER F M. A BPSK/QPSK timing-error detector for sampled receivers［J］. IEEE Transactions on Communications，1986，34(5)：423-429.

［9］　GODARD D N. Passband timing recovery in an all-digital modem receiver［J］. IEEE Transactions on Communications，1978，26(5)：429-517.

［10］　MUELLER K，MULLER M. Timing recovery in digital synchronous data receivers［J］. IEEE Transactions on Communications，1976，24(5)：516-531.

［11］　ZHOU X，CHEN X，ZHOU W，et al. All-digital timing recovery and adaptive equalization for 112 Gbit/s POLMUX-NRZ-DQPSK optical coherent receivers［J］. Journal of Optical Communications and Networking，2010，2(11)：984-990.

［12］　KUSCHNEROV M，HAUSKE F，PIYAWANNO K，et al. DSP for coherent single-carrier receivers［J］. Journal of Lightwave Technology，2009，27(16)：3614-3622.

［13］　HAUSKE F N，STOJANOVIC N，XIE C，et al. Impact of optical channel distortions to digital timing recovery in digital coherent transmission systems［C］. ICTON 2010，We. D1. 4.

［14］　KUSCHNEROV M，HAUSKE F N，GOURDON E，et al. Digital timing recovery for coherent fiber optic systems［C］. OFC/NFOEC 2008，San Diego，CA，USA，2008，JThA63.

第 4 章

单载波相干探测中的色散补偿与偏振动态均衡技术

对于单模光纤光传输系统,一方面,色度色散主要是由光纤的材料色散和波导色散决定。对于早期的 IM-DD 光通信系统,通常采用色散补偿光纤、光纤光栅等色散补偿模块进行光学的色散补偿[1-3]。这种光学的色散补偿通常是利用负的色散系数介质,对光纤中的色散进行补偿。发展到数字相干光通信系统,数字信号处理完全能替代光色散补偿的模块功能,通过反向推导光纤的时域或频域传递函数,能很容易地进行时域或频域的色散补偿。

另一方面,随着放大器、色散补偿技术、色散和非线性管理技术的成熟,光纤通信系统的传输速率近年来飞速增长,偏振模色散(polarization mode dispersion,PMD)成为限制系统比特距离积的首要因素[4]。在光信号的传输过程中,若存在偏振模色散,将分开成两束有着不同时延的脉冲,造成脉冲失真,即符号间干扰(inter-symbol interference,ISI)[5]。偏振模色散成为超高速、超大容量光通信系统发展的一个主要障碍。由于偏振复用系统实际上是一个 2×2 的多输入多输出(multiple input and multiple output,MIMO),可以借助传统通信系统的信道均衡算法,如恒模算法(constant modulus algorithm,CMA)以及判决引导最小均方误差(DD-LMS)算法等结合 2×2 的 MIMO 复用算法实现。

下面,本章将首先着重讨论电域色散补偿算法,然后介绍信道盲均衡(blind equalization)的基本原理,讨论在接收端如何解偏振复用,再介绍采用比较流行的恒模算法实现对恒包络调制的偏振解复用,同时补偿偏振模色散。

4.1 色散补偿与静态均衡

在光纤中的传输信号由于含有不同的频率或模式成分,经光纤传输后信号脉冲会因群速度不同而展宽,引起信号失真,这种物理现象称为色散。从机理上说,光纤色散分为材料色散、波导色散和模式色散。前两种色散是由信号不是单一频率而引起,后一种色散是由信号不是单一模式而引起。光纤色散的普遍存在使得传输的信号脉冲产生畸变,从而限制了光纤的传输容量和传输带宽。对单载波相干光通信系统而言,采用基于色散补偿光纤(DCF)的光补偿或者数字信号处理算法的非光补偿方式均可实现对光纤色散的补偿,但后者相较而言实现成本更低且对光纤非线性效应的容忍度更高[6],因此光纤色散补偿模块是数字信号处理流程中必不可少的一个环节。

假设经前端正交化与归一化模块以及时钟同步模块的处理后,两个偏振方向上 I,Q 两路的幅度、相位失配得到了充分的补偿与纠正,且收发端采样时钟完全同步,在此基础上将着手对光纤传输引入损耗(包括线性与非线性损耗)进行补偿。此处为了简化相干接收机的结构,暂且忽略光纤的非线性损耗,如自相位调制、非线性相位噪声,仅考虑如色度色散(下文简称色散,CD)、偏振模色散等光纤线性损耗。

一般地,可采用如图 4.1 所示两种结构对光纤传输所引入的损耗进行补偿。

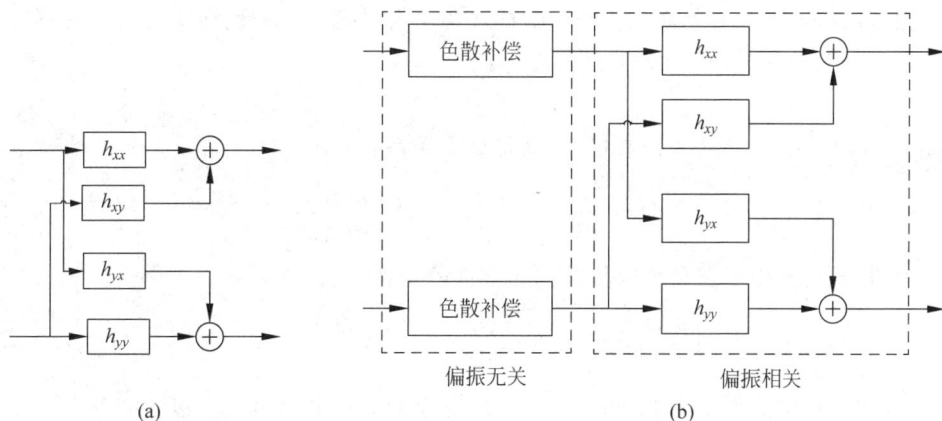

图 4.1　光纤线性损耗补偿算法结构

(a) 单层结构；(b) 双层结构

其中,图 4.1(a)给出了一种单层纯蝶形结构,模块由 4 个自适应的有限冲击响应(FIR)滤波器组成,同时对色散及偏振模色散进行补偿[7]。然而为了降低模块设计的复杂度,在图 3.5 所给出的数字信号处理流程中我们采用了如图 4.1(b)所示的双层结构,其中第一层针对与偏振无关的损耗,如色散,进行补偿；继而在第二层对于偏振相关的损耗如偏振旋转、偏振模色散进行补偿(偏振动态信道均衡算法将在 4.2 节详述)。采用这种分层结构,是考虑到经分层处理后模块内部前后两个子模块可分别运行于不同的速率,这无疑为数字信号处理的实现带来了极大的便利,例如,毫秒量级下色散近似不变而偏振模色散则随时间变化,因此色散补偿过程中无需频繁地更新滤波器的抽头系数,极大地简化了系统的计算复杂度。

在确定了采用双层结构的基础上,下文将从光纤色散效应的本质出发对补偿算法进行详细的阐述。首先从色散的物理性质的角度来说,光作为一种电磁波与电介质的束缚电子相互作用时,介质的响应通常同光波的频率 ω 相关,它表明折射率 $n(\omega)$ 对频率的依附关系。在数学上,光纤的色散效应可以通过在中心频率 ω_0 处展开成传播常数 β 的泰勒级数来描述:

$$\beta(\omega) = n(\omega)\frac{\omega}{c} = \beta_0 + \beta_1(\omega - \omega_0) + \frac{1}{2}\beta_2(\omega - \omega_0)^2,$$

$$\beta_m = \left(\frac{\mathrm{d}^m\beta}{\mathrm{d}\omega^m}\right)_{\omega=\omega_0} \quad (m = 0,1,2,\cdots) \tag{4-1}$$

其中，参量 $\beta_1\beta_2$ 和折射率 n 有关，它们的关系如下：

$$\beta_1 = \frac{n_g}{c} = \frac{1}{v_g} = \frac{1}{c}\left(n + \omega\frac{\mathrm{d}n}{\mathrm{d}\omega}\right) \tag{4-2}$$

$$\beta_2 = \frac{1}{c}\left(2\frac{\mathrm{d}n}{\mathrm{d}\omega} + \omega\frac{\mathrm{d}^2 n}{\mathrm{d}\omega^2}\right) \tag{4-3}$$

其中，n_g 是群折射率；v_g 是群速度，光脉冲包络以群速度运动；参量 β_2 表示群速度色散（GVD），与脉冲展宽有关。

一般也采用色散系数 D 对由光纤色散引起的脉冲展宽的程度进行量化，单位为 ps/(nm·km)。色散系数 D 给出了带宽 $\xi\lambda$ 为 1 nm 的光信号脉冲经 1 km 光纤传输后脉冲展宽的程度 ΔT（以皮秒为单位）。可用如下公式表示：

$$\Delta T = D \times \xi\lambda \times L \tag{4-4}$$

同时，色散系数 D 同 GVD 参量 β_2 满足如下关系：

$$D = \frac{\mathrm{d}\beta_1}{\mathrm{d}\lambda} = -\frac{2\pi c}{\lambda^2}\beta_2 \approx -\frac{\lambda}{c}\frac{\mathrm{d}^2 n}{\mathrm{d}\lambda^2} \tag{4-5}$$

文献[8]给出了光脉冲单模光纤内传输的非线性薛定谔方程，如下：

$$\mathrm{j}\frac{\partial A}{\partial z} = -\mathrm{j}\frac{\alpha}{2}A + \frac{\beta_2}{2}\frac{\partial^2 A}{\partial T^2} - \gamma\mid A\mid^2 A \tag{4-6}$$

其中，A 为脉冲包络的慢变振幅；$T = t - z/v_g$ 是随脉冲以群速度 v_g 移动的参考系中的时间度量。式(4-6)中右边三项分别对应于光脉冲在光纤中传输时的吸收效应、色散效应和非线性效应。根据入射脉冲的初始宽度 T_0 和峰值功率 P_0 决定脉冲在光纤传输过程中是色散还是非线性效应起主要作用。在此我们忽略光纤的非线性效应，认为色散起主要作用，引入一个对初始脉宽 T_0 归一化的时间量：

$$\tau = \frac{T}{T_0} = \frac{t - z/v_g}{T_0} \tag{4-7}$$

同时利用如下定义引入归一化振幅 U：

$$A(z,t) = \sqrt{P_0}\,\mathrm{e}^{-\alpha z/2}U(z,\tau) \tag{4-8}$$

其中，指数因子体现了光纤损耗。利用式(4-6)~式(4-8)并且忽略式(4-6)中最后一项非线性项，得到光脉冲的归一化振幅 $U(z,\tau)$ 应满足：

$$\mathrm{j}\frac{\partial U}{\partial z} = \frac{\beta_2}{2T_0^2}\frac{\partial^2 U}{\partial\tau^2} \tag{4-9}$$

将式(4-5)代入式(4-9)，取 $T_0 = 1$，得

$$\frac{\partial U(z,\tau)}{\partial z} = \frac{-\mathrm{j}}{2}\left(\frac{-D\lambda^2}{2\pi c}\right)\frac{\partial^2 U(z,\tau)}{\partial\tau^2} = \mathrm{j}\frac{D\lambda^2}{4\pi c}\frac{\partial^2 U(z,\tau)}{\partial\tau^2} \tag{4-10}$$

上述理论推导得到了光纤色散对信号包络 $U(z,\tau)$ 影响的偏微分方程，这也是所有光纤色散均衡算法的基础，其中 z 表示传输距离，τ 表示归一化时间参量，D 表示光纤的色散系数，λ 表示光波波长，c 表示光速。

针对如式(4-10)的偏微分方程，一种直接的求解方法是对其进行傅里叶变换（FFT）得到频域传输方程 $G(z,w)$：

$$G(z,w) = \exp\left(-j\frac{D\lambda^2}{4\pi c}\omega^2\right) \tag{4-11}$$

其中,ω 表示任意频率分量。

由式(4-11)易知,可通过无限冲击响应滤波器(IIR)递归结构[9]或 FIR 非递归结构[10]的数字滤波器来近似全通滤波器 $1/G(z,w)$,实现在频域对色散的直接补偿。虽然采用 IIR 滤波器进行色散补偿所需的滤波器抽头数量远小于 FIR 滤波器,但 IIR 滤波器固有的递归反馈结构使其在高速并行信号处理中几乎不可能实现,同时基于如式(4-11)的相位响应也难以设计完全符合该条件的 IIR 滤波器,因此一般采用 FIR 型滤波器对光纤色散进行频域补偿。

除了以上所述在频域对色散进行直接均衡外,将式(4-11)进行进一步傅里叶变换,易得到时域冲击响应,如下式:

$$g(z,t) = \sqrt{\frac{c}{jD\lambda^2 z}}\exp\left(j\frac{\pi c}{D\lambda^2 z}t^2\right) \tag{4-12}$$

因此在时域同样可以设计与该冲击响应相吻合的滤波器,对光纤色散进行时域均衡。

反观图 4.1(b)给出的双层结构,假设偏振模色散采用时域均衡算法进行补偿(在 4.2.3 节详述),根据第一层色散补偿子模块采用的是时域均衡算法还是频域均衡算法,可进一步将图 4.1(b)细分为如图 4.2 所示的两类结构。其中图 4.2(a)给出了一种纯时域均衡结构,而图 4.2(b)则给出了一种时频域融合的混合结构,针对两种结构的计算复杂度及性能的比较将在本节最后进行详述。

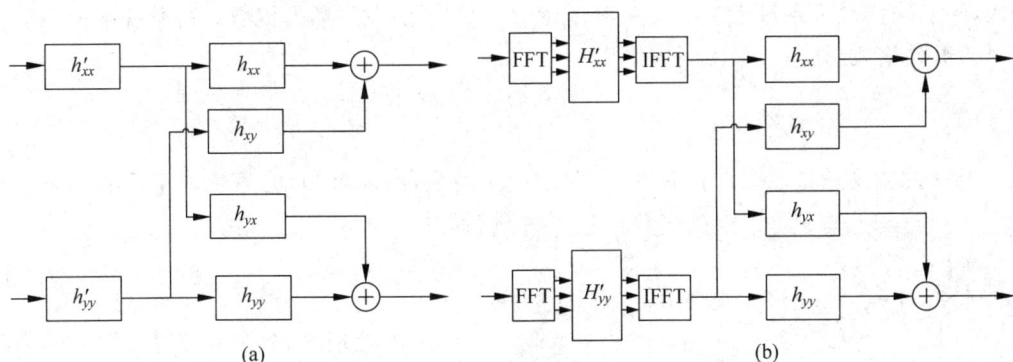

图 4.2　双层结构

(a) 纯时域均衡结构；(b) 时频混合均衡结构

从算法实现上来看,频域均衡显得更为直观并且易于实现。通过将式(4-11)给出的色散频域传递函数中的色散系数 D 符号取反,即得到色散频域补偿滤波器的频域传递函数:

$$G(z,w) = \exp\left(j\frac{D\lambda^2}{4\pi c}\omega^2\right) \tag{4-13}$$

如图 4.3 所示,将接收到的时域信号符号首先截断为若干子块(假设每一子块的符号长度设为 L_{FFT}),对每一子块进行长度为 L_{FFT} 的快速傅里叶变换(FFT)将时域信号变换到频域,接着直接在频域同如式(4-13)所示的频域传递函数相乘得到色散补偿的频域信号,接着将所得的频域信号通过快速傅里叶逆变换(IFFT)运算变换回时域即可。

81

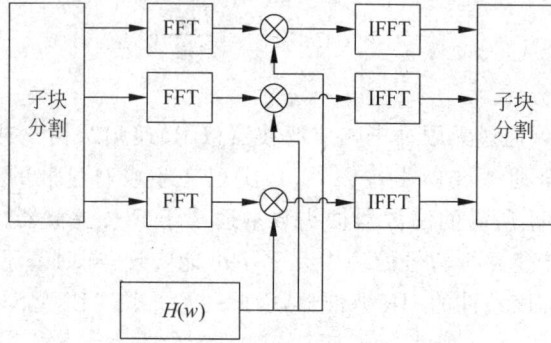

图 4.3　频域色散补偿算法框图

文献[11]通过在接收到的相邻符号子块间引入交叠,对原始的频域均衡算法进行了进一步改进,以适应长距离传输系统,这类改进的频域均衡算法称为交叠的频域均衡(O-FDE),此处不再做详细阐述。

同理,对于时域均衡算法而言,通过将式(4-12)的色散时域冲击响应中的色散系数 D 符号取反,即得到色散时域补偿滤波器的脉冲响应,如下:

$$g(z,t)=\sqrt{\frac{c}{\mathrm{j}D\lambda^2 z}}\exp[-\mathrm{j}\varphi(t)],\quad \varphi(t)=\frac{\pi c}{D\lambda^2 z}t^2 \tag{4-14}$$

由式(4-14)给出的脉冲响应可知,其相应的系统响应时间是无限的且非因果的,考虑到如此特性可能会导致一些采样频率的混叠,时域均衡算法进一步将系统的脉冲响应时间截断为有限长度,以克服频率混叠的现象。假设对于接收到的符号序列接收机每隔 T 秒采样一次,则当采样频率超过奈奎斯特频率 $\omega_\mathrm{n}=\pi/T$ 时可能发生频率混叠。将脉冲响应以旋转矢量的形式描述,其角频率由下式给出:

$$\omega=\frac{\partial\varphi(t)}{\partial t}=\frac{2\pi c}{D\lambda^2 z}t \tag{4-15}$$

当 ω 的幅度超过奈奎斯特频率 ω_n 时会产生混叠,由此可知,为避免频率混叠则按下式进行时域截断:

$$-\frac{|D|\lambda^2}{2cT}\leqslant t\leqslant\frac{|D|\lambda^2}{2cT} \tag{4-16}$$

经如上处理后,脉冲响应时间被截断为有限时长,进而可采用非递归结构抽头延迟 FIR 滤波器而实现时域色散补偿滤波器,滤波器结构如图 4.4 所示。

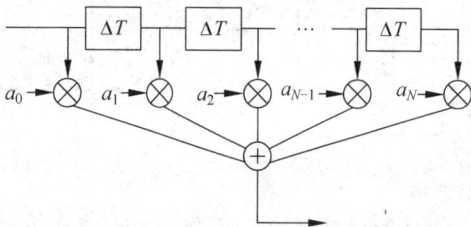

图 4.4　时域色散补偿滤波器结构

滤波器总抽头数为 N,抽头的权重由下式给出:

$$a_k=\sqrt{\frac{\mathrm{j}cT^2}{D\lambda^2 z}}\exp\left(-\mathrm{j}\frac{\pi cT^2}{D\lambda^2 z}k^2\right)\left\lfloor\frac{N}{2}\right\rfloor\leqslant k\leqslant\left\lfloor\frac{N}{2}\right\rfloor N=2\times\left\lfloor\frac{|D|\lambda^2 z}{2cT^2}\right\rfloor+1 \tag{4-17}$$

其中,$\lfloor.\rfloor$ 表示下取整运算,可见采用时域均衡的方式不仅对滤波器抽头权重给出了简单的闭区间解,同时也给出了算法所需抽头数量的上界。

文献[12]就以上时域均衡滤波器的可行性进行了进一步的验证。仿真结果显示,当滤波器抽头数采用最大截断窗口长度时,滤波器抽头的权重系数是最优的,色散补偿的效果也最好。然而在实际相干接收系统中如采用时域均衡对光纤色散进行补偿,在几乎不劣化系统性能的条件下可考虑对由式(4-17)给出的最大滤波器抽头数进行进一步截断。虽然在这种情况下滤波器抽头权重系数相比于最大抽头数的情况是次优的,却为系统实现复杂度方面的进一步优化提供了可能。

在本节最后我们将就以上两类均衡算法的性能与特点进行比较。

首先文献[13]就相同系统性能条件下两类算法所需的滤波器抽头数进行了比较。仿真结果显示,当滤波器抽头数超过 300 时,无论是时域均衡算法还是频域均衡算法,随着光纤色散程度的进一步增加所引起的接收光信噪比(OSNR)劣化都是微不足道的,$BER=10^{-3}$ 条件下的 OSNR 基本维持在 -14 dB 左右。而当滤波器抽头数量较小时,时域均衡算法对于由滤波器抽头数减小而引起的 OSNR 劣化程度远小于频域均衡算法,也即为达到相近的系统性能,时域均衡滤波器所需的抽头数一般小于频域均衡滤波器。

虽然一般情况下时域均衡滤波器所需的抽头数小于频域均衡滤波器,但对于 100 Gb/s 通信系统需要抽头数至少为 250 的时域均衡器才能实现对光纤色散效应的完全补偿,由此带来的计算量将是巨大的。在实际系统中,算法的计算复杂度也是考察算法性能的重要指标。需要明确的是,算法计算复杂度通常是由每比特经过的复数乘法次数来描述。

文献[6]就 40 Gb/s 和 100 Gb/s PDM-QPSK 系统频域和时域均衡算法的实现复杂度分别进行了比较。结果显示,频域均衡算法在色散近似为 11000 ps/nm(40 G/s 系统)和 2000 ps/nm(100 G/s 系统)时计算复杂度陡然增大(这一现象是由多余的 FFT 开销导致的),但随着色散的继续增强,整体趋势趋于平缓,仅与符号速率的常数对数(log10)成正比;相反,无论是 40 Gb/s 或 100 Gb/s 系统,时域均衡算法的计算复杂度仅在色散程度较弱(小于 2500 ps/nm)时低于频域均衡算法,且该范围非常有限,随着色散程度增强,整体趋势将快速增大,与符号速率平方成正比。

由此可见,对于未来高速率、长距离传输的光通信系统而言,从成本开销的角度来看,频域均衡算法性能远优于时域均衡算法。

4.2　偏振动态信道均衡算法

随着放大器、色散补偿技术、色散和非线性管理技术的成熟,光纤通信系统的传输速率近年来飞速增长,偏振模色散成为限制系统比特距离积的首要因素。在 40 Gb/s 及以上速率的光纤通信系统中,偏振模色散有着不可忽视的影响[14],严重地限制着系统的容量和传输距离。另外,偏振模色散是一种随时间、温度、波长、光纤敷设条件的变化而变化的随机现象[15],难以监测和补偿。因此偏振模色散成为超高速、超大容量光通信系统发展的一个主要障碍。近几年来,如何克服偏振模色散效应对光通信系统的性能损伤,这一研究一直是一个热点,其中大多集中在偏振模色散补偿的研究。目前国际上通常采用 CMA[16] 在电域上对偏振模色散进行补偿。

在单模光纤中,基模是由两个相互正交的偏振模 HE_{11}^{x} 和 HE_{11}^{y} 组成的,理想光纤的几何尺寸是均匀的,且没有应力,因而两个偏振模是完全简并的,两偏振模具有相同的传输速度,不存在时延差的现象。然而,在实际的光纤中,光纤的圆对称性通常在生产、成缆、铺设等过程中会被各种因素所破坏,如光纤在制造过程中受到材料均匀度和拉制工艺的限制而导致光纤截面不成理想圆对称,在铺设过程中受到机械外力作用等。这些因素将造成光纤沿不同的方向有不同的有效折射率,即导致光纤的双折射(birefringence),造成两个正交偏振模传播常数的差异,形成了两个偏振模之间的时延差,这便是差分群时延(differential group delay,DGD)。图4.5是偏振模色散的简单模型——稳定光学双折射的二径模型。而在实际中,光纤传输过程中不仅存在多重级联的双折射现象,还伴随着随机模式耦合过程。由于模式耦合会随着波长而变化,我们不再认为双折射与波长无关。另外,模式耦合还随时间而变化,这是由于模式耦合会受到光纤和终端站的温度变化、机械运动、机械压力变化等因素的影响。偏振模色散随时间的变化可以用麦克斯韦分布来描述。这样会减少出现较高DGD的概率,但是对于最大值却没有限制。两个偏振态之间的延时会导致光电转换之后的眼图关闭。对于自适应补偿来说,偏振模色散的变化速度也是很重要的因素。根据观察,偏振模色散变化的时间尺度从数天到毫秒[17]。对于速率超过10 Gb/s的光通信系统来说,这个变化速度可视为缓慢变化。

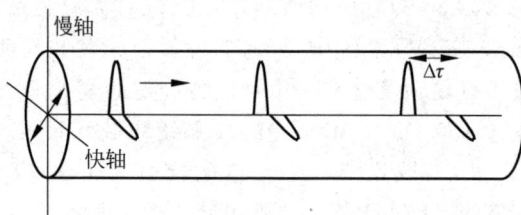

图 4.5 光脉冲在光纤中的偏振分离

4.2.1 盲均衡的基本原理

信道均衡是指接收端的均衡器产生与信道相反的特性,用来抵消由信道的传播特性引起的 ISI,提升通信系统的性能。一种可行的均衡方法是采用数据辅助(data-aided)的方式,在传输有效信息之前,先发送一段已知的训练序列,在接收端根据收到的信号去估计出信道的特性;而盲均衡算法不需要借助训练序列,而仅仅利用所接收到的信号即可对信道进行自适应均衡,可有效地提高信息传输速率[16]。下面,首先介绍盲均衡的基本原理。

盲均衡的基本原理框图如图4.6所示。

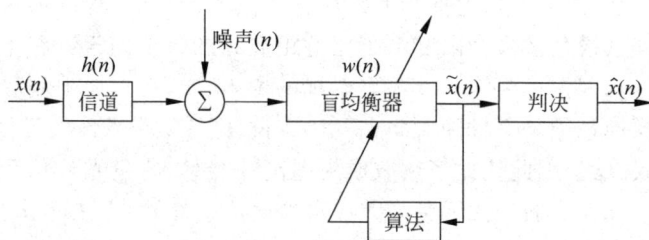

图 4.6 盲均衡的原理框图

$x(n)$是原始的发送信号,设其独立同分布,平稳且不相关[16]。$h(n)$是描述信道的单位脉冲响应,往往是未知的。噪声(n)是加性高斯白噪声。$y(n)$是$x(n)$经过信道$h(n)$后并加入噪声的信号,是原始发送信号$x(n)$经传输后恶化的结果。随后,$y(n)$被送入单位脉冲响应为$w(n)$的盲均衡器进行处理,处理后的输出为$\tilde{x}(n)$,$\hat{x}(n)$则是判决器判决输出的信号。

从图 4.6 的模型可知,均衡器的输入信号 $y(n)$ 可以表示为

$$y(n) = x(n) * h(n) + \text{noise}(n) \qquad (4\text{-}18)$$

其中, $*$ 表示卷积(convolution)。

当忽略噪声项时,均衡器的输入信号 $y(n)$ 可以表示为

$$y(n) = x(n) * h(n) \qquad (4\text{-}19)$$

为了从 $y(n)$ 中恢复出原始的发送信号,则需要对其进行解卷积(deconvolution)。当发送的信号 $x(n)$ 为已知信号,即为训练序列(training sequence)时,则可以通过观察 $y(n)$,计算得出 $h(n)$。这是一种数据辅助的方法。然而,与数据辅助不同的是,盲均衡不需要训练序列,因此可以有效地提高数据传输速率,降低通信时延。但作为代价,在式(4-19)中,只有 $y(n)$ 一个参数已知,求解变得困难了不少。这种不用数据辅助去估计 $h(n)$ 的方法,称为盲均衡或盲解卷积。

图 4.6 中的盲均衡器是自适应线性滤波器,它的输出 $\tilde{x}(n)$ 可以表示为

$$\tilde{x}(n) = w(n) * y(n) \qquad (4\text{-}20)$$

这里希望看到的是,均衡后的信号 $\tilde{x}(n)$ 完全等于原始信号 $x(n)$。将式(4-19)代入式(4-20)可以得到最理想的盲均衡器的单位脉冲响应与信道的单位脉冲响应之间的关系为

$$\delta(n) = h(n) * w(n) \qquad (4\text{-}21)$$

其中, $\delta(n)$ 为单位脉冲序列。

在实际中, $w(n)$ 常用 FIR 滤波器来实现。FIR 滤波器长度为 L,抽头系数 $\boldsymbol{W}(n)$ 为

$$\boldsymbol{W}(n) = \left[w_0(n), w_1(n), \cdots, w_{L-1}(n) \right]^{\mathrm{T}} \qquad (4\text{-}22)$$

其输入信号 $\boldsymbol{Y}(n)$ 为

$$\boldsymbol{Y}(n) = \left[y(n), y(n-1), \cdots, y(n-L+1) \right]^{\mathrm{T}} \qquad (4\text{-}23)$$

输出信号 $\tilde{x}(n)$ 为

$$\tilde{x}(n) = w(n) * y(n) = \sum_{i=0}^{L-1} w_i(n) y(n-i) = \boldsymbol{Y}^{\mathrm{T}}(n)\boldsymbol{W}(n) = \boldsymbol{W}^{\mathrm{T}}(n)\boldsymbol{Y}(n) \quad (4\text{-}24)$$

其中,符号 T 表示转置。

最理想的盲均衡器是无限长的,而 FIR 滤波器的长度却是有限的,这必然会带来误差,即 $\tilde{x}(n)$ 仅仅是 $x(n)$ 的估计值,误差信号 $e(n)$ 为

$$e(n) = \tilde{x}(n) - x(n) \qquad (4\text{-}25)$$

盲均衡器的训练过程就是寻找一组最优的抽头系数 $\boldsymbol{W}(n)$,使得 $\tilde{x}(n)$ 逼近 $x(n)$。当误差信号 $e(n)$ 趋近于 0 时,此时的 FIR 滤波器抽头系数 $\boldsymbol{W}(n)$ 是最优的。

4.2.2　经典常模算法

由数字通信原理的基本知识可知,m-PSK 调制是恒模调制,已调信号 $x(n)$ 的平均发射功率是恒定的。如果均衡器估计出来的 $\tilde{x}(n)$ 趋于原始信号 $x(n)$,则 $\tilde{x}(n)$ 也应该是恒模的。因此,我们引入 CMA 的代价函数 $J(\boldsymbol{W}_n)$,并利用均方误差来度量误差,有

$$J(\boldsymbol{W}_n) = E\left[\left(|\tilde{x}(n)|^2 - R_2 \right)^2 \right] \qquad (4\text{-}26)$$

其中, R_2 是一个正的常数,即我们所希望的收敛半径。我们的目标是寻找最优的抽头系数 $\boldsymbol{W}(n)$,即找到

$$W(n)_{\text{opt}} = \underset{W_n}{\text{argmin}}(J(W_n)) = \underset{W_n}{\text{argmin}}(E[(|\tilde{x}(n)|^2 - R_2)^2]) \tag{4-27}$$

对式(4-27)利用最陡下降法求极值,得

$$W(n+1) = W(n) - \mu\frac{\partial J[W(n)]}{\partial W(n)} \tag{4-28}$$

有

$$\frac{\partial J[W(n)]}{\partial W(n)} = 2E\left[(|\tilde{x}(n)|^2 - R_2)\frac{\partial |\tilde{x}(n)|^2}{\partial W(n)}\right] \tag{4-29}$$

又因为 $\tilde{x}(n) = w(n) * y(n) = Y^{\text{T}}(n)W(n)$,因此

$$\frac{\partial |\tilde{x}(n)|^2}{\partial W(n)} = 2Y^*(n)\tilde{x}(n) \tag{4-30}$$

将式(4-30)代入式(4-29),可得

$$\frac{\partial J[W(n)]}{\partial W(n)} = 4E[(|\tilde{x}(n)|^2 - R_2)Y^*(n)\tilde{x}(n)] \tag{4-31}$$

用随机梯度来代替期望值,可得 CMA 的迭代计算公式

$$W(n+1) = W(n) + \mu\tilde{x}(n)[R_2 - |\tilde{x}(n)|^2]Y^*(n) \tag{4-32}$$

其中,μ 为迭代步长,通常选取较小的正数,它决定了算法收敛的速度和收敛的精确程度。

当达到理想均衡时,偏导数

$$\frac{\partial J[W(n)]}{\partial W(n)} = 0 \tag{4-33}$$

且 $y(n)$ 通过均衡器处理后,将满足无失真传输条件,即

$$\tilde{x}(n) = Ax(n - n_{\text{delay}}) \tag{4-34}$$

其中,A 为非零常数,代表幅度上线性放大的倍数;n_{delay} 代表时延。当 $x(n)$ 为恒模调制时,可将无关紧要的 A 设置为 1,且时延相当于附加了一个固定的相移,即

$$\tilde{x}(n) = x(n)\mathrm{e}^{\mathrm{j}\theta_{\mathrm{d}}} \tag{4-35}$$

其中,θ_{d} 表示固定的相位偏移。

由式(4-31)和式(4-33)可得

$$E[|\tilde{x}(n)|^2Y^*(n)\tilde{x}(n)] = R_2E[Y^*(n)\tilde{x}(n)] \tag{4-36}$$

将向量形式展开为分量的形式,可得

$$E[|\tilde{x}(n)|^2y^*(n-i)\tilde{x}(n)] = R_2E[y^*(n-i)\tilde{x}(n)], \quad i = 0,1,\cdots,L-1 \tag{4-37}$$

即在式(4-36)中,等号左右两边的对应元素相等。

由式(4-19),有

$$y(n-i) = \sum_m x(n-i-m)h(m) \tag{4-38}$$

对于 m-PSK 调制,$x(n)$ 中数据符号的星座点在复平面上对称分布,有

$$E(x(n)) = 0 \tag{4-39}$$

$$E(|x(n)|^2) = \sigma_x^2 \tag{4-40}$$

由于原始发送的信号 $x(n)$ 独立同分布,互不相关,有

$$E(x(m)x(n)) = \delta_{mn}\sigma_x^2 \tag{4-41}$$

其中,

$$\delta_{mn} = \begin{cases} 1, & m=n \\ 0, & m \neq n \end{cases} \tag{4-42}$$

为克罗内克(Kronecker)函数。

因此,当且仅当 $m=i$ 的项才对式(4-37)的等号左右两边有贡献,即

$$E\left[|\widetilde{x}(n)|^2 y^*(n)\widetilde{x}(n)\right] = kE\left[|\widetilde{x}(n)|^4\right] \tag{4-43}$$

$$E\left[y^*(n)\widetilde{x}(n)\right] = kE\left[|\widetilde{x}(n)|^2\right] \tag{4-44}$$

其中,k 是由信道引入的确定的幅度增益。

将式(4-43)和式(4-34)代入式(4-37),可得

$$R_2 = \frac{E\left[|\widetilde{x}(n)|^4\right]}{E\left[|\widetilde{x}(n)|^2\right]} \tag{4-45}$$

至此,我们完成了对 CMA 恒模算法的理论推导。

例 4.1　单偏振 QPSK 的 CMA 均衡算法

设信号 $x(n)$ 为 QPSK 调制后的信号。当它经过单位脉冲响应为 $h(n)$ 的信道,同时混入加性高斯白噪声 noise(n) 后变为 $y(n)$。现用三个不同步长的 CMA 去盲均衡 $y(n)$。

图 4.7 是均衡前的星座图,图 4.8 是均衡后的星座图,图 4.9 是 CMA 均衡误差曲线。从星座图可以看出,经 CMA 均衡后的星座点更集中,这对我们的判决是很有帮助的。从 CMA 的误差曲线来看,若采用大步长,则可加快算法的收敛,但会带来较大的剩余误差;若希望减小 CMA 均衡的误差,则应采用小步长,但这会使收敛变慢。

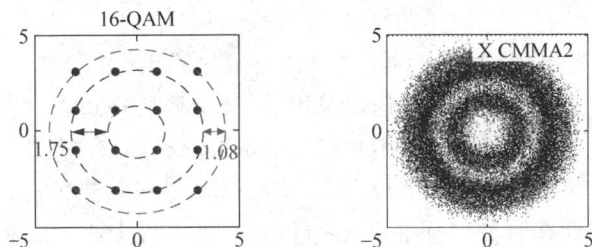

图 4.7　CMA 均衡前

(请扫 2 页二维码看彩图)

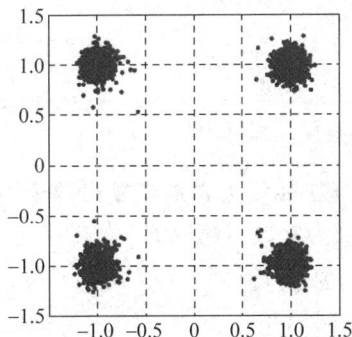

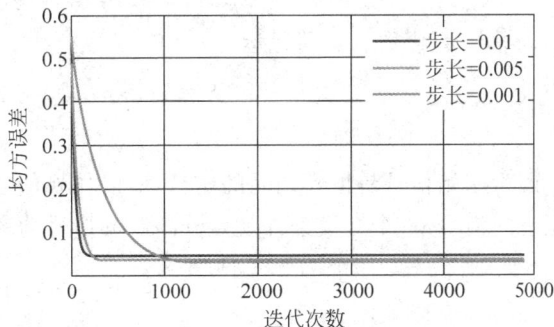

图 4.8　CMA 均衡后

(请扫 2 页二维码看彩图)

图 4.9　CMA 均衡误差曲线

(请扫 2 页二维码看彩图)

4.2.3 针对偏振复用信号的常模算法

在4.2.2节里,我们介绍了 CMA 的基本原理,并将其应用于传统 QPSK 调制的盲信道均衡。这里将介绍其在光通信系统中解偏振复用方面的应用。

1. 偏振解复用的基本原理

在光通信系统中,常用偏振复用来提高系统容量。偏振复用的基本思想是用光的两个独立且正交的偏振态作为两个互不干扰的信道来传输数据,从而使信息传输速率加倍。因此,接收端需要解偏振复用,即从接收信号中分离出两路原始信号。在恒模调制解偏振复用时,CMA 几乎是最流行的一种算法。下面,我们先将讨论解偏振复用的基本原理。

理想光纤的传输琼斯矩阵为[18]

$$T = \begin{bmatrix} \sqrt{\alpha}\,\mathrm{e}^{\mathrm{j}\delta} & -\sqrt{1-\alpha} \\ \sqrt{1-\alpha} & \sqrt{\alpha}\,\mathrm{e}^{-\mathrm{j}\delta} \end{bmatrix} \tag{4-46}$$

其中,α 和 δ 分别表示分光比和两个偏振态间的相位差。

由于光纤是理想的,T 矩阵满足酉条件。偏振复用的光信号可以表示为

$$E_{\mathrm{in}}(t)^{\mathrm{T}} = [E_{\mathrm{in},x}(t), E_{\mathrm{in},y}(t)]^{\mathrm{T}} \tag{4-47}$$

其中,上标 T 表示矩阵的转置;$E_{\mathrm{in}}(t)$ 可以理解为在发送端即将发送的信号。

信号经光纤传输后,接收端的光信号可以表示为

$$\begin{bmatrix} E_x(t) \\ E_y(t) \end{bmatrix} = T \begin{bmatrix} E_{\mathrm{in},x}(t) \\ E_{\mathrm{in},y}(t) \end{bmatrix} \tag{4-48}$$

由式(4-48)可以看出,两个本来应该独立的偏振分量已经混合在一起了,因此需要用数字信号处理算法将它们分离。假定发送端采用 m-PSK 调制格式,其发送信号为恒包络的。由于其包络不包含任何信息量,因此,不妨将每个偏振分量都归一化为

$$|E_{\mathrm{in},x}(t)|^2 = |E_{\mathrm{in},y}(t)|^2 = 1 \tag{4-49}$$

我们希望通过线性叠加 $E_x(t)$ 和 $E_y(t)$,得到分离后的信号 E_X 和 E_Y。将 E_X 表示为

$$E_X(t) = rE_x(t) + kE_y(t)$$

$$= (r\sqrt{\alpha}\,\mathrm{e}^{\mathrm{j}\delta} + k\sqrt{1-\alpha})E_{\mathrm{in},x}(t)$$

$$= (-r\sqrt{1-\alpha} + k\sqrt{\alpha}\,\mathrm{e}^{-\mathrm{j}\delta})E_{\mathrm{in},y}(t) \tag{4-50}$$

其中,r 和 k 是复数。为简化运算,定义

$$X \equiv r\sqrt{\alpha}\,\mathrm{e}^{\mathrm{j}\delta} + k\sqrt{1-\alpha} \tag{4-51}$$

$$Y \equiv -r\sqrt{1-\alpha} + k\sqrt{\alpha}\,\mathrm{e}^{-\mathrm{j}\delta} \tag{4-52}$$

因为原始信号是恒模调制的信号,所以如果信号处理算法能无失真地恢复出两个不同偏振态的信号,一个必要条件就是分离后的信号功率也应该为常数。信号 E_X 的功率为

$$|E_X(t)|^2 = |XE_{\mathrm{in},x}(t)|^2 + |YE_{\mathrm{in},y}(t)|^2 + 2|XYE_{\mathrm{in},x}(t)E_{\mathrm{in},y}(t)|\cos\theta(t) \tag{4-53}$$

$$\theta(t) = \arg\left[\frac{YE_{\mathrm{in},y}(t)}{XE_{\mathrm{in},x}(t)}\right] \tag{4-54}$$

由于式(4-53)中的 $\theta(t)$ 是时变的,必然有 $|XYE_{\mathrm{in},x}(t)E_{\mathrm{in},y}(t)| \equiv 0$,易知 $X=0$ 或 $Y=0$。

对于 $Y=0$ 的情形,有

$$\frac{r_x}{k_x} = \frac{\sqrt{\alpha}}{\sqrt{1-\alpha}} \mathrm{e}^{-\mathrm{j}\delta} \tag{4-55}$$

从而,可以推出

$$E_X = \frac{k_x}{\sqrt{1-\alpha}} E_{\mathrm{in},x} \tag{4-56}$$

若完全理想分离,将会满足 $|E_X(t)|^2 = 1$,有

$$r_x = \sqrt{\alpha}\,\mathrm{e}^{-\mathrm{j}\delta + \mathrm{j}\varphi_x} \tag{4-57}$$

$$k_x = \sqrt{1-\alpha}\,\mathrm{e}^{\mathrm{j}\varphi_x} \tag{4-58}$$

其中,φ_x 是实数。进而可以恢复原始信号:

$$E_X = E_{\mathrm{in},x}\mathrm{e}^{\mathrm{j}\varphi_x} \tag{4-59}$$

$$E_Y = -k_x^* E_x + r_x^* E_y = E_{\mathrm{in},y}\mathrm{e}^{-\mathrm{j}\varphi_x} \tag{4-60}$$

对 $X=0$ 的情形,我们可进行类似的推导,最后得出

$$E_X = E_{\mathrm{in},y}\mathrm{e}^{\mathrm{i}\varphi_y} \tag{4-61}$$

$$E_Y = -E_{\mathrm{in},x}\mathrm{e}^{-\mathrm{i}\varphi_y} \tag{4-62}$$

2. 偏振解复用的常模算法

在实际的通信系统中,我们常用 CMA 解偏振复用[19]。该算法的框图如图 4.10 所示。

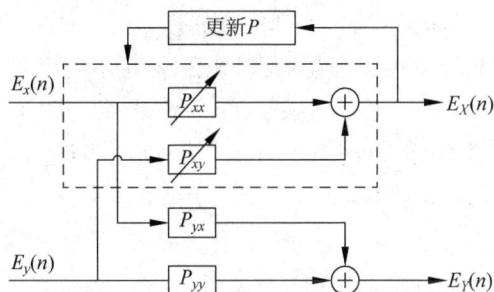

图 4.10　满足酉条件的 CMA 框图

算法的矩阵描述为

$$\begin{bmatrix} E_X \\ E_Y \end{bmatrix} = \boldsymbol{p} \begin{bmatrix} E_x \\ E_y \end{bmatrix} \tag{4-63}$$

其中,矩阵 $\boldsymbol{p}$ 可以写作

$$\boldsymbol{p} = \begin{bmatrix} p_{xx} & p_{xy} \\ p_{yx} & p_{yy} \end{bmatrix} \tag{4-64}$$

而且,矩阵 $\boldsymbol{p}$ 必须满足酉条件,即

$$p_{xy} = -p_{yx}^* \tag{4-65}$$

$$p_{yy} = p_{xx}^* \tag{4-66}$$

$$|p_{xx}|^2 + |p_{xy}|^2 = 1 \tag{4-67}$$

因此,在图 4.10 中,只有两个独立的变量。

CMA 经过一系列迭代运算,会有 $|E_X(n)|^2 \rightarrow 1$。一旦 $|E_X(n)|^2 \rightarrow 1$,就意味着对于 $Y=0$ 的情况,有 $p_{xx}(n) \rightarrow r_x$,$p_{xy}(n) \rightarrow k_x$,$p_{yx}(n) \rightarrow -k_x^*$,$p_{yy} \rightarrow r_x^*$。此时,图 4.11 中的 X 端口将输出 X 偏振分量,Y 端口将输出 Y 偏振分量。而对于 $X=0$ 的情况,X 端口将输出 Y 偏振分量,Y 端口将输出 X 偏振分量。

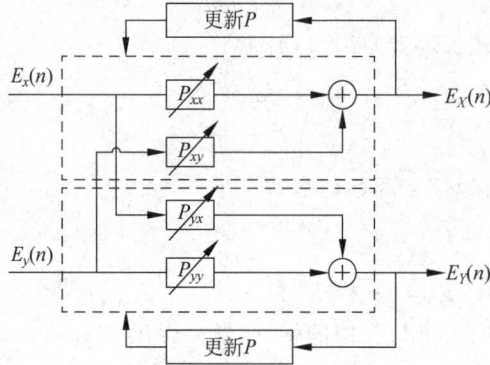

图 4.11　不满足酉条件的 CMA 框图

与 4.2.2 节中单偏振信号的 CMA 相似,利用 CMA 的迭代更新方程[16],矩阵 $\boldsymbol{p}$ 的元素可迭代更新为[18]

$$p_{xx}(n+1) = p_{xx}(n) + \mu(1 - |E_X(n)|^2)E_X(n)E_x^*(n) \tag{4-68}$$

$$p_{xy}(n+1) = p_{xy}(n) + \mu(1 - |E_X(n)|^2)E_X(n)E_y^*(n) \tag{4-69}$$

事实上,由于实际的光纤不可能理想,此时矩阵 $\boldsymbol{p}$ 将不再满足酉条件。因此,还需要补充两个更新方程[18]

$$p_{yy}(n+1) = p_{yy}(n) + \mu(1 - |E_Y(n)|^2)E_Y(n)E_y^*(n) \tag{4-70}$$

$$p_{yx}(n+1) = p_{yx}(n) + \mu(1 - |E_Y(n)|^2)E_Y(n)E_x^*(n) \tag{4-71}$$

此时的 CMA 原理框图如图 4.11 所示。

其中,四个滤波器的抽头系数之间相互独立。

进一步,如果还需要均衡光纤的偏振模色散,则在解偏振复用 CMA 中,滤波器将从单抽头的形式变为多抽头的形式,这样就能考虑接收信号前后码元之间的相互作用,实现对偏振模色散的补偿。

定义输入信号向量为

$$E_k(n)^{\mathrm{T}} = [E_k(n), E_k(n), \cdots, E_k(n-m)]^{\mathrm{T}} \tag{4-72}$$

定义滤波器抽头系数向量为

$$p_{ij}(n)^{\mathrm{T}} = [p_{ij,0}(n), p_{ij,1}(n), \cdots, p_{ij,m}(n)]^{\mathrm{T}} \tag{4-73}$$

其中,i、j、k 代表任意的 X 偏振或 Y 偏振;m 代表滤波器的抽头序号。

此时,CMA 的抽头系数应采用以下形式的更新方程[18]

$$\boldsymbol{p}_{xx}(n+1) = \boldsymbol{p}_{xx}(n) + \mu(1 - |E_X(n)|^2)E_X(n)\boldsymbol{E}_x^*(n) \tag{4-74}$$

$$\boldsymbol{p}_{xy}(n+1) = \boldsymbol{p}_{xy}(n) + \mu(1 - |E_X(n)|^2)E_X(n)\boldsymbol{E}_y^*(n) \tag{4-75}$$

$$\boldsymbol{p}_{yx}(n+1) = \boldsymbol{p}_{yx}(n) + \mu(1 - |E_Y(n)|^2)E_Y(n)\boldsymbol{E}_x^*(n) \tag{4-76}$$

$$p_{yy}(n+1) = p_{yy}(n) + \mu(1 - | E_Y(n) |^2)E_Y(n)E_y^*(n) \qquad (4\text{-}77)$$

利用式(4-74)~式(4-77),我们不仅能补偿偏振模式色散,同时还能解偏振复用。

例 4.2　用 CMA 盲均衡算法对 PDM-QPSK 信号解偏振复用

设发送 PDM-QPSK 信号为 $x(n)$。接收机将采用相干检测的方法接收信号 $y(n)$,同时用数字信号处理的办法对接收信号加以恢复。假设接收到的信号定时无误差,且其色散已被色散补偿算法完美补偿。现在用 CMA 盲均衡算法对 PDM-QPSK 解偏振复用(图 4.12)。

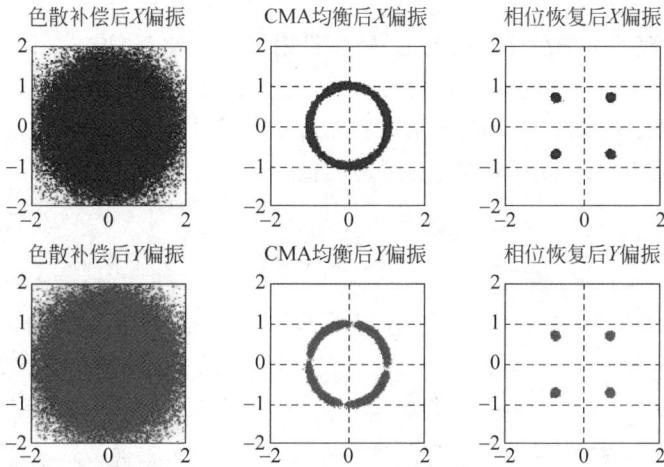

图 4.12　用 CMA 均衡 PDM-QPSK

(请扫 2 页二维码看彩图)

4.2.4　针对高阶非恒模调制的 CMMA

正如 4.2.3 节所述的,CMA 在偏振复用-恒模调制的解偏振时非常有效。基于 CMA 的盲均衡算法对信号的恢复能力可接近判决导向 DD-LMS 算法的性能,因此被当作一种独立的均衡算法[20]。

然而,对于 PDM-8QAM、PDM-16QAM 等非恒模调制的均衡,经典 CMA 显得有些力不从心[21-22]。因此,CMA 中的误差信号不会趋于零,即使是理想的 8QAM 或 16QAM 信号,在均衡后仍然有额外的噪声。级联多模算法(CMMA)的出现解决了这一问题[23-24],在这种算法中,通过级联的方式引入多个参考圆环,并以此得到了趋近于 0 的最终误码率。如图 4.13 所示,CMMA 以级联的形式引入了两个半径分别为 $R_{ref1} = 0.5(R_1 + R_2)$ 和 $R_{ref2} = 0.5(R_1 - R_2)$ 的参考圆。其中,R_1 和 R_2 是理想 8QAM 两圈星座点所在的圆周半径。

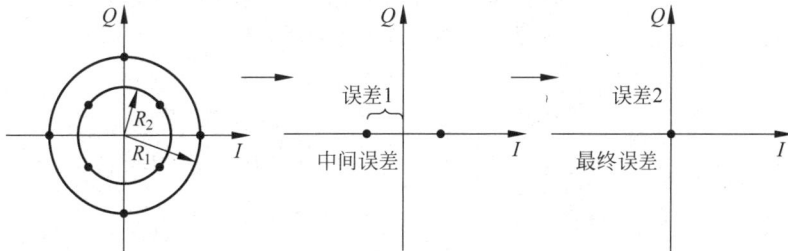

图 4.13　均衡 8QAM 的 CMMA 原理示意图

在 CMMA 中,整个均衡分两步。第一步,用半径为 R_{ref1} 的圆作参考,迭代后得到中间残留误差 ε_1,可以看出,此时的残留误差并未趋于零。因此,第二步,用半径为 R_{ref2} 的圆作参考,再用残留误差 ε_1 进行迭代运算,最终得到的残留误差趋于零,实现了完美均衡。

在用 CMMA 均衡 16QAM 信号时,其误差信号的计算原理如图 4.14 所示。类似地,CMMA 将以级联形式引入三个半径分别为 $R_{\text{ref1}}=0.5(R_1+R_2)$、$R_{\text{ref2}}=0.5(R_3-R_1)$ 和 $R_{\text{ref3}}=0.5(R_3-R_2)$ 的参考圆。其中,R_1、R_2 和 R_3 是理想 16QAM 星座点三圈星座点所在圆周的半径。

相比之下,经典 CMA 在计算误差信号时,只用了一个参考圆[16]。因此,它不能理想地均衡 PDM-8QAM、PDM-16QAM 这类多模信号也不足为奇了。

CMMA 的算法流程如图 4.15 所示。和 CMA 均衡器类似,CMMA 均衡器也可看作是一个由 4 个滤波器组成的蝶形结构的自适应均衡器。

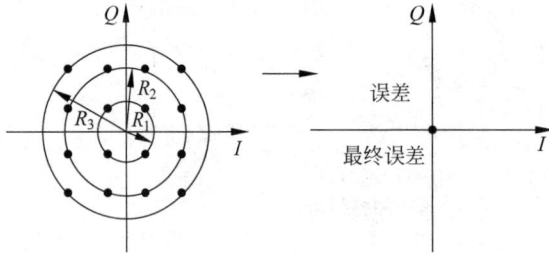

图 4.14 均衡 16QAM 的 CMMA 原理示意图

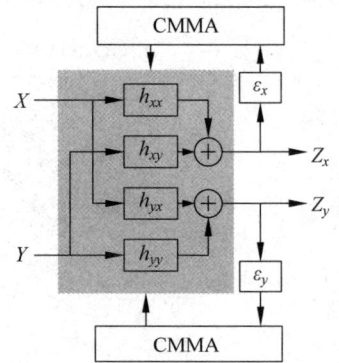

图 4.15 CMMA 的流程图

CMMA 中,滤波器抽头系数更新方程如下:

$$h_{xx}(k) \rightarrow h_{xx}(k)+\mu\varepsilon_x(i)e_x(i)\hat{x}(i-k) \tag{4-78}$$

$$h_{xy}(k) \rightarrow h_{xy}(k)+\mu\varepsilon_x(i)e_x(i)\hat{y}(i-k) \tag{4-79}$$

$$h_{yx}(k) \rightarrow h_{yx}(k)+\mu\varepsilon_y(i)e_y(i)\hat{x}(i-k) \tag{4-80}$$

$$h_{yy}(k) \rightarrow h_{yy}(k)+\mu\varepsilon_y(i)e_y(i)\hat{y}(i-k) \tag{4-81}$$

对于 8QAM 信号,有

$$\varepsilon_{x,y}=||Z_{x,y}|-R_{\text{ref1}}|-R_{\text{ref2}} \tag{4-82}$$

$$e_{x,y}(i)=\text{sgn}(||Z_{x,y}(i)|-R_{\text{ref1}}|-R_{\text{ref2}}) \cdot$$
$$\text{sgn}(|Z_{x,y}(i)|-R_{\text{ref1}}) \cdot \text{sgn}(Z_{x,y}(i)) \tag{4-83}$$

其中,sgn 为符号函数;$Z_{x,y}$ 为均衡后任意一个偏振态的输出。

对于 16QAM 信号,有

$$\varepsilon_{x,y}=|||Z_{x,y}|-R_{\text{ref1}}|-R_{\text{ref2}}|-R_{\text{ref3}} \tag{4-84}$$

$$e_{x,y}(i)=\text{sgn}(|||Z_{x,y}(i)|-R_{\text{ref1}}|-R_{\text{ref2}}|-R_{\text{ref3}}) \cdot$$
$$\text{sgn}(||Z_{x,y}(i)|-R_{\text{ref1}}|-R_{\text{ref2}}) \cdot$$
$$\text{sgn}(|Z_{x,y}(i)|-R_{\text{ref1}}) \cdot \text{sgn}(Z_{x,y}(i)) \tag{4-85}$$

在 8QAM 和 16QAM 调制格式下,CMMA 相比于 CMA 对信噪比性能有显著提高。

但是这也降低了滤波器收敛过程的鲁棒性(稳健性)。这是由于 CMMA 依赖于对发射信号半径的正确判断。由于 QAM 信号的不同环之间的间隔要比最小符号间隔要小,所以在有大量噪声或者严重信号失真时,对环半径的判断会有大量错误。一种解决方案是在开始阶段使用 CMA 进行预收敛。预收敛完成后,系统再用多模算法进行处理。由于在实际运用中,一般需要用两次 CMMA 才能达到较好的均衡效果,因此在开始阶段使用一次 CMA 进行预收敛再进行 CMMA 过程并不会引起实现复杂度的提升。对高阶 QAM 调制,如 32QAM 和 64QAM,使用多模算法进行偏振解复用的复杂度会很高。我们可以通过只选择两个或者三个内环进行误差反馈计算来降低复杂度。由于 QAM 内环之间的半径差通常要比外环的半径差要大一些,这同样也可以增加收敛的鲁棒性。

例 4.3　用 CMMA 盲均衡算法对 PDM-16QAM 信号解偏振复用

与例 4.2 一样,设发送 PDM-16QAM 信号为 $x(n)$。接收机将采用相干检测的方法接收信号 $y(n)$,同时用数字信号处理的办法对接收信号加以恢复。假设接收到的信号定时无误差,且其色散已由色散补偿算法完美补偿。由于 16QAM 信号不是恒模信号,故采用 CMMA 盲均衡算法对 PDM-16QAM 解偏振复用。

如图 4.16 所示,CMMA 均衡后,原本杂乱无章的 16QAM 星座图变成三个圈。而后,经过频偏估计和相位载波恢复,信号最终收敛至 16QAM 星座点的位置上。

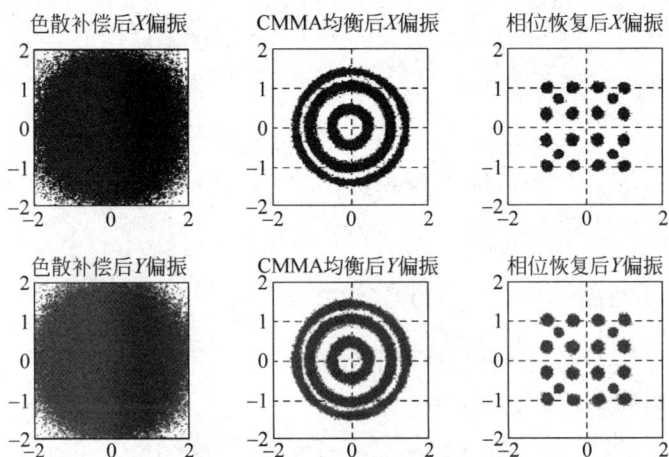

图 4.16　用 CMMA 均衡 PDM-16QAM
(请扫 2 页二维码看彩图)

4.2.5　改进级联多模算法

基于经典 CMA 的线性均衡器在后端时域均衡中得到了广泛的应用,可是 CMA 对于多阶调制信号的效果不是非常显著,因为在多阶调制系统中信号的码元幅度不是恒定的,并且均衡后星座点会发生旋转,需要加入额外的相偏纠正。

文献[25]基于星座点的统计规律为方形的调制信号提出了一种新型的多模算法MMA,如图 4.17 所示。该方法利用星座点分布的统计规律修正了传统的多模算法,将依赖于收敛半径的单一的误差函数转变成正交的两个误差函数,从而提高了均衡器的性能。这里将该种方法进一步深化,提出一种针对高阶 QAM 调制系统的均衡算法,称为改进级联多模算法(MCMMA)[26],如图 4.17(b)所示。其误差函数表示如下:

$$\begin{cases} \varepsilon_I = |\,|\,|\,|\,y_I(i)\,|-Am_1\,|-Am_2\,|\,\cdots-Am_{n-1}\,|-Am_n \\ \varepsilon_Q = |\,|\,|\,|\,y_Q(i)\,|-Am_1\,|-Am_2\,|\,\cdots-Am_{n-1}\,|-Am_n \end{cases} \quad (4\text{-}86)$$

其中，

$$\begin{cases} y_I(i) = \mathrm{Re}(y(i)) \\ y_Q(i) = \mathrm{Im}(y(i)) \\ Am_1 = (L_1 + L_2)/2 \\ Am_2 = (L_3 - L_1)/2 \\ \quad\vdots \\ Am_{n-1} = (L_n - L_{n-2})/2 \\ Am_n = (L_n - L_{n-1})/2 \end{cases} \quad (4\text{-}87)$$

式中，$L_1, L_2, \cdots, L_n$ 为编码信号星座图中的正交坐标模值。该方案的均衡器系数更新和输出修正如下：

$$\begin{cases} y_I(i) = \vec{H}_{11}(i) \otimes \vec{X}_I(i) + \vec{H}_{12}(i) \otimes \vec{X}_Q(i) \\ y_Q(i) = \vec{H}_{21}(i) \otimes \vec{X}_I(i) + \vec{H}_{22}(i) \otimes \vec{X}_Q(i) \end{cases} \quad (4\text{-}88)$$

$$\begin{cases} M_I(i) = \mathrm{sgn}(|\,\cdots\,|\,y_I(i) - A_1\,|-A_2\cdots\,|-A_{n-1}) \cdots \mathrm{sgn}(|\,y_I(i)\,|-A_1)\mathrm{sgn}(y_I(i)) \\ M_Q(i) = \mathrm{sgn}(|\,\cdots\,|\,y_Q(i) - A_1\,|-A_2\cdots\,|-A_{n-1}) \cdots \mathrm{sgn}(|\,y_Q(i)\,|-A_1)\mathrm{sgn}(y_Q(i)) \end{cases}$$

$$\qquad\qquad (4\text{-}89)$$

$$\begin{cases} \vec{H}_{11}(i+1) = \vec{H}_{11}(i) + \mu\varepsilon_I M_I(i)\vec{X}_I^*(i) \\ \vec{H}_{12}(i+1) = \vec{H}_{12}(i) + \mu\varepsilon_I M_I(i)\vec{X}_Q^*(i) \\ \vec{H}_{21}(i+1) = \vec{H}_{21}(i) + \mu\varepsilon_Q M_Q(i)\vec{X}_I^*(i) \\ \vec{H}_{22}(i+1) = \vec{H}_{22}(i) + \mu\varepsilon_Q M_Q(i)\vec{X}_Q^*(i) \end{cases} \quad (4\text{-}90)$$

式中，sgn 为符号函数；$\otimes$ 为卷积符号。

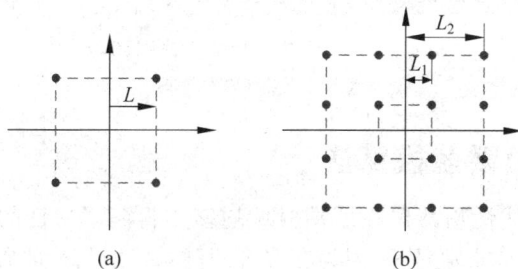

图 4.17　新型均衡方案 MMA(a)和 MCMMA(b)星座图示意图

（请扫 2 页二维码看彩图）

　　由于将单一的误差函数扩展到了两个正交误差函数，MCMMA 具有多方面的优势。首先，可以独立更新 QAM 信号 IQ 两路的传递函数，因而具有更好串扰抗性。其次，由于收敛半径改为编码信号星座图中的正交坐标模值，误差函数忽略了每个信号码元的相位信息，因此可以去掉 CMMA 方案后的相位旋转模块,降低了系统均衡的计算复杂度。再者,相比于 CMMA,MCMMA 方案可以减少算法的参考模值。一方面进一步简化了计算复杂度;另一方面当系统调制阶数上升时,参考模值之间的间距变小,在同样的信噪比条件下,误差函数输出较大,不易收敛。表 4.1 列出不同调制阶数时采用两种方案所需的参考模值数量。可以发现随着 QAM 信号调制阶数的提升,采用 MCMMA 方案所需要的参考模值数量降低得更明显,因而可以预计在高阶 QAM 调制系统中更适合采用 MCMMA 方案。需要注意的是,为了提升均衡效果,基于 MCMMA 的均衡器中仍然引入了预收敛模块,该预收敛模块是模值数量为 1 时的特殊 MCMMA 方案,也即为文献[25]中的 MMA 方案。

表 4.1 高阶 QAM 调制信号采用两种均衡方案所需要的参考模值数量

方 案	QPSK	16QAM	32QAM	64QAM
CMMA	1	3	5	9
MCMMA	1	2	3	4

4.2.6 独立成分分析

1. 独立成分分析概述

偏振复用技术可以使相干光通信系统的速率加倍,也能使系统的频谱利用率加倍。作为代价,在接收端需要解偏振复用,分离出两个偏振态上的数据。通常,解偏振复用是用数字信号处理来实现的。此前,人们已提出一些可行的办法来解偏振复用[26],例如采用信道估计的办法[27],或事先为均衡器发送一段训练序列[28]。后来,更为流行的是采用 CMA 去解偏振复用[16]。

尽管 CMA 是一种盲均衡算法,不需要训练序列,比起数据辅助类的均衡方式,它的通信效率更高,但它不是尽善尽美的,同样存在着一些缺点。例如,两路偏振态信号可能会收敛到同一个信道。这是由其代价函数的选取所引起的[29-30]。此外,CMA 并不是为诸如高阶 QAM 信号之类非常模调制格式所设计的,因此,这似乎意味着,若选取更好的代价函数,则解偏振的性能会更好。

在 4.2.5 节介绍了一种级联多模均衡算法(CMMA)来实现对偏振复用的高阶 QAM 调制的盲均衡,这里将介绍另一类用来解偏振复用的算法——独立成分分析算法(ICA)。

正如前文所述,信号经光纤传输以后,两路独立偏振态的信号会混在一起。因此,在接收端需要把混合后的信号分离。同"盲均衡"类似,在预先不知道发送信号、信道传递函数的情况下,只能从观察到的信号中分离各信号的这种分离叫作"盲分离"。

ICA 就是一类专门分离信号的算法。它能从几个信号的线性组合中,把这些信号分离开来[19,31]。目前,人们已提出许多基于 ICA 的信号盲分离算法[32]。而这些算法中有代表性的理论依据分别有:最大化信息量[33],稳定的神经网络[34],非线性主成分分析[35],极大似然估计[25,36],极大负熵算法[37]等。

尽管 ICA 在信号处理领域里享誉盛名,但它在光通信系统里却没有得到广泛的应用。在光通信系统中,ICA 通常用来解可忽略偏振模式色散的偏振复用。第一次建议在光通信系统中使用 ICA 去解偏振复用的文献[38],证明了 ICA 算法不会出现奇异值问题,且其性能与 CMA 相似。文献[39]和文献[40]研究了一种称为幅度有界盲信源分离（magnitude-bounded blind source separation）的 ICA，而文献[41]介绍了一种基于信号峰度（kurtosis）优化的简化算法，利用 ICA 解 PDM-16QAM 的信号的偏振复用。在文献[42]中，ICA 被用来解带有多个幅度的任意星座图信号，其收敛速率高于 CMA。

下面，首先讲述信号盲分离的数据预处理过程，并以经典的 FastICA 算法为代表简要介绍 ICA 的基本原理，再讨论 ICA 在光通信系统中偏振解复用的应用。

2. 信号预处理

在信号盲分离之前，需要对数据进行预处理。最有用的预处理方法是去均值和数据白化（whitening）或球化（sphering）[32]。

由于在绝大多数信号盲分离算法中，都假设了源信号是零均值的，因此，在分离之前需要去掉信号的均值。设随机变量 x 的均值为 0，因此可以用 $x_0 = x - E(x)$ 代替 x。在实际操作中，由于样本均值是随总体均值的无偏估计，所以用样本均值代替随机变量 x 的均值。设随机向量 $\boldsymbol{x}(t) = [x_1(t), x_2(t), \cdots x_n(t)]^T, t = 1, 2, \cdots, N$ 是随机变量 $\boldsymbol{x}$ 的 N 个样本，则去均值的算法为

$$x_{0\text{-mean},i}(t) = x_i(t) - \frac{1}{N}\sum_{x=1}^{N} x_i(t), \quad i = 1, 2, \cdots, N \tag{4-91}$$

随机向量 $\boldsymbol{x}$ 的白化是对 $\boldsymbol{x}$ 做一个线性变换

$$\tilde{\boldsymbol{x}} = \boldsymbol{T}\boldsymbol{x} \tag{4-92}$$

使得变换后的随机向量 $\tilde{\boldsymbol{x}}$ 的相关矩阵 $\boldsymbol{R}_x = E[\tilde{\boldsymbol{x}}\tilde{\boldsymbol{x}}^H] = \boldsymbol{I}$ 为单位矩阵。即 $\tilde{\boldsymbol{x}}$ 的每一个分量满足 $E[\tilde{x}_i\tilde{x}_j] = \delta_{ij}$。白化处理去除了混合信号中各分量之间的相关性，即让它们的二阶统计量独立。式(4-92)中的变换矩阵 $\boldsymbol{T}$ 也称为白化矩阵（whitening matrix）。

通常，白化处理不能从混合信号中恢复各个原始信号分量之间的独立性，只能恢复它们的二阶统计量的无关性。尽管白化处理还不足以完全分离各个分量的信号，但一般来说，白化处理后再进行信号分离的效果会更好。

白化处理通常可以通过分解混合信号相关矩阵的特征值来实现。

设混合信号向量 $\boldsymbol{x}$ 的相关矩阵为 $\boldsymbol{R}_x$，根据相关矩阵的性质，$\boldsymbol{R}_x$ 的特征值分解（eigenvalue decomposition，EVD）存在，可以表示为[32]

$$\boldsymbol{R}_x = \boldsymbol{Q}\boldsymbol{\Sigma}^2\boldsymbol{Q}^T \tag{4-93}$$

其中，矩阵 $\boldsymbol{\Sigma}^2$ 是对角矩阵，其对角元素正好是 $\boldsymbol{R}_x$ 的特征值。并且，矩阵 $\boldsymbol{R}_x$ 的各个列向量是这些特征值所对应的标准正交特征向量。因此，白化矩阵 $\boldsymbol{T}$ 可以表示为

$$\boldsymbol{T} = \boldsymbol{\Sigma}^{-1}\boldsymbol{Q}^T \tag{4-94}$$

令 $\tilde{\boldsymbol{x}} = \boldsymbol{T}\boldsymbol{x}$，有

$$\boldsymbol{R}_{\tilde{x}} = [\tilde{\boldsymbol{x}}\tilde{\boldsymbol{x}}^T] = \boldsymbol{T}E[\boldsymbol{x}\boldsymbol{x}^T]\boldsymbol{T}^T = \boldsymbol{T}\boldsymbol{R}_x\boldsymbol{T}^T \tag{4-95}$$

把式(4-93)和式(4-94)代入式(4-95)，有

$$\boldsymbol{R}_{\tilde{x}} = (\boldsymbol{\Sigma}^{-1}\boldsymbol{Q}^T)(\boldsymbol{Q}\boldsymbol{\Sigma}\boldsymbol{Q}^T)(\boldsymbol{\Sigma}^{-1}\boldsymbol{Q}^T)^T = \boldsymbol{I} \tag{4-96}$$

因此，$\tilde{\boldsymbol{x}} = \boldsymbol{T}\boldsymbol{x}$ 这一线性变换去除了混合信号中各分量间的相关性。

与去均值一样，观测到的混合信号的相关矩阵也只能从一些样本中求得。设 $\boldsymbol{x}(1), \cdots,$

$x(n)$ 是混合后的信号随机向量的样本,相关矩阵可以估计为

$$\hat{\boldsymbol{R}}_x = \frac{1}{N-1} \sum_{i=1}^{N} \boldsymbol{x}(i) \boldsymbol{x}(i)^{\mathrm{T}} \qquad (4\text{-}97)$$

$\hat{\boldsymbol{R}}_x$ 满足厄米对称,同时是非负定矩阵,它的特征值是非负的实数,$\hat{\boldsymbol{R}}_x$ 同样有 EVD。经白化变换后,混合信号向量样本的相关矩阵是单位阵。

3. 基于负熵的 FastICA 算法

根据中心极限定理(central limit theorem,CLT),独立的随机变量之和的分布会接近正态分布。因此,ICA 的出发点就是让分离后的信号的分布"最不像"正态分布。但如何去衡量一个随机变量的分布像不像正态分布呢?对于 ICA 估计,最经典的非高斯度量(non-Gaussian measure)是峰度,然而,直接使用峰度作为非高斯度量对样本的取值过于敏感,不是一种稳定的算法。另一个非高斯的度量是负熵(negentropy),根据信息论,在所有具有相同方差的随机变量中,高斯变量的熵最大。这意味着正态分布是"最随机"的一种分布。负熵的定义式为

$$J(\boldsymbol{x}) = H(\boldsymbol{x}_{\mathrm{gauss}}) - H(\boldsymbol{x}) \qquad (4\text{-}98)$$

当且仅当随机变量 $\boldsymbol{x}$ 服从正态分布,等号成立。因此,值得注意的是,其名字虽然叫负熵,但它往往是非负的。对 $\boldsymbol{x}$ 任意做可逆线性变换,负熵不变。由于负熵的计算比较复杂,可近似计算为[32]

$$J(x) \propto \left[E\{G(x)\} - E\{G(v)\} \right]^2 \qquad (4\text{-}99)$$

其中,G 是非二次的函数;v 为服从标准正态分布的随机变量。对于随机变量 x,我们假定其具有零均值和单位方差。通常,以下两种函数作为 G 去计算已被证实为是行之有效的:

$$G_1(x) = \frac{1}{a} \mathrm{lgcosh}\, ax \qquad (4\text{-}100)$$

$$G_2(x) = -e^{-x^2/2} \qquad (4\text{-}101)$$

其中,a 是一个常数,满足 $1 \leqslant a \leqslant 2$,通常,$a$ 取作 1。

固定点 ICA 采用迭代计算的方法计算最大值,具体描述为

s1:将数据白化为 $\boldsymbol{x}$;

s2:选择分离数据的矩阵 $\boldsymbol{W}$ 的初始值;

s3:选择非二次的函数 G,迭代更新 $W \leftarrow E\{xg(W^{\mathrm{T}}x)\} - E\{g'(W^{\mathrm{T}}x)\}W$;

s4:重复 s3,直到收敛。

其中,g 是 G 的导数;g' 是 g 的导数。

例 4.4　FastICA 算法

将两路独立信号以线性组合的形式随机混合。现利用 FastICA 算法将这两路信号分离。

如图 4.18 所示,混合前的两路信号一路为正弦波,一路为矩形脉冲序列。混合后的信号,同时含有这两种信号(因为混合的过程是线性组合)。我们选择 $g(x) = \tanh(x)$,执行 FastICA 算法的 s1~s4,对信号进行分离。可以看到,经过迭代计算后,混合信号很好地解混了。

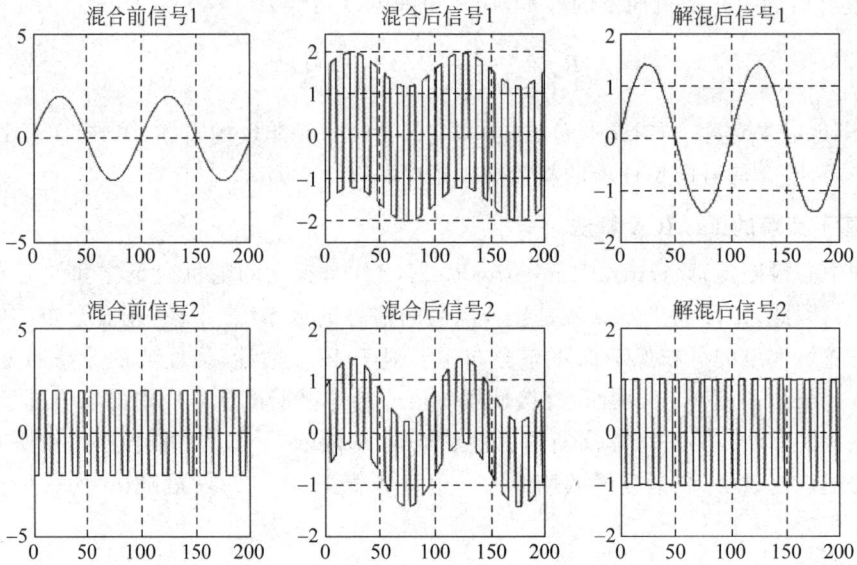

图 4.18　用 FastICA 算法分离两路信号

4. 基于极大似然估计的复数 ICA 算法

下面介绍 ICA 算法在偏振解复用中的应用。由于 ICA 算法的一个前提是混合前的那些信号是统计独立的,因此,存在于 CMA 中的奇异值问题(若两路偏振信号收敛到同一信道,输出信号就不独立了)就不会发生了[42]。文献[42]提出了一种基于极大似然估计的复数形式的 ICA 算法,这种算法的收敛速率很快,并且不存在任何奇异值问题。

我们忽略偏振模色散和偏振相关损耗(polarization-dependent loss,PDL),直接进行偏振解复用,即从收到信号中分离两个偏振态的信号。与 CMA 相似,单抽头的 ICA 算法同样可扩展多抽头的形式,因此在偏振模色散和偏振相关损耗存在的时候,ICA 算法一样可以解偏振。

首先介绍单抽头的 ICA 算法。

这里将理想光纤的模型重画为图 4.19。在 k 时刻,两个偏振方向的独立同分布复数据符号 $\boldsymbol{a}_k = [a_k^{(X)}, a_k^{(Y)}]^T$ 受复的加性高斯白噪声影响,并出现随机相位旋转后,变为 $\boldsymbol{s}_k$。采样后的输出信号为 $\boldsymbol{x}_k = \boldsymbol{A}_k \boldsymbol{s}_k$。复矩阵 $\boldsymbol{A}_k$ 满足酉条件。并且,由于相比于偏振改变的大尺度的时间内,可以近似认为它在观察时间内保持不变[42]。偏振解复用算法的目的就是快速地找到解复用矩阵 $\boldsymbol{B}_k$,使得输出符号 $\boldsymbol{y}_k = \boldsymbol{B}_k \boldsymbol{x}_k$ 是对 $\boldsymbol{s}_k$ 的一个较好的估计。

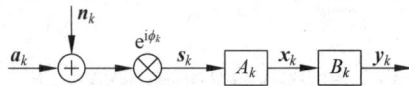

图 4.19　光纤信道模型简图

设已知时刻 k 的分布,并且此分布独立于 k,此时接收符号 $\boldsymbol{x}_k = \boldsymbol{A}_k \boldsymbol{s}_k$ 的分布可写为[42]

$$p_X(\boldsymbol{X}_k \mid \boldsymbol{A}_k) = |\det \boldsymbol{A}_k^{-1}|^2 p_S(\boldsymbol{A}_k^{-1} \boldsymbol{x}_k) \tag{4-102}$$

将 $\boldsymbol{A}_k^{-1}$ 的估计值 $\boldsymbol{B}_k$ 代入式(4-102),可得

$$p_X(\boldsymbol{x}_k \mid \boldsymbol{B}_k) = \mid \det\boldsymbol{B}_k \mid^2 p_S(\boldsymbol{B}_k\boldsymbol{x}_k) \qquad (4\text{-}103)$$

基于极大似然估计的 ICA 算法的最终目标是寻找一个矩阵 $\boldsymbol{B}_k$,使得式(4-103)所示的似然函数最大。对式(4-103)取对数,得

$$\Lambda(\boldsymbol{B}_k) = \log p_X(\boldsymbol{x}_k \mid \boldsymbol{B}_k) = \log \mid \det\boldsymbol{B}_k \mid^2 + \log p_S(\boldsymbol{y}_k) \qquad (4\text{-}104)$$

注意到,如果矩阵 $\boldsymbol{B}_k$ 接近于奇异矩阵,则式(4-104)中的行列式会接近于零,对数-似然函数的值会很小,故能避免在 CMA 中会出现的奇异值问题。

采用随机最速下降法,迭代计算矩阵 $\boldsymbol{B}_k$,可得

$$\boldsymbol{B}_{k+1} = \boldsymbol{B}_k + \mu\boldsymbol{G}(\boldsymbol{B}_k), \quad \boldsymbol{G}(\boldsymbol{B}) = \frac{\partial\Lambda}{\partial\boldsymbol{B}^*} \qquad (4\text{-}105)$$

其中,μ 是步长因子。

进一步化简,得

$$\boldsymbol{B}_{k+1} = \boldsymbol{B}_k + \mu\boldsymbol{G}(\boldsymbol{B}_k)\boldsymbol{B}_k^H\boldsymbol{B}_k \qquad (4\text{-}106)$$

可以证明,式(4-106)中的 $\boldsymbol{G}$ 可化简为[42]

$$\widetilde{\boldsymbol{G}}(\boldsymbol{B}) = [\boldsymbol{I} - \boldsymbol{y}\boldsymbol{y}^H + f(\boldsymbol{y})\boldsymbol{y}^H - \boldsymbol{y}f(\boldsymbol{y})^H]\boldsymbol{B}^{-H} \qquad (4\text{-}107)$$

其中,

$$f(\boldsymbol{y}) = \frac{1}{p_S(\boldsymbol{y})}\frac{\partial p_S(\boldsymbol{y})}{\partial\boldsymbol{s}^*} \qquad (4\text{-}108)$$

对 M 点星座图的概率密度函数 $p_S(\boldsymbol{y})$ 的详细建模分析可参考文献[43]。设从 M 点星座图中发射的符号为 c_l,受加性高斯白噪声和随机相偏的影响,成为

$$s = (c_l + n)\mathrm{e}^{\mathrm{i}\phi} \qquad (4\text{-}109)$$

其中,n 服从复高斯分布,均值为 0,方差为 $2\sigma^2$;ϕ 服从 $0\sim2\pi$ 的均匀分布。

描述传递函数的条件概率可表示为

$$p_{S|C}(s \mid c_l) = \frac{1}{2\pi\sigma^2}\exp\left(-\frac{\mid c_l \mid^2 + \mid s \mid^2}{2\sigma^2}\right)\mathrm{I}_0\left(\frac{\mid c_l s \mid}{\sigma^2}\right) \qquad (4\text{-}110)$$

其中,I_0 为第 0 阶修正的贝塞尔(Bessel)函数。

出于复数的考虑,联合概率密度函数:

$$p_S(\boldsymbol{s}) \approx p_S(s^{(X)})p_S(s^{(Y)}) \qquad (4\text{-}111)$$

假设所有原始符号先验概率相等,利用全概率公式,有

$$p_S(\mathrm{S}) = \frac{1}{M}\sum_{l=1}^{M} p_{S|C}(s \mid c_l) \qquad (4\text{-}112)$$

利用式(4-111)的结论和式(4-112)的假设,可求得 $\boldsymbol{f} = [f(s^{(X)}), f(s^{(Y)})]^T$,即

$$f(s) = \frac{1}{2\sigma^2}\frac{\sum\limits_{l=1}^{M} p_{S|C}(s \mid c_l)\left[\dfrac{\mathrm{I}_1(\mid c_l s \mid /\sigma^2)}{\mathrm{I}_0(\mid c_l s \mid /\sigma^2)}\mid c_l\mid\mathrm{e}^{\mathrm{i}\angle s} - s\right]}{\sum\limits_{l=1}^{M} p_{S|C}(s \mid c_l)} \qquad (4\text{-}113)$$

最后,利用式(4-106)、式(4-107)和式(4-113)可迭代计算出矩阵 $\boldsymbol{B}_k$。

虽然式(4-113)可以适合于任何一种调制格式,但该公式相当复杂,其指数项和 Bessel

函数的计算在实时通信系统中可能会成为一个瓶颈。对于 m-PSK 调制,因为它属于恒模调制,所以式(4-113)中的概率密度函数将消失。此外,在实际可用系统中,其信噪比足以让 I_1/I_0 接近于 1,因此有理由将这个比值用一个常数值来代替,而这个常数可以通过符号的幅度来计算。综上,式(4-113)化简可得

$$f_{\text{M-PSK}}(s) \approx \frac{1}{2\sigma^2}(D \mid c_1 \mid e^{i\angle s} - s) \tag{4-114}$$

其中,

$$D = \frac{I_1(\mid c_1 \mid^2/\sigma^2)}{I_0(\mid c_1 \mid^2/\sigma^2)} \tag{4-115}$$

文献[42]还对矩阵 $\boldsymbol{B}_k$ 的初值进行了研究,因为该初值的选取决定了该算法收敛的快慢。

例 4.5 基于极大似然估计的复数单抽头 ICA 算法

将两路独立的 QPSK 调制的信号以线性组合的形式随机混合。现利用基于极大似然估计的复数单抽头 ICA 算法将这两路信号分离。

由图 4.20 可以看到,这种基于似然估计的复数单抽头 ICA 算法可以较好地分离随机混合的 QPSK 信号。在单抽头算法中,$\boldsymbol{B}_k$ 为 2×2 的矩阵。解混后的信号已变为 QPSK 的四个星座点,再经过频偏估计和相位载波恢复,信号可完全恢复为 QPSK 信号。

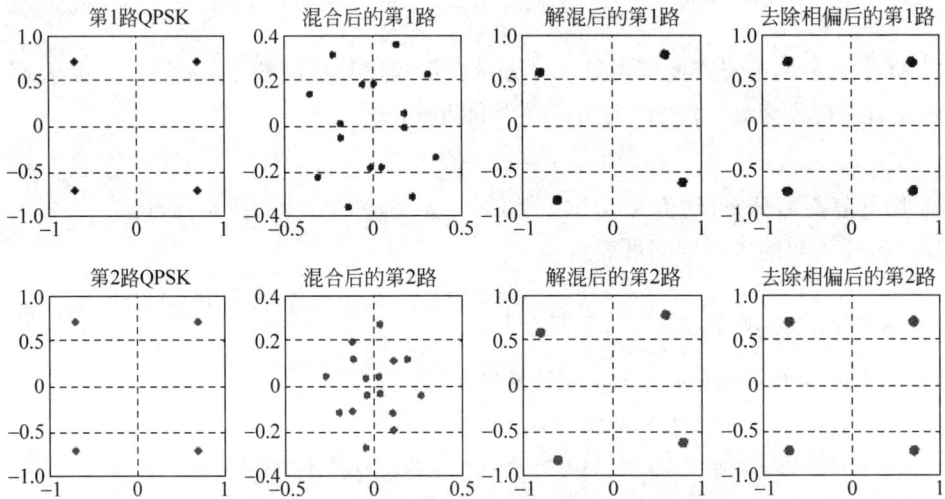

图 4.20 单抽头 ICA 算法分离 2 路 QPSK 信号

(请扫 2 页二维码看彩图)

单抽头的 ICA 算法可以在偏振模色散不存在时解偏振复用。然而,实际系统中,偏振模色散往往是不可忽略的。此时可将单抽头的 ICA 算法扩展为多抽头 ICA 算法。在文献[44]中,多抽头的 ICA 算法框图与 CMA 算法框图类似,也用 FIR 滤波器对信号进行滤波,而抽头系数 $\boldsymbol{B}_k$ 更新为

$$\boldsymbol{B}_{k+1} = \boldsymbol{N}_k \boldsymbol{B}_k \tag{4-116}$$

其中,

$$N_{1,1} = 1 + \mu(1 - \mid y_1 \mid^2) \tag{4-117}$$

$$N_{1,2} = \frac{\mu \mid a \mid}{2\sigma^2}(\mathrm{e}^{\mathrm{i}\varphi_1} y_2^* - y_1 \mathrm{e}^{-\mathrm{i}\varphi_2}) - \mu y_1 y_2^* \tag{4-118}$$

$$N_{2,1} = \frac{\mu \mid a \mid}{2\sigma^2}(y_1^* \mathrm{e}^{\mathrm{i}\varphi_2} - \mathrm{e}^{-\mathrm{i}\varphi_1} y_2) - \mu y_1^* y_2 \tag{4-119}$$

$$N_{2,2} = 1 + \mu(1 - \mid y_2 \mid^2) \tag{4-120}$$

其中，y_1 和 y_2 是均衡后的输出；φ_1 和 φ_2 分别是 y_1 和 y_2 的幅角。

此外，文献[45]直接对矩阵进行增维处理，提出了一种简化的多抽头 ICA 算法。它将两个偏振态的信号的 L 个采样排成一列成为一个向量，此时的 $\boldsymbol{B}_k$ 成为 $2L \times 2L$ 的方阵。再根据文献[43]中的更新公式对 $\boldsymbol{B}_k$ 进行更新，从而实现偏振解复用。

另一种提高均衡器信噪比性能的方法是，在开始阶段使用 CMA 进行预收敛，并在接下来使用 DD-LMS 算法进行误差计算。DD-LMS 算法的误差计算公式如下：

$$\varepsilon_{x,y}(i) = Z_{x,y}(i) - d_{x,y}(i) \tag{4-121}$$

其中，$d_{x,y}(i)$ 是在载波频率和相位恢复之后进行基于最佳 QAM 判决边界的判决后得到的最终信号。滤波器抽头系数更新是基于如下方程：

$$\begin{cases} h_{xx}(k) \rightarrow h_{xx}(k) + \mu\varepsilon_x(i)\hat{x}(i-k) \\ h_{xy}(k) \rightarrow h_{xy}(k) + \mu\varepsilon_x(i)\hat{y}(i-k) \\ h_{yx}(k) \rightarrow h_{yx}(k) + \mu\varepsilon_y(i)\hat{x}(i-k) \\ h_{yy}(k) \rightarrow h_{yy}(k) + \mu\varepsilon_y(i)\hat{y}(i-k) \end{cases} \tag{4-122}$$

CMA/MMA 中均衡和载波恢复是分别使用不同的功能模块独立实现的，而 CMA/DD-LMS 算法需要将均衡和载波恢复以及判决在一个功能模块/循环中实现。由于需要在自适应滤波之前进行初始频偏和符号相位的估计，CMA 预均衡引起的残余相位噪声较大，会使标准 DD-LMS 算法失败。为了克服这个问题，人们对 DD-LMS 算法进行了一些改进[46]。改进的算法使用与相位无关的误差信号计算：

$$\varepsilon_{x,y}(i) = \mid Z_{x,y}(i) \mid^2 - \mid d_{x,y}(i) \mid^2 \tag{4-123}$$

由式(4-123)可知，误差信号的计算仅基于半径信息，类似于距离多普勒(RDA)算法。但 RDA 算法半径的判决是基于环的边界，改进 DD-LMS 算法则是在载波频率和相位恢复之后基于最佳 QAM 判决边界进行半径判断。而 QAM 中环之间的间隔要比最小符号间隔小，DD-LMS 算法可以实现比 MMA 算法更好的信噪比性能。研究表明，8QAM 和 16QAM 的性能差距相对较小，但是随着调制阶数的增加，性能差距加大。

上述所有均衡算法都需要知道调制格式的细节以便计算误差信号。我们在对传输信道矩阵不了解的情况下，可以将在通信过程中混合的信号解耦合。

4.3　小结

本章就单载波相干探测的色散补偿与偏振解复用自适应均衡两个方面的数字信号处理算法进行了详细阐述。对单载波相干光通信系统而言，采用基于色散补偿光纤的光域补偿或者数字信号处理算法的电域补偿均可实现对光纤色散的补偿，但后者成本更低且配置调整更加灵活，因此光纤色散补偿模块是数字信号处理流程中必不可少的一个环节。在忽略光纤非线性效应的前提下,接收到的光信号将不可避免地受到光纤色散与偏振模色散等线性损耗的影响,因此 4.1 节和 4.2 节分别就以上两类损耗的产生机理与相应的数字信号处理算法进行了详细介绍。其中色散补偿算法分为频域均衡和时域均衡两类,针对 100 Gb/s、长距离传输的光通信系统而言,一般推荐采用频域均衡算法;偏振模色散补偿算法则按信号调制格式的不同分为恒模算法和多模算法两类。因此 4.2 节采用比较流行的恒模算法(CMA)实现对恒包络调制的偏振解复用,同时补偿偏振模式色散。针对更高阶的非恒模的 QAM 调制,本章介绍了级联多模算法(CMMA)、改进的级联多模算法(MCMMA)和 DD-LMS 算法。

思考题

4.1 仿真 32Gbaud 的 QPSK 信号在标准单模光纤中传输 10 km、100 km、1000 km,并采用如图 4.3 所示的频域色散补偿算法进行色散电域补偿,比较补偿色散前后的星座图。不考虑光纤损耗和其他非线性效应。

4.2 在习题 4.1 中的不同光纤传输距离情况下,分析在频域补偿结构中的信号字块长度大小对色散补偿效果的影响。

4.3 在习题 4.1 所描述的相同传输系统中,采用如图 4.4 所示的时域色散补偿算法进行色散电域补偿,比较补偿色散前后的星座图。不考虑光纤损耗和其他非线性效应。

4.4 从接收光信噪比和计算复杂度两个方面,分析比较习题 4.1 和习题 4.2 中采用滤波器抽头数大小对系统性能的影响。

4.5 假设 20 Gbaud 和 40 Gbaud QPSK 经过 100 km 光纤传输后,分析比较不同频域和时域均衡算法的实现复杂度。不考虑光纤损耗和其他非线性效应。

4.6 根据时域截断条件,由式(4-14)和式(4-16)写出式(4-17)描述的第 k 个抽头权重 a_k 的推导过程。

4.7 思考使用 $T/2$ 间隔的时域或频域滤波器以达到自适应均衡最佳性能的原因。

4.8 思考抽头数大小和学习步长对 CMA 均衡的影响。

4.9 推导出适用于 64QAM 的 CMMA 自适应多模均衡的误差函数。

4.10 仿真如图 4.20 所示的基于极大似然估计的复数单抽头 ICA 算法后的 QPSK 星座图。

4.11 思考 CMA、MMA 与 CMMA 均衡三种经典自适应均衡算法的区别。

4.12 采用 MATLAB 软件编写适用于 16QAM 调制信号的偏振解复用自适应均衡算法模块,包括 CMA 预均衡和 DD-LMS 均衡。

4.13 查阅文献,从减少均衡抽头数、减少迭代次数、改进误差函数、充分利用星座几何分布特征等方面讨论如何降低均衡算法的复杂度。

4.14 例如在受 ADC 误差的影响下,接收信号 I 和 Q 路之间存在较小时延差(如几个符号)。分析在这种情况下 CMA 的性能会受何影响?如何改进算法以改善这种情况?

4.15 色散补偿与静态均衡算法和偏振动态信道均衡算法在接收端数字信号处理的流程中的先后顺序是怎样的?调换顺序会带来什么影响?

参考文献

［1］　TAVAKKOLNIA I，SAFARI M. Dispersion pre-compensation for NFT-based optical fiber communication systems［C］. CLEO 2016，San Jose，USA，IEEE，2016.

［2］　MANPREET K，SARANGAL H，BAGGA P. Dispersion compensation with dispersion compensating fibers(DCF)［J］. International Journal of Advanced Research in Computer and Communication Engineering，2015，4(2).

［3］　GIACOUMIDIS E，PERENTOS A，ALDAYA I. Performance improvement of cascaded dispersion compensation based fiber Bragg gratings by smart selection［J］. Microwave and Optical Technology Letters，2016，58(12)：2954-2957.

［4］　余建军，迟楠，陈林. 基于数字信号处理的相干光通信技术［M］. 北京：人民邮电出版社，2013：70.

［5］　SHIEH W，DJORDJEVIC I. OFDM for Optical Communications［M］. New York：Academic Press，2010：156-159.

［6］　KUSCHNEROV M，HAUSKE F，PIYAWANNO K，et al. DSP for coherent single-carrier receivers ［J］. Journal of Lightwave Technology，2009，27(16)：3614-3622.

［7］　SPINNLER B，HAUSKE F N，KUSCHNEROV M. Adaptive equalizer complexity in coherent optical receivers［C］. ECOC 2008，2008，Brussels，Belgium，We. 2. E. 4.

［8］　GOVIND P. 非线性光纤光学原理及应用［M］. 北京：电子工业出版社，2010.

［9］　GOLDFARB G，LI G. Chromatic dispersion compensation using digital IIR filtering with coherent detection［J］. IEEE Photonics Technology Letters，2007，19(13)：969-971.

［10］　SAVORY S，GAVIOLI G，KILLEY R，et al. Electronic compensation of chromatic dispersion using a digital coherent receiver［J］. Optics Express，2007，15(5)：2120-2126.

［11］　KUDO R，ISHIHARA K. Coherent optical single carrier transmission using overlap frequency domain equalization for long-haul optical systems［J］. Journal of Lightwave Technology，2009，27 (16)：3721-3728.

［12］　SAVORY S. Digital filters for coherent optical receivers［J］. Optics Express，2008，16(2)：804-817.

［13］　SAVORY S. Compensation of fibre impairments in digital coherent systems［C］. ECOC 2008，2008，Brussels，Belgium，Mo. 3. D. 1.

［14］　BULOW H，VEITH G. Temporal dynamics of error-rate degradation induced by polarization mode dispersion fluctuation of a field fiber link［C］. Proc. ECOC 97，vol. 1，Edinburgh，Scotland，115-118.

［15］　KOGELNIK H，JOPSON R M，NELSON L. Polarization-mode dispersion in optical fiber telecommunications Ⅳ B［M］. New York：Academic，2002.

［16］　GODARD D. Self-recovering equalization and carrier tracking in two-dimensional data communication systems［J］. IEEE Transactions on Communications，1980，28(11)：1867-1875.

［17］　BULOW H，BAUMERT W，SCHMUCK H，et al. Measurement of the maximum speed of PMD fluctuation in installed field fiber［C］. Proc. Tech. Dig. OFC 1999，4.

［18］　NAKAZAWA M，KIKUCHI K，MIYAZAKI T，et al. High spectral density optical communication technologies［M］. Berlin Heidelberg：Springer，2010：36-39，42.

［19］　YU J，ZHOU X. Ultra-high-capacity DWDM transmission system for 100G and beyond［J］. IEEE Communications Magazine，2010，48(3)：S56-S64.

［20］　SAVORY S J. Digital filters for coherent optical receivers［J］. Optics Express，2008，16(2)：804-817.

［21］　ZHOU X，YU J，MAGILL P. Cascaded two-modulus algorithm for blind polarization de-multiplexing of 114-Gb/s PDM-8-QAM optical signals［C］. Optical Fiber Communication-incudes post deadline papers,2009: 1-3.

[22] LOUCHET H, KUZMIN K, RICHTER A. Improved DSP algorithms for coherent 16-QAM transmission[C]. Optical Communication,2008,34th European Conference on. IEEE,2008: 1-2.

[23] ZHOU X, YU J. Multi-level, multi-dimensional coding for high-speed and high-spectral-efficiency optical transmission[J]. Journal of Lightwave Technology,2009,27(16): 3641-3653.

[24] ZHOU X, YU J, MAGILL P. Cascaded two-modulus algorithm for blind polarization de-multiplexing of 114-Gb/s PDM-8-QAM optical signals[C]. OFC 2009, San Diego, CA, USA, IEEE,2009: 1-3.

[25] YANG J, WERNER J, GUY A D. The multimodulus blind equalization and its generalized algorithms [J]. IEEE Journal on Selected Areas in Communications,2002,20(5): 997-1015.

[26] TAO L, JI Y, LIU J, et al. Advanced modulation formats for short reach optical communication systems[J]. IEEE Network,2013,27(6): 6-13.

[27] TSEYTLIN M, RITTERBUSH O, SALAMON A. Digital, endless polarization control for polarization multiplexed fiber-optic communications[C]. OFC 2003, Atlanta, GA, USA, IEEE,2003.

[28] NOE R. PLL-free synchronous QPSK polarization multiplex/diversity receiver concept with digital I&Q baseband processing[J]. IEEE Photonics Technology Letters,2005,17(4): 887-889.

[29] YAN H, GUIFANG L. Coherent optical communication using polarization multiple-input-multiple-output[J]. Optics Express,2005,13(19): 7527-7534.

[30] KIKUCHI K. Polarization-demultiplexing algorithm in the digital coherent receiver[C]. LEOS Summer Topical Meeting,2008: 101-102.

[31] CARDOSO J F, LAHELD B H. Equivariant adaptive source separation[J]. IEEE Transactions on Signal Processing,1997,44(12): 3017-3030.

[32] CARDOSO J F. Blind signal separation: statistical principles[J]. Proceedings of the IEEE,1998, 86(10): 2009-2025.

[33] SHI X. Blind signal processing: Theory and practice[M]. Berlin Heidelberg: Springer,2011: 13,48-51,60,71-74.

[34] BELL A J, SEJNOWSKI T J. An information-maximization approach to blind separation and blind deconvolution[J]. Neural Computation,1995,7(6): 1129-1159.

[35] CICHOCKI A, UNBEHAUEN R, RUMMERT E. Robust learning algorithm for blind separation of signals[J]. Electronics Letters,1994,30(17): 1386-1387.

[36] PHAM D T, GARRAT P, JUTTEN C. Separation of a mixture of independent sources through a maximum likelihood approach[C]. Proc. EU-SIPCO,1992: 771-774.

[37] CARDOSO J F. Maximum likelihood source separation: equivariance and adaptivity[C]. Proc. of Sysid'97 Ifac Symposium on System Identification,1997: 1063-1068.

[38] HYVÄRINEN A. Fast and robust fixed-point algorithms for independent component analysis[J]. IEEE Transactions on Neural Networks,1999,10(3): 626-634.

[39] ZHANG H, TAO Z, LIU L, et al. Polarization demultiplexing based on independent component analysis in optical coherent receivers[C]. ECOC 2008, Brussels, Belgium, IEEE,2008: 1-2.

[40] OKTEM T, ERDOGAN A T, DEMIR A. Adaptive receiver structures for fiber communication systems employing polarization-division multiplexing[J]. Journal of Lightwave Technology,2010, 27(23): 5394-5404.

[41] OKTEM T, ERDOGAN A T, DEMIR A. Adaptive receiver structures for fiber communication systems employing polarization-division multiplexing[J]. Journal of Lightwave Technology,2010, 27(23): 5394-5404.

[42] XIE X, YAMAN F, ZHOU X, et al. Polarization demultiplexing by independent component analysis [J]. IEEE Photonics Technology Letters,2010,22(11): 805-807.

［43］ JOHANNISSON P,WYMEERSCH H,SJÖDIN M,et al. Convergence comparison of the CMA and ICA for blind polarization demultiplexing［J］. Journal of Optical Communications & Networking, 2011,3(6)：493-501.

［44］ NAFTA A,JOHANNISSON P,SHTAIF M. Blind equalization in optical communications using independent component analysis［J］. Journal of Lightwave Technology,2013,31(12)：2043-2049.

［45］ NOVEY M,ADALI T. Complex fixed-point ICA algorithm for separation of QAM sources using Gaussian mixture model［C］. IEEE International Conference on Acoustics,2007：445-448.

［46］ SPALVIERI A,VALTOLINA R. Data-aided and phase-independent adaptive equalization for data transmission systems：European Patent Application EP 1 089 457 A2［2001-04-04］.

第 5 章

单载波相干探测中的载波恢复算法

载波恢复算法通常包括两个部分,即频偏估计算法和相位恢复算法。在实际通信系统中,本振光和信号光的频率并不锁定,一方面本身就可能存在一定的频率偏移,从几兆赫兹到几百兆赫兹甚至吉赫兹不等;另一方面,信号光和本振光随环境温度等条件的变化会有频率漂移效应。这种频率偏差,会对信号光引入较大的相位旋转,直至淹没信号本身的相位信息;此外,由于激光器线宽的存在而引入了相位噪声,这种噪声以一定的变化速率随机改变,造成了星座点的拖尾、延长和混叠。这两种损伤都将造成信号质量的劣化。

光相干探测接收机中,本振激光器和接收到的信号进入混频器后进行零差或外差相干得到所传基带信号。理想状态下,接收机的本振激光器和发射机的载波必须在相同的振荡频率下工作。然而,受当前光器件的生产工艺所限,各激光器中均存在着一定量的频率偏差;同时,光通信系统通常是长距离传输,随着通信时间的延长,收发两端的激光器频率之间难免出现频率漂移,即所谓的频偏。在相位调制系统中,频偏通常会转化为相位偏移,其表现为接收信号星座图出现不同程度的旋转现象。因此,频偏的完全移除对于解调出最终的发送数据而言十分重要。

这里针对 QAM 信号进行分析,QAM 信号可以表示为

$$S(t) = A(t)\cos(\omega_c t + \phi) - B(t)\sin(\omega_c t + \phi) \tag{5-1}$$

在接收端乘以如下两个正交载波:

$$C_c(t) = \cos(\omega_c t + \hat{\phi}) \tag{5-2}$$

$$C_N(t) = -\sin(\omega_c t + \hat{\phi}) \tag{5-3}$$

再进行低通滤波,产生同相分量和正交分量如下:

$$Y_I = \frac{1}{2}A(t)\cos(\phi - \hat{\phi}) - \frac{1}{2}B(t)\sin(\phi - \hat{\phi}) \tag{5-4}$$

$$Y_Q = \frac{1}{2}B(t)\cos(\phi - \hat{\phi}) - \frac{1}{2}A(t)\sin(\phi - \hat{\phi}) \tag{5-5}$$

若存在相位误差,即 $\Delta\phi = \phi - \hat{\phi} \neq 0$,那么 $\cos(\Delta\phi) < 1$ 、$\sin(\Delta\phi) > 0$。相位误差会导致

接收信号分量的功率减少 $\cos^2(\Delta\phi)$,而功率减小会导致误码,还会在信号的同相和正交分量之间产生一定的正交干扰。由于 $A(t)$ 和 $B(t)$ 的平均功率大致相等,故小误差也会引起解调性能的大幅下降。

以 16QAM 为例,更直观地观察含有频偏和相偏的信号的星座图变化,如图 5.1 所示。

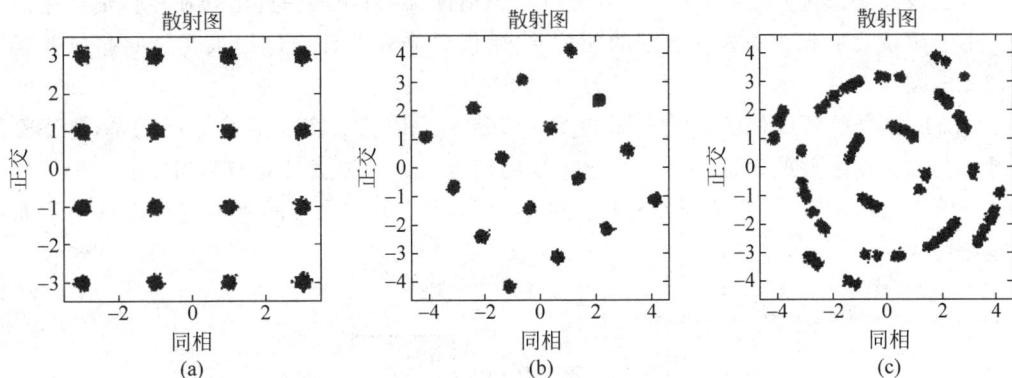

图 5.1　含有频偏和相偏的信号的星座图变化

(a) 无频偏、无相偏; (b) 只有相偏; (c) 有频偏、有相偏

(请扫 2 页二维码看彩图)

5.1　频率偏移补偿算法

基于数字锁相环(phase-locking loop,PLL)的判决辅助和判决反馈机制被广泛用于射频通信系统中的载波相位恢复。由于射频载波的相位变化缓慢,因此使用数字锁相环就可以跟上相位的变化。而在高速光通信系统中,光载波的相位变化速度要远快于射频载波,只有使用基于前馈的相位恢复,才能在实际中通过并行处理和流水线结构实现。相对来说,频率偏移的变化速度十分缓慢,数字锁相环可以在高速光通信系统中用于对发射机和本振激光器频率偏移的估计。

5.2　基于 V-V 的频偏估计算法

基于经典维特比-维特比(Viterbi-Viterbi,V-V)算法[1-2]的前馈载波恢复被广泛用于相移键控(phase-shift-keying,PSK)调制格式的系统中。该算法一般先计算信号的 M 次方,其中 $M=2N$,这里 N 为相位调制信号的调制阶数。这样就可移除数据调制相位。然后通过计算相位旋转速率就得到发射机和本振激光器频偏。在移除频偏之后再次对信号进行 M 次方操作,移除数据调制相位。由于激光器相位噪声的变化速率相对于其他加性噪声(如自发辐射噪声)缓慢得多,通过对多个相邻码元取平均就可以估算出激光器相位噪声。下面对该算法进行简单证明。

这里仅考虑频偏和激光器相位噪声的影响,则对相位调制信号来说,接收到的第 n 个码元 S_n 可表示为

$$S_n = \exp[j(a_n + 2\pi\Delta v T_s + \theta_n)] \tag{5-6}$$

其中，a_n 为原始信号相位；Δv 为发射机和本振激光器之间的频率偏差；T_s 为码元采样间隔；θ_n 为激光器相位噪声。由于相位调制信号的幅度为常数，且我们对信号幅度不感兴趣，因此，表达式(5-6)对幅度进行了归一化处理。

对于该算法来说，第一步是对信号进行频偏估计，因为频偏估计必须在相位估计之前进行。由于频偏会引起相邻采样之间的相位差，所以只需要估计出连续采样之间相位差就可以计算出频偏。

QPSK 信号的频偏估计系统框图如图 5.2 所示。该算法实现的前提条件是，QPSK 信号的各调制相位之差的四倍为一个恒定不变的相位值。首先通过对前后相邻的两个符号之间的相位差做四倍运算，去除调制相位之差，然后对前 M 个符号的噪声相位进行平均而得到频偏估值。

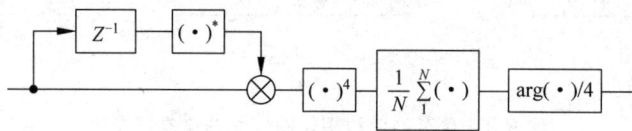

图 5.2　频偏估计系统框图

具体的算法流程如下所述。

首先将接收到的信号 S_n 乘以它前一个信号的复共轭 S_{n-1}^*。得到的复数 d_n 的相位是两个码元的相位差：

$$d_n = S_n \times S_{n-1}^* = \exp\{j[a_n - a_{n-1} + \Delta\varphi + (\theta_n - \theta_{n-1})]\} \tag{5-7}$$

半导体激光器通常被用作发射机和本振激光器，它的线宽范围为 $100\ \text{kHz} \sim 10\ \text{MHz}$。因此，光载波相位噪声的变化要远慢于调制相位的变化。因此，前后码元之间的激光器相位噪声差可以忽略不计，即可认为 $\theta_n - \theta_{n-1} \approx 0$。

接下来需要移除信号相位中包含的编码信息。对相移键控信号只需要对复信号进行 M 次方，而 M 也是星座图中点的个数。在这里，只考虑 QPSK 信号。这样我们只需要对之前得到的复数 d_n 进行 4 次方运算：

$$d_n^4 = \exp[j(4b_n + 4 \times \Delta\varphi)] = \exp(j \times 4b_n) \times \exp(j \times 4 \times \Delta\varphi) \tag{5-8}$$

其中，$b_n = a_n - a_{n-1}$。对 QPSK 信号来说，$b_n \in \{0, \pm\pi/2, \pm\pi\}$。因此有 $\exp(j \times 4\theta_n) = 1$。

$$d_n^4 = \exp(j \times 4 \times \Delta\varphi) \tag{5-9}$$

我们将相邻数十个数据累加后求平均值以消除突发误差。而用来进行加法运算的 N 个采样数据是对称地分布在第 n 个码元前后，这样最后得到的结果可以认为是无偏估计值。

最后还需要求平均值的相位，因为我们只对它的相位感兴趣。之前进行过 4 次方运算，得到的相位还要除以 4 才是相位差 $\Delta\varphi$ 的估计值。每个码元都要移除频偏引起的累计相位偏移，补偿频偏的影响，得到无频偏影响的数据 S_n'。对 S_n' 还需要进一步的相位估计才能得到最后正确的数据。相位估计算法将在 5.3 节中进行具体说明。

频偏估计算法的结果如图 5.3 所示。

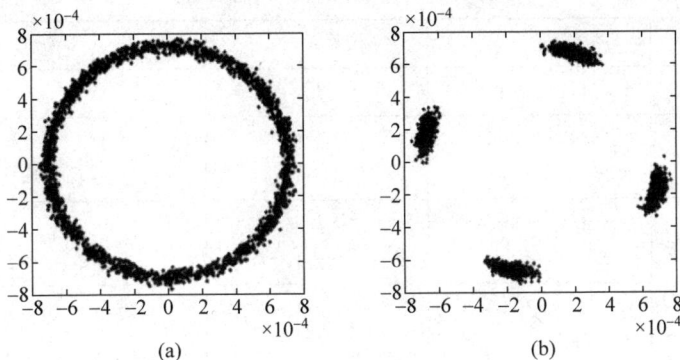

图 5.3　QPSK 信号频偏估计星座图

（a）频偏估计之前；（b）频偏估计之后

5.3　基于 FFT 的频偏估计算法

上述的基于 V-V 的频偏恢复算法一般只针对于恒模信号。基于 FFT 的频偏算法是一种基于频域的频偏恢复算法，利用傅里叶变换后的信号频谱峰值所对应的频率分量对频偏做出估计[3]。下面对该算法进行简单证明。

假设信号经过 MPSK 调制，第 n 个接收符号如下所示：

$$S_n = I_n + jQ_n = \exp[j(\theta_{d,n} + \theta_{l,n} + 2\pi\Delta f n T_s)] + N_n \tag{5-10}$$

其中，N_n 为系统噪声；T_s 为符号周期；$\theta_{d,n}$ 为调制信号相位；$\theta_{l,n}$ 为 LED 的相位噪声；Δf 即为系统的频偏。若为 QPSK 信号，则 $\theta_{d,n} = \{-3\pi/4, -\pi/4, \pi/4, 3\pi/4\}$。

接收信号的辐角如下式所示：

$$\varphi_{d,n} = \theta_{d,n} + 2\pi\Delta f n T_s - 2\pi m = \langle\varphi_{d,n}\rangle + \theta'_{d,n} \tag{5-11}$$

常数 m 使得 $\varphi_{d,n}$ 落在区间 $[-\pi, +\pi]$ 内，$\langle\varphi_{d,n}\rangle$ 为相位的平均值。

对 $\varphi_{d,n}$ 进行 FFT：

$$FFT\{\varphi_{d,n}\} = FFT\{\langle\varphi_{d,n}\rangle\} + FFT\{\theta'_{d,n}\} \tag{5-12}$$

由式（5-12）可得

$$\langle\varphi_{d,n}\rangle = \langle\theta_{d,n}\rangle + \langle2\pi\Delta f n T_s\rangle - \langle2\pi m\rangle = 2\pi\Delta f n T_s - 2\pi\langle m\rangle \tag{5-13}$$

为简化 $\langle m\rangle$ 的计算，引入常数 i 来确保 $(2i-1)\pi/4 < 2\pi\Delta f n T_s < (2i+1)\pi/4$。在这种情况下，可以保证 m 与 $2\pi\Delta f n T_s$ 是相互独立的。

表 5.1 讨论了 i 取值的 4 种情况。举例来说，当 $i = 4k+1$ 时，$\theta_{d,n}$ 的值有两种可能。第一种可能是 $\theta_{d,n} = 3\pi/4$，此时 $m = k+1$，发生概率为 1/4；第二种可能是 $\theta_{d,n} \neq 3\pi/4$，此时 $m = k$，发生概率为 1/4。因此 m 的平均值为 $\langle m\rangle = 3/4 \times k + 1/4 \times (k+1) = (4k+1)/4 = i/4$。

表 5.1　四种情况下 $\langle m \rangle$ 的取值

i	$\theta_{d,n}$	m	概　率	$\langle m \rangle$
$4k$	$\pm\pi/4, \pm3\pi/4$	k	1	$i/4$
$4k+1$	$\ne 3\pi/4$ $=3\pi/4$	k $k+1$	3/4 1/4	$i/4$
$4k+2$	$=-\pi/4, -3\pi/4$ $=\pi/4, 3\pi/4$	k $k+1$	1/2 1/2	$i/4$
$4k+3$	$\ne -3\pi/4$ $=-3\pi/4$	$k+1$ k	3/4 1/4	$i/4$

将式(5-13)和表 5.1 结合起来分析,式(5-13)可以变换为

$$\langle\varphi_{d,n}\rangle = 2\pi\Delta f n T_s - \frac{i}{2}\pi \tag{5-14}$$

由式(5-11)和式(5-14)得

$\theta'_{d,n} = \varphi_{d,n} - \langle\varphi_{d,n}\rangle = \theta_{d,n} - \dfrac{i-4m}{2}\pi$,其中 $\theta_{d,n}$ 在 $\{-3\pi/4, -\pi/4, \pi/4, 3\pi/4\}$ 内随机取值。

由式(5-14)画出 $\Delta f > 0$ 时,$\langle\varphi_{d,n}\rangle$ 和 $\arg[\exp(j2\pi\Delta f n T_s)]$ 随 T 变化的曲线,如图 5.4 所示。其中 $\langle\varphi_{d,n}\rangle$ 为实线所示,是由 QPSK 信号本身带来的相位信息;$\arg[\exp(j2\pi\Delta f n T_s)]$ 为虚线所示,是由频偏 Δf 带来的附加相位($T = 1/\Delta f$)[4]。

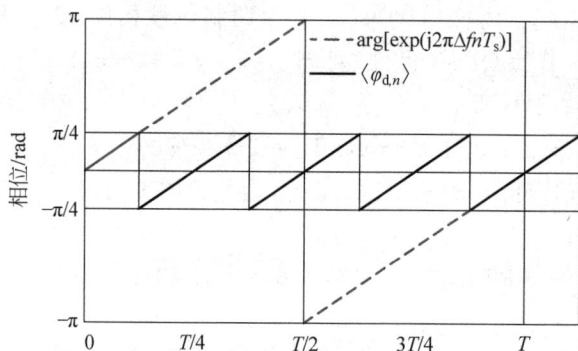

图 5.4　QPSK 信号的 $\langle\varphi_{d,n}\rangle$ 和 $\arg[\exp(j2\pi\Delta f n T_s)]$ 随 T 的变化

(请扫 2 页二维码看彩图)

可以看出,两者的斜率相同,但是 $\arg[\exp(j2\pi\Delta f n T_s)]$ 的周期是 $\langle\varphi_{d,n}\rangle$ 的 4 倍。因此,信号相位经 FFT 后将在一次谐波频率 $4|\Delta f|$ 处出现峰值。当然,在高次谐波频率 $n\times4|\Delta f|$ 处同样会出现小峰值,但是以 $4|\Delta f|$ 处峰值最大。这样,通过观察接收信号相位的频谱图,峰值对应的频率除以 4,就是信号的频偏值。图 5.5 显示了该算法的系统框图,其中图(a)为基于 FFT 频偏算法的基本框图,图(b)为优化后的频偏补偿算法,因为基于 FFT 的频偏补偿算法无法知道频率偏移的方向,所以需要在一次频偏补偿后进行判决[5]。

(a)

(b)

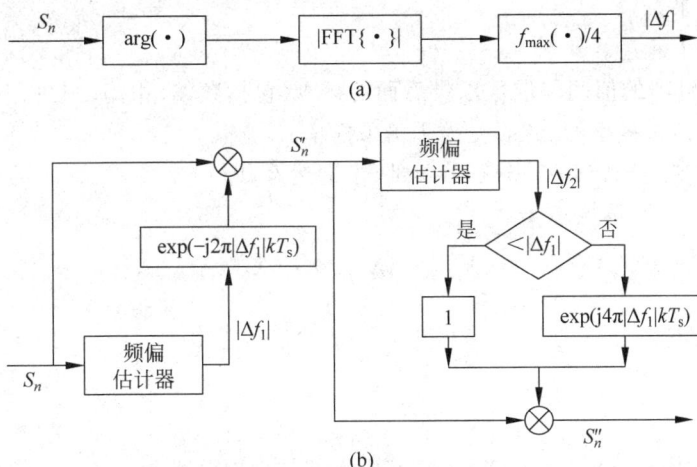

图 5.5　基于 FFT 的频偏算法系统框图

（a）简化；（b）优化

5.4　基于四次方频偏估计算法

当频偏估计能纠正的信号光与本振光之间的频率差范围为$(-3.0\ \text{GHz},+3.0\ \text{GHz})$时，采用四次方法。图 5.6 为四次方频偏估计算法的原理图。

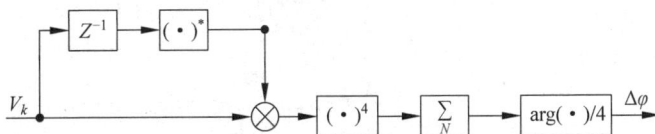

图 5.6　四次方频偏估计算法原理图

设接收信号的相位 $\theta_k=\theta_s(k)+\Delta\omega kT_i+\theta_n+\theta_{\text{ASE}}$，其中 $\theta_s(k)$ 表示信息相位，θ_n 表示由激光器线宽引起的相。θ_{ASE} 表示噪声相位。如图 5.6 所示，取样值信号 V_{k-1} 的共轭形式并和 V_k 相乘，可得

$$
\begin{aligned}
V_kV_{k-1}^* &= \exp[\text{j}(\theta_k-\theta_{k-1})]\\
&= \exp(\text{j}\Delta\theta_s)\cdot\exp(\text{j}\Delta\omega T_i)\cdot\exp(\text{j}\Delta\theta_{\text{ASE}})
\end{aligned}
\tag{5-15}
$$

由于 θ_n 是慢变信号，其前后样值差值为零。而在理想情况下，$\Delta\theta_s$ 的取值为 $\left\{0,\dfrac{\pi}{2},\pi,\right.$ $\left.-\dfrac{\pi}{2}\right\}$，则就把 $(V_kV_{k-1}^*)^4$ 去除了。频偏相对于符号速率来说也是慢变，对连续 N_f 个样值计算出的结果进行平均后，可消除高斯噪声的影响，再取其辐角主值，可得 $\Delta\omega T_i$，该频偏导致的相位 $\Delta\varphi=k\Delta\omega T_i$。从第 k 个符号的原始相位中减去 $\Delta\varphi$，就可以得到去除频偏影响后的信号相位。同样，下一块 N_f 个数据也采用如上所述的相同过程估计出该块符号对应的频偏值。由于频偏引起的相位损伤是随着符号数目的累加量，则系统需要存储截至当前符号的累加相位。为防止累加相位无限增长，这个累加相位需要进行模 2π 的运算，这不会影

响频偏补偿的结果。

算法分解如下所述。

(1) 把均衡输出的值间隔取数以供后面的运算(包括频偏、相偏、判决、解码等),即均衡输出的样值是 2 倍采样率的,此时变为 1 倍采样率。

(2) 共轭相乘:把式(5-15)分解为实部、虚部运算,即

$$X\text{ 偏振态} = V_{f\_x\_r} + jV_{f\_x\_i}$$

$$V_{k,x}V_{k-1,x}^{*} = (X'_{I,k} + jX'_{Q,k}) \cdot (X'_{I,k-1} - jX'_{Q,k-1}) \tag{5-16}$$

实部为

$$V_{f\_x\_r} = X'_{I,k} \cdot X'_{I,k-1} + X'_{Q,k} \cdot X'_{Q,k-1}$$

虚部为

$$V_{f\_x\_i} = X'_{Q,k} \cdot X'_{I,k-1} - X'_{I,k} \cdot X'_{Q,k-1}$$

同样地,Y 偏振态$= V_{f\_y\_r} + jV_{f\_y\_i}$,其中实部与虚部分别为

$$\begin{cases} V_{f\_y\_r} = Y'_{I,k} \cdot Y'_{I,k-1} + Y'_{Q,k} \cdot Y'_{Q,k-1} \\ V_{f\_y\_i} = Y'_{Q,k} \cdot Y'_{I,k-1} - Y'_{I,k} \cdot Y'_{Q,k-1} \end{cases} \tag{5-17}$$

(3) 四次方(可分两次平方运算做)。

X 偏振态表示如下:

$$\begin{aligned} V_{f\_2\_x} &= V_{f\_2\_x\_r} + jV_{f\_2\_x\_i} \\ &= (V_{f\_x\_r} + jV_{f\_x\_i})^2 \\ &= V_{f\_x\_r}^2 - V_{f\_x\_i}^2 + 2jV_{f\_x\_r} \cdot V_{f\_x\_i} \end{aligned} \tag{5-18}$$

$$\begin{aligned} V_{f\_4\_x} &= V_{f\_4\_x\_r} + jV_{f\_4\_x\_i} \\ &= (V_{f\_2\_x\_r} + jV_{f\_2\_x\_i})^2 \\ &= V_{f\_2\_x\_r}^2 - V_{f\_2\_x\_i}^2 + 2jV_{f\_2\_x\_r} \cdot V_{f\_2\_x\_i} \end{aligned} \tag{5-19}$$

Y 偏振态

$$\begin{aligned} V_{f\_2\_y} &= V_{f\_2\_y\_r} + jV_{f\_2\_y\_i} \\ &= (V_{f\_y\_r} + jV_{f\_y\_i})^2 \\ &= V_{f\_y\_r}^2 - V_{f\_y\_i}^2 + 2jV_{f\_y\_r} \cdot V_{f\_y\_i} \end{aligned} \tag{5-20}$$

$$\begin{aligned} V_{f\_4\_y} &= V_{f\_4\_y\_r} + jV_{f\_4\_y\_i} \\ &= (V_{f\_2\_y\_r} + jV_{f\_2\_y\_i})^2 \\ &= V_{f\_2\_y\_r}^2 - V_{f\_2\_y\_i}^2 + 2jV_{f\_2\_y\_r} \cdot V_{f\_2\_y\_i} \end{aligned} \tag{5-21}$$

(4) 平均。取 N_f 个样值完成式(5-19)、式(5-21)后的结果进行算术平均。从式(5-16)可见,理想情况下,共轭、四次方后,每个结果的相位都是 $\Delta\omega T$,即每个结果的值都一样,但在相位噪声存在的情况下,实际值是在理想值附近的一些值,对这些值平均的结果就得到 $\Delta\omega T$。

取平均值后得到如下四个值(不需要除以 N_f,因为实部、虚部都是 N_f 个相加,下一步取相位角时就去掉了 N_f):

$$\sum_{N_f} V_{f\_4\_x\_r}, \sum_{N_f} V_{f\_4\_x\_i}, \sum_{N_f} V_{f\_4\_y\_r}, \sum_{N_f} V_{f\_4\_y\_i} \tag{5-22}$$

(5) 取幅角：得到频偏值。先按照式(5-22)求角度，再根据 $\sum\limits_{N_f} V_{f\_4\_x\_r}$、$\sum\limits_{N_f} V_{f\_4\_x\_i}$、

$\sum\limits_{N_f} V_{f\_4\_y\_r}$、$\sum\limits_{N_f} V_{f\_4\_y\_i}$ 的正负判断象限，以 X 偏振态为例：

(a) 如果实部 $\sum\limits_{N_f} V_{f\_4\_x\_r} < 0$ 且虚部 $\sum\limits_{N_f} V_{f\_4\_x\_i} < 0$，则幅角为 $\Delta\omega T_{x,4} = \Delta\omega T_{x,1,4} - \pi$；

(b) 如果实部 $\sum\limits_{N_f} V_{f\_4\_x\_r} < 0$ 且虚部 $\sum\limits_{N_f} V_{f\_4\_x\_i} > 0$，则幅角为 $\Delta\omega T_{x,4} = \Delta\omega T_{x,1,4} + \pi$；

(c) 如果实部 $\sum\limits_{N_f} V_{f\_4\_x\_r} > 0$，则幅角不变，为 $\Delta\omega T_{x,4} = \Delta\omega T_{x,1,4}$；

(d) 另外，如果实部为零，则当虚部 >0 时，$\Delta\omega T_{x,4} = \dfrac{\pi}{2}$；当虚部 <0 时，$\Delta\omega T_{x,4} = -\dfrac{\pi}{2}$。

即频偏估计的值在 $[-2\pi, +2\pi]$：

$$\Delta\omega T_{x,1,4} = \arctan\left(\frac{\sum\limits_{N_f} V_{f\_4\_x\_i}}{\sum\limits_{N_f} V_{f\_4\_x\_r}}\right), \quad \Delta\omega T_{y,1,4} = \arctan\left(\frac{\sum\limits_{N_f} V_{f\_4\_y\_i}}{\sum\limits_{N_f} V_{f\_4\_y\_r}}\right) \tag{5-23}$$

然后把判断修正后的角度除以 4，得到频偏值：

$$\Delta\omega T_x = \frac{1}{4} \cdot \Delta\omega T_{x,4}, \quad \Delta\omega T_y = \frac{1}{4} \cdot \Delta\omega T_{y,4} \tag{5-24}$$

频偏纠正，样值输出：

将均衡后两个偏振态的值分别乘以 $e^{-j\Delta\omega kT}$，其中 k 是样值号。由于第一个样值初始相位的不确定性，所以所有样值的相位绝对值都不是确定的，但相位相对值是确定的。

$$\begin{aligned} V_{k\_x} &= V_{\text{fout}\_k\_x\_r} + jV_{\text{fout}\_k\_x\_i} \\ &= (X'_{I,k} + jX'_{Q,k}) \cdot [\cos(\Delta\omega_x kT) - j\sin(\Delta\omega_x kT)] \end{aligned} \tag{5-25}$$

X 偏振态输出的实部虚部分别为

$$\begin{cases} V_{\text{fout}\_k\_x\_r} = X'_{I,k} \cdot \cos(\Delta\omega_x kT) + X'_{Q,k} \cdot \sin(\Delta\omega_x kT) \\ V_{\text{fout}\_k\_x\_i} = X'_{Q,k} \cdot \cos(\Delta\omega_x kT) - X'_{I,k} \cdot \sin(\Delta\omega_x kT) \end{cases} \tag{5-26}$$

同样，Y 偏振态输出的实部虚部分别为

$$\begin{cases} V_{\text{fout}\_k\_y\_r} = Y'_{I,k} \cdot \cos(\Delta\omega_y kT) + Y'_{Q,k} \cdot \sin(\Delta\omega_y kT) \\ V_{\text{fout}\_k\_y\_i} = Y'_{Q,k} \cdot \cos(\Delta\omega_y kT) - Y'_{I,k} \cdot \sin(\Delta\omega_y kT) \end{cases} \tag{5-27}$$

5.5 相位补偿算法

5.5.1 基于 V-V 的相位补偿算法

在相位补偿算法中，经典的补偿算法为 Viterbi-Viterbi 算法。图 5.7 为其原理框图。

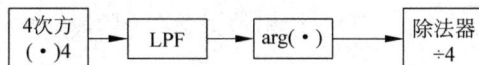

图 5.7 Viterbi-Viterbi 相偏估计算法原理框图

设接收信号的相位 $\theta_k = \theta_S(k) + \Delta\omega k T_i + \theta_n + \theta_{ASE}$，其中 $\Delta\omega k T_i$ 经前面频偏估计去除了，将剩下的经过四次方 $V^4(k) = \exp\{j4\theta_S(k)\} \cdot \exp\{j4\theta_n\} \cdot \exp\{j4\theta_{ASE}\}$，假设 $\theta_S = \left\{0, \dfrac{\pi}{2}, \pi, -\dfrac{\pi}{2}\right\}$，则 $V^4(k)$ 可以去掉信号相位。把 N_p 个 $V^4(k)$ 进行相加平均，去除相位噪声，再提取其辐角，可得相偏估计相位，即

$$\theta_e = \frac{1}{4} \cdot \arg\left[\sum_{i=1}^{N} V^4(i)\right] \tag{5-28}$$

算法分解如下所述。

（1）四次方：分两次平方运算进行。

X 偏振态：

$$\begin{aligned}
V_{p\_2\_x} &= V_{p\_2\_x\_r} + jV_{p\_2\_x\_i} \\
&= (V_{fout\_k\_x\_r} + jV_{fout\_k\_x\_i})^2 \\
&= V_{fout\_k\_x\_r}^2 - V_{fout\_k\_x\_i}^2 + 2jV_{fout\_k\_x\_r} \cdot V_{fout\_k\_x\_i}
\end{aligned} \tag{5-29}$$

$$\begin{aligned}
V_{p\_4\_x} &= V_{p\_4\_x\_r} + jV_{p\_4\_x\_i} \\
&= (V_{p\_2\_x\_r} + jV_{p\_2\_x\_i})^2 \\
&= V_{p\_2\_x\_r}^2 - V_{p\_2\_x\_i}^2 + 2jV_{p\_2\_x\_r} \cdot V_{p\_2\_x\_i}
\end{aligned} \tag{5-30}$$

Y 偏振态：

$$\begin{aligned}
V_{p\_2\_y} &= V_{p\_2\_y\_r} + jV_{p\_2\_y\_i} \\
&= (V_{fout\_k\_y\_r} + jV_{fout\_k\_y\_i})^2 \\
&= V_{fout\_k\_y\_r}^2 - V_{fout\_k\_y\_i}^2 + 2jV_{fout\_k\_y\_r} \cdot V_{fout\_k\_y\_i}
\end{aligned} \tag{5-31}$$

$$\begin{aligned}
V_{p\_4\_y} &= V_{p\_4\_y\_r} + jV_{p\_4\_y\_i} \\
&= (V_{p\_2\_y\_r} + jV_{p\_2\_y\_i})^2 \\
&= V_{p\_2\_y\_r}^2 - V_{p\_2\_y\_i}^2 + 2jV_{p\_2\_y\_r} \cdot V_{p\_2\_y\_i}
\end{aligned} \tag{5-32}$$

（2）取平均：N_p 个求和取平均，得到如下四个值：

$$\sum_{N_p} V_{p\_4\_x\_r}, \sum_{N_p} V_{p\_4\_x\_i}, \sum_{N_p} V_{p\_4\_y\_r}, \sum_{N_p} V_{p\_4\_y\_i} \tag{5-33}$$

（3）取幅角：得到相位估计值。先按照式(5-33)求角度，再根据 $\sum\limits_{N_f} V_{p\_4\_x\_r}$、$\sum\limits_{N_f} V_{p\_4\_x\_i}$、$\sum\limits_{N_f} V_{p\_4\_y\_r}$、$\sum\limits_{N_f} V_{p\_4\_y\_i}$ 的正负判断象限，以 X 偏振态为例，即

（a）如果实部 $\sum\limits_{N_p} V_{p\_4\_x\_r} < 0$ 且虚部 $\sum\limits_{N_f} V_{p\_4\_x\_i} < 0$，则幅角为 $PE_{x,4} = PE_{x,1,4} - \pi$；

（b）$\sum\limits_{N_p} V_{p\_4\_x\_i}$ 如果实部 $\sum\limits_{N_p} V_{p\_4\_x\_r} < 0$ 且虚部 $\sum\limits_{N_p} V_{p\_4\_x\_i} > 0$，则幅角为 $PE_{x,4} = PE_{x,1,4} + \pi$；

（c）否则如果实部 $\sum\limits_{N_p} V_{f\_4\_x\_r} > 0$，则幅角不变，为 $PE_x = PE_{x,1}$；

（d）另外，如果实部为零，则当虚部 >0 时，$PE_{x,4} = \dfrac{\pi}{2}$；当虚部 <0 时，$PE_{x,4} = -\dfrac{\pi}{2}$。

$$PE_{x,1,4}=\arctan\left(\frac{\sum\limits_{N_p}V_{\mathrm{p\_4\_x\_}i}}{\sum\limits_{N_p}V_{\mathrm{p\_4\_x\_}r}}\right),\quad PE_{y,1,4}=\arctan\left(\frac{\sum\limits_{N_p}V_{\mathrm{p\_4\_y\_}i}}{\sum\limits_{N_p}V_{\mathrm{p\_4\_y\_}r}}\right) \tag{5-34}$$

然后把判断修正后的相位除以 4，得到相偏值：

$$PE_x=\frac{1}{4}\cdot PE_{x,4},\quad PE_y=\frac{1}{4}\cdot PE_{y,4} \tag{5-35}$$

（4）相偏纠正：样值输出。

将频偏纠正后两个偏振态的值分别乘以 $e^{-\mathrm{j}PE}$。

$$
\begin{aligned}
VP_{k\_x}&=VP_{\mathrm{pout}\_k\_x\_r}+\mathrm{j}VP_{\mathrm{pout}\_k\_x\_i}\\
&=(V_{\mathrm{fout}\_k\_x\_r}+\mathrm{j}V_{\mathrm{fout}\_k\_x\_i})\cdot[\cos(PE_{x\_k})-\mathrm{j}\sin(PE_{x\_k})]
\end{aligned}\tag{5-36}
$$

X 偏振态输出的实部虚部分别为

$$
\begin{cases}
VP_{\mathrm{pout}\_k\_x\_r}=V_{\mathrm{fout}\_k\_x\_r}\cdot\cos(PE_{x\_k})+V_{\mathrm{fout}\_k\_x\_i}\cdot\sin(PE_{x\_k})\\
VP_{\mathrm{pout}\_k\_x\_i}=V_{\mathrm{fout}\_k\_x\_i}\cdot\cos(PE_{x\_k})-V_{\mathrm{fout}\_k\_x\_r}\cdot\sin(PE_{x\_k})
\end{cases}\tag{5-37}
$$

同样，Y 偏振态输出的实部虚部分别为

$$
\begin{cases}
VP_{\mathrm{pout}\_k\_y\_r}=V_{\mathrm{fout}\_k\_y\_r}\cdot\cos(PE_{y\_k})+V_{\mathrm{fout}\_k\_y\_i}\cdot\sin(PE_{y\_k})\\
VP_{\mathrm{pout}\_k\_y\_i}=V_{\mathrm{fout}\_k\_y\_i}\cdot\cos(PE_{y\_k})-V_{\mathrm{fout}\_k\_y\_r}\cdot\sin(PE_{y\_k})
\end{cases}\tag{5-38}
$$

5.5.2　基于前馈的相位旋转相位补偿

对于高阶的调制，相位补偿一般采用基于前馈（feed-forward）的相位旋转算法，其原理如图 5.8 所示。

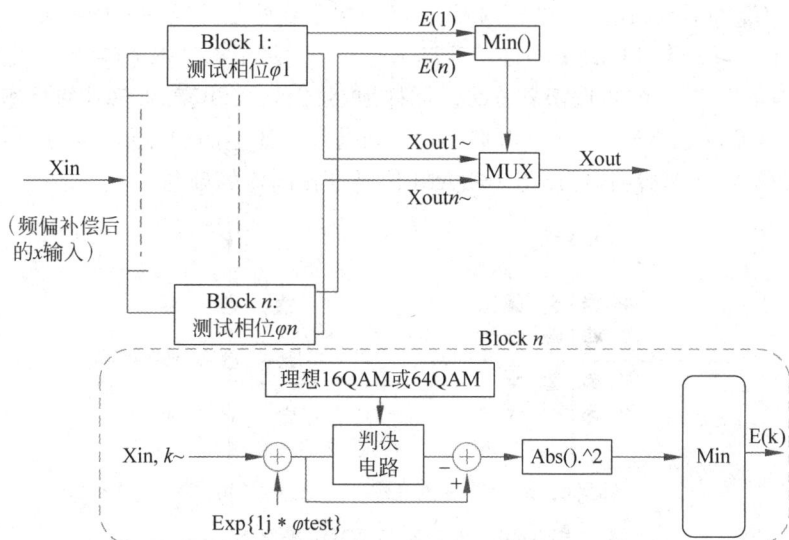

图 5.8　基于相位旋转最大似然的相位偏差补偿算法

（请扫 2 页二维码看彩图）

对于 16QAM 和 64QAM 调制格式，其相位偏差补偿算法可以采用基于最大似然的相位旋转估计算法。

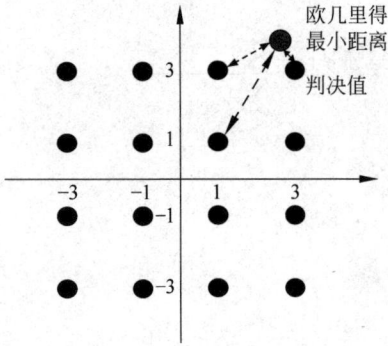

图 5.9　16QAM 判决规则示意图

（请扫 2 页二维码看彩图）

对每个样值在 $\pi/2$ 相位区间内按 $\phi=(n/B)*(\pi/2), n=\{0,1,2,\cdots,B-1\}$ 单位旋转，这里 B 代表用于测试的旋转样值（B 为 32～64 的常数）。对所有旋转后的样值和理想高阶调制信号（16QAM，64QAM，如果考虑到 SDO 的兼容性，QPSK 也可以采用这种盲相位搜索（blind phase search，BPS）的相位偏差补偿算法）之间进行最大似然判决 E(k)= min(abs(Xin. * ϕb-ideal_signal))，选取最小的 E(k) 并决定应该选取的 ϕ。再将待测信号相移 ϕ，实现相位补偿。16QAM 判决规则如图 5.9 所示。

当信号为 16QAM 时调制格式是，只需将用于接收信号样值进行最大似然判决的理想信号设置为：归一化的 $\{-3 \quad -1 \quad 1 \quad 3\}+1j *\{-3 \quad -1 \quad 1 \quad 3\}$。

5.5.3　修正的 V-V 相偏算法与最大似然相结合的恢复算法

从上面的介绍中，我们可以发现，基于经典 V-V 算法的无论是频偏还是相偏恢复算法，其实都只是针对恒模信号；而对于高阶 QAM 信号，除了相位变化以外还存在幅度的变化，如果直接使用给出的算法进行四次方运算，将无法对信号相位完全滤除而实现对载波相位的估计。

这里，以 16QAM 和 9QAM 为例，介绍一种基于修正的 V-V 相偏算法与最大似然相结合的恢复算法[6]。

图 5.10 显示了 16QAM 和 9QAM 的星座图。在算法中，我们将 16QAM 星座图划分为三个环 C_1、C_2 和 C_3。我们可以看到 C_1 和 C_3 两个环就是标准的 QPSK 信号的星座图，只是两个环有着不一样的 OSNR。这就意味着，针对这两个 QPSK 信号的星座图，我们可以使用所述的基于 V-V 的相偏恢复算法。同样地，我们观察 9QAM 信号的星座图，可以看到，C_2 和 C_3 两个环也是四点的信号，唯一的不同是，C_2 环上的四点信号不是 QPSK 信号，而进行一定的旋转处理后，就可以与 16QAM 信号进行同样的处理了。

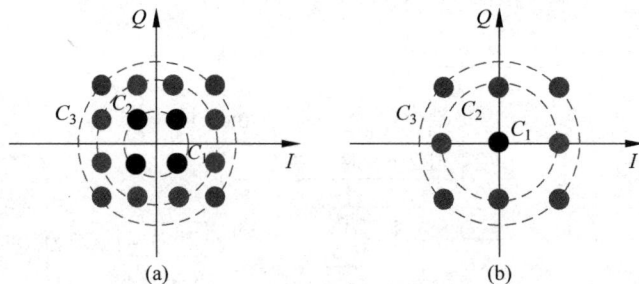

图 5.10　16QAM 与 9QAM 星座图

（请扫 2 页二维码看彩图）

图 5.11 显示了整个算法的系统框图。以 16QAM 信号为例，我们首先根据信号数据的振幅将信号分割为三个环。取 C_1 和 C_3 上的数据，对其进行修正的 V-V 相偏恢复算法而得到第一个相位估计值 θ_n^{est1}：

$$\theta_{n}^{est1} = \frac{1}{4} \cdot \left\{ \sum_{i:s_i = C_1} \frac{s_i^4}{|s_i^4|} + W_1 \cdot \sum_{i:s_i = C_3} \frac{s_i^4}{|s_i^4|} \right\} \quad (5\text{-}39)$$

其中考虑到外圈 C_3 中所含有的星座点相较内圈 C_1 的星座点其 OSNR 更高,故引入权重系数 W_1 使得由外圈星座点的相位噪声估计值优于内圈星座点的。

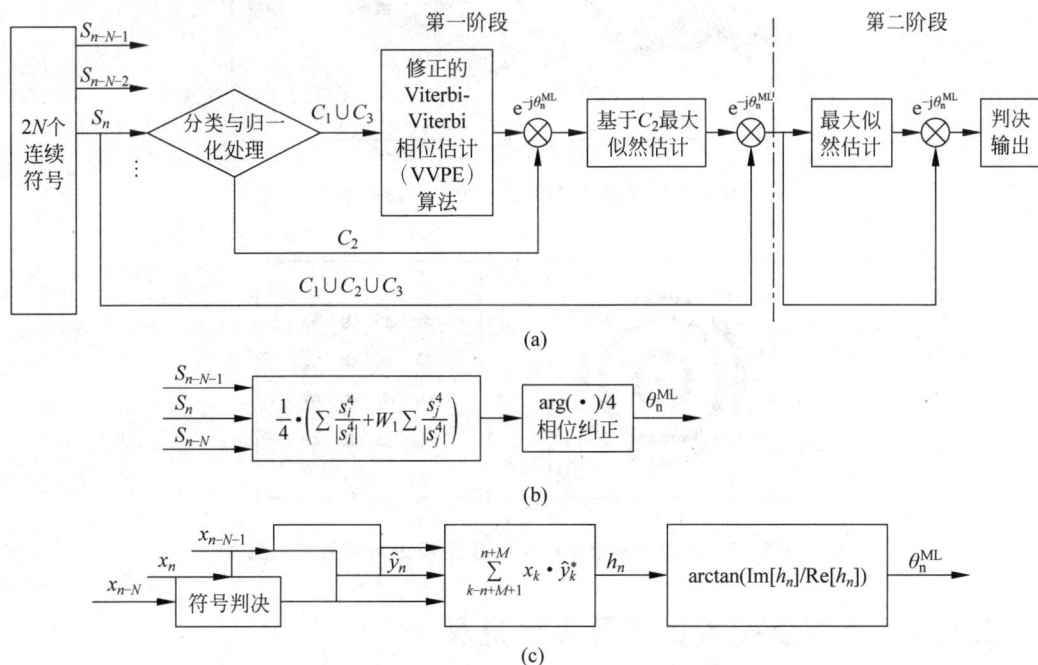

图　5.11

(a) 算法的系统框图;(b) 修正的 V-V 算法;(c) 最大似然估计

在既得相位噪声的粗估计值 θ_{n}^{est1} 的基础上,接着对中间圈 C_2 中的符号根据粗估计值 θ_{n}^{est1} 进行补偿(乘以 $e^{-j\theta_{n}^{est1}}$),并将经补偿的星座点及相应的符号判决结果共同输入第一个最大似然相位估计器中,得残余的相位噪声 θ_{n}^{est2}。由此得到更精确的相位噪声:

$$\theta_{n}^{est} = \theta_{n}^{est1} + W_2 \theta_{n}^{est2} \quad (5\text{-}40)$$

将式(5-40)的结果作为第一阶段相位噪声估计的输出值。其中 W_2 是一个与 C_2 中包含星座点数占所有星座点的比重以及三圈星座点相应 OSNR 相关的权重系数。在第一阶段处理的最后,对分布在 C_1,C_2 和 C_3 上的所有星座点乘以 $e^{-j\theta_{n}^{est}}$ 做相位修正得 x_n。

为了获得更精确可靠的相位噪声估计值,接着将第一阶段修正的结果 x_n 再次输入第二阶段的最大似然相位估计器中,其结构如图 5.11(b)所示,得到第二阶段的相位噪声估计值 θ_{n}^{ML}:

$$\theta_{n}^{ML} = \arctan(Im[h_n]/Re[h_n]), \quad h_n = \sum_{k=n-M+1}^{n+M} x_k \cdot \hat{y}_k^* \quad (5\text{-}41)$$

其中,$\hat{y}_k^*$ 是对输入符号 xn 的判决结果,且在第二阶段最大似然估计过程中涉及的符号长度为 2M。

故该载波恢复模块输出的最终经相位噪声补偿的符号为:$x_n' = x_n e^{-j\theta_{n}^{ML}}$,图 5.12 和

图 5.13 分别给出了相位噪声跟踪过程以及经以上新型分割算法修正前后的 16QAM 信号星座图。将 x'_n 输入后续的判决电路映射到 01 比特序列,即可实现对接收信号的完整恢复。

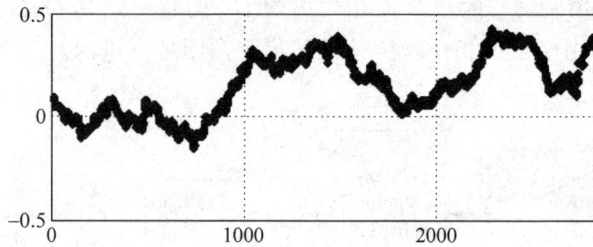

图 5.12　新型分割算法相位噪声跟踪过程

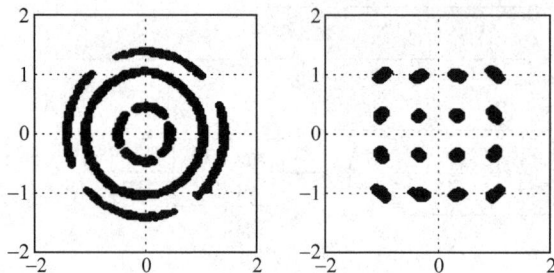

图 5.13　经新型分割算法修正前后 16QAM 信号星座图

5.5.4　盲相位搜索算法及其改进算法

经典 Viterbi-Viterbi 相位补偿算法和基于角度的相位估计算法要求调制信号相位为 $\dfrac{k\pi}{4}$ 这一形式,且只适用于恒模信号。为了提高高阶 QAM 对激光器线宽的容忍度,人们提出了盲相位搜索算法用于高阶 QAM 调制信号的载波频率和相位估计。根据 16QAM 星座图的布局特点对星座点进行分割,5.5.3 节借鉴修正的 Viterbi-Viterbi 相位估计算法而实现了对 16QAM 信号相位噪声的估计与补偿。

针对任意 M 阶 QAM 调制的载波恢复算法,这里主要介绍盲相位搜索算法[7]及改进的盲相位搜索算法(BPS/ML)[8]。

盲相位搜索算法的基本框图如图 5.14 所示,采用纯前馈结构。

该算法首先将含有相位噪声的采样符号 r_k 用 B 个测试相位 φ_b 在星座图平面进行旋转,测试相位 φ_b 如下式:

$$\varphi_b = \frac{b}{B} \cdot \frac{\pi}{2} \tag{5-42}$$

其中,b 取为 $-B/2$ 到 $B/2$,以综合修正正负相位噪声的影响。参数 B 直接影响算法的精度,较大的 B 会使相位噪声估计更为精准,但同时会导致更大的计算量与算法复杂度。一般对 16QAM 信号,B 取 32 为宜。

随后将经旋转的符号输入判决电路,判决电路输出与输入符号欧几里得距离最近的理想星座点 $\hat{y}_{k,b}$。由此可计算在星座点平面内的经旋转的含相位噪声的星座点与理想星座点间的平方距离 $|d_{k,b}|^2$。为进一步滤除接收机中可能存在的其他附加噪声,将前后连续

118

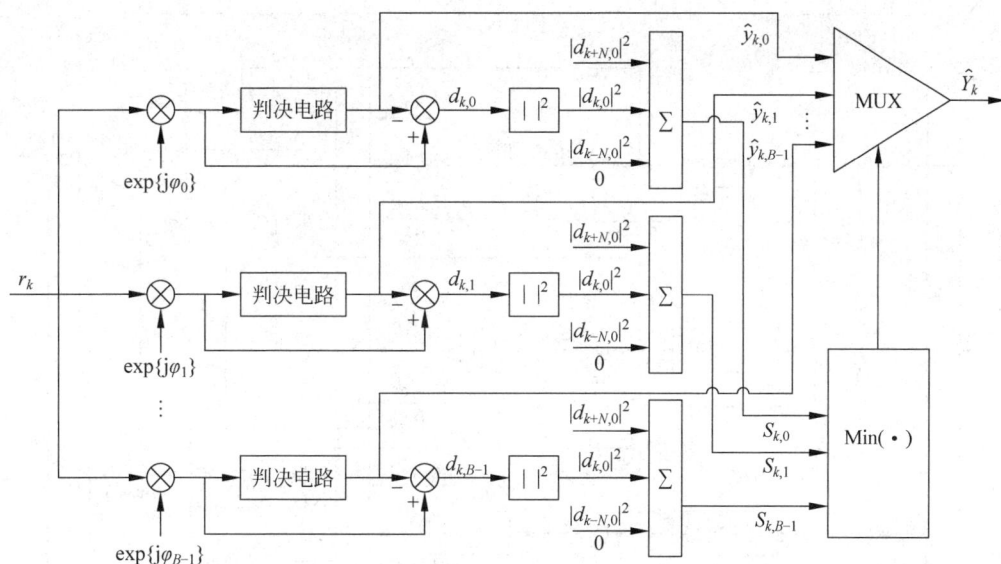

图 5.14　16QAM 盲相位搜索算法框图

$2N$ 个(N 的最佳取值依赖于激光器线宽和符号速率的商,一般 N 取 $6,7,\cdots,10$ 为宜)星座点平方距离求和得

$$s_{k,b} = \sum_{n=-N}^{N} \mid d_{k-n,b} \mid^2 \tag{5-43}$$

最终在 B 个星座点平方距离和中取最小值,采用开关控制选取与其相对应的 $\hat{y}_{k,b}$ 作为该算法对发射信号的判决 $\hat{Y}_k$,消除相位噪声的影响。

盲相位搜索算法虽能有效对 16QAM 信号相位噪声进行补偿且能灵活应用于更高阶的 QAM 调制中,但它的一个明显的缺点是计算复杂度较高。因此文献[8]在此基础上提出一种二阶级联结构的 BPS/ML 算法,其算法结构如图 5.15 所示。

其中第一级处理仍沿用上述盲相位搜索算法进行粗略估计,以获得星座点最佳相位角的一个大致位置。由于第一级粗略估计对精度的要求较低,故可减小测试相位 ϕ_b 的数量以改善计算复杂度高的问题。在第二级处理引入一个最大似然相位估计器,以改善第一级估计的精确性。将原始接收到的符号 r_k 和经第一级处理输出的判决结果 $\hat{Y}_k^{(1)}$ 共同输入最大似然相位估计器,得第二级相位噪声的估计值 φ_k^{ML}:

$$\varphi_k^{\mathrm{ML}} = \arctan(\mathrm{Im}[H_k]/\mathrm{Re}[H_k]), \quad H_k = \sum_{n=k-N+1}^{k+N} r_n \hat{Y}_n^{(1)} \tag{5-44}$$

将重新经过相位纠正的信号 $r_k \mathrm{e}^{-\mathrm{j}\varphi_k^{\mathrm{ML}}}$ 输入判决电路,得第二级的判决输出 $\hat{Y}_k^{(2)}$。

当然,为了获得更高的估计精确度,也可以在第二级的最大似然估计后添加多个级联的最大似然估计相位估计单元,来无限逼近最佳的估计值。

在算法复杂度方面,文献[8]证明,每多级联一个最大似然相位估计器,所需的计算开销与在纯盲相位搜索算法中新增两个测试相位所需的计算量相当,但在第一级的粗略估计过程中由于测试相位的数量明显降低,计算复杂度简化了接近 50%,因此 BPS/ML 算法在延续了盲相位搜索算法性能的基础上有效地改善了原算法的计算量开销大的问题。其相位噪声跟踪过程以及修正前后的 16QAM 信号星座图分别如图 5.16 和图 5.17 所示。

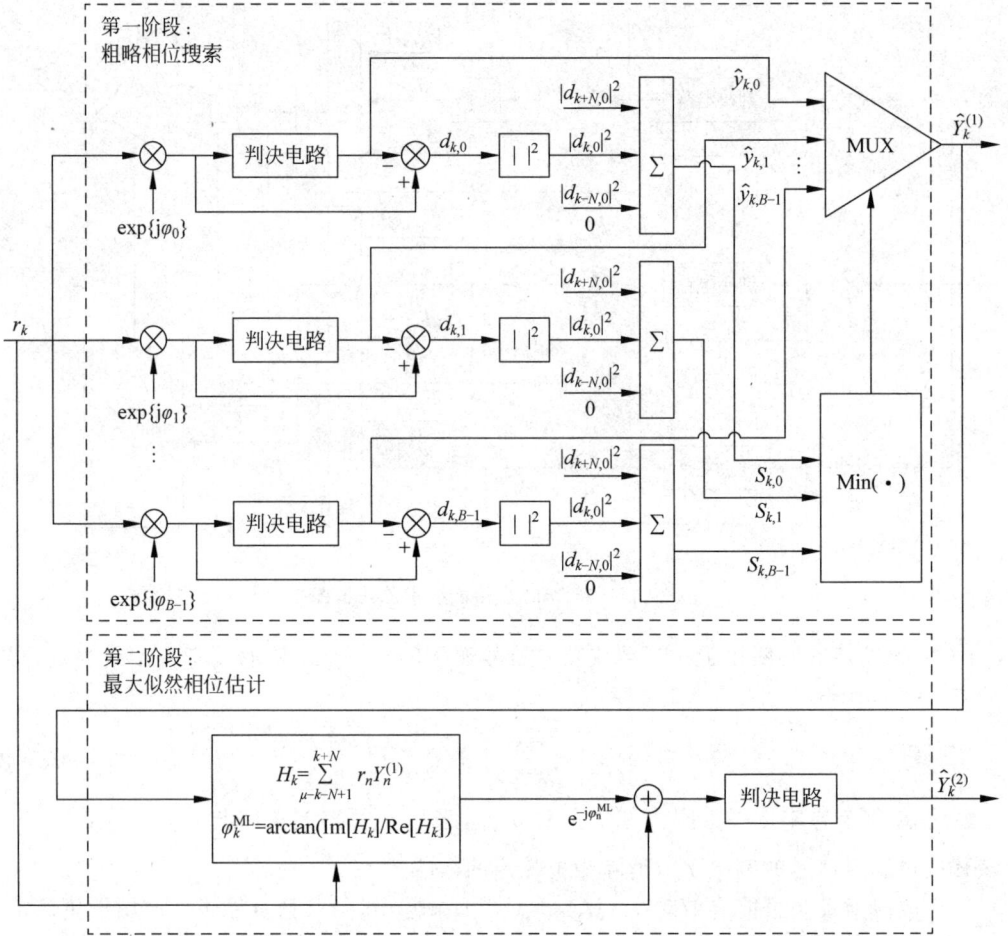

图 5.15　改进的盲相位搜索算法框图

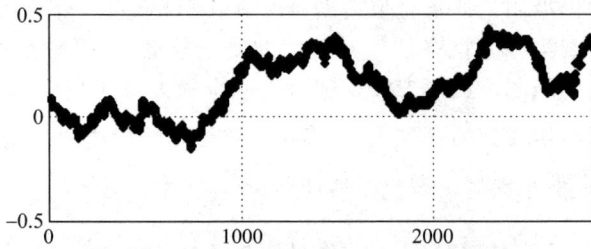

图 5.16　新型分割算法相位噪声跟踪过程

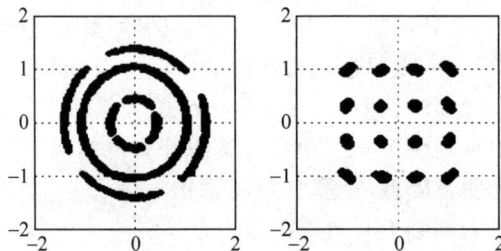

图 5.17　经新型分割算法修正前后 16QAM 信号星座图

文献[9]就传统分割法、盲相位搜索、BPS/ML 算法在不同激光器线宽条件下的算法性能进行了比较。仿真结果显示，系统在 BER＝10^{-3} 的前提下结合了最大似然估计的新型分割算法对相位噪声 $\Delta v \cdot T_s$ 容忍度提高了 1 dB，并且当相位噪声 $\Delta v \cdot T_s$ 大于 2×10^{-3} 时，相比另 3 种算法该算法的性能具有显著优势。传统分割算法的性能是 4 种算法中最不理想的。此外文献[48]还就该新型分割算法的计算复杂度进行了详细的分析。假设盲相位搜索和 BPS/ML 算法采用的旋转测试相位数量分别为 14 和 32，新型分割算法相比于 BPS/ML，计算复杂度仅为后者的一半左右，与盲相位搜索算法相比复杂度仅为后者的四分之一。由此可知，该低计算复杂度、前馈结构 16QAM 载波恢复算法相比于其他几种算法更适用于高速的相关光接收系统。

5.6　算法演示与总结

以上介绍了针对光通信系统损伤所采取的一系列均衡算法，这些算法根据损伤本身的性质而按一定的先后顺序，即如图 3.5 所示的基本算法流程图进行信号恢复。本节给出了 32 Gbaud 偏振复用的 QPSK、8QAM 和 16QAM 信号在相干接收后的数字信号处理流程结果星座图。32 Gbaud 的偏振复用 QPSK、8QAM 和 16QAM 在经过光纤传输后，在相关流程步骤作用后所得到的结果星座图如图 5.18 所示。

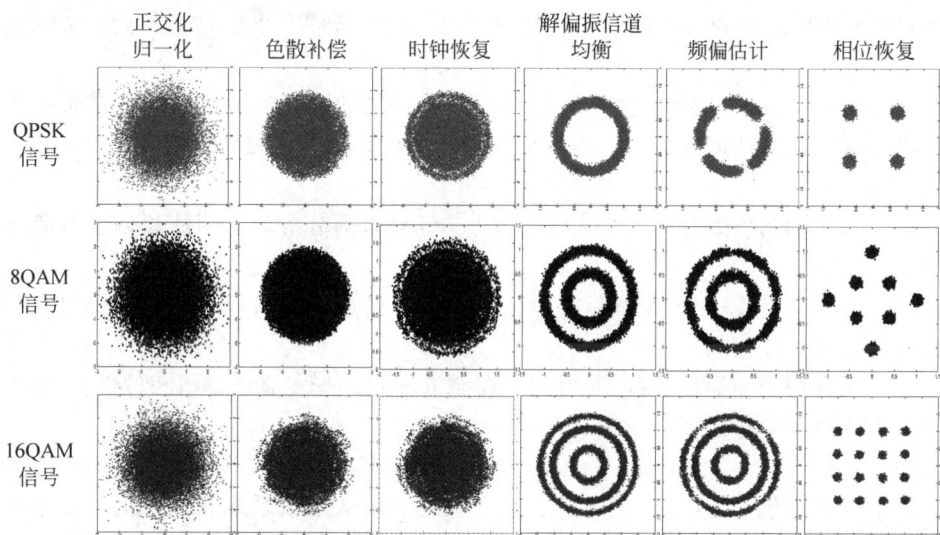

图 5.18　QPSK、8QAM 和 16QAM 相干接收的数字信号处理流程结果星座图
（请扫 2 页二维码看彩图）

通过本节上述基本的数字信号处理算法，实现信号的正交化与归一化，补偿光纤链路的色散，提取信号时钟分量消除采样误差而得到最佳采样，解复用偏振混叠的同时进行信道估计和均衡而得到各个偏振的独立信号，然后估计信号与本振的频偏，消除频偏后再估计相位噪声，最终恢复得到原始发射信号的星座图。这些基本的数字信号处理算法相互作用，环环相扣，缺一不可，也构成了在后续章节工作的基础。在后续章节中，将针对系统的一些损伤进行研究，以及在这些算法上进行创新和补充，或是提出新的处理方法。

思考题

5.1 请理论推导基于 FFT 的频偏估计算法对于 MQAM 信号的频偏恢复过程。

5.2 请简要概括频偏估计所需符号数对算法性能的具体影响。

5.3 请计算并比较在本章中所提出的频偏估计算法的复杂度。

5.4 请思考各种频偏估计算法对于频率偏差的纠正范围以及剩余频差对于相位恢复算法的影响。

5.5 请公式推导信号频差引起接收信号星座图漂移的原因。

5.6 编程实现 Viterbi-Viterbi 算法和盲相位搜索算法,并构造如图 5.1(b)只有相偏的输入数据观察两种算法的工作效果。

5.7 考虑实际情况下频偏恢复模块没做到完全纠正频偏,则对如图 5.1(c)所示的数据计算相偏时会遇到什么样的问题?如何针对性地解决?

5.8 试从复杂度、相偏估计性能以及对于信号调制阶数的适应性等方面分析比较 Viterbi-Viterbi 算法和盲相位搜索算法。

5.9 试分析影响相偏恢复算法精确度的关键参数,并讨论 QPSK 与 16QAM 调制格式下 Viterbi-Viterbi 算法和盲相位搜索算法对于高斯噪声的容忍度。

5.10 拓展思考:

(1) 对于非标准调制格式的输入信号(如几何整形、概率整形信号),相偏恢复时会遇到什么新的问题?

(2) 讨论硬件实时实现时,对于信号和载波相位估计(CPE)模块中的各变量以不同精度定点化后性能与复杂度的变化。思考如何进一步优化相偏恢复的性能和降低相偏恢复模块的复杂度。

5.11 如果调制阶数升至 64QAM 乃至 256QAM,则分析最适用的相偏恢复算法并阐述原因。

5.12 分析图 5.17 相偏恢复后外围星座点畸形的原因,并指出其对误码性能的影响,试讨论改善相偏恢复效果的方案。

5.13 仿真相干光通信系统,并使用习题 5.6 实现的恢复算法进行相偏恢复,讨论影响系统相偏大小以及变化速度的指标。

5.14 方形 QAM 信号(如 16QAM)在相偏恢复算法之后信号星座一定是方形的吗?如果出现平行四边形的情况,则是遇到了什么畸变?若从通信系统和数字信号处理算法角度考虑,则如何解决畸变造成的影响?

5.15 思考频偏较小的情况下,相偏算法能否代替频偏算法完成信号恢复,仿真此情形,并分析结果。

参考文献

[1] ZAFRA S O,PANG X,JACOBSEN G,et al. Phase noise tolerance study in coherent optical circular QAM transmissions with Viterbi-Viterbi carrier phase estimation[J]. Optics Express,2014,22(25): 30579-30585.

［2］ VITERBI A J，VITERBI A M. Nonlinear estimation of PSK-modulated carrier phase with application to burst digital transmission［J］. IEEE Trans. Inf. Theory，1982，29(4)：543-551.

［3］ CAO Y，YU S，SHEN J，et al. Frequency estimation for optical coherent MPSK system without removing modulated data phase［J］. Photonics Technology Letters，IEEE，2010，22(10)：691-693.

［4］ CAO Y，YU S，CHEN Y，et al. Modified frequency and phase estimation for M-QAM optical coherent detection［C］. ECOC 2010，Torino，Italy，2010.

［5］ SELMI M，JAOUËN Y，CIBLAT P. Accurate digital frequency offset estimator for coherent PolMux QAM transmission systems［C］. ECOC 2009，Vienna，Austria，2009.

［6］ GAO Y，LAU A P T，LU C，et al. Low-complexity two-stage carrier phase estimation for 16-QAM systems using QPSK partitioning and maximum likelihood detection［C］. Optical Fiber Communication Conference. Optical Society of America，2011：OMJ6.

［7］ PFAU T，HOFFMANN S，NOÉ R. Hard-efficient coherent digital receiver concept with feedforward carrier phase recovery M-QAM constellations［J］. J. Lightwave Technol. ，2009，27(8)：989-998.

［8］ ZHOU X. An improved feed-forward carrier recovery algorithm for coherent receivers with M-QAM modulation format［J］. IEEE Photonics Technol. Lett. ，2010，22(14)：1051-1053.

［9］ FATADIN I，SAVORY S. Laser linewidth tolerance for 16-QAM coherent optical systems using QPSK partitioning［J］. IEEE Photonics Technol. Lett. ，2010，22，(9)：631-633.

第 6 章

多载波Nyquist调制格式

为了支撑未来骨干网络不断增长的容量需求,研究者们提出了许多先进技术,使光传输的每一个信道的传输速率都大于 100 Gb/s。然而,任何一种先进技术都不是十全十美的,都需要在容量、速率和传输距离之间权衡。多载波技术可以克服光电器件的带宽和速率之间的瓶颈,实现高频谱效率和超长距离的数据传输。在目前已提出的多载波技术中,无保护间隔的相干光 OFDM(NGI-CO-OFDM)以及奈奎斯特波分复用(Nyquist WDM)被认为是最具前景的技术,因为它们可以在牺牲少量传输距离的情况下,实现更高频谱效率的数据传输。Nyquist WDM 载波通过频谱压缩,使其频谱带宽接近 Nyquist 极限。相对于 NGI-CO-OFDM,Nyquist WDM 抗载波间干扰能力更强,具有更大的实用价值。在本章中,主要对 Nyquist WDM 的原理、产生方法以及相关的信号处理算法进行阐述。

Nyquist 信号是指通过频谱压缩的方式使信号的频谱带宽等于信号的波特率,从而达到了 Nyquist 提出的信号频谱极限。其优势在于:①能实现高的频谱效率,相比于传统的光信号传输,理论上能将频谱效率提高一倍,对 PM-QPSK 信号而言,传统频谱效率约为 2 b/(s・Hz),而采用 Nyquist 信号后,能达到 4 b/(s・Hz);②理论上能实现 Nyquist 频率采样,所谓 Nyquist 频率采样是指离散信号系统采样频率的一半,因哈里・奈奎斯特或奈奎斯特-香农采样定理而得名。采样定理指出,只要离散系统的 Nyquist 频率高于采样信号的最高频率或带宽,就可以避免混叠现象。然而对于 Nyquist 信号而言,理论上说,即使 Nyquist 频率恰好大于信号带宽(但不可相等),也足以通过信号的采样重建原信号。但是,重建信号的过程需要以一个低通滤波器或者带通滤波器将在 Nyquist 频率之上的高频分量全部滤除,同时还要保证原信号中频率在 Nyquist 频率以下的分量不发生畸变,而这是不可能实现的。在实际应用中,为了保证抗混叠滤波器的性能,接近 Nyquist 频率的分量在采样和信号重建的过程中可能会发生畸变,具体的情况要看所使用的滤波器的性能。

Nyquist WDM 频谱压缩主要有两种方案:一种是利用特殊的光滤波器在光域实现频谱整形;另一种是通过数字信号处理,经数模转换器(DAC)在电域实现频谱整形。然而,在实际应用当中,光滤波器很难实现理想的 Nyquist 频谱压缩。为了降低发射机端高带宽以及 DAC 采样速率的要求,通常情况下,光复用器一般都配带有窄带滤波的功能,在实现复用的同时,获得 Nyquist 信号。这种情况下实现的频谱压缩一般都会引发信道内和信道间干扰,大大影响信号的传输的性能,这时,往往需要在接收机端采用先进的信号处理技术,在遭遇 ISI 时,恢复严重失真的信号。

6.1　Nyquist 信号的产生

通常 Nyquist 信号产生方法有两种,一种是采用光滤波的方式进行频谱压缩,一种是采用电滤波的方式进行频谱压缩[1-3]。无论何种方法,最终产生的光信号的频谱所占的带宽都接近波特率,从而实现 Nyquist 信号传输。

6.1.1　光 Nyquist 信号产生方法

光滤波的方式产生 Nyquist 信号的过程如图 6.1 所示,其原理主要是通过对 PM-QPSK 信号进行正交双二进制(quadrature duobinary,QDB)频谱成形而实现。一般频谱成形的过程可通过两个电域低通滤波器对两个正交的电信号进行电域滤波或直接对 QPSK 光信号进行光域带通滤波而实现。

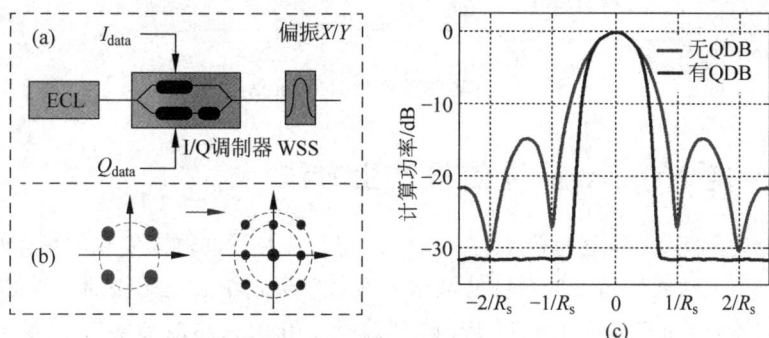

图 6.1　光滤波产生 Nyquist 信号

(请扫 2 页二维码看彩图)

对于符号速率为 R_s 的 PM-QPSK 信号而言,可如图 6.1(a)所示,采用 3 dB 带宽小于等于 1 倍符号速率 R_s 的波形成形器或波长选择性开关(WSS)实现上述频谱成形的过程。经 QDB 频谱成形处理前后的信号星座点如图 6.1(b)所示,原 4 个星座点的 QPSK 信号在经频谱成形后演变成 9 个星座点的 QDB QPSK 信号,其中位于原点的星座点是由滤波效应产生的 9 个星座点按幅度由小到大依次分布在星座图的 3 个同心圆上。如图 6.1(c)所示,与未经 QDB 频谱成形处理的 QPSK 信号相比,QDB QPSK 信号频谱的主瓣更窄且旁瓣泄漏能量也受到明显压缩。此处 QDB 频谱成形主要是通过一个 3dB 带宽等于符号速率的 4 阶高斯光带通滤波器实现。

以上经 QDB 频谱成形处理的信号因其独特的频谱特性,在抵抗波分复用系统信道间串扰和光纤色散效应的影响以及对窄带滤波的容忍度等性能方面有着显著的优势,也为在给定符号速率的情况下无限趋近 Nyquist 频谱效率极限提供了一种可行的方案。

产生 Nyquist 信号的另一种方式是电域滤波,其原理同光滤波在本质上是类似的。一种实现电域滤波的直接方式是在发射机采用电的低通滤波器(LPF)产生双二进制的信号,并以此驱动调制器进而产生 Nyquist 信号,发射机内部组成如图 6.2 所示。首先对四通道输入的信号 Data1～Data4 进行 $I\text{-}Q$ 差分编码,以抵抗信号相位的不连续性与跳变。如图 6.2 所示,对于每一通道放置一个电的低通滤波器(一般采用贝塞尔(Bessel)滤波器),用于产生双二进制信号;经过低通滤波器前后的信号眼图如图 6.2 中插图所示,其中 T 表示一个符号的持续时间。从中不难发现,电域低通滤波的过程将信号幅度由 2 级变为 3 级。接着用滤波器输出的四路信号驱动两个 $I\text{-}Q$ 调制器产生两个光的双二进制信号。最后通过一个偏振合束器(polarization beam combiner,PBC)实现两路光信号的偏振复用。

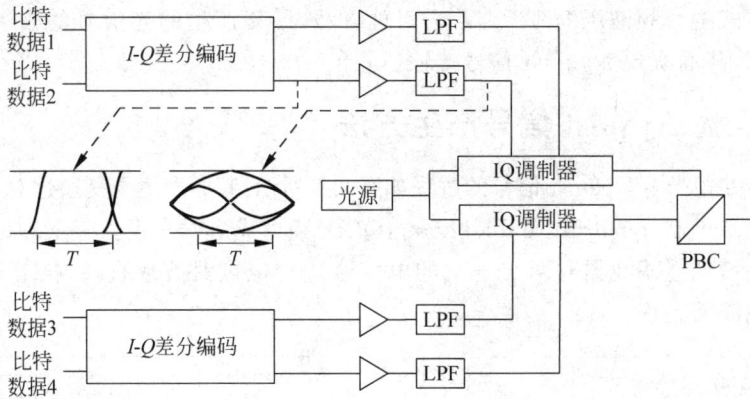

图 6.2　电滤波产生 Nyquist 信号

6.1.2　电 Nyquist 脉冲信号产生方法

相比于上述方案,一种更为普遍的方式是采用升余弦滤波器来实现频域矩形滤波,从而时域形成 Nyquist 脉冲信号。升余弦滤波器是在数字通信中广泛采用的一种频谱压缩以及脉冲整形滤波器,因为它理论上能将 ISI 降到最低。升余弦滤波器实际是 Nyquist 低通滤波器的一种实现形式,在频谱上呈现关于 $f=1/(2T)$ 奇对称,其中 T 表示一个符号的持续时间。

升余弦滤波器的频域表达式是如下所示的分段函数:

$$H(f)=\begin{cases} T, & |f|\leqslant\dfrac{1-\beta}{2T} \\ \dfrac{T}{2}\left\{1+\cos\left[\dfrac{\pi T}{\beta}\left(|f|-\dfrac{1-\beta}{2T}\right)\right]\right\}, & \dfrac{1-\beta}{2T}<|f|\leqslant\dfrac{1+\beta}{2T} \\ 0, & \text{其他} \end{cases} \tag{6-1}$$

其中,β 表示滤波器滚降系数;T 为符号速率的倒数。

升余弦滤波器相应的脉冲响应(采用归一化的 sinc 函数形式)如下所示:

$$h(t)=\text{sinc}\left(\dfrac{t}{T}\right)\dfrac{\cos\left(\dfrac{\pi\beta t}{T}\right)}{1-\dfrac{4\pi\beta^2}{T^2}} \tag{6-2}$$

滤波器总带宽中超出 Nyquist 带宽$(1/(2T))$的部分称为滤波器的剩余带宽,可采用滚降系数 β 定义,假设我们定义滤波器的剩余带宽为 Δf,则

$$\beta = \frac{\Delta f}{\dfrac{1}{2T}} = \frac{\Delta f}{\dfrac{R_s}{2}} = 2T\Delta f \tag{6-3}$$

其中，$R_s = 1/T$ 表示符号速率。

图 6.3 给出了滚降系数 β 从 1 至 0 时，升余弦滤波器频域幅度响应以及时域脉冲响应相应的变化：随着 β 的减小，滤波器时域脉冲响应旁瓣的振荡程度会随之下降；同时滤波器的剩余带宽也随之减小。但这一带宽减小的现象是以时域脉冲响应拖尾增长为代价的。

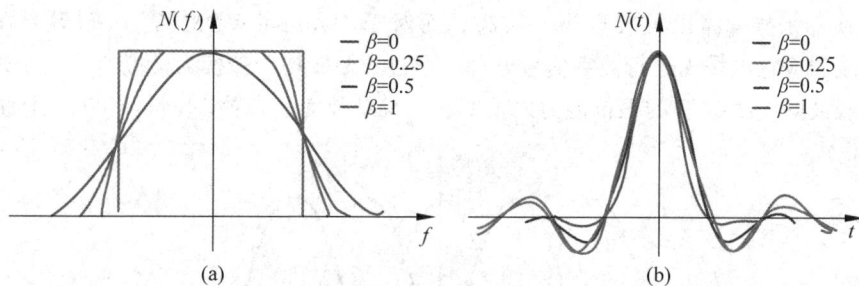

图 6.3　不同滚降系数下升余弦滤波器频域响应(a)和时域脉冲响应(b)
(请扫 2 页二维码看彩图)

当滚降系数 β 趋向于 0 时，滤波器剩余带宽会趋向无限减小而呈现矩形截断的现象，因此，

$$\lim_{\beta \to 0} H(f) = \mathrm{rect}(fT) \tag{6-4}$$

其中，$\mathrm{rect}(\cdot)$ 表示矩形函数，此时滤波器脉冲响应将趋向于 $\mathrm{sinc}(t/T)$。因此在这种情况下，升余弦滤波器将收敛为一个理想低通滤波器。

当滚降系数 $\beta = 1$ 时，滤波器频谱的非零区域可直接采用升余弦的形式表示，由此可将式(6-1)化简为

$$H(f)\big|_{\beta=1} = \begin{cases} \dfrac{1}{2}\big[1 + \cos(\pi fT)\big], & |f| \leqslant \dfrac{1}{T} \\ 0, & \text{其他} \end{cases} \tag{6-5}$$

对于一个升余弦滤波器，一般采用其频谱非零区域宽度占总频谱区域宽度的比重定义滤波器的带宽，例如，

$$\mathrm{BW} = \frac{1}{2}R_s(\beta + 1) \tag{6-6}$$

如图 6.4(a)所示，由于升余弦滤波器的时域脉冲响应在 $t = nT$（n 为整数且 $n \neq 0$）处函数值均为 0，因此符合 Nyquist 准则，具有消除 ISI 的特性。由此特性可知，只需保证发送信号波形在接收端被正确采样，那么在接收端将实现对原始发送符号序列的完全恢复。然而，在大部分实际的通信系统中，一般在接收机内采用匹配滤波器而非 Nyquist 滤波器来抵抗信道白噪声对发送符号的影响。

在无 ISI 的条件下，存在一组发送与接收滤波器响应的乘积和升余弦滤波器的频域响应 $H(f)$ 相等：

$$H_R(f) \cdot H_T(f) = H(f) \tag{6-7}$$

由此，

$$| H_{\mathrm{R}}(f) | = | H_{\mathrm{T}}(f) | = \sqrt{| H(f) |} \tag{6-8}$$

以上顾名思义被称为根升余弦滤波器。

最后,我们将就 NGI-CO-OFDM 与 Nyquist WDM 做简要比较。这两种方式产生的信号,其时域与频域正好一一对应,关系如图 6.4(b)所示。从频域来看,NGI-CO-OFDM 子载波间隔恰好等于符号速率 R_{s};而 Nyquist WDM 每个子载波独立占用宽度接近或等于无 ISI 传输的 Nyquist 极限的频带。由于 NGI-CO-OFDM 子载波间的正交性,虽然子载波的频谱在频域是相互交叠的,但光探测信号间相互独立互不交叠,这同时为解复用带来挑战,对模数转换器采样速率以及带宽要求较高。而对于 Nyquist WDM 而言,则需要在发送端通过光滤波器或在电域先进行数字信号处理再通过数模转换器转换为模拟信号而实现频谱成形。从对载波间干扰(ICI)的抵抗能力以及实现的难易程度上来看,Nyquist WDM 性能更优。

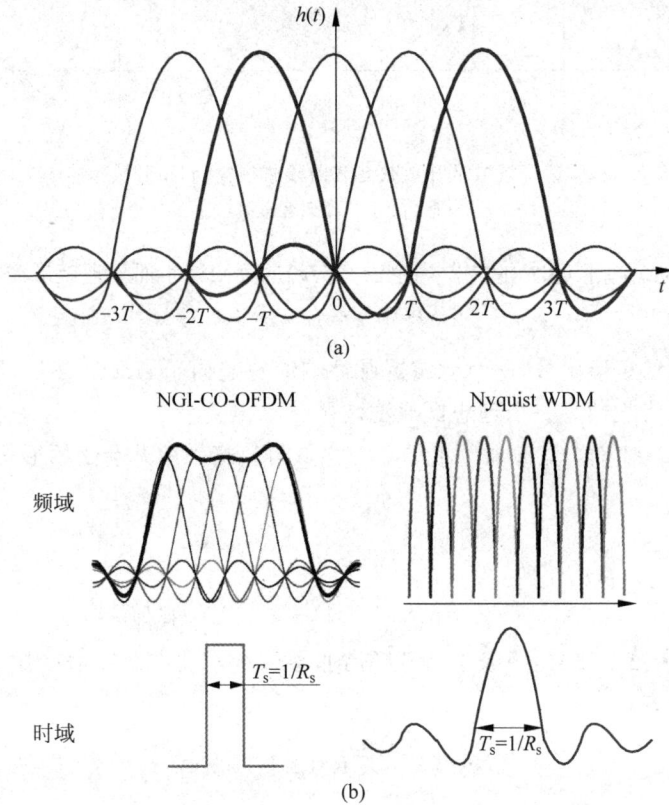

图 6.4　升余弦脉冲及两种信号的时域与频域关系

(a) 一系列升余弦脉冲(符合 Nyquist 无 ISI 准则);(b) NGI-CO-OFDM 与 Nyquist WDM 时域与频域关系
(请扫 2 页二维码看彩图)

CAP 信号一种广泛用于短距离传输的无载波幅度和相位(CAP)调制方式,其原理也类似于电的 Nyquist 信号的产生。CAP 信号的原理如图 6.5 所示,CAP 信号的产生可以表达为式(6-9),即由多电平信号卷积一个时域滤波器得到,其中 I 路和 Q 路采用了正交的时域滤波器。

$$s(t) = a(t) \otimes f_1(t) + b(t) \otimes f_2(t) \tag{6-9}$$

其中,$a(t)$ 和 $b(t)$ 分别是正交的 I 路和 Q 路多电平信号;而 $f_1(t)$ 和 $f_2(t)$ 则分别是匹配的滤波器,其构成正好是升余弦滤波器与正弦或余弦信号的乘积。正余弦信号的不同保证了这两组滤波器的正交性,同时也可以将基带信号平移到中频上去,形成中频的 Nyquist 的信号。CAP 信号的频谱同 Nyquist 信号的类似,只是其中心频率在一个确定的中频上。

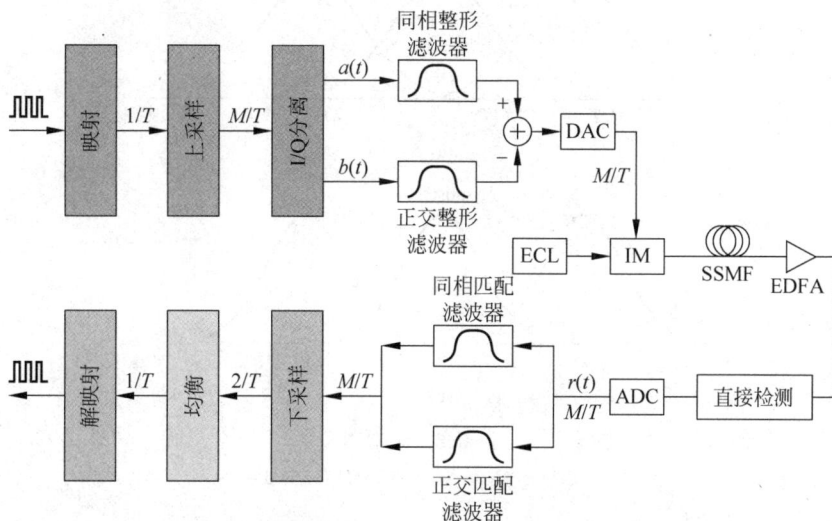

图 6.5　CAP 信号的产生原理图

(请扫 2 页二维码看彩图)

6.2　Nyquist 信号的处理

对于 Nyquist WDM 信号的处理,一般需要解决两个问题。一个是利用传统的算法处理时,因为发射端的强滤波会在接收机端产生一个反向的滤波效应,高频部分会加强,因此在后端需要进行数字滤波来实现星座点的变换。另一个是,由于数字滤波的存在,前端或者后端的 ISI 并不能完全为 0,甚至出现由数字滤波而导致前后比特相关的很大的 ISI,还需要采用一定的算法来实现 ISI 的滤除[4-5]。一种简单的方式是采用一个线性电域延迟相加数字滤波器实现,然后再采用最大似然序列估计(MLSE)算法。此次采用 MLSE 算法仍然是为了实现信号的解调以及最佳判决,但算法采用的记忆长度可大大减小。需要注意的是,数字滤波通常在传统的相干接收及数字信号处理算法流程中载波恢复模块之后进行。

6.2.1　基于双二进制频谱压缩的 PM-QPSK 产生方案

部分响应,通常也被称为双二进制(duobinary,DB)或相关编码。图 6.6 是信号部分响应和全响应的频谱图,从图中可以看出,部分响应情况下,符号与符号之间重叠很小,引入的 ISI 可控,并能在接收机端对其进行补偿,在对滤波器没有特殊要求的情况下,实现理想的 Nyquist 信号的传输。因此,基于双二进制信号特性,利用接收到的部分响应信号的相关特性,通过 MLSE 实现软判决,可以降低误码。这时,实现 Nyquist 传输的主要难点是:随着 MLSE 记忆长度的增加,PM-QPSK 信号状态呈指数增长,实际应用中,大大增加了计算的复杂度;在带宽限制的相干光接收机系统中,通过传统的线性均衡算法后(如 CMA),高频部分的噪声增强。

实现部分响应,且可以减小高频噪声增强效应的一种简单的方法是使用线性"时延-加"

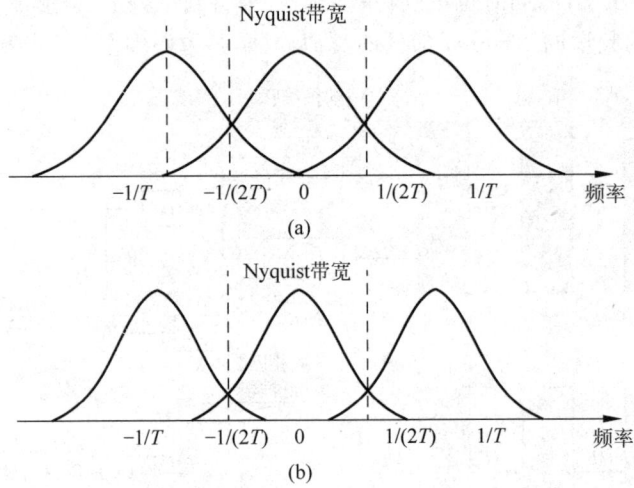

图 6.6　频谱图

(a) 全响应信号;(b) 部分响应信号

的后置滤波器。在同样使用 MLSE 进行最优检测的情况下,使用后置滤波可以有效地减小 MLSE 记忆长度,从而降低计算复杂度。如图 6.7 所示,从星座图的角度来看,后置滤波器的作用将由四个符号集组成的 QPSK 信号转换成 9 个正交的双二进制信号。通过"时延-加"效应后,正交分量和同相分量上的 2 阶 ASK 信号转换成 3 阶 ASK 信号,在复平面,生成 9QAM 的星座图。

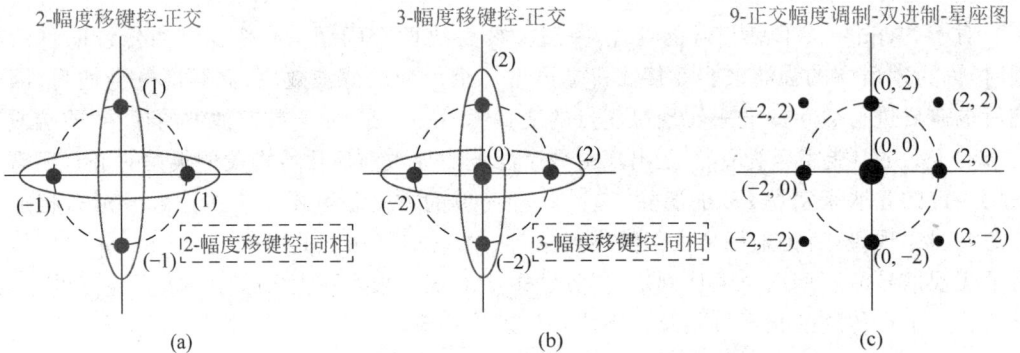

图 6.7　通过数字滤波产生 9QAM 星座点示意图

(a) 同相/正交分量;(b) 数字滤波后同相/正交分量;(c) 9QAM 星座示意图

(请扫 2 页二维码看彩图)

6.2.2　基于 Viterbi 算法的 MLSD 方法

另一种方法是采用基于 Viterbi 算法的最大似然序列判决(MLSD)方法,它是基于对多个连续时间区间上观测到符号序列的判决结果。MLSD 算法利用了符号固有的记忆长度,同时使得差错概率最小化。由于信道响应已经适用于含有一个符号记忆长度的双二进制模式,因此采用 MLSD 算法不会导致很大的计算工作量。不仅如此,由于信道响应已经被调整到适合双二进制模式的情况,所以对信道的估计也不是必要的了。对于 QAM 调制格式,

MLSD 算法分别应用于同相和正交两条支路中,每条支路都有一个 M-PAM 调制格式。下面我们介绍的就是在 M-PAM 调制格式基础上的 MLSD 算法。

一个适合双二进制的信道可以由一个有限状态机来模拟,这个状态机可以通过一个状态装换图表(例如一个框架图)来表示。在介绍基于 Viterbi 算法的 MLSD 规则之前,有必要先来说明 M-PAM 的双二进制框架图(这里考虑 $M=2$ 和 4 的两种情况)。如图 6.8 所示,一个双二进制信道的框架图包含以 s_0 为初始的 M 个状态,而 s_k 表示在第 k 个时隙的状态。由于双二进制的记忆长度是一个符号,那么状态 s_k 就可以直接由初始的输入 x_k 得到,而 x_k 的取值为 X_m,其中 $m=1,2,\cdots,M$。由于 x_k 和 s_k 是可以相互替换的,所以我们就用 x_k 来表示状态。低噪声的双二进制信号 $y_k=x_k+x_{k-1}$ 附加在框架图的每一条支路上。总而言之,每一个状态都有 M 个可能的转换路径,并且从时间 $k=2$ 起,每个状态也接受 M 个输入的路径。

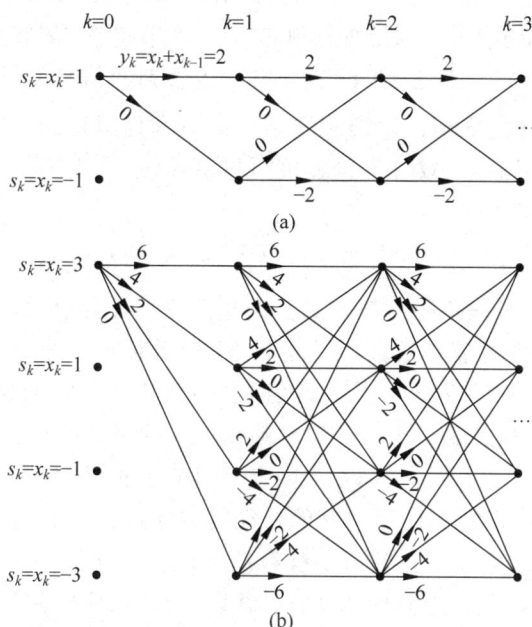

图 6.8　M-PAM 信号的双二进制框架图(记忆长度为一个符号)
(a) $M=2$; (b) $M=4$

与以上框架图相关的简化的双二进制信道模型如图 6.9 所示。这里 n_k 和 z_k 分别是第 k 个时隙的噪声采样值和接收信号采样值。MLSD 算法的基本原则是选择一个最可能的路径,使得条件概率密度 $p(Z_k|X_k)$ 最大,这里 $Z_k=[z_1,z_2,\cdots,z_k]$ 表示接收采样序列矢量,而 $X_k=[x_1,x_2,\cdots,x_k]$ 表示传输的符号序列矢量。类似地,我们定义 $Y_k=[y_1,y_2,\cdots,y_k]$ 来表示理想的双二进制型符号序列矢量。由于从 X_k 到 Y_k 的映射关系是一对一的,因此上面的问题可以转化为使得 $p(Z_k|Y_k)$ 最大。那么接下来这个问题就等同于求两个向量 Z_k 和 Y_k 之间欧几里得距离 $D(Z_k,Y_k)$ 的最小值。我们假设附加噪声 n_k 是白噪声,那么欧几里得距离 $D(Z_k,Y_k)$ 就可以被分解为独立一维变量之和的形式:

$$D(Z_k,Y_k)=\sum_k(z_k-y_k)^2=\sum_k[z_k-(x_k+x_{k-1})]^2 \tag{6-10}$$

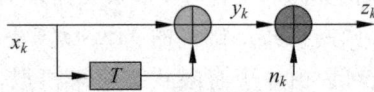

图 6.9 存在加性白噪声的双二进制信道简化模型
(请扫 2 页二维码看彩图)

基于以上的条件,根据 Viterbi 算法,该欧几里得距离可以通过递归的方式计算得到。

首先我们假设这个框架图以初始节点 $x_0 = X_1$ 为起始。注意,在长距离传输中初始状态值的选择对于 MLSD 性能的影响是可以忽略不计的。在 $k=1$ 时刻,节点 x_1 都被分配了一个基于接收信号采样值 z_1 的初始距离测度(DM):

$$\text{DM}(x_1) = [z_1 - (x_1 + X_1)]^2 \qquad (6\text{-}11)$$

这里由于 x_1 可以取 M 个值,因此我们可以得到 M 个初始距离测度。接下来,每个 x_1 都用来作为 M 条序列的起始点。从 $k=2$ 时刻起,每一个节点 x_k 都有 M 条不变的输入路径,以及与 M 相应的距离测度。总之,在每个时隙 k 接收到的信号采样 z_k 的基础上,所有的 M^2 个距离测度就可以通过之前的距离和新增加的值来计算得到。特别地,对于在每一个时隙 k 上的特定节点 x_k 而言,M 个距离测度可以由式(6-11)计算,它们中的最小值就作为当前节点或状态的距离测度:

$$\text{DM}(x_k) = \min_{x_{k-1}} \{ \text{DM}(x_{k-1}) + [z_k - (x_k + x_{k-1})]^2 \} \qquad (6\text{-}12)$$

与此同时,在 M 条输入路径中拥有最小距离测度的路径会被选择作为继续生存的路径。而其他的 $M-1$ 条路径就会被舍弃。这个过程随着接收信号的采样 z_k 而不断进行。

随着 MLSD 算法过程的继续,在实际中存储 M 条长度不断增长的继续生存的序列是不可能的。因此可以在 D 个符号的固定延时后做一个截断。符号长度 D 的取值必须大于记忆长度,从而确保在 D 个符号时间以前 M 条继续存在的路径有一个概率在 1 附近的相同符号。通过这种方法,事实上继续生存的路径就被缩短到了 D 个最近的符号中,同时只有 D 个符号的 M 条继续生存路径就需要被存储在硬件存储器中。通过仿真可以看到,对于 M 等于 2 或 4 两种情况,只要延时 D 取到 20 以上,就几乎没有性能的损失。

6.3 基于多模的 9QAM 信号恢复算法

6.3.1 Nyquist 强滤波

理论上光信号的 Nyquist 带宽等于信号的波特率,为了提高带宽的利用率,一种简单的方式是在光域上对光信号进行强滤波,滤波带宽接近 Nyquist 带宽,信号经过强滤波后会发生强烈的 ISI,但通过数字均衡技术可以弥补这一问题。最近瑞典查尔姆斯(Chalmers)理工大学的 Li 提出了一种接收机端的双二进制整形滤波算法[2],就是对带有 ISI 的 QPSK 信号进行一次后向滤波(post-filter),该滤波器结构为延时一比特相加,实现了数字域的 QPSK 信号到正交双二进制信号的码型转换,这时信号带宽被压缩,ISI 效应减弱,从而可以从强滤波的信号中恢复出数据来。该方案的优势是对 QPSK 信号处理仍然可以使用经典的算法,而且后向滤波器结构非常简单。现在 Li 已经通过实验证明[2],波特率为 28 Gbaud

的双偏振 QPSK(DP-QPSK)信号,经过 3 dB 带宽为 22 GHz 的光滤波器强滤波,接收到的 QPSK 信号由于 ISI 效应而误码率很高,但通过后向滤波器处理后性能明显改善。但是我们发现,如果滤波器带宽进一步减小,比如压缩到 18 GHz 的时候,该算法效果就不明显了,原因是 QPSK 信号的 ISI 效应进一步加剧,星座点离散程度非常大,用 CMA 做均衡处理时效果很差,不能很好地抑制 ISI,导致传输性能的下降。

更强的滤波意味着在 Nyquist-WDM 系统中信道间的载波间串扰将减小,但是信道内的 ISI 将增大。在这种超强滤波的情况下,我们发现信号采样跳变点是类似 9QAM 的星座图,它们对信号滤波不是非常敏感,恢复出的 9QAM 信号拥有更好的滤波抗性,通过新设计的数据恢复算法,可以很好地抑制 ISI 的影响,而且与 Li 的后向滤波方案相比性能有所提升。

6.3.2 多模 9QAM 数据恢复原理与算法

系统仿真模型如图 6.10 所示。QPSK 信号由 IQ 调制器加载两路调制信号产生,信号波特率为 28 Gbaud。QPSK 信号输出通过一个带通 4 阶高斯型光滤波器进行频谱整形,仿真的 3 dB 带宽从 22~30 GHz 变化,使其接近 Nyquist 带宽(28 GHz)。然后通过加性高斯白噪声模拟线路中积累的 ASE 噪声,信号信噪比设为 30 dB(噪声带宽为 0.1 nm)。QPSK 信号的接收采用相干探测。我们忽略了光载波频偏和相偏,发射机和本振光的激光器线宽设为 0 Hz,这样也就不考虑相位噪声的影响。综上,系统主要限制因素在于信号强滤波后的 ISI 效应。

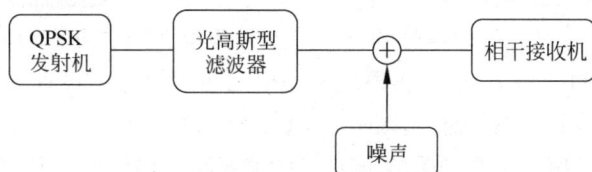

图 6.10 仿真模型

信号采样率一般选择波特率的两倍,即一个码元有两个采样点,如图 6.11 所示。我们把信号采样点分为两组:一组为信号码元的最佳采样点,时刻为 T,如图 6.11 蓝色采样点所示,定义为 S_T;另一组为信号码元跳变的中间采样点,时刻为 $T/2$,如图 6.11 红色采样点所示,定义为 $S_{T/2}$。对于 QPSK 信号,S_T

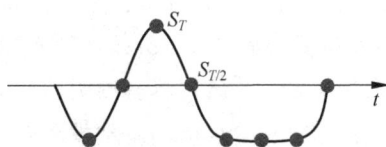

图 6.11 信号采样
(请扫 2 页二维码看彩图)

有两种理想采样值{$+1,-1$},$S_{T/2}$ 有三种理想采样值{$+1,0,-1$}。从星座图上来说,S_T 为 QPSK 星座点,$S_{T/2}$ 为类似 9QAM 的星座点。

图 6.12 比较了两种不同滤波带宽下的光星座图,图 6.12(a)显示经过 28 GHz 滤波器滤波,图 6.12(b)显示经过 24 GHz 滤波器滤波。由于强滤波,信号带内发生 ISI,导致信号星座点离散开来。当使用高阶高斯滤波器滤波时,星座点分散为矩形形状。图中蓝色星座点代表 S_T 信号,红色采样点代表 $S_{T/2}$ 信号。对于 S_T 信号来说,当滤波器带宽从 28 GHz 压缩到 24 GHz 时,可以看到星座点的离散程度明显加大,ISI 明显加剧;而对于 $S_{T/2}$ 信号而言,星座图 9 个点离散程度变化不大,说明对滤波器强滤波所产生的 ISI 效应不是非常敏感。以往的数据处理都是针对 S_T 信号,恢复出 QPSK 星座图。作者团队创新地提出在

QPSK 信号强滤波的情况下,针对 $S_{T/2}$ 信号进行数据处理,恢复出 9QAM 的星座图,以减小 ISI 的影响。

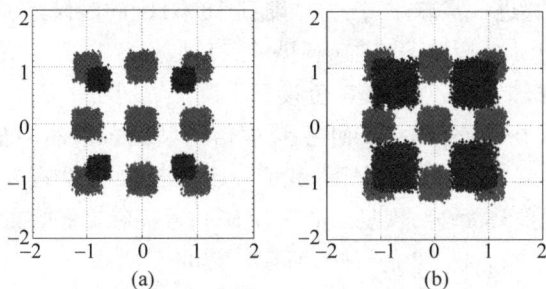

图 6.12　强滤波后信号星座图
(a) 28 GHz 滤波;(b) 24 GHz 滤波
(请扫 2 页二维码看彩图)

假设 S_T 信号已知,那么 $S_{T/2}$ 信号可以近似地认为是 S_T 信号的线性插值,表示为

$$S_{T/2} = \frac{S_T(k) + S_T(k+1)}{2} \quad (k=1,2,\cdots) \tag{6-13}$$

由此可看出,$S_{T/2}$ 近似可认为是 S_T 信号经过一比特延时相加滤波器的结果,某种程度上说是一种双二进制编码信号,所以它具有相对较窄的带宽,对强滤波有比较强的抵抗能力。但是我们知道,双二进制信号因为存在 3 个电平级数,所以会牺牲一些 OSNR 的性能来换取带宽利用率。对双二进制信号的判决一般采用模 2 判决方式。但在我们的数字信号处理当中,采用的是 MLSD 方式,这种算法利用码元之间的记忆联系,选择最大可能性的网格路径以减小误码率,其优点是进一步抑制 ISI 和噪声的影响。

在仿真中,我们使用一个 9 抽头的 FIR 滤波器来减小信号的 ISI。对 QPSK 信号来说,它具有恒定的幅度,一般是用 CMA 来自适应调整 FIR 抽头系数,是一个盲均衡过程。但在 ISI 比较严重的情况下,星座点分布离散得比较开,导致反馈的误差函数估计不够准确,CMA 均衡效果就大打折扣。Li 的解决方案是在其后增加一个 2 抽头的滤波器,即一比特延迟相加滤波器进行双二进制信号变换,这样能够减轻强滤波带来的 ISI 损伤。图 6.13 为对 S_T 信号 QPSK 的信号处理过程,图(a)为 T 时刻的采样信号,可以看到经过超高斯滤波器后,由于 ISI 效应,每个星座点都离散成 9 个小点;图(b)经过 FIR 滤波器和 CMA 盲均衡后,QPSK 星座点明显收拢集中;图(c)经过一比特延迟相加滤波器后,进行了双二进制信号的变换,QPSK 信号变为 9 个点的正交双二进制信号,而且从星座图上看每个点更加集中,也就是说 ISI 效应进一步减弱。

以上是对 S_T 信号进行数据处理的方案,我们提出对 $S_{T/2}$ 信号进行处理,即恢复出 9QAM 星座图。因为 9QAM 信号不再是幅度恒定的星座图,这时 CMA 就不太适用了。一般 RDE 算法适合这种多个模式半径的情况,即分区域把离散的星座点分别收敛到 3 个圈上。但是注意到,9QAM 信号中心点的模式半径为零,这样最内圈的点失去了相位信息,导致收敛失败,而且中间点的影响不能忽略,因为它出现的概率为 1/4。所以我们提出采用一种判决导向最小半径误差(DD-LRD)的算法,该算法是根据最后判决点的位置进行误差代价函数计算,与 CMA 相比更加准确,DD-LRD 的判决方案图如图 6.14 所示。

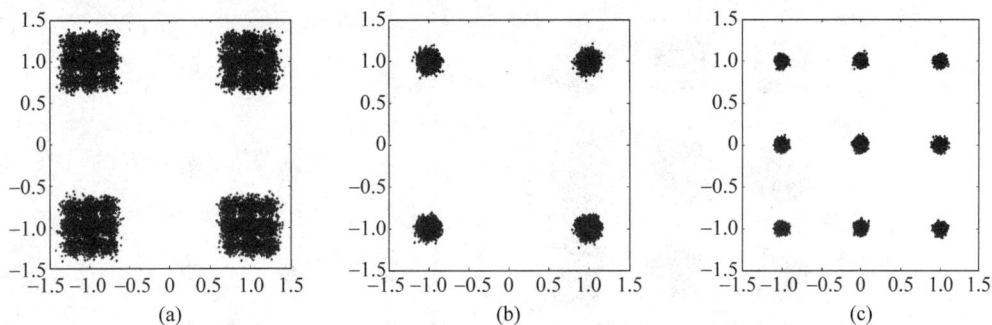

图 6.13　QPSK 信号处理

（a）QPSK 采样信号；（b）经过 FIR 滤波器和 CMA 盲均衡；（c）经过双二进制信号变换

（请扫 2 页二维码看彩图）

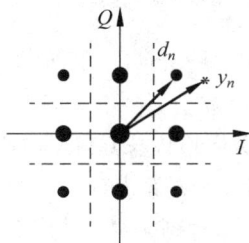

图 6.14　9QAM 信号的 DD-LRD 算法判决

＊点为均衡后数据矢量，黑色点为判决矢量

误差代价函数为

$$e(n) = |\hat{d}(n)|^2 - |y(n)|^2 \tag{6-14}$$

其中，$y(n)$ 为均衡后的信号；$\hat{d}(n)$ 为判决后的理想信号。误差函数只取模的差是为了避免相位噪声的干扰。抽头系数的更新方程为

$$w(n) = w(n-1) + \mu e(n) y(n) x(n)^* \tag{6-15}$$

其中，$w(n)$ 为 FIR 滤波器抽头系数；μ 为收敛系数，$x(n)$ 为原始数据。DD-LRD 算法对 ISI 具有很强的容忍度，而且收敛速度快，具有更强的鲁棒性。图 6.15 展示了 $S_{T/2}$ 9QAM 信号的恢复星座图，图（a）为 $T/2$ 时刻的采样信号，强滤波造成信号的 ISI；（b）利用基于 DD-LRD 算法的自适应盲均衡处理，成功地抑制了 ISI 效应，原本离散的 9 个点都收拢汇聚到一起。

我们对于 Nyquist 强滤波后两种信号恢复方案进行了比较：基于 CMA 和后向滤波的 QPSK 恢复方案，基于 DD-LRD 算法的 9QAM 恢复方案。滤波器的 3 dB 带宽变化范围为 22～30 GHz（信号波特率为 28 Gbaud）。我们用信号的均方差（MSE）来衡量系统的性能，MSE 描述的是星座点的离散程度，离散得越开则产生误码的可能性越大，信号 MSE 表示为

$$\text{MSE} = \frac{1}{n} \sum_{i=1}^{n} [\hat{d}(i) - y(i)]^2 \tag{6-16}$$

图 6.16 中空心点的曲线显示了 S_T 采样点的恢复方案，滤波器带宽越窄，ISI 效应越大，T 时刻采样点 MSE 对数曲线基本呈线性上升。当采用 CMA 进行收敛后，ISI 被部分抑

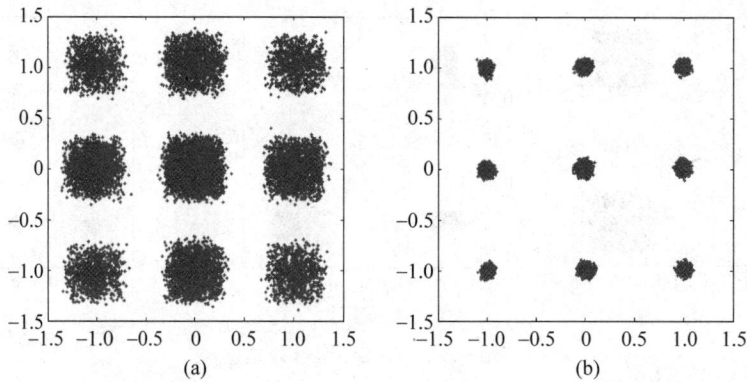

图 6.15　9QAM 信号处理

(a) 采样信号；(b) 经过 FIR 滤波器和 DD-LRD 盲均衡处理后

(请扫 2 页二维码看彩图)

制，在滤波器带宽为 26 GHz 时 MSE 减小约 1 dB；但当带宽继续减小时可以发现 CMA 的作用削弱，当带宽为 22 GHz 时 MSE 减小不到 0.5 dB。当信号再通过后向滤波器后，ISI 进一步抑制，MSE 减小约为 0.5 dB，变化趋势与 CMA 均衡曲线相类似。图 6.16 中实心点的曲线显示了 $S_{T/2}$ 采样点的恢复方案，该方案表现出对强滤波的很强的容忍度，当滤波器带宽从 30 GHz 压缩到 22 GHz 时，$T/2$ 时刻采样点的 MSE 对数曲线基本是平的，利用 DD-LRD 算法进行均衡处理，ISI 被大大地抑制，MSE 减小了约 1.4 dB，而且带宽被压缩到 22 GHz 时，曲线甚至也基本保持不变。比较这两种处理方案，当滤波器带宽大于 26 GHz 时，恢复 QPSK 星座点和恢复 9QAM 星座点的 MSE 曲线基本重合，性能相当，建议采用恢复 QPSK 方案，因为算法复杂度相对小些，而且与传统算法兼容；当带宽被压缩到小于 26 GHz 时，恢复 QPSK 星座点的效果迅速劣化，而恢复 9QAM 星座点方案表现相对强健，在带宽为 22 GHz 时 MSE 比前一种方案要好 0.8 dB，所以在强滤波的情况下，我们推荐使用提出的 9QAM 信号恢复办法以获得性能上的提升。

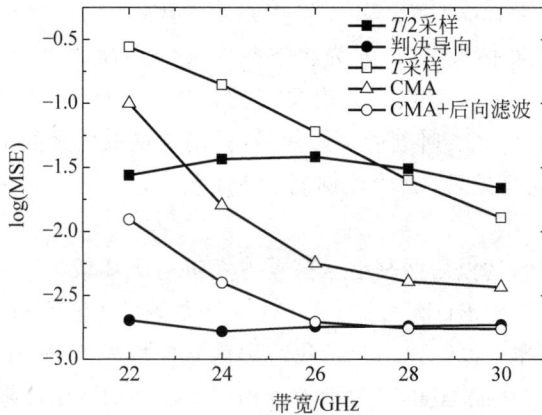

图 6.16　QPSK 恢复方案与 9QAM 恢复方法性能的比较

另一种类似的算法也利用了 9QAM 的多模效应，采用了级联多模算法(CMMA)，这种算法充分利用了 9QAM 信号分布在三个星座图圈上，因此可以采用多模的 CMMA，其原理如图 6.17 所示。

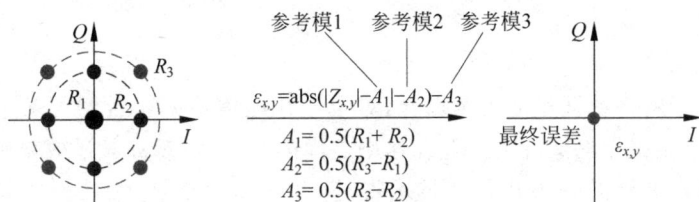

图 6.17 多模 CMMA 用于 9QAM 信号恢复

(请扫 2 页二维码看彩图)

通过 CMMA 后,双偏振信号表现为三个圈的星座图。为了恢复得到原始信号,还需要进行载波恢复和相位恢复。其原理如图 6.18 所示。首先,将星座点根据半径的不同分为三个圈,其中最外圈和第二圈都是 4 个点,因此,只需要将最外圈与第二圈的星座点进行适当的归一化,就可以继续采用传统的 QPSK 的信号处理方法。其处理流程如图 6.19 所示,首先根据信号星座点的半径采用星座点分割,取出最外圈的 R_3 和第二圈 R_2 的星座点;然后,将第三圈 R_3 上的信号进行归一化处理,第二圈上的信号先进行旋转,然后归一化。这样外圈和内圈 R_3 和 R_2 上的星座点都成为 QPSK 的四个点,则可以再次使用 QPSK 的频差估计算法和相位恢复算法,后续的具体载波恢复算法的流程如图 6.19 所示。

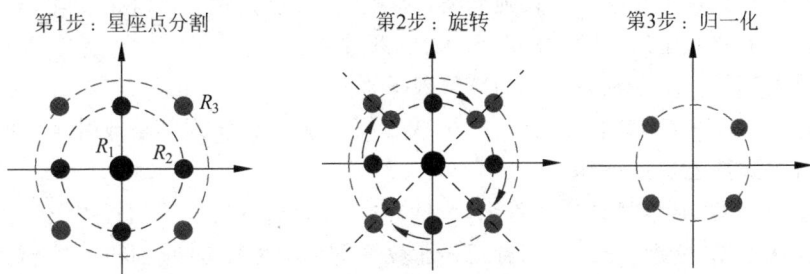

图 6.18 多模算法的载波恢复算法:相位恢复与频差估计原理

(请扫 2 页二维码看彩图)

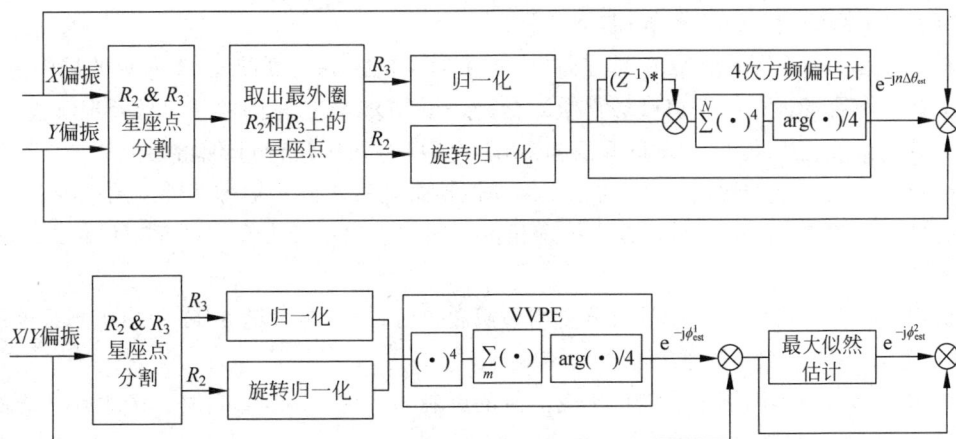

图 6.19 9QAM 相位恢复和载波恢复算法

6.4 小结

当前随着骨干网络数据量的飞速提升,对于光纤通信系统容量的要求越来越高。采用多载波技术,可以克服光电器件的带宽和速率之间的瓶颈,实现高频谱效率和超长距离的数据传输。其中最具前景的一项多载波技术就是 Nyquist WDM。Nyquist 信号是指通过频谱压缩的方式使信号的频谱带宽等于信号的波特率,从而达到了 Nyquist 提出的信号频谱极限。本章从 Nyquist WDM 的原理出发,详细阐述了 Nyquist 信号的产生方式,一种是采用光滤波的方式进行频谱压缩,另一种是采用电滤波的方式进行频谱压缩。同时介绍了 Nyquist 信号的处理算法,包括基于双二进制的频偏压缩方案,以及基于 Viterbi 算法的 MLSD 方法。通过以上的方法,可以用频谱压缩的方式使信号的频谱带宽等于信号的波特率,从而达到了 Nyquist 提出的信号频谱极限。可见具有高频谱效率的 Nyquist WDM 技术对实现超高速超大容量的光通信系统具有重要的应用前景。

思考题

6.1 思考在频域上对信号进行强滤波,时域上信号会产生什么样的变化。

6.2 仿真如图 6.1 所示的 QPSK 和 QDB 星座图。

6.3 分析不同根生余弦滤波器的滚降因子系数对产生 Nyquist QDB 信号的影响。

6.4 思考 NGI-CO-OFDM 与 Nyquist WDM 如何分别实现频域或时域上的子载波正交性,哪一种方式性能更优。

6.5 思考在 QDB 信号产生过程中,线性"时延-加"后置滤波器的作用。

6.6 如图 6.12 所示,分别仿真有无强滤波情况下的采样 T 时刻和 $T/2$ 时刻的 QPSK 信号的星座图。

6.7 编写基于 Viterbi 算法的 MLSD 算法。

6.8 如图 6.13 所示,仿真出相应的星座图,包括:①QPSK 采样信号;②经过 FIR 滤波器和 CMA 盲均衡;③经过 DB 信号变换。

6.9 编写适用于 9QAM 信号均衡的 DD-LRD 算法,并仿真图 6.15 所示的星座图。

6.10 在强滤波情形下(ISI 较严重),分别讨论 9QAM 信号的数字信号处理解调方案,包括 CMA 和后向滤波,DD-LRD 算法和 CMMA 算法,并比较它们的优缺点。

6.11 仿真本章的通信系统,讨论不同滤波器带宽对不同传输方案性能的影响。

6.12 讨论 Nyquist WDM 技术结合频谱压缩技术相比于带有保护频带的传统波分复用技术的优势与劣势。

6.13 仿真带有保护频带的波分复用多载波传输系统,与习题 6.11 中的仿真系统进行对比,探索在不同系统参数下最合适的传输方案。

6.14 思考频谱压缩技术应用于更高阶的调制格式(如 16QAM)时会产生什么样的新星座图,讨论高阶调制格式的可实现性。

参考文献

［1］　ZHANG J，YU J，DONG Z，et al. Multi-modulus blind equalizations for coherent spectrum shaped PolMux quadrature duobinary signal processing［C］. OFC/NFOEC 2013，Anaheim，CA，USA，2013，paper OW4B. 4.

［2］　LI J，TAO Z，ZHANG H，et al. Spectrally efficient quadrature duobinary coherent systems with symbol-rate digital signal processing［J］. J. Lightwave Technol. ，2011，29：1098-1104.

［3］　CHIEN H C，YU J，JIA Z，et al. Performance assessment of NGI-CO-OFDM and noise-suppressed Nyquist-WDM for terabit superchannel transmission［J］. J. of Lightwave Technol. ，2012，30，24：3965-3971.

［4］　JIA Z，YU J，CHIEN H，et al. Field transmission of 100 G and beyond：multiple baud rates and mixed line rates using Nyquist-WDM technology［J］. J. of Lightware Technology，2012，30(24)：3793-3804.

［5］　LI J，TIPSUWANNAKUL E，ERIKSSON T，et al. Approaching Nyquist limit in WDM systems by low-complexity receiver-side duobinary shaping［J］. J. of Lightwave Technology，2012，30：1664-1676.

第 7 章

光正交频分复用调制格式

波分复用系统传输容量的要求不断增加,使其需要更高的传输效率。正交频分复用(OFDM)各路子载波的频谱相互重叠,但由于在一个码元持续时间内它们是正交的,故在接收端利用正交特性很容易将各路子载波分离开,而不需要子信道间的保护频带间隔,能够充分利用频带,提高频谱利用率;且OFDM中各路子载波的调制格式可以不同,并且可以随信道特性及其他因素的变化而改变,具有很大的灵活性。另外,OFDM能有效解决信道色散所导致的符号间干扰。当数据速率增大时,这点尤为重要。因为传统的串行调制方式(如QAM、NRZ)接收到的信号依赖于多路传播的信号,在这种情况下,串行时域均衡的接收端均衡器的复杂度大幅增加。而OFDM系统是采用串行调制和频域均衡,复杂度与数据速率和色散成正比,当数据速率较大时,能有效地减小接收机端的复杂度。此外,OFDM将发送端和接收端的许多复杂操作从模拟域转移到数字域。比如,精确设计的模拟滤波器可以对串行调制系统产生主要影响。而在OFDM中,校准相位偏差只占接收端数字处理的很少部分。并且,OFDM能够有效地估计出并能减缓传输系统中的色散和偏振模色散(PMD)。使用直接的升频和降频转换,可以大大减少相干光OFDM发射端中对电域的带宽要求。因而在高速电路设计中,OFDM很有吸引力。因此,光的正交频分复用技术虽然起步较晚,但发展速度非常快。

OFDM在光通信中的实现方式,主要有两种:一种是先在基带实现OFDM的调制,然后通过上变频将OFDM频带转换到光域,最终实现光OFDM的调制;另一种则是利用现有的光学器件,实现全光OFDM的调制。本章将主要围绕这两种主流的实现方式进行介绍。

7.1 OFDM 原理

图 7.1 是 OFDM 信号的示意图。OFDM 有多个载频,各载频两两相互正交。每个载频上都可以采用多进制传输(如 QPSK 或 QAM,甚至可以彼此不同);另外根据信道的传输特性(工作能力)分配传输数据量(工作量),例如在衰减大的载频点降低传信率,在衰减小

的载频点加大传信率。

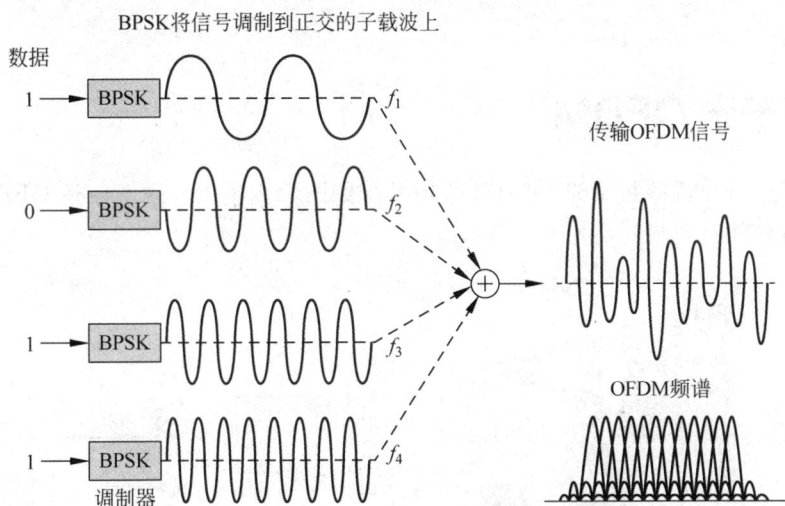

图 7.1　OFDM 信号示意图

（请扫 2 页二维码看彩图）

设 OFDM 每个子载波调制后（如 BPSK），携带信号的表达式为式（7-1）～式（7-3）：

$$x_k(t) = B_k \cos(2\pi f_k + \varphi_k) \tag{7-1}$$

N 路子载波携带信号的表达式为

$$s(t) = \sum_{k=0}^{N-1} x_k(t) = \sum_{k=0}^{N-1} B_k \cos(2\pi f_k + \varphi_k) \tag{7-2}$$

用矢量表示为

$$s(t) = \sum_{k=0}^{N-1} B_k e^{j(2\pi f_k + \varphi_k)} \tag{7-3}$$

与离散傅里叶逆变换（IDFT）表达形式一致，因此我们可以通过串并变化后，对数据序列进行 IFFT 后，实现 OFDM 的调制。

OFDM 的频带利用率

设 OFDM 系统中共有 N 路子载波，符号持续时间为 T_s，每路子载波采用 M 进制调制，则它占用的频带宽度为

$$B_{\text{OFDM}} = \frac{N+1}{T_s} \quad (\text{Hz}) \tag{7-4}$$

频带利用率为单位带宽传输的比特率：

$$\eta_{\text{B/OFDM}} = \frac{N\log_2 M}{T_s} \cdot \frac{1}{B_{\text{OFDM}}} = \frac{N}{N+1}\log_2 M(\text{b}/(\text{s} \cdot \text{Hz})) \tag{7-5}$$

当 N 很大时，有

$$\eta_{\text{B/OFDM}} \approx \log_2 M(\text{b}/(\text{s} \cdot \text{Hz})) \tag{7-6}$$

若用单个载波的 M 进制码元传输，为得到相同的传输速率，则码元持续时间应缩短为 T_s/N，占用带宽等于 $2N/T_s$，故频带利用率为

$$\eta_{\text{B/single-carrier}} = \frac{N\log_2 M}{T_s} \cdot \frac{T_s}{2N} = \frac{1}{2}\log_2 M \quad (\text{b}/(\text{s} \cdot \text{Hz})) \tag{7-7}$$

比较上述两式,并行 OFDM 体制和串行单载波体制相比,频带利用率大约可以增至 2 倍[1]。

7.2 相干光 OFDM

基本的电 OFDM 的相干光 OFDM 传输系统如图 7.2 所示。系统包括 OFDM 发射机、光链路和 OFDM 接收机。

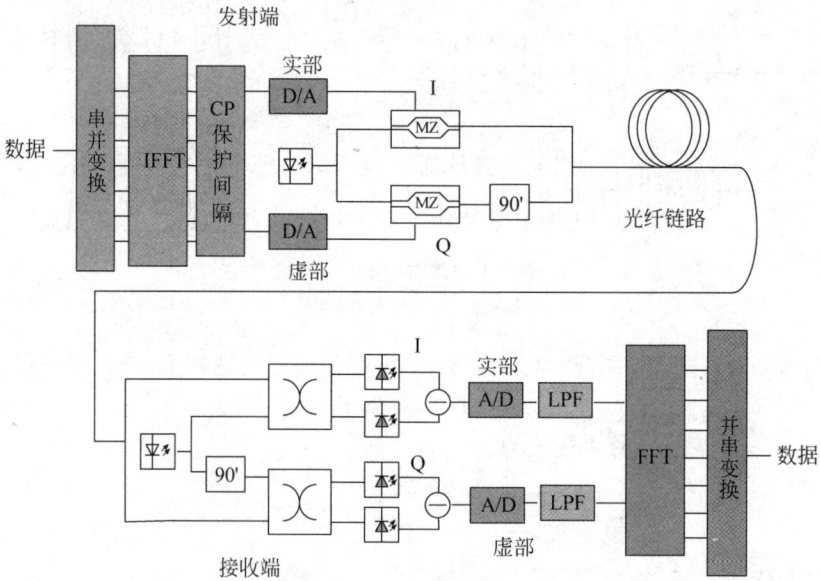

图 7.2 基于电的相干光 OFDM 传输系统示意图

(请扫 2 页二维码看彩图)

基于电 OFDM 的相干光 OFDM 传输系统通常是在电域中进行快速傅里叶逆变换,将多路并行的低速率数据转换成多址副载波。接着,通过光调制器产生一个光的 OFDM 信号波形。在接收机,一个光检波器通过电的快速傅里叶变换(FFT)运算将光的 OFDM 波形转换成相应的电信号波形,FFT 的运算结果就是重新恢复的各个副载波上传输数据。

在 OFDM 传输端内,将输入的比特流映射为 OFDM 信号内相应子载波的信号,数字时域的信号可以通过傅里叶逆变换得到[2]。可得到光 OFDM 的表达式

$$s(t) = \mathrm{e}^{\mathrm{j}2\pi fct} \sum_{i=-\infty}^{+\infty} \sum_{k=1}^{k=N_{\mathrm{sc}}} c_{ki} s_k(t - iT_{\mathrm{s}}) \tag{7-8}$$

$$f_k = \frac{k-1}{t_{\mathrm{s}}} \tag{7-9}$$

$$s_k(t) = \Pi(t)\exp(\mathrm{j}2\pi f_k t) \tag{7-10}$$

$$\Pi(t) = \begin{cases} 1, & 0 < t \ll T_{\mathrm{s}} \\ 0, & t \ll 0, t > T_{\mathrm{s}} \end{cases} \tag{7-11}$$

其中,C_{ki} 是第 k 个子载波的第 i 个信号;f_k 是子载波的频率;N_{sc} 是 OFDM 子载波的数

目；T_s 是 OFDM 信号周期。每个子载波最佳的检测器可以通过一个与子载波波形匹配的滤波器或相关器实现。因此在相关器输出端的检测到的信号 c'_{ki} 表示为

$$c'_{ki} = \int_0^{T_s} r(t - iT_s) s_k^* \, \mathrm{d}t = \int_0^{T_s} r(t - iT_s) \exp(-\mathrm{j}2\pi f_k t) \mathrm{d}t \tag{7-12}$$

其中，$r(t)$ 是接收到的时域信号。传统的载波复用调制系统使用的是没用重叠的信号，并且可以在传输端和接收端用大量的振荡器和滤波器实现。载波复用调制系统主要的缺点在于其需要过多的带宽。因此为了使滤波器和振荡器得到最佳利用，信道间距应是信号速率的倍数，这样大大降低了频谱效率。因此 OFDM 使用重叠但正交的信号。信号的正交性源自任意两个子载波的直接相互关系：

$$\delta_{kl} = \frac{1}{T_s} \int_0^{T_s} s_k s_l^* \, \mathrm{d}t = \frac{1}{T_s} \int_0^{T_s} \exp\left[\mathrm{j}2\pi(f_k - f_l)t\right] \mathrm{d}t$$

$$= \exp[\mathrm{j}\pi(f_k - f_l)T_s] \frac{\sin[\pi(f_k - f_l)T_s]}{\pi(f_k - f_l)T_s} \tag{7-13}$$

假如

$$f_k - f_l = m\frac{1}{T_s} \tag{7-14}$$

则这两个载波是互相正交的。

1. 相干光 OFDM 系统设计要点

1) FFT 的大小

可能 OFDM 系统中最重要的参数是 FFT 的大小，因为 FFT 参数决定了系统的副载波的数目。在理论的 OFDM 系统中，FFT 的长度等于子载波的数目，可是在实际的系统中，由于需要满足厄尔米特对称，生成的子载波数是 FFT 长度的一半。FFT 长度通常是 2 的幂级数，常见的长度通常在 128～1024。增加 FFT 的长度将会减少信号速率，并使得信号更易受到传输线路中混入信号的干扰。长的 FFT 可以减少循环前缀的开销。另外，长的 FFT 的一个主要缺点是其增加了发射器和接收器的处理难度。因此，对于在接收器使用相干解调的系统来说，长的 FFT 将使系统对激光器的相位噪声更加敏感[3]。

2) 训练符号

OFDM 信号中训练符号是必须的，这样可以用来标明信号边际，比如，在信号同步中。常见的训练符号可以用 2 个含有相同已知的 OFDM 信号产生。因为这两个训练符号含有已知的相同的数据，是高度相关的，因此可以通过关联连串的符号而实现同步。更重要的是，训练块可以用来导出 1 拍频的均衡器的系数，这些系数用来补偿时间偏置和传输路径中的失真（比如色散），其可以通过将接收的训练符号与原来的符号相比较而得到。这个技术常称为信道检测技术。另外，发射器和接收器之间的采样频率偏差（sampling frequency offset，SFO）可以用训练符号补偿。一般来说，每帧的长度越长（包含固定长度的训练序列），段开销越小。然而，长度越长，又会降低 OFDM 系统对光纤光网络中变化的适应能力。如果用 N_{Training} 表示训练符号的长度，$N_{\text{Tr\_spacing}}$ 表示每帧的长度，则训练序列的段开销可以表示为

$$\varepsilon_{\text{Traning}} = \frac{N_{\text{Training}}}{N_{\text{Tr\_spacing}}} \tag{7-15}$$

3) 循环前缀

考虑一个序列的信号而不是单个信号时,需要扩展信号标记包括时间指数来区别不同的 OFDM 信号。设 $\boldsymbol{x}(i) = [x_0(i)\,x_1(i)\,x_2(i)\cdots x_{N-1}(i)]^T$ 是经过 IFFT 后输入的第 i 个信号周期。大多数的 OFDM 系统中,需要在传输之前在每个时域 OFDM 信号的起始位前加一个循环前缀(CP),也就是将信号尾端的抽样信号加在信号的起始位前。因此,传输的实际信号不是 $\boldsymbol{x}(i) = [x_0(i)\,x_1(i)\,x_2(i)\cdots x_{N-1}(i)]^T$,而是 $\boldsymbol{x}_{CP}(i) = [x_{N-G}(i)\cdots x_{N-1}(i),$ $x_0(i)\cdots x_{N-1}(i)]^T$。其中,$G$ 是循环前缀的长度。循环前缀给系统增加了冗余,减少了系统总的数据率。但是循环前缀能够在接收端减少 ISI 和载波间干扰(intercarrier interference,ICI)并是 OFDM 中简化均衡的关键。图 7.3 是 OFDM 信号的时域序列[4]。

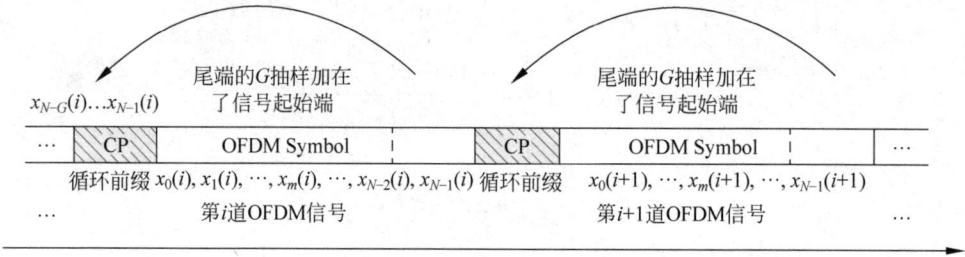

图 7.3　循环前缀示意图

由于循环前缀包含冗余信息,给系统增加了多余开销。为了使开销最小,用短的时间保护更好。可以在比较 ISI 的健壮性和网络传输数据率之间选择一个折衷方案。最小的保护时间应该能消除所有由色散引起的 ISI。因为差分群时延(DGD)可以表示成

$$\frac{c}{f_c^2} \cdot |D| \cdot N_c \cdot \Delta f + \text{DGD}_{\text{MAX}} \leqslant T_g \tag{7-16}$$

其中,f_c 是光载波的频率;c 是光速;D 是色散总量;DGD_{MAX} 是最大允许的差分群时延;N_c 是子载波的数目;Δf 是子载波信道间距。最大差分群时延大约是平均偏振模色散的 3.5 倍。在典型的光纤设备中,N_c 等于采样的 OFDM 符号的长度(包括循环前缀)。最小的保护间隔表示成 N_g:

$$T_g \cdot N_c \cdot \Delta f = T_g \cdot f_s = N_g \tag{7-17}$$

f_s 是数模转换器产生信号的抽样频率,所以循环前缀的开销 $\varepsilon_{\text{Cyclic}}$ 可以表示为

$$\varepsilon_{\text{Cyclic}} = \frac{N_g}{N_c} \tag{7-18}$$

2. 相干光 OFDM 的缺点和潜在改进

线宽和色散:在 OFDM 系统中,对激光器的线宽要求比单载波的 QPSK 更严格(当线宽为 kHz 时内在的色散容忍度更大)。可是当采用基于导频子载波的相位噪声消除技术时,允许使用标准的分布式反馈激光器(distributed feedback laser,DFB)激光器甚至是有更大线宽的激光器。色散补偿可在时域进行,包括发射端的色散预补偿(IFFT 后)和接收端的色散补偿(FFT 之前)[5]。

发射器和接收器的数模转换器(DAC)和模数转换器(ADC):对于一个 25.8 Gb/s 信号产生,发射器端的 DAC 有 3.2 GHz 带宽和 10 GSa/s 采样率;接收器 ADC 带宽要求为

15 GHz,这就要求 ADC 最小采样率为 30 GSa/s。当有一个模拟 IQ 混频器时,ADC 的带宽减少到 3.2 GHz,采样速率大于 6.4GSa/s。可当加到接收器前端的模拟器件增多时,接收器的复杂程度显著增加。此外,对于 25.8 Gb/s 设施,使用模拟混频器时,每个子带需要 2 个 ADC(总共 4 个 ADC)独立检测 IQ 混频器的同相和正交情况;而不使用模拟混频器时,只需一个 ADC。

而需要进一步关注的是 ADC 和 DAC 的有效分辨率。问题在于产生和检测 OFDM 信号所需的最小有效分辨率。到现在为止,所有的实验都是使用高精度的任意波形发生器(AWG)和示波器来产生和检测 OFDM 信号。另外,离线处理器的精度远高于通常用的专用硬件芯片(ASIC)。

非线性容忍度:必须要使光的调制器非线性特征线性化。多渠道增加带来的峰均功率比(PAPR)问题可借鉴无线 OFDM 中的处理技术。更重要的是,在长距离传输中四波混频等非线性效应会产生大量互调分量损耗,这可以用其他技术改进。

7.3　全光 OFDM

7.1 节主要介绍了基于电 OFDM 的相干光 OFDM 传输系统,在该系统配置中,系统吞吐率被两个条件限制:光数据调制器,以及 FFT。因此,如果 FFT 处理能够在光域直接实现光数据流的多路复用和多路分解,那么 OFDM 数据传输率将大幅度提高。而全光的 OFDM 是在光域进行 OFDM 的,因此全光 OFDM 可用数据速率带宽是在电域中进行 OFDM 所不能达到的,并且也超过了数字信号处理的数据处理数率。目前,全光 OFDM 主要有两种实现形式:一种是通过全光离散傅里叶变换(DFT)电路及逆变换电路;另一种则是通过现已商用的 MZM、PM 以及 IQ 调制器产生数量一定的正交子载波,通过这种方式产生的多载波,可以直接作为 OFDM 的子载波,避免了发射端和接收端复杂的离散傅里叶逆变换(IDFT)和相关的变换电路,同时还可以用于多波长光源、微波光子学等。本节主要对全光 OFDM 的这两种实现方式进行详细的介绍。

7.3.1　基于光相移器的全光 OFDM

1. 利用光移相器产生全光 IDFT 电路[6]

DFT 光电路由组合光移相器生成。IDFT 和 DFT 定义如下:$\varepsilon_m = \sum E_k e^{-j(2\pi/N)mk}$ 和 $E_k = 1/N \sum \varepsilon_m e^{j(2\pi/N)mk}$。$\varepsilon_m$ 和 E_k 分别表示在 m 和 k 对应点时域和频域的采样信号。整数 N 是总采样次数,并有 $0 \leqslant k, m \leqslant N$。相应的频率和时间表示为:$t_m = m\zeta$ 和 $w_k = k\delta$,这里 ζ 和 δ 分别为时间和频率的采样间隔,并有 $\zeta\delta = 2\pi/N$,w_k 对应于光子载波频率。研究 DFT 的表达式可以得出,DFT 的光电路实施仅需通过相位延迟便可以实现。而通过如图 7.4(a)所示的功率耦合器形成的电源组合来实现精确的光步长调节,便可以实现相应的相位延迟。因此,除了在每个路径进行精确的时间延迟和相关的相位调整以外,整体的 IDFT 电路设计和波分复用器很相似,与 OFDM 子载波对应的所有波长分量都被正交复用到同一个输出口(图 7.4(b))。值得注意的是,相位延迟是针对光载波频率定义的。

在此布置下,可以将激光短脉冲作为每个子载波的数据输入。这样,在输出口,只有与

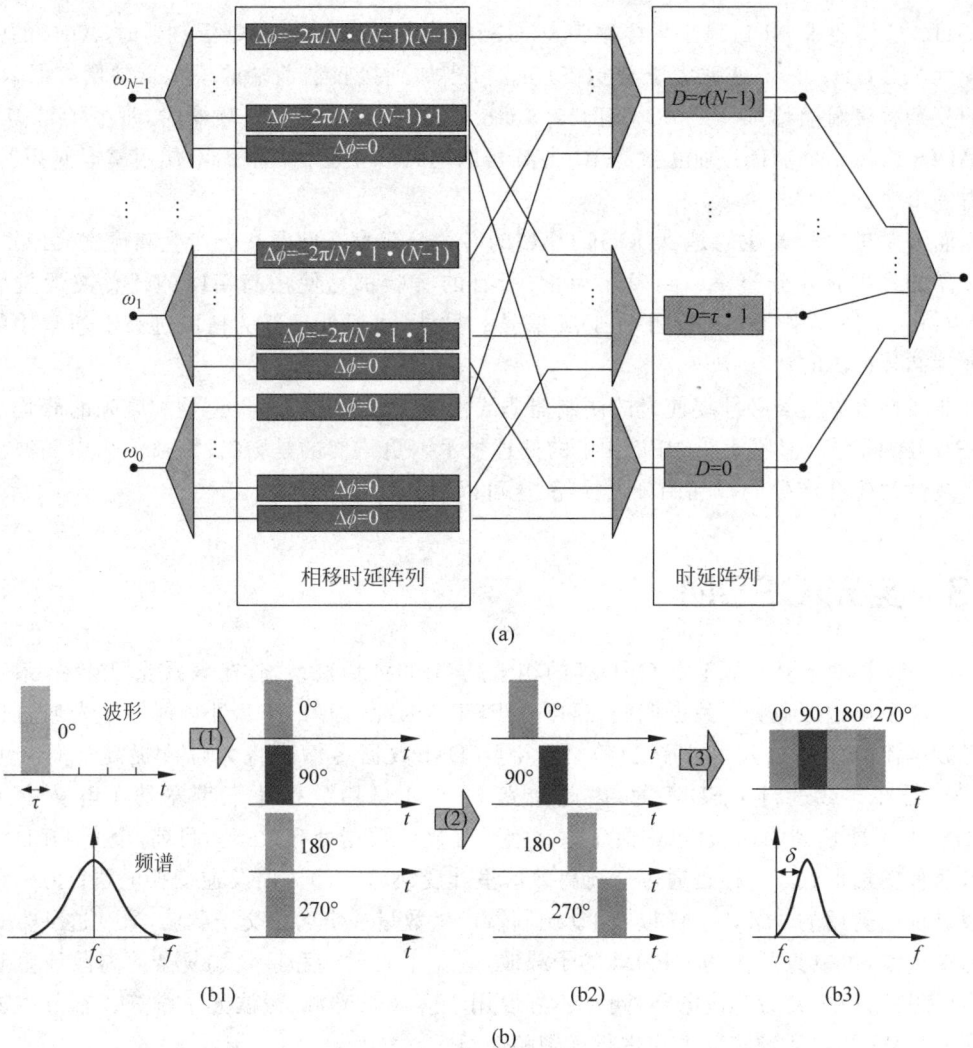

$\Delta\phi = -2\pi/N \cdot (N-1)(N-1)$

$\Delta\phi = -2\pi/N \cdot (N-1) \cdot 1$

$\Delta\phi = 0$

$\Delta\phi = -2\pi/N \cdot 1 \cdot (N-1)$

$\Delta\phi = -2\pi/N \cdot 1 \cdot 1$

$\Delta\phi = 0$

$\Delta\phi = 0$

$\Delta\phi = 0$

$\Delta\phi = 0$

ω_{N-1} ω_1 ω_0

$D = \tau(N-1)$ $D = \tau \cdot 1$ $D = 0$

相移时延阵列   时延阵列

(a)

波形   频谱 f_c

(b1)   (b2)   (b3)

(b)

图 7.4 光的 IDFT 电路模型

(b1) 相位延迟功率分束；(b2) 时延；(b3) 功率耦合

（请扫 2 页二维码看彩图）

OFDM 子载波频率对应的频谱发生相长干涉,其他的频谱部分则发生相消干涉。这个窄的脉冲输入可以被调制来传输信息。IDFT 的系统传输功能,可以看成是简单的波分复用。然而,IDFT 对子载波之间的相位关系还是起决定性的作用,可以通过 OFDM 技术来控制传输系统的性能。另外,由于除了相位共轭要求移相器反向工作,时延补偿与 IDFT 相反以外,电路模型具有向后传播不变的特性,所以正的 DFT 也可以用同样的方法来设计。

所有 IDFT 的输入都可以通过对同一个激光短脉冲进行复制来实现,另外,激光短脉冲的脉冲宽度需与时间的采样间隔 ζ 相当,以保证在不同的光子载波频率输入中得到决定性的相关相位关系。因此,可以利用光的 OFDM 传输技术,如预先加重、功率均衡和非线性缓解等来实现全光 OFDM 的传输。

2. DFT 的物理实现[7]

N 道调制信号光频率间距为 Δf,调制比特率是 B。调制信号可以表示成

$$s(t) = \sum_{n=0}^{N-1} d_n(t) e^{j2\pi(f+n\Delta f)t} \tag{7-19}$$

其中，n 和 $d_n(t)$ 分别代表信道数目和 n 信道的数据序列；$t = k\Delta t$，这里 $\Delta t = T/N$ 是采样间隔。频率间隔等于接收到的信号间隔 $T(=1/B)$，假如载波是同步的，则载波在信号区间里是正交的。因此复用的数据序列可以通过 DFT 分开：

$$d_n = \sum_{k=0}^{N-1} S(k\Delta t) e^{-j2\pi(f_0+n\Delta f)k\Delta t} \tag{7-20}$$

从式(7-20)中得到每个信道的数据。现在数字信号处理电路技术可以实现在无线领域的 DFT。可是，这种方案不能应用在光通信领域，因为数据比特率高于数字信号处理速度。我们可以从物理方法来实现式(7-20)的右半部分。采用两个光耦合器、若干光延时线、若干相位偏移模块和一个光门来实现全光离散傅里叶变换(O-FDT)，如图 7.5 所示。$S(k\Delta t)$ 代表了复用信号通过一个延迟时间为 $k\Delta t$ 的光延迟线，指数函数代表了信号相位移动，两者之和表示用光耦合器把延迟和相位移动的信号耦合在一起，从而可以实现 DFT。

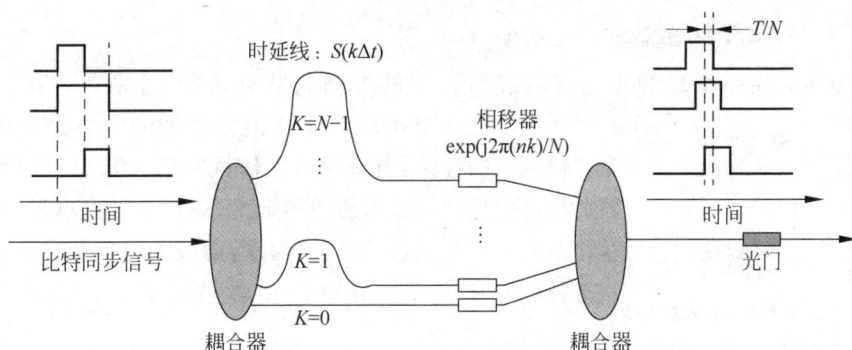

图 7.5　用光电器件实现光的 DFT

（请扫 2 页二维码看彩图）

当 $N=2$，$k=0$、1 时，由式(7-20)，对任意的 d_n 都有

$$d_n = \sum_{k=0}^{N-1} S(k\Delta t) e^{-j2\pi n \frac{nk}{N}} \tag{7-21}$$

当 $n=0,\pm2$ 时，$d_n = S(t) + S(t+\Delta t)$；$n = \pm1$ 时，$d_n = S(t) - S(t+\Delta t)$。

考虑奇偶次波的影响，输出信号可以表示为

$$\begin{pmatrix} o_1 \\ o_2 \end{pmatrix} = T(f) \times \begin{pmatrix} i_1 \\ i_2 \end{pmatrix} = S(f) \begin{pmatrix} e^{-j2\pi f\tau} - 1 \\ j(e^{-j2\pi f\tau} + 1) \end{pmatrix} = \begin{pmatrix} S(t) - S(t+\Delta t) \\ j[S(t) + S(t+\Delta t)] \end{pmatrix} \tag{7-22}$$

式(7-22)说明了光的 DFT 可以由马赫-曾德尔干涉仪(MZI)实现。复用的信号进入光耦合器，并且分成 N 道延迟线，延迟时间是 $k\Delta t$。将延迟信号相位移动 $2\pi(nk)/N$，信号通过耦合器加在一起并且互相关联。除此外，需要时域的操作，因为在 1 比特之内保持正交性，光 DFT 在没变化的 $d_n(t)$ 内有效。因此，要对输入端的输入比特流进行同步，并用光开关来提取出持续时间 T/N，因为在这段数据内，相同的比特在输出端重叠。在时域操作中，不需要同步输入光的相位。这种方法可以分开重叠的频谱，在传统的光滤波器中，重叠的频谱是不允许的。

7.3.2　全光正交多载波

频率锁定且功率平坦的正交多载波产生技术在光通信领域广泛用于微波光子学、全光信号处理、光任意波形发生以及波分复用超宽带光源。特别是多载波作为波分复用相干超宽带光源，一直以来备受研究者的关注，被认为是未来 Tb/s 光通信的一项关键的使能技术。目前，报道的实验室实现的 Tb/s 传输实验大都是基于相干多载波技术。2009 年，杨奇等报道了采用 36 个子载波传输 1 Tb/s 的 OFDM 信号[8]；2010 年，余建军等实现了 1.96 Tb/s 的 PM-QPSK 信号在 21 个子载波上传输[9]；2011 年，余建军等更是首次实现了 11.2 Tb/s 的光 OFDM 信号在 112 个子载波上传输 640 km[10]。

通常，对于上述应用，所产生的子载波应是功率平坦、低噪声且频率锁定的。为了实现上述目标，根据产生原理和结构的不同，通常的多载波产生技术有以下几种：①基于相位调制器和强度调制器级联方案；②基于级联相位调制器及其倍频驱动的级联方案；③基于 IQ 调制器产生方案；④基于相位调制的环路多载波产生方案；⑤基于 IQ 调制器产生单边带频移环路方案。前三种方案属于级联调制器多载波产生方案，而后两种则更多采用环路结构，可以产生更大数量的多载波。下面将主要介绍这几种频率锁定且功率平坦的正交多载波产生技术。

1. 单个 MZM/PM 多载波产生机制

频率锁定且功率平坦的正交多载波所采用的外调制器有两种，分别是 PM 和 MZM。

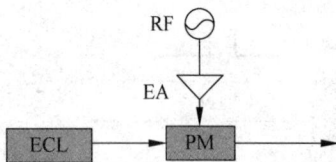

图 7.6　单个相位调制器产生
多波长光源的结构
（请扫 2 页二维码看彩图）

利用 MZM/PM 产生正交的光载波的方法是利用它们传输函数的性质，当采用射频信号驱动 MZM/PM 时，传输函数可以化成贝塞尔级数的形式，即产生多次谐波，由于这些谐波是正弦函数的形式，因此，谐波本身都是正交的。由射频信号驱动单个 PM 产生多波长光源的结构如图 7.6 所示。

图 7.6 中，ECL 为外腔激光器，为相位调制器提供输入；RF 为正弦射频信号源，为相位调制器提供正弦驱动信号；EA 为电放大器，可以调节射频驱动信号的幅度，从而控制相位调制器的输出。经过 2.2.1 节的分析，则相位调制器的传输函数可以表示为

$$E_{\text{out}} = E_{\text{in}} \exp[j\varphi_{\text{PM}}(t)] = E_{\text{in}} \exp\left[j\pi \frac{u(t)}{V_\pi}\right] \tag{7-23}$$

其中，外腔激光器对 PM 的输入信号为 $E_{\text{in}} = A\exp(j2\pi f_c t)$，而射频源产生的正弦信号为 $u(t) = RV_\pi \sin(2\pi f_s t)$，这里变量 R 是驱动信号幅度与半波电压的比值。将它们代入式(7-23) 可以得到

$$E_{\text{out}} = E_{\text{in}} \exp[j\pi R\sin(2\pi f_s t)] = A\exp(j2\pi f_c t)\exp[j\pi R\sin(2\pi f_s t)] \tag{7-24}$$

经过研究，可以利用贝塞尔函数展开，展开后可以表示为

$$E_{\text{out}} = A(J_0(\pi R)\exp(j2\pi f_c t) + J_1(\pi R)\{\exp[j2\pi(f_c + f_s)t] - \exp[j2\pi(f_c - f_s)t]\} +$$
$$J_2(\pi R)\{\exp[j2\pi(f_c + 2f_s)t] + \exp[j2\pi(f_c - 2f_s)t]\} +$$
$$J_3(\pi R)\{\exp[j2\pi(f_c + 3f_s)t] - \exp[j2\pi(f_c - 3f_s)t]\} + \cdots) \tag{7-25}$$

该式可以进一步化简为

$$E_{\text{out}} = A \sum_{n=-\infty}^{+\infty} J_n(\pi R)\exp[jE_{\text{out}}(f_c + nf_s)t] \tag{7-26}$$

其中,$\mathrm{J}_n(\pi R)$为 n 阶第一类贝塞尔函数,这里 n 为整数。并且根据贝塞尔函数的性质,可以得到 $\mathrm{J}_{-n}(\pi R)=(-1)^n\mathrm{J}_n(\pi R)$。从式(2-6)和式(2-7)我们可以清楚地看到,相位调制器的输出可以表示为以激光器输入频率 f_c 为中心的、频率间隔固定为射频驱动频率 f_s 的无数个子载波的相加。从而验证了由正弦射频信号驱动的相位调制器能够产生多波长的机制。同时,还可以发现各个频点子载波的幅度与贝塞尔函数 $\mathrm{J}_n(\pi R)$ 有关。其中,正向和反向各阶边带呈对称性,偶数阶边带相位相同,奇数阶边带相位相反。并且随着阶数 n 增大,贝塞尔函数 $\mathrm{J}_n(\pi R)$ 的值变小,导致高阶的子载波幅度会不断减小直至为零。输出的各阶边带幅值与相位的变化如图 7.7 所示。

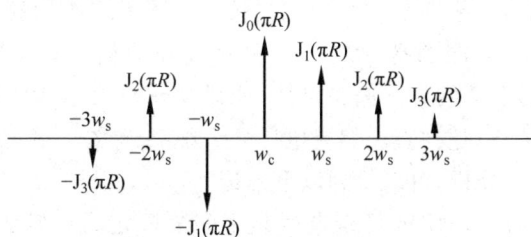

图 7.7　各阶边带幅值与相位的变化

根据贝塞尔函数的性质分析,可以得到以下结论。

(1) 当 πR 的值确定后,各边频分量振幅就随之确定,各阶边带的振幅值随阶数 n 的增加而不断衰减,阶数越高,则幅值越低且相位出现反向。

(2) 各边频分量振幅值与对应阶贝塞尔函数 $\mathrm{J}_n(\pi R)$ 成正比。随着 πR 即射频调制信号幅度的增加,具有较大振幅的边频分量数目增加,高阶边带数量增加。

(3) 由于相位调制器不考虑直流偏置电压,所以系统工作十分稳定。

由此可见,射频驱动信号的频率决定了相位调制器产生的子载波的频率间隔,而射频信号的幅度变量 R 则关系到产生的子载波的幅度大小和边带的数量。通过控制这两个参数,就能够控制相位调制器产生的多波长光源。

利用正弦信号驱动马赫-曾德尔调制器(MZM)的结构[7,11]如图 7.8 所示。

由图中可以看到,该结构中,MZM 的上下两臂被同一个射频正弦信号驱动,同时,令上臂的直流偏置为零,只在调制器下臂加上直流偏置电压。外腔激光器为 MZM 提供光源,电放大器用于调节输入射频驱动信号的幅度。

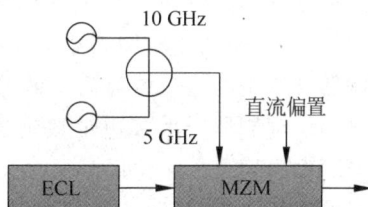

图 7.8　正弦信号驱动 MZM 结构图

设激光器输入 MZM 的信号为 $E_{\mathrm{in}}=A\exp(\mathrm{j}2\pi f_ct)$。输入上下臂的射频正弦信号为 $u(t)=RV_\pi\sin(2\pi f_st)$,这里变量 R 是驱动信号幅度与半波电压的比值;输入下臂的直流偏置电压为 $V_{\mathrm{dc}}=D\cdot V_\pi$,这里变量 D 是直流偏置电压与半波电压的比值。要求此时 MZM 要工作在 push-pull 模式下,即上臂和下臂的相位符号相反,上臂为正号,下臂为负号。

将上述的输入代入式(2-10)的传输函数中,可以得到

$$E_{\mathrm{out}}=A\exp(\mathrm{j}2\pi f_ct)\cdot\left\{\exp\left[\mathrm{j}\pi\frac{u(t)}{V_\pi}\right]+\exp\left[-\mathrm{j}\left(\pi\frac{u(t)}{V_\pi}+\pi\frac{V_{\mathrm{dc}}}{V_\pi}\right)\right]\right\}$$

$$= A\exp(j2\pi f_c t) \cdot \{\exp[j\pi R\sin(2\pi f_s t)] + \exp[-j(\pi R\sin(2\pi f_s t) + D\pi)]\} \quad (7\text{-}27)$$

将式(7-27)用贝塞尔函数展开,可以得到

$$E_{out} = A \cdot \left[\sum_{n=-\infty}^{\infty} J_n(\pi R)e^{j2\pi(f_c t + nf_s t)} + \exp(-jD\pi)\sum_{n=-\infty}^{\infty} J_n(\pi R)e^{j2\pi(f_c t - nf_s t)} \right] \quad (7\text{-}28)$$

再根据贝塞尔函数的性质 $J_{-n}(\pi R) = (-1)^n J_n(\pi R)$,可以将式(7-28)进一步化简为

$$E_{out} = A \cdot \sum_{n=-\infty}^{\infty} [1 + \exp(-jD\pi) \cdot (-1)^n] J_n(\pi R)\exp[j2\pi(f_c + nf_s)t] \quad (7\text{-}29)$$

通过式(7-29)我们可以明显看到,与 PM 输出的结果类似,正弦信号驱动下的 MZM 同样输出了以激光器输入信号频率 f_c 为中心的、频率间隔固定为射频驱动信号频率 f_s 的 n 个子载波相加的形式。但不同的是,PM 产生的多波长的幅度只与贝塞尔函数 $J_n(\pi R)$ 有关,而 MZM 由于加入了下臂的直流偏置电压,所以从输出表达式中看到,产生的子载波的幅度除了与 $J_n(\pi R)$ 有关外,还与直流偏置电压的大小 D 有关。

根据对 MZM 输出的分析,可以得到以下结论。

(1) 在正弦信号驱动下,MZM 可以产生频率间隔固定为射频驱动信号频率的多波长光源。

(2) 产生的多波长的幅度与贝塞尔函数 $J_n(\pi R)$ 和直流偏置电压的大小 D 有关,在 πR 的值确定之后,子载波的幅度和平坦度都与直流偏置 D 的选取有关,通过调节直流偏置的大小,可以改变子载波的幅度,使得子载波的平坦性更好。

(3) 当直流偏置 D 确定之后,多波长的幅度只与 $J_n(\pi R)$ 有关,随着 πR 即射频调制信号幅度的增加,具有较大振幅的边频分量数目增加,高阶边带数量增加。

(4) 相比于 PM,MZM 由于引入了直流偏置电压,所以产生的子载波的稳定性较差,需要精确控制直流偏置电压的大小。

2. 基于相位调制器和强度调制器级联多载波产生方案

基于相位调制器(PM)和强度调制器(MZM)级联产生多载波方案如图 7.9 所示,通过射频信号驱动相位调制器和强度调制器,产生射频信号间隔一致的多载波光源[9,12-13]。通常,射频信号驱动相位调制器主要用于产生多波长,而强度调制器则用于使之平坦化。相位调制器其产生的边带数与输入射频驱动电压有关,通过调节输入射频信号的幅度值,从而来控制相位调制器产生多边带数量的多少。相移器用于调节输入射频信号的相位失配。文献[13]中采用单个相位调制器和强度调制器的级联方案,由于级联多个相位调制器可以得到足够多的光边带,图 7.9 方案将多个相位调制器级联,用同一射频信号来驱动,这样可以增大射频幅度值,从而产生更多数量的子载波。

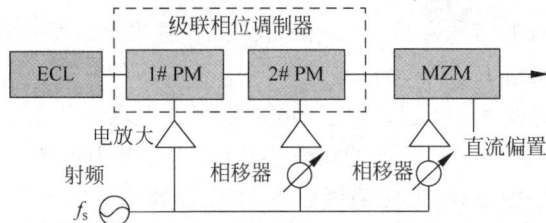

图 7.9 相位调制器和强度调制器级联多载波产生方案结构图
(请扫 2 页二维码看彩图)

使用一个相位调制器的输出如下：

$$E_{out} = E_{in}(t)\exp\left(j\pi\frac{V_{rf}}{V_\pi}\right) = E_{im}(t)\exp[j\pi R_{rf}\sin(2\pi f_s t)] \tag{7-30}$$

其中，V_{rf} 为射频驱动电压；$R_{rf} = V_{rf}/V_\pi$ 表示调制系数。

当级联多个相位调制器时可以得到

$$\begin{aligned}E_{out}(t) &= E_{in}(t)\exp[j\pi R_1\sin(2\pi f_s t)]\exp[j\pi R_2\sin(2\pi f_s t)]\cdots\exp[j\pi R_n\sin(2\pi f_s t)]\\ &= E_{in}(t)\exp[j\pi(R_1+R_2+\cdots+R_n)\sin(2\pi f_s t)]\\ &= E_{in}(t)\exp[j\pi R_N\sin(2\pi f_s t)]\end{aligned}$$

$$\begin{aligned}E_{out}(t) &= E_{in}(t)\exp[\pi R_1\sin(2\pi f_s t)]\exp[2\pi R_2\sin(2\pi f_s t)]\cdots\exp[2\pi R_n\sin(2\pi f_s t)]\\ &= E_{in}(t)\exp[\pi(R_1+R_2+\cdots+R_n)\sin(2\pi f_s t)]\\ &= E_{in}(t)\exp[\pi R_n\sin(2\pi f_s t)]\end{aligned} \tag{7-31}$$

$R_N = R_1+R_2+\cdots+R_n$，因此 n 个相位调制器级联的效果可以视为单个相位调制器，但是相位调制系数增大了，因此可以产生更多的光边带，解决单个射频输入幅度不够大的问题。但只是级联多个相位调制器，不能产生平坦的光子载波，因此需要级联一个马赫-曾德尔强度调制器，通过调节强度调制器的直流偏置和射频调制系数使得产生的光子载波平坦。生成的多载波表达式如下所示：

$$\begin{aligned}E_{out} = &E_{in}(t)\exp[j\pi R_n\sin(2\pi f_s t)]\{\exp[j\pi R_1\sin(2\pi f_s t)+jD]+\\ &\exp[-j\pi R_2\sin(2\pi f_s t)]\}\end{aligned} \tag{7-32}$$

采用级联的相位调制器作为多波长光源具有明显的优点：它可以通过增加调制指数来扩展边带，产生的子载波数量更多，子载波幅度更加平坦，而且在超过了载波频率的最大偏差后，子载波的幅度会大幅度地下降。同时，该方案的结构也比较简单，能够符合光传输网络对器件的要求。

3. 基于相位调制器级联方案多载波产生方案

采用级联的相位调制器和强度调制器作为多波长光源的方案，虽然具有上述的多种优点，但是在实际实现中该方案最大的难点在于对调制器参数的设定。具体有以下几点：①强度调制器产生平坦多载波，通常插入损耗很大；②调节马赫-曾德尔强度调制器直流电压偏置，使产生的子载波平坦稳定；③调节相位调制器和直流调制器的相位，使之同步。系统的变量很多，调节使之达到最优设置具有一定的难度。

因此，如能避免使用强度调制器，而仅采用级联的相位调制器来产生多载波，则能克服强度调制器的稳定性问题。基于级联相位调制器的方案简单且稳定，同时插损很小。复旦大学提出通过级联相位调制器倍频信号产生平坦多载波的方案，如图 7.10[14] 所示。

该结构分为两级，第一级采用 f GHz 的信号驱动，产生间隔为 f GHz 的多载波；第二级采用 $f/2$ GHz 的射频驱动相位调制器，使多载波数量加倍；同时通过调节驱动信号的幅度，能产生平坦的多载波。第一级采用 f GHz 的信号驱动相位调制器的输出为

$$E_{out\_1}(t) \approx E_o\sum_{n=-m}^{+m}J_n(\pi R_1)\exp[j2\pi(f_c+nf_s)t] \tag{7-33}$$

而第二级相位调制器的传输函数可以表示为

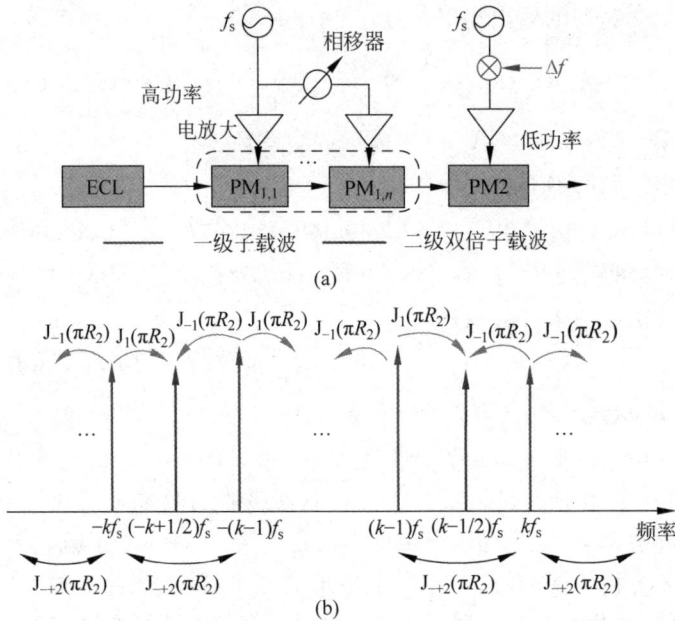

图 7.10 级联相位调制器多载波产生方案原理图

（a）级联相位调制器多载波产生方案结构图；（b）多载波产生原理

（请扫 2 页二维码看彩图）

$$F_{\mathrm{PM2}} \approx \sum_{n=-2}^{+2} \mathrm{J}_n(\pi R_2)\exp[\mathrm{j}2\pi(nf_\mathrm{s}/2)t+\mathrm{j}n\Delta\varphi] \tag{7-34}$$

为实现平坦的光多载波，需要实现对称频谱，即

$$\eta_\mathrm{s}=P_{(k-1/2)}/P_{-(k-1/2)}=\frac{|\mathrm{J}_k(\pi R_1)-\mathrm{J}_{k-1}(\pi R_1)\exp(\mathrm{j}2\Delta\varphi)|^2}{|\mathrm{J}_k(\pi R_1)\exp(\mathrm{j}2\Delta\varphi)+\mathrm{J}_{(k-1)}(\pi R_1)|^2} \tag{7-35}$$

为实现式（7-35）结果为1，应满足 $\Delta\varphi=\dfrac{2n+1}{4}\pi$。因此，如采用上述方案，则只需要在第二级相位调制器的驱动射频信号上加上一个射频移相器，使之满足一定的相位延迟即可。

通过上述方案采用倍频信号产生平坦多载波，相比于级联相位和强度调制器具有稳定的优势。然而，必须采用多倍频信号驱动，同时还需要严格地控制射频信号的相位。为了实现单倍频驱动相位调制器产生多载波，复旦大学研究人员在上述基础上又进行了相应的改进[15]，采用小差频驱动相位调制器产生平坦的多载波。其原理如图 7.11 所示，通过同倍率的射频信号驱动两级相位调制器，第一级相位调制器用于产生多载波；第二级相位调制器引入一个小频率差信号，从而使信号变得平坦。通过引入小频率差，使第二级的相位调制器与第一级相位调制器之间的相位差变成 $\varphi=2\pi\Delta f t$，从而第二级相位调制器的驱动电压表示为：$f_2(t)=R_2V_\pi\sin[2\pi(f_\mathrm{s}+\Delta f)t]$，其中小频率差为 $\Delta f(\Delta f\ll f_\mathrm{s})$，于是，第二级相位调制器的输出为

$$\widetilde{E}_{\mathrm{out2}}(t)=E_\mathrm{o}\sum_{n=-\infty}^{+\infty}\sum_{k=-\infty}^{+\infty}|\mathrm{J}_{n-k}(\pi R_1)||\mathrm{J}_k(\pi R_2)|\exp[\mathrm{j}2\pi(f_\mathrm{c}+nf_\mathrm{s})t] \tag{7-36}$$

此处相位输出幅度是一个平均值。于是，第二级相位调制器的输出不再是一个单一控制变量，而是由两级相位调制器的驱动电压共同决定的。因此，我们可以通过调节两级相位调

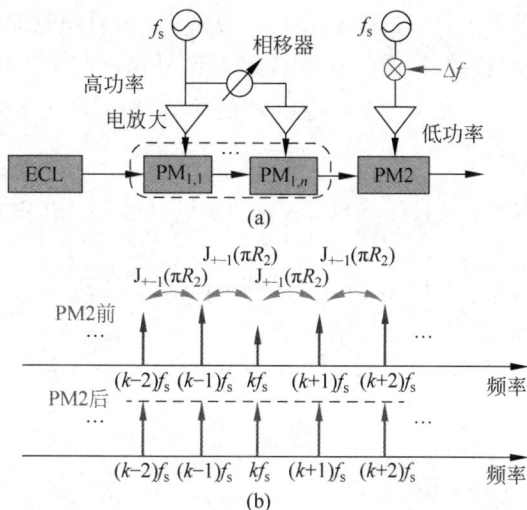

图 7.11 同倍频两级相位调制器多载波产生方案原理图

(a) 同倍频两级相位调制器多载波产生方案结构图；(b) 多载波产生原理

（请扫 2 页二维码看彩图）

制器的驱动电压，来控制输出光子载波的幅度。这就为最优化的平坦输出提供了可能。实际结果也证明，第二级相位调制器的调制系数在 0.45 附近时，能实现平坦的光多载波输出。

4. 基于单驱动 IQ 调制器产生平坦多载波

图 7.12 是通过单个 IQ 调制器产生平坦多载波的原理图[16]。

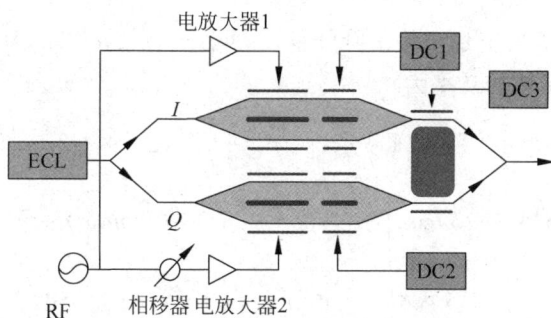

图 7.12 集成 IQ 调制器多载波产生方案结构图

（请扫 2 页二维码看彩图）

它有三个独立的偏置电压，分别在 IQ 分量的两条臂上以及 IQ 调制器的两条支路上产生可调的光相移。另外，不同幅度和相移的射频信号分别驱动 IQ 调制器的 I 路和 Q 路。通过调整 RF 驱动电压、相移器和偏置电压，它可以最优化 IQ 调制器的 6 个参数，因而可以产生比级联相位调制器方案更平坦的多载波。当单驱动 IQ 调制器时，其传输函数可表示为

$$E_{out} = \frac{E_c}{2} \exp(j2\pi f_c t) \left[(\exp\{j[\alpha_1 \pi \sin(2\pi f_s t) + \beta_1 \pi]\} + \exp[-j\alpha_1 \pi \sin(2\pi f_s t)] + \right.$$

$$\left. \exp(j\beta_3 \pi)(\exp\{j[\alpha_2 \pi \sin(2\pi f_s t + \varphi) + \beta_2 \pi]\} + \exp[-j\alpha_2 \pi \sin(2\pi f_s t + \varphi)] \} \right]$$

$$(7-37)$$

其中,激光器的输入信号为 $E_{cw}=E_c \cdot \exp(j2\pi f_c t)$；$f_s$ 为射频源的频率；φ 表示同向分量和正交分量驱动信号的相移差；α_1、α_2 分别为射频信号幅度与半波电压 V 的比值；β_1、β_2、β_3 分别表示 DC1、DC2 以及 DC3 与半波电压 V 的比值,根据欧拉等式以及 Jacobi-Anger 展开,式(7-37)可简化为

$$E_{out}=\cos\left(\beta_1 \frac{\pi}{2}\right)\exp\left(j\beta_1 \frac{\pi}{2}\right)J_0(\alpha_1\pi)E_0+\cos\left(\beta_2 \frac{\pi}{2}\right)\exp\left[j(\beta_2+2\beta_3)\frac{\pi}{2}\right]J_0(\alpha_2\pi)E_0+$$

$$\cos\left(\beta_1 \frac{\pi}{2}\right)\exp\left(j\beta_1 \frac{\pi}{2}\right)E_1+\sin\left(\beta_1 \frac{\pi}{2}\right)\exp\left(j\beta_1 \frac{\pi}{2}\right)E_2+$$

$$\cos\left(\beta_2 \frac{\pi}{2}\right)\exp\left[j(\beta_2+2\beta_3)\frac{\pi}{2}\right]E_3+\sin\left(\beta_2 \frac{\pi}{2}\right)\exp\left[j(\beta_2+2\beta_3)\frac{\pi}{2}\right]E_4 \quad (7\text{-}38)$$

其中,

$$E_0=E_c\exp(j2\pi f_c t)$$

$$E_1=\sum_{n=2k}\{J_n(\alpha_1\pi)\exp[j2\pi(f_c+nf_s)t]+J_n(\alpha_1\pi)\exp[j2\pi(f_c-nf_s)t]\}E_0$$

$$E_2=\sum_{n=2k-1}j\cdot\{J_n(\alpha_1\pi)\exp[j2\pi(f_c+nf_s)t]-J_n(\alpha_1\pi)\exp[j2\pi(f_c-nf_s)t]\}E_0$$

$$E_3=\sum_{n=2k}\{\exp(jn\varphi)J_n(\alpha_2\pi)\exp[j2\pi(f_c+nf_s)t]+\exp(-jn\varphi)J_n(\alpha_2\pi)\cdot$$
$$\exp[j2\pi(f_c-nf_s)t]\}E_0$$

$$E_4=\sum_{n=2k-1}j\cdot\{\exp(jn\varphi)J_n(\alpha_2\pi)\exp[j2\pi(f_c+nf_s)t]-\exp(-jn\varphi)J_n(\alpha_2\pi)\cdot$$
$$\exp[j2\pi(f_c-nf_s)t]\}E_0$$

$k=1,2,\cdots$,J_n 为第一类贝塞尔函数 n 阶分量,$\exp[j2\pi(f_c\pm nf_s)t]$ 为第 n 阶谐波光载波分量。奇次谐波和偶次谐波的功率为

$$\begin{cases}P_{even}(n)=\left\{\cos^2\left(\beta_1 \frac{\pi}{2}\right)J_n^2(\alpha_1\pi)+\cos^2\left(\beta_2 \frac{\pi}{2}\right)J_n^2(\alpha_2\pi)+2\cos\left(\beta_1 \frac{\pi}{2}\right)\cos\left(\beta_2 \frac{\pi}{2}\right)\cdot\right.\\ \left.J_n(\alpha_1\pi)J_n(\alpha_2\pi)\cos\left[(\beta_1-\beta_2-2\beta_3)\frac{\pi}{2}+n\varphi\right]\right\}\cdot E_0^2, \quad n=0\text{ 或}\pm 2k\\ P_{odd}(n)=\left\{\sin^2\left(\beta_1 \frac{\pi}{2}\right)J_n^2(\alpha_1\pi)+\sin^2\left(\beta_2 \frac{\pi}{2}\right)J_n^2(\alpha_2\pi)+2\sin\left(\beta_1 \frac{\pi}{2}\right)\sin\left(\beta_2 \frac{\pi}{2}\right)\cdot\right.\\ \left.J_n(\alpha_1\pi)J_n(\alpha_2\pi)\cos\left[(\beta_1-\beta_2-2\beta_3)\frac{\pi}{2}+n\varphi\right]\right\}\cdot E_0^2, \quad n=\pm(2k-1)\end{cases}$$
$$(7\text{-}39)$$

从以上等式可知,IQ 调制器的两个支路都可以产生光子载波,α_1、α_2、β_1、β_2、β_3 和 φ 都能影响子载波的幅度。定义 $\eta_s=P_{even}(n)-P_{even}(-n)$,为左右两边的偶次谐波的对称因子,则有

$$\eta_s=P_{even}(n)-P_{even}(-n)$$
$$=2\cos\left(\beta_1 \frac{\pi}{2}\right)\cos\left(\beta_2 \frac{\pi}{2}\right)\cdot J_n(\alpha_1\pi)J_n(\alpha_2\pi)\cdot$$
$$\left\{\cos\left[(\beta_1-\beta_2-2\beta_3)\frac{\pi}{2}+n\varphi\right]-\cos\left[(\beta_1-\beta_2-2\beta_3)\frac{\pi}{2}-n\varphi\right]\right\}\cdot E_0^2$$

$$= 4\cos\left(\beta_1\,\frac{\pi}{2}\right)\cos\left(\beta_2\,\frac{\pi}{2}\right)J_n(\alpha_1\pi)J_n(\alpha_2\pi)\sin\left[(\beta_1-\beta_2-2\beta_3)\,\frac{\pi}{2}\right]\sin(n\varphi)E_0^2 \quad (7\text{-}40)$$

当 $\eta_s=0$ 时，表示左右两边的偶次边带的功率相等，功率偏差很小，此时，$\sin(n\varphi)=0$，$\varphi=l\pi, l=\pm 1,\pm 2,\cdots$。然而，为了获得功率平坦的子载波，奇次谐波和偶次谐波的功率偏差也应最小，即为 0，因此可得

$$\begin{cases} \cos^2\left(\beta_1\,\dfrac{\pi}{2}\right)=\sin^2\left(\beta_1\,\dfrac{\pi}{2}\right) \\[3mm] \cos^2\left(\beta_2\,\dfrac{\pi}{2}\right)=\sin^2\left(\beta_2\,\dfrac{\pi}{2}\right) \end{cases} \quad (7\text{-}41)$$

此时，$\beta_1=(2l+1)/2, \beta_2=(2l+1)/2, l=\pm 1,\pm 2,\cdots$。根据得到的结论，式(7-39)可简化为

$$\begin{cases} P_{\text{even}}(n)=A^2 E_0^2\left[J_n^2(\alpha_1\pi)+J_n^2(\alpha_2\pi)\pm 2J_n(\alpha_1\pi)J_n(\alpha_2\pi)\cos(\beta_3\pi)\right], & n=0 \text{ 或 } \pm 2k \\[3mm] P_{\text{odd}}(n)=A^2 E_0^2\left[J_n^2(\alpha_1\pi)+J_n^2(\alpha_2\pi)\pm 2J_n(\alpha_1\pi)J_n(\alpha_2\pi)\cos(\beta_3\pi)\right], & n=\pm(2k-1) \end{cases}$$
$$(7\text{-}42)$$

而为了进一步减小子载波之间的功率偏差，式(7-42)中第三项因子应为 0，有 $\beta_3=(2l+1)/2$。通过如上的推导，可知，当 $\varphi=l\pi,\beta_1=\beta_2=\beta_3=(2l+1)/2$ 时，可通过 IQ 调制器产生功率平坦的多载波。若增大 α_1 和 α_2，则可以产生更多数量的子载波。

5. 基于相位调制的环路多载波产生方案

基于相位调制器的环路多载波方案原理如图 7.13 所示[17]。闭环环路中包括两个 1∶1 偏振保持光耦合器、两个级联的相位调制器、偏振保持的 EDFA 以及偏振保持的可调谐光相移器。如 7.3.2 节 3.所述，级联的相位调制器用来产生平坦的多载波，而 EDFA 则用来补偿环路中的损耗，光相移器可调谐匹配环路的长度。与基于单边带调制器的环路多载波结构不同的是，基于相位调制器的环路多载波方案不需要使用带通光滤波器，产生的多载波覆盖整个 EDFA 的增益频谱。环路输出通过一个波长选择交换器(WSS)或波形整形器后，可以得到理想的多载波。

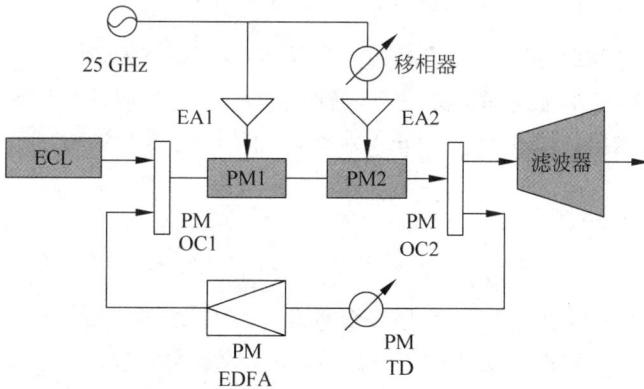

图 7.13　基于级联相位调制器的环路多载波产生方案结构图

图 7.13 中，窄线宽激光器产生的光波 $E_c = E_o \exp(j2\pi f_c t)$，作为偏振保持光耦合器 OC1 的一个输入端，耦合输出通过级联相位调制器调制产生频率移动。相位调制器的驱动信号为固定频率的射频时钟信号。为了产生更多的子载波，射频驱动信号在驱动相位调制器前，经过 EA（电放大器）被放大。环路中，级联相位调制器的输出被 OC2 分为两路，一路耦合输出，另一路则通过 EDFA，补偿闭环中的插入损耗。这种方案将功率转换为环路中的多载波，其多载波产生原理如图 7.14 所示。

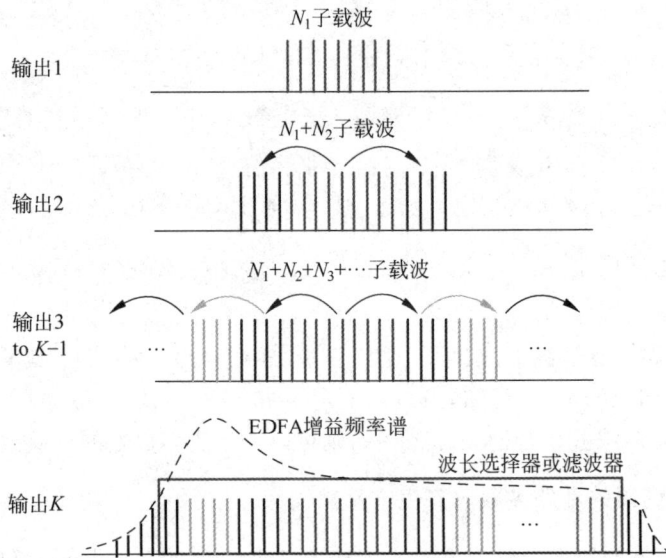

图 7.14　多载波产生原理图

（请扫 2 页二维码看彩图）

图 7.14 中输出 1 包含有 N_1 个子载波，其表达式如下：

$$E_{out\_1} \approx E_o \sum_{n=-N_1/2}^{N_1/2} J_n(\pi R_c) \exp[j2\pi(f_c + nf_s)t]$$

$$= E_c \sum_{n=-N_1/2}^{N_1/2} J_n(\pi R_c) \exp(j2\pi nf_s t) \tag{7-43}$$

经过一个闭合环路后，N_1 个子载波循环注入级联相位调制器，通过频率移动产生 N_2 个子载波；而窄带激光器通过耦合器 OC1，又产生 N_1 个子载波，因而 OC2 输出端，一共有 $N_1 + N_2$ 个子载波输出。综合考虑 EDFA 和级联相位调制器的影响，每一个闭合环路的传输函数可表示如下：

$$F(t) = g_r \exp(j\theta_r) \exp(-a_r) \sum_{n=-N_1/2}^{N_1/2} J_n(\pi R_c) \exp(j2\pi nf_s t) \tag{7-44}$$

其中，g_r 是 EDFA 的放大增益；θ_r 为每一个环路的相位时延；$\exp(-\alpha_r)$ 表示每一个环路总的插入损耗。为了能够产生更多的子载波，EDFA 的放大增益需足够大，以补偿环路中插入损耗和 $N_1/2$ 阶子载波的调制损耗。假设闭环中损耗被完全补偿，则每个环路的归一化输出可以表示为

$$\begin{cases} E_{\text{out\_1}} = E_{\text{c}} \sum_{n=-N_1/2}^{N_1/2} \mathrm{J}_n(\pi R_{\text{c}}) \exp(\mathrm{j}2\pi n f_{\text{s}} t) \\[2mm] E_{\text{out\_2}} = E_{\text{c}} \sum_{n=-N_1/2}^{N_1/2} \mathrm{J}_n(\pi R_{\text{c}}) \exp(\mathrm{j}2\pi n f_{\text{s}} t) + E_{\text{out\_1}} F = E_{\text{out\_1}}(1+F) \\[2mm] E_{\text{out\_3}} = E_{\text{out\_1}} + E_{\text{out\_2}} F = E_{\text{out\_1}}(1+F+F^2) \\[1mm] \vdots \\[1mm] E_{\text{out\_}K} = E_{\text{out\_1}}(1+F+F^2+\cdots+F^K) \end{cases} \tag{7-45}$$

$E_{\text{out\_}K}$ 是覆盖整个 EDFA 增益频谱的饱和输出。从以上分析可知,当 EDFA 增益不足以补偿环路中的损耗时,功率较低的高阶子载波就会恶化衰减,因此,EDFA 的增益指数需足够大。由于 EDFA 具有增益不平坦的特性,为了获得平坦的多载波,需要使用 WSS 或波形整形器,对幅度进行均衡。

改进上述方案,通过在环路中引入带通滤波器而改变载波产生的范围,从而通过双环路的结构来实现更大数量的载波产生[18]。其结构原理图如图 7.15 所示,由两个闭合环路构成。每一个闭合环路包括两个 1∶1 偏振保持光耦合器、一个级联的相位调制器、偏振保持的 EDFA 以及偏振保持的可调谐光相移器。通过两个环路(Loop1 和 Loop2)分别产生短波长范围和长波长范围的子载波,这种结构可以产生覆盖整个 C 波段的功率平坦子载波。另外,由于在环路中只使用了一个相位调制器,可以降低成本和系统复杂度,最重要的是,只有一个相位调制器,则无须考虑射频驱动信号相位之间的同步问题。如图 7.15 所示,窄线宽激光源通过光耦合器被分成两路,作为每个环路的激励源。上环路产生长波长范围的子载波,下环路则用来产生短波长范围的子载波。合并两个环路的输出,通过一个 WSS 或波形整形器对两个环路的子载波频谱和幅度进行整形,可以产生覆盖整个 C 波段的功率平坦的子载波。值得注意的是,下环路需要对产生的多载波进行频率锁定,因而需要可调谐光带通滤波器将产生的子载波锁定在短波长范围内。

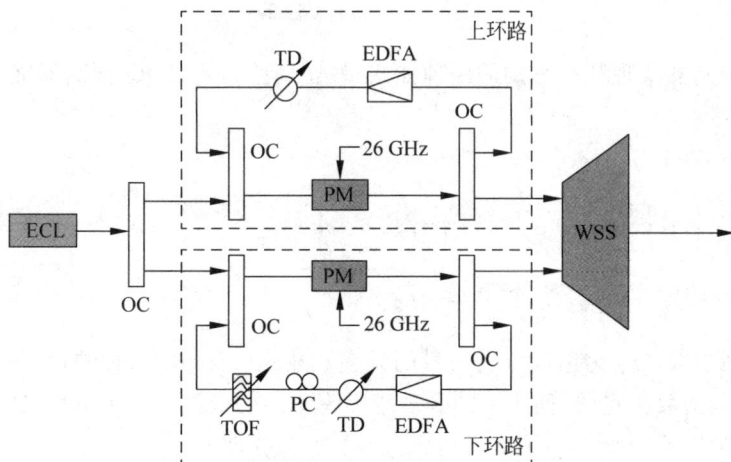

图 7.15　基于相位调制的双环路多载波产生方案

6. 基于 IQ 调制器产生单边带频移环路方案

基于 IQ 调制器产生单边带频移环路结构射频系统(radio freguency system,RFS)包括一个闭合的光纤回路,可调光带通滤波器(用来控制产生的边带数),一个 IQ 调制器和两个光放大器(补偿频率转换的损失)。IQ 调制器由两个并行放置的双臂马赫-曾德尔调制器组成,其中一臂存在 $\pi/2$ 的相移。经过 IQ 两端的幅度相等但有 90° 相移的 RF 信道驱动,来实现对输入光信号的正向(或反向)移频。如图 7.16 所示,起始输入一个中心频率为 f_0 的光边带,在经过光 IQ 调制器后,产生了频移,大小等于调制器的驱动频率 f。在经过第一次循环后,产生了一个中心频率为 f_1 的边带。使用耦合器将 f_1 边带分成两份,一份耦合后输出 RFS,另一份返回至光 IQ 调制器的输入端。在第二圈,将由原来 f_0 边带产生的 f_1 边带经过频移 f 后,产生新的 f_2 边带。同样的方法,经过 N 圈循环,可有 f_{n-1} 边带产生 f_n 边带,f_{n-2} 边带产生 f_{n-1} 边带。而 f_{n+1} 边带将被回路中的带通滤波器滤除。这种方法产生 f_1 至 f_n 边带是通过不同的循环圈数产生的,因此具有不相关的数据模式。此外,这种方式的带宽展开并不需要为光调制器提供很大的驱动电压。使用循环移频器的另一个好处是,可以来调节循环回路的延迟,使其为发射端符号周期的整数倍。这样,相邻的边带不仅可以在正确的频率栅处驻留,并能与发射端信号同步。因为相邻边带的回路延迟很长,所以,边带之间是不相关的,用 RFS 来复制不相关的多边带非常有用,因为试验设备如任意波形发生器(AWG)和 IQ 调制器的数量并不随边带数量成倍增加。

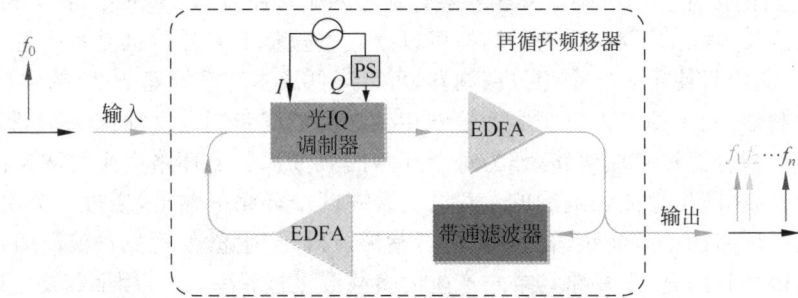

图 7.16 循环移频器的多边带产生结构图
(请扫 2 页二维码看彩图)

使用 IQ 调制器实现频率移动的原理如式(7-46)所示,通过 IQ 调制器能实现单边带产生而实现相移:

$$E_{\text{out}}(t) = E_I(t) + j\beta E_Q(t)$$

$$\approx \frac{1}{4} E_0 \left\{ 4J_1\left(\frac{\pi}{2}R\right) \exp[j2\pi(f_0 + f_s)t] + 4J_{-3}\left(\frac{\pi}{2}R\right) \exp[j2\pi(f_0 - 3f_s)t] + \cdots \right\}$$

$$\approx E_0 J_1\left(\frac{\pi}{2}R\right) \exp[j2\pi(f_0 + f_s)t] \tag{7-46}$$

其中,R 是调制指数;f_s 为射频驱动信号的频率。从式(7-46)中可以看出,每一条谐波边带的功率是由调制指数决定的,而主要的非理想频率移动的谐波边带为三次谐波,更高阶谐波的产生对多边带影响较小。

在最新的报道中,对上述方案的改进主要在四个方面:①通过双环路的结构,充分利用环路频移的方向性,从而产生双向双环路的多载波[19];②通过改进驱动信号的频率,采用多倍频驱动产生多倍频的频移,从而实现多个子载波产生[20-21];③通过多波长注入,采用独立增益的环路,从而实现多信道多波长的多载波产生[22-24];④通过使 IQ 调制器产生两个输出,从而产生双环路的多载波。上述四种方案的展开如下所述。

第一种改进方案[19]如图 7.17 所示,双向双环路多载波结构中有两个闭合的光纤回路,每一个回路中包括一个 1∶1 偏振保持光耦合器、一个 IQ 调制器、一个光放大器、一个偏振控制器和可调谐光带通滤波器。偏振控制器、偏振保持的耦合器和 EDFA 可以确定稳定的输出。它利用 IQ 调制单边带调制频移的双向性,实现相干、频率锁定的多载波产生。

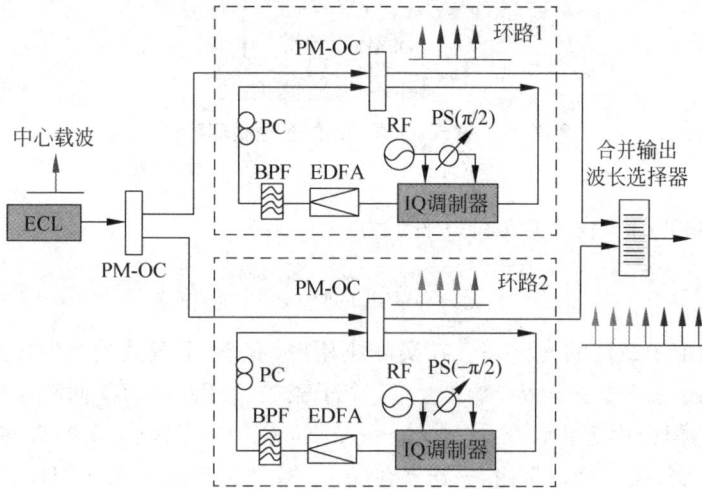

图 7.17　基于 IQ 调制器的双环路频移结构
（请扫 2 页二维码看彩图）

环路中,IQ 调制器经过 IQ 两端的幅度相等但有固定相移($\pi/2$ 或 $-\pi/2$)的 RF 信道驱动,来实现对输入光信号的正向(或反向)移频,获得不同方向的单边带调制。激励光源经过一个环路后,IQ 调制后产生的多载波输出被 OC2 分为两路,一路耦合输出,另一路则通过 EDFA,补偿闭环中的插入损耗。如此循环,两个环路就可以分别产生短波长范围和长波长范围的多载波。产生的多载波数量由环路中带通滤波器的通带带宽决定。

一个正频率方向的环路(上环路)产生的结果为

$$E_N^+(t) = E_{in}(t) + E_{in}(t)\sum_{n=1}^{N} F^n(t)$$

$$= E_o \exp(j2\pi f_c t) + E_o \sum_{n=1}^{N} \exp[j2\pi(f_c + nf_s)t]\exp(jn\theta_r) \tag{7-47}$$

加上另一个负频率方向环路(下环路)产生的结果,则两个环路合并的输出为

$$E_{out}(t) = E_N^+(t) + E_N^-(t)$$

$$= E_o \sum_{-B_2/f_s}^{B_1/f_s} \exp[j2\pi(f_c + nf_s)t]\exp(jn\theta_r) \tag{7-48}$$

因此,可以使整个环路的输出结果加倍。

第二种改进方案[20-21]如图 7.18 所示,它只包含一个闭合环路,激励光源为有 N 个载波的多载波光源。每一个回路中包括一个 1∶1 偏振保持光耦合器、一个 IQ 调制器、一个光放大器、一个偏振控制器和可调谐光带通滤波器。需要注意的是,这个结构是一个循环频移回路,并不是一个有源注入锁模激光器。当激励光源关闭时,输出则只有 EDFA 的 ASE

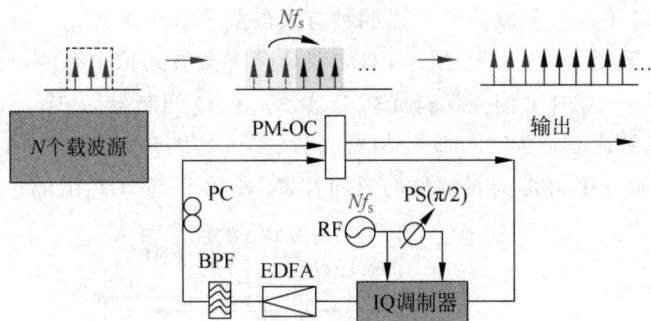

图 7.18 基于 IQ 调制器的多倍频环路结构

(请扫 2 页二维码看彩图)

噪声。有 N 个载波的多载波光源可以表示为

$$E_c = \sum_{n=0}^{N-1} E_o \exp[j2\pi(f_o + nf_s)t] \tag{7-49}$$

其中，f_o 是第一个子载波的光频率。在实际应用中，有 N 个载波的光源可以由 N 个 C 波段激光源组成，或是通过一个激光源产生 N 个子载波。环路中，IQ 调制器经过 IQ 两端的频率为 Nf_s Hz，但由固定相移($+\pi/2$ 或 $-\pi/2$)的 RF 信道驱动，来实现多倍频单边带调制。通过这种方法，在一个边带内，一次产生 N 个载波频率间隔为 f_s Hz 的多载波。频移间距为 Nf_s Hz，其表达式如下：

$$E_{MFS} = \sum_{n=0}^{N-1} E_o \exp[j2\pi(f_o + nf_s + Nf_s)t] \tag{7-50}$$

新产生的 N 个子载波被分成两路，一路耦合输出，另一路和原来的有 N 个子载波的光源一起作为 IQ 调制器的输入，进入另一个循环，又产生 N 个子载波。假设环路中插入损耗和调制损耗被完全补偿，如此循环往复，可以得到

$$E_{out\_M}(t) = \sum_{m=0}^{M} \sum_{n=0}^{N} E_o \exp[j2\pi(f_o + nf_s + mf_s)t] \tag{7-51}$$

其中，M 为循环路数。从式(7-51)可以看出，M 越大，产生子载波数量越多；但由于带通滤波器通带带宽和 EDFA 增益带宽的限制，子载波的数量随着 M 的增大会出现饱和最大值。在这种结构中，$M = B/Nf_s$，而在单倍频单边带调制(SFS-SSB)的多载波产生方案中，$MN = B/f_s$，循环时间只有 SFS-SSB 的 $1/N$，可以改善环路中累计 ASE 噪声的 TNR(tone to noise ratio)损耗。

第三种改进方案[22-24] 则是基于多信道射频信号环路的多载波产生方案。整个结构由一个多波长光源和一个改善的环路组成，如图 7.19(a)所示。实际操作中，多波长光源可以是由 N 个连续波长激光源组成，也可以是由一个 C 波段激光器产生的 N 个多载波光源。回路则包括一个偏振保持光耦合器、一个 IQ 调制器、信道解复用器以及 N 个独立的 EDFA。IQ 调制器中马赫-曾德尔调制器直流偏置为半波长驱动电压，整个环路是偏振保持的。经过 IQ 调制器后，环路信号被分成 N 个分支，每个信道分别经过不同的 EDFA 和带通滤波器。

图 7.19(b)表示多信道多载波的产生原理。每一个信道的带宽由复用器/解复用器控制。假设多波长光源每个波长的功率相等，f_n 为每个信道的光载波频率，经过 IQ 调制器两端的幅度相等但有固定相移($+\pi/2$ 或 $-\pi/2$)的 RF 信道驱动后，IQ 调制器的传输函数可

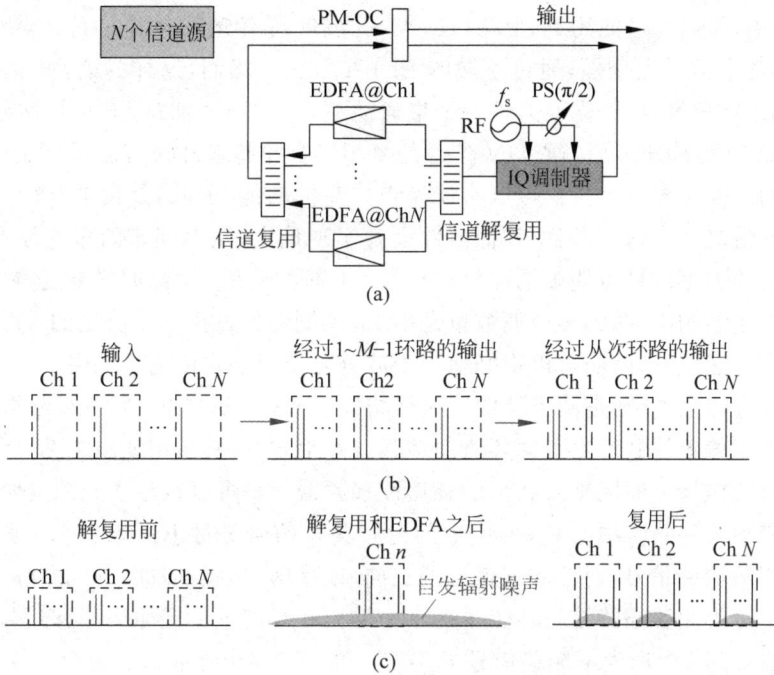

图 7.19　多信道多载波的产生原理

（请扫 2 页二维码看彩图）

以表示为

$$E_{\text{out}}(t) = E_I(t) + \mathrm{j}\beta E_Q(t) \approx E_{\text{in}} \mathrm{J}_1\left(\frac{\pi}{2}R\right)\exp(\mathrm{j}2\pi f_s t) \tag{7-52}$$

其中，E_{in} 是输入光信号；β 是 IQ 调制器的不平衡系数；R 为调制指数。从式(7-52)可以看出，经过 IQ 调制器后，每个信道光载波频率都发生了 f_s 的频率移动，f_s 为射频驱动信号的频率。

考虑 RFS 环路，其循环产生多载波的原理与前面讲述的类似。不同的是，每一个信道中都有一个 EDFA，因而可以独立地对每一个信道进行功率控制。而复用器和解复用器可以滤出其他信道的频谱分量，减小信道间的干扰。综合考虑 EDFA_N 和 SSB 调制，则历经一个环路的传输函数为

$$F_n(t) = g_{rn}\exp(-a_{rn})\mathrm{J}_1\left(\frac{\pi}{2}R\right)\exp(\mathrm{j}2\pi f_s t)\exp(\mathrm{j}\theta_n) \tag{7-53}$$

其中，g_{rn} 为 EDFA_N 的增益；θ_n 是路径 n 经历一个环路后的相位延迟；$\exp(-a_{rn})$ 路径 n 经历一个环路后的总损耗。假设环路中的损耗可以被 EDFA 完全补偿，则式(7-53)可以表示为

$$E_{\text{out\_M}}(t) = \sum_{m=0}^{M}\sum_{n=1}^{N} E_o\exp[\mathrm{j}2\pi(f_n + mf_s)t + \phi_n]\exp(\mathrm{j}m\theta_n) \tag{7-54}$$

其中，M 为有效循环路数，由带通滤波器的带宽 B 决定；θ_n 为第 n 个信道的相移。有效循环路数 $M = B/f_s$，N 个信道的总的多载波数量为 MN。

图 7.19(c)是复用器和解复用器的原理示意图。使用信道复用器和解复用器的主要目的是使每个信道的增益能够独立可调。N 信道的解复用器是由 N 个可选择通带滤波器组

成,实际操作中,可以通过使用 N 个端口的 WSS 或配备有光耦合器的 N 个带通滤波器来实现。如此,每个信道被分隔,通过不同的 EDFA 放大。然而,这样的话,N 信道的所有边带上都覆盖有 ASE 噪声,则需要另外一个带通滤波器,对噪声加窗,避免扩散到其他信道。N 个信道的信号经 EDFA 后,通过 N 信道的复用器合并起来,同样,复用器是由 N 个带通滤波器组成的。复用器的滤波器可以实现噪声加窗的功能,因此,复用器/解复用器结构可以在无干扰的情况下,结合环路中其他器件设备实现稳定、频率锁定的多载波产生。另外,虽然在每个信道中可以尽可能多地产生多载波,但是考虑系统设计的复杂度,这两者之间需要权衡。在上述结构中,总的多载波数量是由 IQ 调制器的输出功率决定的;每一个信道内产生的多载波相互独立,因而可以很好地用于波分复用网络或传输系统中。

第四种改进方案[25]则是基于补偿性频移结构(CFS),只采用一个注入光源、一个 IQ 调制器和一个直流偏置控制产生双向环路的多载波产生方案,其结构如图 7.20 所示。它与单边带频移环路结构最大的区别是新型的补偿性移频器——可以在注入光源的两边同时产生双向的单边带频移环路。中心频率为 f_s 的射频输入信号经过 IQ 调制器后被分成幅度相等、相移为 90°的两路信号,对输入光信号的正向(或反向)移频,因此,图 7.20 的结构可以看作上下两个单边带移频环路结构。CFS 的一个输出在环路 u 中产生上频移信号 $E_{un}(t)$,而另一个输出在环路 l 中产生下频移信号 $E_{ln}(t)$。如图 7.20 所示,f_n 为第 n 条光载波的频率,可简单地表示为 $f_0 + nf_s$,这里 f_0 为注入光源的频率。显而易见,通过采用 CFS 结构,使用一个 IQ 调制器,能成倍产生正交光载波。假设注入光源为 $E_{in}(t)$,射频信号为 $f(t)$,则 CFS 的传输函数可以表示为

$$
\begin{cases}
T_{CFS} = H_{oc} H_{Modulator} H_{oc} = \begin{bmatrix} H_{11} & H_{12} \\ H_{21} & H_{22} \end{bmatrix} \\[2mm]
H_{11} = -H_{22} = \dfrac{1}{2}\left\{ \cos\left[\dfrac{\pi}{2}\dfrac{f_I(t)}{V_\pi}\right] - \mathrm{j}\cos\left[\dfrac{\pi}{2}\dfrac{f_Q(t)}{V_\pi}\right] \right\} \\[2mm]
H_{12} = H_{21} = \dfrac{1}{2}\left\{ \cos\left[\dfrac{\pi}{2}\dfrac{f_I(t)}{V_\pi}\right] + \mathrm{j}\cos\left[\dfrac{\pi}{2}\dfrac{f_Q(t)}{V_\pi}\right] \right\}
\end{cases}
\tag{7-55}
$$

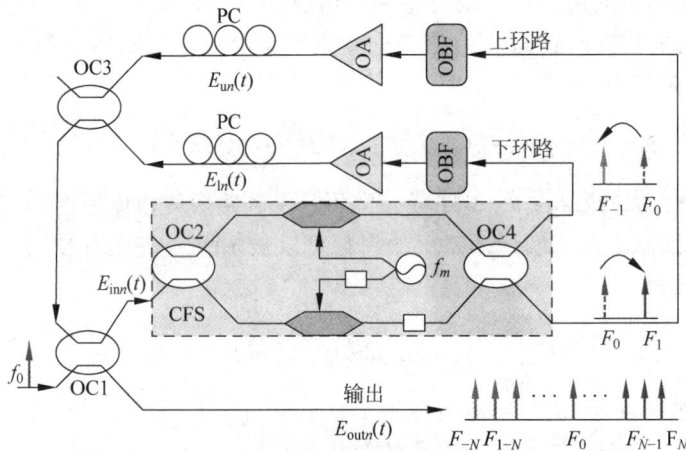

图 7.20 补偿性移频多载波产生原理

(请扫 2 页二维码看彩图)

其中,H_{oc} 和 $H_{Modulator}$ 分别为光耦合器和调制器 IQ 支路的传输函数。由于只有一路信号通过 OC2 耦合进入 CFS,在第一次循环回路中,输入信号为 $E_{in}(t)$。理想情况时,直流偏置电压为 V_π,IQ 调制器 I、Q 两路的射频峰值电压相等,为 V_{pp}。这时,CFS 结构的输出可以表示为

$$\begin{bmatrix} E_{o1} \\ E_{o2} \end{bmatrix} = T_{CFS}E_{in} = \frac{E_{in}}{2}\begin{bmatrix} \{\sin[\delta_m\cos(w_st)] - j\sin[\delta_m\sin(w_st)]\} \\ j\{\sin[\delta_m\cos(w_st)] + j\sin[\delta_m\sin(w_st)]\} \end{bmatrix} \tag{7-56}$$

其中,$\delta_m = \pi V_{pp}/2V_\pi$,为 CFS 的调制深度。

假设产生的多载波数为 $2N$,则环路 u 和环路 l 得至少循环 N 次。忽略由耦合器引起的相移,循环 N 次后,整个结构的输出为

$$E_N(t) = E_{in} + E_{in}\sum_{n=1}^{N}\exp(jnw_st)\exp(jn\phi_u) + E_{in}\sum_{n=1}^{N}\exp(-jnw_st)\exp(jn\phi_l) +$$

$$E_{in}\sum_{n=1}^{N-4}nb\exp(-j3nw_st)\exp(jn\phi_u) + E_{in}\sum_{n=1}^{N-4}\exp(j3nw_st)\exp(jn\phi_l) \tag{7-57}$$

式(7-57)中右边第一项分量为注入电压,第二项和第三项分量分别为环路 u 和环路 l 的频移信号分量,第四项和第五项分量分别是环路 u 和环路 l 中不需要的串扰分量,$b = -J_3(\delta_m)/J_1(\delta_m)$。结合式(7-57)可以看出,$N$ 次循环后,串扰分量的输出不稳定[26]。而经过 $N+4$ 次循环后,串扰分量输出达到稳定状态,输出可以表示为

$$E_N(t) = E_{in} + E_{in}\sum_{n=1}^{N}\exp(jnw_st)\exp(jn\phi_u) + E_{in}\sum_{n=1}^{N}\exp(-jnw_st)\exp(jn\phi_l) +$$

$$E_{in}\sum_{n=1}^{N}C_{nu}\exp(jnw_st)\exp(jn\phi_u) + E_{in}\sum_{n=1}^{N}C_{nl}\exp(-jnw_st)\exp(jn\phi_l) \tag{7-58}$$

其中,C_{nu} 和 C_{nl} 分别为串扰分量与理想信号分量的归一化系数。在理想情况下,从式(7-58)可以看出,图 7.20 所示的多载波产生方案和传统情况下单边带循环频移(SRFS)环路结构,两者的输出特征相同,且在非理想情况下,文献[27]中指出,前者的工作性能比后者要好。

7.4　小结

OFDM 通过相互正交的子载波实现无保护间隔的更高频谱效率的信号传输,能够极大地提高光通信系统传输的频谱效率。光 OFDM 调制实现方式主要有两种:一种是相干光 OFDM,先在电域实现 OFDM 的调制,然后再通过上变频转换实现光 OFDM 的调制,这种实现方式的 OFDM 受到光数据调制器和快速傅里叶变换的约束,限制了系统吞吐率;另一种是全光的 OFDM,利用现有的光调制器或设计变换光路,光 OFDM 的调制和解调都是在光域实现。目前这两类实现方式都取得了可观的进展,特别是近年来,频率锁定且功率平坦的正交多载波的产生技术,由于可以避免发射端和接收端复杂的 IDFT 和变换电路,从而发展迅速,其广泛的应用驱动涌现了多种用于实现正交多载波的方案。本章主要介绍了 5 种正交多载波的产生方案,其中基于相位调制的环路多载波产生方案和基于 IQ 调制器产生单边带频移环路方案,由于采用环路结构,可以产生更大数量的频率锁定且功率平坦的多载波。

思考题

7.1 思考如何提高相干 OFDM 光传输容量？这些方式又有哪些限制？

7.2 采用 MATLAB 软件,产生一个 OFDM 信号(FFT 长度为 4096,循环前缀长度为 64,有效子载波长度为 2048,调制格式为 16QAM)。

7.3 思考循环前缀的物理含义是什么？随着光纤链路色散的影响,如何确定循环前缀的长度。

7.4 证明 OFDM 信号在码元持续时间 T 内任意两个子载波都是正交的。$\int_0^T \cos(2\pi f_k t + \varphi_k) * \cos(2\pi f_i t + \varphi_i) \mathrm{d}t = 0, f_k = \dfrac{k+m}{2T}, m = 0,1,2,\cdots,$ 且 $|f_k - f_i| = \dfrac{n}{T}, n = 1,2,\cdots$。

7.5 思考 OFDM 信号的 PAPR 过高造成的光纤非线性效应对 OFDM 信号的影响,如何解决这个问题。

7.6 推导式(7-8)所示的光 OFDM 信号的表达式。

7.7 基于相移时延阵列和时延阵列理论,分别仿真全光 OFDM 信号的 IDFT 和 DFT。

7.8 基于如图 7.8 所示的正弦信号驱动 MZM 的结构,仿真实现多载波信号的产生,讨论射频信号的频率、大小以及直流偏置电压对产生子载波的影响。

7.9 基于如图 7.10 所示的二级相位调制器级联的结构,仿真实现多载波信号的产生,讨论二级相位调制器的驱动电压对产生子载波的影响。

7.10 比较基于级联和环路两种方式的相位调制器来产生多载波的方案,两者的优缺点。

7.11 思考四种 IQ 调制器频移环路的改进方案,哪一种产生的多载波频谱质量高,原因是什么。

7.12 在题 7.2 的基础上,利用 MATLAB 完成 OFDM 调制和解调的仿真,可以采用高斯信道或者瑞利信道进行模拟。

7.13 思考使用训练序列或者导频进行信道估计的不同,两者各有什么优点和缺点,使用 MATLAB 仿真验证你的想法。

7.14 使用 VPI 仿真软件搭建相干 OFDM 光纤传输系统。

7.15 简要叙述有哪些正交多载波产生技术,并说明各自的优缺点。

参考文献

[1] 王华奎,李艳萍,张立毅,等.移动通信原理与技术[M].北京:清华大学出版社,2009:638-644.

[2] SHIEH W,BAO H,TANG Y. Coherent optical OFDM:theory and design[J]. Optics Express,2008,16(2):841-859.

[3] JANSEN S,MORITA I,SCHENK T,et al. Coherent optical 25.8-Gb/s OFDM transmission over 4160-km SSMF[J]. Journal of Lightwave Technology,2008,26(1):6-15.

[4]　ARMSTRONG J. OFDM for optical communications[J]. Journal of Lightwave Technology,2009,27(3): 189-204.

[5]　NAZARATHY M,NOE R,WEIDENFELD R,et al. Recent advances in coherent optical OFDM high-speed transmission[EB/NL]. PhotonicsGlobal@Singapore,2008. IPGC 2008. IEEE.

[6]　LEE K,THAI C,RHEE J. All optical discrete Fourier transform processor for 100 Gbps OFDM transmission[J]. Optics Express,2008,16(6): 4023-4028.

[7]　YAMADA S,YOSHIKUNI E. Optical orthogonal frequency division multiplexing using frequency/time domain filtering for high spectral efficiency up to 1 bit/s/Hz[C]. OFC 2002,Anaheim,CA,USA,2002.

[8]　MA Y,YANG Q,TANG Y,et al. 1-Tb/s single-channel coherent optical OFDM transmission over 600-km SSMF fiber with subwavelength bandwidth access [J]. Opt. Express, 2009, 17 (11): 9421-9427.

[9]　YU J,DONG Z,CHI N. 1. 96-Tb/s (21×100 Gb/s) optical OFDM superchannel generation and transmission over 3200-km SMF-28 with EDFA-only[J]. IEEE Photon. Technol. Lett. ,2011,23(15): 116-121.

[10]　YU J,DONG Z,XIAO X,et al. Generation of 112 coherent multi-carriers and transmission of 10 Tb/s (112×100 Gb/s) single optical OFDM superchannel over 640 km SMF[C]. OFC 2011,Los Angeles,CA,USA,2011,PDPA6.

[11]　YONENAGA K,SANO A,YAMAZAKI E,et al. 100 Gbit/s all-optical OFDM transmission using 4×25 Gbit/s optical duobinary signals with phase-controlledoptical sub-carriers[C]. OFC/NFOEC 2008,San Diego,CA,USA,2008.

[12]　ZOU S,WANG Y,SHAO Y,et al. Generation of coherent optical multi-carriers using concatenated,dual-drive Mach-Zehnder and phase modulators[J]. Chin. Opt. Lett. ,2012,10: 070605.

[13]　DOU Y,ZHANG H,YAO M. Improvement of flatness of optical frequency comb based on nonlinear effect of intensity modulator[J]. Optics Letters,2011,36(14): 2749-2751.

[14]　ZHANG J,YU J,TAO L,et al. Generation of coherent and frequency-lock optical subcarriers by cascading phase modulators driven by sinusoidal sources[J]. IEEE Journal of Lightwave Technology,2012,30(24): 3911-3917.

[15]　ZHANG J,YU J,DONG Z,et al. Flattened optical comb generation using only phase modulators driven by single fundamental frequency sinusoidal sources with small frequency offset[C]. OFC 2013,Anaheim,CA,USA,2013,OTh3D. 3.

[16]　TAO L,YU J,CHI N. Generation of flat and stable multi-carriers based on only integrated IQ modulator and its implementation for 112 Gb/s PM-QPSK transmitter [C]. Optical Fiber Communication Conference,OSA Technical Digest (Optical Society of America,2012),paper JW2A. 86.

[17]　ZHANG J,CHI N,YU J,et al. Generation of coherent and frequency-lock multi-carriers using cascaded phase modulators and recirculating frequency shifter for Tb/s optical communication[J]. Opt. Express,2011,19: 12891-12902.

[18]　ZHANG J,YU J,DONG Z,et al. Generation of full C-band coherent and frequency-lock multi-carriers by using recirculating frequency shifter loops based on phase modulator with external injection[J]. Opt. Express,2011,19: 26370-26381.

[19]　ZHANG J,YU J,CHI N,et al. Stable optical frequency-locked multicarriers generation by double recirculating frequency shifter loops for Tb/s communication [J]. IEEE Journal of Lightwave Technology,2012,30(24): 3938-3945.

[20]　ZHANG J,YU J,CHI N,et al. Improved multi-carriers generation by using multi-frequency shifting recirculating loop[J]. IEEE Photonic Technology Letters,2012,24(16): 1405-1408.

[21]   ZHANG J,YU J,CHI N,et al. Theoretical and experimental study on improved frequency-locked multi-carrier generation by using recirculating loop based on multi-frequency shifting single-side band modulation[J]. IEEE Photonics Journal,2012,4(6)：2249-2261.

[22]   ZHANG J,YU J,CHI N,et al. Multichannel optical frequency-locked multicarrier source generation based on multichannel recirculation frequency shifter loop[J]. Opt. Lett. ,2012,37：4714-4716.

[23]   LI X,YU J,DONG Z,et al. Multi-channel multi-carrier generation using multi-wavelength frequency shifting recirculating loop[J]. Opt. Express,2012,20：21833-21839.

[24]   ZHANG J,YU J,CHI N,et al. Improved multi-channel multi-carrier generation using gain-independent multi-channel frequency shifting recirculating loop [J]. Opt. Express,2012,20：29599-29604.

[25]   LI J,LI Z. Frequency-locked multicarrier generator based on acomplementary frequency shifter with double recirculating frequency-shifting loops[J]. Optics Letters,2013,38(3)：359-361.

[26]   LI J,LI X,ZHANG X,et al. Analysis of the stability and optimizing operation of the single-side-band modulator based on re-circulating frequency shifter used for the T-bit/s optical communication transmission[J]. Opt. Express,2010,18：17597.

[27]   LI J,ZHANG X,TIAN F,et al. Theoretical and experimental study on generation of stable and high-quality multi-carrier source based on re-circulating frequency shifter used for Tb/s optical transmission[J]. Opt. Express,2011,19：848.

第 8 章

直接探测OFDM中的数字信号处理技术

正交频分复用(orthogonal frequency division multiplexing,OFDM)技术凭借其高频谱效率、简单的实现、良好的抗衰落和干扰能力等优点,已经成为当前宽带无线通信网络领域中常用技术之一。但是 OFDM 技术在光通信领域的应用起步较晚,1996 年,Carruthers 与 Kahn 将 OFDM 技术引入无线红外光通信系统中,以抵抗多径色散信道给系统性能带来的损伤[1]。但直到 2001 年,研究人员才注意到 OFDM 技术同样可以抵抗多模光纤中的模间色散影响,这一点与无线通信系统中存在的多径效应类似[2]。随后针对光 OFDM 传输系统性能,相关研究人员做了大量的研究与报道[3-6],从而推动着光 OFDM 技术的不断完善。光 OFDM 技术备受关注的原因在于,可以充分利用现代先进的数字信号处理技术将器件的成本压力向电器件转移,从而提供低成本的有效解决方案;同时,由于该技术强劲的信道色散抵抗能力以及高效的频谱利用率,可显著地减少光网络的复杂度。除此之外,光 OFDM 技术可以针对用户不同的业务需求,非常灵活地分配系统的时域与频域资源[7],并且可以与现存光网络很好地兼容。按照接收机探测方式,可以将光 OFDM 系统分为两种结构,即直接探测与相干探测。相干光 OFDM 技术拥有更高的频谱利用率以及接收灵敏度,但该技术对相位噪声及频偏敏感[8],从而需要在接收端使用非常窄线宽的本振源、成熟的频率与相位跟踪算法[9]等,增加了系统实现的复杂度与成本;而直接探测由于其结构简单、实现成本较低等优点,特别适应于对价格因素敏感的城域网、接入网以及局域网。

8.1 直接探测光 OFDM

8.1.1 强度调制

光通信系统的调制方式可以分为内调制和外调制,如图 8.1 所示。内调制是通过半导体激光器的注入电流来实现光强度调制,具有简单、经济、容易实现等特点,常用于低速率、短距离的光纤通信系统中。但是受到直接调制激光器带宽的限制,不能实现高速率、高带宽的调制。

在高速、长距离的光纤通信系统中,一般采用外调制技术。外调制是利用独立于激光源

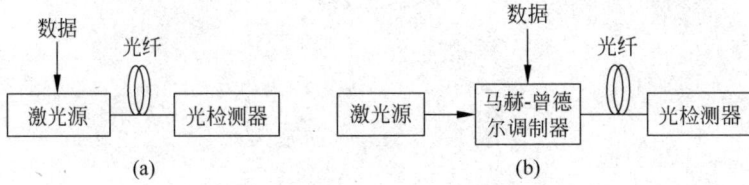

图 8.1　两种直接探测系统

（a）内调制；（b）外调制

之外的外部调制器来实现的，具有高带宽、高信号质量的特点。目前光纤通信系统中常用的调制器是基于电光效应的马赫-曾德尔调制器（MZM）、基于电吸收效应的电吸收调制器（EAM）以及相位调制器（PM）。

MZM 是利用材料的电光效应进行信号的调制，光调制是通过调节加载在光电材料上的外加电压来改变材料的折射率，从而达到控制输出信号光强度的目的。第 2 章对 MZM 的工作原理进行了详细的介绍，我们知道，MZM 是一个非线性调制器，为了提高系统的误码性能、降低系统复杂度，应尽量使 MZM 工作在线性度高的区域。对于直接探测光 OFDM（DDO-OFDM）系统，最佳的偏置点应该选择为 $\frac{\pi}{2}$。

1. DDO-OFDM 系统的原理

图 8.2 为 DDO-OFDM 系统构成框图，该系统包括五个基本功能模块：电 OFDM 调制模块、光发送模块、光纤链路、光接收模块和电 OFDM 解调模块。首先对伪随机二进制序列（PRBS）产生的数据进行串并转换，变成 N 个信息符号的数据比特块，经调制映射后生成 QPSK 或 QAM 符号，共轭后再进行快速傅里叶逆变换（IFFT）得到时域 OFDM 信号，同时加入循环前缀，来克服由光纤色散引起的 ISI 和载波间串扰（ICI），并保持各个子载波的正交性。

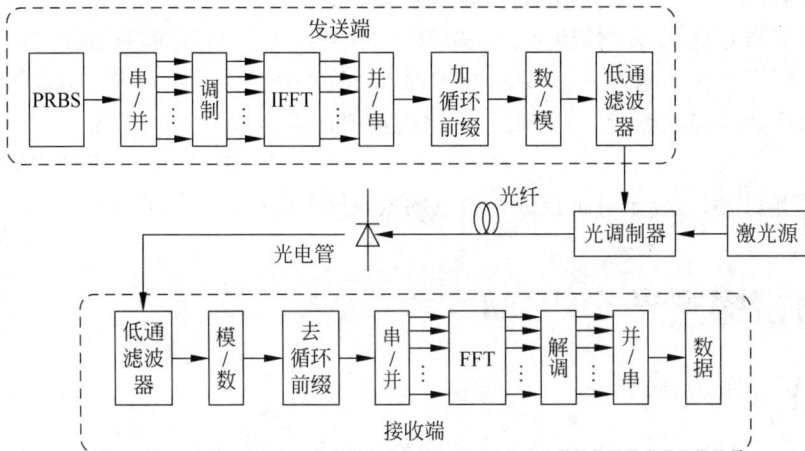

图 8.2　DDO-OFDM 系统构成图

2. 调制和解调

一个 OFDM 符号包含多个经过调制的子载波，调制方式包括相移键控（PSK）和

QAM，$t=t_s$ 时刻 OFDM 信号可表示为

$$s(t)=\begin{cases} \mathrm{Re}\left\{\displaystyle\sum_{i=0}^{N-1} d_i\,\mathrm{rect}\left(t-t_s-\dfrac{T}{2}\right)\exp\left[\mathrm{j}2\pi f_i(t-t_s)\right]\right\}, & t_s\leqslant t\leqslant t_s+T \\ 0, & \text{或 } t>T+t_s \end{cases} \tag{8-1}$$

其中，N 表示子载波个数；f_i 表示第 i 个子载波的频率；d_i 表示分配给每个子载波的数据信号；T 表示 OFDM 符号的周期。将式(8-1)采用等效基带信号来描述，则表达式为

$$s(t)=\begin{cases} \displaystyle\sum_{I=0}^{N-1} d_i\,\mathrm{rect}\left(t-t_s-\dfrac{T}{2}\right)\exp\left[\mathrm{j}2\pi \dfrac{i}{T}(t-t_s)\right], & t_s\leqslant t\leqslant t_s+T \\ 0, & \text{或 } t>T+t_s \end{cases} \tag{8-2}$$

由表达式可知，OFDM 符号的调制过程，实际上就是数据信号、指数函数和矩阵函数相乘的过程，其中数据信号携带预传输的数据信息，即幅度信息；指数函数表征每个子载波的相位信息；矩阵函数实现信号的带通。OFDM 符号 $s(t)$ 的实部和虚部分别表示同相分量 $I(t)$ 和正交分量 $Q(t)$，在实际系统中通常与相应子载波的余弦(cos)和正弦(sin)分量相乘，最终组成各个子信道合成的 OFDM 信号。在接收端，则对信号进行相应的逆处理消除原指数函数，恢复出数据信息。图 8.3 为 OFDM 信号调制和解调的原理框架图。

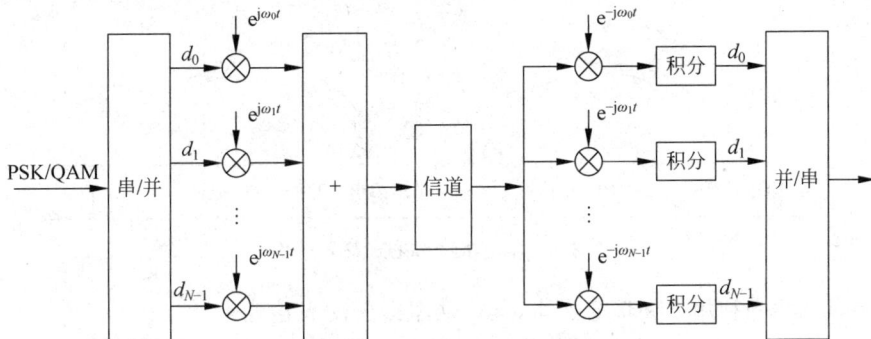

图 8.3　OFDM 信号调制和解调的原理框架图

3. DFT 和 IDFT

离散傅里叶变换(discrete Fourier transform，DFT)是将时域信号变成频域信号，离散傅里叶逆变换(inverse DFT，IDFT)是将频域信号变成时域信号，而快速傅里叶变换(fast Fourier transform，FFT)和快速傅里叶逆变换(inverse FFT，IFFT)是根据 DFT 和 IDFT 算法加以改进后的算法，速度更快、系统复杂度更低，频谱利用率更高。但 DFT 和 IDFT 算法的使用范围更为广泛，本节将重点介绍 DFT 和 IDFT 技术。

当子载波个数 N 较大时，并行系统中正弦波发生器和解调器等设备使得整体系统变得复杂且昂贵，且计算量很大，技术复杂度高。因此，随着数字信号处理技术的发展，可采用 DFT 和 IDFT 方式实现 OFDM 系统的设计。通过引入 IDFT 技术，同时对于信号 $s(t)$ 以速率 T/N 进行抽样处理，并忽略矩形函数 $\mathrm{rect}(t)$，则表达式(8-2)可表示为

$$s_k=s(kT/N)=\sum_{i=0}^{N-1} d_i\exp\left(\mathrm{j}2\pi\dfrac{ikT}{N}\right) \quad (0\leqslant k\leqslant N-1) \tag{8-3}$$

同理，在接收端对 OFDM 符号进行 DFT，恢复出原始数据信号 d_i，表达式为

$$d_i = \sum_{k=0}^{N-1} s_k \exp\left(-j2\pi \frac{ikT}{N}\right) \quad (0 \leqslant i \leqslant N-1) \tag{8-4}$$

因此,通过 IDFT 和 DFT 分别可实现对 OFDM 信号的调制和解调。在发送端,通过 N 点 IDFT,将原始频域数据信号 d_i 转换成时域信号 s_k;在接收端,通过 DFT 实现时域信号向频域信号的转变,恢复出原始数据信号。

4. 保护间隔和循环前缀

在频率选择性信道下,信道的冲击响应 $h(t)$ 由于受到多径效应的影响,具有一定的时间扩散性,从而导致 OFDM 符号之间以及子信道之间的相互干扰,产生 ISI,破坏子载波间的正交性,影响了传输性能。可见,信道的多径扩展产生了 ISI。为了解决这一问题,可在发送端 OFDM 符号之间加入保护时间间隔(GI),使信号在信道传输过程中产生的干扰大部分甚至全部落入 GI 之中;在接收端,只需要将 GI 去除,则可大部分甚至全部消除干扰的影响,而保持原始数据信号的不变。GI 的选取要满足以下条件:其长度 T_g 大于无线信道中的最大时延扩散长度。GI 的实现方式多种多样,可以设置为空白、全 0、全 1 或者某一段特定符号等。但是,当 GI 为空白时,多径传播产生的子载波间正交性的破坏会导致载波间干扰,一般是采用循环前缀(CP)的方法解决这一问题。CP 是指将 OFDM 符号的最后一段长度为 T_g 的数据复制到下一个 OFDM 符号的最前端作为 GI,即 CP 是一种特殊的 GI,如图 8.4 所示。

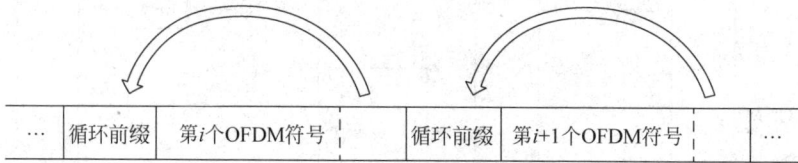

图 8.4 加 CP 的 OFDM 符号结构

GI 会降低功率利用率和信息速率,其中功率损失的表达式为

$$P_{loss} = 10\lg(T_g/T + 1) \tag{8-5}$$

CP 主要有两个作用:一是作为保护间隔,可大大减小甚至消除 ISI;二是保持了各个子载波之间的正交性,大大减小了载波间干扰。从式(8-5)可知,当取信号的 20% 作为 CP 时,功率损耗小于 1 dB,但信息速率损耗达 20%,因而,要在抗干扰性能和损耗强度之间做最好的权衡,选取最恰当的 CP 长度。

8.1.2 上变频调制及解调

在光通信 OFDM 系统中,产生的 OFDM 信号为基带信号。传输时需要将基带 OFDM 信号调制到光载波上。产生的 OFDM 信号一般分为两种:通过共轭方法产生的实数 OFDM 信号和复数 OFDM 信号,在调制到光载波前又有是否先进行电域的射频调制的区别。总结目前国内外专家提出的 OFDM 光调制,大概分为以下几种。

(1) 实数 OFDM 信号直接调制[9-10]。基带实数 OFDM 信号直接通过一个 MZM 调制到光载波的一个边带上,在接收端通过直接探测与其他的边带相拍频或者相干解调,得到解调 OFDM 信号。该方法是最简单的方法。

(2) 实数 OFDM 信号副载波调制(SCM)[11]。基带实数 OFDM 信号先通过与一个射频信号混频产生 SCM 信号,再将射频信号加入 MZM 中与光信号调制,接收端通过直接探测,拍频解调后再与本地振荡(LO)信号混频下变频后进行 OFDM 解调。湖南大学在进行 OFDM-ROF 传输研究过程中采用该类方法比较多。

(3) 复数 OFDM 信号直接 IQ 光调制[12-13]。我国台湾交通大学的 Chi 等提出了通过虚拟 SSB 调制(virtual SSB-OFDM),减少频谱之间的间隔,在解调端通过直接探测的方法解调后再进行 OFDM 解调[13]。

(4) 复数 OFDM 信号电域上变频后直接调制[14-16]。产生的复数 OFDM 信号先通过两个本地振荡源分别进行 I 路和 Q 路的上变频后在复合后于光源通过 MZM 进行调制。接收端采用直接探测或相干探测的方法,然后得到的射频信号再分成两路,分别进行 IQ 下变频后送入 OFDM 解调端进行解调。澳大利亚墨尔本大学的 Armstrong 团队使用该类方法比较多。使用该方法的系统多用相干探测的方法进行解调,适用于大容量长距离的相干系统中。

(5) 复数 OFDM 信号电域上变频后光 IQ 调制[17-18]。复数 OFDM 信号分别在 I、Q 两路进行上变频后再单独输入光 IQ 调制器进行光 IQ 调制,得到用于光传输的 OFDM 信号;解调端从光载波上下变频后同样分两路分别进行 I、Q 下变频,得到基带复数 OFDM 信号。该类方法同样在 Armstrong 团队中使用较多。

(6) 基于 integrated x-cut LiNbO$_3$ MZM 调制的光 OFDM 系统[19-20]。在我国台湾交通大学,其产生光 OFDM 信号的方式是通过将基带的 OFDM 信号分两路副载波调制后分别输入一种特殊的 integrated x-cut LiNbO$_3$ MZM 调制器中进行调制而产生光 OFDM 信号,在解调端一般是采用直接探测解调。

8.2　直接探测 OFDM 算法

8.2.1　同步算法

在对 OFDM 信号进行解调之前,必须进行定时同步工作。即在进行 FFT,将时域 OFDM 信号变换至频域 OFDM 信号之前,确定 OFDM 符号的起始位置。不恰当的定时同步不仅会导致相位噪声,还会导致 ISI 和 ICI。

在进行符号同步的时候,利用两个资源:一个是 OFDM 符号中用来抑制 ISI 的循环前缀;另一个则是已知的训练序列。这两种方法都使用信号的相关性函数。

如果循环前缀的长度为 N_g,循环前缀中的信号与时域 OFDM 符号的尾部长度为 N_g 的部分相同。设置两个滑动移动窗口 S_1 和 S_2,窗口长度均为 N_g,两窗口之间间隔长度为 $N-N_g$,如图 8.5 所示。当 S_1 与 S_2 之间的相关函数值达到最大值的时候,说明 S_1 与 S_2 窗口里的内容最相似,则可以确定 OFDM 的边界。S_1 与 S_2 之间的相关函数可以表示为

$$P = \underset{p}{\mathrm{argmax}} \left\{ \sum_{i=p}^{N_g+p-1} \mid r_i \cdot r_{i+N}^* \mid \right\} \tag{8-6}$$

还可以计算两个滑动窗口之间差值,当差值最小的时候,表示 S_1 与 S_2 的相似性最高,即

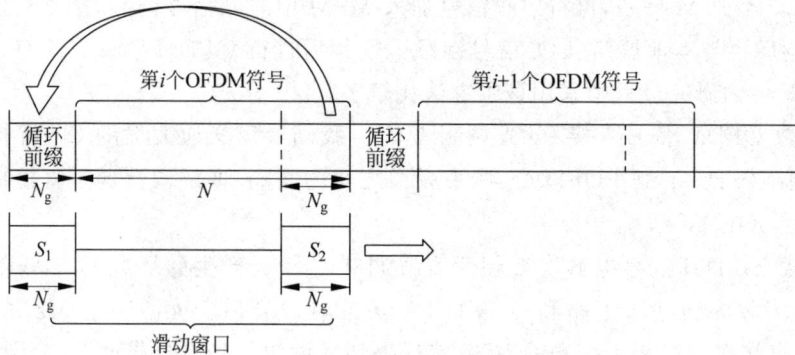

图 8.5 基于循环前缀的符号同步

$$P = \underset{p}{\arg\min}\left\{ \sum_{i=p}^{N_g+p-1} \mid r_i - r_{i+N} \mid \right\} \tag{8-7}$$

这两种方法虽然简单,但是当存在频偏以及 ISI 的时候,系统同步精确性会有所降低。

利用训练序列进行符号同步与利用循环前缀进行同步相比,虽然增加了系统的开销,但是它可以更好地对抗对于由延时引起的 ISI 的影响。传输一个已知的 OFDM 符号作为训练序列 $\text{TS}=[\text{TS}_1 \quad \text{TS}_2 \quad \cdots \quad \text{TS}_{N+N_g}]^{\text{T}}$,在接收端取一个长度为 $N+N_g$ 的滑动窗口,如图 8.6 所示。在接收信号中取一段长度为 $N+N_g$ 的信号 $\bar{r}_p=[rp_1 \quad rp_2 \quad \cdots \quad rp_{N+N_g}]^{\text{T}}$,这里 p 表示 $\bar{r}_p$ 段信号在接收 OFDM 信号中开始的位置。计算 $\bar{r}_p$ 与 TS 的相关性,即 $\xi_p = \sum_{i=1}^{N+N_g} rp_i \cdot (\text{TS}_i)^*$。则最佳同步点为:$P=\underset{p}{\arg\max}\{\xi_p\}$,即当相关函数达到最大值时,该点为接收 OFDM 信号的最佳起始点。目前的定时符号同步算法主要有 Schmidl 算法[21]、Minn 算法[22]、Park[23] 算法和格雷互补序列算法[24] 等。

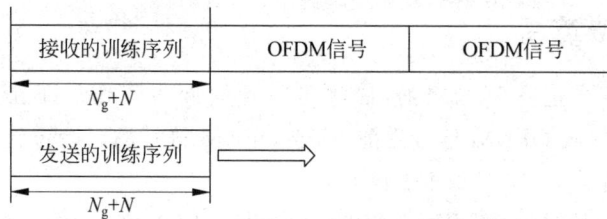

图 8.6 基于训练序列的符号同步

1. Schmidl 算法

Schmidl 算法采用一个特殊的训练序列来完成定时同步的任务,该训练序列的结构可以表示为:$P_{\text{Sch}} = [A_{N/2} \quad A_{N/2}]$。这里,$A_{N/2}$ 表示采样长度为 $N/2$ 的伪随机序列,N 是 OFDM 系统的子载波数目。Schmidl 算法通过在接收端搜索定时测量函数的最大值来实现定时同步。其定时测量函数定义为

$$M_1(d) = \frac{\mid P_1(d) \mid^2}{[R_1(d)]^2} \tag{8-8}$$

其中,

172

$$P_1(d) = \sum_{n=0}^{N/2-1} r^*(d+n)r(d+n+N/2) \qquad (8\text{-}9)$$

$$R_1(d) = \sum_{n=0}^{N/2-1} |r(d+n+N/2)|^2 \qquad (8\text{-}10)$$

当 $M_1(d)$ 取最大值的时候,其对应的 d 值就是 OFDM 符号的起始点位置。Schmidl 算法的定时测量函数在正确的定时点附近产生了一个宽度为循环前缀长度的峰值平台,给算法的定时性能带来了严重的模糊性,其定时精度较低。

2. Minn 算法

为了解决 Schmidl 算法的峰值平台问题,Minn 等在 2000 年对 Schmidl 算法进行改进,提出新的训练序列来替代 Schmidl 算法的训练序列,以达到消除峰值平台的作用。Minn 算法的训练序列是由四个长度都是 $N/4$ 的短序列构成的: $P_{\text{Minn}} = [B_{N/4} \quad B_{N/4} \quad -B_{N/4} \quad -B_{N/4}]$。同样,$B_{N/4}$ 表示长度为 $N/4$ 的伪随机序列。Minn 算法的定时测量函数定义为

$$M_2(d) = \frac{|P_2(d)|^2}{(R_2(d))^2} \qquad (8\text{-}11)$$

其中,

$$P_2(d) = \sum_{m=0}^{1} \sum_{n=0}^{N/4-1} r^*(d+Nm/2+n)r(d+Nm/2+n+N/4) \qquad (8\text{-}12)$$

$$R_2(d) = \sum_{m=0}^{1} \sum_{n=0}^{N/4-1} |r(d+Nm/2+n+N/4)|^2 \qquad (8\text{-}13)$$

Minn 算法利用前半部分与后半部分是相反数的方法消除了峰值平台。但是其定时测量曲线的峰值不够尖锐,并且在正确定时点的两边有很多小的旁瓣生成,在色散的影响下,其定时同步的效果会变差,造成定时的模糊性。

3. Park 算法

Park 等针对 Schmidl 算法和 Minn 算法的定时测量函数曲线不够尖锐的问题,提出了一种新的同步算法,其训练序列结构为: $P_{\text{Park}} = [A_{N/4} \quad B_{N/4} \quad A_{N/4}^* \quad B_{N/4}^*]$。其中 $A_{N/4}$ 表示长度为 $N/4$ 的序列,$A_{N/4}^*$ 表示 $A_{N/4}$ 的共轭序列,$B_{N/4}$ 是 $A_{N/4}$ 的对称序列,长度都是 $N/4$。为了充分利用 $A_{N/4}$ 与 $B_{N/4}$ 对称结构的特性,Park 提出的定时测量函数定义为

$$M_3(d) = \frac{|P_3(d)|^2}{(R_3(d))^2} \qquad (8\text{-}14)$$

其中,

$$P_3(d) = \sum_{n=0}^{N/2-1} r(d+n)r(d-n) \qquad (8\text{-}15)$$

$$R_3(d) = \sum_{n=0}^{N/2-1} |r(d+n)|^2 \qquad (8\text{-}16)$$

Park 算法在无线信道下能产生尖锐的脉冲形状的定时测量曲线,但是在非相干的 DDO-OFDM 信道下,只能传输实数序列,使得 Park 算法训练序列的复数部分不能传输,导致其训练序列的共轭对称性被破坏,以至于其在光纤信道下的定时同步性能不如其在无线信道下的定时同步性能。

4. 格雷互补序列算法

如果序列 A 与序列 B 构成一对格雷互补序列,则序列 A 与序列 B 的非周期自相关具有如下特性:

$$AC_{a,a}(k) + BC_{b,b}(k) = \begin{cases} 2D, & k=0 \\ 0, & 1 \leqslant k \leqslant D-1 \end{cases} \tag{8-17}$$

其中,$AC_{a,a}(k)$ 和 $BC_{b,b}(k)$ 分别为序列 A 与序列 B 的非周期自相关,其表达式为

$$AC_{a,a}(k) = \sum_{j=0}^{D-1-k} a(j)a(j+k) \tag{8-18}$$

$$BC_{b,b}(k) = \sum_{j=0}^{D-1-k} b(j)b(j+k) \tag{8-19}$$

文献[24]提出了一种基于生产函数的格雷互补序列对的构建,能构建长度为 2^n 的所有互补格雷对,根据这个原理,构造训练序列为:$P_{\text{Golay}} = \begin{bmatrix} A_{N/4} & O & B_{N/4} & O \end{bmatrix}$。这里,$A_{N/4}$ 与 $B_{N/4}$ 为长度 $N/4$ 的格雷序列对,O 为长度为 $N/4$ 的全零序列。采用距离为 D 的双滑动窗,在 m 时刻,窗内接收序列与格雷互补序列 A、B 的非周期互相关分别为:

$$A(m,k) = \sum_{j=0}^{D-1-k} r(m+j)a(j+k) \tag{8-20}$$

$$B(m,k) = \sum_{j=0}^{D-1-k} r(m+2D+j)b(j+k) \tag{8-21}$$

其中,$k=0,1,\cdots,D-1$,$r(m)$ 为 m 时刻的接收信号样值,构建该序列的符号定时函数为

$$M(m) = \frac{[P_4(m)]^2}{[R_4(m)]^2} \tag{8-22}$$

式中,

$$P_4(m) = \frac{1}{M}\sum_{k=0}^{M-1} |C(m,k)|^2 \tag{8-23}$$

$$R_4(m) = \frac{1}{D-M}\sum_{k=M}^{D-1} |C(m,k)|^2 \tag{8-24}$$

M 为能量平均因子,一般取较小的正整数。$M(m)$ 最大值对应的采样位置选取为定时同步位置,即定时偏移估计为:$\varepsilon = \arg\max[M(m)]$。

在文献[20]里比较了不同的序列算法的性能。在接收功率较高的时候,Park 算法和改进的算法的定时性能相差不大。但是当接收功率较小的时候,格雷互补序列算法仍然能够获得最小的定时估计均值和均方差,其定时精度是四种算法中最高的。

8.2.2 信道估计

在 OFDM 系统中,数据比特信息经过 QPSK 或 QAM 调制之后的符号信息,进行 IFFT 转换成时域 OFDM 信号。时域 OFDM 信号通过调制器调制到光载波上之后耦合进入光纤进行传输。在接收端接收到的光 OFDM 信号通常会受到来自光纤及光器件的各种损伤。为了正确地还原原始数据信息,在接收端需要对传输信道进行估计,对接收到的 OFDM 信号进行损伤补偿。因此,信道估计是进行信号均衡、解调和检测的基础。信道估

计一般分为盲估计、半盲估计和非盲估计,在光 OFDM 传输系统中,由于传输速率相对较高,一般采用非盲信道估计方法,即通过训练序列或导频符号来实现信道估计。

在光 OFDM 传输系统中,由于光纤信道可以看作一个准静态信道,因此,可以通过在发送信号之前发送一个训练序列来实现对信道信息的估计。虽然训练序列相比于导频符号需要占用更多的系统开销,但其信道估计的精确性更好,性能也更稳定。在频域中,通过训练序列对信道进行估计最常用的方法是最小二乘(least-square,LS)法和最小均方误差(minimum mean square error,MMSE)法。

图 8.7 是加有训练序列的 OFDM 信号结构图。假定接收到的 OFDM 符号为 R,频域信道响应为 H,当 OFDM 信号经过同步处理之后,在每个子载波上的频域信道可以看成是平坦信道,则接收到的 OFDM 信号可以写成

$$R = XH + \text{Noise} \tag{8-25}$$

其中,Noise 为加性高斯白噪声。

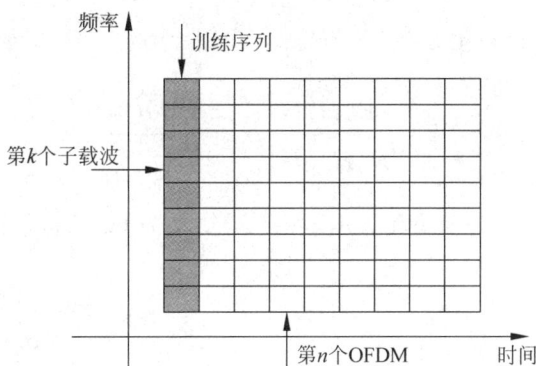

图 8.7　OFDM 信号结构

最小二乘法就是找到一个信道估计值 $\hat{H}$,使得发送端与接收端的平方误差最小,即使 $\hat{H}$ 的罚函数最小:

$$
\begin{aligned}
F(\hat{H}) &= \| R - X\hat{H} \|^2 \\
&= (R - X\hat{H})^* (R - X\hat{H}) \\
&= R^* R - R^* X\hat{H} - \hat{H}^* X^* R + \hat{H}^* X^* X\hat{H}
\end{aligned} \tag{8-26}
$$

对罚函数 $F(\hat{H})$ 进行求导并使其导函数等于零:

$$\frac{\partial F(\hat{H})}{\partial \hat{H}} = -R^* X + \hat{H}^* X^* X = 0 \tag{8-27}$$

则得到 LS 信道估计值:

$$\hat{H}_{\text{LS}} = \frac{R}{X} = \frac{XH + \text{Noise}}{X} = H + X^{-1}\text{Noise} \tag{8-28}$$

因此,对于第 k 个子载波,其信道估计值 $\hat{H}_{\text{LS},k}$ 可以表示为

$$\hat{H}_{\text{LS},k} = \frac{R_k}{X_k} \tag{8-29}$$

从 LS 信道估计算法中可以发现,当信噪比较低的时候,由 LS 算法得到的信道估计值 $\hat{H}_{LS}$ 的精确性会急速下降,进而影响后端的均衡,造成检测误码的增加。但由于结构简单,易于实现,LS 算法还是被广泛应用于信道估计中。

MMSE 估计算法通常也称为最优估计算法,从 LS 算法可以知道,在估计值 $\hat{H}_{LS}$ 与理想值 H 之间存在一个误差,MMSE 算法则在 LS 估计算法的基础上对估计值进行进一步的加权优化。

考虑加权 $N \times N$ 矩阵 W,$W_{i,j}$ 是 W 中的第 i 行 j 列元素。定义 MMSE 信道估计值为:$\tilde{H} = W\hat{H}_{LS}$,则 MMSE 估计问题变为寻找一个最优加权 $N \times N$ 矩阵 W,使得罚函数 $F(\tilde{H})$ 最小。罚函数 $F(\tilde{H})$ 可以表示为

$$F(\tilde{H}) = E\{\|H - \tilde{H}\|^2\} = E\{\|H - W\hat{H}_{LS}\|^2\}$$

$$= E\{H^*H - H^*W\hat{H}_{LS} - \hat{H}_{LS}^*W^*H + \hat{H}_{LS}^*W^*W\hat{H}_{LS}\} \tag{8-30}$$

最小化 $F(\tilde{H})$ 可以得到加权矩阵:

$$W = \frac{E\{H\hat{H}_{LS}^*\}}{E\{\hat{H}_{LS}\hat{H}_{LS}^*\}} = \frac{R_{H\hat{H}_{LS}}}{R_{\hat{H}_{LS}\hat{H}_{LS}}} \tag{8-31}$$

其中,$R_{H_1H_2} = E\{H_1H_2^*\}$ 为信道相关矩阵;$R_{\hat{H}_{LS}\hat{H}_{LS}}$ 为 LS 信道估计 $\hat{H}_{LS}$ 的自相关矩阵,从式(8-31)可以得出:

$$R_{\hat{H}_{LS}\hat{H}_{LS}} = E\{\hat{H}_{LS}\hat{H}_{LS}^*\}$$

$$= E\{(H + X^{-1}\text{Noise})(H + X^{-1}\text{Noise})^*\}$$

$$= E\{HH^* + X^{-1}\text{Noise}H^* + H \cdot \text{Noise}^* \cdot (X^{-1})^* + X^{-1}\text{Noise} \cdot \text{Noise}^* \cdot (X^{-1})^*\}$$

$$= E\{HH^*\} + E\{X^{-1}\text{Noise} \cdot \text{Noise}^* \cdot (X^{-1})^*\}$$

$$= R_{HH} + \frac{1}{\text{SNR}}I \tag{8-32}$$

从而,MMSE 信道估计可以表示为 $\tilde{H} = R_{H\hat{H}_{LS}}\left(R_{HH} + \frac{1}{\text{SNR}}I\right)^{-1}\hat{H}_{LS}$。

8.3 降低 OFDM 的 PAPR

由于 OFDM 信号是由多个经过调制的独立的子载波信号相叠加而成,当这些独立的子载波信号同相时,叠加后其输出就会产生很大的峰值。这种叠加的信号有可能产生较大的峰值功率,而导致较大的峰值平均功率比(peak to average power ratio,PAPR)[25],使得其与单载波系统相比,对传输系统器件的非线性较敏感,因而高 PAPR 是影响 OFDM 信号性能的重要缺陷之一。在高速光传输系统中,虽然高 PAPR 的 OFDM 信号使传输系统中功率放大器工作于功率较大的饱和区和功率较低的区域,这需要放大器的饱和功率额外增大

很多,从而导致功率放大器的效率低。对光功率放大器,由于它的毫秒级响应时间,不管其输入信号功率如何,均能保持理想线性关系。然而高 PAPR 的 OFDM 信号对发射机内电放大器和数模/模数转换器(DAC/ADC)的线性度提出了很高的要求。如果超出其线性范围可能带来信号畸变,使信号的频谱发生变化,从而导致各个子信道间的正交性的破坏,产生干扰,使系统的性能恶化。这就需要功率放大器和数模/模数转换器有较大的线性范围,从而导致较低的功率利用率。如果不采用线性放大器,就需要较大的回退量,这样也会导致功率利用率的降低。这就对光 OFDM 在功率较小的接收端的应用造成了较大的困难。而高的 PAPR OFDM 信号有可能超出光调制器等光器件设备线性范围,导致光 OFDM 信号失真;而且高 PAPR 的 OFDM 信号还会带来光纤的非线性效应等问题,导致光 OFDM 信号失真并带来频谱展宽,影响传输系统的整体性能[26]。下面,主要讲述 OFDM 信号 PAPR 产生的原理,以及降低 PAPR 的方法和技术。

8.3.1　PAPR 的定义

峰值平均功率比(PAPR)是指在一个符号周期内,OFDM 信号的瞬时功率最大值与平均功率之比,用公式表示如下:

$$\text{PAPR} = 10\lg \frac{\max\{|s(n)|^2\}}{\text{mean}\{|s(n)|^2\}} \tag{8-33}$$

其中,$s(n)$ 表示 IFFT 之后的信号。

由于用 PAPR 公式表征信号 PAPR 不具有什么实际意义,在分析过程中,人们采用 PAPR 的互补累积分布函数(CCDF)来描述 OFDM 信号的峰值统计分布特性,从概率统计的角度对 PAPR 进行分析,表达式为

$$P\{\text{PAPR} > p\} = 1 - P\{\text{PAPR} \leqslant p\} = 1 - (1 - e^{-p})^N \tag{8-34}$$

在后文的仿真和实验研究过程中,都采用 CCDF 对信号的 PAPR 特性进行描述。

图 8.8 给出了不同子载波个数条件下,采用 16QAM 调制的 OFDM 信号的 CCDF 曲线图,其中横轴表示 PAPR 的阈值,纵轴表示一个 OFDM 符号中所有采样值的功率都大于阈值的概率,即 CCDF。从图 8.8 中可以看出,在给定 PAPR 阈值的条件下,随着子载波个数 N 的增加,CCDF 也会相应地增加,即超过 PAPR 阈值的符号出现的概率增加。

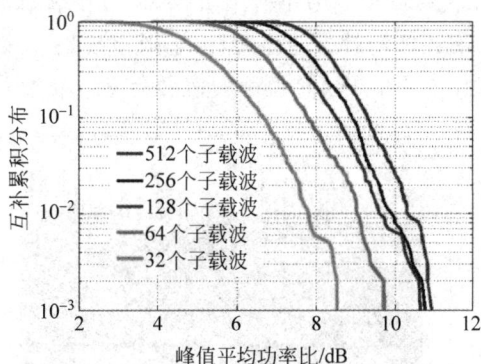

图 8.8　不同子载波 OFDM 信号 PAPR 分布曲线
(请扫 2 页二维码看彩图)

8.3.2　降低 PAPR 的常用方法

解决高 PAPR 问题最简单的方法是扩大硬件设备的线性范围,但是这会增加设备的成本,不适用于实际系统中。因此,从 20 世纪 90 年代中期开始,人们进行了大量研究以降低信号 PAPR。目前,降低 OFDM 信号 PAPR 的方法很多,大体可以分成三大类:信号预畸变技术、编码类技术和概率类技术。这三种方法各有特色和着眼点,但每类方法都存在着缺

陷。信号预畸变技术是直接对信号的峰值进行非线性操作,它最直接、最简单,但会带来带内噪声和带外干扰,从而降低系统的误比特率性能和频谱效率。编码类技术是利用编码将原来的信息码字映射到一个具有较好 PAPR 特性的传输码集上,从而避开了那些会出现信号峰值的码字。该类技术为线性过程,它不会使信号产生畸变。但是,编码类技术的技术复杂度非常高,编解码都比较麻烦。更重要的是,这类技术的信息速率降低得很快,因此只适用于子载波数比较少的情况。概率类技术不像编码类技术那样完全避开信号的峰值,而是着眼于努力降低信号峰值出现的概率。该类技术采用的方法也为线性过程,因此,它不会对信号产生畸变。这类技术能够很有效地降低信号的 PAPR 值,它的缺点在于计算复杂度太大。

1. 信号预畸变技术

信号预畸变技术是通过对信号进行非线性处理来降低 OFDM 信号 PAPR。该方法简单直接易实现,但由于引起信号的畸变,容易造成 OFDM 信号性能的下降。常见的方法有:限幅法(clipping)和压缩扩展法(companding)。

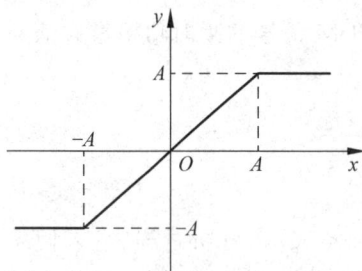

图 8.9 限幅法原理示意图

限幅法将 OFDM 信号 PAPR 降低的基本过程为:先对时域 OFDM 信号设定期望峰值阈值 A,当信号功率超过阈值时,则进行强制非线性处理,将信号幅度限制为阈值;当信号功率未超过阈值时,则不做任何处理。其原理如图 6.9 所示,信号经限幅处理后可表示为

$$s(n)=\begin{cases}s(n), & s(n)\leqslant A \\ A\exp(j\varphi_k), & s(n)>A\end{cases} \quad (8\text{-}35)$$

其中,φ_k 为载波相位角。

限幅变换前后 OFDM 信号频谱图如图 8.10 所示,由于大峰值出现为小概率事件,所以限幅非线性处理也为小概率事件。限幅法简单,易实现,降 PAPR 效果明显,但由于限幅法是非线性的,会引入限幅噪声,带来带内损耗和带外辐射,并且在数模转换后大信号会重新增大[16-18],从而影响系统的整体性能。

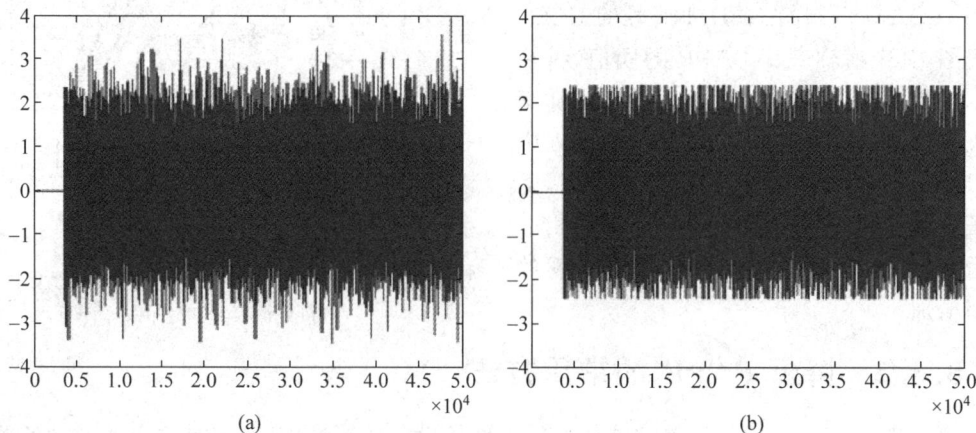

图 8.10 限幅变换前后 OFDM 信号频谱图

(a) 原始 OFDM 信号;(b) 限幅处理后 OFDM 信号

(请扫 2 页二维码看彩图)

（1）限幅滤波法和峰值加窗技术。

由于限幅法带来的带外辐射影响系统整体性能，我们可以在限幅的基础上使用限幅滤波法（CF）[27-28]和峰值加窗技术[29]。

限幅滤波法的实现过程如下：发送端的信源经过编码、串并变换和映射处理后产生基带 OFDM 信号 $s(n)$，经过一个 K 倍过采样处理，然后经过一个 IFFT 实现频谱搬移，生成时域 OFDM 信号，接着对 OFDM 信号进行时域限幅处理，最后对信号进行频域滤波（包括FFT、带外置零和 IFFT）处理，生成所需的 OFDM 信号。其具体实现框图如图 8.11 所示。

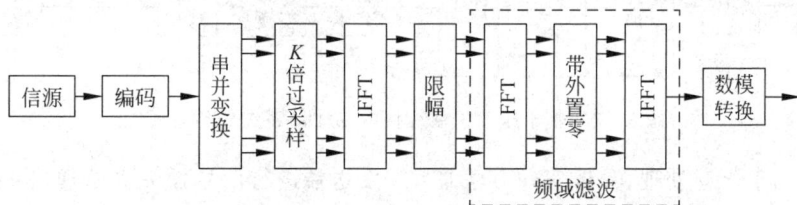

图 8.11　采用限幅滤波法的 OFDM 系统发送端框图

由于限幅滤波法过程中滤波过程将造成峰值再生，所以 Armstrong 等对此法提出改进，提出了重复限幅滤波法，以达到更好的性能[28]。

限幅法可看作 OFDM 原始信号与矩形窗函数相乘，OFDM 原始信号小于阈值 A 时，矩形窗函数幅度取 1；当 OFDM 原始信号大于阈值 A 时，矩形窗函数幅度小于 1。根据傅里叶变换的卷积定理：$x_1(t)*x_2(t)\leftrightarrow X_1(\omega)\otimes X_2(\omega)$，则限幅后 OFDM 信号的频谱可看成原始信号频谱与矩形窗函数的卷积，其带外频谱特性由频谱宽度较大的信号决定。针对限幅法的带外辐射较大的缺点，可通过选择较适合的窗函数改善整体性能。选择的窗函数应频谱性能好，且在时域不能过长，以防止对较多时域信号产生影响。学者们研究较多、较适合的窗函数主要有凯塞（Kaiser）窗函数，高斯（Gaussian）窗函数，升余弦窗函数和汉明（Hamming）窗函数等。

在光 OFDM 系统中，限幅法同样带来带内损耗，其主要影响是星座图的收缩，而不是相互间的干扰。限幅法不仅引起星座图的收缩，同时也带来失真噪声，用公式表示如下：

$$x_{\text{clip}}(t)=\alpha x(t)+d(t) \tag{8-36}$$

其中，$x(t)$ 是原始 OFDM 信号；$d(t)$ 是限幅噪声；α 是非线性常数。文献[20]中提出采用限幅滤波法降低 ROF-OFDM 系统中的 PAPR。

由于限幅法的简单易实现，适合光通信高速数字信号处理的需要，对于如何改善其带来的缺点，还可进一步研究，改善光 OFDM 系统性能。

（2）压缩扩展法。

压缩扩展法是指在发送端进行信号预失真处理，将信号按照压缩函数进行相应的压缩，降低信号的平均功率，在接收端则进行一个相应的逆变换，提高信号的平均功率，以恢复原始信号。

图 8.12 为采用压扩变换的 OFDM 系统结构框图，二进制比特流经过编码、串并变换、映射和 IDFT 处理后，形成 OFDM 信号，再加循环前缀，进行压缩变换、模数转换和滤波处理，然后送入高斯白噪声信道（AWGN），接收端经过相应的逆变换后得到所需要的比特流。

传统的压缩扩展法是由 Wang 在文献[30]和文献[31]中提出的 μ 律压扩算法，μ 律压

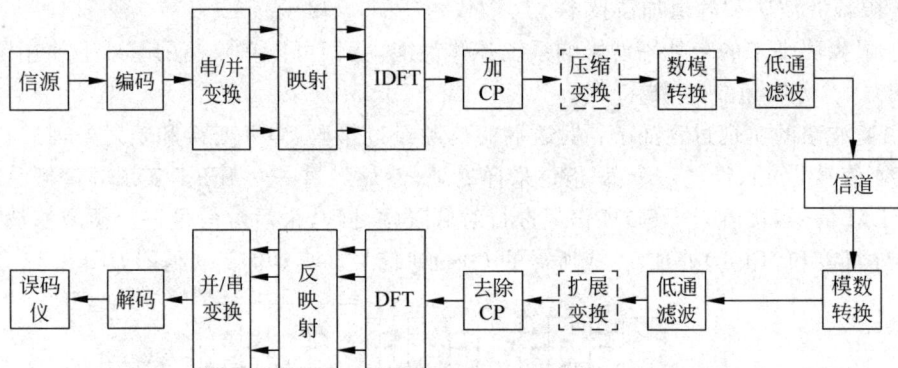

图 8.12　基于压缩扩展变换的 OFDM 系统结构框图

扩算法较早用于语音处理,具体实现方法是:在发送端进行信号预失真处理,将小幅度信号放大,大幅度信号保持不变,由于信号平均功率增加了,为了保持信号功率基本不变,再对信号进行一个线性压缩;在接收端则进行一个相应的逆变换,以恢复原始信号。

μ 律压扩算法借鉴了非均匀量化的原理,其压扩公式为

$$y = \frac{\ln(1 + \mu x)}{\ln(1 + \mu)} \tag{8-37}$$

其中,μ 是压扩系数;x 是变换前的归一化输入值;y 是变换后的归一化输出值。μ 律压扩算法特性曲线图如图 8.13 所示,图中显示了原始信号,以及 μ 为 1 和 100 时的压扩特性。

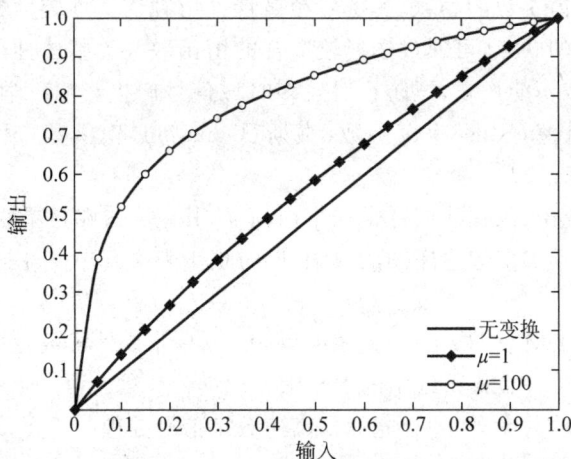

图 8.13　μ 律压扩算法特性曲线图

在 OFDM 系统中,离散 OFDM 信号经过 IDFT 可表示为

$$s(n) = \frac{1}{\sqrt{N}} \sum_{k=0}^{N-1} S(k) \mathrm{e}^{\mathrm{j}2\pi \frac{nk}{N}} \tag{8-38}$$

其中,$n = 0, 1, \cdots, N-1$;N 为子载波数;$s(k)$ 为序列符号。

经过 μ 律压缩变换后,发射端信号变成

$$s'(n) = C[s(n)] = \frac{A \operatorname{sgn}[s(n)] \ln[1 + \mu \,|\, s(n)/A \,|\,]}{\ln(1 + \mu)} \tag{8-39}$$

其中，A 是信号的最大幅值。

经过信道传输后得到信号 $r(n)$，在接收端进行相应的扩展变换，恢复原始信号，公式为

$$r'(n) = C'[r(n)] = \mathrm{sgn}[r(n)]A'\left\{\exp\left[\mid r(n)\mid\frac{\ln(1+\mu)}{A'}\right] - 1\right\}/\mu \qquad (8\text{-}40)$$

其中，A'是信号 $r(n)$ 的最大幅值。

根据文献[32]可知，$s'(n) \approx s(n)\dfrac{\mu}{\ln(1+\mu)}$，所以变换后信号幅度功率有所提高，为了使

信号功率保持基本不变，在发射端乘以系数 $K = \dfrac{\ln(1+\mu)}{\mu}$，则发射端信号变成

$$s''(n) = \frac{A\,\mathrm{sgn}[s(n)]\ln[1+\mu\mid s(n)/A\mid]}{\mu} \qquad (8\text{-}41)$$

经过信道传输后得到信号 $r(n)$，在接收端进行相应的扩展变换，恢复原始信号，公式为

$$r'(n) = C'[r(n)] = \mathrm{sgn}[r(n)]A'\left\{\exp\left[\mid r(n)\mid\frac{\ln(1+\mu)}{A'}\right] - 1\right\}/\ln(1+\mu) \qquad (8\text{-}42)$$

其中，A'是信号 $r(n)$ 的最大幅值。

图 8.14 为经过压扩变换后 OFDM 信号时域频谱图，由图可知，经过 μ 律压缩和线性压缩的结合，压缩后信号"毛刺"极大地减少，信号最大峰值和平均值之间的差度极大地缩减，即 PAPR 被降低。

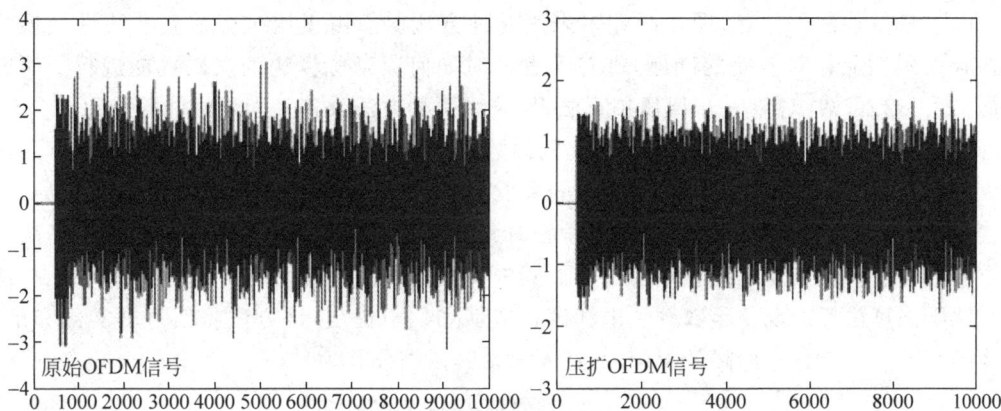

图 8.14　压扩变换前后 OFDM 信号

（请扫 2 页二维码看彩图）

图 8.15 为采用 μ 律压扩算法的 OFDM 信号的 PAPR 与 μ 值关系曲线图，由图可知，压扩变换可降低 OFDM 信号的 PAPR；随着 μ 值的增大，OFDM 信号的 PAPR 越来越小；从 $\mu=6$ 开始，PAPR 减小的幅度在逐步变小。

μ 律压扩算法尽管简单易实现，降 PAPR 效果明显，但是存在信号平均发射功率增大的缺陷，文献[32]中提出了 C 变换法对其进行改进，关键在于将压缩的拐点从信号的最大功率点改为信号的平均功率点，具体实现过程是：在发送端进行信号预失真处理，将小幅度信号放大，大幅度信号减小，保证发射功率基本不变，在接收端进行相应的扩展变换。

经过 C 变换后，离散 OFDM 信号 $s(n)$ 在发射端信号变成

$$s'(n) = C[s(n)] = \frac{V\,\mathrm{sgn}[s(n)]\ln[1+\mu\mid s(n)/V\mid]}{\ln(1+\mu)} \qquad (8\text{-}43)$$

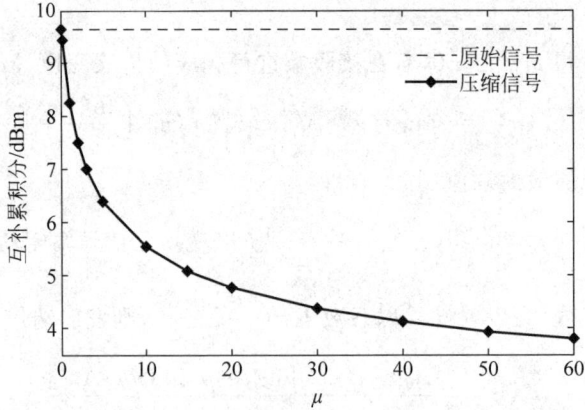

图 8.15　OFDM 信号 PAPR 与 μ 值关系图

其中，V 是信号 $s(n)$ 的平均功率。

经过信道传输后得到信号 $r(n)$，在接收端进行相应的扩展变换，恢复原始信号，逆变换公式为

$$r'(n) = C'[r(n)] = \mathrm{sgn}[r(n)]V'\left\{\exp\left[\mid r(n)\mid \frac{\ln(1+\mu)}{V'}\right] - 1\right\}/\mu \tag{8-44}$$

其中，V' 是信号 $r(n)$ 的平均功率。

由于 C 变换法的优势，现在研究多采用此种方法。但由于压扩算法是非线性变换法，存在着误码性能相对较差的问题，许多学者都对如何提高此算法的误码性能进行了研究。根据文献[33]可知，对传统 μ 律压扩算法，可采用两种方法改善其误码性能：

（1）在接收端扩展公式中，用小于 1 的系数 a 乘以压扩因子 μ，即 $\mu' = a\mu$，其中 $a \geqslant 1$；

（2）在接收端扩展公式中，用大于 1 的系数 b 乘以信号最大值 V，即 $V' = bV$，其中 $b \leqslant 1$。

由于压扩变换法的优点较多，很多学者对此法进行了研究，除了传统 μ 律压扩算法，还有很多其他压扩函数能达到较好的性能。其中具有代表性的有误差函数算法、指数压扩法、非线性压扩算法等。误差函数算法由江涛在文献[34]中提出，该方法将信号的实部和虚部转换成有界的均匀分布而降低 PAPR，在发射端其压缩公式为

$$y = k_1 \mathrm{erf}(k_2 x) \tag{8-45}$$

其中，k_1 和 k_2 大于 0，调整压扩曲线的压扩度，k_1 控制信号幅度，k_2 控制压缩形状；误差函数 $\mathrm{erf}(x) = (2/\sqrt{\pi})\int_0^\pi \mathrm{e}^{-t^2}\mathrm{d}t$。

接收端信号的扩展公式为

$$r'(t) = \frac{1}{k_2}\mathrm{erf}^{-1}\left[\frac{r(t)}{k_1}\right] \tag{8-46}$$

误差函数压扩法不仅算法简洁、效果明显，而且能保持 OFDM 信号平均功率不变，从而减小了由高功率放大器（HPA）、数模/模数转换器等器件超过线性范围，以及信道本身噪声等引起的噪声再生长；同时，由于大信号幅度的减小，大、小幅度信号具有相同的抗噪声性能，从而对系统整体性能是一个提升。

指数函数压扩法仍然是江涛等在文献[35]中提出的，通过将 OFDM 信号幅度转换为均衡分布而降低 PAPR，在发射端其压缩公式为

$$y = \text{sgn}(x) F_{t_{n|}}^{-1} \left[F_{s_n}(x) \right] = \text{sgn}(x) \sqrt[d]{\alpha \left[1 - \exp\left(-\frac{x^2}{\sigma^2} \right) \right]} \tag{8-47}$$

其中，$\sigma^2 = E\left[|s(n)|^2 \right]/2$；正常数 α 决定输出信号的平均功率，保持输入输出信号的平均功率不变，

$$\alpha = \left(\frac{E(|s_n|^2)}{E\left[\sqrt[d]{1 - \exp\left(-\frac{|s_n|^2}{\sigma^2} \right)} \right]^2} \right)^{\frac{d}{2}} \tag{8-48}$$

d 决定压扩度，从而控制压扩函数的曲线形状。接收端信号的扩展公式为

$$y' = \text{sgn}(x) \sqrt{-\sigma^2 \log_e \left(1 - \frac{x^d}{\alpha} \right)} \tag{8-49}$$

指数函数压扩法能保持信号平均功率不变，通过选择合适的转换参数，可以使输出信号均衡分布，且其在 PAPR 降低度、功率谱密度、BER、相位噪声等方面都优于传统 μ 律压扩算法。但是，由于大幅度信号的分布是通过均衡压缩处理的，所以当 OFDM 发射端使用非线性效应较大的功率放大器时，其 BER 性能将大大降低。

除此之外，黄晓等在文献[36]提出，通过数值变换将信号功率重新分配，根据 OFDM 信号幅度服从高斯分布的特性，选择合理的压缩扩展曲线权衡系统误码性能和 PAPR 的降低度；文献[27]提出非对称压扩算法，该方法主要是压缩大幅度信号，通过选择适当的转换参数保持信号平均功率基本不变，并通过理论分析证明了进行发送端压缩而接收端不扩展的非对称压缩法具有更好的性能，以及通过仿真证明了该方法比指数压扩法有更好的性能。

文献[37]对基于压扩变换技术降低 PAPR 进行了实验验证，证明了其有效性。

2. 编码类技术

编码类技术是一种无失真降低信号 PAPR 的技术，一般在 QAM 调制方式之前进行，是一种从已有的码字集中选取所需码字集而达到降低 PAPR 的效果的方法[38]。该方法根据采用不同码字编码的 OFDM 信号的 PAPR 值会不同，对需要传输的数据序列的编码进行限制，允许 PAPR 值在允许范围内的码字通过，禁止 PAPR 过高的码字通过，从而避免了高 PAPR 的出现。该方法属于线性处理过程，因而其不会像信号预畸变技术那样带来带内噪声和带外辐射。编码类技术由于在编码过程中可能提高冗余度，因此编码后的码字在纠错和检错能力方面都会有所改善；但是由于码字选择过程较复杂，该方法实现度相对差些，当载波数较多时计算量较大，信息速率相对较低。

常见的编码方法有：分组编码法；基于互补格雷序列（Golay complementary sequences，GCS）构造编码法；里德-马勒（Reed-Muller）编码法等。

分组编码法降 PAPR 是由 L. J. Cimini 等提出的[39]，其是前向纠错（forward error correction，FEC）码的一种，基本思想是在发送端对原始的二进制比特流信源进行相应的编码处理，通过采用新的编码方式打破原来码字中的对称性，经过增加冗余度和检错纠错处理等，使输出的二进制比特流达到误码性能的提高和 PAPR 的降低[40]；在接收端，再进行相应的逆变换。该方法一般译码采用逼近最大似然估计（MLE）类的译码算法，码长较小[41]。常见的分组编码方法有系统奇数奇偶校验法（systematic odd parity-checking）和简单分组

编码法(simple block coding)。分组编码存在以下缺点：一是码字长度受限制，码字越长，PAPR 降低度越小；二是冗余度越大，则 PAPR 降低度越大，但数据传输速率越低；三是一般的分组编码仅适用于 OFDM 信号子载波较少的情况，因此极大减小了其使用范围[38]。

格雷码(Gray code)又称为循环二进制码或者反射二进制码，是 1880 年由法国工程师 Jean-Maurice-Emlle Baudot 发明的，属于绝对编码的一种。基于互补格雷序列构造编码法是利用互补格雷序列的特殊自相关性，将互补格雷序列作为码字进行传输，从而达到降低 OFDM 信号 PAPR 的效果[42]。由于格雷编码具有检测和纠错的性能，因而其同时可提高系统的误码性能。该方法的优点在于其可将 OFDM 信号 PAPR 降低到 3 dB 以内，且其输入数据与 OFDM 信号的子载波个数无关，扩大了其使用范围。但是，当信号子载波个数较大时，基于互补格雷序列构造编码过程中产生最佳生成矩阵的难度显著增加，计算复杂度明显增大，其码率会很低，因此，在实际使用过程中，该方法并不适用于子载波过多的 OFDM 系统。

Reed-Muller 编码法属于高效编码方式的一种，其基本思想就是将 Reed-Muller 码按需要分成若干部分，将信号 PAPR 较大的码字分开，从而达到降低 OFDM 信号的 PAPR 的效果。该方法的优点在于其同样可以降低 OFDM 信号的 PAPR 到 3 dB 以内，且由于此类编码同样具有良好的检错纠错功能，可以降低误码率，提高 OFDM 系统的 BER 性能；同时，其与其他编码方法相比，相对较稳定和易实现。但是，该方法受到星座图类型的限制，即具有调制方式的局限性。同样，与其他编码方式类似，一方面，当 OFDM 信号子载波个数增大时，该方法的计算复杂度也会相应增大，带宽利用率降低；另一方面，由于冗余信息的引入，数据的编码速率也会变小。

在光通信系统中，需要高速数字信号处理，因而需要简单易实现、计算复杂度低的一些算法；而编码类方法降低 PAPR 速率低，计算复杂度大，因此相对不适合。

3. 概率类技术

概率类技术又称为信号扰码类技术[43]，其基本思想是通过概率统计的方法，引入一定的冗余信息，降低高峰值出现的概率，从而达到降低信号 PAPR 的效果。具体实现过程是对原始频域数据进行一个线性变换，表达式如下所示：

$$Y_n = A_n X_n + B_n \tag{8-50}$$

其中，X_n 表示原始频域数据的第 n 个元素；Y_n 表示 IFFT 之前经过概率类技术处理后的频域数据的第 n 个元素，$1 \leqslant n \leqslant N$。概率类技术的目标即是寻找的合适的向量 A 和 B，使得高峰值出现的概率较低，输出的时域信号具有较低的 PAPR。为了保持 OFDM 信号的平均功率基本不变，常对向量 A 进行单位幅度的约束，即令 $A_n = e^{j\theta_n}$，$\theta_n = [0, 2\pi]$，$1 \leqslant n \leqslant N$，使 A_n 只有相位旋转，而幅度保持不变。

概率类技术主要有两种：选择性映射法(selected mapping，SLM)和部分传输序列法(partial transmit sequence，PTS)。SLM 和 PTS 方法都限定 B 为零向量，寻找合适的 A 与向量 X_n 相乘，因此，这两种方法相对于其他概率类方法简单易实现，是概率类方法中最典型的代表。

1) 部分传输序列(PTS)技术

(1) PTS 技术的基本理论。

PTS 技术最先是由 Muller 和 Huber 于 1997 年提出的[44]，其基本思想是：通过使用不同的向量序列对原始的 OFDM 信号进行处理,选择 PAPR 较小的向量序列,对此时的 OFDM 符号进行传输。PTS 技术原理框架图如图 8.16 所示,具体实现过程如下所述。

A. 在发送端,先将 OFDM 原始频域数据向量 X 平均分割成互不重叠的 K 份: $X = \sum\limits_{k=1}^{K} X_k$,其中 $1 \leqslant k \leqslant K$;

B. 串并变换后对每个字块 X_k 进行 IFFT,时域数据块 $\{X_1, \cdots, X_K\}$ 分别乘以最优化加权系数 $\{b_1, \cdots, b_K\}$,最后将各个数据块相加:

$$y = \sum_{k=1}^{K} b_k \cdot \text{IFFT}(X_k) \tag{8-51}$$

C. 反复迭代选择最优化加权系数 $\{b_1, \cdots, b_K\}$,使得 PAPR 最小,最优化加权系数满足如下条件:

$$\{b_1, \cdots, b_K\} = \arg\min(\max |x|^2) \tag{8-52}$$

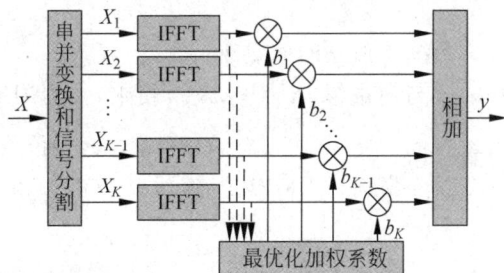

图 8.16　PTS 技术原理框架图

(2) 影响 PTS 技术性能的关键方法。

现在利用 PTS 技术降低 OFDM 信号 PAPR 的研究很多,根据已有文献,主要集中在以下两方面提高 PTS 技术的性能:最优化加权系数的选择;数据向量 X 的分割方法。

A. 最优化加权系数的选择。

根据上文研究可知,加权系数 b_k 即为式(8-50)中的向量 A ,因此, b_k 幅度保持不变。仅相位改变的单位向量,同样满足条件: $b_k = \text{e}^{\text{j}\theta_k}$, $\theta_k = [0, 2\pi]$, $1 \leqslant k \leqslant K$ 。则从理论上分析,加权系数 b_k 的相位角度可为 $[0, 2\pi]$ 中的任意选择,其值同样有多重选择。但是,加权系数 b_k 的选择范围越大,则计算过程中迭代次数越多,寻找最优加权系数的计算量就越大,从而导致系统速率降低,整体性能下降,这与光通信系统高速数字信号处理的要求相违背。因此,在实际系统中,加权系数 b_k 一般在 $\{\pm 1, \pm \text{j}\}$ 中选择和组合,从而极大地简化了计算复杂度。

B. 数据向量 X 的分割方法。

现在常用的分割方法有以下三种,如图 8.17 所示:相邻分割(adjacent),随机分割(pseudo-random),交织分割(interleaved)。

相邻分割是将数据向量 X 相邻依次等分成 K 份,每份的子载波数为 N ;随机分割是从数据向量 X 中随机选取 N 个子载波作为 X_1 ,然后在剩下的子载波中随机选取 N 个子载波作为 X_2 ,余下的以此类推;交织分割是选取等距相隔的 N 个子载波作为其中的任一子向量。无论是哪种分割方式,都必须保证:各个子向量直接互不重叠;所有子向量大小相等。

2) 选择性映射(SLM)技术

SLM 技术是 Bauml 等在 1996 年第一次提出的[43],其基本思想是产生 S 个统计独立、

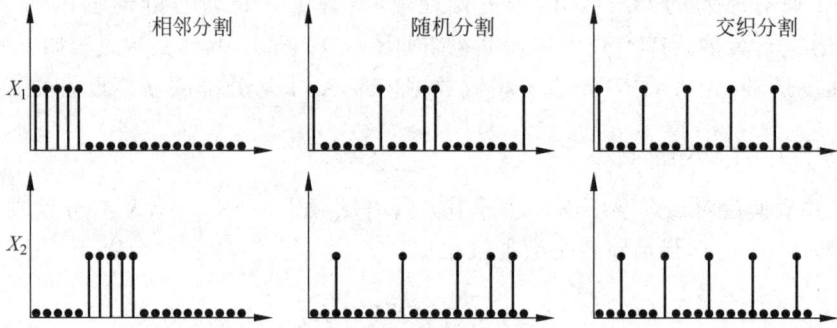

图 8.17   PTS 技术分割方法示意图

相位不同的向量 $\{X_1,\cdots,X_S\}$ 去传输相同的长度为 N 的 OFDM 信号,再对 K 个向量同时进行 IFFT,分别计算信号的 PAPR,并从中选择 PAPR 恰当的向量继续传输。具体实现步骤如下所述。

(1) 串并变换后产生 S 个统计独立的向量组 $\{X_1,\cdots,X_S\}$。

(2) 随机序列 $\{a_1,\cdots,a_S\}$ 与向量组 $\{X_1,\cdots,X_S\}$ 相乘,作为 IFFT 的输入点,表达式为 $X'_s=a_sX_s$,其中随机序列 $a_s=\mathrm{e}^{\mathrm{j}\varphi_s}$,$\varphi_s\in[0,2\pi]$,$1\leqslant s\leqslant S$,为相位旋转因子。

(3) 对向量组 $\{X'_1,\cdots,X'_S\}$ 分别进行 IFFT,生成时域向量组 $\{y_1,\cdots,y_S\}$,表达式为 $y_S=\mathrm{IFFT}(X'_S)$。

(4) 比较向量组 $\{y_1,\cdots,y_S\}$ 的 PAPR,选择 PAPR 恰当的向量传输。

SLM 技术原理框架图如图 8.18 所示。

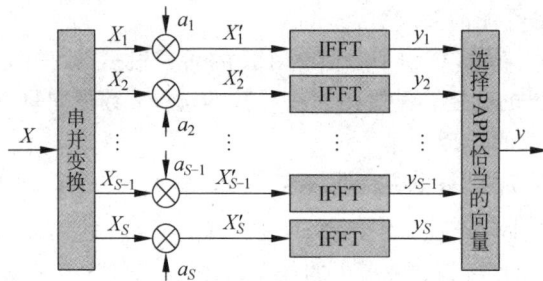

图 8.18   SLM 技术原理框架图

OFDM 信号经过 SLM 技术处理,高 PAPR 出现的概率被极大地降低。设 PAPR 阈值为 z,则原始 OFDM 信号的 PAPR 超出阈值 z 的概率为 $P_{\mathrm{ori}}(\mathrm{PAPR}>z)$,因此,$K$ 个子向量的 PAPR 同时超过阈值的概率为 $[P(\mathrm{PAPR}>z)]^K$,采用 SLM 技术的 OFDM 信号的 PAPR 的互补累积表达式可表示为

$$[P(\mathrm{PAPR}>z)]^K=\{1-(1-\mathrm{e}^{-z})^N\}^K \tag{8-53}$$

同样,SLM 技术在随机序列 $\{a_1,\cdots,a_S\}$ 的选择上与 PTS 技术在加权系数的选择上一样,随机序列因相位角的不同,也会有多重选择。同样,选择越多,则迭代次数越多,计算复杂度越大。因此在实际系统中,随机序列 $\{a_1,\cdots,a_S\}$ 一般同样在 $\{\pm1,\pm\mathrm{j}\}$ 中选择和组合。

3) 概率类技术在光通信系统中的应用

在光纤通信中,由于概率类方法相对计算复杂度高些,文献[45]中提出采用线性和非线性方法联合的方式来降低 ROF-OFDM 系统的 PAPR,文中以 PTS-clipping 联合的方式,先对 OFDM 信号采用 PTS 技术降低 PAPR,再对产生的信号采取 clipping 技术进一步降低 PAPR,并通过仿真结果验证了该方法的有效性。文献[38]中提出采用 SLM 技术降低室内无线光纤通信系统中 OFDM 信号的 PAPR,并比较了五种不同相位序列的性能。

概率类技术是一种无失真的技术,因而不会引入额外的带内噪声和带外干扰,但其仍然存在一些缺点:寻找最优向量组合过程中迭代次数较大,从而导致计算量大,计算复杂度高;有些算法引入了冗余的数据信息,系统的传输速率将会降低。

8.3.3　降 PAPR 方法性能的改善

由于降低 OFDM 信号的 PAPR 的重要性,目前主要从以下两方面进行。

(1) 寻找新的方法提高 PAPR 的降低度。例如,寻找除传统三大方法以外的其他方法提高系统性能;采用性能更好的压扩函数实现压缩扩展变换;选取更好更简单的加权系数等。例如基于改进脉冲成形技术和 Hadamard 技术的 PAPR 抑制方法,脉冲整形技术(PS)和 Hadamard 技术的思想是将原始数据序列和成形脉冲矩阵相乘产生新序列,使多载波的各子载波符号间具有一定的相关性,从而改善信号的 PAPR 特性。它只需恰当地选择各子载波的时域波形,从而避开额外的 IFFT 过程,在有效保持系统带宽效率的情况下,为信道编码留下余地。因此,PS 和 Hadamard 技术是一种非常有效的 PAPR 抑制方法。

(2) 采取方法联合的方式提高 PAPR 的降低度。较多的是采用多种方式联合的方法提高整体性能,例如,PTS 技术与限幅技术联合[37],联合 PTS 技术和 SLM 技术的算法,以及 Hadamard 技术与压扩技术结合等。通过联合技术,OFDM 的 PAPR 可以得到更进一步改善。

8.4　小中心载波和子载波干扰的原理和算法

由于 OFDM 为多载波信号,在常规的光 OFDM 长距离传输系统中,在接收端进行光电转换时会产生子载波间互拍干扰(SSMI),并且在传输过程中子载波易产生频率选择性衰减(FF),从而在很大程度上制约了系统的传输性能。为了克服由此带来的性能损耗,人们提出和深入研究了很多新技术和解决方案,如各种先进的纠错编码、新颖的调制格式等技术,下面着重介绍光 OFDM 信号的 SSMI 和 FF 产生的原理和几种常见的解决方法。

8.4.1　SSMI 和 FF 产生的原理

1. SSMI 产生的基本原理

SSMI 是指光 OFDM 信号在光信道传输过程中,光载波与 OFDM 信号子载波之间互拍而产生的干扰。为说明问题,这里以 OFDM-ROF 系统中光载射频 OFDM 信号为例,分析 SSMI 产生的原理[46]。为了便于分析,这里先不考虑光纤非线性效应的影响。在光接收端,采用的是平方率的光电探测器,来实现光信号的直接探测以完成光电转换的功能,则经过光电探测器检测到的光电流的数学表达式为

$$I(t) = \mu \mid E_{\text{out2}}(z,t) \mid^2$$

$$\approx \frac{1}{2}\mu(mA_{-1}B_{-1} + mA_{+1}B_{+1} + m^2A_{-1}^2 + m^2A_{+1}^2 + B_{-1}^2 + B_{+1}^2) +$$

$$\frac{1}{2}\mu m A_{-1}B_{-1}\cos[(w_c - w_{\text{RF}})t - 2\beta(w_c)z + 2w_{\text{RF}}\beta'(w_c)z - 2w_{\text{RF}}^2\beta''(w_c)z] +$$

$$\frac{1}{2}\mu m A_{+1}B_{+1}\cos[(w_c + w_{\text{RF}})t - 2\beta(w_c)z - 2w_{\text{RF}}\beta'(w_c)z - 2w_{\text{RF}}^2\beta''(w_c)z] +$$

$$\frac{1}{2}\mu(A_{-1}B_{+1} + A_{+1}B_{-1} + B_{-1}B_{+1} + m^2A_{-1}A_{+1})\cos 2w_{\text{RF}}[t - \beta'(w_c)z] \rightarrow$$

MM_OFDM_Signal   (8-54)

其中，μ 为光电探测器的响应；光纤传播常数为 $\beta(w_c)$；光波幅度衰减系数为 r；光纤长度为 z。由于平方率的光电探测器是一种包络探测器，其对光频段的高频信号不敏感，根据包络检波的原理，高频信号会被检测为直流信号。从上可以得知，在接收端输出的信号中，第一部分为直流项，第二部分和第三部分为基本组成部分，第四部分为毫米波 OFDM 信号。由于 OFDM 信号为传输信号，因此我们只需要考虑第四部分。经过转换，第四部分 OFDM 电流可以表示为

$$I_{\text{MM\_OFDM}}(t) = \frac{1}{2}\mu(A_{-1}B_{+1} + A_{+1}B_{-1} + B_{-1}B_{+1})\cos 2w_{\text{RF}}[t - \beta'(w_c)z] \rightarrow$$

$$\text{OFDM\_Signal} + \frac{1}{2}\mu m^2 A_{-1}A_{+1}\cos 2w_{\text{RF}}[t - \beta'(w_c)z] \rightarrow \text{SSBI}$$

(8-55)

其中，SSBI 可以扩展表示为

$$I_{\text{SSBI}} = \frac{1}{2}\mu m^2 A_{-1}A_{+1}\cos 2w_{\text{RF}}[t - \beta'(w_c)z]$$

$$= \frac{1}{2}\mu m^2 a_{-1}e^{-rz}x[t - (w_c - w_{\text{RF}})^{-1}\beta(w_c - w_{\text{RF}})z] \times$$

$$a_{+1}e^{-rz}x[t - (w_c + w_{\text{RF}})^{-1}\beta(w_c + w_{\text{RF}})z] \times \cos 2w_{\text{RF}}[t - \beta'(w_c)z] \quad (8\text{-}56)$$

由式(8-55)和式(8-56)可知，OFDM 信号经过光纤传输后，光载波和 OFDM 信号子载波之间会产生 SSMI，且产生的 SSMI 会影响电 OFDM 信号的性能。且该干扰在低频时信号干扰更大，因此光 OFDM 信号在光电检测时 SSBI 集中落入 OFDM 信号的前部，且随着频率的增大，SSBI 逐渐减少。图 8.19 为光载射频 OFDM 信号通过光电探测器进行拍频的过程，包括光载 OFDM 信号的上下两个一阶载波（USB 和 LSB）。光电探测器检测过程中，光载 OFDM 信号与上下两个一阶载波进行拍频，形成有用的电 OFDM 信号。而两个一阶载波上的 OFDM 信号子载波之间拍频产生 SSBI 信号。最终输出的光电检测后的信号由 SSBI 与有用的电 OFDM 信号组成。

2. 频率选择性衰减损耗产生的原理

光 OFDM 信号经过数模转换盒整形滤波后，易受到电子器件和数字信号处理过程中产生的损耗的影响，信号的子载波功率会由于 FF 而遭受不同程度的衰减，各个子载波上的衰减系数会有所不同，尤其是高频部分，这种现象的产生主要有两方面的原因：一是电设备（如数模/模数转换器、电滤波器）所导致的高频衰减；二是光纤传输过程中光纤色散影响。

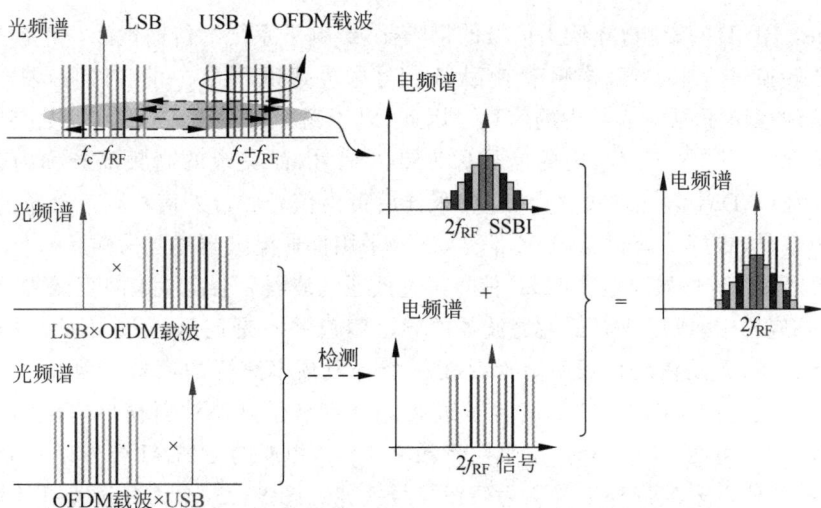

图 8.19　光载射频 OFDM 信号通过光电探测器进行拍频示意图

（请扫 2 页二维码看彩图）

1）电设备的衰减

这里主要考虑的是数模/模数转换器和电滤波器带来的衰减,集中于 OFDM 信号发送和接收部分。数模转换器是一种将二进制数字量形式的离散信号转换成标准量为基准的模拟信号的转换器,其实现过程为：将数字信号转换成对应的电平,从而形成阶梯状信号,再通过成形滤波过程,滤除其中的高频噪声以及其他无用信号,最后产生所需要的模拟信号进入光系统中,加载到光载波上。一般的数模转换电路会包括参考电压源、求和运算放大器、寄存器、时钟基准产生电路、权产生电路网络和模拟开关。其中,时钟基准产生电路与参考电压源密切相关,它保证了输入数字信号的相位特性在转换过程中不会发生错误和混乱。但是,时钟基准存在一个典型缺陷,其在抖动过程中容易产生高频噪声。当输入的电信号的频率过高时,器件中的电容和电感会产生高频滤波效应,同时还会发生抖动而引入噪声。

模数转换器是一种将模拟信号转变为数字信号的电子元件,这是一个滤波、采样保持和量化编码的过程。模拟信号先经过滤波器滤除信号带外噪声和其他无用信号,然后使用采样保持电路实现信号的时间离散化处理,之后按照所需方法将信号归化到离散电平上,量化后的数值最后用一个二进制代码表示出来,从而实现了模拟信号到数字信号的转换过程。衡量模数转换器性能的一个重要指标为转换精度,通常用所需的数字信号的位数的多少表示,一般而言,精度越高,数字信号的位数越多,转换器能够分辨输入信号的能力越强,转换器的性能也就越好。但是,在用数字量表示模拟量时,由于二进制的字长有限,从而无法精确地表示模拟量,导致量化误差,即量化噪声,其具有白噪声性质,功率谱密度平均分布在信号的全部频带上。因此,需要对模数转换后的信号进行滤波,以滤除带外噪声和高频无用信号。

图 8.20 给出了 OFDM 信号在电数字信号处理过程中受到损伤的示意图。在数模和模数转换过程中,器件本身和低通滤波导致的高频衰减同时存在。图 8.20(a)为从 OFDM 调制模块输出的电信号频谱示意图,由于电放大器和其他电设备的带宽有限,当输入信号的频率很高时,器件中的电容和电感会产生高频滤波效应。同时,生成的数字信号也容易受到滚降衰减和与残留信号镜像（RSI）互拍而产生残留镜像拍频干扰（residual image beat interference，RIBI)的影响，降低了信号的信噪比，影响了系统的传输性能。根据采样定理，在进行模数转换过程中，当采样频率 f_s 大于信号中最高频率 f_{max} 的 2 倍时，采样之后的数字信号完整地保留了原始信号中的信息。因此，对于频率带宽为 F_s 的周期数字信号，我们将频率范围在 $[-F_s/2, F_s/2]$ 内的信号称为带内信号，而其余的高频部分称为带外信号。图 8.20(b) 为 OFDM 信号以频率为 F_s 的采样后带内信号和带外信号频谱分布图。为了消除带外噪声信号，更好地获得 OFDM 信号，需要采用低通滤波器滤除采样后的 OFDM 信号。由低通滤波器本身的性质决定，OFDM 信号经过低通滤波器后会产生滚降衰减，如图 8.20(c) 所示，在实际应用中，成形或者低通滤波器的频谱窗口并不是矩形的，并不能干净地滤除到某一个截止频率，而是在截止频率附近存在一个有限频率滚降的窗口。因此，OFDM 信号在频率接近奈奎斯特频率 $F_s/2$ 的高频子载波部分容易受到滤波器窗口幅度的影响，产生衰减，即滤波器产生的 FF。同时，奈奎斯特频率 $F_s/2$ 相连的 OFDM 带外信号会有部分无法滤除，这些残留下来的带外信号称为残留信号镜像。图 8.20(d) 为经过光纤传输，在接收端经过光电探测器拍频检测后检测到的 OFDM 信号频谱图，如图所示，接收的 OFDM 信号会受到滚降效应导致的高频衰减，以及残留信号镜像与 OFDM 信号互拍而产生残留镜像拍频干扰两者的影响，使得系统的传输性能受到影响。

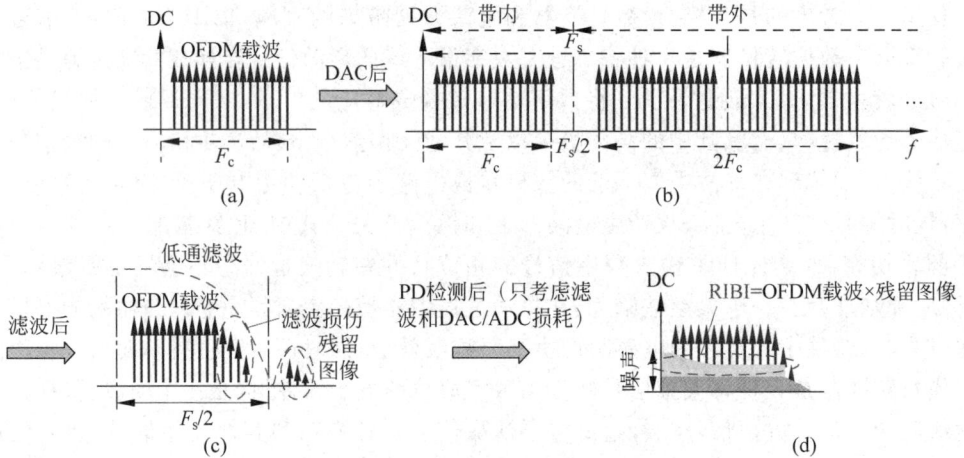

图 8.20　电信号处理中 OFDM 信号的损伤示意图

(请扫 2 页二维码看彩图)

2) 光纤色散的影响

OFDM 符号的每个子载波的衰减深度为衰减系数(fading coefficient，FC)，可以定义为[47]

$$FC \approx \cos\left[\frac{2\beta(\omega_o) + k^2\Omega^2\beta''(\omega_o) - 2\beta(\omega_o)}{2}z\right] = \cos\left[\frac{\beta''(\omega_o)z}{2}\Omega^2 k^2\right] \quad (8-57)$$

其中，$k\Omega$ 表示 OFDM 信号的第 k 个子载波的频率；z 为光纤的传输长度。由式(8-57)分析可知，OFDM 子载波的衰减系数与子载波的频率成正比，频率越高，衰减越大，幅度越小，因此，OFDM 信号表现为高频选择性衰减。

图 8.21 为光 OFDM 信号在光纤传输过程中的损耗示意图。图 8.21(a) 为普通光 OFMD 信号频谱图，其中中间较长的垂直线代表光载波信号，光载波两边较短的垂直线代表双边带调制的 OFDM 信号的载波，OFDM 载波中较长的部分为插入的导频信息，在光载

波和 OFDM 子载波间带宽为 B_{GI} 的为保护间隔,底下的阴影部分代表噪声。图 8.21(b)为经过光纤传输后,接收端的光 OFDM 信号的频谱示意图,如图所示,光纤传输过程中会有各种新的噪声产生,由于 FF 的影响,OFDM 信号的高频部分有所衰减。在光纤传输过程中,光 OFDM 信号不仅受到光纤色度色散和偏振模色散的影响,同时还会受到色散引起的符号延时导致的 FF 的影响。同时,对 OFDM 信号本身而言,其具有高频子载波对相位噪声和FF 敏感的特性,因此结合前文分析的电器件带来的 FF,高频部分的衰减更加严重。

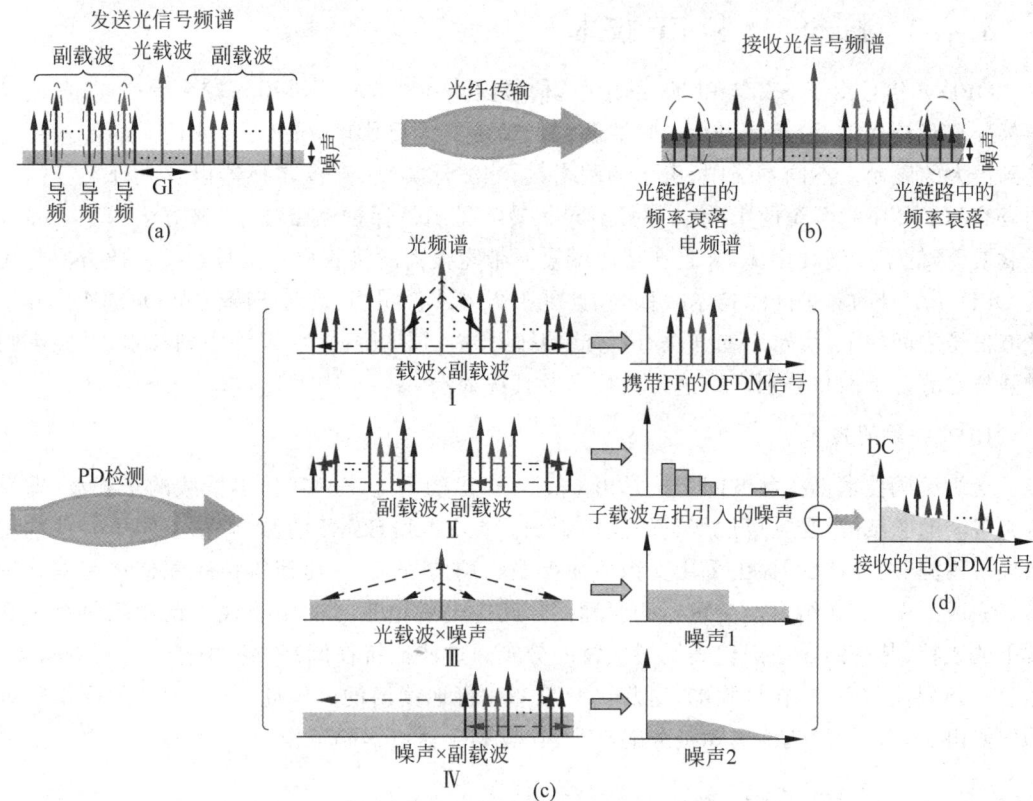

图 8.21　光 OFDM 信号在光纤传输过程中的损耗示意图
(请扫 2 页二维码看彩图)

　　光 OFDM 信号经过光电探测管实现光电转换时,光载波信号、OFDM 信号以及噪声之间会产生互拍的影响,这里综合分析中心载波和 OFDM 子载波产生的整体干扰和噪声,如图 8.21(c)所示,其中Ⅰ～Ⅳ分别表示光载波与 OFDM 子载波之间的互拍,OFDM 子载波本身之间的互拍,光载波与噪声之间的互拍,以及 OFDM 子载波与噪声之间的互拍。从Ⅰ可知,经过光载波与光 OFDM 信号之间的互拍,电 OFDM 信号得到恢复,即我们所需要的信号,但是,由于受到频率选择性衰落的影响,OFDM 信号的高频部分受到一定程度的衰减。Ⅱ显示了 OFDM 信号子载波互拍产生的SSMI,由于靠近光载波附近的 OFDM 信号子载波受到的 SSMI 比较严重,因此,OFDM 信号子载波在高频和低频部分受到了不同程度的干扰。由于 FF 和 SSMI 对 OFDM 信号的影响,OFDM 信号整体性能受到损伤,也对系统整体产生影响。由Ⅲ和Ⅳ可见,在光发送端,光 OFDM 信号由于器件影响会产生 ASE;在光纤传输过程中,会受到色度色散、偏振模色散和光纤非线性效应等因素的影响,而给系统和信号带来相位噪声和其他损耗,关于这些噪声的影响我们在其他章节有介绍。光载波和 OFDM 子载波与系统本身所带有的噪声之间会产生一些新的带内噪声,影响 OFDM 信号的恢复,由于这部分的影响相对于子载波与光载波之间的干扰是比较小的,因此在分析过程中,主要是讨论前两者对 OFDM 信号性能的影响。最后,经过低通滤波,接收到的 OFDM 信号电谱图如图 8.21(d)所示。OFDM 信号主要受到 SSMI 和 FF 的影响,子载波高频部分发生较大衰减。

8.4.2 抗 SSMI 和 FF 技术

OFDM 信号由于 SSMI 和 FF 的影响,信号因为各种互拍干涉引入较多噪声,子载波高频部分衰减较严重,因而信号在接收端解调的精确性大受影响,光 OFDM 信号的传输距离受到极大的限制。不同系统中,由于调制指数、滤波器类型、数模转换器以及光纤类型的不同,FF 和 SSMI 对系统的影响会有所不同。最常见的是保护频带技术,该方法占用了一段子载波,降低了频谱利用率,并且在接收端需要带宽很大的接收机对信号解调。此方法与无线 OFDM 信号的保护间隔技术一样,在此处不再继续说明[48]。对于降低光 OFDM 信号子载波信号之间的干扰,常用的方法有:交织编码技术、预增强技术、训练序列技术、导频高频增强技术等。下面将分别介绍这几类技术及其优缺点。

1. 交织编码技术

交织编码技术抵抗载波间干扰是由 Cao 等提出的[49]。SSMI 使得低频的子载波(即靠近光载波的子载波)受到更加严重的噪声影响。在 FF 和 SSMI 的影响下,不同子载波的功率代价不同。文献[49]提出采用交织器使得误码均匀分布,从而使得接收端信道解码处理易于完成。图 8.22 给出了交织器的原理图。其中电频谱下方的格子代表调制到每个子载波上的比特,其中的实心圆代表错误比特的分布。这些比特在调制过程中是一行行地写入,然后一列列地读出的,在接收端,这些比特是一行行地读出的。因此,列与列之间原本临近的误码由于以行的形式读出而被分隔较远,比较利于信道解码工作。

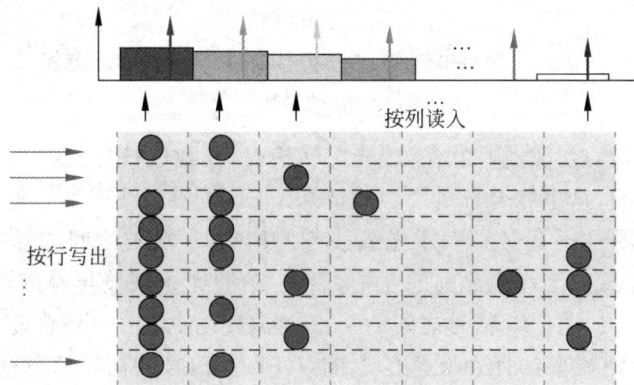

图 8.22 交织器的原理图
(请扫 2 页二维码看彩图)

Turbo 码是一种具有强纠错能力的 FEC 码,它能减少接收信号的误码率。Turbo 码的编解码器如图 8.23 所示。Turbo 码巧妙地将两个简单分量码通过伪随机交织器并行级联来构造具有伪随机特性的长码,并通过在两个软入/软出(SISO)译码器之间进行多次迭代而实现了伪随机译码。

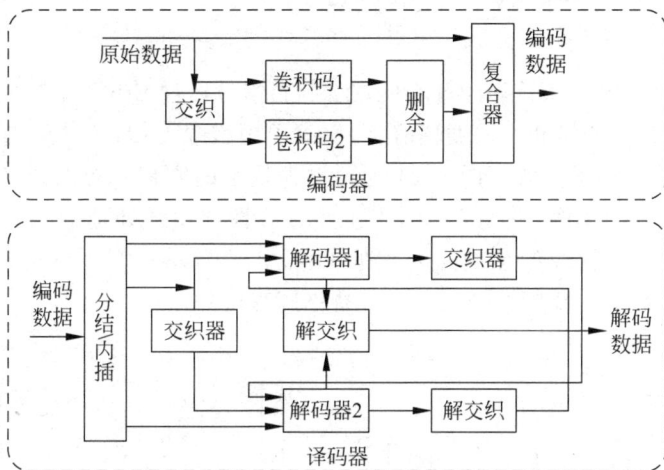

图 8.23　Turbo 码编解码器

交织技术与 Turbo 码技术通过(DD-OOFDM)实验检验,3 种 64QAM 调制的 OFDM 信号在实验系统中测试:5.18 Gb/s 的未编码 OFDM,7.77 Gb/s Turbo 编码的 OFDM(解码后的速率为 5.18 Gb/s),7.77 Gb/s 经过交织且 Turbo 编码的 OFDM(解码后的速率为 5.18 Gb/s)。交织编码技术在提高误码性能方面性能较好,但编码技术的使用提高了系统的冗余度。实验[49]中所使用的 Turbo 码参数如表 8.1 所示。

表 8.1　Turbo 码实验参数表

编 码 类 型	Turbo 编码	编 码 类 型	Turbo 编码
卷积码参数	$g_0 = (1,0,11,1101)$	码率	0.66
交织	1204 位随机交织	迭代次数	10
解码	最大对数后验概率		

2. 预增强技术

预增强技术采用了非线性过程,在发送端,对 OFDM 信号采用非线性操作,使得 OFDM 信号在高频部分的幅度较高,预先补偿了 OFDM 信号在数字信号处理和光纤传输过程中带来的 SSMI 和 FF 对高频部分的损伤[47]。从本质上而言,预增强技术也属于预失真技术的一种。

OFDM 信号是一种多载波信号,由于受到 SSMI 和 FF 的影响,以及实际应用系统中光器件带宽对 OFDM 信号的影响,其各个子载波上所受到的损伤带来的信号衰落是不一样的。用 λ_k 表示第 k 个子载波的幅度预增强系数,λ_k 因信道干扰和器件带宽的不同而不同,其值是根据每个子载波在该系统中所受的损伤而得出,一般可表示为[47]

$$\lambda_k = f\left\{ \chi_k, \cos\left[\frac{\beta''(\omega_o)z}{2}(k\Omega)^2 \right] \right\} \tag{8-58}$$

其中,χ_k 是 OFDM 信号在数字信号处理中第 k 个子载波的衰减系数的估算值。经过预增

强技术处理的 OFDM 信号为预增强系数与 OFDM 信号的每个子载波相乘,则其经过滤波器后可表示为[47]

$$S(t) = \sum_{k=1}^{N} \lambda_k \cdot \chi_k \left[a_k \cos(k\Omega t) + b_k \sin(k\Omega t) \right] \tag{8-59}$$

需要传输的比特流信息首先经过 OFDM 调制,信号经过 IFFT 处理后进行非线性预增强放大,然后经过并串变换和添加循环前缀,完成了预增强 OFDM 的调制。常见的预增强有线性增强和抛物线型增强等。图 8.24 为预增强技术的原理示意图。其中图 8.24(a)表示原始 OFDM 信号功率图,图 8.24(b)表示经过线性预增强处理的 OFDM 信号功率图,图 8.24(c)表示经过抛物线型预增强处理的 OFDM 信号功率图。可见,经过预增强处理后,OFDM 信号子载波在高频和低频部分都有不同程度的增加。

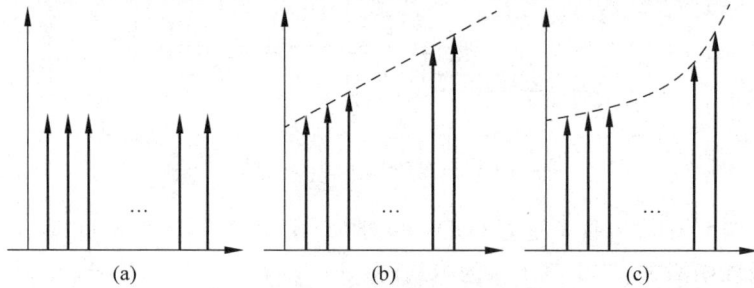

图 8.24 预增强技术的原理示意图

发送端产生的 OFDM 信号经过预增强处理后,高频部分得到显著增强。通过调制和光纤传输,在接收端经过 PD 包络检测后,由于受到 FF 的影响,OFDM 信号的高频部分被衰减。但是由于 OFDM 信号本身的高频部分被增强了,因此经过衰减后的 OFDM 信号频谱基本保持水平,与原始 OFDM 信号频谱保持一致。

图 8.25 给出了原始的和采用预增强技术的 OFDM 信号经过 DD-OOFDM 系统传输后的误码曲线图,OFDM 系统采用了 288 个子载波、32 个循环前缀、8 个导频、56 个保护间隔、192 个数据子载波,每个子载波采用 QPSK 调制,由结果可知,预增强 OFDM 信号接收误码功率高于常规 OFDM 信号,这是因为预增强技术对信号提前进行了补偿。预增强技术是一

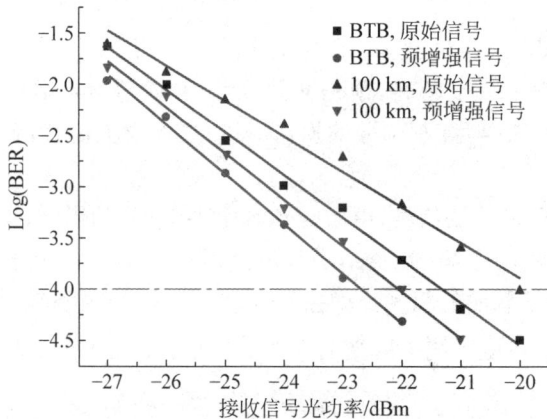

图 8.25 预增强技术与原始 OFDM 信号误码曲线图
(请扫 2 页二维码看彩图)

种适用于光 OFDM 传输系统并能较大地提高系统传输性能的新技术。预增强技术简单易实现,计算复杂度低,且灵活性较强,可与其他提高系统性能的方法结合使用,但其降低误码性能的度有限。

3. 训练序列技术

训练序列技术抵抗 OFDM 信号子载波干扰是由 Wang 等提出的[46]。训练序列技术是指采用训练序列作为导频估计 OFDM 信号,并根据不同的训练序列结构对抗 OFDM 子载波互拍影响的效果,选择合适的训练序列结构,以达到最优化的效果。该技术不需要增加额外的子载波,仅通过对训练序列结构的优化即可实现子载波互拍影响的减少,因而对 OFDM 信号的频谱效率不会产生影响,同时实现系统性能的提升。

在光 OFDM 信号传输系统中,经常采用训练序列与导频信号联合信道估计。假定每一个 OFDM 符号的数据子载波个数为 256 个,其中 8 个子载波用于传输导频信号;同时,不同 OFDM 符号之间有一定长度的循环前缀,用于减少 ISI。不同训练序列结构是由数据信号的类型和数据信号的结构同时决定的,数据信号的类型上一般分为实数和虚数两种,而数据信号的结构一般分为连续型和交叉型两种。因此一般可设计出 4 种具有不同数据类型的数据信号,如图 8.26 所示:(a)为全实数训练序列,由随机的 1 和 −1 组成;(b)为全复数训练序列,由随机的 1+i,1−i,−1+i 和 −1−i 组成;(c)为具有复数和零信号交叉的训练序列;(d)为具有实数和零信号交叉的训练序列。

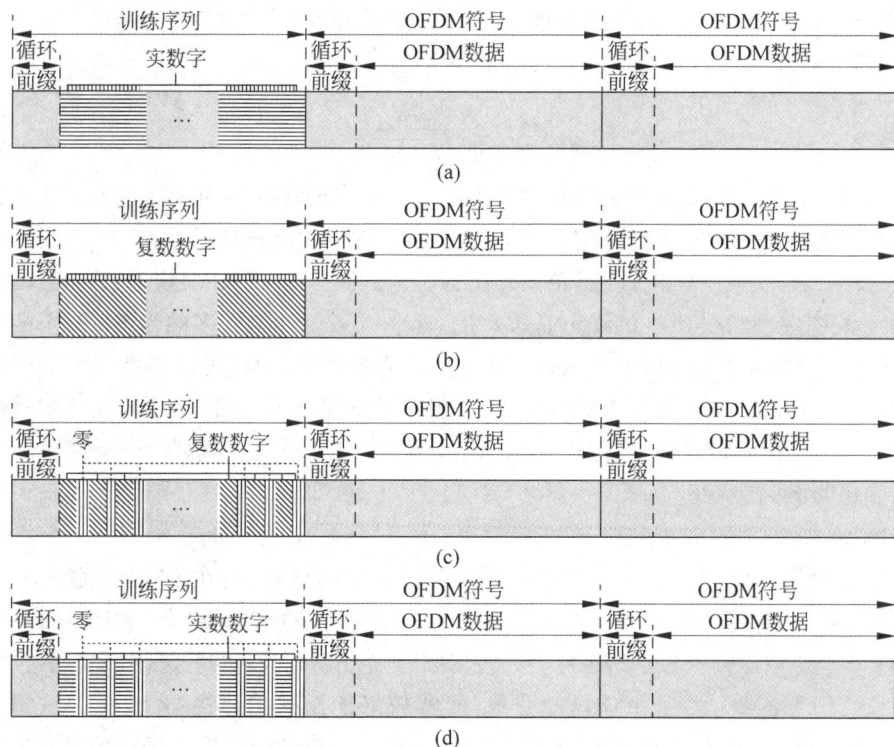

图 8.26　具有不同训练序列结构的 OFDM 帧信号示意图

在上述 4 种训练序列结构中,对于相同的数据类型,交叉性的结构比连续型结构能提供更好的传输性能。因为 OFDM 信号在直接探测接收时会产生 SSMI,而插入了零信号会使得所产生的 SSMI 噪声刚好落在零载波处；而在信道估计过程中，零载波处的信道可以通过插值的方式估计出来，这样可以将 SSMI 噪声在信道估计过程中去除，就免去了 SSMI 对 OFDM 信号解调恢复的影响。

同时，对于实数信号和复数信号的区别，仅采用实数信号的训练序列结构可以看出 BPSK 调制的信号，而采用复数信号的训练序列结构可以看成 QPSK 调制的信号。由于 BPSK 比 QPSK 调制的阶数更低，因此，在接收端进行译码判断时，BPSK 判决出错的概率比较小，因此使用实数信号的训练序列比使用复数信号的训练序列有更好的系统性能[46]。

4. 导频高频增强技术

导频技术法是通过调整导频的内容和结构而达到抵抗 SSMI 或者 FF 的作用。信道估计是光 OFDM 系统中的一个重要环节，而基于导频的信道估计是 OFDM 系统中一种非常常见的信道估计方法，通过在发送端 OFDM 信号的信息子载波中插入一些已知信息的子载波来估计光信道对输入 OFDM 信号的数学影响。

由前面分析可知，光 OFDM 系统中信号会受到 FF、SSMI 和 ASE 噪声的影响，且对 OFDM 信号不同频率子载波的影响各不相同，例如，FF 主要影响高频部分，SSMI 主要影响低频部分。根据信道估计理论，通过对导频的信道估计结果插值，可得到数据子载波处的信道频率响应，可以根据导频的数量、分布和功率分配来抵抗不同噪声的影响，达到性能的优化。

由于 SSMI 与光调制器的调制深度（MI）的平方成正比，则 MI 对系统中 SSMI 和 FF 噪声分布情况产生了很大的影响[47]。MI 可以表示为[50]

$$MI = \frac{V_{max}}{V_\pi \sqrt{PAPR}} \tag{8-60}$$

其中，V_{max} 表示电 OFDM 信号的峰峰值电压；V_π 表示光调制器的半波电压；PAPR 表示 OFDM 信号的峰值平均功率比。对于文献[51]和文献[52]所研究的系统，V_{max} 分别为 2 V 和 4.2 V，PAPR 为 13.44 dB，因而光调制指数为 0.101。由于 SSMI 正比于 OMI 的平方，因此，在此系统中，SSMI 产生的噪声是很小的，而影响系统性能较多的为 FF 产生的噪声。

由于此系统中主要受到 FF 的影响，因此在导频结构设计时，可以考虑给高频部分多分配一些导频用来提高信道估计的精确度，从而提高系统的误码性能。对导频结构优化抵抗 FF，常从以下两方面进行优化：优化导频功率分配[51]和优化导频间隔[52]。

1）优化导频间隔分配

从优化导频间隔的角度出发，在高频部分，由于受到 FF 噪声的影响，信号衰落较严重，因而做出正确信道估计较难，可在高频部分摆放比较少的导频，而在 FF 影响较小的低频摆放较多的导频，从导频获得较为可靠的信道估计。根据导频间隔的变化，如图 8.27 所示，可设计三种典型结构导频：①等间隔导频；②高频间隔密集导频；③低频间隔密集导频。

OFDM 信号各个子载波上误码的分布，能够较好地反映信号高频、低频部分噪声分布的情况。图 8.28 给出了三种不同导频结构方案中的 OFDM 信号在不同接收功率时其各个子载波上 BER 分布曲线图，由于信号是共轭对称的，因此只给出了正频率部分的子载波。由图可知，三种方案中，OFDM 信号的误码都集中在高频部分，可见在此系统中，高频部分的噪声是占主导的。且随着入纤功率的降低，BER 在增高，且新出现的误码也集中在高频

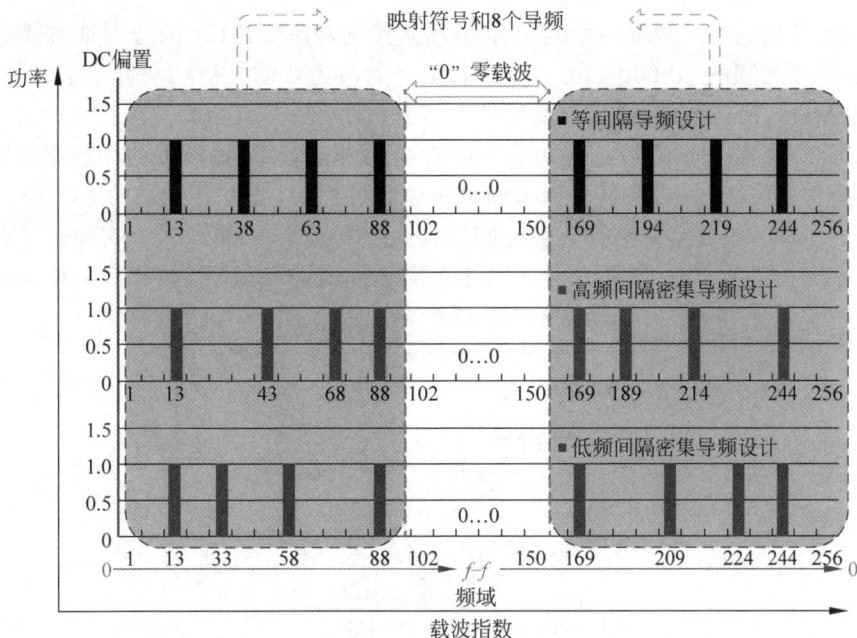

图 8.27　不同导频间隔的设计方案

（请扫 2 页二维码看彩图）

部分，这与理论部分分析的高频部分所受 FF 较严重保持一致。通过比较图中的三种方案，可见方案③的误码最小，即在低频部分分布密集导频有助于抵抗 FF 噪声的干扰，增加了信道估计的可靠性，提高了系统的接收灵敏度。

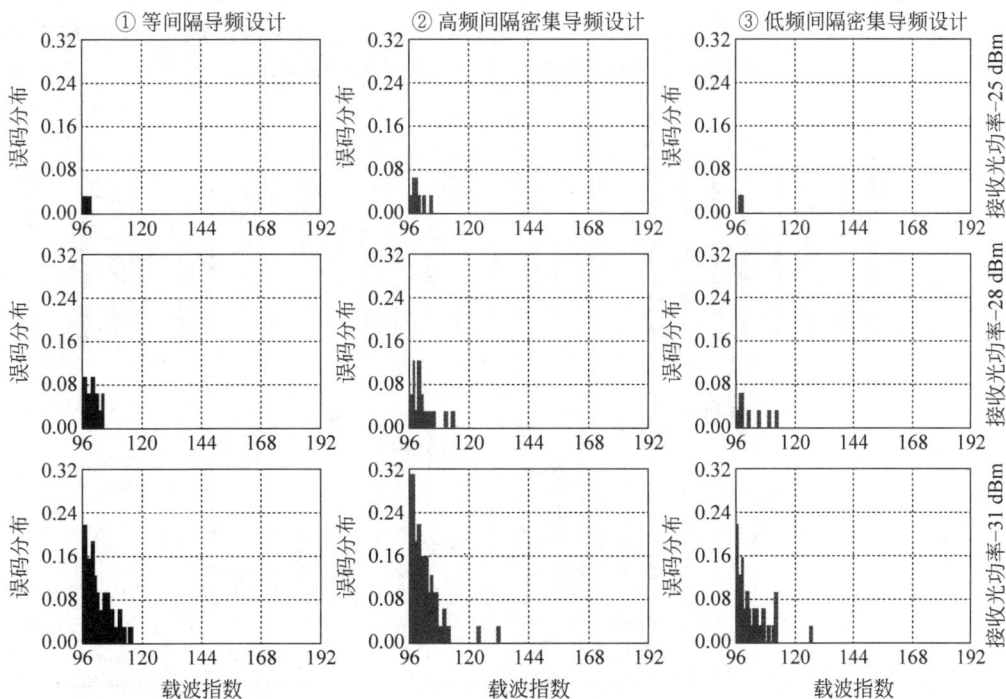

图 8.28　不同导频间隔设计方案中的 OFDM 信号 BER 在子载波上的分布曲线

（请扫 2 页二维码看彩图）

图 8.29 给出的是三种导频结构方案中不同接受功率下 BER 的分布曲线图。由图可知,低频密集型导频的 OFDM 信号在光纤传输前后所需要的接收功率都是最小的,且经过 100 km SSMF 传输后,其功率代价也是最小,大约 0.5 dB,即此方案传输性能最好。在背靠背(BtB)情况下,BER 同样存在,这是由于调制器、数模转换器、滤波器的非理想频率响应以及固有噪声对信号的影响,尤其是如前面分析中所讲到的,滤波等带来的 FF 很大,这也是背靠背情况下低频密集型导频具有最好的接收灵敏度的原因,从而再一次验证了此结构能有效抵抗电子器件所引入的 FF 噪声的干扰。而经过光纤传输后,低频密集型导频具有最小的功率代价则证明了此结构能有效抵抗光纤色散带来的 FF 噪声的影响。

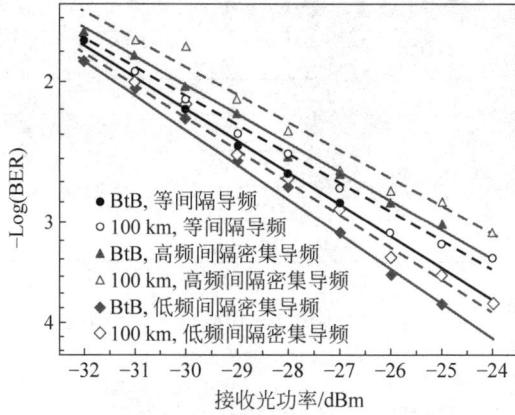

图 8.29　不同导频间隔设计方案中的 OFDM 信号的 BER 曲线图
（请扫 2 页二维码看彩图）

2) 优化导频功率分配

根据 SSMI 和 FF 对 OFDM 信号子载波高频和低频部分的不同影响,且系统中 FF 较严重的情况,可通过对导频功率分配而实现系统中抗 FF 噪声的影响。图 8.30 为五种不同

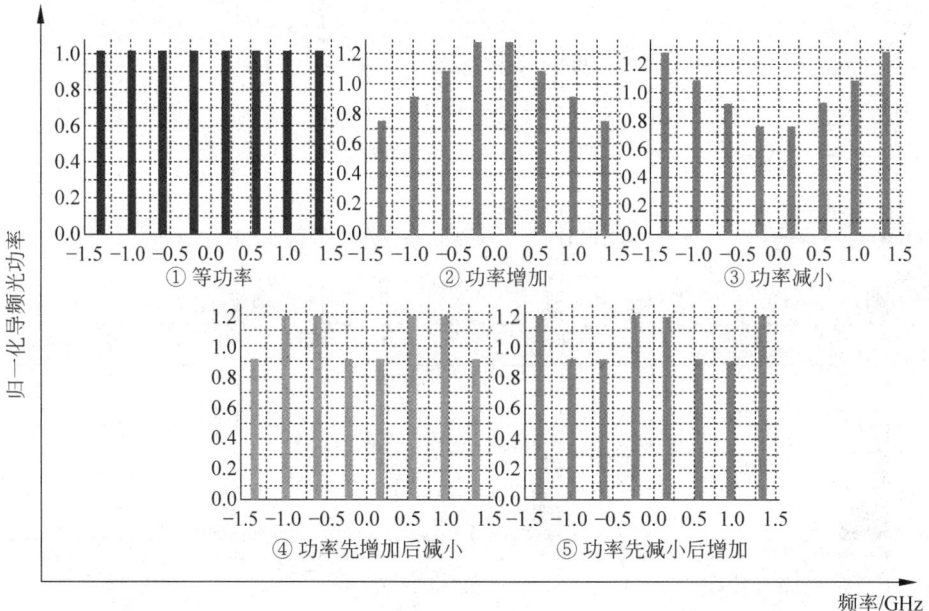

图 8.30　不同导频功率分配方案原理图
（请扫 2 页二维码看彩图）

导频功率分配方案原理图,且都经过了平均功率的归一化处理,则五种情况随着频率的增加,功率分布分别为:①等功率;②功率逐渐增加;③功率逐渐减小;④功率先增加后减小;⑤功率先减小后增加。

图 8.31 为接收光功率为 −23 dBm 时,不同导频功率分配方案的 OFDM 信号各个子载波的误差向量幅度(EVM)性能分布曲线。如图所示,子载波高频部分 EVM 性能较差,而在中心频率处子载波的 EVM 也呈上升趋势,这说明 OFDM 信号除系统固有噪声外,还受到 FF 和 SSMI 的影响,而作用于高频部分的 FF 噪声在此系统中起着主导作用。五种结构中,方案③在高频部分的 EVM 水平最低,说明此结构能最好地抵抗 FF 噪声的影响。

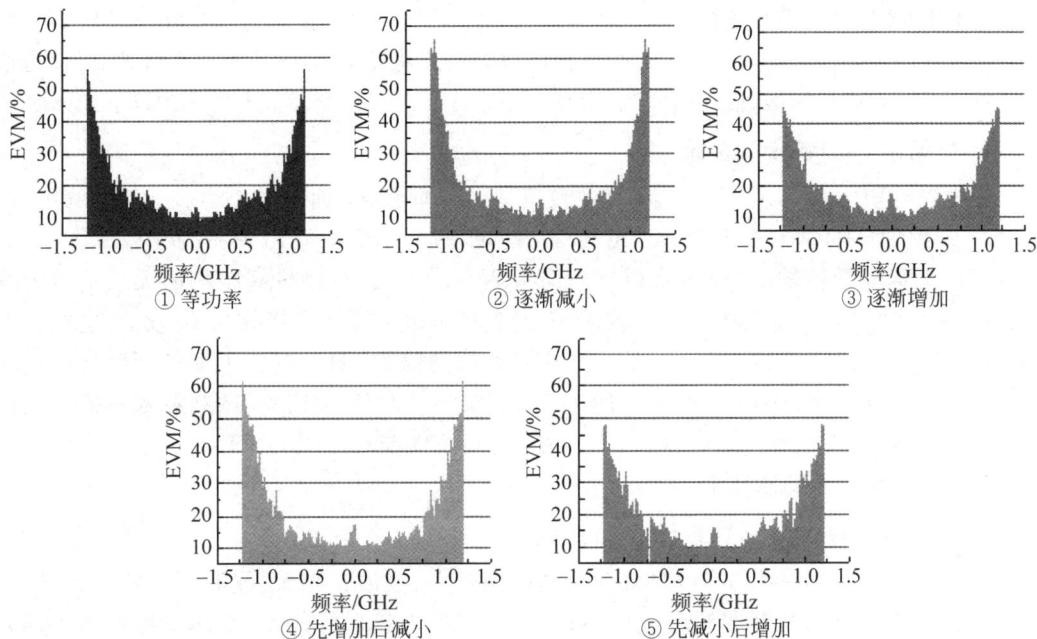

图 8.31　不同导频功率分配方案中的 OFDM 信号的 EVM 子载波分布曲线图
(请扫 2 页二维码看彩图)

图 8.32 是不同导频功率分配方案中的 OFDM 信号经过光纤传输后的 BER 曲线图。由图可知,方案③(随着频率增加,功率逐渐增加)的接收灵敏度最好,比传统的等功率方案

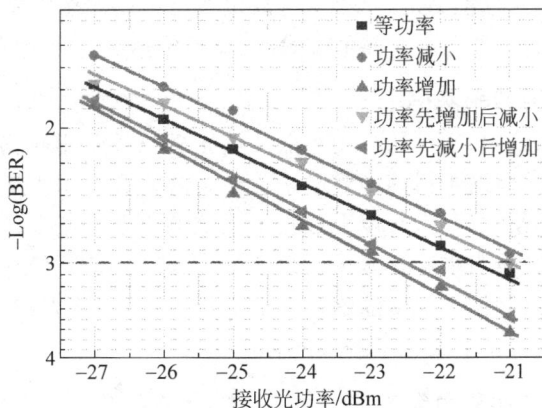

图 8.32　不同导频功率分配方案中的 OFDM 信号的 BER 曲线图
(请扫 2 页二维码看彩图)

提高了 1.2 dB,方案⑤(随着频率增加,功率先减小后增加)的接收灵敏度次之,而方案②(随着频率增加,功率逐渐减小)的接收灵敏度最差。这说明在此系统中,FF 噪声影响最大,因此高频部分导频功率要尽可能高,其次,SSMI 产生的噪声影响还是相对存在的,因此,增强高、低频部分功率的导频性能次之,而中频部分功率最高的接收灵敏度最差。针对不同类型的系统,在设计导频结构方面可能做出不同的选择。

8.5 直接探测光 OFDM 传输系统的研究进展

光 OFDM 已经受到光通信领域的高度关注,以后光 OFDM 技术可能应用于长距离传输网络和城际网及接入网等光网络的各个方面。以后的高速光 OFDM 技术在色散抑制、信道估计、同步检测、频偏和相偏、自适应调制、带宽分频等方面都有待加强。主要体现以下几方面。

1. 光无线 OFDM 传输系统

无线光 OFDM 的产生及处理是使用数字信号处理技术,而其传输方式与光纤 OFDM 技术有一定的区别,基本原理为:激光器将产生的基带 OFDM 信号调制到光载波上,随后经过一定距离光纤传输后,通过自由空间光天线发射出去,再经过短距离的无线信道传输后,由自由空间光天线将无线信号接收下来,经光纤信道传输后在接收端通过光电转换器得到基带 OFDM 信号。将 OFDM 应用到室内光无线网络中,明显改善了多径衰落与高损耗传输环境对系统造成的影响。与传统的 OOK 调制格式相比,OFDM 调制技术在抗无线信道中的随机湍流、不利大气条件等方面表现出更好的性能,OFDM 是下一代光无线传输系统非常具有竞争力的调制技术。

2. 多模光纤 OFDM 通信系统

相比于单模光纤,多模光纤(MMF)芯径面积较大、数值孔径大、光源耦合效率高,同时具有不会产生严重的光纤非线性效应、对激光器的要求较低等优点,在施工与系统组建方面,多模光纤间的连接不必精确对准,操作简单方便,系统成本较低。然而多模光纤中存在的模式色散是影响系统传输性能的主要因素,这是由于光纤中不同传输模式在光纤中的传播路径与速度各不相同,到达光纤接收端的时间不一致,产生了相对时延,引起光脉冲展宽,从而导致传输符号间的干扰。因此多模光纤适于短距离通信,它是高速以太网标准所规定的传输媒介之一。以太网标准 IEEE 802.3aq 规定在已铺设的多模光纤上,10G 信号的传输距离应达到 300 m,然而在没有引入其他技术时,是很难达到这个要求的。

3. 单模光纤 OFDM 传输系统

在单模光纤通信系统中,光纤的色度色散及偏振模色散是影响高速传输系统性能的主要因素。光 OFDM 技术借助于迅速发展起来的强大数字信号处理技术,可以通过在电域对这些影响进行很好的补偿,在很大程度上减轻了系统的不利影响。未来的无线通信波段将延伸到毫米波段,以毫米波为核心技术的光纤无线(RoF)通信系统可以利用光纤传输不受带宽限制、低损耗等特点并结合无线通信技术的灵活性,将光纤网络的技术融入无线网络,在构造简单基站单元的基础上增加了接入网容量和移动性。

4. 塑料光纤 OFDM 通信系统

以塑料光纤(POF)为传输媒介的全光纤网络具有安装方便、成本低廉、抗干扰能力强等优点。塑料光纤的直径一般在 0.3～3 mm,大的直径易于连接,光的耦合效率也较高,同时还兼有柔软、抗弯曲、耐震动、抗辐射、价格便宜、施工方便的优点,可代替传统的石英光纤及铜缆,非常适用于连接点较多的局域网络。

现有的家庭网络,主要是基于金属导线(双绞线、五类双绞线和同轴电缆)及短距离无线链路,如现在无处不在的 Wi-Fi 标准。欧盟提供的用于支持科研和创新的专项基金与塑料光纤通信相关项目 VD-H 研究认为:对于家庭网络而言,无线技术可能将再次发挥重要作用,但只有光纤到户技术才能够提供最高的带宽和稳定的对顾客的宽带服务。目前使用光电子的家庭网络解决方案,即使用玻璃光纤或塑料光纤,或是自由空间光通信(FSO,无线光学技术),还没有得到广泛的应用,因此未来的系统技术和网络架构,将是混合的解决方案。当前的短距离无线技术主要有 Wi-Fi、蓝牙、ZigBee、UWB、NFC 等,很多实验室和研究机构都对塑料光纤和无线技术的结合做了研发。Yang 等研究了在超过 100 m 渐变折射率塑料光纤(GI-POF)同时传输宽带、有线和无线信号,在家庭网络里融合了有线和无线服务。

5. 实时光 OFDM 传输系统

近年来,随着 OFDM 技术的兴起,针对该技术在不同场景中的应用,使用离线数字信号处理来分析传输性能是最为普遍的方法。该方法一般使用 MATLAB 软件离线产生实验所需的 OFDM 信号,然后导入任意波形发生器中产生模拟 OFDM 信号,经光调制后由光纤传输至接收端,光电检测得到的 OFDM 信号经数字存储示波器(DSO)捕获后存储,最后使用 MATLAB 对存储的数据进行解调并分析相关指标及性能。显然这种实验方法没有考虑到实际数字信号处理硬件实现中存在的一些问题,如数字信号处理硬件实现中精度、速度以及成本等问题;与此同时,在离线分析中所使用的效果较好的算法(如同步、信道估计等),在硬件实现的过程中就有可能遇到一定的困难,其中算法的复杂度直接影响硬件的可实施性。

6. OFDM-PON

随着各种新业务的出现及人们日益增长的带宽需求,“最后一千米”的接入已经成为整个网络的“瓶颈”,而无源光网络(PON)技术以带宽高、成本低、结构简单、可靠性好等优点,被广泛认为是解决宽带光接入需求的最佳方法,并且已在全球相当多的地区有了一定规模的实施。现阶段 10 Gb/s 以太网无源光网络(EPON)和千兆无源光网络(GPON)技术标准已相继出台,各大电信设备制造商积极地推出了相应产品,而各运营商也在积极部署。10 Gb/s PON 产品将很快进入大规模商业应用阶段,而 40 Gb/s GPON 乃至 100 Gb/s EPON 技术逐渐被研究领域和工业界广泛关注。未来的超高速光接入将着眼于给每个用户提供更高数据速率、支持更多的用户数和更长的传输距离。在面向 40 Gb/s 及其以上速率的 PON 研究中,由于现有的 EPON 和 GPON 产品所采用的是时分多址(TDM)技术,进一步提高速率面临着一系列的挑战,包括随速率增加的光电器件成本、调度算法复杂度和延时敏感性等,而且 40 Gb/s 以上突发模式 TDM 接收机也是一个难题。为了解决这一问题,全业务接入网论坛(FSAN)在 NGPON2 计划中提出,未来的 GPON 技术可以不受限于现有的 GPON 技术。目前一些新型的 PON 技术被提出,主要包括波分复用-无源光网络(WDM-PON)、正交频分复用-无源光网络(OFDM-PON)、码分多址-无源光网络(CDMA-PON)、混合 PON 等不同技术方案。在各种方案中,WDM-PON 是一种可提供巨大带宽的接入技术,但成本较高,也难以提供比波长粒度更细的带宽。

7. OFDM 直接检测系统中的非线性补偿算法

非线性效应是 IM-DD 系统中另外一个严重影响系统性能,特别是会影响基于高阶调制系统性能的因素。前面已经解释过,非线性效应主要来自光电器件的非线性、光纤传输的非线性和平方律探测的非线性这三个部分。以上三者都会导致在接收信号中出现原始信号的平方项,甚至更高阶项或者更高次谐波。除了像数模转换器等器件的内在非线性噪声无法消除外,可以通过调整电功率、光功率,或者器件的工作区间,使系统工作在最佳的状态。比如,可以调整电功率放大器的输出功率、调制器的偏置,使调制器工作在准线性区域;还可以通过调整光纤的入纤功率,减小光纤中非线性效应(如受激布里渊散射)的影响。同理,在接收端调整注入探测器的光功率,可以使探测器的性能最优。

下面选取直接调制激光器(DML)来分析器件的非线性效应,其中类似于线性的工作区间非常小,这会导致调制系数很小,从而也会恶化系统的信噪比,导致系统性能的恶化。对于常见的非线性系统而言,可以用 Volterra 级数进行展开。如果将系统看成是一个黑箱子,输入是 $x(t)$,那输出信号 $r(t)$ 可以看成是输入信号的 p 阶级数展开,可以表示成

$$r(t) = h_0 + \sum_{k=0}^{M-1} h_1(k)x(t-k) + \sum_{k_1=0}^{M-1}\sum_{k_2=k_1}^{M-1} h_2(k_1,k_2)x(t-k_1)x(t-k_2) + \cdots +$$

$$\sum_{k_1=0}^{M-1}\cdots\sum_{k_p=k_{p-1}}^{M-1} h_p(k_1,\cdots,k_p)x(t-k_1)\cdots x(t-k_p) \tag{8-61}$$

其中,M 是系统的记忆长度,是一个常量,表示 p 阶 Volterra 非线性项系数。随着记忆长度和非线性项的增加,非线性参量会以指数形式增加,因此用完整的 Volterra 级数来考虑并补偿非线性问题并不现实,一般都采用简化的 Volterra 级数,记忆长度和非线性阶数的选取可以根据系统实际情况进行调整。

8. 基于 IQ 调制器的独立边带 OFDM 调制直接检测系统中 Image 效应的消除

在同一个光载波周围产生两个独立的边带(optical independe sideband,O-ISB)可以采用双臂马赫-曾德尔调制器(DD-MZM)或者 IQ 调制器。基于 DD-MZM 的独立边带的产生需要对信号做希尔伯特变换,这种方案已有所报道。目前,人们已经提出了一种基于 IQ 调制器的独立边带的产生方案。但是这种方案也存在一些限制因素,除了上述所提的双边带信号之间必须保留一定的带宽间隔之外,另外一个严重的影响因素是:由于 IQ 调制器 I 路和 Q 路存在幅度、相位和时延等参数不匹配,造成 Image 效应,即左边带信号会映射到右边带;同理,右边带信号会映射到左边带。

假设基带信号的频域可以表示成 $X(f)$,时域可以表示成 $x(t)$,那么上载到左边带中频后信号可以表示成 $X(f+f_1)$,由于 Image 效应,会在右边带生成一个镜像的信号,其数学表达式为 $[-X(f-f_1)]^*$,即会产生与左边信号反褶对称且共轭的信号。根据傅里叶变换原理,在右边带产生的信号在时域上即为原始信号的共轭信号,即 $[x(t)]^*$,根据时域和频域上的 Image 信号的特性,可以发展出对应的 Image 消除算法。

在这一系统当中,同样会产生非线性效应,非线性效应同样来自电放大器、调制器、光纤、光滤波器和平方律探测器等器件。非线性效应对信号,特别是对高阶调制信号的影响非常严重。目前,人们提出了联合的 Image 和非线性效应消除算法,使用该算法,可以同时消除 Image 效应和非线性效应,可以极大地提升系统的性能。该算法的结构如图 8.33 所示,

从图中可以看出,该算法是蝶形结构,算法中有六个实数自适应均衡的 FIR 滤波器,其系数分别为 h_{ll},h_{lr},h_{rl},h_{rr},w_l 和 w_r。其中 h_{ll} 和 h_{rr} 是自身边带信号的线性损伤项,h_{lr} 和 h_{rl} 分别是来自右边带和左边带的 Image 损伤项,w_l 和 w_r 是自身边带的噪声项,NC 表示非线性项的构造。具体的均衡过程可以分为两级,第一级是利用训练序列对 FIR 滤波器的系数进行更新,得到稳定的系数后再进行第二级均衡,利用更新的系数对之后的序列进行统一的运算。基于训练序列的均衡会使整个过程的收敛速度加快。

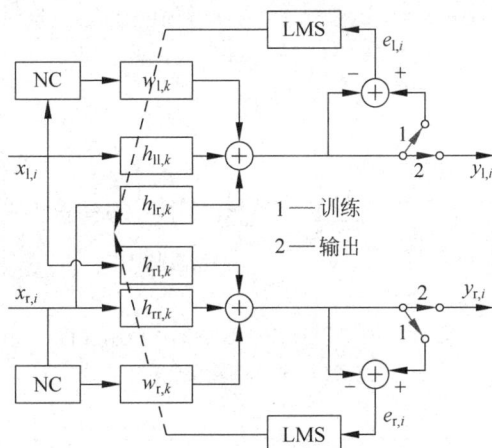

图 8.33　联合 Image 和非线性效应消除算法框架图
(请扫 2 页二维码看彩图)

图 8.34 给出了基于 IQ 调制器 O-ISB 调制直接检测的系统原理图和实验装置。在这个实验中,左右边带各独立携带 30 GBaud 的 16QAM DFT-S OFDM 信号,这样总的传输速率为 240 Gb/s。电信号的产生流程如图 8.34(a)所示,其产生过程与上一小节类似,唯一不同在于 DFT-S OFDM 信号产生过程,这里不再赘述。产生的两个独立边带 30 GBaud 16QAM DFT-S OFDM 信号导入 80 GSa/s 的数模转换器中,再转换成模拟信号输出,经过放大器放大后,作为 IQ 调制器的 I 路和 Q 路驱动信号,加载到外腔激光器产生的连续波长(CW)光波上,其工作波长为 1550.1 nm,输出功率为 13 dBm。经由上述信号调制后的光波由 EDFA 放大后,在单模光纤中进行传输。其中每传输 80 km 的光纤,会经过一个 EDFA 进行放大。在接收端,首先经过一个 3 dB 光耦合器分成两路光,每一路都需经过可调光滤波器选择需要的左右边带的信号,再分别送至强度探测器进行光电转换。光电转换后的电信号经由采样率为 80 GSa/s,最大带宽为 36 GHz 的示波器采集之后,进行后端数据处理。

后端数据处理流程如图 8.34(b)所示,首先对采集到的数据分别进行帧同步,再用本章提出的算法进行 Image 消除和非线性补偿,补偿之后进行分离可得到左边带和右边带的数据,最后分别进行处理,处理过程和离散傅里叶扩频正交频分复用(DFT-S OFDM)调制过程完全相反。值得注意的是,该实验系统中完全没有采用任何色散补偿算法、色散补偿光纤,甚至循环前缀来消除色散的影响。

该实验系统中不同工作点测试的光谱图如图 8.35 所示,图 8.35(a)～(d)分别是背靠背发射端双边带、背靠背接收端左边带、背靠背接收端右边带光谱图。其中通过调整 IQ 调制器的偏置和滤波器的中心波长,可以保证单个边带的载波信号功率化(CSPR)在最佳值,

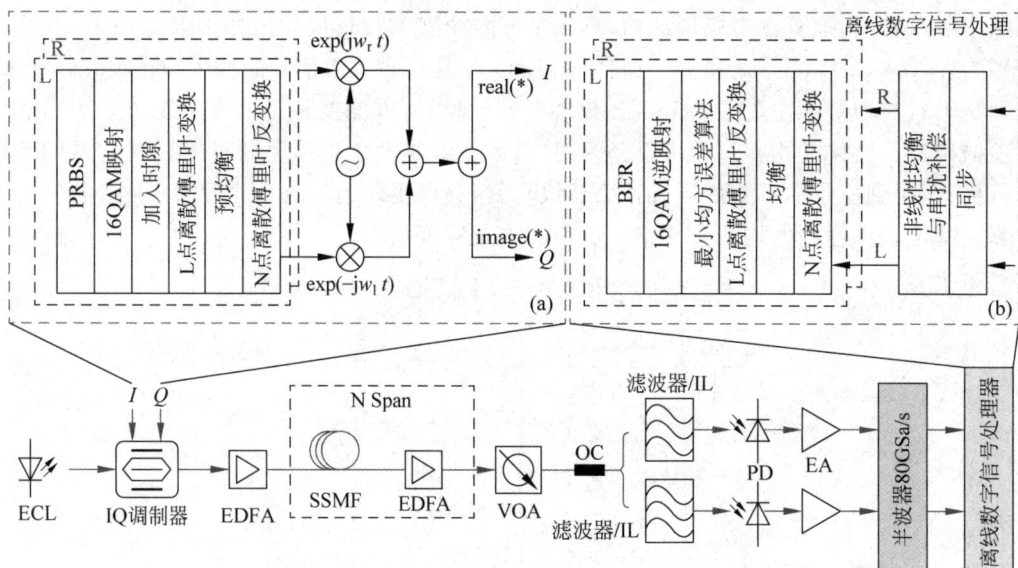

图 8.34 基于 IQ 调制器 O-ISB DFT-S OFDM 调制直接检测的试验装置

(请扫 2 页二维码看彩图)

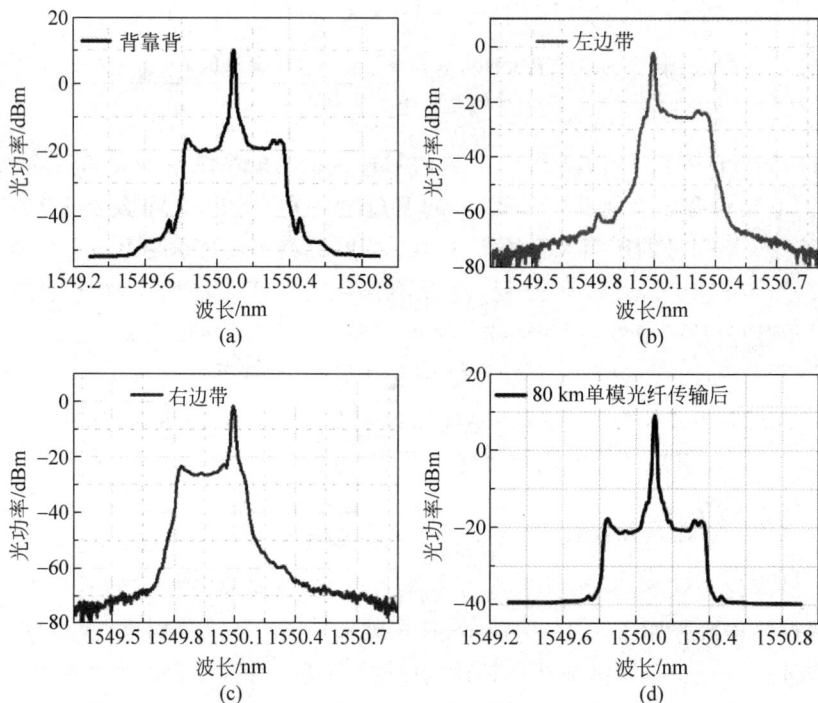

图 8.35 (a)背靠背发射端双边带光谱图；(b)背靠背接收端左边带光谱图；(c)背靠背接收端
右边带光谱图和(d)经过 80 km 光纤传输后双边带光谱图

(请扫 2 页二维码看彩图)

该实验中保证在 20 dB 左右。从图中可以看出,经过 80 km 的光纤传输后,信号的 OSNR 会有相当程度的下降,这也可以从后面的误码率性能中看出。

首先分别加载只含左边带或者只含右边带的单边带信号来进行系统参数调整。通过调整 IQ 调制器的偏置和时延,将左右两边的 Image 效应压至最小,左右边带的光谱图分别如图 8.36(a)和(b)所示。从图中可以看出,Image 信号的分量和噪声功率比在 10 dB 左右,信号和 Image 的功率比在 20 dB 左右。从数值可以看出,Image 会给系统带来严重的影响。

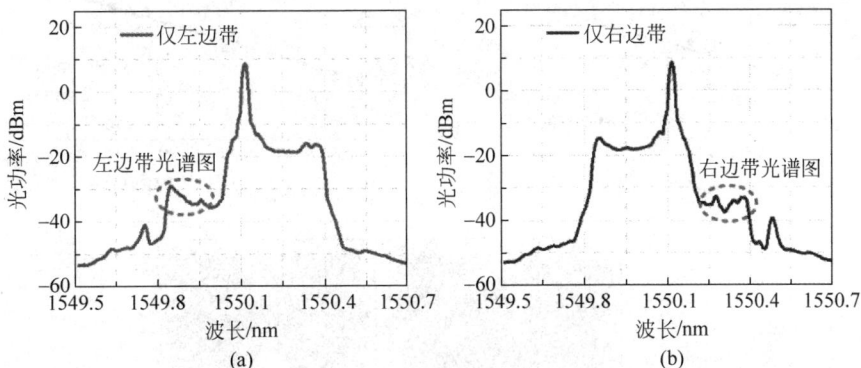

图 8.36　(a)只调制左边带的光谱图和(b)只调制右边带的光谱图
(请扫 2 页二维码看彩图)

接着我们比较了不同算法对系统性能的提升程度,包括不采用非线性补偿和 Image 消除算法、只采用非线性补偿算法,以及采用本章所提的联合非线性补偿和 Image 消除算法三种情况,比较结果如图 8.37 所示。单个边带信息容量从 60 Gb/s 增加到 120 Gb/s,从图中可以看出,如果不采用非线性补偿和 Image 消除算法,左/右边带速率为 60 Gb/s;单独采用非线性补偿算法,速率可以提升到 80 Gb/s;采用联合非线性补偿和 Image 消除算法,速率可以提升到 120 Gb/s。其中不同传输速率和采用不同均衡算法恢复的星座图也在图 8.37 中给出。插图(i)~(iii)分别是右边带 120 Gb/s 信号不采用均衡算法、只采用非线性算法,以及采用联合非线性和 Image 消除算法后恢复的星座图,插图(iv)显示的是右边带 60 Gb/s 信号采用联合非线性补偿和 Image 消除算法后的星座图。从星座图的清晰度可以看出,插图(iv)>插图(iii)>插图(ii)>插图(i)。这与误码率的数值大小也是相符的。这些实验结果可以验证本章所提基于训练序列的算法的有效性。

9. 光 OFDM 发展趋势

目前大多光 OFDM 信号的产生及处理都是通过离线的方式进行的,这种方式的系统传输速率主要受限于数字信号处理芯片及 DAC/ADC 器件工作速率,迄今为止,商用的任意波形发生器最高的转换速率达到每秒几十个 GSa。因此,大多数光 OFDM 系统如采用离线分析的方法,则在没有结合其他的复用技术的前提下,真正能达到的最高速率是极其有限的。因此电子器件的速率限制了光 OFDM 系统容量的进一步提高,为了实现大容量通信,人们通常采用高阶的调制格式与各种复用技术相结合,但这些技术都没有从根本上解决速率受限的问题。从目前的电子技术发展的速度来看,数字信号处理技术及 DAC/ADC 数据处理速率上的突破,才是解决容量提高的根本方法,也是提高系统实时传输性能的最佳方法。

从长远的角度分析,全光 OFDM 传输系统是未来光 OFDM 发展的方向,光 OFDM 信号的产生、传输、接收以及处理等操作均可在光域中予以实现,这种方法可在本质上大幅提

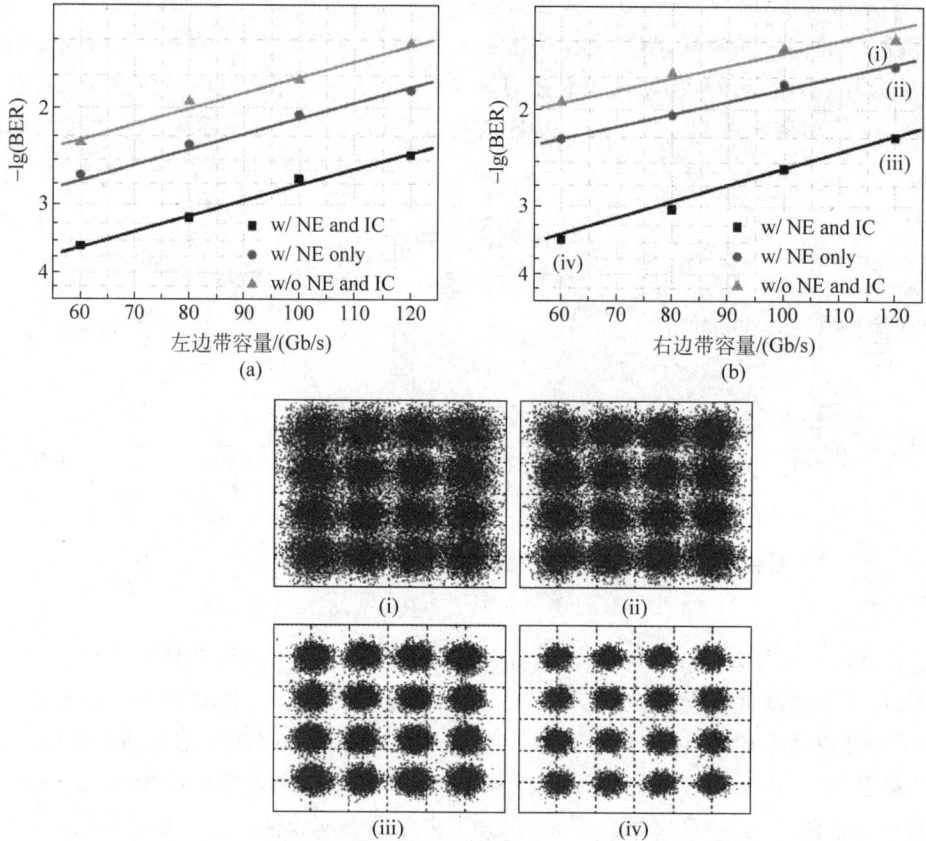

图 8.37　采用不同算法下误码率性能随传输容量的变化

(a) 左边带信号；(b) 右边带信号

(请扫 2 页二维码看彩图)

高 OFDM 系统性能,更好地发挥 OFDM 技术的自身优势,也将推动未来新兴光通信技术的发展与应用,这其中包含了大量的理论和技术问题,均需要深入研究。

思考题

8.1　利用 MATLAB 软件分别产生以下情形的 OFDM 调制信号(其中 FFT 长度为 4096,CP 长度为 64,有效子载波数为 2048,调制格式为 16QAM,50 个 OFDM 信号):

(1) 实数 OFDM 调制信号;

(2) 复数 OFDM 调制信号;

(3) 复数 OFDM 电域上变频用于直接调制。

8.2　采用题 8.1 中产生的实数 OFDM 直接调制信号,基于 CP 同步算法原理,仿真计算出该信号的最佳起始点。

8.3　采用题 8.1 中产生的复数 OFDM 调制信号,基于 PARK 算法,仿真产生训练序号序列。

8.4　采用题 8.1 中产生的复数 OFDM 调制信号,基于 Schmidl 算法,仿真产生训练序号序列。

8.5　对题 8.1 中产生的复数 OFDM 调制信号的 CP 长度进行修改，寻找可实现的最小 CP 长度。

8.6　如图 8.8 所示，仿真画出不同子载波 OFDM 信号的互补累计分布函数（CCDF）的分布曲线，其中调制格式为 16QAM。

8.7　假设训练导频数目为 N_p，其位置分别为 $P_0,P_1,\cdots,P_{N_p-1}$，并且是已知的，为

$$X_p=\begin{bmatrix} X_1 & \cdots & 0 \\ \vdots & \ddots & \vdots \\ 0 & \cdots & X_{N_p-1} \end{bmatrix}$$ 。信号的响应是 H，接收到的频域信号为 Y，噪声为 W，则接收信

号可写为 $Y=XH+W$，根据最小二乘（LS）准则，推导信道估计 $\hat{H}_{p,\text{LS}}$。

8.8　基于限幅滤波和峰值加窗法，仿真画出升余弦窗函数下 QPSK-OFDM 的 CCDF 曲线，并分析不同滚降因子对 CCDF 的影响。

8.9　基于限幅法，测试不同的阈值 A 的大小下系统的整体性能受到的影响，并进行分析。

8.10　利用压缩扩张法可降低 OFDM 信号的 PAPR，仿真分别给出 QPSK-OFDM 信号经过 $\mu=0,1,100$ 情况下的时域分布，并给出 CCDF 随 μ 值变化的曲线。

8.11　采用题 8.1 中 OFDM 帧结构参数，将频域数量向量相邻分割成 20 份，迭代次数 50 次，基于 PTS 方法得到最优系数 b_k，其中 $b_k\in[\pm1,\pm j]$。

8.12　采用题 8.8 的 PTS 和题 8.6 的限幅方法，即 PTS-clipping 方法来降低 PAPR，并与题 8.8 给出的 CCDF 性能进行比较。

8.13　采用预增强技术提高高频率的功率，可以克服 FF 效应。

（1）仿真产生线性预增强处理后的 OFDM 信号（288 个子载波，32 个 CP，8 个导频，56 个保护间隔，192 个数据子载波，QPSK 调制）。

（2）仿真搭建 DDO-OFDM 系统，速率为 32 Gbaud，仿真给出背靠背，100 km 光纤传输情形下的原始信号和预增强处理后的误码率随接收光功率变化的曲线。

8.14　对题 8.11 中产生的 OFDM 信号进行优化导频间隔分配和优化导频功率分配的操作，并画出不同分配方法的原理图。

8.15　对光无线 OFDM 传输系统、多模光纤 OFDM 通信系统、单模光纤 OFDM 传输系统等系统的优缺点进行分析。

参考文献

［1］　CARRUTHERS J B,KAHN J M. Multiple-subcarrier modulation for nondirected wireless infrared communication[J]. IEEE J. Sel. Areas Commun. ,1996,14：538-546.

［2］　DIXON B J,POLLARD R D,IEZEKIEL S,et al. Orthogonal frequency division multiplexing in wireless communication systems with multimode fibre feeds[C]. IEEE RAWCON 2000,Denver,CO,USA,2000：79-82.

［3］　LOWERY A J, ARMSTRONG J. Orthogonal-frequency-division multiplexing for dispersion compensation of long-haul optical systems[J]. Opt. Expr. ,2006,14：2079-2084.

［4］　CHEN L,LU J,HE J,et al. A radio-over-fiber system with photonics generated OFDM signals by using directly modulated laser[J]. Microwave and Optical Technology Letters,2009,51: 971-973.

[5] SHIEH W,ATHAUDAGE C. Coherent optical orthogonal frequency division multiplexing [J]. Electron. Lett. ,2006,42: 587-588.

[6] ZHOU X,LONG K,LI R,et al. A simple and efficient frequency offset estimation algorithm for high-speed coherent optical OFDM systems[J]. Opt. Express,2012,20(7): 7350-7361.

[7] ARMSTRONG J. Analysis of new and existing methods of reducing intercarrier interference due to carrier frequency offset in OFDM[J]. IEEE Trans. Commun. ,1999,47: 365-369.

[8] YI X,SHIEH W,TANG Y. Phase estimation for coherent optical OFDM[J]. IEEE Photon. Technol. Lett. ,2007,19: 919-921.

[9] JANSEN S L,AL AMIN A,TAKAHASHI H,et al. 132. 2-Gb/s PDM-8QAM-OFDM transmission at 4-b/s/Hz spectral efficiency[J]. Photonics Technology Letters,IEEE,2009,21 (12): 802-804.

[10] SHIEH W,YI X,TANG Y. Transmission experiment of multi-gigabit coherent optical OFDM systems over 1000 km SSMF fibre[J]. Electronics Letters,2007,43(3): 183-184.

[11] CHEN L,YU J G,WEN S,et al. A novel scheme for seamless integration of ROF with centralized lightwave OFDM-WDM-PON system [J]. Lightwave Technology, Journal of, 2009, 27 (14): 2786-2791.

[12] BRENDON J,ARTHUR J,JEAN A. Experimental demonstrations of 20 Gbit/s direct-detection optical OFDM and 12 Gbit/s with a colorless transmitter[C]. OFC/NFOEC 2007,Anaheim,CA, USA,2007: PDP18.

[13] PENG W,ZHANG B,WU X,et al. Experimental demonstration of 1600 km SSMF transmission of a generalized direct detection optical virtual SSB-OFDM system[C]. ECOC 2008,Brussels,Belgium, 2008: 1-2.

[14] LIN C,SHIH P,CHEN Y,et al. Experimental demonstration of 10-Gb/s OFDM-QPSK signal at 60 GHz using frequency-doubling and tandem SSB modulation[C]. OFC 2009,San Diego,USA 2009: 1-3.

[15] JANSEN S L,MORITA I,TAKEDA N,et al. 20-Gb/s OFDM transmission over 4,160-km SSMF enabled by RF-pilot tone phase noise compensation[C]. OFC/NFOEC 2007,Anaheim CA,USA, 2007: PDP15.

[16] JANSEN S L,MORITA I,SCHENK T C W,et al. Coherent optical 25. 8-Gb/s OFDM transmission over 4160-km SSMF[J]. Lightwave Technology,2008,26(1): 6-15.

[17] SHIEH W,ATHAUDAGE C. Coherent optical orthogonal frequency division multiplexing [J]. Electronics Letters,2006,42(10): 587-589.

[18] LOWERY A,ARMSTRONG J. Orthogonal-frequency-division multiplexing for dispersion compensation of long-haul optical systems[J]. Opt. Express,2006,14(6): 2079-2084.

[19] LIN C,DAI S,JIANG W,et al. Experimental demonstration of optical colorless direct-detection OFDM signals with 16-and 64-QAM formats beyond 15 Gb/s[C]. ECOC 2008,Brussels,Belgium, 2008: 1-2.

[20] 彭恋恋,肖江南,唐进,等.基于格雷对辅助的直接检测光 OFDM 符号定时同步新算法[J]. 光电子. 激光,2013,(8): 1483-1488.

[21] SCHMIDL T M,COX D C. Robust frequency and timing synchro nization for OFDM[J]. IEEE Trans. Commun. ,1997,45: 1613-1621.

[22] MINN H,ZENG M,BHARGAVA V K. On timing offset estimation for OFDM systems[J]. IEEE Commun. Lett. ,2000,4: 242-244.

[23] PARK B,CHEON H,KANG C. A novel timing estimation method for OFDM systems[J]. IEEE Lett. Commun. ,2003,7(5): 239-241.

[24] GOLAY M. Complementary series[J]. IRE Trans. Infor. Theory,1961,7(2): 82-87.

[25] KRONGOLD B S,SHIEH W. Fiber nonlinearity mitigation by PAPR reduction in coherent optical OFDM systems via active constellation extension[C]. ECOC 2008,Brussels,Belgium,2008,4: 13.

［26］ BULAKCI O，SCHUSTER M，BUNGE C A，et al. Reduced complexity precoding based peak-to-average power ratio reduction applied to optical direct-detection OFDM［C］. ECOC2008，Brussels Belgium，2008，4：11.

［27］ LI X，CIMINI L J. Effects of clipping and filtering on the performance of OFDM［J］. IEEE Communications Letters，1998，2（5）：131-133.

［28］ ARMSTRONG J. Peak-to-average power reduction for OFDM by repeated clipping and frequency domain filtering［J］. Electronics Letters，2002，38（5）：246-247.

［29］ 王文博，郑侃. 宽带无线通信 OFDM 技术［M］. 北京：人民邮电出版社，2007.

［30］ WANG X B，TJHUNG T T，NG C S. Reduction of peak-to-average power ratio of OFDM system using a companding technique［J］. IEEE Transactions on Broadcasting，1999，45（3）：303-307.

［31］ WANG X B，TJHUNG T T，NG C S. Reply to the comments on Reduction of peak-to-average power ratio of OFDM system using a companding technique［J］. IEEE Transactions on Broadcasting，1999，45（4）：420-422.

［32］ XIAO H，LU J，CHUANG J，et al. Reduction of peak-to-average power ratio of OFDM signals with companding transform［J］. Electronics Letters，2001，37（8）：506-507.

［33］ ZHANG Z，WU Y，HOU J. An improved scheme of reducing peak-to-average power ratio in OFDM systems［C］. Proceedings of the IEEE 6th Circuits and Systems Symposium on Emerging Technologies，2004：469-471.

［34］ JIANG T，ZHU G. Nonlinear companding transform for reducing peak-to-average power ratio of OFDM signals［J］. IEEE Transactions on Broadcasting，2004，50（3）：342-346.

［35］ TAO J，YANG Y，SONG Y H. Exponential companding technique for PAPR reduction in OFDM systems［J］. IEEE Transactions on Broadcasting，2005，51（2）：244-248.

［36］ 黄晓，陆建华，郑君里. 低复杂度 OFDM 信号峰均功率比压缩技术［J］. 电子学报，2003，31（3）：398-401.

［37］ 陈虹先，陈林，余建军，等. 基于压扩变换的 60 GHz 正交频分复用光载无线通信系统实验研究［J］. 光学学报，2012，32（3）：306002-1.

［38］ 江涛. OFDM 无线通信系统中峰均功率比的研究［D］. 武汉：华中科技大学，2004.

［39］ CIMINI L J，SOLLENBERGER J N R. Peak-to-average power ratio reduction of an OFDM signal using partial transmit sequences［J］. Communications Letters，IEEE，2000，4（3）：86-88.

［40］ JONES A E，WILKINSON T A，BARTON S K. Block coding scheme for reduction of peak to mean envelope power ratio of multicarrier transmission schemes［J］. Electronics Letters，1994，30（25）：2098-2099.

［41］ JIANG T，ZHU G. Complement block coding for reduction in peak-to-average power ratio of OFDM signals［J］. IEEE Communications Magazine，2005，43（9）：17-22.

［42］ DAVIS J A，JEDWAB J. Peak-to-mean power control and error correction for OFDM transmission using Golay sequences and Reed-Muller codes［J］. Electronics Letters，1997，33（4）：267-268.

［43］ BAUML R W，FISCHER R F H，HUBER J B. Reducing the peak-to-average power ratio of multicarrier modulation by selected mapping［J］. Electronics Letters，1996，32（22）：2056-2057.

［44］ MULLER S H，HUBER J B. OFDM with reduced peak-to-average power ratio by optimum combination of partial transmit sequences［J］. Electronics Letters，1997，33（5）：368-369.

［45］ WANG J，GUO Y，ZHOU X. PTS-clipping method to reduce the PAPR in ROF-OFDM system［J］. IEEE Transactions on Consumer Electronics，2009，55（2）：356-359.

［46］ WANG X，YU J，CAO Z，et al. SSBI mitigation at 60GHz OFDM-ROF system based on optimization of training sequence［J］. Optics Express，2011，19（9）：8839-8846.

［47］ GAO Y，YU J，XIAO J N，et al. Direct-detection optical OFDM transmission system with pre-emphasis technique［J］. Journal of Lightware Technology，2011，29（14）：2138-2145.

［48］ LOWERY A J，ARMSTRONG J. Orthogonal-frequency-division mul-tiplexing for dispersion compensation of long-haul optical systems[J]. Opt. Exp. ,2006,14(6): 2079-2084.

[49] CAO Z,YU J,WANG W,et al. Direct-detection optical OFDM transmission system without frequency guard band[J]. IEEE Photonics Technology Letters,2010,22(11): 1024-1027.

[50] PENG W R,WU X,ARBAB V R,et al. Theoretical and experimental investigations of direct-detected RF-tone-assisted optical OFDM systems[J]. J. Lightw. Technol. ,2009,27(10): 1332.

[51] LI F,CAO Z,WEN G,et al. Optimization of pilot interval design in direct-detected optical OFDM system[J]. Optics Communications,2012,285: 3075-3081.

[52] WEN G,XIAO J,CAO Z,et al. Experimental investigation of pilot power allocation in direct-detected optical OFDM system[J]. Optical Engineering,2013,52(1): 015009.

第 9 章

OFDM相干探测及其关键技术

人们对通信容量和质量的要求越来越高,传统的单载波光纤通信系统已经无法满足。OFDM 信号以其高频谱利用率、良好的抗色散性和抗 ISI 等能力而被逐步引入光纤通信研究领域中。与单载波系统类似,根据光接收机检测机制和结构的不同,对 OFDM 信号的接收与检测也可以分为直接探测(direct-detection,DD)和相干探测(coherent detection,CD)两种。值得注意的是,在第 6 章中讲述的诸多关于直接探测 OFDM 数字信号处理的方法在相干探测 OFDM 中也是通用的,因此,本章将不再赘述。本章将着重探讨 OFDM 相干探测的基本原理及所特有的关键技术。首先,9.1 节将对 OFDM 的基本原理进行简要概述。其次,9.2 节将详细阐述相干光 OFDM 系统的关键技术及相应的数字信号处理算法实现,其中包括:①符号同步,即找到 OFDM 信号开始的准确位置;②频偏估计,OFDM 信号对于频偏非常敏感,而相干探测中的收发端的激光器不可能保证频率完全一致,因此需在光电转换之后估计出接收信号的频偏并补偿;③信道估计,通过在发送端插入训练序列来实现;④相位噪声估计,相位噪声的引入主要是由激光器产生的非单频光信号造成的,相位噪声的存在将导致 OFDM 信号的星座点的旋转和发散,从而导致误码性能的降低,因此,如何准确地估计出相位噪声,也是实现相干光 OFDM 的关键;⑤偏振复用,其实现的难点在于如何实现偏振的解复用,在本章中,接收端基于琼斯矩阵的信道估计和补偿算法用于实现相干光 OFDM 系统中的偏振解复用。再次,9.3 节给出了一个基于偏振复用的相干光 OFDM 实验系统的例子。最后,9.4 节就相干光 OFDM 系统未来的应用前景进行了展望。

9.1 正交频分复用基本原理

OFDM 是一种多载波调制和复用技术,至今已经发展了四十多年[1]。使用 OFDM 信号来传输的思想最早是由 Bell 实验室在 20 世纪 50 年代中期提出的[2],于 60 年代就已经被成功应用到多种军事系统中。由于当时的电子器件工艺的限制,并且 OFDM 系统需要大量的正弦信号发生器、滤波器以及积分器等,整个系统的结构庞大且复杂,限制了其在其他领域的应用。1969 年,Weinstein 和 Salz 首次提出使用快速傅里叶变换(FFT)和逆变换

（IFFT）来实现多个载波的解调和调制[3]，而不再需要带通滤波器来实现，简化了 OFDM 调制过程和系统结构，并且信号能直接在基带上进行处理。1980 年，循环前缀被引入 OFDM 帧结构以消除 ISI，其与 FFT、IFFT 并称为常规 OFDM 系统的三大关键技术[4]。随着大规模集成电路技术的发展和数字信号处理运算能力的提高，OFDM 技术更趋于成熟和实用化，20 世纪 90 年代中期被应用到无线和移动通信系统中[5-6]。之后，OFDM 先后被应用到数字音频广播（DAB）、数字视频广播（DVB）、本地局域网（WLAN）、高比特率数字用户线（HDSL）、非对称数字用户线（ADSL）和高清电视（HDTV）等信息传输系统中。

OFDM 是一种特殊的频分复用（frequency division multiplexing，FDM）技术，其基本原理就是：把高速的数据流通过串并转换，分配到传输速率相对较低的若干子信道中进行传输，每个子信道都采用一个载波发送，以跳频方式选择波形具有正交性的等频率间隔的信号作为子载波，由于每个子载波的中心频点没有其他子载波的频率分量，因而相邻的子载波间频谱能相互混叠而没有干扰[7]。图 9.1 为 FDM 和 OFDM 信号的频谱示意图。在传统的 FDM 系统中，各个载波之间要插入保护间隔，这样就能避免载波间干扰（ICI）和便于接收端的滤波，与 FDM 系统相比，OFDM 系统的信号载波间不存在保护间隔并且能相互重叠，其频谱利用率比 FDM 提高 50% 以上。在 OFDM 调制技术中，信号在频域被等间隔地划分，这样在频域被压缩的各个子载波在时域则对应着符号周期的增加，因此可以减轻由无线信道的多径时延扩展所产生的时间弥散性对系统造成的影响。此外，还可以在 OFDM 符号之间插入保护间隔，令保护间隔大于无线信道的最大时延扩展，这样就可以最大限度地消除由多径而带来的 ISI[1]。

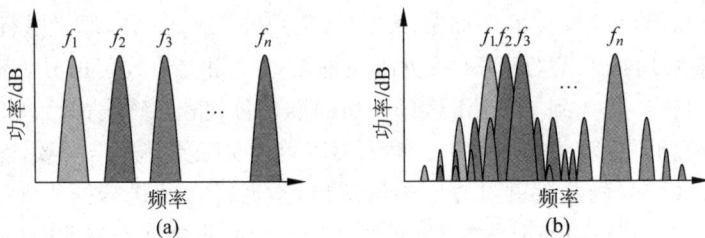

图 9.1　(a)FDM 与(b)OFDM 的信号频谱图

(请扫 2 页二维码看彩图)

在 OFDM 系统的发送端，比特信息首先经过串并转换分成多个并行的比特流，然后按照不同的调制格式对子载波进行映射调制。为了信号的均衡估计，一般还需要插入系列的导频，IFFT 之后的信号经并串转换后，还需添加循环前缀以消除 ISI。由于此时输出的信号是离散信号，需要进行数模转换和滤波。最后与射频信号相乘而实现上变频，生成适用于信道传输的 OFDM 信号。在接收端，信号会进行与发送端相反的处理，只是在导频提取后信号会被均衡，以实现正确的 OFDM 解调。

Jolley 等在 2005 年的 OFC 国际会议中提出了利用直接调制生成 10 Gb/s 的 OOFDM 信号沿多模光纤传输 1000 m[8]，这为光纤通信研究领域注入了一股催化剂，之后相关的 OOFDM 传输系统和技术被相继研究和提出。

在光纤通信系统中，将数据信号调制到光载波上有两种方式：直接调制和间接调制。直接调制就是将电信号注入激光器中来控制激光输出强度，但激光器的调制带宽受限，频率响应比较低而且受激光啁啾的影响,并对外部环境很敏感[9]。间接调制就是采用外部光调制器通过强度或相位调制器将信号加载到光载波上,这种方式实现简单,产生的信号稳定,更适合高速信号的传输[10-13]。图 9.2 为基于外部调制器的 OOFDM 光纤传输系统的结构框图。根据光接收机检测机制和结构的不同,也可以分为两种:直接探测和相干探测。直接探测是在光接收端直接使用光电二极管对信号进行包络检测,实现简单,价格便宜,但是接收性能很大程度上取决于光电二极管的性能以及信号的调制方式。而相干探测则是在光接收端先将接收光信号与本振光载波相干,而后进行平衡检测,其光谱效率和接收灵敏度都比较高,非常适合长距离网络传输。

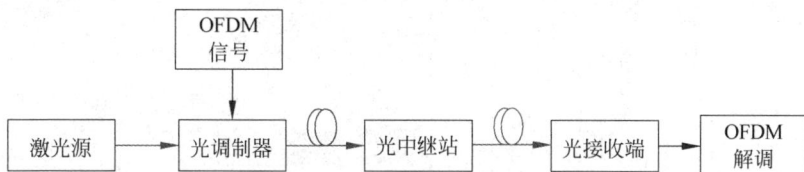

图 9.2　OOFDM 传输系统的结构框图

(请扫 2 页二维码看彩图)

9.2　相干光正交频分复用原理及其关键技术

9.2.1　相干光正交频分复用的实现

在相干探测的实现中,有两个备选的方案:单载波相干探测系统和 OFDM 相干探测系统。OFDM 和单载波相比最大的优势在于,导频和训练序列的插入使其在接收端的数字信号处理更加简单并且计算复杂度低;此外,其数字信号处理算法和系统实现的硬件无须做任何改进和调整,当系统所选择的调制格式发生变化时,这种对系统升级的透明性将极大地提高系统实现的灵活性。

在相干检测的单载波系统中,随着系统中传输信号速率的增加,很难再找到最佳的采样时刻。无法找到最佳的采样时刻,将导致系统性能的极大降低;而相干探测的 OFDM 信号对于采样时刻的准确性没有很高的要求,只要保证所取的时间窗包括了整个 OFDM 符号单元。但是在相干探测的 OFDM 系统中,对于频偏和相位噪声则非常敏感,所以在相干光 OFDM 系统中必须实现准确地对频偏和相位的估计与补偿。

接下来在本章中将重点讨论相干光 OFDM 系统实现的关键技术,主要包括:①符号同步,找到 OFDM 信号开始的准确位置;②频率同步即频偏估计,OFDM 信号对于频偏非常敏感,而相干探测中的发射端和接收端的激光器不可能保证频率完全一致,因此必须在光电转换之后估计出接收信号的频偏并补偿;③相位噪声估计,相位噪声导致 OFDM 信号的星座点的旋转和发散,从而导致误码性能的降低,这种相位噪声的引入主要是由于激光器产生的并不是单一频率的光信号,因此,如何准确地估计出相位噪声,也是实现相干光 OFDM 系统的关键;④信道估计,在相干光 OFDM 系统中,信道估计是通过在发送端插入训练序列而实现的,训练序列的插入是为了在接收端估计出光纤信道对 OFDM 信号的影响并补偿;⑤偏振复用的实现,其难点在于如何实现偏振的解复用,在本章中,接收端基于琼斯矩阵的信道估计和补偿算法用于实现相干光 OFDM 系统中的偏振解复用。

在相干光 OFDM 系统中，OFDM 信号经过了电光调制的上变频、光 OFDM 信号的光纤传输、平衡检测器后光电转换下变频为电的 OFDM 信号。相干光 OFDM 的系统原理图如图 9.3 所示，按照其功能可以将其分为 5 个模块：OFDM 发射端、OFDM 电光调制模块、光纤传输、OFDM 光电检测模块和 OFDM 接收端。

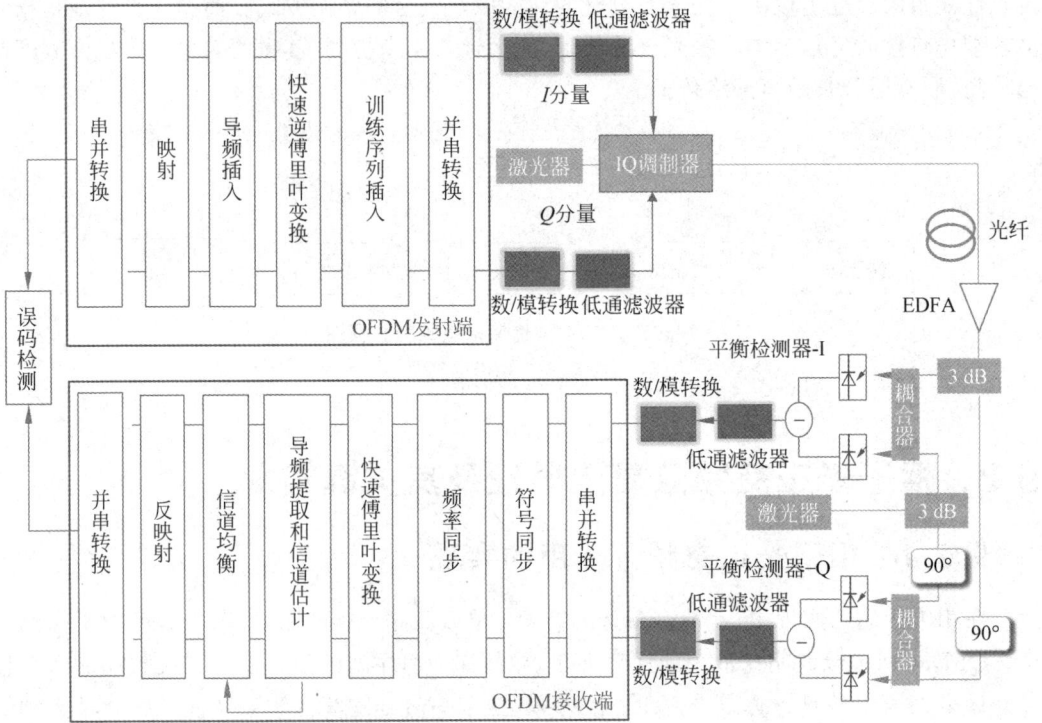

图 9.3　相干光 OFDM 的系统原理图
（请扫 2 页二维码看彩图）

OFDM 发射端在实验中主要是采用离线产生的方式，离线处理的流程主要包括：①伪随机信号（PRBS）串并转换；②按照不同的调制格式将串并转换后的信号映射；③将导频在频域插入，主要用于相位噪声估计；④IFFT，实现信号从频域到时域的转换；⑤在信号的开始处插入训练序列，训练序列主要用于符号同步、频率同步和信道估计；⑥将所得到的信号并串转换。

将离线产生的 OFDM 信号用模数转换器变换为模拟信号，并通过低通滤波以及采用放大器将信号的同相分量 I 和正交分量 Q 放大后注入 IQ 调制器中，实现同相分量 I 和正交分量 Q 对光信号的正交调制。IQ 调制器是由三个双臂的 MZM 的调制器组成，前两个调制器实现信号的调制，第三个调制器控制光调制的同相分量 I 和正交分量 Q 的相差；分别调节前两个调制器的直流偏置，保证实现信号调制的调制器工作在最小功率点，而第三个控制相位差的调制器工作在正交点，保证两路信号存在 $\pi/2$ 的相位差。这样经过 IQ 调制后就得到了光 OFDM 信号。

将产生的光 OFDM 信号经过光纤传输后，根据选择的下变频的方式（零差接收和外差接收）来确定本振激光源的波长。在本章中选用为零差接收的下变频方式，而外差接收的下变频方式与其非常类似,因此不详细论述。在零差接收的下变频方式中,本振激光器的波长设置为与发射端激光器的波长一样。经过平衡接收机的光电转换之后得到了 OFDM 信号的两个正交的同相分量 I 和正交分量 Q。

OFDM 信号的接收也是采用离线处理的方式。得到的同相分量 I 和正交分量 Q 模数转换为数字信号,离线处理中将采用一些数字信号处理的方法来完成 OFDM 信号的解调。在实验中模数转换由实时示波器实现,并将模数转换之后的数字信号存储起来用于离线处理。用于离线处理的数字信号需要进行如下的数字信号处理而实现解调:①串并转换为并行的信号;②符号同步用于确定 OFDM 信号开始的长度;③估计接收 OFDM 信号的频偏并补偿;④FFT 将信号从时域变为频域;⑤提取用于信道估计的训练序列并完成信道估计和信道均衡;⑥提取出导频,并实现相位噪声的估计与补偿;⑦将信号并串转换,并对比原始比特计算误码率。

9.2.2　符号同步

在相干光 OFDM 接收中,同步是离线数字信号处理中非常重要的一部分。同步在相干光 OFDM 系统的接收机中主要可以分三部分:时域同步,即符号同步,功能是找到 OFDM 信号开始的地方;频域同步,即频偏估计,OFDM 信号对于频偏非常敏感,如何准确地估计出频偏,也是正确解调 OFDM 信号的关键;子载波的恢复,其主要包括信道估计,以及相位噪声的估计与消除,信道估计主要是采用训练序列实现的,而相位噪声的估计与消除则主要是基于导频提取估计的方式。

在相干光 OFDM 的接收机中,符号同步是非常重要的。如果不能正确地找到信号起始点,则接下来的解调步骤都无法完成。如果符号同步不准确,就会导致 ISI 和子载波间干扰[14]。在 OFDM 符号同步中,最出名的算法是由 Schmidl 和 Cox 在 1997 年提出的[15]。在这个算法中,在时域中包含两个同样信息流的一个训练序列被插入传输信息的前面,这个训练序列主要用于符号同步。图 9.4 是用于符号同步的训练序列的信号格式示意图。

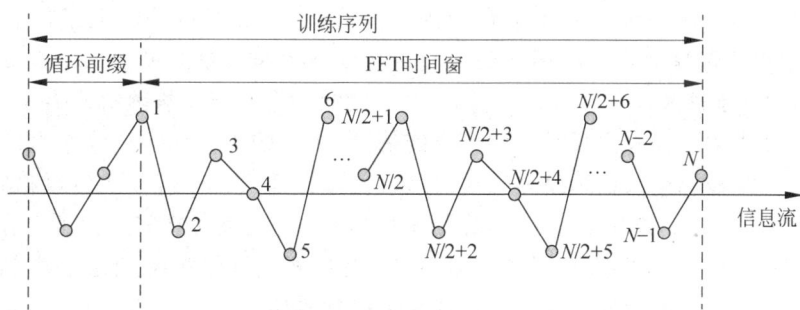

图 9.4　用于符号同步的训练序列的信号格式示意图

在 OFDM 的信号调制中,定义 FFT 的长度为 N。则训练序列在时域满足:

$$T_k = T_{k+N/2}, \quad k \in [1, N/2] \tag{9-1}$$

其中,k 为规定的 FFT 长度 N 中的第 k 个点,其取值范围为 $1 \sim N/2$,而 T_k 代表第 k 个点对应的时域值。

假设这个训练序列经过一个时不变的信道(光纤信道非常稳定,信道特性变化非常缓

慢,可以近似地看成时不变的信道),其冲击响应为 $h(t)$,接收到的信号为

$$r_m = r(mt_s/N) = T(mt_s/N) \otimes h(mt_s/N) \mathrm{e}^{(\mathrm{j}\omega_{\mathrm{off}}mt_s/N + \Delta\varphi)} + n_m \tag{9-2}$$

其中,ω_{off} 代表的是相干光 OFDM 系统中发送端的激光器和接收端本振激光器之间的中心频率差;而 $\Delta\varphi$ 代表由激光器线宽引入的相位噪声(假设相位噪声在整个符号范围内是不变的)。对比可以发现,本身完全相同的两部分经过传输和接收后只是引入了一个相移,这意味着前后两部分只是存在一个相移。则同步可以采用这两部分相关的方法,滑动计算长度为 $N/2$ 的前后两个部分,定义这个相关性计算为[15]

$$R_d = \sum_{m=1}^{N/2} r_{m+d}^* r_{m+d+N/2} \tag{9-3}$$

定义前后两部分的功率积为

$$S_d = \sqrt{\left(\sum_{m=1}^{N/2} |r_{m+d}^2|\right)\left(\sum_{m=1}^{N/2} |r_{m+d+N/2}^2|\right)} \tag{9-4}$$

将计算得到的相关函数功率归一化,得到

$$M_d = \left|\frac{R_d}{S_d}\right|^2 \tag{9-5}$$

比较得到的 M_d 的值,找到最大的 M_d 的值对应的采样点 d,其就是符号同步的最佳点,即 OFDM 信号接收开始的最佳时刻。

基于训练序列的符号同步的算法中,训练序列既可以定义为前后部分完全相同的形式,也可以定义为前后部分关于中心点共轭对称的形式。根据 IFFT 的特性,一个完全是实数的序列经过 IFFT 之后所产生的信号关于中心点共轭对称,这种特性也可以用来实现信号的同步。此外,还有学者提出将训练序列分为多于两个同样或者相反的部分,其能够更好地抵抗色散对同步的影响,这里不详细论述。

在相干检测的 OFDM 光纤传输系统中,采用在时域关于中心点共轭对称的训练序列来实现 OFDM 信号的符号同步。由于信号是关于中心点共轭对称的,因此在同步时不会存在由于循环前缀的加入而出现的同步平台现象,符号同步点为时域的峰值采样点。系统中 OFDM 的映射格式选择 16QAM,FFT 的长度为 256,循环间隔的长度为 32。在 256 个子载波中,55 个高频的子载波插零实现过采样,零频处的第一个子载波被预留给直流偏置,8 个等间隔的子载波作为导频来实现对相位噪声的估计,剩下的 192 个子载波作为信号携带的子载波。除去过采样、导频、训练序列和预留给直流偏置插入的子载波之后,信息速率约为 30.2 Gb/s。经过 80 km 光纤传输之后,在信噪比为 20 dB 时通过在时域关于中心点共轭对称的训练序列来实现符号同步,同样计算功率归一化的相关函数并找到最大值,就是实际符号同步的点。经过演算得到的功率归一化的相关函数在图 9.5 中给出,图中的横坐标为与开始计算同步的时间相比的定时偏移量,纵坐标为功率归一化后的相关函数的定时度量,在本系统中的符号同步的定时偏移量为 245。

9.2.3 频偏估计

频偏估计也是离线算法中非常重要的部分,频偏的引入会导致 OFDM 子载波正交性的破坏,这样会导致严重的 ICI。这样,在接收时必须补偿这个频偏,频偏的估计算法也有多种,主要分为两类:采用训练序列的频偏估计;采用导频的频偏估计。

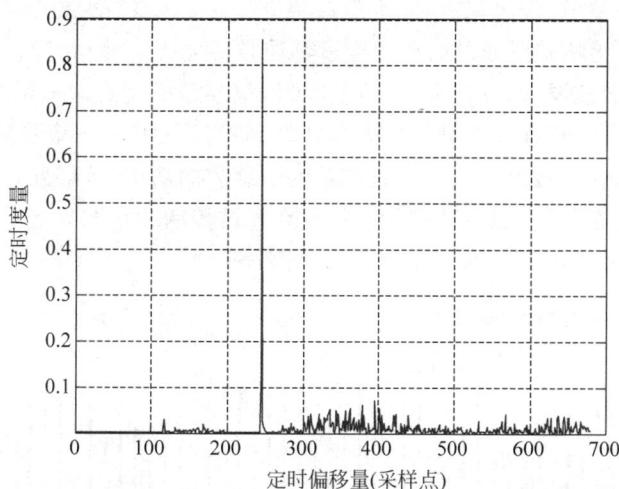

图 9.5　经过 80 km 光纤传输之后信噪比为 20 dB 时功率归一化的相关函数值
（请扫 2 页二维码看彩图）

1. 采用训练序列的频偏估计

采用训练序列的频偏估计也是 Schmidl 和 Cox 所采用的算法[15]。在上面已经估计出最优的符号同步点 d_{opt}，而在该点的前后两部分的自相关函数为

$$R_{d_{opt}} = \sum_{m=1}^{N/2} r^*_{m+d_{opt}} r_{m+d_{opt}+N/2}$$

$$= \sum_{m=1}^{N/2} (\{T[(m+d_{opt})t_s/N] \otimes h[(m+d_{opt})t_s/N] e^{(j\omega_{off}(m+d_{opt})t_s/N+\Delta\varphi)} + n_{(m+d_{opt})}\}^* \cdot$$

$$\{T[(m+d_{opt}+N/2)t_s/N] \otimes h[(m+d_{opt}+N/2)t_s/N] e^{(j\omega_{off}(m+d_{opt}+N/2)t_s/N+\Delta\varphi)} +$$

$$n_{(m+d_{opt}+N/2)}\})$$

$$= \sum_{m=1}^{N/2} |\hat{r}_{m+d_{opt}}|^2 \cdot \exp(j\pi f_{off}/\Delta f) + \Theta(d_{opt}) \tag{9-6}$$

其中，$\Theta(d_{opt})$ 为该点处残留的噪声；$\Delta f = 1/t_s$，为每个子载波之间的频率间隔。对自相关函数做取相位操作，得到

$$\text{phase} = \text{angle}(R_{d_{opt}}) = \pi f_{off}/\Delta f \tag{9-7}$$

由此可以得到频偏为

$$f_{off} = \text{phase} \cdot \Delta f/\pi \tag{9-8}$$

由于残留噪声的存在，当系统的信噪比很低时，可能会出现估计不准的现象，因此可以在 OFDM 信号前面多插入几个训练序列，然后估计后平均。当频偏估计完成后则需要将这个频偏补偿，补偿的方法为

$$r_c(t) = r(t) \cdot \exp(-j2\pi f_{off}t) \tag{9-9}$$

2. 采用导频的频偏估计

采用导频的频偏估计的原理是：在频域的某特定的频点插入一个导频，经过传输以及

解调完之后将信号变换到频域并找到该频点,与最初设定的频点对比就可以找到频偏[16-19]。由于这个导频需要通过简单的搜索算法容易地找到,因此将这个导频的功率设置得比其他所有的子载波要大,这样在接收端就可以很容易地找到这个频点。

可以将这个频点选择在零频处,在 OFDM 调制的过程中零频需要被预留给直流偏置。而当直流偏置加上后,一般都要高于信息传输的子载波的功率,这样就可以在接收端很容易地提取出来(即使存在频偏,原始功率最高的点在经过传输和解调完之后仍然是最高的点)。图 9.6 是在零频处插入用于频偏估计导频的示意图。

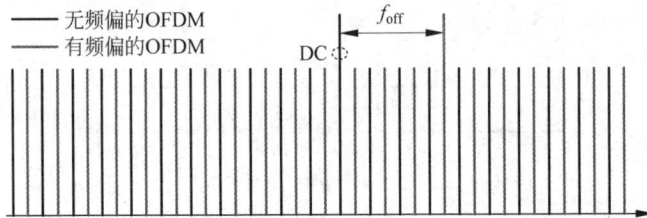

图 9.6 频偏估计导频插入的示意图
(请扫 2 页二维码看彩图)

图 9.6 中黑色表示发送端 OFDM 信号的频域子载波的分布,在中心频率处被预留给直流偏置,并且直流偏置在电光调制时插入,以及这个直流分量应当设置为高于其他子载波的功率。经过传输和解调之后,频偏将被引入,有频偏的 OFDM 信号的频域子载波的分布在图 9.6 中用红色表示。同样,在有频偏信号的频谱中可以找到频点的最大值,该最大值所处的子载波的位置和原始直流偏置子载波的位置的差值为

$$\Delta n = n_{\max} - n_{DC} \qquad (9\text{-}10)$$

这个对应的频偏为

$$f_{off} = \begin{cases} \Delta n \Delta f, & 0 \leqslant \Delta n \leqslant N/2 - 1 \\ (\Delta n - N)\Delta f, & N/2 \leqslant \Delta n \leqslant N - 1 \end{cases} \qquad (9\text{-}11)$$

由于在该过程中所有的操作都是基于整数的,因此其只能准确地估计出整数的频偏;而对小数的频偏,可以通过循环前缀来获得,这里不详细讨论。当整数频偏和小数频偏均获得之后就可以采用同样的方法补偿其频偏。

在相干检测的 OFDM 光纤传输系统中,采用导频插入的方法实现频偏估计。系统的参数与符号同步的完全一致,在直流偏置的子载波上插入导频。在实现信号调制时,IQ 调制器可以看成三个独立的调制器:MZ-a,MZ-b 和 MZ-c。其中前两个主要是实现信号的调制,MZ-c 是保证两个调制光信号正交,在调节直流偏置时,将 MZ-a 和 MZ-b 的直流偏置设置为稍微偏离最佳的直流偏置,这样就相当于在第一个子载波上插入一个用于频偏估计的导频[20]。在接收到的信号完成符号同步后,将训练序列经过 DFT 变换到频域,通过寻找频域内的峰值点来确定接收信号的频偏。经过 80 km 光纤传输之后,信噪比为 20 dB 时能量在各个子载波上的分布在图 9.7 中给出,在被调制的 200 个子载波中,分布在第 8 个子载波的能量最高,参照分析的方法得到此时的频偏为 $7\Delta f$。

9.2.4　信道估计

在 OFDM 信号的光纤信道传输中,星座点的旋转和发散会导致星座点在光电转换之后

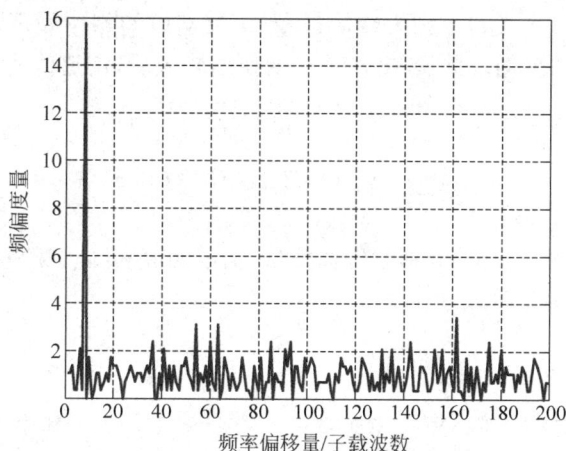

图 9.7　经过 80 km 光纤传输之后,信噪比为 20 dB 时能量在各个子载波上的分布
(请扫 2 页二维码看彩图)

杂乱无章,这主要有三个因素:①整个频谱内的光纤信道的色散效应;②FFT 窗口的定时误差;③相位噪声。前两个因素都是慢变的过程,可以通过在传输信息内等间隔地插入训练序列来估计并补偿;而相位噪声主要是由发射和接收激光器均存在一定的线宽而引入的,由于激光器的工作状态本身变换就很快(可以达到 ns 级别),则相位估计必须针对于每个 OFDM 符号,而不是整个信息帧。因此,相位噪声的估计不可能通过在传输的信息流中等间隔地插入训练序列而实现[21]。

在信道估计中,主要讨论通过插入训练序列而实现对前面两个因素的估计与补偿,图 9.8 为训练序列和导频插入的示意图。

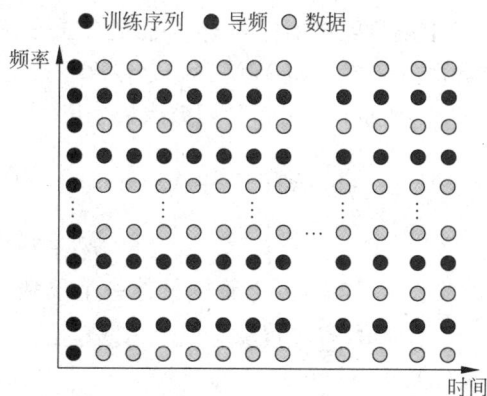

图 9.8　训练序列和导频插入的示意图
(请扫 2 页二维码看彩图)

图中黑色表示训练序列,在某个时间点上其占据了整个频域,其目的是估计出整个频域内的所有频点的信道响应。在信噪比很低或者对系统性能要求很高时,可以在时间上插入多个训练序列,然后以取平均的方式消除随机噪声对基于训练序列的信道估计的影响。对于 OFDM 的传输系统,经过信道传输后的信号可以表示为

$$r_m(n) = x_m(n) \otimes h_m(n) \mathrm{e}^{\mathrm{j}\varphi_m(n)} + \xi_m(n) \tag{9-12}$$

其中，$x_m(n)$、$h_m(n)$和$\varphi_m(n)$分别为传输信号、信道响应和相位噪声；而$\xi_m(n)$是信道中随机噪声的方差。而去除循环前缀和经 FFT 变换到频域后，信道传输可以表示为

$$R_m(k) = X_m(k)H_m(k)I_m(0) +$$
$$\sum_{\substack{l=-N/2 \\ l \neq k}}^{N/2-1} X_m(l)H_m(l)I_m(l-k) + \zeta_m(k) \tag{9-13}$$

其中，$X_m(k)$、$H_m(k)$和$\zeta_m(k)$分别为传输信号、信道响应和随机噪声频域表示。而$I_m(i)$与相位噪声$\varphi_m(n)$的关系可以表示为

$$I_m(i) = \frac{1}{N}\sum_{n=-N/2}^{N/2-1} e^{j2\pi ni/N}e^{j\varphi_m(n)}, \quad i = -\frac{N}{2}, \cdots, \frac{N}{2}-1 \tag{9-14}$$

为了正确地恢复信号，则必须准确地获得$h_m(n)$和$\varphi_m(n)$，其中$h_m(n)$的准确获得是通过信道估计实现的，而$\varphi_m(n)$则要通过相位估计实现。

信道估计主要是基于导频估计的方式。在基于导频信道估计的方式中，本书主要讨论基于最大似然准则的信道估计。在做信道估计时，忽略相位噪声的影响，则系统的传输函数的频域表达可以简化为

$$R(k) = X(k)H(k) + \zeta_m(k) \tag{9-15}$$

由于假设光纤信道为时不变的信道，为了简化，将表示 OFDM 信号时域中的第i个符号的符号下标省略了。其中的$\zeta_m(k)$为光纤信道传输中的随机噪声，对于一个确定的但在信道估计之前未知的信道传输函数$H(k)$，接收到的信号$R(k)$与其的联合概率密度分布表示为

$$p(R(1),R(2),\cdots,R(N) \mid H(1),H(2),\cdots,H(N)) \propto$$
$$\exp \pi \left\{ \sum_{k=1}^{N} \frac{[R(k)-H(k)X(k)]^*[R(k)-H(k)X(k)]}{2\delta^2} \right\} \tag{9-16}$$

其中，δ为分布在每个子载波上随机噪声的标准差，并假设分布在每个子载波上的随机噪声完全相同。最大似然准则是找出一个$H(k)$，使得联合概率密度分布函数最大。其等价的判决条件为：找到合适的$H(k)$使得式(9-17)的函数取最小值。

$$\Lambda(H(1),H(2),\cdots,H(N)) = \sum_{k=1}^{N}[R(k)-H(k)X(k)]^*[R(k)-H(k)X(k)]$$
$$\tag{9-17}$$

其中，$H(k)$为复数变量，其共轭$H^*(k)$可以看成另外一个单独的变量，为了找到合适的$H(k)$使得等价似然函数取得最小值，将等价最小似然函数对$H^*(k)$求导：

$$\frac{\partial \Lambda(H(1),H(2),\cdots,H(N))}{\partial H^*(k)} = X^*(k)[R(k)-H(k)X(k)] \tag{9-18}$$

为了取得等价似然函数的最小值，必须满足导数的取值为 0。根据这个准则，求出信道函数的最大似然估计值为

$$\widetilde{H}(k) = \frac{R(k)}{X(k)} = H(k) + \frac{n(k)}{X(k)} = H(k) + \widetilde{n}(k) \tag{9-19}$$

式(9-19)在 OFDM 信道估计中，估计出的信道特性中不仅包括实际的信道特征，还包含了部分的随机噪声。除了最大似然估计准则之外，还有计算复杂度更高的最小均方误差准则。这个准则能够更准确地估计信道，本章不予讨论。接下来讨论如何消除信道估计中

的随机噪声。随机噪声的引入导致信道估计中的估计错误,常见的办法是在时域插入多个训练序列,然后通过估计之后的时域平均的方式尽量降低这个随机噪声对信道估计的影响。但是这种额外的开销无疑会降低系统的频谱效率,为了避免降低频谱效率并尽可能地消除随机噪声的影响,一种基于频域内的滑动平均的方法被提出[22]。在频域内的滑动平均的方法中,某一个频点的最终估计值是由其自身和其周围的频点的估计值共同确定的,则最终的信道估计值可以表示为

$$\hat{H}(k') = \frac{1}{\min(k_{\max}, k'+m) - \max(k_{\min}, k'-m)} \sum_{k=k'-m}^{k'+m} \widetilde{H}(k) \tag{9-20}$$

其中,k 和 k' 分别代表滑动平均之前和之后的频点,注意,在滑动平均开始和结束的地方,由于滑动,平均的样本将会被降低(样本数为 $m+1$),而在中间频点的滑动平均的样本数均为 $2m+1$。

为了验证该方案的有效性,同样将速率为 30.2 Gb/s 的单偏振态的 16QAM-OFDM 信号在光纤信道中传输 80 km 之后并解调,其中携带信息的子载波数为 192 个,8 个子载波预留作导频和 1 个子载波预留作直流偏置,剩余的 55 个子载波设置为零,作为过采样。基于训练序列估计的原始传输函数和频域滑动平均的传输函数在图 9.9 中给出,对两者进行对比后发现,采用滑动平均后估计出的信道传输函数,其幅值和相位的变化同没有加入滑动平均的信号传输函数相比明显平滑;而在实际的光纤传输信道中,信道特性的变换本来就很缓慢,而原始的信道估计中的剧烈的波动则是由随机噪声的存在导致的。因此,采用滑动平均的方法得到的信道传输函数,要比原始的信道估计得到的信道传输函数更加准确。

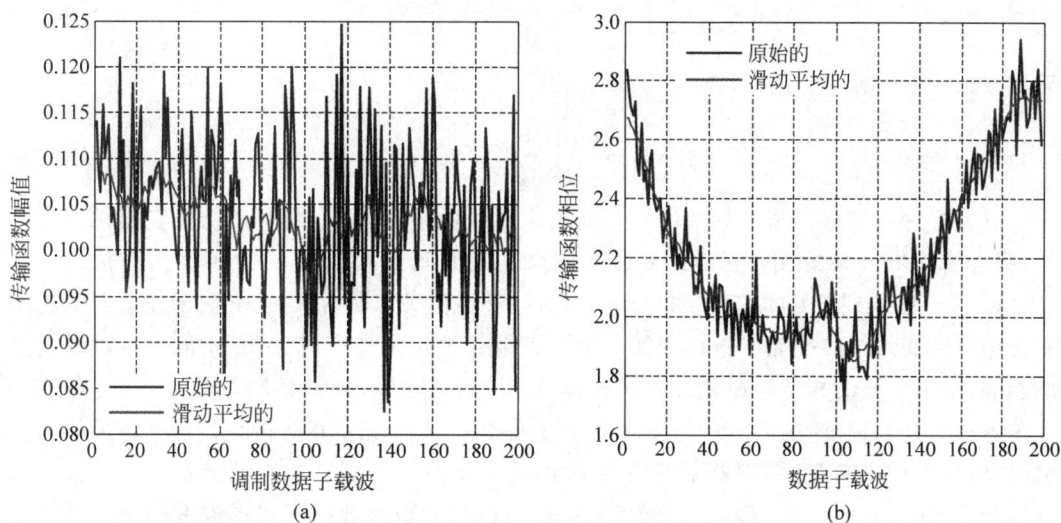

图 9.9　基于训练序列估计的原始传输函数和频域滑动平均的传输函数
(a) 传输函数幅值与数据子载波之间的关系;(b) 传输函数相位与数据子载波之间的关系
(请扫 2 页二维码看彩图)

9.2.5　相位估计

由于 OFDM 信号对于相位噪声非常敏感,相位噪声会破坏 OFDM 的子载波之间的正交性。而在 OFDM 的相位噪声中,可以根据其特性分为两类:公共相位噪声和导致子载波

间干扰的相位噪声。公共相位噪声是整个频域内各个子载波上都存在并且相同的相位噪声分量,这种相位噪声会导致信号的星座图的旋转。另外一种导致子载波间干扰的相位噪声,其在信号调制的子载波上分布是没有规律的,而且这种噪声要小于公共相位噪声,主要导致星座点的发散。

相位噪声的消除可以分为频域的方法和时域的方法。频域的方法最常见的是基于数据的 M 次平方的方法,这种方法不需要额外的带宽开销,但是容易出现相位模糊,必须采用差分编码的方式来消除相位模糊,这样实现复杂度较高[23]。另外一种方法是在每个 OFDM 符号中预留一定数目的子载波用于传输导频,在接收端信号经过 FFT 之后比较对应子载波上的信号和原始信号,找出其在相位上的变化并平均,就得到了频域估计方法中的相位噪声[23-24]。具体可以表示为

$$\phi_i = \frac{1}{N_p} \sum_{k=1}^{N_p} \left[\arg(Y_{ik}) - \arg(X_{ik}) \right] \tag{9-21}$$

其中,X_{ik} 代表在预留的子载波中插入的导频的信号;Y_{ik} 则代表在对应的子载波上的接收到的信号。而实际的光纤传输系统中,由于偏振模色散和偏振损耗会引入相位噪声,并且这种相位噪声的分布是随机的,这样,其噪声分布如果采用前面的平均估计的方法,将无法得到准确估计。为了提高相位噪声估计的精确度,基于最大似然估计准则的相位噪声方法被提出。在该方法中,对于给定的第 i 个 OFDM 符号,假设具有高斯分布噪声在每个子载波上的噪声分布的标准差为 δ_k,则似然函数可以表示为

$$\Lambda_i = \sum_{k=1}^{N_p} \frac{1}{\delta_k^2} \mid Y_{ki} - H_k X_{ki} \cdot e^{j\phi_i} \mid^2 \tag{9-22}$$

满足似然函数取最小值的相位噪声估计值为

$$\phi_i = \arg\left(\sum_{k=1}^{N_p} \frac{1}{\delta_k^2} Y_{ki} H_k^* X_{ki}^* \right) \tag{9-23}$$

以上两种方案都是基于频域内等间隔地插入导频并估计相位噪声的方案。这两种方案中,只能估计出公共的相位噪声,而对于导致子载波间干扰的相位噪声则无法估计。当 OFDM 信号的调制阶数很高时(如 64QAM),对于相位噪声非常敏感,导致子载波间干扰的相位噪声会使系统的性能严重地降低。为了克服这种相位噪声对 OFDM 信号接收时判决的影响,基于时域的相位噪声估计方案被提出。这种方案中,接收都是采用基于外差的相干检测方式。在 OFDM 的调制中将第一个子载波预留出来,完成信号的调制后在时域插入直流分量,并采用电的 IQ 混频器上变频到中频,插入第一个子载波的直流分量在上变频之后就变为了 RF-pilot[16-20]。经过光纤链路传输后,通过时域滤波的方式提取 RF-pilot 并补偿相位噪声。RF-pilot 的提取方式有两种,如图 9.10 所示。

第一种是采用先下变频后低通滤波提取 RF-pilot 并补偿相位噪声的方式(图 9.10(a)),这种方式的最大好处是节约了 DAC 的带宽,这样可以极大地降低成本。第二种方式则是直接带通滤波提取中频的 RF-pilot,并用这个 pilot 同时实现下变频和相位噪声补偿,这种方式虽然能够同时实现下变频,但是其效果和 DAC 的带宽以及 RF-pilot 所处的频率相关,对 DAC 的带宽要求要远大于第一种方式。在基于 RF-pilot 补偿相位噪声的相干光 OFDM 光纤传输系统中,在接收端通过滤波的方式提取 RF-pilot。假设滤波器的带宽的 M 点的冲击

(a)

(b)

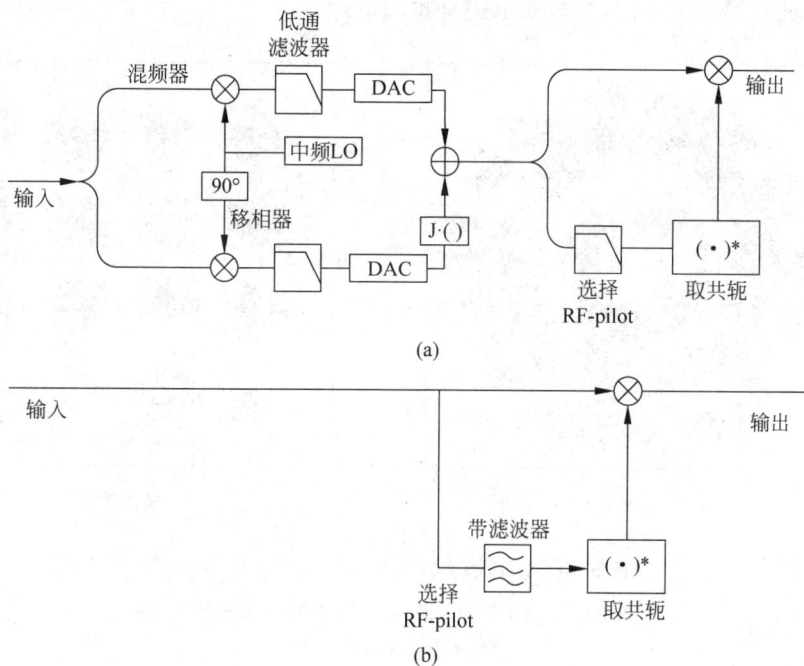

图 9.10　不同的 RF-pilot 的提取方式

响应为 h_m ,则滤波后得到的信号为

$$\widetilde{x}_{k,i} = \frac{1}{M}\sum_{k=1}^{M-1} x_{k+m,i} h_m \tag{9-24}$$

其中, $\widetilde{x}_{k,i}$ 代表的是时域的 OFDM 信号,滤波得到的信号的相位即为相位噪声:

$$\varphi_{k,i} = \arg\left(\frac{\widetilde{x}_{k,i}}{|\widetilde{x}_{k,i}|}\right) \tag{9-25}$$

　　式(9-25)中的相位噪声为采用时域估计的相位噪声,为了与频域估计出的相位噪声区分,这里以 $\varphi_{k,i}$ 表示。将其与频域估计的相位噪声 ϕ_i 比较可以发现,时域估计出的相位噪声对于不同的时间点是连续波动变化的,而对于给定的 OFDM 符号,在频域中估计的相位噪声是不变的。这也是时域估计相位噪声能够补偿导致子载波间干扰的相位噪声而频域估计相位噪声不能的原因。

　　为了演示该相位噪声估计和补偿的重要性,同样将速率为 30.2 Gb/s 的单偏振态的16QAM-OFDM 信号在光纤信道中传输 80 km 之后并解调,其中携带信息的子载波数为192,8 个子载波预留作导频和 1 个子载波预留作直流偏置,剩余的 55 个子载波设置为零作为过采样。相位噪声的估计和补偿在本章中是采用频域插入导频的方法,8 个导频信号等间隔地插入信号传输的子载波中,在光纤信道中传输速率为 30 Gb/s 的单偏振态 16QAM-OFDM 信号,传输距离为 80 km,信噪比为 20 dB,该信号经过符号同步、频偏估计与补偿和信道均衡后的星座图如图 9.11(a)所示。此时的信号没有做相位噪声的补偿,其收敛为 3 个圆圈,但是相位噪声会使其旋转,因而不能够分离为独立的星座点。采用频域的相位噪声估计与补偿的方法处理完信号后,其星座图变为图 9.11(b),此时可以清楚地看到 16 个星座点。为了正确地解调信道,实现正确的判决,必须在信道均衡之后补偿相位噪声。上面说是要展示时域补偿的重要性,这里展示的是频域估计。

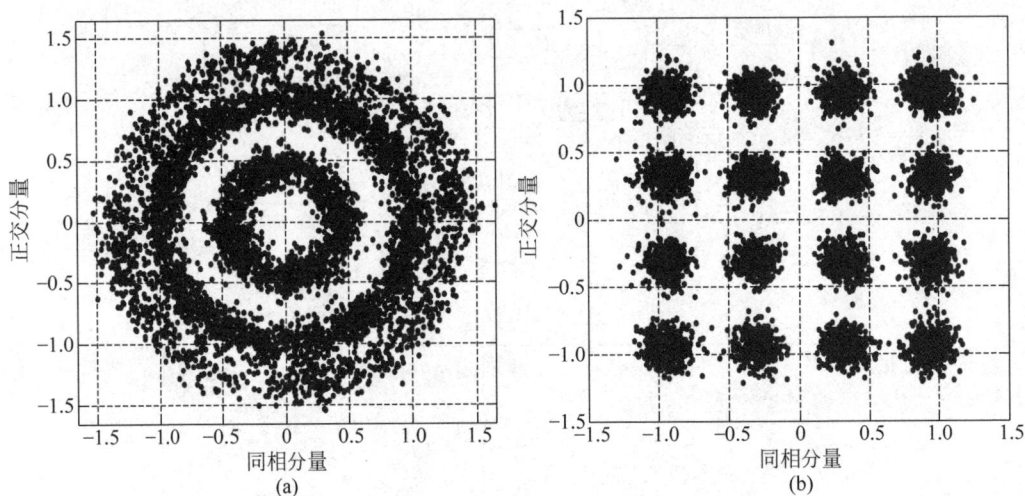

图 9.11 相位噪声补偿前后的信号的星座图

(a) 相位噪声估计和补偿之前;(b) 相位噪声估计和补偿之后

(请扫 2 页二维码看彩图)

9.2.6 偏振复用的实现

在单模光纤传输系统中,两个偏振态都可以用来传输信号。将两个偏振态的光信号分别用来传输信息的方式称为偏振复用(PDM)。偏振复用技术的引入使得光纤通信系统的容量增加了一倍,但是偏振复用的信号在光纤中传输时,两个偏振态会在光纤中随机地旋转,这种随机的偏振旋转称为偏振模色散,此外偏振相关损耗也会导致信号的失真。因此,在偏振复用的实现过程中必须克服偏振模色散和偏振相关损耗对 OFDM 信号的影响。

在偏振复用的 OFDM 光纤传输系统中,可以将偏振复用的信号看作一个 2×2 的多输入多输出(MIMO)系统[22,25],发送端的 OFDM 信号可以表示为

$$t = \begin{bmatrix} t_x \\ t_y \end{bmatrix} \tag{9-26}$$

其中,t_x 和 t_y 分别表示在 x、y 偏振方向上传输的 OFDM 信号。该信号经过光纤链路传输后信号变为

$$s = h \otimes t + n \tag{9-27}$$

其中,n 为随机噪声;$\otimes$ 代表信道卷积;而 s 和 h 分别为接收到的信号和光纤信道的冲击响应:

$$s = \begin{bmatrix} s_x \\ s_y \end{bmatrix}, \quad h = \begin{bmatrix} h_{xx} & h_{xy} \\ h_{yx} & h_{yy} \end{bmatrix} \tag{9-28}$$

对式(9-28)中的时域信号传输函数求傅里叶变换,则可以变为

$$S = H \cdot T + \xi \tag{9-29}$$

其中,$S = \begin{bmatrix} S_x \\ S_y \end{bmatrix}$,$H = \begin{bmatrix} H_{xx} & H_{xy} \\ H_{yx} & H_{yy} \end{bmatrix}$,$T = \begin{bmatrix} T_x \\ T_y \end{bmatrix}$,这里的 S,H,T 和 ξ 分别为接收信号、光纤

信道响应、传输信号和随机噪声的傅里叶变换形式,时域的卷积经过傅里叶变换后变为频域的乘积。因此,如果能够正确地估计出光纤中偏振复用系统的信道特性 H,就可以实现两个偏振态的解复用和分离。这个能够反映偏振信道特性的矩阵 H 称为琼斯矩阵(Jones matrix)。

当琼斯矩阵 H 计算出来之后,可以估计出传输的信息为

$$\tilde{T} = H^{-1}S - H^{-1}\xi \tag{9-30}$$

估计出的信息 $\tilde{T}$ 与发送的 T 相比,即使琼斯矩阵 H 能够被完全无误地估计出来,但是随机噪声 ξ 仍然将影响 OFDM 信号的接收恢复。为了克服随机噪声的影响,可以采用最大似然估计来尽可能地消除随机噪声的影响,本章不详细讨论。此外,还可以采用前面信道估计中讨论的时域平均和频域滑动平均的方式来降低随机噪声的影响。

接下来主要讨论如何正确地获得琼斯矩阵 H。对于传统的 OFDM 传输系统,一种常用的办法是在时域周期性地插入训练序列,然后通过 FFT 后在频域比较接收到的信号和训练序列,估计出信道特性[25]。而对于 MIMO 系统,必须保证多个输入信号中的训练序列是正交的,这样在接收端才可以正确地找到训练序列。按照这一准则,针对偏振复用的 2×2-MIMO 系统可以提出很多种保证正交的结构,而最简单的是通过时分复用的方式实现训练序列的正交。基于时分复用的训练序列由图 9.12 给出。

偏振态X	T_x	0	数据X
偏振态Y	0	T_y	数据Y

OFDM符号长度
时分复用的正交训练序列

图 9.12 用于 MIMO 信道估计的基于时分复用的训练序列

时分复用的两个正交序列可以表示为

$$\boldsymbol{T}_1 = \begin{bmatrix} T_x \\ 0 \end{bmatrix}, \quad \boldsymbol{T}_2 = \begin{bmatrix} 0 \\ T_y \end{bmatrix} \tag{9-31}$$

其中,T_x 和 T_y 分别为时域在偏振态 x 和偏振态 y 中插入的训练序列,必须保证这对训练序列具有低的 PAPR。假设光纤信道对时域上连续的两对训练序列的影响是一样的,并且忽略随机噪声的影响,则得到接收的信号分别为

$$\boldsymbol{S}_1 = \begin{bmatrix} S_{1x} \\ S_{1y} \end{bmatrix} = \boldsymbol{H}\boldsymbol{T}_1$$

$$= \begin{bmatrix} H_{xx} & H_{xy} \\ H_{yx} & H_{yy} \end{bmatrix} \begin{bmatrix} T_x \\ 0 \end{bmatrix} = \begin{bmatrix} H_{xx}T_x \\ H_{yx}T_x \end{bmatrix} \tag{9-32}$$

$$\boldsymbol{S}_2 = \begin{bmatrix} S_{2x} \\ S_{2y} \end{bmatrix} = \boldsymbol{H}\boldsymbol{T}_2$$

$$= \begin{bmatrix} H_{xx} & H_{xy} \\ H_{yx} & H_{yy} \end{bmatrix} \begin{bmatrix} 0 \\ T_y \end{bmatrix} = \begin{bmatrix} H_{xy}T_y \\ H_{yy}T_y \end{bmatrix} \tag{9-33}$$

解方程得到琼斯矩阵 H:

$$\boldsymbol{H} = \begin{bmatrix} H_{xx} & H_{xy} \\ H_{yx} & H_{yy} \end{bmatrix} = \begin{bmatrix} S_{1x}/T_x & S_{2x}/T_y \\ S_{1y}/T_x & S_{2y}/T_y \end{bmatrix} \qquad (9\text{-}34)$$

根据得到的琼斯矩阵就可以分离两个偏振态的信号,对偏振态分离后的信号接着进行相位噪声估计和判决,就得到接收到的数字信号。

9.3 基于偏振复用的相干光正交频分复用系统的实验实现

偏振复用的相干检测 OFDM 系统图如图 9.13 所示,在该系统中传输 QPSK/16QAM-OFDM 信号。采样率设置为 11.5 GSa/s 的任意波形发生器所产生的 OFDM 信号的实部和虚部共同注入 IQ 调制器。傅里叶变换的长度为 256,循环间隔的长度为 32,因此每一个 OFDM 符号长度为 288。在 256 个子载波中,55 个高频的子载波插零实现过采样,零频处的第一个子载波被预留给直流偏置,8 个等间隔的子载波作为导频实现相位噪声的估计,剩下的 192 个子载波作为信号携带的子载波。输入 IQ 调制器的光信号由一个外腔激光器产生。调节 IQ 调制器的直流偏置,使其产生正交调制的光 OFDM 信号。光 OFDM 信号通过一个偏振复用模拟单元实现偏振复用,该单元由耦合器、光延时线、光衰减器和偏振耦合器组成,经过耦合器分离的两路光 OFDM 信号,一路通过一定长度的光延时线延时一个 OFDM 符号长度(25.0435 ns,288×1/11.5 ns),另外一路通过一个光衰减器调节两路之间的功率,并通过偏振耦合器将两路信号耦合起来。经过偏振复用模拟单元后在 X 和 Y 两个偏振方向上的 OFDM 信号如图 9.13 的插图所示,通过这种方式实现偏振复用,同时也保证了训练序列的正交性。将偏振复用的 OFDM 信号经过 EDFA 放大以及一定长度的光纤传输后,采用相干检测的方式实现信号的解调,将平衡检测器得到的四个信号分别通过低通滤波和模数转换之后,在数字示波器中存储下来。使用 MATLAB 对存储下来的信号做离线处理,首先将 X 方向和 Y 方向上的实部和虚部先分别采用虚部单元 j 组成复数信号。X 和 Y 偏振态上的信号经过符号同步、频域同步、离散傅里叶变换、偏振解复用及均衡和相位噪声消除后可以计算其误码。

在接收端,接收到的光 OFDM 信号和本振激光器分别通过偏振分束器分为两个正交的偏振态,并输入光 90°混频器中,光混频器的输出信号通过四对平衡检测器实现光电转换。四对平衡检测器的输出分别为: X 偏振方向的实部和虚部,Y 偏振方向的实部和虚部。采用一个实时取样示波器采集 X 偏振方向和 Y 偏振方向的 OFDM 信号,并通过离线的数字信号处理来恢复和解调 OFDM 信号。偏振复用的相干检测 OFDM 的背靠背的误码曲线如图 9.14 所示,单偏振方向和偏振复用的 QPSK/16QAM-OFDM 信号在背靠背情况下的误码率和光信噪比的误码曲线图都在图 9.14 中给出。从图中可以看出,在 OFDM 的映射中无论选择 QPSK 还是 16QAM,偏振复用的 OFDM 信号传输系统与单偏振 OFDM 信号传输系统相比,其同误码率情况下要求光信噪比需提高 3~4 dB。

在偏振复用的 QPSK-OFDM 相干检测的系统中,为了验证离线的数字信号处理算法的有效性,在接收端的离线数字信号处理流程当中分别给出了偏振解复用之前,偏振解复用之后但相位噪声未消除,偏振解复用及相位噪声消除后的两个方向的星座图。在接收光信噪比为 16 dB 时这三个阶段的星座图如图 9.15 所示。图 9.15(a)和(b)为偏振解复用之前两

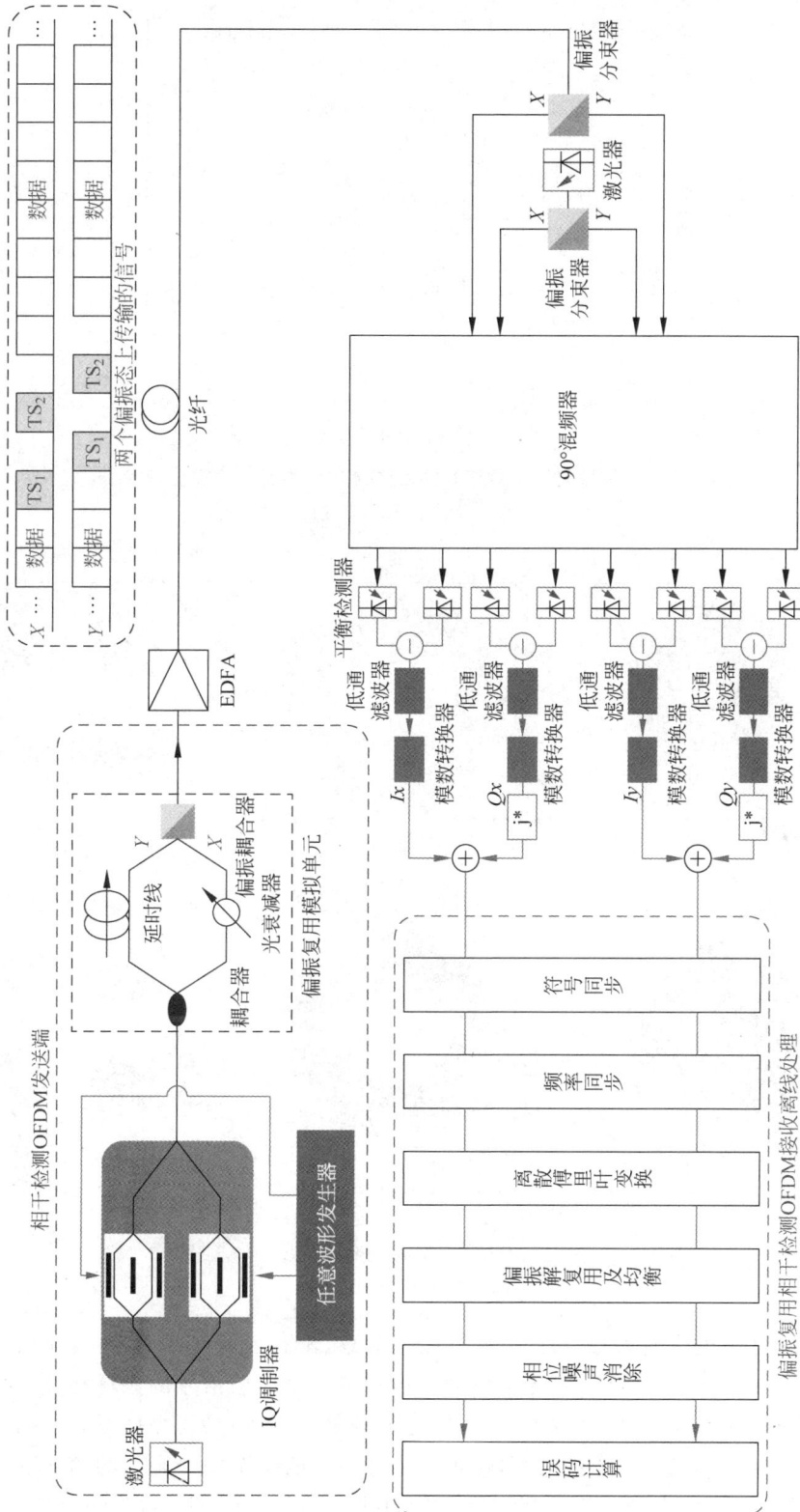

图 9.13　偏振复用的相干检测 OFDM 系统图
（请扫 2 页二维码看彩图）

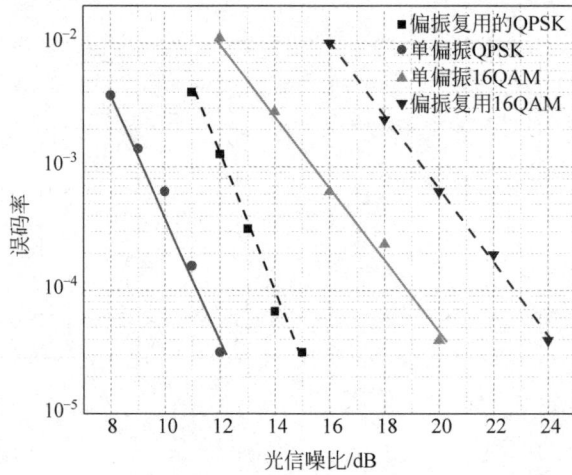

图 9.14 偏振复用的相干检测 OFDM 的背靠背的误码曲线图
（请扫 2 页二维码看彩图）

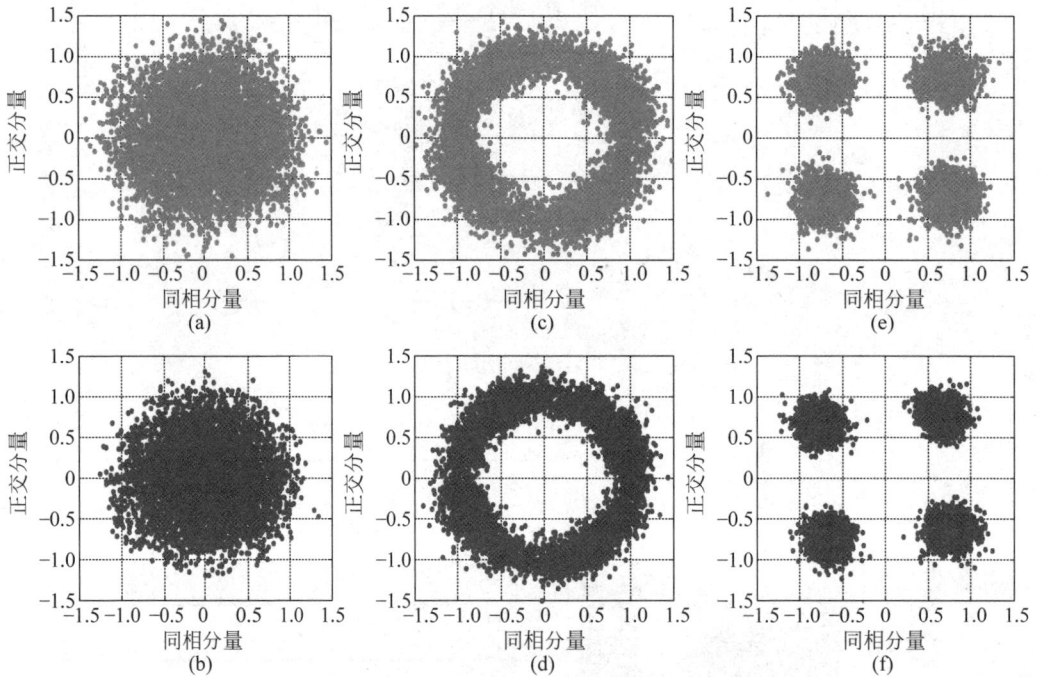

图 9.15 偏振复用的相干检测 OFDM 系统各阶段星座图
（请扫 2 页二维码看彩图）

个偏振态上的信号的星座图,此时的星座图杂乱无章,没有任何规律,这主要是由于两个偏振态上的信号相互串扰,并且经过光信道的传输后破坏了原始信号的频域特性。采用通过正交的训练序列估计出的 2×2 的 MIMO 信道传输函数,并消除两个偏振态上信号的偏振相互串扰以及补偿频域内引入的失真,通过上述处理后的两个偏振态上的信号的星座图如图 9.15(c)和(d)所示,经过偏振解复用后,两个偏振态上的信号都收敛为一个圆,但是由于相位噪声并没有被消除,导致星座点的旋转而出现圆环。将偏振解复用后的信号分别通过两个偏振态上每个 OFDM 符号中的导频估计,并补偿出每个 OFDM 符号的相位噪声,经过相位噪声估计和补偿后的两个偏振态上的信号的星座图如图 9.15(e) 和(f)所示,此时的星座点被完全地分为四个离散的点,经过这个步骤后,就可以反映射、判决并计算系统传输的误码性能了。

9.4　相干检测的光正交频分复用的研究现状和展望

采用相干光正交频分复用(CO-OFDM)系统实现单波长高速率信号传输与采用单载波方式实现方案的主要的优势在于:在每个 OFDM 符号中插入一定时间长度的循环前缀,可以在接收端避免采用数字信号处理算法补偿光纤传输中的色散;OFDM 的频域均衡方式中的数字信号处理算法对信号调制格式透明,而在单载波中,信号调制格式发生改变,信道均衡方式也要做相应的改变。当系统需要增加调制格式的阶数来实现系统扩容时,OFDM 的这种在信道均衡时对信号调制格式透明的优势就非常明显。最近几年,相干 OFDM 的长距离传输取得了许多创纪录的研究成果[34]。2007 年,澳大利亚墨尔本大学(The University of Melbourne)的 Shieh 等首次仿真了 OFDM 信号在相干检测系统中的传输,在无色散补偿的情况下成功实现 10 Gb/s 的 OFDM 信号的 3000 km 单模光纤传输。这证实了 OFDM 信号可以在无色散补偿的情况下实现长距离传输。在 2007 年的 ECOC 中 Shieh 等报道成功实现 8 Gb/s 的 OFDM 在无色散补偿的情况下的 1000 km 单模光纤传输[29]。从此,CO-OFDM 成为光纤通信的研究热点,在每年的 OFC 和 ECOC 中都有大量有关 CO-OFDM 的报道。2007 年,日本凯迪迪爱通信技术有限公司(KDDI)的 Jansen 等在 OFC 中报道,他们成功实现了 20 Gb/s 的 OFDM 信号在 CO-OFDM 系统中传输,并将无色散单模光纤传输的距离提高到了 4160 km[16,27]。同一年的 ECOC 中,他们报道了首次成功利用偏振复用技术实现了对 CO-OFDM 系统的扩容,该偏振复用的 CO-OFDM 系统中实现了 16 个光波长的波分复用系统,并且单个光波长上携带了 52.5 Gb/s 的 OFDM 信号[25]。在 2008 的 OFC 中,Jansen 等报道首次成功实现了单信道速率超过 100 Gb/s 的 WDM-CO-OFDM 系统,并成功实现 1000 km 单模光纤传输[16]。从此,越来越多的研究者提议将 CO-OFDM 作为 100 Gb/s 甚至 400 Gb/s 的以太网光接口的备选方案。为了实现在单个波分复用信道中传输 400 Gb/s 的信号,美国贝尔实验室提出采用多光载波生成技术,在单个 WDM 信道中产生多个光载波,并分别在不同光载波上加载 OFDM 信号[31]。由于 OFDM 信号频谱的滚降系数特别低,因此不同的光 OFDM 边带之间不需要保留保护间隔,从而可以保证高的频谱效率。通过这种技术可以实现在 80 GHz 的波分复用的信道间隔中传输 448 Gb/s 的 OFDM 信号。在该方案中为了在去除 FEC 码后速率仍然能超过 400 Gb/s,则必须减少循环前缀和导频等额外开销的比例。在该方案中电的色散补偿用于消除光纤传输中的色散效应。

CO-OFDM 系统除了用于主干网中超高速率信号的传输外,也用于光纤无线的混合网络结构,实现超大容量的无线接入网。光纤无线的混合网中,无线链路的毫米波是通过光学差频的方式产生的,而基于直接检测的 OFDM-RoF 系统中,毫米波是通过光学倍频的方式产生的。由于以光学差频方式产生毫米波方案中两个光波不存在相关性,因此在接收端的数字信号处理算法更加复杂(包括额外的频偏估计和相位噪声估计)。但是这种方案由于采用了相干检测,系统的接收灵敏度被改善。W 波段(80~100 GHz)因为其空气中传输损耗低和可以提供巨大的可用带宽,所以最近几年被广泛地研究。2012 年,Deng 等对光纤无线的混合网络结构中两个不相关的光波采用差频产生了 W 波段(75~110 GHz)的载波信号,并且一个光载波上携带了 3 个 8.3 Gb/s 的 OFDM 信号边带[35]。为了满足下一代光纤无线混合网络中无线链路传输的容量和光纤链路的传输容量的一致性,这种采用 CO-OFDM的光纤无线混合网络将是一种非常可行的备选方案。作者团队在 2013 年实现了 W 波段40 Gb/s 信号 5 m 的无线传输[36]。

CO-OFDM 已经受到光通信领域的高度关注,主要被考虑应用到未来的高性能核心骨干网和接入网中。目前对于 CO-OFDM 系统研究主要在以下方面:超长距离的传输、超大容量的 CO-OFDM 传输、高性能的相干检测的接入网和实时 CO-OFDM 系统的推进。

1) 超长距离的传输

相比于直接检测,相干探测最大的优势在于其能有效地实现超大容量和超长距离的传输。在相干检测传输中,光纤对 OFDM 信号的影响可以分为线性和非线性的。线性的因素主要包括光纤传输损耗、色散和偏振模色散。非线性的因素主要包括自相位调制、交叉相位调制和四波混频。为了尽可能实现长距离的传输,就必须在发送时提供足够光信噪比,这就意味着在发送端的入纤功率必须足够大。在单个信道的 OFDM 信号传输系统中,当入纤功率超过一定范围之后,光纤中的自相位调制就会变得明显,从而限制系统的传输距离。在波分复用系统中,除了自相位调制的影响,交叉相位调制和四波混频也会导致信道和畸变,因而其传输距离更受到光纤非线性效应的限制。因此实现超长距离的光纤传输的最大障碍就是光纤的非线性效应,必须寻找途径克服光纤的非线性效应。OFDM 信号虽然能够抵挡光纤传输的色散和偏振模色散,但是其存在高 PAPR 的问题,高功率的时域离散点将导致严重的非线性效应,因此在超长距离的 OFDM 光纤传输系统中,降低非线性效应对传输的影响变得更重要。

目前降低相干检测 OFDM 传输系统的非线性效应的途径主要分为两类。第一类是通过降低 OFDM 信号的 PAPR 来提高 OFDM 信号对非线性效应的容忍度,这样可以增加传输距离。在相干检测的 OFDM 传输系统中,降低 PAPR 的方法有多种:目前最常用的是分块的离散傅里叶变换的方式,这种方式可以在不引入额外的失真的前提下有效地降低PAPR,但其最大的缺点是计算复杂度过高,不利于在实际的系统中应用,如何降低计算复杂度,这是未来需要考虑的;另外常用的方法是基于预失真的方案,虽然其本身会导致性能的降低,但是应用到长距离的 OFDM 相干检测传输系统后,却因为能够消除非线性效应的影响而可以改善系统的传输性能,预失真的方案中寻求更加地降低 PAPR 的预失真函数,这是需要被研究的。第二类是采用反向传输的方法来克服非线性效应,从而增加系统的传输距离,该方法能够很有效地克服非线性效应的影响,但是随着传输距离的增加,该方法计算复杂度会非常大,远超现阶段实际芯片的计算能力,因此,在实际的超长距离的相干检测OFDM 光纤传输系统中,必须降低采用反向传输抑制非线性效应的计算复杂度。

2) 超大容量的相干检测光正交频分复用传输

相比于直接检测的光纤传输系统,相干检测的系统能够同时实现对光信号的强度和相位的调制,因而其传输容量可以极大地增加。伴随着超高清电视和个人多媒体无线通信等高带宽要求的通信业务的普及,对于当前通信网的带宽提出了更高的要求。目前单信道传输速率 100 Gb/s 的光纤通信网已经商用,下一代主干传输网的单信道传输速率要求为 400 Gb/s。时至今日,单波传输速率 400 Gb/s 相干光通信的实验室研究已经趋于成熟,而现有骨干网带宽难以满足 5G 大规模商用后的实际需求,骨干网单波传输速率从 100 Gb/s 不断向 200 Gb/s、400 Gb/s 升级,单波传输速率 400 Gb/s 网络的商用已迫在眉睫。据悉,2016 年至今,中国联通、中国移动、中国电信等运营商先后启动了单波传输速率 400 Gb/s 系统测试,骨干网层面单波传输速率 400 Gb/s 的正式商用也将在 2024 年前后实现。在不久的将来,单波传输速率 600 Gb/s/800 Gb/s 的下一代超高速相干光通信时代也将快速到来。近几年,业界已经开始对单波净速率为 600 Gb/s、800 Gb/s 的长距离相干光传输展开研究[37-41],国外的最高单波净速率可以达到 1 Tb/s 以上[42-45]。因此在相干检测的 OFDM 光纤传输系统中,如何有效地扩展通信容量,也是需要解决的问题。为了实现超大容量的相干检测 OFDM 系统的传输,最直接的方案就是使用频谱效率更高的调制格式。目前在相干检测 OFDM 光纤传输系统中被报道的最高阶的调制格式是 1024QAM,但目前被认为最有可能应用到 400 Gb/s 的下一代主干传输网的是 16QAM。随着现代光纤拉制工艺的逐渐成熟,多模和多芯多孔的光纤开始被研究用于通信系统中。采用多模、多芯和多孔光纤的相干检测 OFDM 系统成为最近的研究热点,采用这种光纤的传输系统能够达到超大容量的传输,但如何消除多模、多芯和多孔光纤中传输的多种信号之间的相互干扰,是实现超大容量的相干检测光 OFDM 传输所需要解决的关键问题。

3） 高性能的相干检测的接入网

OFDM 的信号之所以广泛地应用于接入网中,主要有以下三个原因：频谱效率高、可以有效地抵抗色散和偏振模色散,以及能够动态地实现频带资源的分配。在接入网中,相干检测 OFDM 光纤传输系统主要应用在以下两方面：高性能的无源光网络和高性能的光纤无线融合接入网络。

高性能的无源光网络中,下行链路采用的是基于外差结构的相干探测,用于下行链路相干探测的本地光源在上行链路中可以作为激光源,这种结构不但能够保证系统的高性能,同时也能有效地控制系统的实现成本。在光纤无线融合的无线链路中,OFDM 信号一般在毫米波段或者亚毫米波段传输,传统的毫米波信号是通过光倍频的方式产生,而在高性能的光纤无线融合接入网络中,携带 OFDM 信号的毫米波和亚毫米波信号是通过外差的相干检测的方式产生。采用外差相干检测方式能够实现高性能大容量的光纤无线融合的混合系统。

4） 实时相干检测 OFDM 系统的推进

现阶段的相干检测 OFDM 系统绝大部分还是基于离线的数字信号处理,在这种方案中无需考虑系统实现的计算复杂度,而在实际的应用中必须考虑算法实现的计算复杂度。目前传输速率最高的实时相干检测的 OFDM 系统为 40 Gb/s,主要的限制因素在于缺少计算复杂度小的有效的数字信号处理算法。在系统的实现中如何降低算法的计算复杂度并且保证算法性能,这是实现实时相干检测 OFDM 系统的最大难点。在目前的实时相干检测 OFDM 系统中,只考虑了由光纤传输引入的线性的畸变,对于非线性效应的补偿现在并未见报道,其中主要的原因就是非线性效应补偿算法的计算复杂度过高。

9.5 小结

本章详细阐述了相干光 OFDM 系统的整体实现与相应的数字信号处理算法,并在 9.3 节给出了一个基于偏振复用的相干光 OFDM 实验系统的实例。9.1 节先简要介绍了 OFDM 的发展历程与基本原理。在重点展开的 9.2 节,首先,为了正确确定信号起始点,避免由符号同步不正确导致的 ISI 与子载波间干扰,9.2.2 节对基于训练序列的符号同步的算法进行了介绍,一般算法中采用的训练序列可以定义为前后部分完全相同或关于中心点共轭对称两种形式;其次,频偏的引入将导致 OFDM 子载波的正交性被破坏,从而产生严重的子载波间干扰,因此频偏估计也是离线算法中非常重要的部分,9.2.3 节详细阐述了采用训练序列和采用导频的频偏估计的两类算法;再次,为了对光纤信道的色散效应与 FFT 窗口的定时误差进行估计与补偿,9.2.4 节对基于导频以及最大似然准则的信道估计算法进行了阐释,并就消除估计出的信道特征所包含的额外随机噪声,介绍了一种基于频域内的滑动平均的方法;又次,9.2.5 节分别从频域和时域两个角度介绍了两类算法实现对 OFDM 信号相位噪声的估计与补偿;最后,为了克服偏振模色散与偏振相关损耗对 OFDM 信号的影响,9.2.6 节介绍了一种基于时分复用的训练序列算法,实现相干光 OFDM 系统中的偏振解复用。基于以上对相干光 OFDM 系统相应数字信号处理算法的介绍以及实验系统的实现,9.4 节就相干光 OFDM 在未来的高性能的核心骨干网和接入网中的应用进行了展望。

思考题

9.1 仿真如图 9.5 所示的 16QAM 信号功率归一化的相关函数值,计算出符号同步点。(FFT 长度为 256,CP 长度为 32,55 个子载波插零,零频直流偏置,8 个子载波作为导频,192 个有效子载波,传输光纤距离为 80 km)

9.2 基于导频估计频率偏移原理,采用题 9.1 的 OFDM 帧结构进行 80 km 光纤传输,仿真图 9.7 所示的解调 OFDM 频谱图。

9.3 利用题 9.1 计算出的符号同步点 d_{opt},计算出频偏分量并进行频偏补偿。

9.4 基于训练序列信道估计算法,仿真图 9.9 所示的基于训练序列估计的原始传输函数和频域滑动平均的传输函数曲线。

9.5 根据式(9-22)推导出式(9-23)所描述的似然函数最小的公共相位噪声估计公式。

9.6 采用频域相位噪声估计方法,模拟仿真图 9.11 所示的相位噪声补偿后的星座图。

9.7 分析频域和时域的两种相位噪声补偿方法的主要区别,以及两者的优缺点。

9.8 根据式(9-34),编写适用于 OFDM 偏振复用传输系统的琼斯矩阵 $\boldsymbol{H}$ 估计算法。

9.9 采用题 9.8 的偏振解复用算法,仿真出图 9.15 所示的偏振解复用和消除相位噪声后的星座图。

9.10 在图 9.13 所描述的偏振复用相干探测的 OFDM 系统中,思考如何实现 X 和 Y 两个偏振方向的训练序列正交性。

9.11 请解释 OFDM 相干探测在高速移动通信环境下的挑战,并讨论可能的解决方法。

9.12　请比较和对比基于训练序列的频域信道估计和基于导频符号的时域信道估计方法,包括它们的优缺点和适用场景。

9.13　介绍 OFDM 系统中常用的相位噪声补偿方法,并分析它们的性能和复杂性。

9.14　讨论 OFDM 系统中的多径干扰对相干探测性能的影响,并提出减小多径干扰的方法。

9.15　解释 OFDM 系统中的信道估计方法,包括基于时域和频域的估计技术,并比较它们的性能和复杂性。

参考文献

[1] ARMSTRONG J. OFDM for optical communications[J]. J. Lightwave Technol. ,2009,27(3): 190-202.

[2] CHANG R W. Orthogonal frequency multiplex data transmission system[P]. 1966: USA Patent 445.

[3] SALZ J,WEINSTEIN S B. Fourier transform communication system[C]. Proc. ACM Symp. Problems Optim. Data Commun. Syst,Pine Mountain,GA,USA,1969.

[4] PELED A,RUIZ A. Frequency domain data transmission using reduced computational complexity algorithms[C]. Acoustics, Speech, and Signal Processing. IEEE International Conference on ICASSP'80. ,1980: 964-966.

[5] FOSCHINI G J,GANS M J. On limits of wireless communications in a fading environment when using multiple antennas[J]. Wireless Pers. Commun. ,1998,6(24): 311-335.

[6] CIMINI L J J. Analysis and simulation of a digital mobile channel using orthogonal frequency division multiplexing[J]. IEEE Tran. on Commun. ,1985,33(7): 665-675.

[7] 朱月秀,林野.正交频分复用技术及应用研究[J].杭州电子科技大学学报,2007,27(5): 21-24.

[8] JOLLEY N E,KEE H,RICKARD R,et al. Generation and propagation of a 1550 nm 10 Gb/s optical orthogonal frequency division multiplexed signal over a 1000 m of multimode fiber using a directly modulated DFB[C]. OFC/NFOEC 2005,Anaheim,Califonia,USA,2005.

[9] VODHANEL R S. 5 Gbit/s direct optical DPSK modulation of a 1530-nm DFB laser[J]. IEEE Photon. Technol. Lett. ,1989,1(8): 218-220.

[10] CAO Z,YU J,XIA M,et al. Reduction of intersubcarrier interference and frequency-selective fading in OFDM-ROF systems[J]. J. Lightwave Technol. ,2010,28(16): 2423-2429.

[11] CAO Z, YU J, WANG W, et al. Direct-detection optical OFDM transmission system without frequency guard band[J]. IEEE Photon. Technol. Lett. ,2010,22(11): 736-738.

[12] YU J,QIAN D,HUANG M,et al. 16Gbit/s radio OFDM signals over graded-index plastic optical fiber[C]. ECOC 2008,Brussels,Belgium,2008: 1-2.

[13] YU J,HUANG M,QIAN D,et al. Centralized lightwave WDM-PON employing 16-QAM intensity modulated OFDM downstream and OOK modulated upstream signals[J]. IEEE Photon. Technol. Lett. ,2008,20(18): 1545-1547.

[14] HANZO L,MÜNSTER M,CHOI B J,et al. OFDM and MC-CDMA for broadband multi-user communications,WLANs and broadcasting[M]. New York: Wiley,2003.

[15] SCHMIDL T M,COX D C. Robust frequency and timing synchronization for OFDM[J]. IEEE Trans. On Commun. ,1997,45(12): 1613-1621.

[16] JANSEN S L,MORITA I,TANAKA H. $10\times121.$ 9-Gb/s PDM-OFDM transmission with 2-b/s/Hz spectral efficiency over 1000 km of SSMF[C]. Proc. Optical Fiber Communication (OFC) Conference

2008,San Diego,CA,USA,PDP 2.

[17] VAN DEN BORNE D,SLEIFFER V A J M,ALFIAD M S,et al. POLMUX-QPSK modulation and coherent detection: the challenge of long-haul 100G transmission[C]. Proc. European Conference on Optical Communications (ECOC) 2009,Vienna,Austria,3. 4. 1.

[18] JANSEN S L,AL AMIN A,TAKAHASHI H,et al. 132. 2-Gb/s PDM-8QAM-OFDM transmission at 4-b/s/Hz spectral efficiency[J]. IEEE Photon. Tech. Lett. ,2009,21(12): 802-804.

[19] JANSEN S L,MORITA I,SCHENK T C W,et al. 121. 9-Gb/s PDM-OFDM transmission with 2 b/s/Hz spectral efficiency over 1000 km of SSMF[J]. J. Lightwave Technol. ,2009,27(3): 177-188.

[20] PENG W R,TAKESHIMA K,MORITA I,et al. Scattered pilot channel tracking method for PDM-CO-OFDM transmissions using polar-based intra-symbol frequency-domain average[C]. OFC 2011, Los Angels,CA,USA,2011: OWE6.

[21] SHIEH W,DJORDJEVIC I. OFDM for optical communications[M]. Amsterdam: Elsevier,2010.

[22] LIU X, BUCHALI F. Intra-symbol frequency-domain averaging based channel estimation for coherent optical OFDM[J]. Opt. Exp. ,2008,16: 21944-21957.

[23] YI X,SHIEH W,TANG Y. Phase estimation for coherent optical OFDM[J]. IEEE Photon. Technol. Lett. ,2007,19(12): 919-921.

[24] YI X, SHIEH W, MA Y. Phase noise effects on high spectral efficiency coherent optical OFDM Transmission[J]. J. Lightwave Technol. ,2008,26(10): 1309-1316.

[25] JANSEN S L,MORITA I, SCHENK T C W,et al. Long-haul transmission of 16 × 52. 5-Gb/s polarization division multiplexed OFDM enabled by MIMO processing[J]. OSA Journal of Optical Networking,2008,7(2): 173-182.

[26] SHIEH W, ATHAUDAGE C. Coherent optical orthogonal frequency division multiplexing [J]. Electron. Lett. ,2006,42: 587-589.

[27] JANSEN S L,MORITA I,SCHENK T C W,et al. Coherent optical 25. 8-Gb/s OFDM transmission over 4,160-km SSMF[J]. J. Lightwave Technol. ,2008,26(1): 6-15.

[28] LOBATO A, INAN B, ADHIKARI S, et al. On the efficiency of RF-pilot-based nonlinearity compensation for CO-OFDM[C]. OFC 2011,Los Angels,CA,USA,2011: OThF2.

[29] SHIEH W, YI X, TANG Y. Transmission experiment of multi-gigabit coherent optical OFDM systems over 1000 km SSMF fibre[J]. Electronics Letters,2007,43: 134-136.

[30] DISCHLER R,BUCHALI F. Transmission of 1. 2 Tb/s continuous waveband PDM-OFDM-FDM signal with spectral efficiency of 3. 3 bit/s/Hz over 400 km of SSMF[C]. OFC 2009,San Diego,CA, USA,2009: PDPC2.

[31] LIU X,CHANDRASEKHAR S,WINZER P J,et al. Single coherent detection of a 606-Gb/s CO-OFDM signal with 32-QAM subcarrier modulation using 4×80-Gsamples/s ADCs[C]. ECOC 2010, Torino,Italy,2010: PD2. 6.

[32] QIAN D,HUANG M,IP E,et al. 101. 7-Tb/s(370×294-Gb/s)PDM-128QAM-OFDM transmission over 3× 55-km SSMF using pilot-based phase noise mitigation[C]. OFC 2011, Los Angels, CA, USA,2011: PDP B5.

[33] TOMBA L. On the effect of Wiener phase noise in OFDM systems[J]. IEEE Trans. on Com,1998, 46: 580-583.

[34] RANDEL S,ADHIKARI S,JANSEN S L. Analysis of RF-pilot-based phase noise compensation for coherent optical OFDM systems[J]. IEEE Photon. Technol. Lett. ,2010,22: 1288-1290.

[35] DENG L,BELTRAN M,PAN X,et al. Fiber wireless transmission of 8. 3-Gb/s/ch QPSKOFDM signals in 75-110-GHz band[J]. IEEE Photon. Technol. Lett. ,2011,24(5): 383-385.

[36] LI F,CAO Z,LI X,et al. Fiber-wireless transmission system of PDM-MIMO-OFDM at 100 GHz

frequency[J]. Journal of Lightwave Technology,2013,31,14: 2394-2399.

[37] CHIEN H C,YU J,CAI Y,et al. Approaching terabits per carrier metro-regional transmission using beyond-100GBd coherent optics with probabilistically shaped DP-64QAM modulation[J]. Journal of Lightwave Technology,2019,37(8): 1751-1755.

[38] KONG M,WANG K,DING J,et al. 640-Gbps/carrier WDM transmission over 6,400 km based on PS-16QAM at 106 Gbaud employing advanced DSP[J]. Journal of Lightwave Technology,2020, 39(1): 55-63.

[39] CHIEN H C,YU J,ZHU B,et al. Probabilistically shaped DP-64QAM coherent optics at 105 GBd achieving 900 Gbps net bit rate per carrier over 800 km transmission[C]. 2018 European Conference on Optical Communication (ECOC),Rome,Italy,2018: 10. 1109/ECOC. 2018. 8535294.

[40] BLUEMM C,SCHAEDLER M,KUSCHNEROV M,et al. Single carrier vs. OFDM for coherent 600 Gb/s data centre interconnects with nonlinear equalization[C]. OFC 2019,San Diego,CA,USA, 2019: M3H. 3.

[41] SCHÄDLER M,BÖCHERER G,PITTALÀ F,et al. Recurrent neural network soft-demapping for nonlinear ISI in 800 Gbit/s DWDM coherent optical transmissions[J]. Journal of Lightwave Technology,2021,39(16): 5278-5286.

[42] RAYBON G,ADAMIECKI A,CHO J,et al. Single-carrier all-ETDM 1. 08-Terabit/s line rate PDM-64-QAM transmitter using a high-speed 3-bit multiplexing DAC[C]. IEEE Photonics Conference, 2015: 10. 1109/IPCon. 2015. 7323760.

[43] SCHUH K,BUCHALI F,IDLER W,et al. Single carrier 1. 2 Tbit/s transmission over 300 km with PM-64 QAM at 100 GBaud[C]. Optical Fiber Communications Conference & Exhibition, Los Angels,CA,USA,2017: Th5B. 5.

[44] CHEN X,CHANDRASEKHAR S,RAYBON G,et al. Generation and intradyne detection of single-wavelength 1. 61-Tb/s using an all-electronic digital band interleaved transmitter[C]. Optical Fiber Communication Conference,San Diego,CA,USA,2018: Th4C. 1.

[45] BAJAJ V,BUCHALI F,CHAGNON M,et al. Single-channel 1. 61 Tb/s optical coherent transmission enabled by neural network-based digital pre-distortion[C]. European Conference on Optical Communication,Brussels Belgium,2020: 10. 1109/ECOC48923. 2020. 9333267.

第 10 章

无载波幅相调制技术

随着高清视频、移动互联网、云计算和物联网为代表的新业务和新技术的迅猛发展,接入网和短距离光传输的带宽需求逐年快速增长[1-8]。一方面,随着云计算时代的来临和大数据中心的普及,大容量高速率的数据中心逐渐成为新一代互联网服务的基础,迫切需要面向数据中心的短距离高速光互联[6-7];另一方面,随着用户端数据业务和移动互联的带宽需求的不断增加,作为"最后一千米"的光接入网的传输速率也在不断增加[4-5]。如何通过技术创新而实现短距离高速光传输,以适应数据中心光互连和接入网如无源光网络(PON)等的带宽需求,已成为国内外的研究热点[1-8]。

短距离高速光传输面向接入网和数据中心光互连,其应用场景如图 10.1 所示,大数据中心的传输距离为 0.5~10 km,而光接入网的传输距离为 20~50 km。不同于长距离传输的承载网,其技术发展还需要考虑成本、方案复杂度和系统功耗的问题。考虑到成本、功耗和复杂性,强度调制和直接检测(IM/DD)与高阶调制格式相结合是一种更实际的方法[1-8]。总体而言,基于 IM/DD 的无载波幅相调制(CAP)已被证明是不复杂并且具有良好性能的方案,能使用低成本的光学组件实现相对高的数据传输速率,例如采用直接调制激光器(DML)或垂直腔表面发射激光器(VCSEL)等低成本光电器件[4-8]。与副载波调制(SCM)和 OFDM 相比,CAP 不需要电的复杂转换器件和复杂的混频器,也不需要射频源或光同相/正交(IQ)调制器[1,3,7]。文献[4]中已经指出,CAP 具有低功耗和低成本的优点,相比于其他调制格式,如不归零(NRZ)码,脉冲幅度调制(PAM)或 OFDM 等,CAP 用于短距离光传输具有巨大潜力。

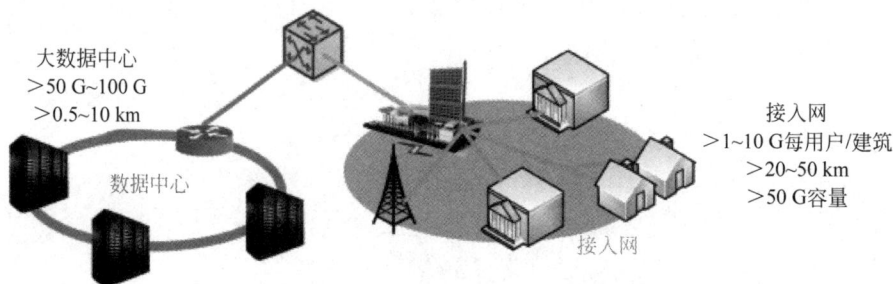

大数据中心
>50 G~100 G
>0.5~10 km

数据中心

接入网
>1~10 G每用户/建筑
>20~50 km
>50 G容量

接入网

图 10.1　面向数据中心和接入网的高速光传输应用场景

本章将针对该新型调制格式——CAP 的研究,展开相关介绍。首先,将介绍 CAP 的调制与解调的原理和实现方法,包括单带的 CAP-mQAM 的产生和接收,以及多带多阶的 CAP 信号的产生与接收方法。其次,将通过实验研究介绍基于多阶多带 CAP 调制的 WDM-CAP-PON 多用户接入网络,并验证其高速接入性能。再次,将介绍基于高阶调制 CAP-64QAM 的无线接入网传输系统,通过实验验证 24 Gb/s 的 CAP-64QAM 光纤传输 40 km 和无线传输接入系统的性能。最后,将介绍基于 DML 和数字信号处理的直接调制、直接检测高速 CAP-64QAM 系统,通过改进的 DD-LMS 均衡的 CAP-64QAM,成功将基于 10G DML 直接调制的 60 Gb/s CAP-64QAM 信号在直接检测条件下传输 20 km。

10.1　CAP 的调制与解调原理

10.1.1　单带 CAP-mQAM 的调制与解调原理

如图 10.2 所示,为单带的 CAP-mQAM 的调制和解调原理示意图。在发射端,原始数据比特序列首先被映射成 mQAM 的复数符号(m 是 QAM 的阶数),然后将映射后的符号上采样,以匹配后续的整形滤波器的采样速率。数据上采样后,通过一对正交的整形滤波器得到滤波后的正交信号,将正交滤波器输出相加即可得到已调制的单带 CAP-mQAM 信号。通常,采用数模转换器(DAC)实现输出波形的产生,后续得到的信号可以驱动调制器、DML、VCSEL 等。而在接收端,在直接检测后得到的信号,经过模数转换器(ADC)后可采用数字信号处理进行恢复。首先将接收到的信号馈送到一对匹配滤波器来分离同相和正交分量,随后对得到的正交信号下采样,采用线性均衡器来进行信道均衡。最后对经过均衡的信号解码来获得原始比特序列。

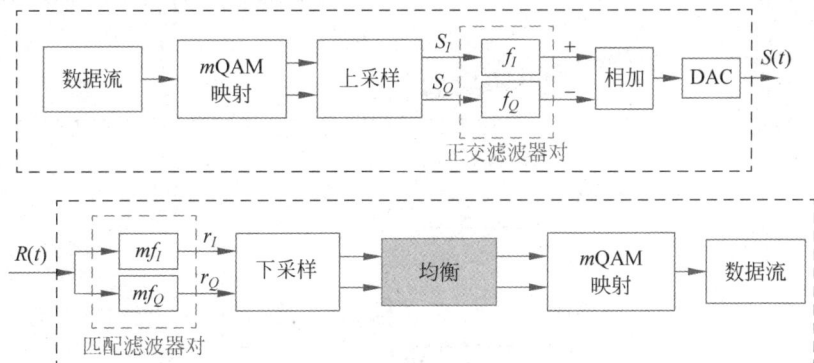

图 10.2　单带 CAP-mQAM 的调制与解调原理图
(请扫 2 页二维码看彩图)

在 CAP 产生和解调的收发模块中,用于正交整形和分离的滤波器和匹配滤波器称为希尔伯特滤波器对,包括 $f_I(t)$、$f_Q(t)$、$mf_I(t)$ 和 $mf_Q(t)$。通常,这两组希尔伯特正交滤波器对可以通过平方根升余弦脉冲与正弦和余弦函数相乘来构造,假设 $s_I(t)$ 和 $s_Q(t)$ 是经过 QAM 映射后得到的正交信号,那么通过正交滤波器叠加输出的 CAP 信号 $S(t)$ 可以表示为

$$S(t)=\left[s_I(t)\otimes f_I(t)-s_Q(t)\otimes f_Q(t)\right] \tag{10-1}$$

　　而在接收端，匹配滤波器通常满足 $mf_I(t)=f_I(-t)$，同时 $mf_Q(t)=f_Q(-t)$，这样对于 CAP 的解调，I 路和 Q 路信号通过匹配滤波器后为

$$r_I(t)=R(t)\otimes mf_I(t), \quad r_Q(t)=R(t)\otimes mf_Q(t) \tag{10-2}$$

其中，$R(t)$ 为接收到的信号；而 $r_I(t)$ 和 $r_Q(t)$ 则匹配滤波器的输出信号。

　　如图 10.3 所示，为希尔伯特滤波器和匹配滤波器的时域脉冲响应以及其频率响应。可以看出，由于滤波器的正交性，同相和正交的数据可以通过正交的匹配滤波器后而得到。同时，由于滤波器带有平方根升余弦脉冲具有 Nyquist 滤波效应，从而压缩了信号带宽，实现了高谱效率调制。另外，由图 10.3 可以看出，由于匹配滤波器之间的峰值都需要在脉冲中心，为了正确地恢复同相和正交数据，时钟同步在解调中非常重要。然而，在实际系统中采样时间并不固定，因此采样时间偏移将导致严重的 ISI，需要对随后解调的同相和正交分量进行适当的线性信道均衡。

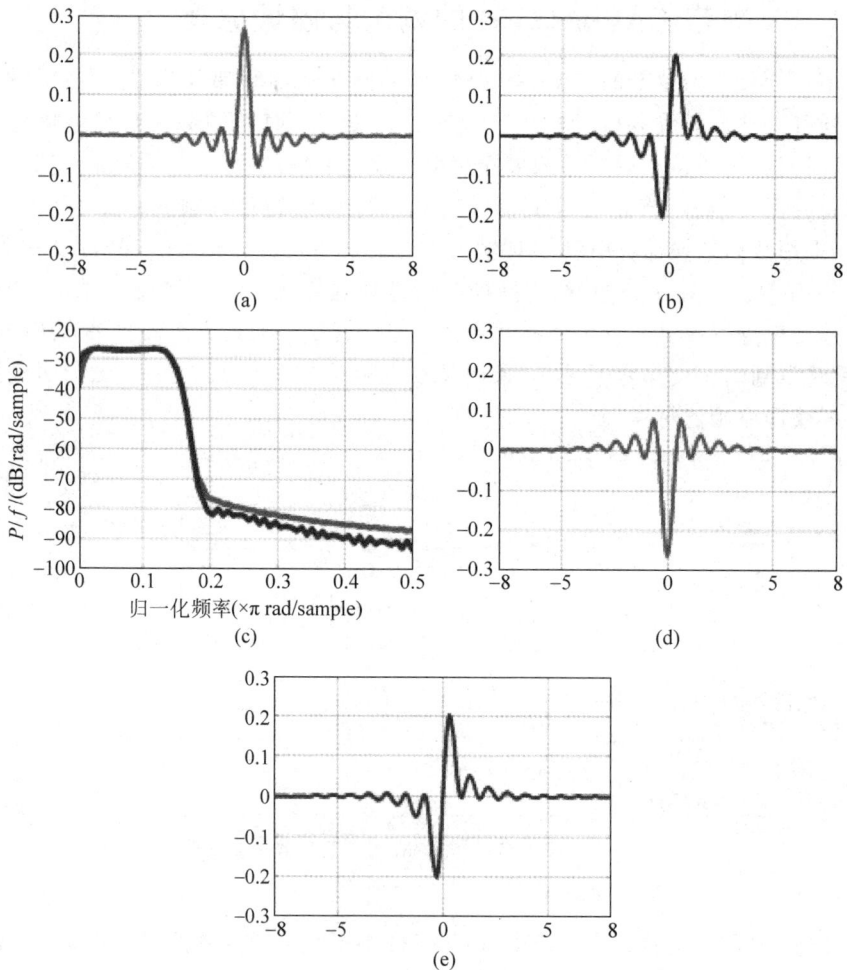

图 10.3　单带的 CAP 信号希尔伯特滤波器的时域脉冲响应以及其频率响应

(a) $f_I(t)$；(b) $f_Q(t)$；(c) 两滤波器的频率响应；(d) $mf_I(t)$；(e) $mf_Q(t)$

(请扫 2 页二维码看彩图)

10.1.2　多带 CAP 信号的调制与解调原理

不同于单带的 CAP 信号,多带的 CAP 能更有效地利用数模转换器的带宽,同时降低各个子带的带宽速率和带宽,更易于信号均衡和处理。多带 CAP 信号的产生原理和解调原理如图 10.4 所示。在发射端,不同的带携带不同的数据,每个子带的数据处理方式相同,首先,将比特序列映射成 mQAM 的复数符号,数据上采样后,通过一对正交的整形滤波器得到滤波后的正交信号,各个子带的信号均通过对应子带的整形滤波器,最后将所有子带滤波器的输出结果相叠加,从而得到多带的 CAP 信号。

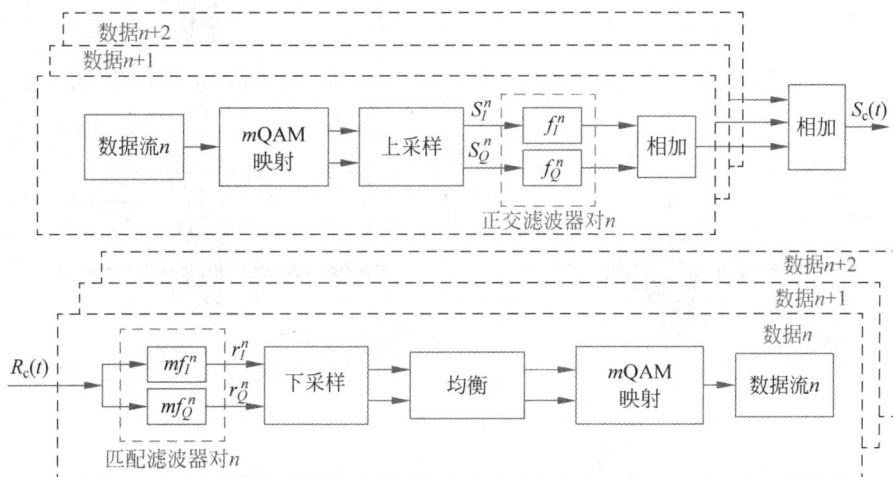

图 10.4　多带 CAP 信号的调制与解调原理
(请扫 2 页二维码看彩图)

同样地,在接收端,在直接检测后得到的信号,经过模数转换器后可采用数字信号处理恢复。采用不同的匹配滤波器可以得到不同子带的滤波信号,分离同相和正交分量后,对得到的正交信号进行下采样,然后采用线性均衡器进行信道均衡。最后对经过均衡的信号进行解码来获得原始比特序列。值得注意的是,不同的子带对应于不同的匹配滤波器。这样,采用特定的匹配滤波器只能得到特定的子载波信号,这在一定程度上保证了信号的保密性和完整性。

假定多带 CAP 信号具有 N 个子带,那么第 n(n 取 $1\sim N$)个子带的正交滤波器对可以表示为

$$f_I^n(t)=\frac{\sin\left[\pi(1-\beta)\frac{t}{T_s}\right]+4\beta\frac{t}{T_s}\cos\left[\pi\frac{t}{T_s}(1+\beta)\right]}{\pi\frac{t}{T_s}\left[1-\left(4\beta\frac{t}{T_s}\right)^2\right]}\cos\left[\pi(2n-1)(1+\beta)\frac{t}{T_s}\right]$$

(10-3)

$$f_Q^n(t)=\frac{\sin\left[\pi(1-\beta)\frac{t}{T_s}\right]+4\beta\frac{t}{T_s}\cos\left[\pi\frac{t}{T_s}(1+\beta)\right]}{\pi\frac{t}{T_s}\left[1-\left(4\beta\frac{t}{T_s}\right)^2\right]}\sin\left[\pi(2n-1)(1+\beta)\frac{t}{T_s}\right]$$

(10-4)

其中，T_s 是符号间隔；而 β 是滚降系数，取值在 $0\sim 1$。这里假定有 4 个子载波的 CAP 信号产生，则每个子带滤波器的时域响应和频谱图如图 10.5 所示。这里上采样率为 10，而滚降系数取 0.2。通过图 10.5 可以看出，不同的子带滤波器具有不同的时域响应，而这些滤波器分布在不同的频谱范围内。

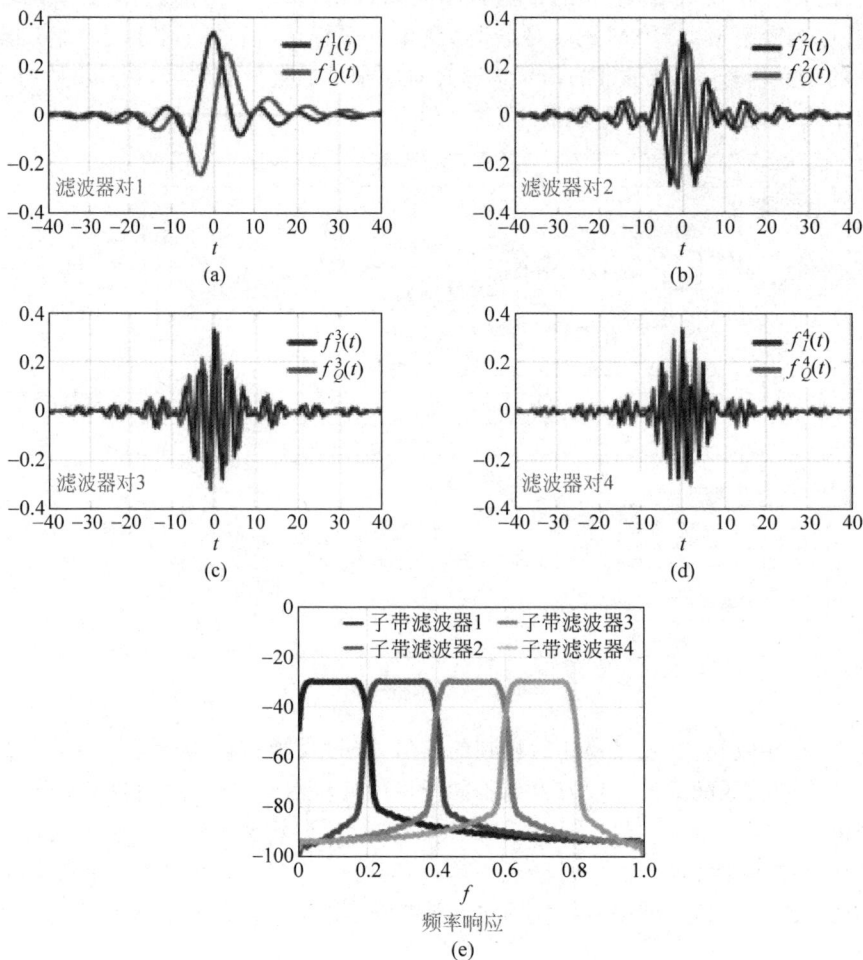

图 10.5 4 个子带的希尔伯特滤波器组合

(a) 第 1 个子带滤波器；(b) 第 2 个子带滤波器；(c) 第 3 个子带滤波器；
(d) 第 4 个子带滤波器；(e) 4 个子带滤波器的频谱图

(请扫 2 页二维码看彩图)

同样地，假定第 n 个子带的 I 信号和 Q 信号在 QAM 映射之后可以表示为 $s_I^n(t)$ 和 $s_Q^n(t)$，那么总的 N 个带的 CAP 信号可以表示为

$$S_c(t) = \sum_{n=1}^{N} \left[s_I^n(t) \otimes f_I^n(t) - s_Q^n(t) \otimes f_Q^n(t) \right] \tag{10-5}$$

在接收端，同样地，对于第 n 个子带，通过匹配滤波器组合 $mf_I^n(t)$ 和 $mf_Q^n(t)$，可以得到解调的 I 路和 Q 路信号为

$$r_I^n(t) = R_c(t) \otimes mf_I^n(t), \quad r_Q^n(t) = R_c(t) \otimes mf_Q^n(t) \tag{10-6}$$

其中，$R_c(t)$ 是接收到的全部多带 CAP 信号；而 $r_I^n(t)$ 和 $r_Q^n(t)$ 则是通过第 n 个子带的匹配滤波器之后的结果。

10.2　多带多阶 CAP 用于 WDM-PON 接入网的研究

利用 10.1 节所提出的多带 CAP 信号的子带独立性，我们提出并通过实验证实了一种新的基于多带多阶 CAP 调制的 WDM-CAP-PON 多用户接入网络。本节将对多带多阶 CAP 用于 WDM-PON 接入网的研究展开介绍。

图 10.6 为基于多带的 CAP 调制的 WDM-CAP-PON 的下行结构图，在中心局，每个光线路终端（OLT）发射机调制在第 i 个波长上，每个波长都承载一个多带多阶的 CAP 信号。多带多阶的 CAP 信号产生原理如 10.1 节所述，不同的子带携带不同信息，采用不同的正交滤波器产生多带 CAP 信号。在光网络单元，每个用户可以通过对应的匹配滤波器而恢复对应子带的信号，而相互之间并无干扰。这样，N 个子带的 CAP 信号可以分配给 N 个用户，如果采用了 M 个波长的 WDM-PON，那么考虑每个波长支持 N 个子带，于是系统总共可以支持 $M \times N$ 个用户。对于上行信号，由于信号速率较低，系统可以采用 OOK 或其他低级调制格式。

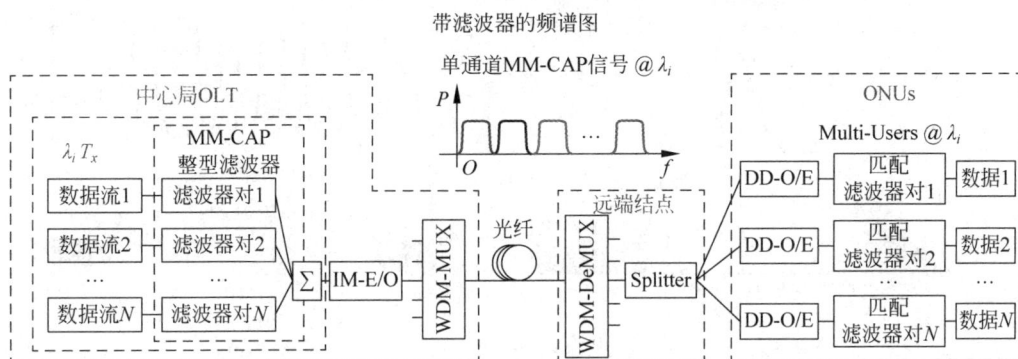

图 10.6　多带多阶 CAP-WDM-PON 的结构示意图

（请扫 2 页二维码看彩图）

作为概念验证实验，我们搭建了如图 10.7 所示的 $11 \times 5 \times 9.3$ Gb/s WDM-CAP-PON 实验平台，以验证 55 用户传输 40 km 的接入系统。在实验中，通过射频驱动的两个强度调制的 MZM 产生的 11 个多载波作为 11 个信道的光源，奇数和偶数信道分别调制后通过两通道的 28 GHz 频率间隔的波长选择开关（WSS）合并。5 个子带的多带多阶 CAP-16QAM 由工作在 30 GS/s 的高速 DAC 产生，5 个子带分别调制不同的信号，首先通过 16QAM 映射得到 I 路和 Q 路信号，然后通过 12 倍上采样后进行整形滤波。5 个子带采用 5 对不同的滤波器实现，其滚降系数为 0.2，溢出带宽为 15%。通过这 5 个子带，产生了 50 Gb/s 的多带多阶 CAP-16QAM 信号。值得注意的是，由于 DAC 的带宽有限，其 3 dB 带宽只有 13 GHz，因此，这里需要通过频域均衡来提高高频带的功率，以实现同样的性能。图 10.7（a）和（b）分别为 DAC 的未经过频域均衡和经过频域均衡后得到的输出信号。为了实现更长距离的光传输，这里将 WSS 偏移中心载波 14 GHz 以实现光的单边带滤波。单个波长信道和 11 个波长信道的波分复用光单边带多带的 CAP 信号如图 10.8 所示。

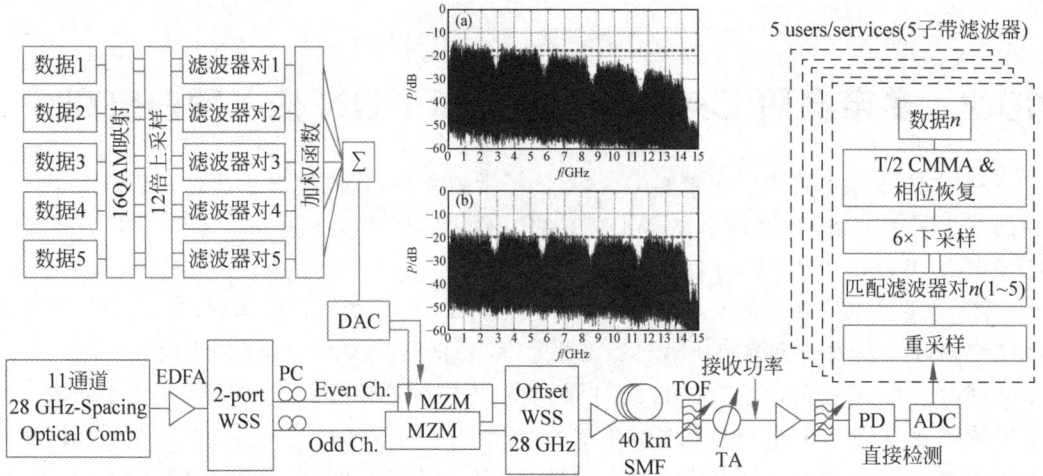

图 10.7　11×5×9.3 Gb/s WDM-CAP-PON 实验装置图
（请扫 2 页二维码看彩图）

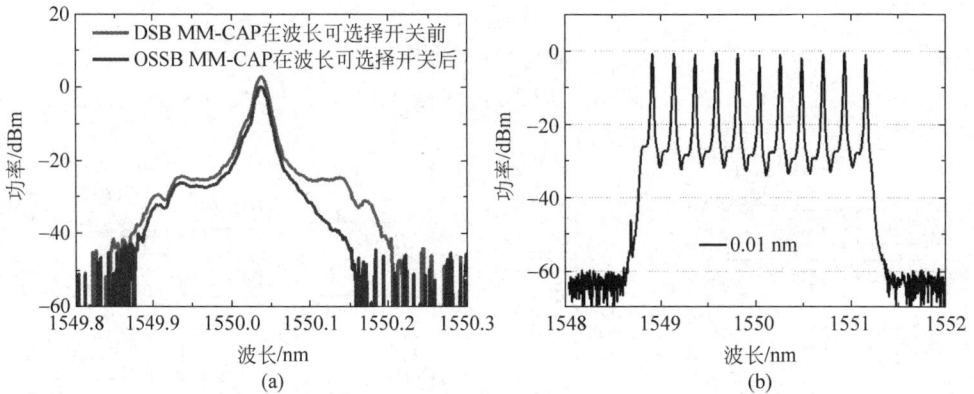

图 10.8　（a）单个波长信道的光谱和（b）11 个波长信道的输出光谱
（请扫 2 页二维码看彩图）

在接收机端，每个信道首先通过一个可调的 0.3 nm 带宽的光滤波器选出，然后通过直接检测得到信号。探测得到的信号通过 50 GSa/s 的采用示波器实现模数转换后进行离线的数字信号处理。在光电探测器之前，采用了一个 0.9 nm 带宽的光滤波器来滤掉 EDFA 的噪声。数字信号首先上采样到 30 GSa/s，然后通过匹配滤波器恢复得到 I 路和 Q 路的信号。匹配滤波器之后，将信号下采样到 2 倍采样率后进行线性均衡恢复。每个子带为占 2.5 GHz，而通过 16QAM 信号调制后携带 10 Gb/s。

图 10.9 显示了背靠背传输下，第 4 波长上每一个子带的误码率（BER）与接收光功率的关系。可以看到，通过对每一个子带添加权重的频域预均衡，1～3 个子带获得了相同的性能，在 BER 为 7%FEC 硬判决阈值下，子带 4 和子带 5 的功率代价可以忽略不计。这里还测量未预均衡时的情况，此时子带 5 的 BER 性能很差。因此，进行预均衡处理还是非常必要的。

图 10.10(a)和(b)分别为接收到的经过 40 km 的单模光纤传输后，双带（DSB）和光单

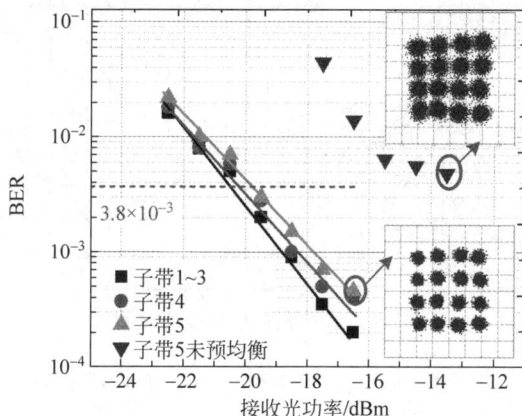

图 10.9 多带 CAP 信号背对背的误码率和接收光功率的关系曲线

(请扫 2 页二维码看彩图)

边带(OSSB)的多阶多带 CAP 信号频谱。可以看到,如果没有 OSSB,则子带 3 和子带 4 遭到由色散和直接检测引起的频率衰落的破坏。近 40% 的数据传输将会被抑制,而通过 OSSB 则可以避免这种频率衰减,如图 10.10(b)所示。

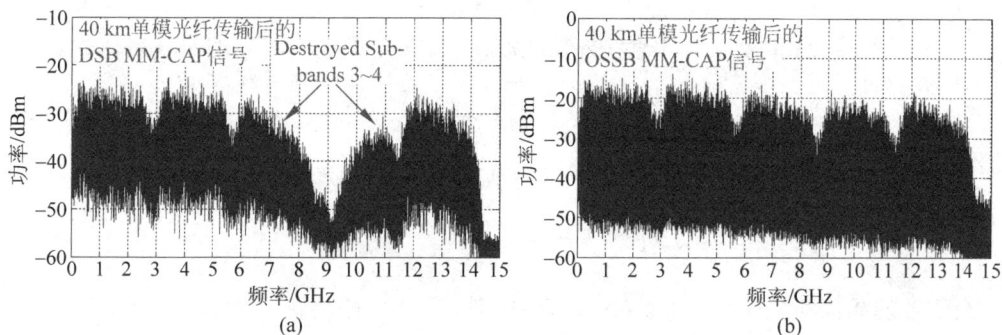

图 10.10 (a)双边带信号和(b)光单边带信号传输 40 km 后的直接探测信号频谱

(请扫 2 页二维码看彩图)

10.3 无载波幅度相位调制的数字信号处理

10.3.1 CAP-16 格式

图 10.11 展示了 CAP-16 信号的系统框图。在发送端,数据首先被调制成复数符号的 16-QAM 信号。一个抽头长度为 189 的反向线性滤波器用于时域预均衡。在预均衡后,做 4 倍上采样。利用 IQ 分离形成希尔伯特变换对,利用滚降因子为 0.1 的平方根升余弦整形滤波器作为整形滤波器。中心频率设为 15.6 GHz,CAP-16 的波特率设为 28 Gbaud。比特率仍然是 112 Gb/s。在重采样之后,信号被预畸变,并且与色散所引起的相位延时相反[8]。由于预色散的过程,信号变成了复数信号。在这里,实部和虚部信号分别送入 DDMZM 或者 IQ 调制器中。

离线处理中,在加德纳定时恢复和采用最小均方沃尔泰拉滤波器的非线性均衡器后,信

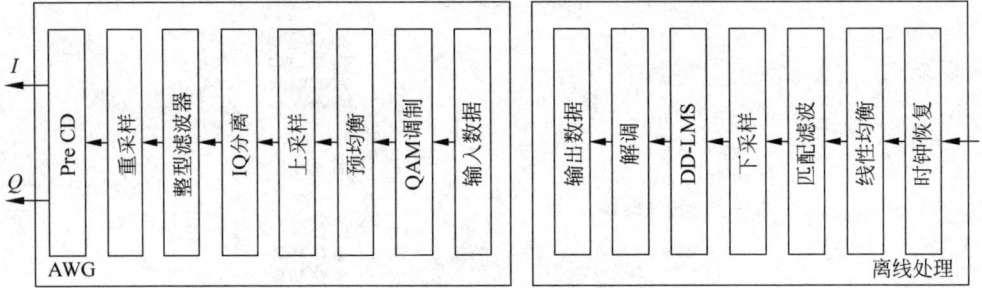

图 10.11　CAP-16 系统的框图

号被送到匹配滤波器中分离出同相和正交分量。最后信号的误码率性能通过 DD-LMS 和解映射过程来测量。

10.3.2　预色散方法

限制 DSB 信号传输距离的主要因素是由色散造成的功率衰落问题[11]。色散整体的频域信道响应是

$$H(w) = \exp\left(-j\,\frac{DL\lambda^2}{4\pi c}w^2\right) \tag{10-7}$$

其中，D 是色散参数；L 是光纤长度；λ 是载波波长；c 是光速。相应的时域表达式是

$$h(t) = \sqrt{\frac{c}{jDL\lambda^2}}\exp\left(j\,\frac{\pi c}{DL\lambda^2}t^2\right) \tag{10-8}$$

根据式(10-8)和平方律检测，在文献[12]只给出了最终公式：

$$I_{\mathrm{PD}}^2(t) \propto \cos^2\left(\frac{\pi DL\lambda^2}{c}f^2\right) \tag{10-9}$$

当信号的相位和是 $\frac{\pi}{2} + N * \pi$（N 是整数）时，信号会遭受毁灭性的功率衰落。因此第一个瓣的带宽表示为

$$f_{\mathrm{bandwidth}} = \frac{c}{2DL\lambda^2} \tag{10-10}$$

为了解决严重的功率衰落，调制的信号需要用相应色散信道的逆做预畸变。然而，由于预色散方式，信号会同时携带相位信息。这就是我们在实验中使用 DDMZM 和 IQ 调制器的原因。

10.3.3　SSB 信号的生成

单边带(SSB)信号是另一种避免由色散引起的功率衰落的方法。最近，报道了很多用一种低成本的 DDMZM 生成单边带信号的成果[6-7]。一个 DDMZM 是由两个平行的臂组成的，并且它们由 $V_\pi/2$ 的偏置电压差驱动。DDMZM 的输出可以被表示为[10]

$$E_{\mathrm{out}} = \frac{\sqrt{2}}{2}E_{\mathrm{in}} * \left\{ e^{j*\left[\frac{\pi}{V_\pi}I(t)-\frac{\pi}{2}\right]} + e^{j*\left[\frac{\pi}{V_\pi}Q(t)\right]} \right\}$$

$$= \frac{\sqrt{2}}{2}E_{\mathrm{in}} * \left\{ -j*e^{j*\left[\frac{\pi}{V_\pi}I(t)\right]} + e^{j*\left[\frac{\pi}{V_\pi}Q(t)\right]} \right\}$$

$$\approx \frac{\sqrt{2}}{2}E_{\text{in}} * \left\{-\text{j} * \left[1+\text{j} * \frac{\pi}{V_{\pi}}I(t)\right] + \left[1+\text{j} * \frac{\pi}{V_{\pi}}Q(t)\right]\right\}$$

$$=\frac{\sqrt{2}}{2}E_{\text{in}} * \left\{\frac{\pi}{V_{\pi}} * [I(t)+\text{j} * Q(t)]+1-\text{j}\right\} \tag{10-11}$$

从式(10-11)可观察到,电信号 $I(t)+\text{j} * Q(t)$ 被线性转换到光域。为了生成单边带信号,我们把电信号 $I(t)$ 设为实信号 x,信号 $Q(t)$ 则为它的希尔伯特变换对 $\hat{x}$。

$x+\text{j} * \hat{x}$ 的输出是 x 的解析信号,也是一个单边带信号。然后,光域的表达式为

$$E_{\text{out}}=E_{\text{in}} * (x+\text{j} * \hat{x}) \tag{10-12}$$

式(10-12)的输出是一个光的单边带信号。

10.4　CAP 调制的研究应用现状和展望

10.4.1　100 Gb/s 带电色散补偿的 CAP 长距离传输

近年来,光传送网、城域网和接入网对超高速率光传输的需求在不断增长[13]。采用先进调制格式的波分复用和超密集波分复用被广泛应用于相干系统,作为实现 400 Gb/s 和 1 Tb/s 传输最有前景的解决方案[14]。特别是在城域网中,传输距离和传输成本都需要考虑到每通道 100 Gb/s 的系统架构的实现。与相干接收机相比,直接检测光传输在系统建设成本、计算复杂度和功耗方面都被认为是一个更具有吸引力和可行性的解决方案[15]。

CAP 是一种采用低成本和有限带宽光学元件的先进的单载波调制格式。有报道成功实现 221 Gb/s 和 336 Gb/s 的比特率分别在准单模光纤中 225 km 和 451 km 的传输,采用的是偏振极化复用、多带的 CAP 调制和相干收发器[16]。100 Gb/s QAM 调制超过 15 km 光纤传输的 CAP 信号在文献[5]中报道。

尽管有很多研究者研究了城域网中的先进调制格式,但仍然没有任何报道可以实现低成本的直接检测的 100 Gb/s CAP 的超过 400 km 标准单模光纤(SSMF)传输,主要的原因是长距离传输的色散损失。采用单边带和残留边带是直接检测系统中克服色散限制的一种方法。已实现 100 Gb/s 单边带离散多音调制(DMT)超过 80 km 光纤的传输[17]和 110.3 Gb/s 残留边带离散多音调制[18]。然而,采用单边带的信号相较于双边带信号来说,会造成 3 dB 的信噪比损失[19]。预色散补偿是另外一种抑制色散失真的方法。336 G/s PDM-64 的 QAM 信号采用 IQ 调制器,超过 40 km 的 SSMF 传输已经被实验证实[20]。最近,56 Gb/s 离散多音调制的超过 320 km SSMF 传输[21]和 100 Gb/s 离散多音调制的超过 80 km SSMF 传输[19],采用双驱动的 MZM 已实现。

在这里,我们展示一个低成本的直接检测的 CAP-16 的验证实验。我们采用 CAP 调制,利用一些商用的光学元件,实现了 112 Gb/(s·λ) 的比特率。我们也比较了色散补偿光纤和预色散补偿在超过 80 km SSMF 传输范围的系统性能。并且评估了单边带和预色散信号采用 DDMZM 或者 IQ 调制器的传输性能。据我们所知,这里一个单一波长 100 Gb/s 传输超过 480 km SSMF 的 CAP-16 的基于城域网络直检系统的传输实验被首次实现。

1. 实验装置图和结果

图 10.12 展示了实验装置。我们用一个 81.92 GSa/s 的 20 GHz 带宽的数模转换器和

离线的 MATLAB® 程序生成驱动信号。在实验中使用了 DDMZM（带宽 35 GHz）和 IQ 调制器（带宽 30 GHz）。DDMZM 的平行双臂以偏置差为 $V_\pi/2$ 的偏置电压驱动来实现 IQ 调制[10]，并且 IQ 调制器的偏置点设置在正交点。在驱动调制器的上下臂之前，信号先被电放大器（EA，带宽 32 GHz，增益 20 dB）放大。DDMZM 的 6 dB 和 0 dB 电衰减器以及 IQ 调制器用来拟合调制器的线性区。在调制器中输入了 1542.9 nm 的连续波光。光纤传输回路包括了一个 EDFA 和 80 km 的 SMF。EDFA 放大信号之后，用一个 50 GHz 的光电探测器检测信号。最后，用实时数字示波器对信号采样，采样率为 80 GSa/s，电带宽为 33 GHz。

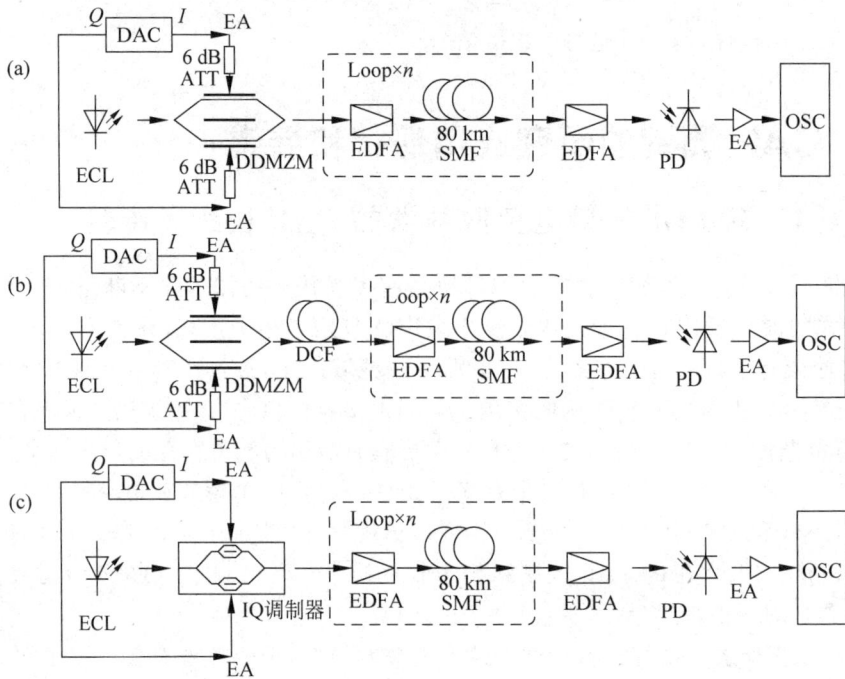

图 10.12　直接检测的光传输系统的实验装置

（a）基于 DDMZM 的预色散；（b）基于 DDMZM 的色散补偿光纤；（c）基于预色散的 IQ 调制器

2. 基于 DDMZM 的预色散和色散补偿光纤之间的比较

首先，我们测试了 80 km SSMF 情况下背靠背的 CAP-16 的误码率性能。在图 10.13 中，我们用色散补偿光纤来补偿由 80 km 光纤造成的色散。

为了研究 PAPR 的作用，我们用图 10.14 所示的不同的数字信号处理过程来评估 CAP 信号的 PAPR 情况。图像展示了互补累积分布函数（CCDF）和 PAPR 之间的关系。我们可以发现，在预均衡之后，PAPR 会增高。如果采用预色散方式，PAPR 会比其他方式高得多。

3. 基于 DDMZM 的预色散和单边带之间的比较

在直接检测的系统中，单边带是另一种克服色散限制的方法。我们也想比较 CAP 调制下采用预色散和单边带的性能。图 10.15 展示了首次超过 240 km 传输的实验结果。单边带信号比预色散信号性能要好一些。然而有报道，基于 DDMZM 的超过 80 km SSMF 传输时，采用单边带相较于双边带信号来说会造成 3 dB 的信噪比损失[8]。我们的结果似乎与他们的结论不匹配。

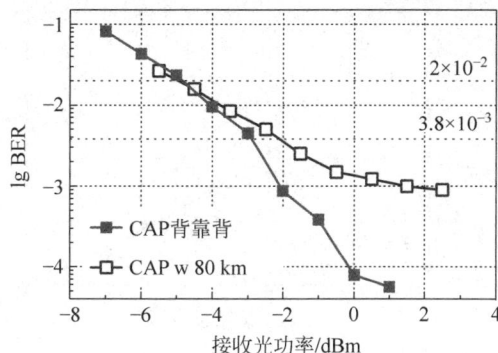

图 10.13　误码率随接收光功率变化的曲线（基于 DDMZM 的 CAP-16 在 80 km 背靠背情况下）

（请扫 2 页二维码看彩图）

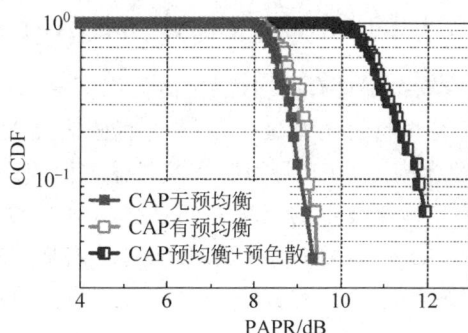

图 10.14　CCDF 随 PAPR 的变化曲线

（请扫 2 页二维码看彩图）

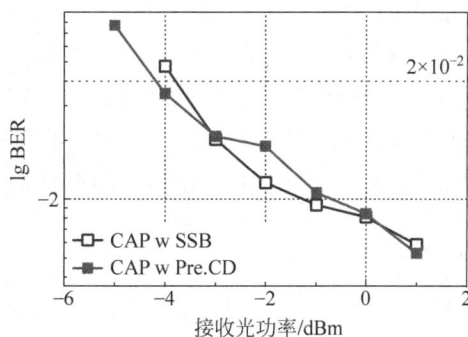

图 10.15　BER 随接收光功率变化的曲线图（在 240 km 情况下，CAP-16 基于 DDMZM 采用了预色散和单边带）

（请扫 2 页二维码看彩图）

4. DDMZM 和 IQ 调制器之间的比较

由于 DDMZM 和 IQ 调制器的性能大致相似[10]，我们也测试了 IQ 调制器在此系统中的性能。图 10.16 展示了采用 DDMZM 和 IQ 调制器在背靠背情况下 IQ 调制器 BER 性能随接收光功率的变化情况。与 DDMZM 相比，在 HD-FEC 阈值下，采用 IQ 调制器可以使接收机灵敏度得到 2 dB 的增益。

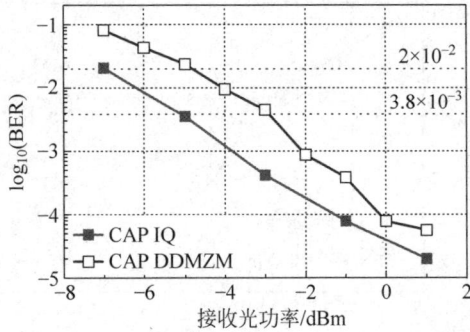

图 10.16　BER 随传输距离变化的曲线图(背靠背情况下,CAP-16 采用 DDMZM 和 IQ 调制器)
(请扫 2 页二维码看彩图)

10.4.2　基于 DML 的 60 Gb/s CAP-64QAM 传输实验

基于 IM/DD 的 CAP 传输系统具有诸多优势,能使用低成本的光学组件实现相对高的数据传输速率,例如采用直接调制激光器(DML)或垂直腔表面发射激光器(VCSEL)等低成本光电器件。本节将介绍在高速 CAP 做短距离光传输方面的研究现状,通过实验验证基于 DML 的直接检测和数字均衡化技术的高速 CAP-64QAM 传输效果。在该系统中,采用了改进的 DD-LMS 来均衡 CAP-64QAM,与 CMMA 相比,该算法降低了复杂性和提高了性能。使用这种方案,成功实现了基于 10 Gb/s DML 和直接检测的 60 Gb/s CAP-64QAM 的 20 km SSMF 传输。

图 10.17 是基于 10G 带宽 DML 直接检测和数字信号处理的 60 Gb/s 的 CAP-64QAM 的产生、传输和直接检测实验装置。DML 的工作波长为 1295.14 nm 且采用 CAP-64QAM 信号驱动。实验中,采用可编程 30 GSa/s 的 DAC 产生 10 Gbaud 的 CAP-64QAM 的信号。数据先映射成 8 阶的 64QAM,符号长度为 16×2^{11} 符号。然后,8 阶的同相和正交数据上采样到 3 倍采样,并通过正交希尔伯特滤波器对进行滤波。该滤波器对长度为 10 个符号,滚降系数是 0.2,溢出带宽设置为 15%,最后 DAC 产生 10G 带宽的 CAP-64QAM 信号。驱动 DML 后的输出光功率为 8 dBm,经过 DML 调制后,通过 20 km 的 SSMF 传输后进行直接探测。

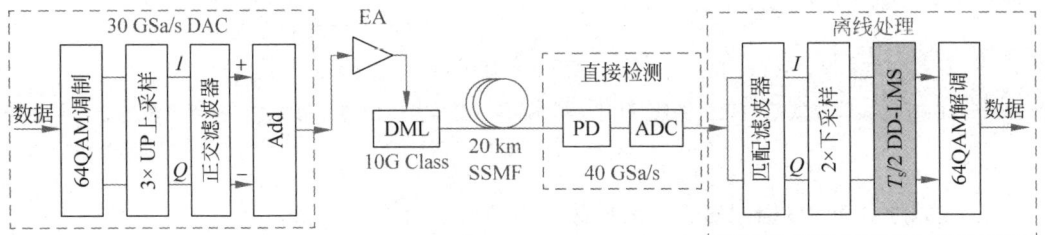

图 10.17　基于 DML 的 60 Gb/s CAP-64QAM 传输实验
(请扫 2 页二维码看彩图)

在接收端,信号直接由 PD 检测,然后由数字采样示波器以 40 GSa/s 的速度采集并作离线处理。采样的信号首先由两个正交的匹配滤波器进行解调。经过匹配滤波器后,在线性均衡之前，I 信号和 Q 信号下采样到 2 倍采样。这里，一个基于改进的 DD-LMS 的四实值、31 抽头、$T/2$ 间隔开的蝶形自适应数字 FIR 滤波器用于信号均衡和恢复。信号解映射后，再进行误码率的测量。图 10.18(a)为 40 GSa/s 采样速率下，接收到的 10 Gbaud 的 64-QAM 信号的 FFT 频谱。

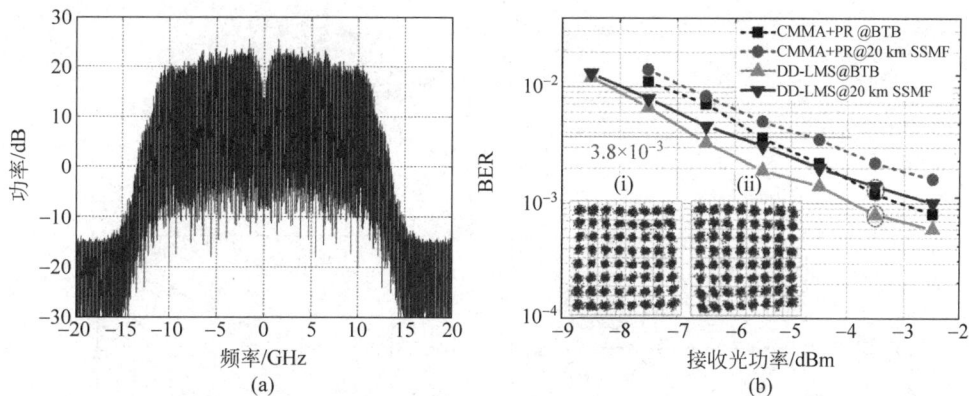

图 10.18　(a) 40 GSa/s 采样后的信号 FFT 频谱；(b) 60 Gb/s 的 CAP-64QAM 信号在 20 km SSMF 传输前后 BER 和接收光功率的关系

（请扫 2 页二维码看彩图）

图 10.18(b)则为使用不同均衡方式在 20 km 的 SSMF 传输前后，60 Gb/s 的 CAM-64QAM 信号的 BER 性能与接收光功率的关系。我们可以看到，背靠背和 20 km SSMF 传输的情况下，DD-LMS 相较于"CMMA＋相位恢复"的方法，表现出更好的性能，在上述两种情况下，3.8×10^{-3} 处可分别获得约 1.5 dB 和 2.5 dB 接收功率的灵敏度提高。在接收功率为 -3.5 dBm 时，使用 DD-LMS 处理过的 CAP-64QAM 信号经过 20 km SSMF 传输前后的星座如图 10.18(b)中插图(i)和(ii)所示。这些结果清楚地证明了基于 DML 和直接检测与改进的 DD-LMS 均衡化的 64QAM 系统的可行性。

在以前的工作中[7]，使用基于 CMMA 的两级均衡，包括 ISI 均衡和相位恢复(PR)来均衡 CAP 信号。然而，CMMA 难以用来均衡高阶 CAP-QAM 信号，因为 QAM 中的环间距一般小于最小符号间距。另外，由于 CMMA 是基于符号的圆的半径，它是相位独立的算法，而这种方式对相位并不敏感，所以 CMMA 后附加的相位恢复是必需的。这里，我们提出了基于改进的 DD-LMS 算法，来均衡 CAP-QAM 信号中 ISI 和串音。图 10.19(a)给出了 DD-LMS 算法的结构和原理。不同于相干光学系统中使用常规的基于四个复数的 FIR 滤波器，而是将基于 DD-LMS、4 个实值、$T/2$ 间隔的蝶形自适应数字 FIR 滤波器的结构用于 CAP 信号均衡。以这种方式，同相和正交信号是由 h_{ii} 和 h_{qq} 滤波器独立地均衡，IQ 串扰部分则由耦合的滤波器 h_{iq} 和 h_{qi} 均衡。

使用改进的 DD-LMS 对 CAP-mQAM 信号进行均衡的两个好处如图 10.19(b)和(c)所示，这里仿真了 DD-LMS 和 CMMA 处理算法对 CAP-64QAM 信号的仿真结果。图 10.19(b)给出的是使用 CMMA 和 DD-LMS 后的相位旋转与采样时钟误差量的模拟结果。此处上抽样比为 8，我们可以看到，采样偏移时间所造成的相位旋转不能通过 CMMA 消除，这需要 CMMA 后附加相位恢复进行处理。然而，DD-LMS 则是相位敏感的，信号均衡和相位旋转可以在 DD-LMS 方案中同时被补偿。图 10.19(c)则为 CAP-64QAM 在不同

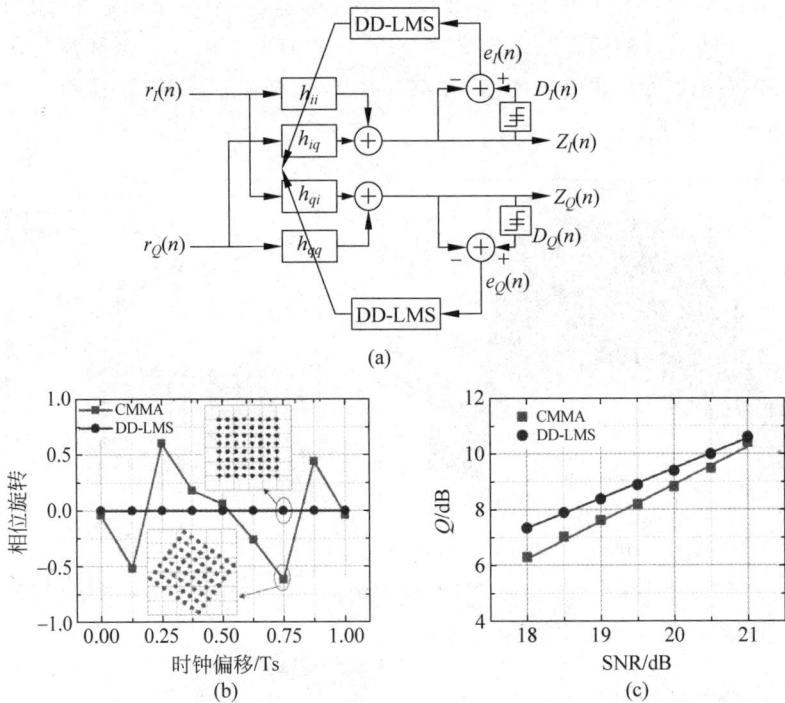

图 10.19 （a）DD-LMS 结构图；（b）DD-LMS 和 CMMA 处理 CAP-64QAM 信号时采样时钟偏差的影响；
（c）DD-LMS 和 CMMA 在不同信噪比下处理 CAP-64QAM 时的 Q 值仿真结果

（请扫 2 页二维码看彩图）

的均衡方案下 Q 值与信噪比的关系。可以看到，CMMA 相较于 DD-LMS 表现出更好的 Q 特性，特别是在低信噪比条件下。当信噪比低于 19.5 dB 时，Q 值能得到多于 1 dB 的提高。

10.4.3　CAP-64QAM 在无线接入网的应用

随着终端用户各种各样的多媒体数据服务的出现，无线接入速率的需求也不断增加。为了满足这一容量和频谱效率的需求，光纤无线系统从 OOK 发展到更高级的调制格式，例如基于子载波调制（SCM）的正交幅度调制（QAM），正交频分复用（OFDM）等。本章提出的基于 IM/DD 的无载波幅相调制（CAP），作为一个候选技术，可以提供良好的系统性能和低复杂度，最近在短距离的光接入网络领域已被广泛地研究。与 OFDM 相比，CAP 在短距离光传输应用中，在高功率效率和低成本方面拥有巨大潜力。因此，考虑到其大容量、高频谱效率等技术优势，CAP 在光纤无线接入系统中值得研究。

作为一个概念验证，这里搭建了如图 10.20 所示的 24 Gb/s 的 CAP-64QAM 无线传输实验系统，其传输链路包括 40 km 的 SMMF 和 1.5 m 的 38 GHz 无线信道。一个波长为1550.10 nm 的外腔激光器用作 CW 光源，通过 IQ 调制器实现载波调制和信号调制。IQ 调制器包括两个并行的 MZM，分别位于两个臂上。上臂 MZM1 是由 4 Gbaud 的 CAP-64QAM 信号驱动，该信号由 12 GSa/s 的商用任意波形发生器产生。该数据序列首先被映射到 8 阶的 64QAM 的 I 信号和 Q 信号，码元长度为 16×2^{11} 符号。然后，对 16 组 8 阶的 I 和 Q 序列上采样至 3 采样/符号并通过正交希尔伯特滤波器对。该滤波器是 FIR 滤波器，每个的长度为 10 个符号长度。滚降系数是 0.2,溢出带宽设置为 15%。用于无线信号生成的下臂工作在载波抑制条件下。下臂 MZM2 偏置在零点,并通过 38 GHz 的射频信号驱动,最后,通过一个 3 dB 带宽为 0.5 nm 的光带通滤波器进行基带信号与一阶载波的滤波。

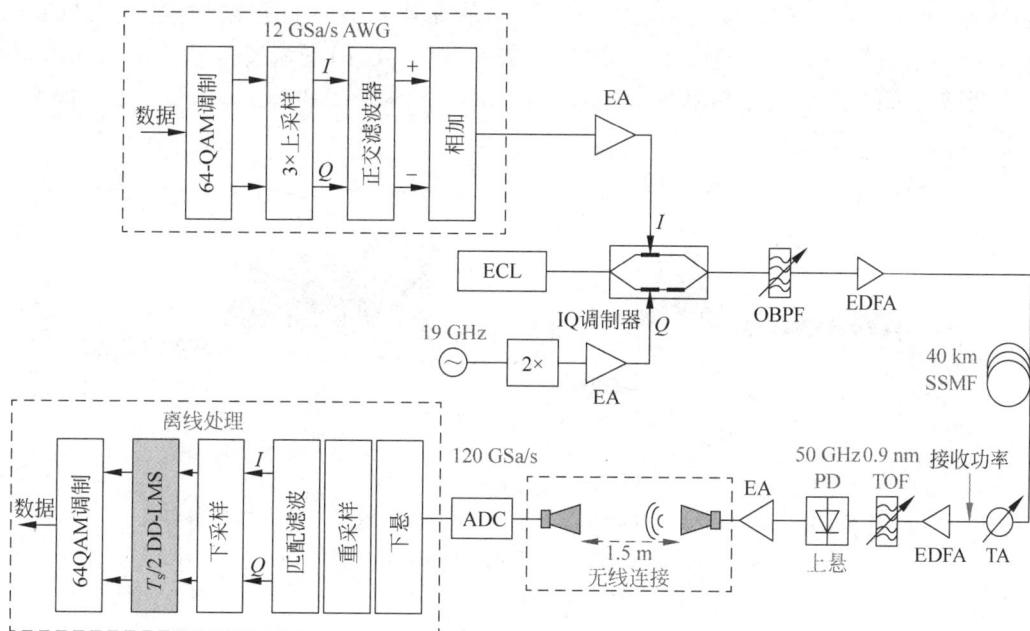

图 10.20　光纤无线接入 24 Gb/s 的 CAP-64QAM 传输实验
（请扫 2 页二维码看彩图）

下臂 MZM2 毫米波载波输出和经过 IQ 调制器的基带信号与毫米波信号的光谱分别如图 10.20(a) 和(b)所示。从图 10.20(a)中可以看到,一阶载波与光载波的抑制比超过 50 dB,该结果十分明显。图 10.20(c)显示出经过光带通滤波器,仅间隔为 38 GHz 的基带信号和左侧带第一阶载波被保存下来的结果。载波与基带的功率之比(左侧带一阶毫米波)大约为 18 dB。在此之后,所滤的光基带信号和一阶边带信号输入 40 km 的 SSMF。信号光在 1550 nm 处具有约 10 dB 的损耗和 17 ps/(km·nm) 的色散,同时没有进行光的色散补偿。在光纤传输之前,使用一个 EDFA 以补偿光纤损耗。

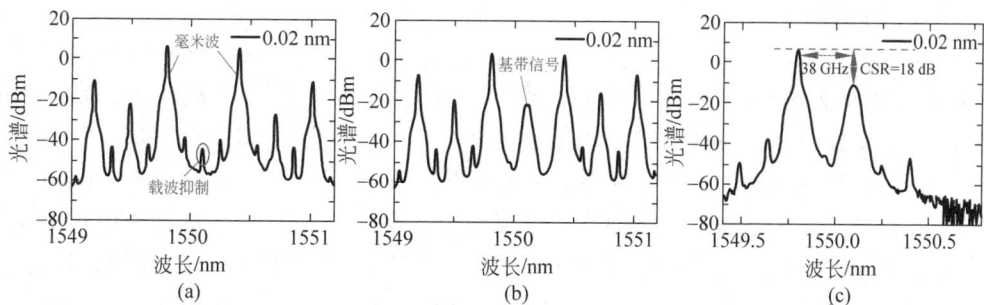

图 10.21　实验光谱图
(a) 通过下臂 MZM2 产生的载波抑制光谱图；(b) 调制的基带信号光谱图；(c) 滤波器滤出的基带信号和一阶边带
（请扫 2 页二维码看彩图）

对于无线传输,通过在 50 GHz 的 PD 处的光拍频而实现光基带信号上变频。所产生的 38 GHz 的毫米波首先通过约 10 GHz 的带宽电放大器放大,然后通过一个 25 dBi 增益的角天线进行广播。在无线接收机侧,由另一个 40 GHz 的 25 dBi 增益的角天线对广播的无线信号进行接收。接收的信号直接由 120 GSa/s 的高速示波器进行采样,该示波器具有 45 GHz 的模数转换器(ADC)。图 10.22(a)表示 38 GHz 的毫米波信号经过 ADC 后的 FFT 频谱。可以看到,中心频率在 38 GHz 的 24 Gb/s 的 CAP-64QAM 信号的毫米波信号占用不到 9 GHz 带宽。

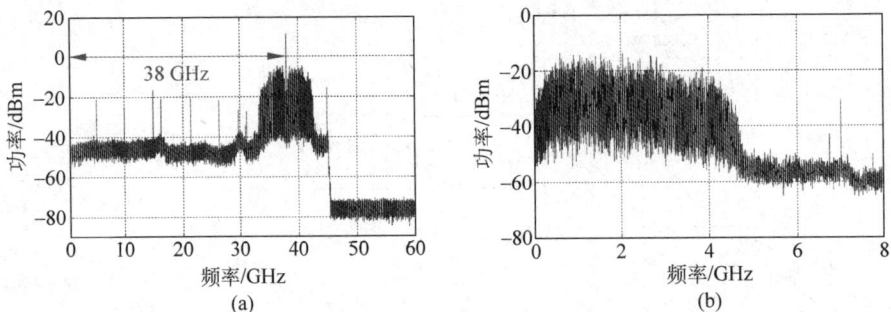

图 10.22　(a)接收到的 24 Gb/s 的 CAP-64QAM 无线信号的 FFT 频谱图;
(b)下变频之后的 24 Gb/s 的 CAP-64QAM 信号的 FFT 频谱图
(请扫 2 页二维码看彩图)

经过 ADC 后,采用离线的数字信号处理恢复信号。首先,通过与同步的余弦或正弦函数相乘来进行信号的下变换。然后,下变频的信号进行 16 GSa/s 重采样。图 10.22(b)显示了下变频之后的 24 Gb/s 的 CAP-64QAM 信号的 FFT 频谱。需要指出的是,这里采用了高速 ADC 进行数字下变换来实现 ROF 系统。对于实际的应用,可以采用本地射频元进行模拟的下变换来降低对高速 ADC 的要求。之后,重采样的信号通过正交匹配的滤波器产生 IQ 路信号。匹配滤波器工作在 4Sa/码元,长度为 10 个码元。然后在线性均衡之前,IQ 信号下采样到 2Sa/码元。这里,采用基于 DD-LMS 的 4 个实值、31 阶、$T/2$ 间隔的蝶形自适应 FIR 滤波器进行信号均衡和恢复。

10.5　小结

本章对无载波幅相调制(CAP)进行了研究。首先,介绍了 CAP 的调制与解调原理和实现方法,包括单带的 CAP-mQAM 的产生和接收,以及多带多阶的 CAP 信号的产生与接收方法。然后通过实验研究,介绍一种基于多阶多带 CAP 调制的 WDM-CAP-PON 多用户接入网络,并验证了其高速接入性能,成功地演示了 11 WDM 信道,55～55 用户的传输实验,经过 40 km 的 SSMF 后,各用户实现了 9.3 Gb/s(去除 7% 的开销用于前向纠错后)的下行速率。据我们所知,这是首次将如此高速度的多阶多带的 CAP 信号用于 WDM-CAP-PON 中。接着,对 CAP 调制的研究现状和展望进行了阐述。首先,基于 DDMZM 或 IQ 调制器的单边带和预色散,实现了单一波长 100 G 传输超过 480 km SSMF 的 CAP-16 直接探测系统的传输实验验证。然后,介绍了基于 DML 和数字信号处理的 IM-DD、高速 CAP-64QAM

系统。通过改进的 DD-LMS 均衡的 CAP-64QAM,首次基于 DML 直接调制和直接检测,实现了高达 60 Gb/s 的 CAP-64QAM 系统,并成功实现 20 km SSMF 传输。最后,介绍了基于高阶调制 CAP-64QAM 的无线接入网传输试验,实现了对 24 Gb/s 的 CAP-64QAM 信号的 40 km SSMF 传输和高速无线传输接入系统的验证。

思考题

10.1　思考希尔伯特滤波原理,写出适用于 CAP 调制的希尔伯特正交滤波的两个表达式。

10.2　推导式(10-3)和式(10-4)表述的第 n 个子带正交滤波器的时域表达式。

10.3　编写接收匹配滤波希尔伯特变换滤波的算法程序,实现接收到的实数信号转换成 I、Q 两路正交信号。

10.4　分别写出 CAP 和 QAM 调制的实现流程,思考两者的异同和优缺点。

10.5　仿真图 10.5 所示的四个子带希尔伯特滤波器的时域和频域响应曲线。

10.6　分析余弦滚降系数的大小对题 10.5 的时域和频域响应曲线的影响。

10.7　推导证明接收端匹配滤波器需要满足的条件: $mf_I(t) = f_I(-t)$,同时 $mf_Q(t) = f_Q(-t)$。

10.8　当 DAC 带宽受限的情况下,编写适用于多带 CAP 调制的频域预均衡算法。

10.9　在图 10.7 所示的 WDM-CAP-PON 实验装置图中,思考 WSS 产生的单边带滤波更适合远距离光传输的原因是什么?

10.10　思考 CMMA 对于 CAP-QAM 信号均衡效果较差的原因,并编写改进后的 DD-LMS 算法程序。

10.11　分别仿真模拟实现基于 DDMZM 的单边带 CAP 光信号产生和预色散。

10.12　仿真实现 5 个子带的 CAP-16QAM 信号的 100 km 标准单模光纤传输。

10.13　CAP 调制技术在提高频谱效率的同时,可能会面临哪些挑战和限制?如何通过系统设计或信号处理技术来克服这些挑战?

10.14　设计并使用 MATLAB 仿真一个基于 CAP 调制的 MIMO 系统,可以选择 2×2、4×4 等不同的天线配置。探究不同的信道编码和空间复用技术(如空时编码、波束成形)对系统性能的影响,分析在不同天线配置和信噪比水平下的误码率和系统容量。

10.15　分别仿真相位噪声、幅度不平衡和 IQ 不平衡对 CAP 调制系统性能的影响,探讨可能的补偿或校准技术来改善系统性能。

参考文献

［1］ BREUER D, GEILHARDT F, HÜLSERMANN R. Opportunities for next-generation optical access [J]. IEEE Commun. Mag. ,2011,49(2): s16-s24.

［2］ CHANG G K,CHOWDHURY A,JIA Z,et al. Key technologies of WDM-PON for future converged optical broadband access networks[J]. J. Opt. Commun. Netw. ,2009,1(4): C35-C50.

［3］ KANG J M,HAN S K. A novel hybrid WDM/SCM-PON sharing wavelength for up-and-down-link using reflective semiconductor optical amplifier[J]. IEEE Photon. Technol. Lett. , 2006, 18 (3): 502-504.

[4] WIBERG A, OLSSON B, ANDREKSON P. Single cycle subcarrier modulation[C]. OFC 2009, San Diego, SA, USA, 2009: OTuE1.

[5] KAROUT J, KARLSSON M, AGRELL E. Power efficient subcarrier modulation for intensity modulated channels[J]. Opt. Express, 2010, 18(17): 17913-17921.

[6] KAROUT J, AGRELL E, SZCZERBA K, et al. Optimizing constellations for single-subcarrier intensity-modulated optical systems[J]. IEEE Trans. Inf. Theory, 2012, 58(7): 4645-4659.

[7] LIU B, XIN X, ZHANG L, et al. A WDM-OFDM-PON architecture with centralized lightwave and PolSK-modulated multicast overlay[J]. Opt. Express, 2010, 18(3): 2137-2143.

[8] CVIJETIC N, CVIJETIC M, HUANG M F, et al. Terabit optical access networks based on WDM-OFDMA-PON[J]. J. Lightwave Technol. , 2012, 30(4): 493-503.

[9] WEI J L, CUNNINGHAM D G, PENTY R V, et al. Study of 100 gigabit ethernet using carrierless amplitude/phase modulation and optical OFDM[J]. J. Lightwave Technol. , 2013, 31(9): 1367-1373.

[10] INGHAM J D, PENTY R, WHITE I, et al. 40 Gb/s carrierless amplitude and phase modulation for low-cost optical data communication links[C]. OFC 2011, Los Angels CA, USA, 2011: OThZ3.

[11] RODES R, WIECKOWSKI M, PHAM T T, et al. Carrierless amplitude phase modulation of VCSEL with 4 bit/s/Hz spectral efficiency for use in WDM-PON [J]. Opt. Express, 2011, 19 (27): 26551-26556.

[12] OTHMAN M B, ZHANG X, DENG L, et al. Experimental investigations of 3D/4D-CAP modulation with DM-VCSELs[J]. IEEE Photon. Technol. Lett. , 2012, 24(22): 2009-2012.

[13] DAVEY R P, PAYNE D B. The future of optical transmission in access and metro networks—an operator's view[C]. ECOC 2015 Proceeding, vol. 5, Valencia, Spain, 2015, Symposium We 2. 1. 3.

[14] ROHDE H, GOTTWALD E, TEIXEIRA A, et al. Coherent ultra dense WDM technology for next generation optical metro and access networks[J]. Journal of Lightwave Technology, 2014, 32(10): 2041-2052.

[15] RASMUSSEN J C, TAKAHARA T, TANAKA T, et al. Digital signal processing for short reach optical links[C]. ECOC 2014, Cannes, France, 2014: 1-3.

[16] ESTARAN J, IGLESIAS M, ZIBAR D, et al. First experimental demonstration of coherent CAP for 300-Gb/s metropolitan optical networks[C]. OFC 2014, San Francisco, CA, USA, 2014: Th3K. 3.

[17] RANDEL S, PILORI D, CHANDRASEKHAR S, et al. 100-Gb/s discrete-multitone transmission over 80-km SSMF using single-sideband modulation with novel interference-cancellation scheme[C]. ECOC 2015, Valencia, Spain, 2015: 1-3.

[18] OKABE R, LIU B, NISHIHARA M, et al. Unrepeated 100 km SMF Transmission of 110. 3 Gbps/lambda DMT signal[C]. ECOC 2015, Valencia, Spain, 2015: 1-3.

[19] ZHOU J, ZHANG L, ZUO T, et al. Transmission of 100-Gb/s DSB-DMT over 80-km SMF Using 10-G class TTA and Direct-Detection[C]. ECOC 2016, Dusseldorf, Germany, 2016: 1-3.

[20] KIKUCHI N, HIRAI R, WAKAYAMA Y. High-speed optical 64QAM signal generation using InP-based semiconductor IQ modulator[C]. OFC 2014, San Francisco, CA, USA, 2014.

[21] WONG C Y, ZHANG S, LIU L, et al. 56 Gb/s direct detected single-sideband DMT transmission over 320-km SMF using silicon IQ modulator[C]. OFC 2015, Los Angels, CA, USA, Optical Society of America, 2015: Th4A. 3.

第 11 章

PAM-4信号调制和基于数字信号
处理的探测技术

为了满足快速增长的数据中心流量需求,灵活、低成本的 400 Gb/s 速率传输方案被相继提出,作为下一代数据中心互联应用的备选方案[1-5]。最近,基于先进调制格式的强度调制/直接检测(IM/DD)系统,例如脉冲幅度调制(PAM)、无载波幅相调制(CAP)、离散多音调制(DMT),作为一种低成本的数据中心互联方案,引起了很多研究者的兴趣[1]。为了支持 400 Gb/s 速率传输,其中一种有前景的方案是使用 PAM 的 4-lane×100 Gb/s/λ 传输,这种方法可以降低收发机的设计复杂度和能量功耗[1-5]。另外,一些单通道 100 Gb/s 的短距离接入实验也相继报道,这些实验采用 PAM-4、PAM-8 的内调制或外调制方案[2-5]。值得注意的是,相对于基于外部调制的 MZM[1-2],使用电吸收调制激光器(EML)[3-4]、直接调制激光器(DML)[5]的内调制方案成本较低,设计也更为简单。但是,对于这些方案,有两方面瓶颈限制了系统的性能,即光电设备的调制带宽限制,以及调制、解调过程中的非线性损伤问题。许多数字信号处理方法被提出用以解决上述问题,例如判决反馈均衡[1]、非线性 Volterra 均衡[5],这些方案在接收端都需要很高的计算复杂度。作为替代方案,本章提出一种设计简单的查找表预畸变[6]的非线性补偿方案,并在 PAM-4 系统中进行实验验证。

11.1　PAM-4 调制原理与相关算法

11.1.1　PAM-4 调制原理

当今时代的数据量正在呈现井喷式增长,这不仅意味着更多的数据,也意味着更快的数据传输速率。传统基于不归零(NRZ)编码的调制方式已经不再适应发展的需要,我们需要探索更高效的点对点传输方案,使其在大至光纤传输、小至芯片级传导方面都有用武之地。这其中一种受到推崇的调制方式是脉冲幅度调制,我们首先讨论 PAM-4 调制的基本概念,然后分析实验结果以及面对的挑战。

在很长一段时间内,NRZ 编码方案一直是主流的数据传输调制方式。在 NRZ 编码中,我们将比特流信息,比如 001100,编码为一系列电平值,低电平代表 0,高电平代表 1(图 11.1)。这里假定比特率为 28 Gb/s。

在图 11.1 中,PAM-4 通过 4 电平幅度调制,每个电平值可以承载 2 bit 信息,代价是对噪声更为敏感。如果我们观察 NRZ 信号的眼图,假设比特周期为 T,幅度为 A,那么信道带宽为比特周期的倒数($1/T$)。比特率越高,比特周期越小,信号带宽越大。通常也会有信噪比要求,这与信号幅度相关。从纵向看,眼图张开的幅度越小,那么从接收端以固定的信噪比分辨出原始信号越困难。

通常来说,我们想要成倍提高点对点传输速率,其中一种实现方式是使用两个信道。在另外一个信道上,传输不同的比特流,比如 0101100。但是这种方法也有明显的缺点,即需要两个发射机,两个接收机,两个信道。我们可能不想付出额外的空间占用或者能量消耗代价,所以寻求其他方案。

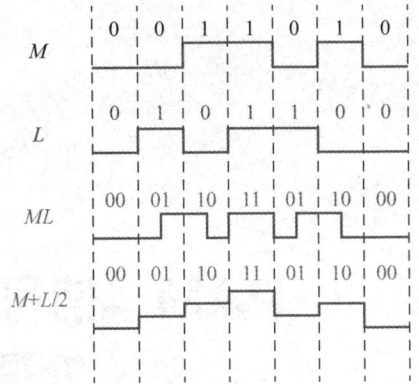

图 11.1 PAM-4 信号调制原理
(请扫 2 页二维码看彩图)

还有什么方法可以成倍提高比特率呢? 其中一种方法是将两路比特流串行化,用一路 56 Gb/s 信道代替两路 28 Gb/s 信道。于是,在原来 28 Gb/s 速率的周期内,现在速率达到 56 Gb/s(图 11.1)。从信号 ML 的眼图可以看出,其幅度依然是 A,但是周期变为 $T/2$。如果将比特周期取倒数,得到信号带宽 $2/T$。而信噪比依然与 A 相关不变,但信号带宽加倍。所以从信噪比和带宽角度考虑,这种方案各有利弊。

我们需要一种方案在不增加带宽的前提下成倍提高比特率,这就是 PAM-4 的优势所在。PAM-4 信号将最低位 L(least significant bit)和最高位 M(most significant bit)比特映射为 4 电平幅度,每个电平代表 2 bit 信息。PAM-4 信号相当于图 11.1 中的 $M+L/2$,电平从低到高依次代表 00、01、10、11,PAM-4 即 4 电平脉冲幅度调制。

PAM-4 的眼图不同寻常,从纵向看有 3 只张开的眼睛和 4 个幅度,符号周期为 T。但是,每个眼睛的张开幅度为 $A/3$,相应的带宽要求为 $1/T$。这样我们得到 56 Gb/s 信号,与 28 Gb/s 的单路信号 M 或 L 带宽相同,但是信噪比与 $A/3$ 相关,因此 PAM-4 存在信噪比与信号带宽的权衡。许多串行链路是带宽受限的,因此很难通过缩短比特周期来提高 28 Gb/s。但当有信噪比承受空间时,以牺牲一部分信噪比为代价换取速率成倍提高的 PAM-4 方案会是很好的选择。

11.1.2 DD-LMS 算法

DD-LMS 算法是一种应用广泛的盲均衡算法,算法稳态误差较小,但只有在误码率下降到 10^{-1}、10^{-2} 量级,眼图基本张开后,算法才能体现出效果[7]。

如图 11.2 是 DD-LMS 均衡器的算法原理图,由于 DD-LMS 算法是在 IDFT 变换之后进行,因此可以将 DD-LMS 均衡器看作一种时域均衡。

一个具有 L 抽头的 DD-LMS 均衡器输入 $x(k)$ 和输出 $y(k)$ 之间的关系为

$$y(k) = w(k)^{\mathrm{H}} x(k) \tag{11-1}$$

其中,$w(k)$ 代表 k 时刻的抽头系数;$x(k)$ 和 $y(k)$ 分别代表 k 时刻输入和输出向量;上标 H 代表矩阵的转置。$x(k)$ 和 $w(k)$ 的表达式为

$$x(k) = [x(k), x(k-1), x(k-2), \cdots, x(k-L+1)]^{\mathrm{T}} \tag{11-2}$$

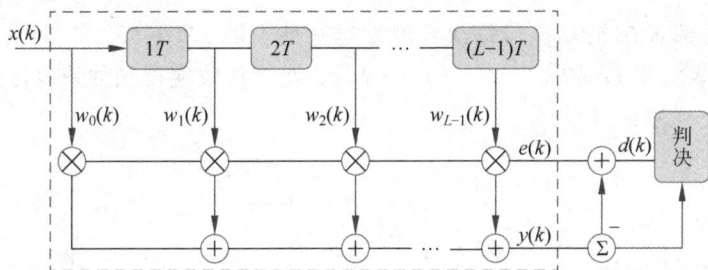

图 11.2　DD-LMS 算法原理图

（请扫 2 页二维码看彩图）

$$w(k) = [w_0(k), w_1(k), w_2(k), \cdots, w_{L-1}(k)]^T \qquad (11\text{-}3)$$

将 k 时刻输出值 $y(k)$ 送入判决器进行符号判决，$d(k)$ 为判决器输出的标准星座点，则两者误差为

$$e(k) = d(k) - y(k) \qquad (11\text{-}4)$$

根据误差值 $e(k)$ 进行下一个时刻抽头系数的更新，迭代过程表达式为

$$w(k+1) = w(k) + \mu e(k) x(k)^* \qquad (11\text{-}5)$$

式(11-5)中 μ 称为步长，决定误差收敛的速度，$k+1$ 时刻抽头系数更新完成后送入新的序列 $x(k)$，不断迭代下去，完成输出序列 $y(k)$ 的更新。DD-LMS 算法作为一种随机梯度下降算法，其算法收敛特性并不依赖于输出符号的统计特性，而取决于符号判决过程[8]。

11.1.3　预色散补偿原理

电色散补偿(EDC)技术被认为是一种灵活且高效的提升光传输系统性能的方式。在直接检测系统中，由于接收端光电探测器的平方律检测损失了信号的相位信息，使得接收端电色散补偿技术使用受限。其中一种替代方式是在发送端采用电色散补偿技术[9]，发送信号的幅度和相位预畸变。

若不考虑单模光纤的非线性，则光纤中的传输函数可以看作是线性的[10]。在这种情况下，光纤色散的频域响应可以被建模为

$$H(\omega) = \exp\left(j \frac{\lambda^2}{4\pi c} DL\omega^2\right) \qquad (11\text{-}6)$$

其中，λ 是光波长；D 是色散系数；L 是传输距离；c 是光速。色散效应可以由光纤频域响应的倒数补偿：

$$H^{-1}(\omega) = \exp\left(-j \frac{\lambda^2}{4\pi c} DL\omega^2\right) \qquad (11\text{-}7)$$

由式(11-7)可知，电色散预补偿可以有效地在发送端减低色散效应。

11.1.4　查找表算法

查找表(Look-up table, LUT)预畸变主要用于降低高速系统中与发送序列相关的模式损伤[11]。它具有计算复杂度低、配置灵活等优点，可以被应用于纠正 IM/DD 系统中的非线性损伤问题。

图 11.3 为 PAM-4 传输系统中查找表算法的系统结构图，发送符号序列 $X(k-M:k:k+M)$ 长度为 $2M+1$，指代 PAM-4 信号中的一种模式，其中 $X(k) \in \{\pm 1, \pm 3\}$。初始状态时

查找表中数据全部置 0，滑动窗口每次选取发送序列中的 $2M+1$ 个符号，并计算这种模式的地址，即查找表索引 i。$Y(k-M：k：k+M)$ 表示在接收端得到的恢复序列，发送序列和接收序列的中心符号相减得到 $e(k)$，即

$$e(k)=Y(k)-X(k) \tag{11-8}$$

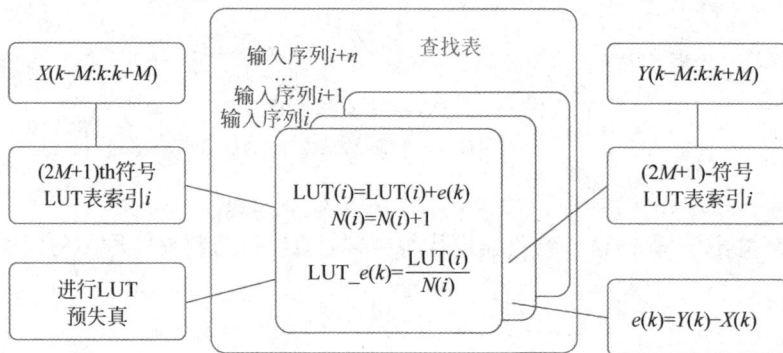

图 11.3　查找表算法原理图

（请扫 2 页二维码看彩图）

随着滑动窗口向前移动，越来越多的数据被储存在查找表中，参数 $N(i)$ 用来记录查找表索引 i 中存入数据的个数，每个查找表索引 i 中的最终数据为所有差值 $e(k)$ 的平均，具体计算过程为

$$LUT(i)=LUT(i)+e(k) \tag{11-9}$$

$$N(i)=N(i)+1 \tag{11-10}$$

$$LUT\_e(k)=\frac{LUT(i)}{N(i)} \tag{11-11}$$

$LUT\_e(k)$ 即为每个查找表索引 i 中的最终数值，一旦基于各种可能模式的查找表被建立，它就可以被布置到发射端，用于发送数据的预畸变，具体预畸变过程如下：

$$X'(k)=X(k)-LUT\_e(k) \tag{11-12}$$

11.2　PAM-4 高速传输系统

11.2.1　4 通道 IM/DD 112.5 Gb/s PAM-4 传输系统

图 11.4 为 4 通道 IM/DD 112.5 Gb/s PAM-4 传输系统的原理图以及信号处理流程[12]。从图中可知，4 个独立的电吸收调制激光器（EML）作为激光源，信道间隔为 0.8 nm，3 dB 带宽为 40 GHz，最佳偏置电压为 −1.4 V，驱动电流为 100 mA。在发射端（Tx），采样速率为 80 GSa/s、3 dB 带宽为 20 GHz 的高速数模转换模块（DAC）产生 4 通道 56.25 Gbaud PAM-4 信号。这 4 路数据首先映射为 PAM-4 符号，接着进行查找表预畸变和预均衡过程以降低系统的非线性损伤。在接收端（Rx），经过 3 dB 带宽为 40 GHz 的光电探测器转换，该信号被采样速率为 80 GSa/s、3 dB 带宽为 33 GHz 的实时示波器（DSO）采样并离线处理。接收信号首先被重采样为 112.5 GSa/s，再经过 21 抽头系数、$T/2$ 间隔的 DD-LMS 均衡器信号恢复，PAM-4 符号判决后计算误码率。

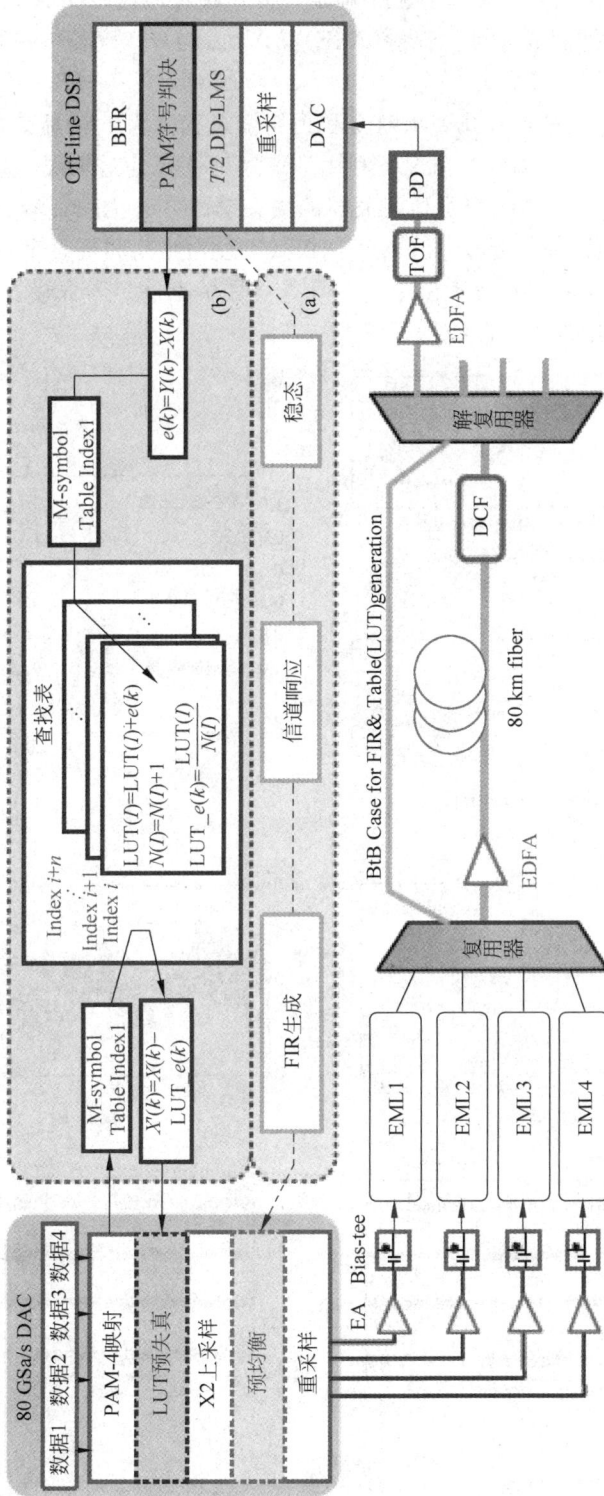

图 11.4　4 通道 IM/DD 112.5 Gb/s PAM-4 传输系统原理图以及信号处理流程

(a) 基于接收端均衡器的预均衡（Pre-EQ）；(b) 基于查找表预畸变（Pre-DT）过程

（请扫 2 页二维码看彩图）

对于 80 km 单模光纤链路,4 路 PAM-4 信号经过波分复用器(WDM MUX)和 EDFA 后注入光纤信道。最佳光发射功率在实验中确定。接收端在经过 EDFA 后,接入另一个可调光滤波器(TOF)用来抑制放大自发辐射(ASE)噪声。为了补偿色散,一段匹配的色散补偿光纤(DCF)级联在单模光纤后。

在传输光纤之前,首先进行查找表预畸变和预均衡过程。为了获得良好的信道质量以进行查找表纠正过程,我们在端到端情况下利用训练序列估计信道情况。发送端的预均衡滤波器的参数由接收端 DD-LMS 自适应滤波器的抽头系数决定(图 11.5(a))。图 11.5(b) 说明了查找表的产生过程,主要是通过比较不同模式下发送序列和接收序列的差值,再将结果多次平均后存储于对应的查找表索引中。一旦查找表中存储了不同模式下的补偿值,它就可以被布置在发射端用以进行非线性补偿。

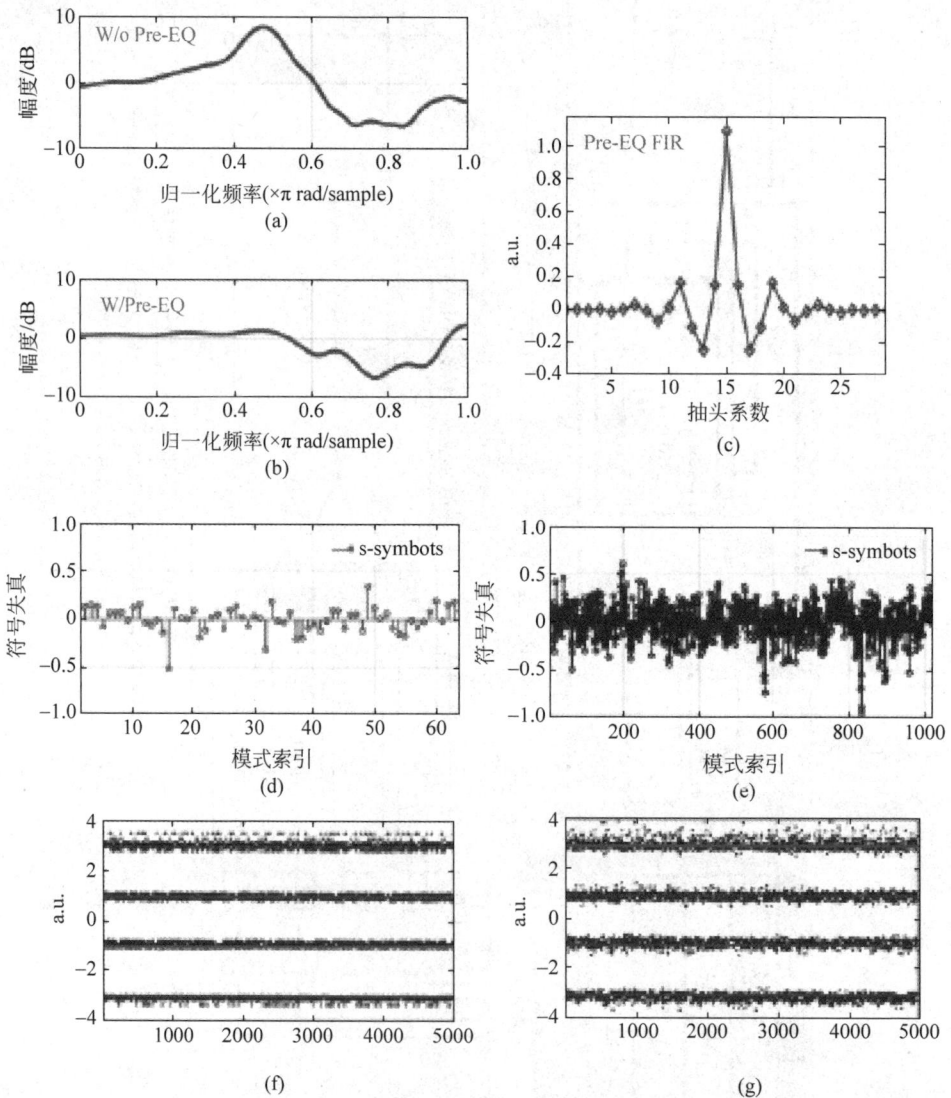

图 11.5 (a)和(b)预均衡前后的 DD-LMS 均衡器频域响应;(c)FIR 滤波器抽头系数;(d)和(e)是 3 符号和 5 符号查找表数据;(f)和(g)是经过 3 符号和 5 符号查找表后 PAM-4 信号星座图

(请扫 2 页二维码看彩图)

我们首先测试了预均衡和预畸变的性能。接收端自适应 DD-LMS 均衡器的频域响应如图 11.5(a)和(b)所示,可以看出,经过预均衡后获得了平坦的频域响应。预均衡 FIR 滤波器的抽头系数由自适应 DD-LMS 均衡器产生(图 11.5(c))。图 11.5(d)和(e)分别为 3 符号(64 种模式)和 5 符号(1024 种模式)查找表过程,可以看出,使用更长的符号可以纠正更大的畸变值。图 11.5(f)和(g)分别为经过 3 符号和 5 符号查找表预畸变后 PAM-4 信号的星座图。

11.2.2　50 Gb/s/λ 和 64 Gb/s/λ PAM-4 PON 下行传输系统

图 11.6 说明了 50 Gb/s/λ 和 64 Gb/s/λ PAM-4 PON 下行传输系统。在光线路终端(OLT),1550 nm 的激光二极管作为本系统的光源。3 dB 带宽为 23 GHz 的双驱动 MZM 偏置在正交位置,用来进行信号的复数调制。采样率为 80 GSa/s 和 81.92 GSa/s 的数模转换模块(DAC)用来分别产生 25 Gbaud 和 32 Gbaud PAM-4 信号。数模转换模块的 3 dB 带宽为 16 GHz。I 路和 Q 路发送数据的产生流程图如图 11.6 所示,比特信息被映射为 PAM-4 符号,接着进行非线性预畸变和线性预均衡以降低系统非线性损伤。对于 20 km 光纤传输情况,发送端加入色散预补偿模块,它是基于频域的色散补偿,具体过程如图 11.6 中的插图(iii)所示。

在光网络单元端(ONU),可调光衰减器(VOA)用来测量接收机的灵敏度。接收机包括一个 EDFA,保证输出光功率固定在 0 dBm,还有一个可调光滤波器,用来消除带外放大自发辐射噪声。另外光电二极管(PIN+TIA)用来进行信号检测,检测 PAM-4 信号被采样速率为 80 GSa/s、3 dB 带宽为 33 GHz 的实时示波器采样并离线处理。采样信号首先被重采样为 2 samples/symbol,再通过时钟恢复为 1 samples/symbol,最后经过 5 抽头的前馈均衡器(FFE)进行误码率计算。

图 11.7(a)为在背靠背传输情况下误码率和接收光功率之间的关系图,从图中可以看出,仅仅使用 5 抽头前馈均衡器情况下,联合使用预均衡和预畸变可以得到最好的接收机灵敏度。插图(i)~(iii)分别表示没有预信号处理(Pre-DSP)、只使用预均衡、联合使用预均衡和预畸变时的 64 Gbps PAM-4 星座图。从插图中可以看出明显的线性和非线性损伤抑制效果。当只采用预均衡时,由于非线性损伤,系统大概有 1.5 dB 的功率损失。图 11.7(b)说明了经过 20 km 光纤传输后接收机的灵敏度,我们比较了采用预色散补偿和预畸变前后对系统误码率的影响。当没有采用色散预补偿时,非线性补偿对于信号的恢复至关重要,实验中联合使用了 66 抽头非线性 Volterra 均衡器(VNLE)和 23 抽头前馈均衡器。但是,这种联合非线性补偿的方案依然没有前述的预信号处理方案更优。通过联合使用预色散补偿、查找表预畸变和 5 抽头后均衡器,对于 50 Gb/s 和 64 Gb/s PAM-4 信号,分别可以得到 2 dB 和 4 dB 的灵敏度增益。

11.2.3　4 通道 IM/DD 112 Gb/s PAM-4 预色散补偿传输系统

图 11.8 说明了传输距离 400 km 的 4 通道 IM/DD 112 Gb/s PAM-4 预色散补偿传输系统。在发送端,4 个可调激光二极管(LD1~LD4)波长范围是 1554.92~1557.35 nm,输出功率为 14.5 dBm,波长间隔为 100 GHz。4 个激光二极管被分为奇数通道和偶数通道两组。同一组激光二极管通过光耦合器(PM-OC)复用并进行 IQ 调制,IQ 调制器的 3 dB 带宽

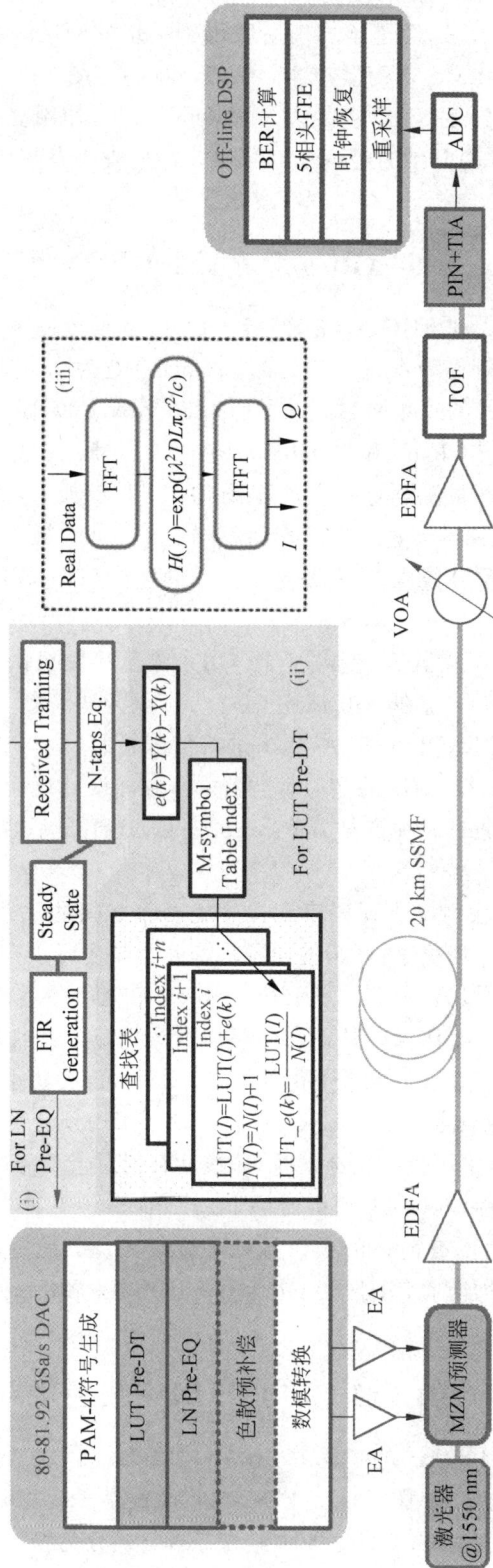

图 11.6　50 Gb/s/λ 和 64 Gb/s/λ PAM-4 PON 下行传输系统实验设置

（请扫 2 页二维码看彩图）

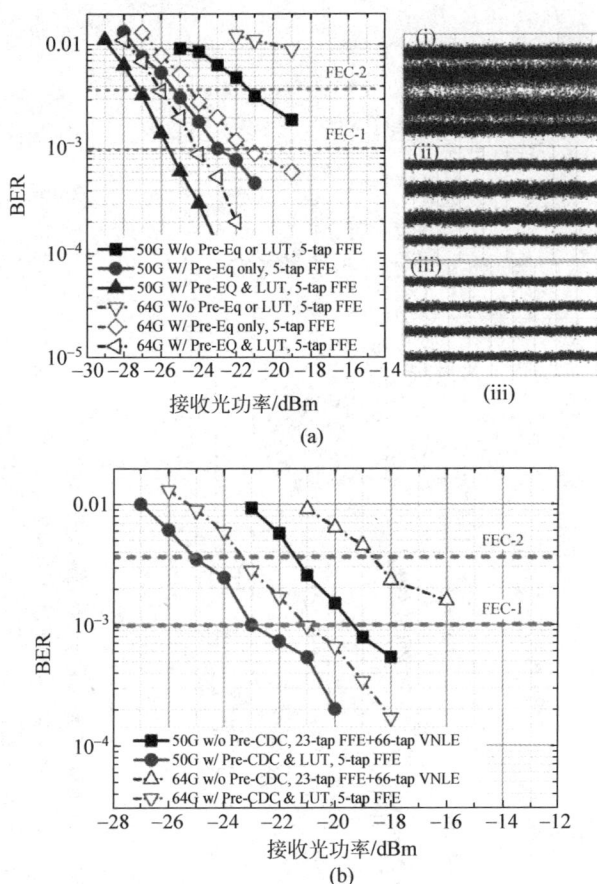

图 11.7　(a)PAM-4 信号 BER 和接收功率关系；(b)经过 20 km 光纤后 PAM-4 信号 BER 和接收功率关系
（请扫 2 页二维码看彩图）

为 37 GHz。采样速率为 81.92 GSa/s、3 dB 带宽为 20 GHz 的高速数模转换模块产生 4 通道 56.25 Gbaud 的 PAM-4 信号。I 路和 Q 路数据的产生流程如图 11.8 所示，这 4 路数据首先映射为 PAM-4 符号，接着进行查找表预畸变和预均衡过程以降低系统的非线性损伤。对于背靠背系统，不需要色散补偿，I 路和 Q 路数据的产生流程类似。对于 400 km 光纤传输情况，发送端加入色散预补偿模块，它是基于频域的色散补偿，具体过程如图 11.8 中的插图(i)所示。

在接收端(Rx)，可调光滤波器被用来滤出期望信道。经过 3 dB 带宽为 40 GHz 的光电探测器直接检测，该信号被采样速率为 80 GSa/s、3 dB 带宽为 33 GHz 的实时示波器采样并离线处理。直接检测后信号频谱如图 11.8(ii)～(v)所示，分别为背靠背情况下，80 km 光纤无色散补偿情况下，加入色散补偿后传输 80 km 光纤前后的频谱图。通过采用色散预补偿，直接检测后的功率衰落现象（power fading）被克服。对于离线处理，接收信号首先被重采样为 56 GSa/s，再经过 33 抽头系数，$T/2$ 间隔的 DD-LMS 均衡器信号恢复，PAM-4 符号判决，计算误码率。

在背靠背和波分复用实验之前，首先采用查找表预畸变[12]和预均衡过程来克服信道的非线性损伤。为了获得良好的信道质量以进行查找表纠正过程，我们在端到端情况下利用训练序列估计信道情况。发送端的 FIR 滤波器的系数由接收端 DD-LMS 自适应滤波器的

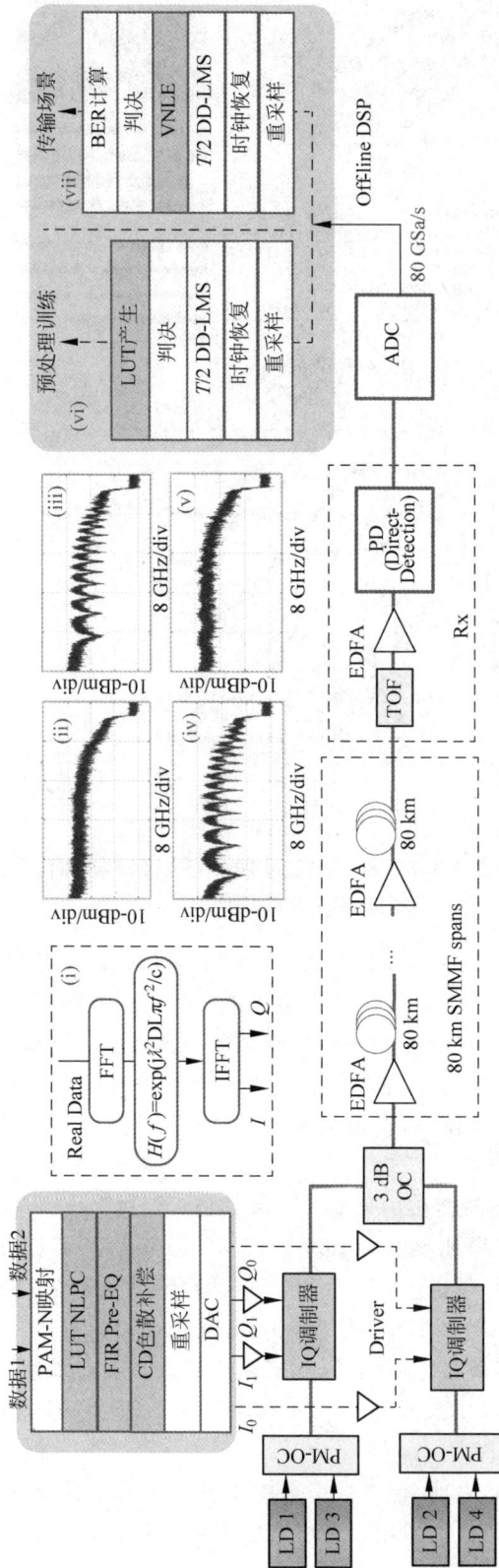

图 11.8 4 通道 IM/DD 112 Gb/s PAM-4 预色散补偿传输系统

(i) 频域预色散补偿 (Pre-CDC)；(ii)～(v) 分别为背靠背情况下、80 km 光纤无色散补偿情况下、加入色散补偿后传输 80 km 光纤前后的频谱图；
(vi) 和 (vii) 是基于查找表预畸变过程
(请扫 2 页二维码看彩图)

抽头系数决定。在测试中使用了 7 符号的查找表,最终数模转换模块的输出数据经过了预畸变和色散预补偿。对于误码率测试,在 DD-LMS 算法后,非线性 Volterra 均衡器被用来进一步提升系统性能(图 11.8)。

11.2.4　极化复用的 400 G PAM-4 信号产生和相干探测

为了应对日益增长的带宽需求,网络端和用户端的数据速率已经达到了 400 Gb/s[13-20]。目前有多种方法可以实现 400 Gb/s 速率,包括波分复用增加信道数量,增加信号波特率或提高调制阶数[15-20]。考虑到实现的复杂度、成本和功耗问题,应当尽可能降低信道数量以实现光接口的高效器件集成[21-23]。因此,只能从提高信号波特率和调制阶数的角度增加数据速率。另外,PAM-4 由于其设置简单、成本低和频谱高效,在短距离光通信领域和城域网[15-20]均引起了众多研究者的兴趣。为了进一步提升单信道数据速率,PAM-4 信号的波特率逐年提高。最近 56 Gbaud PAM-4 IM/DD 系统被提出,这是目前为止最高的波特率,数据速率达到 112 Gb/s[15-17]。为了实现 400 Gb/s,一种方法是提高信道数量,比如 4 通道 112 Gb/s PAM-4 信号[15-17]或者两通道 224 Gb/s 偏振复用 PAM-4 信号联合 MIMO 收发机[18]。进而,对于 56 Gbaud PAM-4 信号,需要至少 2 通道才可以达到 400 Gb/s,甚至要考虑偏振分集。因此提高单通道波特率以实现 400 Gb/s,是一种高效、有前景的下一代网络解决方案。另外,偏振复用的采用会使直接检测系统接收机更为复杂[18],更好的解决方法是使用相干检测以带来更好的性能[19-20]。

120 Gbaud PDM-PAM-4 信号相干检测系统如图 11.9 所示,PAM-4 信号是通过 3 阶段的电时分复用(ETDM)产生。首先发送两路 7.5 Gb/s 不相关伪随机序列(PRBS,2^15-1)通过 2∶1 复用器(Mux)形成 15 Gb/s 二进制序列,再通过 4∶1 复用器形成 60 Gb/s 二进制序列,如图 11.9(i)所示,然后,再通过另一个 2∶1 复用器形成 120 Gbaud NRZ 信号,如图 11.9(ii)所示。在本实验中,4∶1 复用器工作电压为 500 mV V_{pp},可以得到 60 Gb/s 二进制信号输出;2∶1 复用器工作电压为 400 mV V_{pp},可以得到 120 Gb/s 二进制信号输出。最后,PAM-4 信号是由两路不相关 NRZ 信号,其中一路通过 6 dB 衰减器叠加而成,如图 11.9(iii)所示。

对于 PAM-4 信号调制,波长为 1549.44 nm 的外腔激光器作为光源,其线宽小于 100 kHz,输出功率 13.5 dBm,电域 PAM-4 信号通过 MZM 进行光调制。由于使用相干检测,因此 MZM 偏置在零点,经过调制后接入 EDFA 进行功率放大。偏振复用器是由光耦合器、光延迟线和偏振合束器(PBC)三部分构成。实验中,MZM 的 3 dB 带宽为 40 GHz,PAM-4 信号由于此带宽限制会带来低通滤波损伤。同时其他光电器件,如光电探测器、模数转换等也会有带宽限制,进一步压缩了频谱,带来了 ISI、信号串扰等损伤。

为了克服带宽限制带来的滤波效应,我们采用波长选择开关(WSS)进行发射端预均衡,这是通过降低低频分量能量,实现高频分量能量增加。这种预均衡方案广泛应用于高速系统中,效果明显[21,23-24]。这里我们采取相似的预均衡方案[24],即通过信道估计得出信道频谱响应。图 11.10(a)说明了信道估计的原理和实验方法,其中 120 Gbaud PAM-2 信号作为训练序列。在接收端,经过 DD-LMS 算法收敛得到自适应抽头系数为 49。图 11.10(b)说明了自适应滤波器频谱响应,这也是信道响应的倒数。通过自适应抽头系数,我们可以设计 WSS 以得到匹配的传输函数,如图 11.10(c)所示。

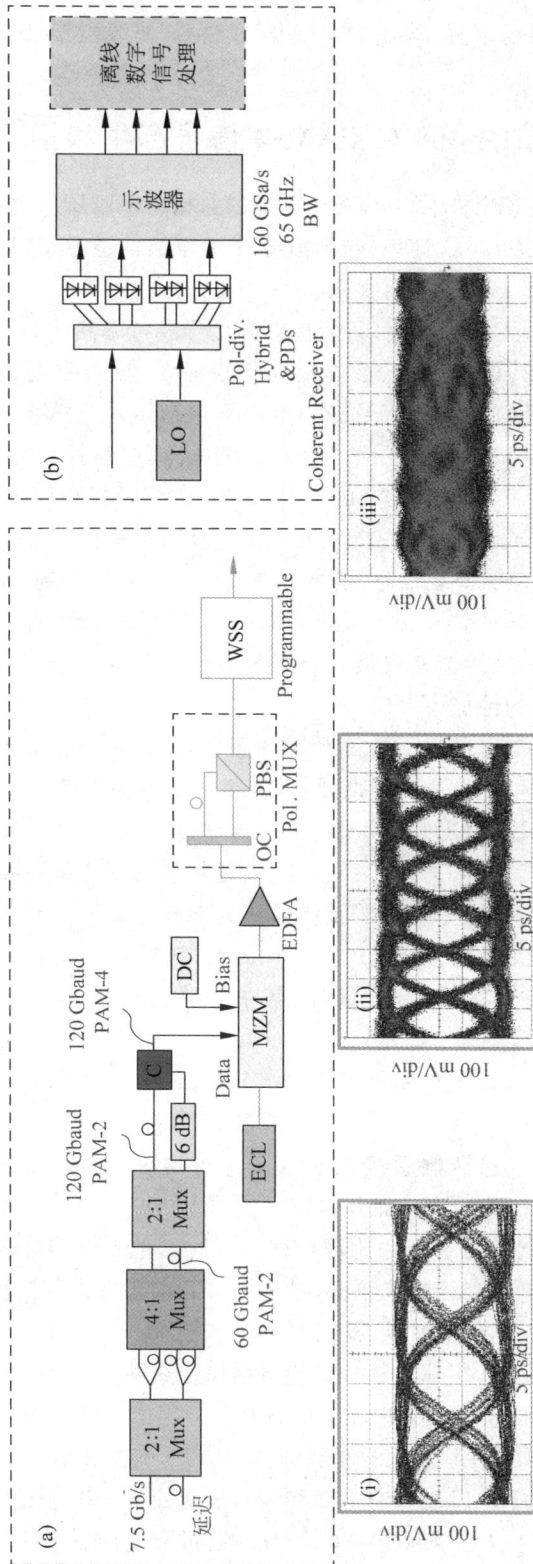

图 11.9 120 Gbaud PDM-PAM-4 信号相干检测系统

（ECL-外腔激光器，Mux-时分复用器，MZM-马赫，曾德调制器，Pol. MUX-极化复用器，WSS-波长选择开关，OC-光耦合器）；插图(i)～(iii)分别为 60 Gbaud NRZ 信号，120 Gbaud NRZ 信号和 120 Gbaud PAM-4 信号眼图（请扫 2 页二维码看彩图）

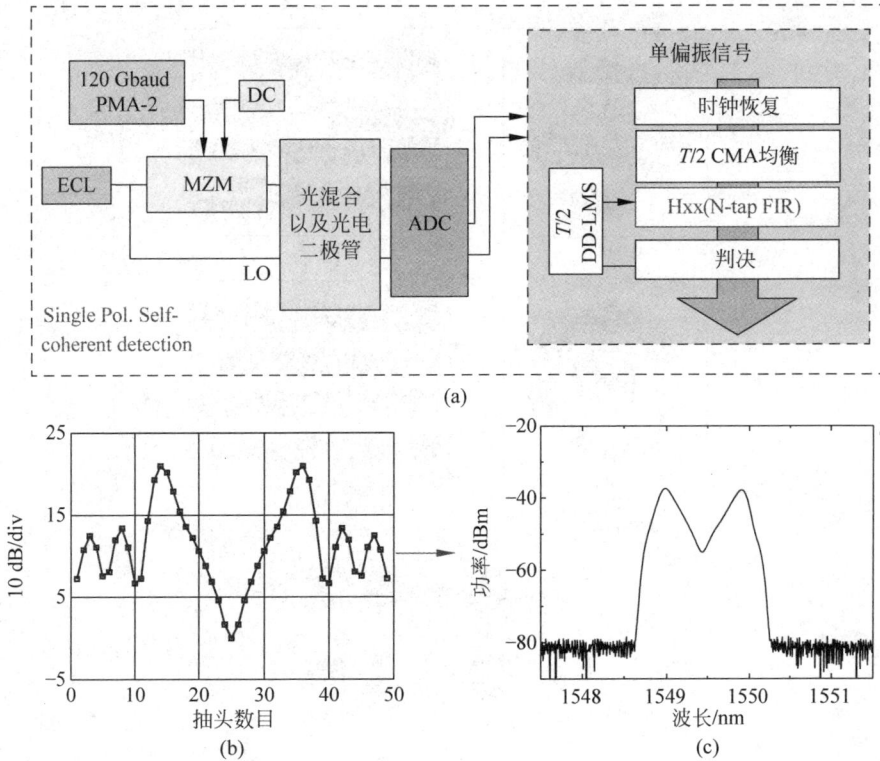

图 11.10　(a)信道估计实验设置与原理；(b)自适应滤波器频率响应；(c)波长选择开关光滤波器光谱

(请扫 2 页二维码看彩图)

在接收端,另一个外腔激光器(ECL)作为本振源(LO),另外 90°光混频器主要是为了实现单偏振态的相位分集接收,平衡探测器的带宽为 50 GHz。实时数字示波器(ADC)采样率为 160 GSa/s,3 dB 带宽为 65 GHz,经过 ADC 后过采样率 1.33 得到 120 Gbaud PDM-PAM-4 信号。然后对 4 路 160 GSa/s 采样信号进行离线信号处理,重采样至 240 GSa/s,经过自适应滤波器作为信道估计,如图 11.10(a)所示。由于 PAM-4 信号星座点具有 2 个模值,故引入 $T/2$ 间隔恒模级联算法(CMMA)预收敛,再进一步使用 21 抽头 DD-LMS 算法提升判决效果。值得注意的是,由激光器线宽和相干检测的频率偏差引起的相位旋转依然存在。频率偏差所引起的相位旋转可以通过时钟恢复算法进行纠正,DD-LMS 算法在时钟恢复后进行。由于波特率超过 100 Gbaud,因此其对由光纤引起的色散极为敏感。

接收机端信号处理结果如图 11.11 所示,图中为 120 Gbaud PDM-PAM-4 信号,其 OSNR 大于 30 dB,图 11.11(a)和(b)为经过第一阶段 CMMA 后 X 和 Y 偏振方向星座图,可以看出,信号的幅度信息经过 CMMA 算法后被分开。接下来第二阶段 DD-LMS 算法被用来进一步提升性能,图 11.11(c)和(d)为经过 DD-LMS 算法后 PAM-4 信号星座图,可以看出,幅度信息被清楚地分开。我们也统计了恢复信号幅度信息的直方图,从图 11.11(e)可以得出,其符合高斯分布。插图(i)和(ii)是 120 Gbaud PAM-4 信号经过信号处理后 X 和 Y 偏振方向星座图。

为了克服滤波效应和接收机噪声影响,我们采用前述的发射机预均衡技术。我们首先测试了背靠背情况下 BER 与预加重强度的关系,如图 11.12(a)所示。这里我们使用 alpha 因子来调整预加重强度,当其为 0 时没有预均衡。从图 11.12(a)可以看出,对于 PAM-4 信

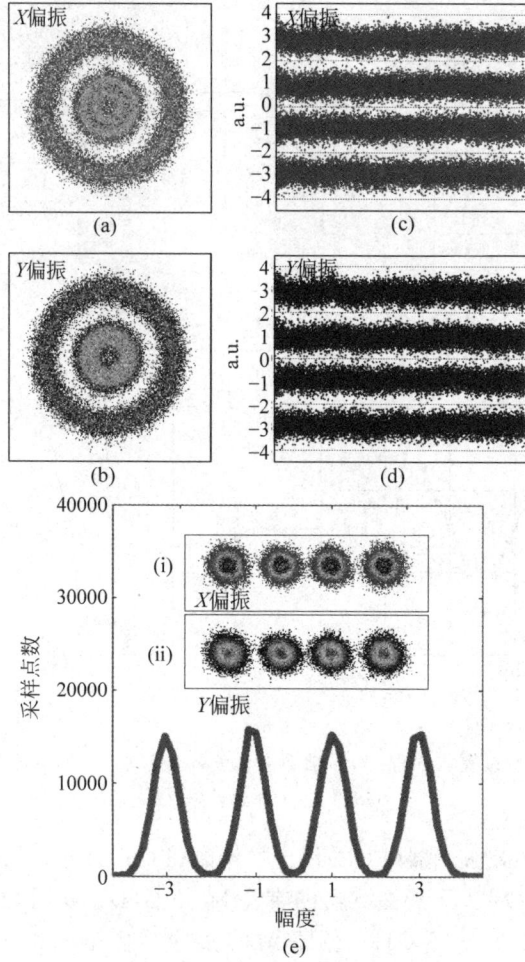

图 11.11 接收机信号处理结果

(a)和(b)分别为 CMMA 算法后 X 和 Y 偏振方向星座图；(c)和(d)分别为 DD-LMS 算法后 X 和 Y 偏振方向星座图；(e)X 和 Y 偏振方向信号直方图和星座图

（请扫 2 页二维码看彩图）

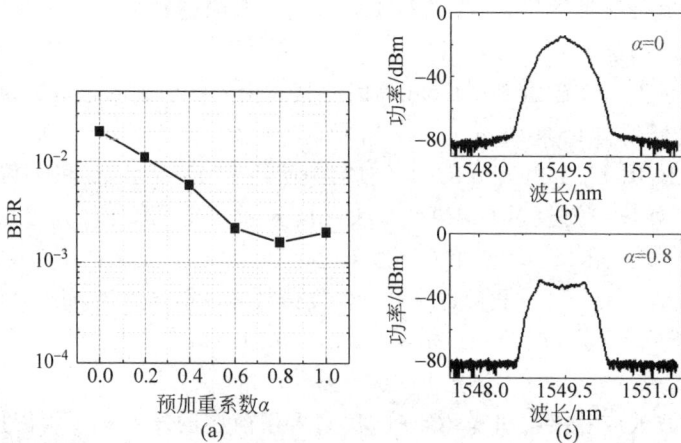

图 11.12 （a）BTB 29.5 dB OSNR 时 BER 与预加重强度的关系，(b)和(c)分别为 120 Gbaud PAM-4 信号使用预均衡前后的光谱

号最佳 alpha 因子为 0.8,当 alpha 高于 0.8 时性能略有下降。图 11.12(b)和(c)是 120 Gbaud PAM-4 信号使用预均衡前后的光谱,可以看出经过预均衡后信号高频分量明显增强。

11.2.5　基于概率整形及高阶 PAM 调制的超高速光互联传输

近年来,由于高速数据服务的迅猛发展,数据中心流量呈爆炸式增长。因此,迫切需要能够支持更高传输速率的短距离系统。到目前为止,已经报道了许多可以支持 400 Gb/s 或更高传输速率的 IM/DD 系统[15-16]。对于未来的光网络,尤其是数据中心互连(DCI)应用,提出了 800 Gb/s 甚至 1.6 Tb/s 数据连接的需求。在基于当前技术的单通道 IM/DD 系统中,难以实现如此高的传输速率。为了支持 800 Gb/s/1.6 Tb/s 数据传输,四通道波分复用方案是最有前途的方法,它还可以降低系统成本和功耗。此外,通过采用一些高级调制格式可以有效地提高频谱效率(SE)。

在这些调制格式中,PAM 是一种适合 IM/DD 传输的有效方案。它不仅可以改善频谱效率,而且可以保证较低的系统复杂性。为了在带宽受限的条件下实现 1 Tb/s 甚至更高传输速率,应进一步考虑高阶调制格式,例如 PAM-8。但是,高阶调制格式对系统设备和数字信号处理提出了更高的要求。概率整形(PS)技术被认为是一种以不均匀的概率分布增强系统性能的有前途的算法。通过改变星座点概率分布,PS 技术可以降低发送信号的平均功率并提高接收机灵敏度。而且,PS 可以很好地与低密度奇偶校验(LDPC)码结合使用,因此不会增加系统复杂度。

当涉及数据中心间的光互联场景和城域光网络时,光纤链路的距离可达到 80 km。因此,高速 PAM 信号易遭受由色散损伤引起的频率相关的功率衰减。与 C 波段传输不同,O 波段传输的色散很小,但是光纤传输中较大的光功率衰减是一个大问题。对于基于 PIN-PD 的接收机,需要额外的 O 波段光放大器来补偿传输中的功率损失。由于成本低、物理尺寸小和集成度高的特点,半导体光放大器(SOA)已被考虑用作 O 波段 PAM 信号传输中的光放大器方案。迄今为止,已经有不少关于高速数据中心互连传输的报道,例如在单个信道上以 1.2 km 的距离进行 C 波段 300 Gb/s PAM-8 传输[16];在 2 km 光纤链路上的四通道 600 Gb/s PAM-4 传输[17]。另外,在参考文献[18]中,实验实现单通道 22 km SMF 链路上 554 Gb/s 的熵加载信号传输。在参考文献[19]中,演示了一种集成了 5 个激光器和 4 个接收机(两个单端和两个平衡 PD)的 1 Tb/s 传输系统。但是,这些系统的传输距离往往较短或是复杂度和成本较高。此外,很少有研究关注 800 Gb/s 及以上的四通道 PAM 信号传输实验演示。因此,研究具有更长传输距离的高速 O 波段四通道 IM/DD 系统,对于未来的 800 Gb/s/1 Tb/s 数据中心互连非常有意义。

在本节中,我们实验演示了一个具有四个波分复用通道的高速 IM/DD 系统。借助半导体光放大器和 PS 技术,可以在 40 km 标准单模光纤上成功传输 1 Tb/s(280 Gb/s×4)PS-PAM-8 信号。作为更精确的性能标准,实验中使用了归一化的广义互信息(NGMI)来评判 PS 信号的传输性能。根据 NGMI 结果,系统中的每个波分复用信道均可以支持每信道 280 Gb/s PS-PAM-8 信号传输,且满足 0.83 的 NGMI 软判决阈值。此 NGMI 阈值所需的 FEC 开销为 25%,则每个波分复用信道的净比特率是 220 Gb/s。因此,这个四通道波分复用系统的净传输速率为 880 Gb/s,可以满足 800 Gb/s 数据连接的需求。据我们所知,这是第一次在四通道 IM/DD 系统中实现 40 km 以上 1 Tb/s 的 PAM 信号传输。

图 11.13 描绘了 O 波段四通道波分复用 IM/DD 系统的实验装置图。四个直接调制激光器(DML)分别在 1304.8 nm、1308.5 nm、1312.5 nm 和 1316.0 nm 处工作,以产生 CW 光波,这些光被用作 O 波段光源。这四个 O 波段光载波由光耦合器(OC)组合,并注入两个强度调制器(IM)中进行信号调制,如图 11.13 所示。在本实验中,我们使用 MZM 作为强度调制器,其 3 dB 带宽为 40 GHz。需要发送的 PAM 信号由带宽为 40 GHz 的 100 GSa/s 数模转换器(DAC)生成,经 EA 放大之后驱动 MZM。图 11.13(c)展示了基于 MZM 的外调制工作原理,其中 MZM 偏置在正交点。

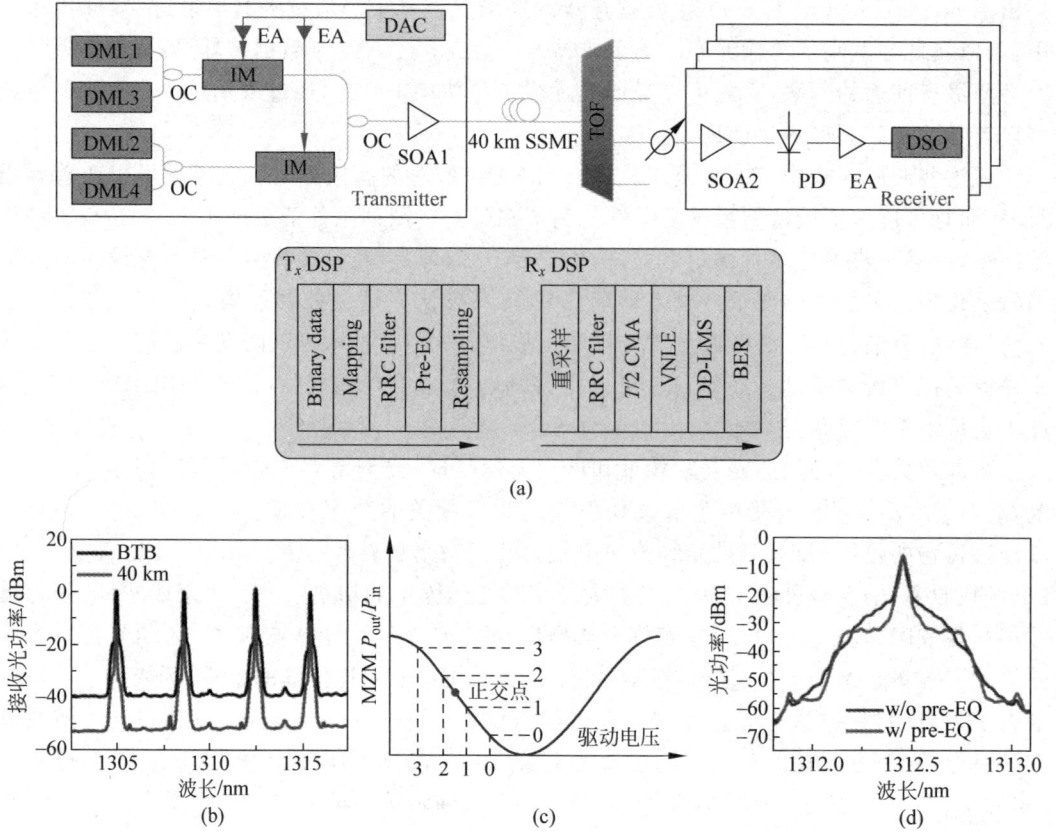

图 11.13 四通道 O 波段 IM/DD 系统的实验设置

(a) 发射机和接收机处的离线数字信号处理;(b) 40 km 传输前后的波分复用 PAM 信号频谱;(c) 基于 MZM 的调制原理;(d) 预均衡前后的 100 Gbaud PAM-4 信号的频谱

(请扫 2 页二维码看彩图)

图 11.13(a)给出了发射机和接收机的数字信号处理流程图。首先将原始二进制数据映射到均匀分布的 PAM 符号或概率整形的 PAM 符号中。在此实验中,PS-PAM-8 信号遵循麦克斯韦-玻尔兹曼(Maxwell-Boltzmann)分布,信源熵为 2.8 bit/symbol。为了获得更高的电信噪比以支持 100 Gbaud 信号传输,输入 EA 和 MZM 的信号 V_{pp} 较大,因此 EA 和 MZM 会工作在非线性区,如图 11.13(c)所示。在这种情况下,我们可以采用具有概率分布的概率整形方案。经过数字上采样后,采用具有 0.1 滚降因子的 128 抽头根升余弦滤波器(RRCF)和预均衡滤波器来进一步整形信号并进行数字预均衡。预均衡所用的 FIR 响应由

接收机侧的一个 113 抽头 CMA 均衡器训练收敛得出。最后,对预处理后的 PAM 符号序列重采样到 1 Sa/symbol,并转换为 100 Gbaud 电信号。为了支持 40 km 的 SSMF 传输,已调制的光信号在被传输到光纤之前需要经由 SOA1 放大光功率。图 11.13(b)显示了40 km 传输前后的波分复用 PAM 信号频谱。

在接收端,首先通过带宽为 0.9 nm 的可调谐光学滤波器(TOF)分离出四个波分复用信道。考虑到 O 波段传输时的光功率衰减较大(0.33 dBm/km),我们使用 SOA2 放大接收到的光信号,以便 100 Gbaud PAM 光信号可以由带宽为 70 GHz 的光电二极管(PD)直接检测到。经过电放大后,信号由一个实时数字存储示波器(DSO)采样接收,其采样频率为160 GSa/s,3 dB 带宽为 62 GHz。在离线数字信号处理中,我们采用滚降因子为 0.1 的 128抽头的 2 倍采样 RRCF 作为匹配滤波器。并使用 53 抽头的 CMA 均衡器和具有 93 个抽头的二阶 Volterra 非线性均衡器分别补偿传输过程中的线性和非线性损伤。此外,在最后使用一个额外的 DD-LMS 均衡进一步提高信号的 BER/NGMI 性能。

我们首先测量通道 3 中 200 Gb/s/channel PAM-4、300 Gb/s/channel PAM-8 和280 Gb/s/channel PS-PAM-8 传输的 NGMI 性能。我们假设使用码率为 4/5 的 LDPC 码(64800,51840)。根据图 11.14(a)中的实验结果,当接收光功率大于 -15.0 dBm 时,

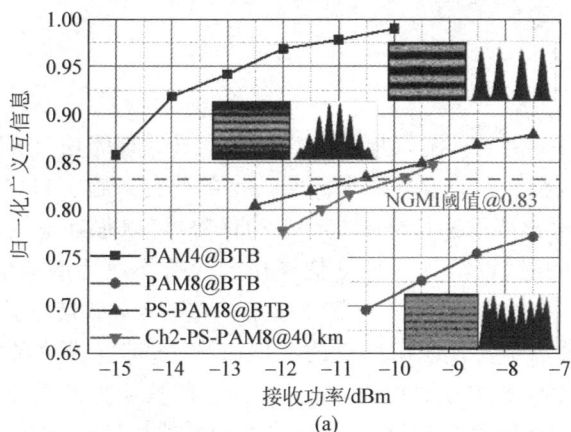

(a)

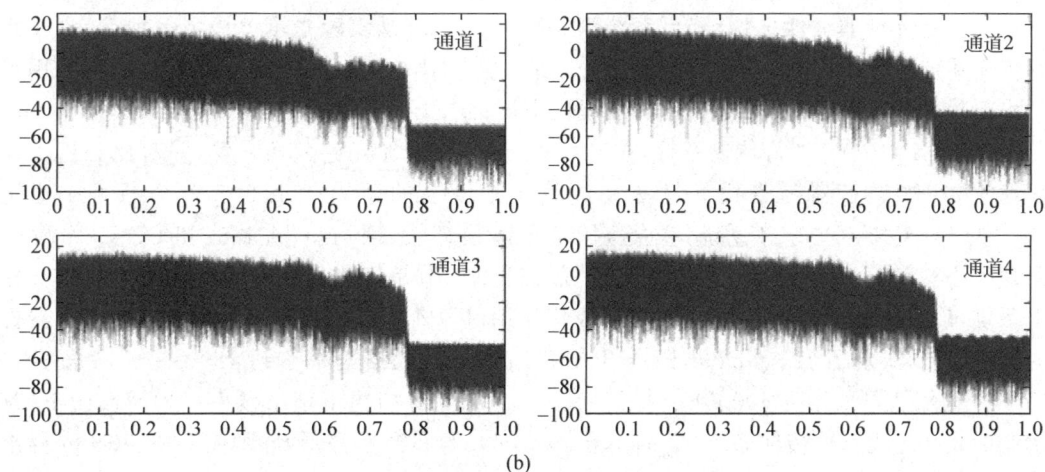

(b)

图 11.14　(a)测得的 NGMI 与接收光功率的关系曲线以及(b)接收到的 100 Gbaud PAM 信号电频谱

(请扫 2 页二维码看彩图)

100 Gbaud PAM-4 信号可以满足 0.83 处的 25% SD-FEC NGMI 阈值。在这里,接收功率是指进入 SOA2 的信号光功率。另外可以看到,对于 100 Gbaud PAM-8 信号,在背靠背情况下很难满足 0.83 处的 25% SD-FEC NGMI 阈值。为了提高频谱效率,有必要在 PAM-8 信号中采用概率整形方案提升系统容量。

图 11.14(a)中的蓝线表示在背靠背情况下 NGMI 与 100 Gbaud PS-PAM-8 信号的接收功率的关系,此时的接收机灵敏度为−10.5 dBm。由于 O 波段的色散极小,因此如果功率损耗完全由 SOA 补偿,则在 40 km SSMF 传输后 NGMI 性能应接近背靠背情况。在 40 km SSMF 传输之后,100 Gbaud PS-PAM-8 信号的接收机灵敏度约为−10 dBm,如图 11.14 所示。这是因为 SOA 中的非线性效应和 ASE 噪声累积会导致 40 km 传输后接收机灵敏度降低 0.5 dB。

图 11.14 中还分别给出了−10.0 dBm,−7.5 dBm 和−9.3 dBm 接收光功率下的解调星座图、眼图和 PAM 信号概率分布。对于 PAM-8 信号,外部的功率电平比内部的功率电平更分散。此外,由于 MZM 和其他光电设备的饱和效应,外部的 PAM 电平也会受到挤压。而采用概率整形方案后,大多数 PAM 符号集中在内部的功率电平上,对应的眼图更加清晰。这可以通过图 11.14 中的 PAM 信号概率分布得到验证。

11.3　小结

本章主要介绍了 PAM-4 信号调制以及相应的数字信号处理算法,PAM-4 作为一种结构简单成本低的调制方式,在短距离互联中引起了广泛的研究兴趣。11.1 节从 PAM-4 基本原理出发分析了其在信噪比要求和信号带宽方面的优势,可以很好地应对带宽受限型信道。但当有信噪比承受空间时,以牺牲一部分信噪比为代价换取速率成倍提高的 PAM-4 方案会是很好的选择。11.1.2 节~11.1.4 节介绍了一些 PAM-4 信号处理算法,首先是 DD-LMS 算法,DD-LMS 算法是一种应用广泛的盲均衡算法,可以收敛星座点并进一步提升判决性能;然后是预色散补偿算法,在发送机进行预补偿从而抵消光纤传输中的色散效应;最后查找表算法作为一种操作简单的算法,通过在发送端信号预畸变,可以抵抗直接检测系统中的各种非线性损伤,降低系统误码率。11.2 节从实验角度分析了多种 PAM-4 高速传输系统,11.2.1 节分析了 4 通道 IM/DD 112.5 Gb/s PAM-4 传输系统,该系统采用了预均衡和查找表算法降低系统线性和非线性损伤;11.2.2 节介绍了 50 Gb/(s·λ)和 64 Gb/(s·λ) PAM-4 PON 下行传输系统,在 11.2.1 节基础上加入色散预补偿,并对比分析了非线性 Volterra 均衡器与查找表算法在计算复杂度上的差异;11.2.3 节介绍了 4 通道 IM/DD 112 Gb/s PAM-4 系统,联合应用了色散预补偿、预均衡、查找表和 DD-LMS 等一系列算法实现了 400 Gb/s 大容量高速系统;11.2.4 节是极化复用的 400G PAM-4 信号相干系统,该系统通过时分复用(TDM)和极化复用(PDM),再采用预加重技术克服光电器件的带宽限制,实现了 120 Gbaud PDM-PAM-4 信号,其数据速率达到 480 Gb/s,考虑 20% FEC 开销依然可以达到 400 Gb/s 净比特率;11.2.5 节描述了基于概率整形及高阶 PAM 调制的超高速光互联传输系统,借助半导体光放大器和概率整形技术,可以在 40 km 标准单模光纤上成功传输 1 Tb/s(280 Gb/s×4)PS-PAM-8 信号,这表明其在短距离接入网和城域网中有广阔应用前景。

思考题

11.1　分别仿真实现图 11.1 中所示的 ML 和 $M+L/2$ 两种机制下的 PAM-4 信号产生,思考两种产生方案的优缺点。

11.2　理论推导 PAM-4 信号误码率与信噪比之间的关系,并在仿真高斯信道中验证所推导出来的公式。

11.3　请思考在短距离直调直检 PAM-4 传输系统中使用 RRCF 进行频谱整形的原因与优势,并探讨不同种整形窗口所带来的影响。

11.4　根据随机梯度下降法,编写适用于 PAM-4 信号均衡的 DD-LMS 算法,分析光纤传输距离对学习速率和抽头系数大小的影响。

11.5　编写基于收端 DD-LMS 算法抽头的预均衡算法,思考使用预均衡算法后为什么需要增大发端电信号幅度。

11.6　编写频域色散预补偿算法,思考发送端 PAM-4 信号经过预色散补偿后的信号需要哪些光电调制器进行光调制。

11.7　编写适用于 PAM-4 信号的查找表预失真算法的程序,分析滑动窗口尺寸 M 对算法精度和复杂度的影响,例如 $M=3,5,7$。

11.8　写出适用于 PAM-4 信号的 DD-LMS 预均衡算法流程框图,并编写出相关算法。

11.9　思考在发射端的数字信号预处理过程中(例如在图 11.4 中),先执行查找表预失真,后进行预均衡操作的原因。

11.10　采用题 11.4 和题 11.5 的算法程序,参照图 11.4 所示的实验系统结构,仿真实现图 11.5 所示的 PAM-4 星座图,比较以下四种情形:①只使用预均衡;②只使用预失真;③联合使用预均衡和预失真;④联合使用预均衡,预失真和预色散。

11.11　理论证明双驱动 MZM 偏置在正交点,可实现复数信号的调制。

11.12　PAM-4 信号可以使用相干接收机进行探测吗? 将其与直接接收相比,两者有哪些优缺点?

11.13　编写适用于 PAM-4 信号相干接收后的复数信号的载波恢复算法,包括频偏估计和载波相位恢复算法。

11.14　采用题 11.10 的载波恢复算法,仿真实现图 11.6 所示的相干接收信号数字信号处理后的星座图。

11.15　如果在 PAM-4 信号相干接收算法中只有相偏算法,则能否有效恢复出原始星座图?

参考文献

［1］　DOCHHAN A，EISELT N，GRIESSER H，et al. Solutions for 400 Gbit/s inter data center WDM transmission［C］. ECOC 2016,Dusseldorf Germany,2016：680-682.

［2］　DOCHHAN A,GRIESSER H,MONROY I T,et al. First real-time 400G PAM-4 demonstration for inter-data center transmission over 100 km of SSMF at 1550 nm［C］. OFC 2016,Anaheim,CA,USA,

2016：W1K.5.

[3] SADOT D,DORMAN G,GORSHTEIN A,et al. Single channel 112 Gbit/sec PAM4 at 56 Gbaud with digital signal processing for data centers applications[J]. Opt. Express,2015,23：991-997.

[4] PANG X,OZOLINS O,GAIARIN S,et al. Evaluation of high-speed EML-based IM/DD links with PAM modulations and low-complexity equalization[C]. ECOC 2016,Dusseldorf Germany,2016：872-874.

[5] GAO Y,CARTLEDGE J C,YAM S H,et al. 112 Gb/s PAM-4 using a directly modulated laser with linear pre-compensation and nonlinear post-compensation[C]. ECOC 2016,Dusseldorf Germany,2016：121-123.

[6] JIA Z,CHIEN H,CAI Y,et al. Experimental demonstration of PDM-32QAM single-carrier 400G over 1200-km transmission enabled by training-assisted pre-equalization and look-up table[C]. OFC 2016,Anaheim,CA,USA,2016：Tu3A.4.

[7] 张家琦,葛宁. 联合 CMA＋ DDLMS 盲均衡算法[J]. 清华大学学报：自然科学版,2009（10）：1681-1683.

[8] WANG Y,YU J,CHI N. Demonstration of 4×128-Gb/s DFT-S OFDM signal transmission over 320-km SMF with IM/DD[J]. Photonics Journal,IEEE,2016,8(2)：1-9.

[9] ZHOU J,ZHANG L,ZUO T,et al. Transmission of 100-Gb/s DSB-DMT over 80-km SMF using 10-G class TTA and direct-detection[C]. ECOC 2016,Dusseldorf,Germany,2016：Tu3F.1.

[10] SAVORY S J. Digital filters for coherent optical receivers[J]. Opt. Express,2008,16(2)：804-817.

[11] KE J H,GAO Y,CARTLEDGE J C. 400 Gbit/s single-carrier and 1 Tbit/s three-carrier superchannel signals using dual polarization 16-QAM with look-up table correction and optical pulse shaping[J]. Opt. Express,2014,22(1)：71-84.

[12] ZHANG J,YU J,CHIEN H. EML-based IM/DD 400G (4×112.5-Gbit/s) PAM-4 over 80 km SSMF based on linear pre-equalization and nonlinear LUT pre-distortion for inter-DCI applications[C]. OFC 2017,Los Angeles,CA,USA,2017：W4I.4.

[13] OLMEDO M I,ZUO T,JENSEN J B,et al. Towards 400GBASE 4-lane solution using direct detection of MultiCAP signal in 14 GHz bandwidth per lane[C]. OFC 2013,Anaheim,CA,USA.2013：PDP5C.10.

[14] ESTARAN J,OLMEDO M I,ZIBAR D,et al. First experimental demonstration of coherent CAP for 300-Gb/s metropolitan optical networks[C]. Optical Fiber Communication Conference,OSA Technical Digest (online) (Optical Society of America,2014)：Th3K.3.

[15] SUHR L,VEGAS OLMOS J J,MAO B,et al. Direct modulation of 56 Gbps duobinary-4-PAM[C]. Optical Fiber Communication Conference,OSA Technical Digest (online) (Optical Society of America,2015)：Th1E.7.

[16] ZHONG K,ZHOU X,GUI T,et al. Experimental study of PAM-4,CAP-16,and DMT for 100 Gb/s short reach optical transmission systems[J]. Opt. Express,2015,23：1176-1189.

[17] XU X,ZHOU E,LIU G N,et al. Advanced modulation formats for 400-Gbps short-reach optical inter-connection[J]. Opt. Express,2015,23：492-500.

[18] MORSY-OSMAN M,CHAGNON M,POULIN M,et al. 1λ×224 Gb/s 10 km transmission of polarization division multiplexed PAM-4 signals using 1.3 μm SiP intensity modulator and a direct-detection MIMO-based receiver[C]. ECOC 2014,Cannes France,2014：PD.4.4.

[19] XIE C,SPIGA S,DONG P,et al. Generation and transmission of 100-Gb/s PDM 4-PAM using directly modulated VCSELs and coherent detection[C]. Optical Fiber Communication Conference,OSA Technical Digest (online) (Optical Society of America,2014)：Th3K.2.

[20] XIE C,SPIGA S,DONG P,et al. Generation and transmission of a 400-Gb/s PDM/WDM signal

using a monolithic 2×4 VCSEL array and coherent detection[C]. OFC 2014,San Francisco,CA, USA,2014: PDP Th5C. 9.

[21]　RAYBON G,ADAMIECKI A,WINZER P,et al. Single-carrier 400G interface and 10-channel WDM transmission over 4800 km using all-ETDM 107-Gbaud PDM-QPSK[C]. OFC 2013,Anaheim,CA, USA,2013: PDP5A. 5.

[22]　ZHANG J,DONG Z,CHIEN H,et al. Transmission of 20×440-Gb/s super-Nyquist-filtered signals over 3600 km based on single-carrier 110-GBaud PDM QPSK with 100-GHz grid[C]. OFC 2014,San Francisco,CA,USA,2014: Th5B. 3.

[23]　RAYBON G,ADAMIECKI A,WINZER P J,et al. All ETDM 107-Gbaud PDM-16QAM (856-Gb/s) transmitter and coherent receiver[C]. ECOC 2013,London,UK,2013: PD 2. D. 3.

[24]　ZHANG J,YU J,CHI N,et al. Time-domain digital pre-equalization for band-limited signals based on receiver-side adaptive equalizers[J]. Opt. Express,2014,22: 20515-20529.

第 12 章

概率整形技术研究

面临通信系统对传输容量和灵活性要求的日益增高,作为一种典型的调制格式优化技术,概率整形(probabilistic shaping,PS)技术凭借其传输容量高、系统复杂度低等优势得到越来越多的关注,已经成为一种前景广阔的新技术。

概率整形的出现为光通信系统提供了无与伦比的灵活性,而不增加系统的复杂性。特别是光通信系统信道受到非线性的功率限制时,让概率整形更像是为光通信量身定做的。在不增加发送功率的前提下获得高频谱效率、高传输容量,是概率整形的优势所在。概率整形对于光通信系统解决功率限制问题和提高传输容量而言,都是很好的选择。

自 2016 年 9 月以来,概率整形逐渐引起研究人员的兴趣,贝尔实验室等在德国骨干网中通过四载波超级信道的 1 Tb/s 数据传输,利用概率整形的星座,实现了前所未有的传输容量和频谱效率,可以说是光通信的一个突破[1]。2016 年 10 月,阿尔卡特朗讯公司和贝尔实验室宣布,他们已经实现了惊人的突破,即在使用概率整形技术的实验室试验中实施了6600 km 单模光纤的 65 Tb/s 数据传输[2]。到目前为止,概率整形的研究工作主要集中在具有相干检测的单载波光纤传输。人们在均匀分布的 QAM 格式和 PS-QAM 格式的比较中已经发现,在非线性信道中,概率整形可以提供大于 1.53 dB 的灵敏度增益[3]。概率整形对于光通信传输距离的提高,在文献[4]中第一次得到证实。

作为一项突破性的技术,概率整形必将成为一种划时代的技术,在未来的光通信领域让传输速率更快,灵活性更好。在光通信系统中使用概率整形技术,对注重功率限制、频谱效率和传输容量的光无线融合系统来说无疑是一个很有意义的进步。概率整形将成为未来改善光通信性能的一个很有希望的候选者。然而概率整形尚未得到深入的开发,于是我们对光通信中的概率整形这一新型调制格式优化技术展开探究。

本章将从概率整形技术的基本原理、概率整形的算法和仿真、实验探究概率整形技术对超高速光纤传输系统的优化等方面进行介绍。

12.1 概率整形技术的基本原理

12.1.1 概率整形技术的定义和实现方法

正当人们以为光通信已经走到一个瓶颈时,概率整形技术横空出世。作为调制格式优化技术的一个典型,经过多方的研究、验证,概率整形技术凭借其传输容量更高、系统复杂度更低等优势得到越来越多的关注,已经成为一种前景广阔的新技术[5-10]。

图 12.1(a)是一般通信系统的原理框图,在这样的通信系统中,16QAM 的 16 个星座点出现的概率是均匀分布的。在图 12.1(b)中,在编码器之前增加了"分布匹配器"(distribution matcher,DM),而在解码器之后增加了"分布解匹配器"(distribution de-matcher),概率整形正是通过这种改变被加入通信系统中。

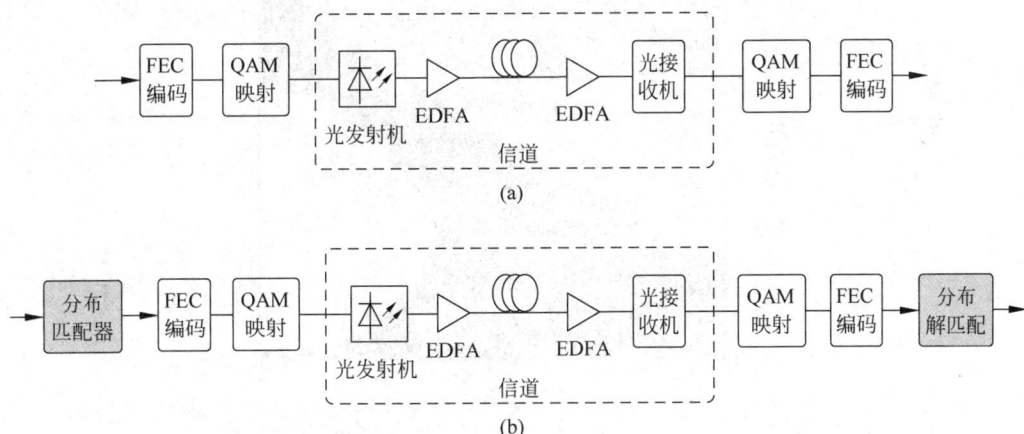

图 12.1 (a)无整形 QAM 光传输系统和(b)概率整形 QAM 光传输系统

目前已经有多方在设计"分布匹配器"的实现方法。其中被广泛看好的一种方法是最先进的使用低密度奇偶校验(LDPC)码的概率幅度整形(PAS)方案[7,11-12]。分布匹配器的作用是在编码之前进行一个"外编码",目的是让编码、映射之后的 16QAM 各符号出现的概率服从我们预设的概率分布。而这一概率分布是由信噪比决定的,即信噪比决定概率分布。这种概率分布的特点是,相比于均匀分布的 16QAM,增大了内圈 4 个星座点出现的概率,而减小外圈 4 个星座点出现的概率,从而改善误码性能,同时节省发送功率。

图 12.2 展示了均匀分布的 16QAM 各星座点的概率分布,以及信噪比分别为 5 dB 和 10 dB 时概率整形 16QAM 各星座点的概率分布。理论上,每一种信噪比都有一个相对应的最佳概率分布,这种概率分布能够让系统得到最好的优化,即让系统传输容量最大化。12.1.2 节中具体展示了这一点。往往信噪比越差,概率整形的程度越大,即概率大的信号与概率小的信号概率相差越悬殊。

曾经有对此展开的研究,发现概率整形的稳健性(robustness)[13]。概率分布与信噪比较小的不匹配带来的损失是很小的。也就是说,某个信噪比可以与它前后较近的信噪比共用一种概率分布。参考文献[13]发现,仅需 4 个概率分布就可以覆盖 5～25 dB 范围内的信噪比。如图 12.3 所示(引用自参考文献[13]的图 4),图中虚线代表完美整形,不同颜色代表不匹配所带来的不同程度的损失,其中绿色是我们可以接受的。

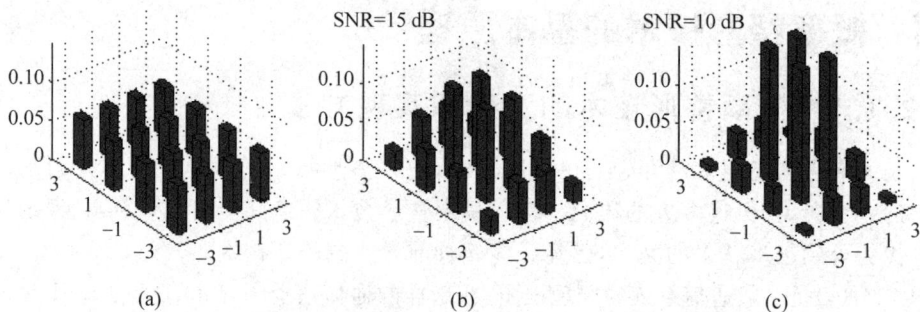

图 12.2　(a)均匀分布 16QAM 星座概率分布图,以及(b)(c)概率整形 16QAM 星座概率分布图
(请扫 2 页二维码看彩图)

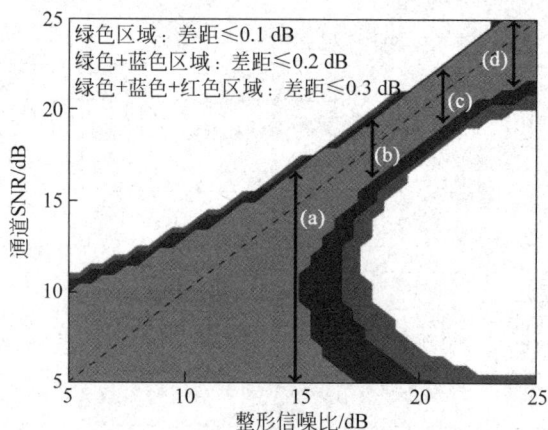

图 12.3　在 AWGN 信道中概率整形 64QAM 的稳健性[13]
(请扫 2 页二维码看彩图)

12.1.2　概率整形技术改善误码性能的原因分析

我们知道,16QAM 的 16 个点呈三种幅度分布,这里将它们视为三个圈。如图 12.4(a)所示,内圈和第二圈的距离是 1.75,而第二圈和外圈的距离只有 0.80,这就导致最外圈成为误码的多发区。图 12.4(b)中,CMMA 之后第二环和第三环难以区分,也说明这一点。事实上我们使用 16QAM 作为调制格式时,误码很大一部分出自外圈的 4 个星座点。

概率整形增大了 16QAM 内圈 4 个星座点出现的概率,而减小了外圈 4 个星座点出现的概率。恰恰是增大了误码性能好的星座点出现的概率,而减小了误码性能差的星座点出现的概率。这是概率整形降低误码率的原因之一。

另外,概率整形增大内圈 4 个星座点出现的概率,也意味着增大了幅度较小的点出现的概率;减小外圈 4 个星座点出现的概率,也意味着减小了幅度较大的点出现的概率。因此概率整形后 16QAM 信号的平均功率会低于原 16QAM 信号,从而节省了发送功率,利于解决光通信非线性带来的功率限制问题。但是这会使得两者不具有可比性,所以为了让两者的平均功率相等,我们需要对概率整形 16QAM 的星座图进行扩大,具体变化见 12.1.3 节。星

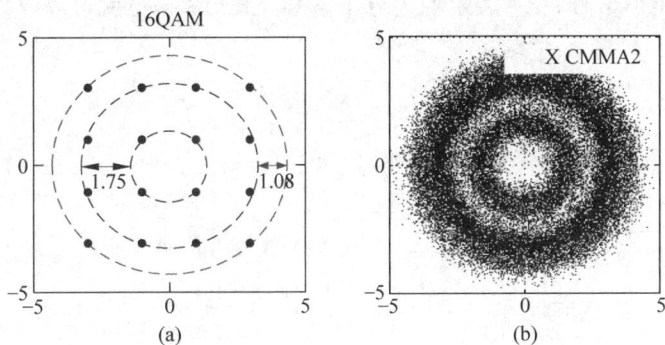

图 12.4　(a)16QAM 星座图和(b)16QAM CMMA 算法均衡之后星座图

(请扫 2 页二维码看彩图)

座图扩大,也就意味着星座点之间的欧几里得距离得到提高,容错性增强。在相同的信噪比之下由于欧几里得距离的增大,误码率会得到降低。这是概率整形提高误码性能的第二个原因。

12.1.3　概率整形技术的算法

在 12.1.2 节中已经介绍过,概率整形是增大内圈四个点出现的概率,减小外圈 4 个点出现的概率。具体的概率分布使用参考文献[11]中的麦克斯韦-玻尔兹曼分布,如式(12-1)所示。

$$P_X(x_i) = \frac{1}{\sum\limits_{k=1}^{M} e^{-vx_k^2}} e^{-vx_i^2} \tag{12-1}$$

这仅是对于一维符号的计算公式,即 QAM 信号的 I 路或 Q 路,可以通过单路的概率分布计算出所有 QAM 信号的概率分布。其中,v 是缩放因子,是关键参数之一,可以代表概率整形的程度,在 $0\sim1$ 取值。v 越大代表概率整形的程度越大,也正是 v 的不同导致了概率整形的概率分布不同。v 由信噪比决定,理论上每个信噪比都能匹配到一个最适宜的 v 让互信息(MI)达到最大,图 12.2 中不同信噪比对应的不同概率分布正是源于不同的参数 v。式(12-2)是互信息的计算公式。

$$I(X;Y) = H(X) - H(X \mid Y) \tag{12-2}$$

其中,X 为发送符号;Y 为接收符号;$H(X)$ 表示信源熵;$H(X|Y)$ 表示由于各种干扰,接收到 Y 后 X 仍然存在的不确定性,是干扰对接收端所获信息量的削减。所以互信息就可以代表通信系统的信息容量。于是我们可以通过互信息来衡量概率整形为一个通信系统带来的优化。

概率整形增加了幅度小的信号出现的概率,而减小了幅度大的信号出现的概率,这就导致了信号平均功率的降低,节省了发送功率。要想使概率整形的信号与原信号的平均功率相同,需要引入标量 Δx,用以扩大概率整形的星座图,达到让信号平均功率与均匀分布的信号平均功率相等。

$$E[\mid \Delta X \mid^2] = E[\mid X_0 \mid^2] \tag{12-3}$$

其中，X 表示概率整形信号；X_0 表示均匀分布信号。式(12-1)也就可以改为

$$P_{\Delta X}(x_i) = \frac{1}{\sum\limits_{k=1}^{M} e^{-v x_k^2}} e^{-v x_i^2} \tag{12-4}$$

下面我们以 PS-16QAM 为例具体说明，这里取 $v=0.1$。根据式(12-4)，可以求出各星座点的概率分布：

$$P(\Delta X) = \begin{vmatrix} 0.0240 & 0.0535 & 0.0535 & 0.0240 \\ 0.0535 & 0.1190 & 0.1190 & 0.0535 \\ 0.0535 & 0.1190 & 0.1190 & 0.0535 \\ 0.0240 & 0.0535 & 0.0535 & 0.0240 \end{vmatrix} \tag{12-5}$$

$$\bar{P} = \sum_i |X_i|^2 \cdot P(X_i) \tag{12-6}$$

通过式(12-6)可以求出概率整形后的 16QAM 信号的平均功率为 6.96。而原 16QAM 信号的平均功率为 10，是 PS-16QAM 的 1.4367 倍，PS-16QAM 的各符号幅度应增大 1.1986 倍，即 $\Delta=1.1986$。原 16QAM 的星座图由图 12.5(a)变为图 12.5(b)。

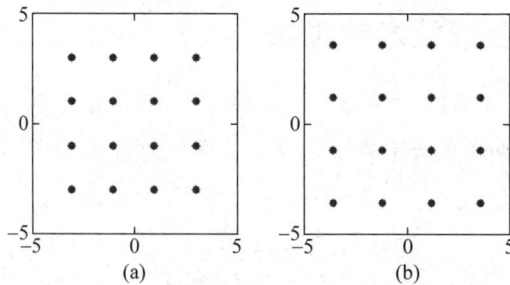

图 12.5 （a）原 16QAM 星座图和（b）概率整形后的 16QAM 星座图
（请扫 2 页二维码看彩图）

12.2 仿真探究概率整形技术的可行性

12.2.1 仿真装置

仿真装置的结构如图 12.6 所示。产生 CW 光波的 ECL1 提供了 IQ 调制器的光输入，由数字信号处理器(DSP)生成的均匀分布以及概率整形的 16QAM 调制信号用于驱动 IQ 调制器。经高斯光白噪声源加入后，产生的均匀分布/PS-16QAM 光调制信号发送到 90°光混合器。90°光混合器的另一个输入是从 ECL2 产生的 CW 光波，作为与传输光信号有 15 GHz 频率差的本振光。然后，在 90°光混合器的 I 输出端采用 BPD 进行上变频，以获得 15 GHz 的 16QAM 毫米波信号。通道噪声来自 BPD 的热噪声和散粒噪声。90°光混合器的 Q 输出端接地，因为我们不需要使用它。15 GHz 的 16QAM 毫米波信号由接收机一侧的数字信号处理器处理。光域中的操作由光学仿真软件 VPI 平台实现，电域运行由 MATLAB 编程实现，可以通过 MATLAB 编程来恢复数据，包括 IF 下变频、符号判定、16QAM 解映射等过程。基于恢复数据与原始发送数据的比较，进行 BER 计算。

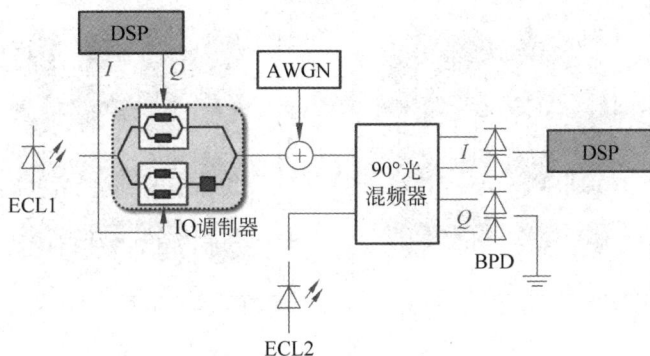

图 12.6　仿真原理图
(请扫 2 页二维码看彩图)

12.2.2　仿真结果及分析

计算得到的 BER 性能如图 12.7 所示。在 4 种不同的情况下,给出 BER 与输入光混频器的光信噪比(OSNR)的关系曲线:① 20 Gb/s(5 Gbaud)均匀分布 16QAM 调制, ② 20 Gb/s(20/3.4 Gbaud)PS-16QAM 调制, ③ 20 Gb/s(20/3 Gbaud)PS-16QAM 调制和 ④ 20 Gb/s(20/2.6 Gbaud)PS-16QAM 调制。这里,括号中每个波特率的分母表示每个符号的熵。如果比特率相同,概率整形方案的波特率会因为熵的不同而有所不同。在第②~ ④种情况下,我们分别将参数 v 设置为 0.079199513812927、0.137326536083514 和 0.209994892771603。从图 12.7 所示的仿真结果可以看出,在相同比特率的情况下,PS-16QAM 具有比正常 16QAM 更好的 BER 性能。此外,每个符号携带的熵越小,BER 性能就越好。图 12.8 为对应于图 12.7 中不同情况的某一光信噪比的 20 Gb/s 均匀分布 16QAM 和 PS-16QAM 的 15 GHz 毫米波信号的恢复星座结果。在情况①中,在 17.26 dB OSNR 下的恢复星座结果如图 12.8(a)所示,得到 3.3×10^{-3} 的 BER。在情况②中,在 16.07 dB OSNR 下的恢复星座结果如图 12.8(b) 所示,并获得 2.8×10^{-3} 的 BER。在情况③ 中,在 15.1 dB OSNR 下的恢复星座结果如图 12.8(c)所示,得到 2.9×10^{-3} 的 BER。在情况④中,在 13.9 dB OSNR 下的恢复星座结果如图 12.8(d)所示,并获得 2.8×10^{-3} 的 BER。图 12.9 为对应于图 12.8(c)这种情形中不同位置处所捕获的光谱图或 15 GHz 毫米波信号频谱。图 12.9(a)为在 BPD 之前的光信号光谱图。当信号的 OSNR 为 15.1 dB 时,BPD 之后的电信号频谱图如图 12.9(b)所示。

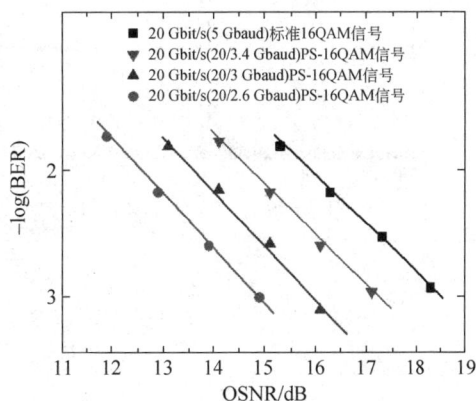

图 12.7　BER 与光混频器输入 OSNR 的关系图
(请扫 2 页二维码看彩图)

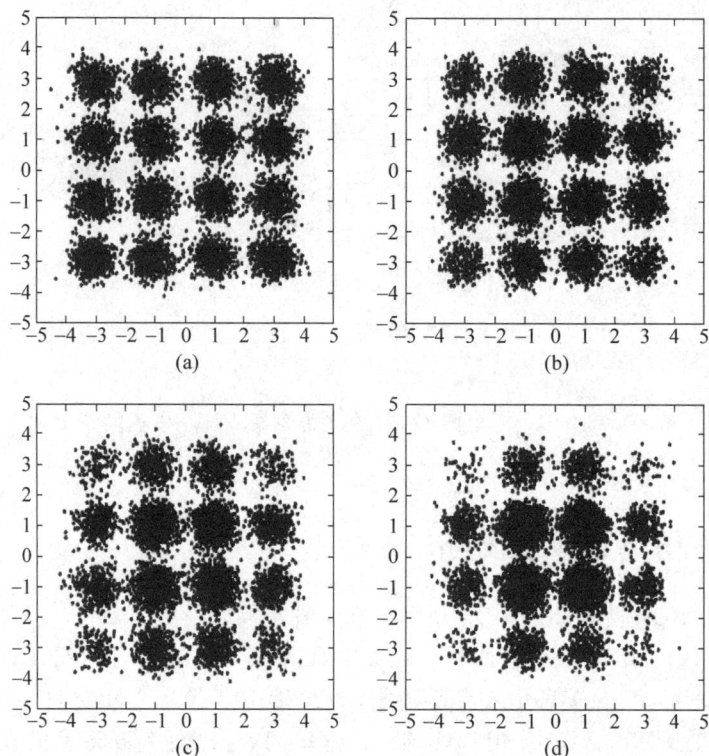

图 12.8 20 Gb/s 均匀分布 16QAM 和 PS-16QAM 的 15 GHz 毫米波信号的恢复星座结果

(a) 17.26 dB OSNR,4 bit/sym,BER=3.3×10^{-3};(b) 16.07 dB OSNR,3.4 bit/sym,BER=2.8×10^{-3};
(c) 15.1 dB OSNR,3 bit/sym,BER=2.9×10^{-3};(d) 13.9 dB OSNR,2.6 bit/sym,BER=2.8×10^{-3}

(请扫 2 页二维码看彩图)

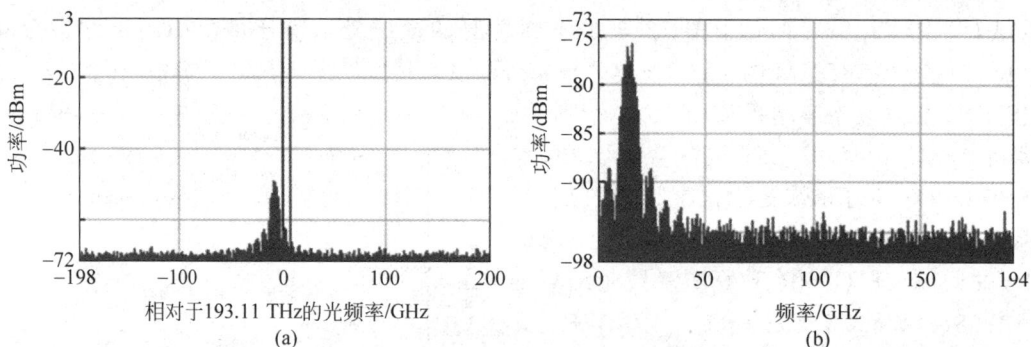

图 12.9 对应于图 12.8(c)的不同位置的光谱图(频谱图)

(a) BPD 之前;(b) BPD 之后

(请扫 2 页二维码看彩图)

总之,PS-16QAM 调制格式在 BER 性能方面优于均匀分布的 16QAM 调制格式。在理想情况下,不同的信噪比需要不同的整形深度,即不同的参数 v 值。在现实的系统中,我们可以在一定信噪比范围内使用相同的 PMF,因为信道信噪比与我们的 PMF 的信噪比之间不匹配的容限为 24,这使得概率整形的实现更加容易。我们通过这个仿真,证实了概率整形在相干光通信系统中的可行性。接下来我们将通过具体实验继续进行探究。

12.3　PAS 方案的原理

众所周知,概率整形是一种实现速率逼近香农(Shannon)极限的先进技术,而概率幅度整形(probabilistic amplitude shaping,PAS)已成为实现概率整形的一种标准方案[6,12],它在 FEC 编码之前使用分布匹配器(DM)进行整形。基于信源熵为 5.5 bit/符号/极化熵的 PS-64QAM 的 PAS 实现原理如图 12.10 所示。首先,将二进制数据源分为两部分,数据长度分别为 $U_1=56678$ 和 $U_2=11435$。将 U_1 比特流输入恒定成分分布匹配器(CCDM),并根据指定的概率分布生成 $V_1=32400$ 个幅度符号{1、3、5、7}。图 12.10(a)提供了 CCDM 生成的幅度符号的概率分布。然后将幅度符号映射为 $2V_1$ 比特,并将 $2V_1$ 比特与 U_2 比特一同输入开销为 27.5% 的低密度奇偶校验(LDPC)编码器中,从而生成奇偶校验位。这些奇偶校验位和 U_2 比特二进制符号均遵循均匀概率分布,根据映射关系($0 \rightarrow +1$ 和 $1 \rightarrow -1$)将这些服从均匀分布的二进制符号用作正/负符号位。然后将这些正/负符号与先前的幅度符号组合而形成{+1,+3,+5,+7}或{-1,-3,-5,-7}符号,即生成图 12.10(b)所示的 PS-PAM-8 符号。最后,可以将信源熵为 2.75 bit/sym 的两路 PS-PAM-8 符号支路组合为熵为 5.5 bit/sym 的 PS-64QAM(这里称作 PS-64QAM-5.5)。

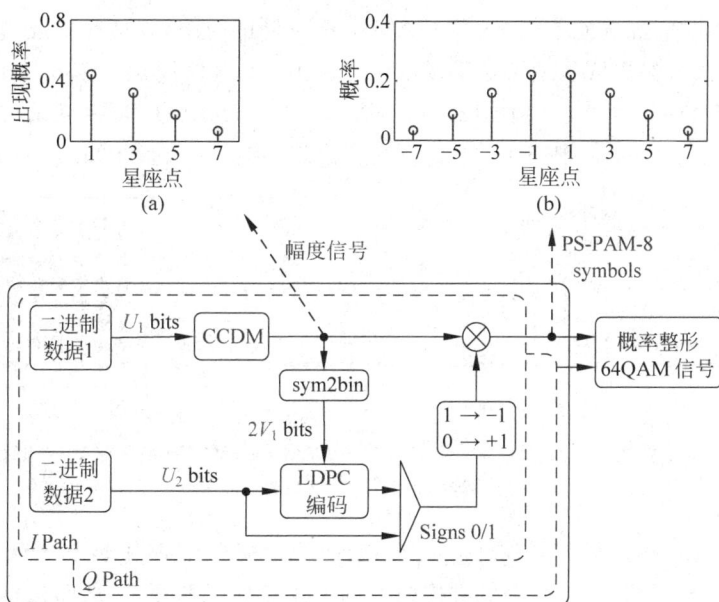

图 12.10　PAS 传输系统的原理

(请扫 2 页二维码看彩图)

考虑来自 CCDM 和 FEC 的开销时,我们总共发送了 V_1 个 64QAM 符号,这些符号只能携带 $2(U_1+U_2)$ 比特的所需信息。因此,实际传输速率可以表示为

$$R_{\text{actual}} = \frac{2(U_1+U_2)}{V_1} \tag{12-7}$$

这样,PS-64QAM-5.5 的实际传输速率仅为 4.2 bit/sym。我们求得的实际传输速率与通过参考文献[12]中公式 3 得到的概率整形理论传输速率 R 完全一致。

$$R = H - (1 - r) \cdot m \tag{12-8}$$

其中，H 是信源熵（5.5 bit/sym）；r 是 FEC 码率（40/51）；m 是每个 64QAM 符号对应的比特数（6 bit/sym）。这样计算出的理论传输速率 R 也是 4.2 bit/sym。因此，每个信道的净比特率可以计算为 48 Gsym/s×4.2 bit/sym/极化×2 极化=403 Gb/s。

12.4 概率整形与混合 QAM 的比较

与概率整形相似，混合 QAM[3,10] 是另外一种调制格式优化技术，可以带来 OSNR 灵敏度增益并改善传输距离。与常规 QAM 不同，混合 QAM 由两个或多个常规 QAM 组成，这些常规 QAM 具有不同的信源熵，并且以不同比例分布在一帧内，可以实现介于两个常规 QAM 整数信源熵之间的任何熵值。这样，混合 32QAM/64QAM 可以平滑地填补常规 32QAM 和常规 64QAM 之间的过渡，可以在频谱效率和 OSNR 灵敏度之间取得更好的折中。而对于概率整形技术，为了降低通信系统容量与香农极限之间的差距，使用了功率利用效率更高的麦克斯韦-玻尔兹曼分布。因此，将混合 QAM 与概率整形技术进行比较是很有意义的，从而探索更适用于 50 GHz 信道间隔的 400G 波分复用传输的先进调制格式。

众所周知，常规 $2n$ 阶 QAM 只能实现整数信源熵，而最近提出的混合 QAM 可以为两个或多个具有不同信源熵的常规 $2n$ 阶 QAM 分配不同的时隙，并填补常规 QAM 之间的空白，从而实现任意非整数信源熵。这里以混合比例为 1∶1（信源熵为 5.5 bit/sym/极化）的混合 32QAM/64QAM 为例。如图 12.11(a)所示，常规 32QAM 符号（映射为 5 bit）和常规 64QAM 符号（映射为 6 bit）按 1∶1 的比例交替出现，相应的星座图如图 12.11(b)所示。

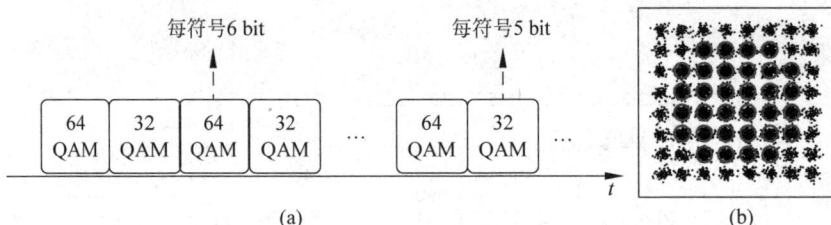

图 12.11 信源熵为 5.5 bit/sym/极化的混合 32QAM/64QAM 的(a)符号映射和(b)星座图
（请扫 2 页二维码看彩图）

与混合 QAM 不同，概率整形使用式(12-9)中所示的麦克斯韦-玻尔兹曼分布来增加幅度较小的星座点出现的概率，而降低幅度较大的星座点出现的概率，从而在相同信源熵下实现较低的平均功率，获得整形增益。

$$P_X(x_i) = \frac{\exp\{-v[\mathrm{Re}(x_i)^2 + \mathrm{Im}(x_i)^2]\}}{\sum\limits_{k=1}^{M} \exp\{-v[\mathrm{Re}(x_k)^2 + \mathrm{Im}(x_k)^2]\}} \tag{12-9}$$

其中，x_i 表示混合 QAM 中的第 i 个星座点；v 表示整形参数。另外，混合 QAM 由不同的常规 QAM 组合而成，其各组成部分保持各自的不同映射位数，而概率整形技术通过引入冗余来实现符号的指定概率分布，符号的原始映射位数得以保持。在 12.6 节的传输实验中，我们将比较具有相同信源熵（5.5 bit/sym）的 PS-64QAM 和混合 32QAM/64QAM 的性能。

32QAM/64QAM 混合 QAM-5.5 的混合原理如图 12.12(a)所示,以 1∶1 的混合比例将标准 32QAM 和标准 64QAM 符号进行混合,普通 32QAM 符号(映射到 5 bit)和普通 64QAM 符号(映射到 6 bit)以 1∶1 的比例轮流出现。PS-64QAM-5.5 信号的概率分布如图 12.12(b)所示,各符号遵循麦克斯韦-玻尔兹曼分布,整形系数 v 的取值为 0.03872。

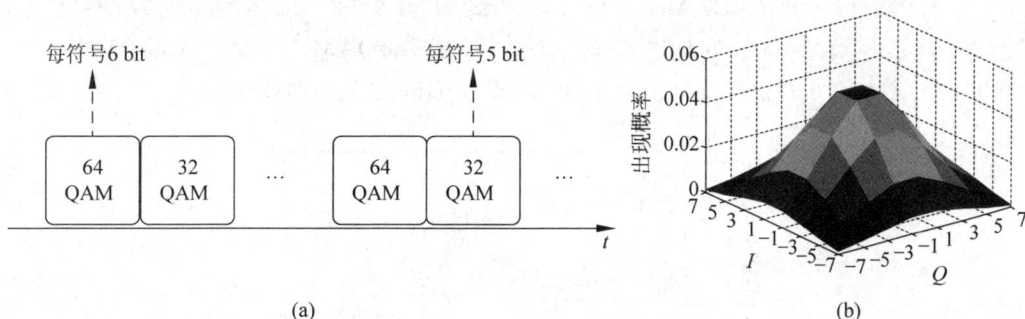

图 12.12　(a) 32QAM/64QAM 混合 QAM-5.5 的比特映射;(b) PS-64QAM-5.5 的概率分布
(请扫 2 页二维码看彩图)

12.5　系统性能衡量指标 NGMI

有研究表明,归一化的广义互信息(NGMI)是适用于软判决 FEC 的可靠 Pre-FEC 性能衡量指标,可以有效预测 FEC 解码。这里,我们将 NGMI 作为 Pre-FEC 的阈值来衡量系统性能。广义互信息(GMI)的计算公式可以表示为

$$\text{GMI} = H + \frac{1}{N} \sum_{k=1}^{N} \sum_{i=1}^{m} \log_2 \frac{\sum_{x \in \chi_{b_{k,i}}} q_{Y|X}(y_k \mid x) P_X(x)}{\sum_{x \in \chi} q_{Y|X}(y_k \mid x) P_X(x)} \tag{12-10}$$

其中,x 和 y 分别表示发送信号和接收信号;y_k 表示第 k 个接收到的信号;H 为信源熵;N 为用于计算 GMI 的所有信号的数量;m 为每个 M-QAM 符号可映射成的比特数量;χ 表示 M-QAM 星座点的集合;$b_{k,i}$ 表示第 k 个发送信号所映射成的第 i 位比特;$\chi_{b_{k,i}}$ 表示 M-QAM 星座点当中映射成的比特第 i 位是 $b_{k,i}$ 的所有星座点的集合。当发送信号为 x 时,得到的接收信号为 y 的条件概率可以表示为

$$q_{Y|X}(y \mid x) = \frac{1}{\sqrt{2\pi\sigma^2}} \cdot e^{\frac{-|y-x|^2}{2\sigma^2}} \tag{12-11}$$

其中,σ^2 为噪声方差。计算得到的 GMI 可以通过下式转换为 NGMI:

$$\text{NGMI} = \text{GMI}/m \tag{12-12}$$

图 12.13 给出了 FEC 解码之后的 BER 与 FEC 解码之前的 NGMI 的关系图。蓝色曲线表示 PS-64QAM-5.5 信号在使用具有 40/51 码率(对应于 27.5% 的开销)的低密度奇偶校验码(LDPC)时,LDPC 解码前的 NGMI 与 LDPC 解码后的 BER 的关系;绿色曲线表示 32/64 混合 QAM-5.5 信号在使用具有 55/72 码率(对应于 30.9% 的开销)的 LDPC 时,LDPC 解码前的 NGMI 与 LDPC 解码后的 BER 的关系。如图 12.13 所示,对于 PS-64QAM-5.5 信号,在 LDPC 开销为 27.5% 的情况下,当 LDPC 解码前的 NGMI 能达到 0.8

时,LDPC 可以实现无差错解码。换言之,0.8-NGMI 可以作为开销为 27.5% 的 LDPC 阈值。同理,对于 32/64 混合 QAM-5.5 信号,在 LDPC 开销为 30.9% 的情况下,当 LDPC 解码前的 NGMI 能达到 0.784 时,LDPC 可以实现无差错解码,则 0.784-NGMI 也可以作为开销为 30.9% 的 LDPC 阈值。为了最终获得相同的净比特速率,开销为 27.5% 的 LDPC 和 0.8-NGMI 阈值用于 PS-64QAM-5.5 信号,而开销为 30.9% 的 LDPC 和 0.784-NGMI 阈值用于 32/64 混合 QAM-5.5 和标准 64QAM 信号。PS-64QAM-5.5、32/64 混合 QAM-5.5 和标准 64QAM 信号的波特率分别为 48 Gbaud、48 Gbaud 和 44 Gbaud。

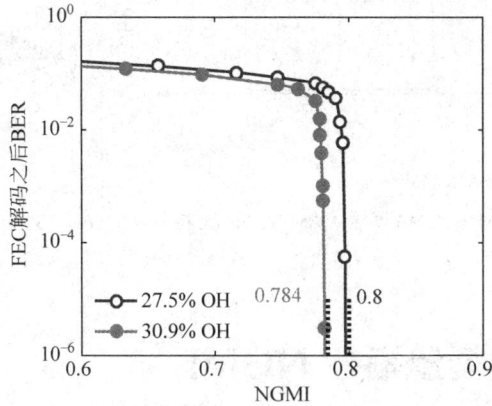

图 12.13　FEC 解码之后的 BER 与 FEC 解码之前的 NGMI 的关系图
（请扫 2 页二维码看彩图）

12.6　概率整形和混合 QAM 传输实验

12.6.1　实验装置

图 12.14 和图 12.15 分别给出了 8 信道 48G 波特率的 WDM PS-64QAM(或混合 32QAM/64QAM)信号的生成和传输的实验装置以及数字信号处理原理。在发射端数字信号处理中,分别生成了熵为 5.5 bit/sym/极化的混合 32QAM/64QAM 和 PS-64QAM 符号。如图 12.15(a)所示,对于混合 32/64QAM,常规 32QAM 和 64QAM 信号各占时隙的一半,并且交替出现。对于 PS-64QAM,我们用指定的麦克斯韦-玻尔兹曼分布生成了具有 5.5 bit/sym/极化信源熵的 PS-64QAM 符号,所生成的 PS-64QAM 信号的概率分布如图 12.15(b)所示。在进行 QAM 映射后,将生成的 PS-64QAM(或混合 32QAM/64QAM)符号送入基于预处理训练序列的查找表预失真和预均衡模块。同时,我们采用了滚降系数为 0.04 的升余弦(RC)滚降滤波。我们根据在背靠背情况下,恒模算法(CMA)均衡器 21 个抽头收敛后的系数,计算出图 12.15(c)所示的滤波器长度为 1024 的预均衡有限冲激响应(FIR)。图 12.15(d)中基于查找表的预失真是基于预均衡后的训练序列进行的。首先,通过将传输的信号与相应的恢复信号进行比较来生成具有 9 符号存储长度的各模式相关的查找表。然后计算表中每个模式的发射信号和相应的恢复信号之间的平均差值,这里,长度为 2^{16} 的训练序列大约可以覆盖 35000 个模式。最后通过计算出的各模式平均差值而生成相应的预失真星座图。之后,将经过预处理的信号加载到数模转换器(DAC)中。

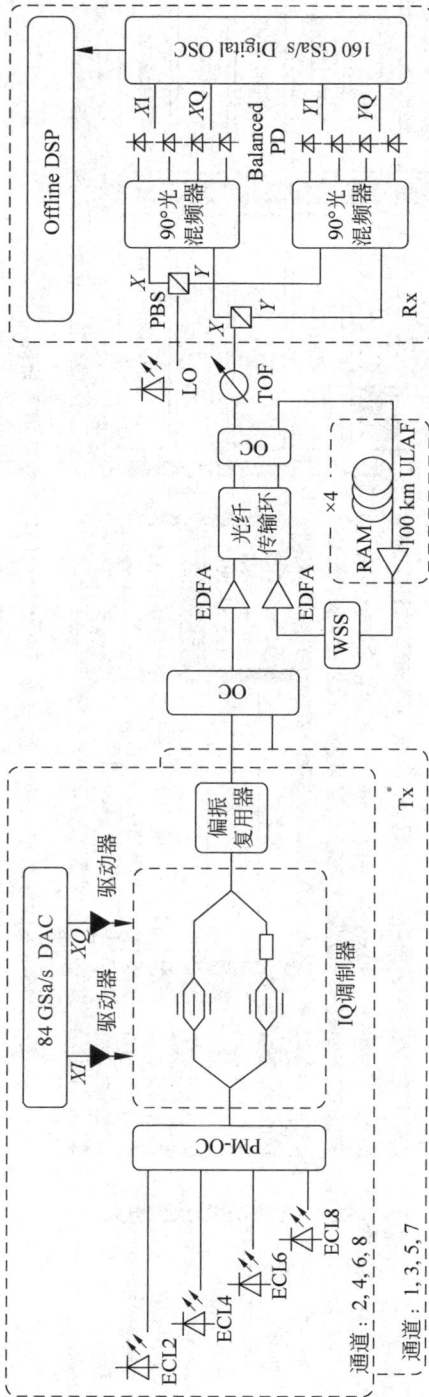

图 12.14　基于 48G 波特率偏振复用 PS-64QAM(或混合 32/64QAM) 的 8 信道 WDM 传输

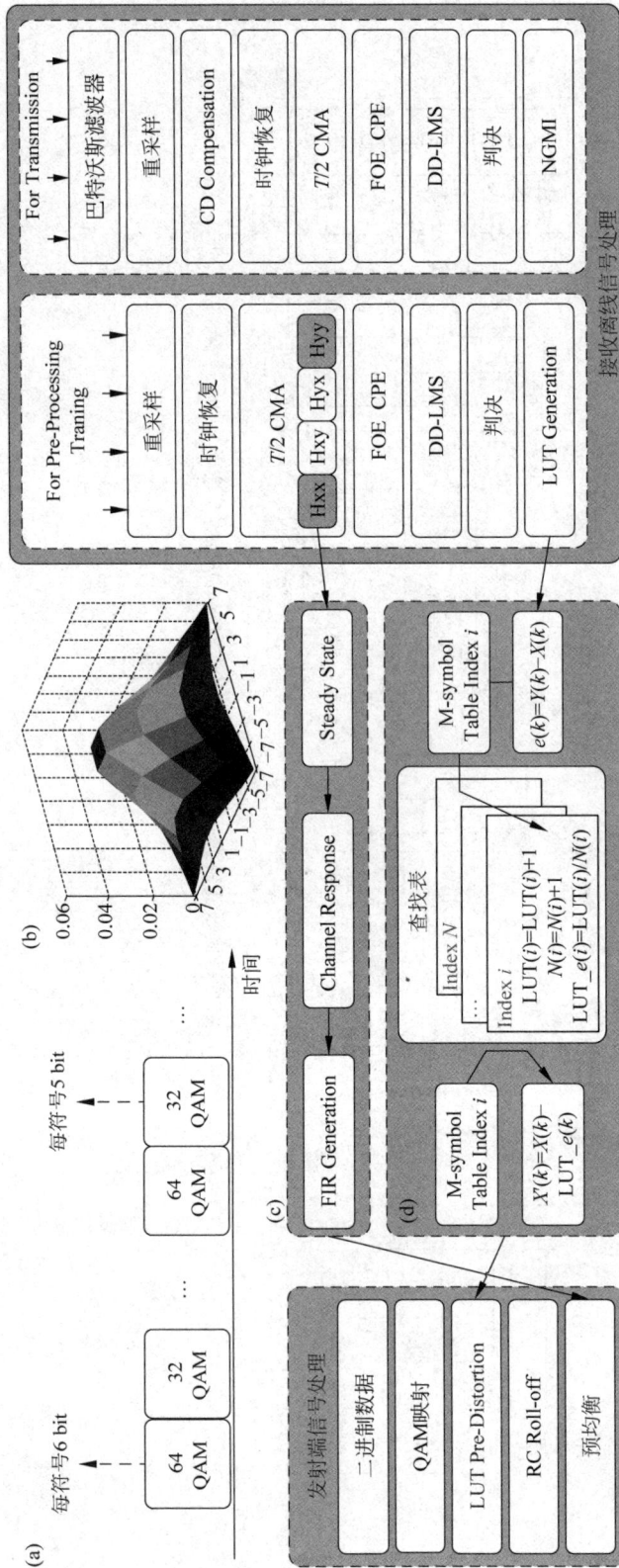

图 12.15 发送端数字信号处理、预处理和传输后的线下数字信号处理

(a) 混合 32QAM/64QAM 的符号映射；(b) PS-64QAM 信号的概率分布；(c) 预均衡；(d) 查找表预失真（请扫 2 页二维码看彩图）

发送端包括一个具有 20 GHz 带宽和 84 GSa/s 采样率的商用 DAC,一个 100 kHz 线宽的外腔激光器(ECL),一个 32 GHz 带宽的 IQ 调制器,两个 65 GHz 带宽的调制器驱动器和一个偏振复用器(Pol. MUX)。对于光信号调制,来自 ECL 的 1553.126 nm 处的光源被输入由预处理信号驱动的 IQ 调制器中。进行光调制后,通过 Pol. MUX 实现偏振复用。在发射端,8 信道的 50 GHz 波分复用信号分为奇数通道组(第 1、3、5 信道和第 7 信道)和偶数通道组(第 2、4、6 信道和第 8 信道)两部分,两部分信道通过保偏光耦合器(PM-OC)组合在一起,之后送入包含后向拉曼放大器的超大有效面积光纤(ULAF)环路,该环路由若干段100 km 跨度的 TeraWaveTM＋光纤组成,光纤的平均有效面积为 125 μm^2,衰减系数为0.182 dB/km,在 1550 nm 波长处的色散系数为 20 ps/(nm·km)。在循环回路中,利用具有 20 dB 开/关增益的后向泵浦拉曼放大器来补偿每个跨度的信号损耗。拉曼泵浦的平均功率约为 950 mW。此外,我们使用了衰减器(ATT)来控制光功率,并使用 WSS 来平坦化带通滤波器的增益斜率。

在接收端,我们使用 3 dB 带宽为 0.9 nm 的可调光学滤波器(TOF),从 8 信道 WDM信号中选择所需的子信道。我们在实验中选择第 4 子信道。然后,我们使用两个偏振分束器(PBS)和两个 90°光混频器,对传输信号和 100 kHz 线宽光本地振荡(LO)信号进行偏振和相位分集。之后,将混频器的 8 路输出送入 4 个平衡光电探测器(PD),每个探测器的带宽为 70 GHz。最后,通过具有 65 GHz 带宽和 160 GSa/s 采样率的数字示波器(OSC)实现电信号的数字化和采样,其后是离线数字信号处理,如图 12.15 所示。离线数字信号处理包括巴特沃思(Butterworth)数字低通滤波器、重采样、色散补偿、时钟恢复、$T/2$ CMA 均衡、频偏估计(FOE)、基于盲相位搜索(BPS)的载波相位恢复(CPE)、DD-LMS 均衡、判决和NGMI 计算。

12.6.2　PS-64QAM 和混合 32/64QAM 的比较

首先,图 12.16 显示了在背靠背情况下,信源熵为 5.5 bit/sym/极化的单信道混合32QAM/64QAM 和 PS-64QAM 信号的理论和实验 NGMI 结果与 OSNR 的关系。与理论结果相比,PS-64QAM 和混合 32QAM/64QAM 信号分别产生了约 2.8 dB 和 3.4 dB 的OSNR 损失。与混合 32QAM/64QAM 相比,PS-64QAM 信号的 OSNR 损失较低,由于PS-QAM 最外部星座点的概率分布更低,因此克服非线性损伤的性能更好。

图 12.17 给出了在背靠背情况下,常规 64QAM,混合 32/64QAM 和 PS-64QAM 的NGMI 与 OSNR 的关系图。与单信道情况相比,48 G 波特率的波分复用偏振复用混合32QAM/64QAM 和 PS-64QAM 信号的 OSNR 损失均约为 0.9 dB。在开销为 27.5％的SD-FEC 阈值(0.8 NGMI)下,波分复用 PS-64QAM 信号(528 Gb/s 总速率和 403 Gb/s 净速率)所需的 OSNR 约为 22.7 dB;与 30.9％ SD-FEC 阈值下的 44 G 波特率的常规64QAM 信号(528 Gb/s 总速率和 403 Gb/s 净比特率)相比,PS-64QAM 信号大约可以获得 2.6 dB 的 OSNR 增益。而对于波特率、净比特率与 PS-64QAM 相同的混合 32QAM/64QAM,与常规 64QAM 相比,仅能获得 1.1 dB 的 OSNR 增益。

之后,我们在若干段跨度为 90 km 的结合 EDFA 放大的 SSMF 和若干段跨度为400 km 的 ULAF(TeraWave-SLA＋光纤,具有 122 μm^2 的平均有效面积)上进行了八信道的 50 GHz 波分复用传输实验。其中第 4 个波分复用子信道在 SSMF 和 ULAF 上的传输

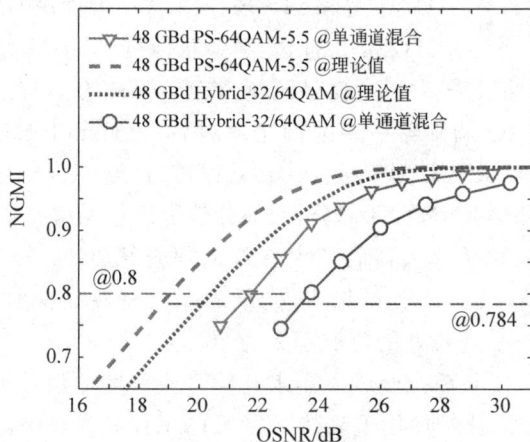

图 12.16　不同背靠背 OSNR 下的 NGMI 理论值和实验值

(请扫 2 页二维码看彩图)

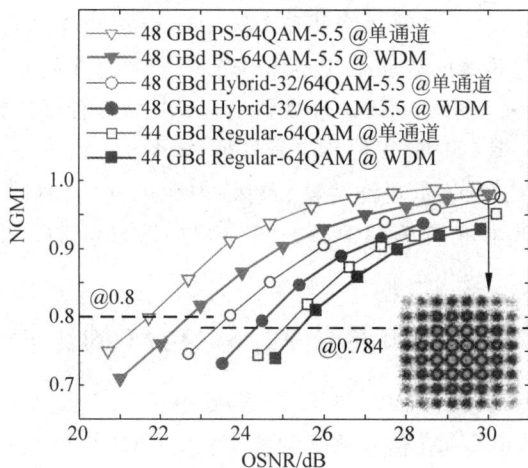

图 12.17　对于常规 64QAM、混合 32/64QAM 和 PS-64QAM,不同背靠背 OSNR 下的 NGMI 结果

(请扫 2 页二维码看彩图)

结果分别如图 12.18 和图 12.19(a)所示。可以证明,当测得的 NGMI 高于 27.5％SD-FEC 阈值(0.8 NGMI)时,可以实现净比特率为 403 Gb/s 的波分复用 PM PS-64QAM 信号在 SSMF 上传输 990 km,相较于混合 32QAM/64QAM(720 km),概率整形信号使 SSMF 上 的传输距离提高了 37.5％。同时,403 Gb/s 的波分复用 PS-64QAM 信号可以在拉曼放大 的 ULAF 上传输 3600 km,与 EDFA 放大的 SSMF 相比,可以获得超过 250％的传输距离 的提高。此外,与常规 64QAM(2000 km)相比,波分复用 PS-64QAM 信号可以获得 80％的 ULAF 传输距离提高,而波分复用混合 32QAM/64QAM 可以实现 2400 km 的 ULAF 传 输,与常规 64QAM 相比仅有 20％的传输距离改善。换句话说,在上述每信道比特率为 400G 的 50 GHz 波分复用系统中,PS-64QAM 的传输距离比混合 32QAM/64QAM 高出 50％。另外,我们在表 12.1 中总结了上述实验结果。此外,图 12.19(b)和(c)分别给出了 3600 km ULAF 传输之前和传输之后的 8 信道波分复用 PS-64QAM 信号的光谱图。

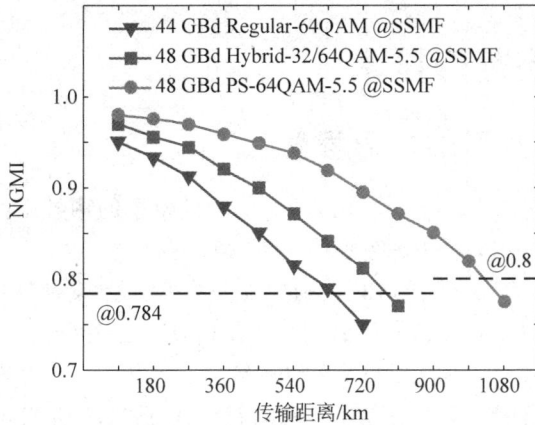

图 12.18 对于第 4 信道的常规 64QAM、混合 32QAM/64QAM 和 PS-64QAM，
不同 SSMF 传输距离下的 NGMI 结果

（请扫 2 页二维码看彩图）

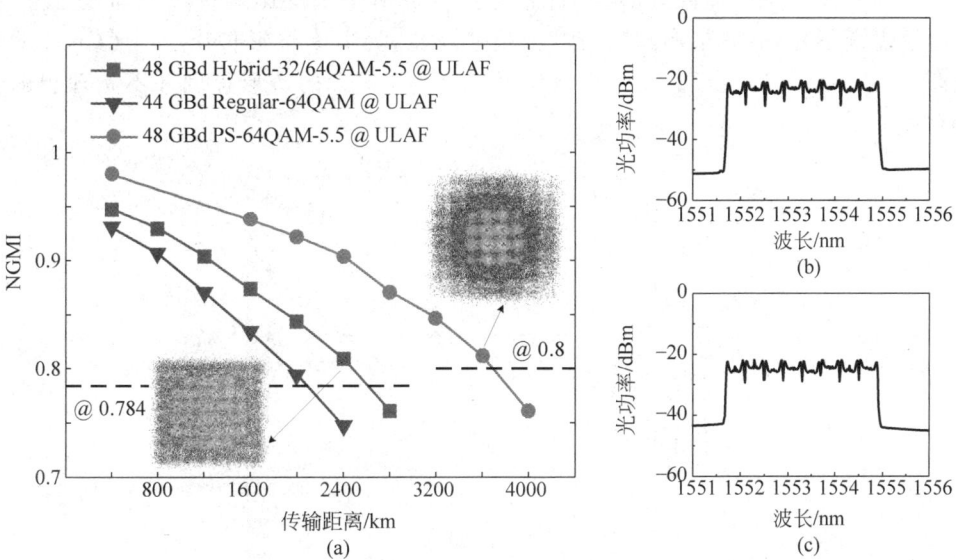

图 12.19 （a）对于第 4 信道的常规 64QAM、混合 32/64QAM 和 PS-64QAM，不同 ULAF 传输距离下的
NGMI 结果；（b）背靠背情况下的 8 信道波分复用 PS-64QAM 信号的光谱图；（c）3600 km
ULAF 传输后的 8 信道波分复用 PS-64QAM 信号的光谱图

（请扫 2 页二维码看彩图）

表 12.1 波分复用常规 64QAM、混合 32/64QAM 和 PS-64QAM 的实验结果

调制格式	每信道波特率/Gbaud	LDPC 开销/%	每信道净速率/(Gb/s)	频谱效率/(bits/Hz)	OSNR 灵敏度/dB	SSMF 传输距离/km	ULAF 传输距离/km
常规 64QAM	44	30.9	403.3	8.06	25.3	630	2000
混合 32/64QAM	48	30.9	403.3	8.06	24.2	720	2400
PS-64QAM	48	27.5	403.7	8.07	22.7	990	3600

12.7 截断概率整形技术

12.7.1 概率整形的整形程度

概率整形 QAM(PS-QAM)是一个通过较小的频谱效率的牺牲来换取较大的性能增益的"收益交换"。当收益很小时,这种交换便不再有价值。我们在 AWGN 仿真中可以通过频谱效率与所需信噪比(考虑 2.4×10^{-2} 的 BER 阈值)的关系来衡量"交换"中的"收益"[1-2,14-17]。

图 12.20 给出了 PS-64QAM 的信源熵与所需信噪比的关系图。当 PS-64QAM 的整形程度较小时,即信源熵从 6 bit/sym 开始下降的阶段,所需信噪比的数值以较大的斜率快速下降;随着整形程度的加大,所需信噪比下降的斜率逐渐减小,也意味着概率整形所获得的收益逐渐减小;当信源熵下降到 5 bit/sym 以后,所需信噪比下降的斜率基本保持不变。然而,斜率保持不变并不意味着"交换"的"收益"不再下降。在相干光通信的实际情况,还需要考虑光电器件的影响。当信源熵逐渐下降时,为保持所需的比特速率,需要使用更大的波特率。随着波特率的提高,光电器件带宽的限制所带来的影响将逐渐加重。所以,随着信源熵逐渐下降,概率整形的"收益"会越来越少,为概率整形付出引入 CCDM 的代价会逐渐变得"不值得"。所以,对于相干光通信而言,很大的整形程度并不是理想的概率整形程度。

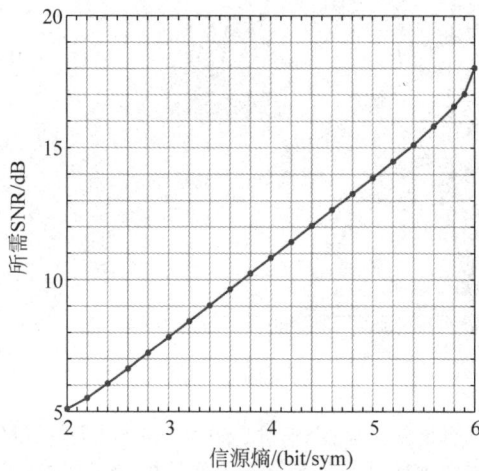

图 12.20 PS-64QAM 的信源熵与 FEC OH 为 20%时所需信噪比的关系图
(请扫 2 页二维码看彩图)

我们引入"整形程度"(Shaping Depth)的概念来衡量概率整形星座点概率分布不均匀的程度:

$$\text{Shaping Depth} = \frac{\log_2 N - H}{\log_2 N}$$

$$\text{Shaping Depth} = \frac{\log_2 N - H}{\log_2 N} \tag{12-13}$$

其中,N 表示 QAM 星座点的数量;H 表示信源熵。概率整形星座点概率分布相差越悬殊,整形程度的数值越大。我们在仿真和实验中发现,当高阶 PS-QAM 信号的概率整形程度较大时,相干光通信的接收端数字信号处理器将无法正常工作,PS-QAM 将无法得到正常的恢复。

我们通过 VPI 仿真对信源熵为 5 bit/sym 的 PS-64QAM 信号的相干光传输进行模拟。图 12.21(a)~(c)分别给出了 CMA 均衡器的误差值、CMA 均衡之后的星座图以及整个线下数字信号处理之后的星座图。从图 12.21 可以看出,由于信源熵为 5 bit/sym 的 PS-64QAM 信号的整形程度过大,导致 CMA 无法正常工作。

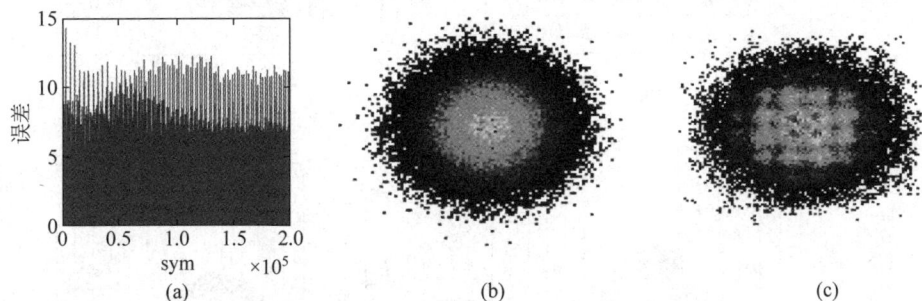

图 12.21　信源熵为 5 bit/sym 的 PS-64QAM 信号模拟结果
(a) CMA 过程中的误差值;(b) CMA 之后的星座图;(c) DSP 之后恢复信号的星座图
(请扫 2 页二维码看彩图)

综上所述,对于相干光通信而言,整形程度较大的概率整形不仅是"不值得"的,而且甚至是"不可行"的。于是,我们将概率整形改进为截断的概率整形(TPS),从而解决概率整形程度过大的问题。

12.7.2　截断概率整形的原理

我们以 64QAM 为例,来介绍 TPS 的原理[18-21]。图 12.22(a)显示了具有 5 bit/sym 信源熵的 PS-64QAM 信号(PS-64QAM-5)的星座图。理论上,PS-64QAM-5 可以在 AWGN 信道中带来较好的整形增益。但是,如 12.7.1 节中所述,对于整形程度较大的 QAM 信号,很难实现实际的相干光传输和相应的数字信号处理。具有 5 bit/sym 信源熵的 PS-64QAM 信号的较高的整形程度和概率分布接近于 0 的外层星座点的存在,都会影响 CMA 均衡器的性能。因此,我们使用 TPS 技术,将 64QAM 最外一层方形环中的符号的概率直接置零,其余 36 个星座点仍然遵循麦克斯韦-玻尔兹曼分布,见式(12-9)。为了让信源熵保持 5 bit/sym,我们需将原本 PS-64QAM-5 时的整形参数 v 从 0.064055 更改为 0.036958,从而让 TPS-64QAM 的信源熵保持 5 bit/sym。得到的 TPS-64QAM 信号的星座图如图 12.22(b) 所示。根据式(12-13)可以计算得到 PS-64QAM-5 和 TPS-64QAM-5 的整形程度分别为 0.167 和 0.033。PS-64QAM 和 TPS-64QAM-5 的概率分布分别如图 12.22(c)和(d)所示。我们从整形程度数值和图中都可以看到,TPS-64QAM-5 的整形程度明显低于 PS-64QAM。TPS 可以为 5 bit/sym 这一信源熵带来更合适的整形程度,从而保证 CMA 的正常工作。为了证明 TPS 的这种优势,我们进行了相干光通信的 VPI 仿真,将在 12.7.3 节中介绍仿真结果。

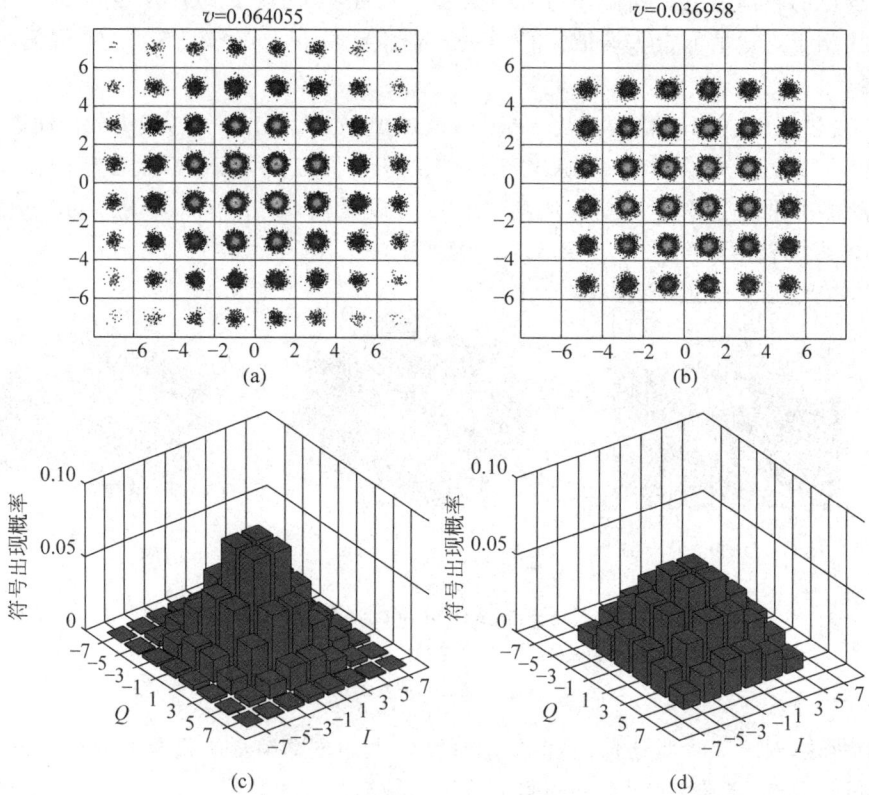

图 12.22　仿真结果

(a) PS-64QAM 的星座图；(b) TPS-64QAM 的星座图；(c) PS-64QAM 的信号概率分布；
(d) TPS-64QAM 的信号概率分布(信源熵均为 5 bit/sym)

(请扫 2 页二维码看彩图)

12.7.3　TPS 提高概率整形信号对相干光通信系统和 DSP 的适应度仿真结果

为了证明 TPS 的优势,我们进行了相干光通信的 VPI 仿真,图 12.23 给出了仿真的装置示意图。在我们的 VPI 模拟中,使用低通滤波器来模拟光、电器件的带宽限制。我们还在光纤中添加了偏振模色散。这样,我们在接收端数字信号处理中需要使用 CMA 均衡器来克服信道的线性响应和偏振模色散。

VPI 仿真中不同调制格式信号的数字信号处理如图 12.24 所示。图中各列给出了 4 种不同的调制格式,分别为:普通 64QAM、信源熵为 5.8 bit/sym 的 PS-64QAM、信源熵为 5 bit/sym 的 PS-64QAM 以及信源熵为 5 bit/sym 的 TPS-64QAM。第二行给出了各调制格式的整形程度;第四行为各信号在 CMA 之后的星座图;最后一行给出了各信号经过数字信号处理的最终星座图。第三行给出了各信号所用 CMA 的误差值变化过程,我们用 CMA 均衡过程中的误差幅度的变化来判断 CMA 能否正常收敛。

对于均匀分布的标准 64QAM 信号,CMA 可以很好地收敛。当概率整形程度不大时,如 PS-64QAM-5.8(信源熵为 5.8 bit/sym,整形程度为 0.033),CMA 均衡器仍能正常工

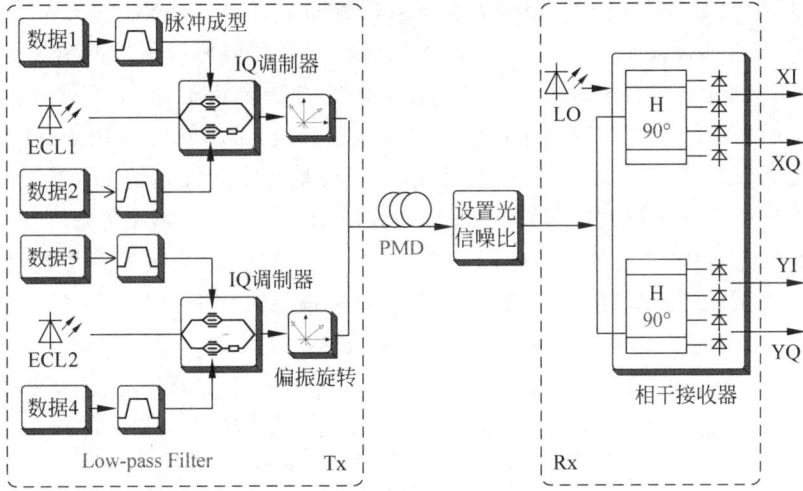

图 12.23 VPI 相干光通信仿真示意图

调制格式	Regular-64QAM 6 bit/sym	PS-64QAM 5.8 bit/sym	PS-64QAM 5 bit/sym	TPS-64QAM 5 bit/sym
整形程度	0	0.033	0.167	0.033
CMA的误差值 变化过程				
CMA之后的 星座图				
经数字信号 处理后的 最终星座图				

图 12.24 VPI 仿真中不同调制格式的 DSP 结果

（请扫 2 页二维码看彩图）

作。但当整形程度进一步增加时,如 PS-64QAM-5(信源熵为 5 bit/sym,整形程度增加至
0.167),CMA 就不能正常收敛,信号也不能正常恢复。但是,当我们将 PS-64QAM-5 改为
TPS-64QAM-5 时,整形程度会从 0.167 降低到 0.033,CMA 再次可以正常工作。我们的结
果表明,CMA 均衡器更适用于均匀分布的信号。TPS 通过将整形程度调整到合适的范围
而让整形信号可以更好地适应 CMA 均衡器。TPS 比一般概率整形更适合于 5 bit/sym 的
信源熵。

图 12.25 给出了 VPI 仿真中不同调制格式信号的 BER 与 OSNR 的关系图。图中用实线表示正常模拟的结果；用虚线表示不加入低通滤波器和偏振模色散的情况下的结果，也就是不需要 CMA 的情况下的结果。换言之，虚线的结果近似来自于只考虑 OSNR 的 AWGN 信道的理论结果。比较图中橙色虚线和蓝色虚线，可以看到，TPS-64QAM-5 和 PS-64QAM-5 之间仅有很微小的差距，相比于标准 64QAM 都有很大的 OSNR 灵敏度增益。然而，如果考虑相干光传输的实际情况（图中实线所示），即需要 CMA 等数字信号处理算法发挥作用的情况下，PS-64QAM-5 的 BER 结果会急剧恶化，由于概率整形程度过大，用于 PS-64QAM-5 信号的 CMA 均衡器无法正常工作，导致很差的 BER 结果；而 TPS-64QAM-5 则依然可以得到 DSP 正常的恢复，相比于标准 64QAM 的整形增益基本没有任何变化。通过本次仿真可以得到结论：TPS-64QAM 既能够获得整形灵敏度增益，又能提供合理的整形程度，保证 CMA 均衡器的正常收敛。

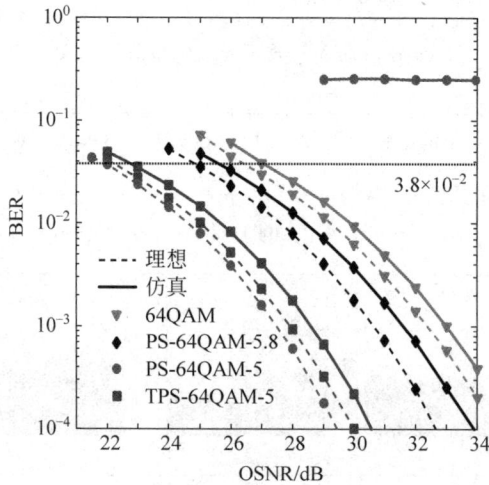

图 12.25　VPI 仿真中不同调制格式的 BER 与 OSNR 关系图
（请扫 2 页二维码看彩图）

12.7.4　截断概率整形的优势

从上面的 VPI 仿真结果表明，TPS 可以将概率整形程度调整到合理范围内，从而让整形信号更适应于 CMA 均衡器。实际上除了 CMA 均衡，TPS 还可以收益于其他数字信号处理算法。TPS 可以降低 PAPR，并减少星座点的数量。从这个角度而言，TPS 是有利于整个相干光传输系统和数字信号处理过程的。例如，对于高阶 QAM 信号的载波相位恢复，我们需要使用盲相位搜索算法。TPS 可以通过减少星座点的数量来降低盲搜索的复杂度。因此，对 TPS 更准确的阐述是：TPS 可以让整形信号更适应于相干光通信的数字信号处理算法，其中包括 CMA 均衡。

12.8　小结

本章介绍了概率整形、归一化的广义互信息和截断概率整形技术的基本概念。
仿真和实验比较了基于普通 QAM 的混合 QAM 和概率整形 QAM 的性能。前者是基于普通 QAM 的组合,所以性能也只是介于组合的两种 QAM 之间,仅相当于一个用速率换取性能增益的"对等交换",并没有缩小与香农极限之间的差距;而后者是通过牺牲较小的速率来换取较大性能增益的"收益交换"。从这个角度而言,后者的性能是优于前者的,这与我们的实验结果是一致的。

最后我们分析了在相干光通信系统中,整形程度较大的概率整形的不适用性和不可行性。我们也通过 VPI 仿真证明了截断概率整形技术相比于普通 PS 的优势。

思考题

12.1　请用物理概念解释:为什么概率整形后的信号能够提升接收机灵敏度? 为什么越是高级 QAM 其性能提升越明显?

12.2　请用 MATLAB 模拟图 12.7 的结果。

12.3　请调研产生概率整形信号的五种不同方案,并分析各自的优势与劣势。

12.4　为什么可以使用混合 QAM 来模拟产生概率整形信号? 它和概率整形技术相比的优缺点是什么?

12.5　为什么说概率分布是由信噪比决定的? 请模拟出 PS-16QAM 信号在信噪比 8 dB 情况下最适用的概率分布(考虑开销为 20% 的 SD-FEC 编码,相应的 Pre-FEC 阈值取 BER=0.024)。

12.6　请思考为什么麦克斯韦-玻尔兹曼分布是最为常用的分布方式,并用公式证明。

12.7　PS-16QAM 信号遵循麦克斯韦-玻尔兹曼分布。请借助 MATLAB 给出信源熵为 3.5 bit/sym 的 PS-16QAM 信号的整形参数 v,以及各星座点的概率分布。

12.8　请思考如何将概率整形编码在保持原有概率分布的条件下与 FEC 编码进行有效结合。

12.9　请思考概率整形信号能否起到抑制非线性损伤的作用,并分析其原因。

12.10　请思考概率整形信号的不均匀的概率分布将会对经典相干光数字信号处理算法(CMA 均衡、频偏恢复、相偏恢复)造成什么影响。在仿真系统中验证你的猜想。

12.11　图 12.21 给出了 PS-16QAM 的 PAS 实现方案原理图。PS-16QAM 信号的信源熵为 3.819 bit/sym,采用开销为 25%(码率为 4/5)的 LDPC 编码器。若产生的 PS-16QAM 信号的长度为 32400:

(1) 请给出图中 U_1、U_2、V_1 的具体数值;

(2) 试画出图中节点 A 和节点 B 处的符号概率分布图;

(3) 请计算该实现方案下 PS-16QAM 信号的实际净效率(提示:净效率表示每个符号所承载的有效信息比特数);

(4) 请计算 PS-16QAM 信号的理论净效率,并与(3)中的结果进行对比。

12.12　图 12.26 给出了由原始二进制数据生成 PS-16QAM 信号的原理图,试画出在接收端接收的 PS-16QAM 信号恢复为原始二进制数据的示意图,并简要描述此过程(提示:使用分布解匹配器和 LDPC 解码器)。

12.13　图 12.27 给出了 AWGN 信道下 32QAM 和 64QAM 的仿真结果,横坐标为信噪比,纵坐标为在该信噪比下可实现的最大净效率(考虑开销为 20% 的 SD-FEC 编码,相应

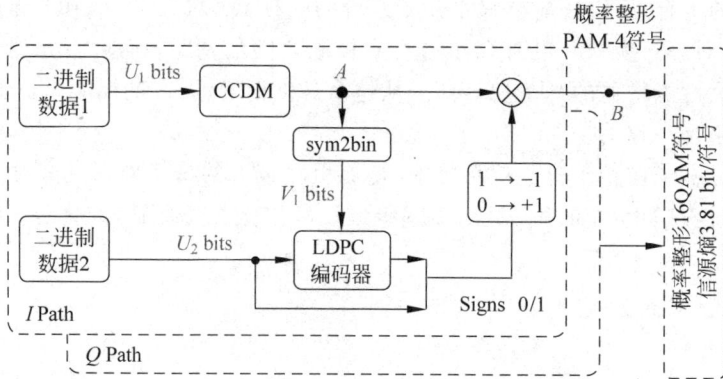

图 12.26 生成 PS-16QAM 信号的原理图

的 Pre-FEC 阈值取 BER＝0.024)：

(1) 当信道信噪比为 17 dB 时,为尽量提高系统容量,可使用的最合适的标准 QAM 是哪种? 可实现的最大净效率是多少?

(2) 请借助 MATLAB 补充标准 16QAM、PS-16QAM 和 PS-64QAM 的曲线图。

(3) 当信道信噪比为 17 dB 时,若使用 PS-64QAM,可实现的最大净效率是多少?

(4) 试分析概率整形技术对通信系统有效性和灵活性的改善。

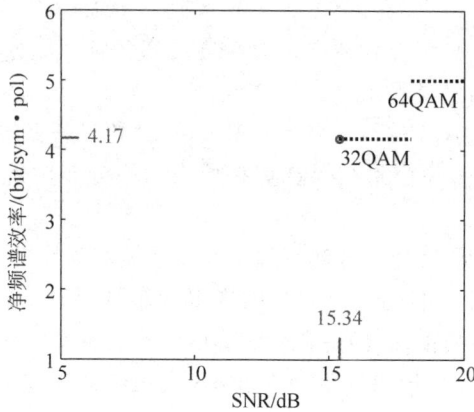

图 12.27 不同 SNR 下所能实现的最高净频谱效率

(请扫 2 页二维码看彩图)

12.14 在 AWGN 信道中,32/64 混合 QAM 信号的信源熵为 5.4 bit/sym,采用开销为 20% 的 SD-FEC 编码,相应的 Pre-FEC 阈值取 BER＝0.024：

(1) 请给出 32/64 混合 QAM 中 32、64 两种 QAM 的混合比例。

(2) 假定波特率为 50 Gbaud,求 32/64 混合 QAM 信号的净比特速率。

(3) 若改用 PS-64QAM,为实现与 32/64 混合 QAM 相同的净比特速率,PS-64QAM 的信源熵应为多少?(仍采用开销为 20% 的 SD-FEC 编码,波特率仍为 50 Gbaud)

(4) 试分析混合 QAM 和 PS-QAM 在改善系统有效性、灵活性方面的相似之处;

(5) 使用 MATLAB 进行 AWGN 信道模拟,给出 32/64 混合 QAM 和 PS-64QAM 信号各自的接收灵敏度。相比于 32/64 混合 QAM,PS-64QAM 信号可获得多少分贝的灵敏度增益?

(6) 试分析出现(5)中性能差异的原因。

12.15 截断的概率整形(TPS)可由概率整形(PS)变换得到。以 64QAM 为例,如图 12.22 所示,将图 12.22(a)所示的信源熵为 5 bit/sym 的 PS-64QAM 信号最外一层方形环中的星座点的概率置 0,剩余 36 个星座点遵循麦克斯韦-玻尔兹曼分布,即可得到图 12.22(b)所示的 TPS-64QAM 信号:

(1) 请借助 MATLAB 分别给出上述 PS-64QAM 和 TPS-64QAM 中的整形参数 v。

(2) 试分析 TPS-64QAM 的优势,将 PS-64QAM 变为 TPS-64QAM 有何意义?

(3) 使用 MATLAB 进行 AWGN 信道模拟,比较 PS-64QAM 和 TPS-64QAM 信号的接收灵敏度。

参考文献

[1] CHIEN H C,YU J,CAI Y,et al. Approaching terabits per carrier metro-regional transmission using beyond-100GBd coherent optics with probabilistically shaped DP-64QAM modulation[J]. Journal of Lightwave Technology,2019,37(8):1751-1755.

[2] KONG M,WANG K,DING J,et al. 640-Gbps/carrier WDM transmission over 6400 km based on PS-16QAM at 106 Gbaud employing advanced DSP[J]. Journal of Lightwave Technology,2020,39(1):55-63.

[3] ZHOU X,NELSON L E,MAGILL P,et al. 4000 km transmission of 50GHz spaced 10×494.85 Gb/s hybrid-32-64QAM using cascaded equalization and training-assisted phase recovery[C]. OFC-NFOEC 2012,Los Angeles,CA,USA,2012:PDP5C.6.

[4] COLIN J. Nokia's super-fast subsea data cable torpedos the competition[EB/OL]. http://newatlas. com/record-fiber-optic-transmission-alcatel-nokia/45889,2016-10-13.

[5] KSCHISCHANG F R,PASUPATHY S. Optimal nonuniform signaling for Gaussian channels [J]. IEEE Trans. Inform. Theory,1993,39(3):913-929.

[6] BÖCHERER G,STEINER F,SCHULTE P. Bandwidth efficient and rate-matched low-density parity-check coded modulation[J]. IEEE Trans. Commun. ,2015,63(12):4651-4665.

[7] FEHENBERGER T. ALVARADO A,BÖCHERER G,et al. On probabilistic shaping of quadrature amplitude modulation for the nonlinear fiber channel[J]. Journal of Lightwave Technology,2016,34(21):5063-5073.

[8] CHO J,CHEN X,CHANDRASEKHAR S,et al. Trans-atlantic field trial using probabilistically shaped 64-QAM at high spectral efficiencies and single-carrier real-time 250-Gb/s 16-QAM[C]. OFC 2017,Los Angeles,CA,USA,2017:Th5B.3.

[9] KONG M,LI X,ZHANG J,et al. High spectral efficiency 400 Gb/s transmission by different modulation formats and advanced DSP [J]. Journal of Lightwave Technology,2019,37(20):5317-5325.

[10] ZHOU X,NELSON L E,MAGILL P,et al. High spectral efficiency 400 Gb/s transmission using PDM time-domain hybrid 32-64 QAM and training-assisted carrier recovery[J]. Journal of Lightwave Technology,2013,31(7):999-1005.

[11] WACHSMANN U,FISCHER R F H, HUBER J B. Multilevel codes:theoretical concepts and practical design rules [J]. IEEE Transactions on Information Theory,1999,45(5):1361-1391.

[12] SCHMALEN L. Probabilistic constellation shaping:challenges and opportunities for forward error

correction[C]. OFC 2018,San Diego,CA,USA,2018：M3C. 1.

[13] SCHULTE P,BÖCHERER G. Constant composition distribution matching [J]. IEEE Trans. Inf. Theory,2015,62：430.

[14] CHIEN H C,YU J,ZHU B,et al. Probabilistically shaped DP-64QAM coherent optics at 105 GBd achieving 900 Gbps net bit rate per carrier over 800 km Transmission[C]. ECOC 2018 Rome,Italy, 2018：10. 1109/ECOC. 2018. 8535294.

[15] SCHMALEN L. Probabilistic constellation shaping：challenges and opportunities for forward error correction[C]. OFC 2018,Los Angeles,CA,USA,2018：M3C. 1.

[16] FEHENBERGER T,LAVERY D,MAHER R,et al. Sensitivity gains by mismatched probabilistic shaping for optical communication systems[J]. IEEE Photonics Technology Letters IEEE Photonics Technology Letters,2016,28(7)：786-789.

[17] KSCHISCHANG F R,PASUPATHY S. Optimal nonuniform signaling for Gaussian channels[J]. IEEE Transactions on Information Theory,2002,39(3)：913-929.

[18] CHO J,WINZER P J. Probabilistic constellation shaping for optical fiber communications[J]. Journal of Lightwave Technology,2019,37(6)：1590-1607.

[19] FEHENBERGER T,ALVARADO A,BOCHERER G,et al. On probabilistic shaping of quadrature amplitude modulation for the nonlinear fiber channel[J]. Journal of Lightwave Technology,2016, 34(21)：5063-5073.

[20] KONG M,SHI J,SANG B,et al. 800-Gb/s/carrier WDM coherent transmission over 2000 km based on truncated PS-64QAM utilizing MIMO Volterra equalizer [J]. IEEE Journal of Lightwave Technology, 2022,40(9)：2830.

[21] KONG M,WANG K,DING J,et al. 640-Gbps/carrier WDM transmission over 6400 km based on PS-16QAM at 106 Gbaud employing advanced DSP[J]. IEEE Journal of Lightwave Technology, 2020,39(1)：55-63.

第 ⑬ 章

前向纠错码

13.1　引言

　　光载无线通信(radio over fiber,RoF)技术将光纤的高速率、高容量、高带宽和低成本性能与无线通信的移动灵活性结合在一起。在 RoF 系统中,传输的毫米波信号不仅受到光纤链路中的色度色散、偏振模色散和光纤非线性效应的损伤,还受到无线链路中多径衰落的影响。而 OFDM 技术不管在无线通信系统还是光链路系统中都具有很好的优势,OFDM 技术在无线通信系统中具有高频谱效率、简单的实现、良好的抗多径衰落效应和干扰能力等优点,OFDM 技术在光纤传输系统中能有效对抗 ISI、频谱效率高、抗光纤色散和偏振模色散的影响,而且系统复杂度和成本较低。但随着光网络传输速率和传输距离的不断增加,对光信噪比、色度色散、偏振模色散以及光纤非线性的要求越来越严格,OOFDM 很难解决以上因素带来的影响。

　　为了减轻上述因素对高速光纤通信的影响,需要采取一系列措施。其中在光纤通信信号中引入前向纠错(forward error correction,FEC)技术是非常有效的方法之一。前向纠错技术通过在信号中加入少量的冗余信息来发现并纠正光传输过程中由色散和非线性等因素引起的误码,降低光链路中色散和非线性等因素对传输系统性能的影响,通过牺牲信号的传输速率来降低接收端的 OSNR 容限,从而获得编码增益、降低误码率和提高通信系统的可靠性。而前向纠错技术与 OFDM 技术结合应用在光纤通信系统中,更能提高光纤通信系统的传输性能[1-7]。前向纠错技术中,通过对信息序列添加相关的特殊标识,使原来在信源端彼此互相独立的信息码元信息产生某种特定的相关性,使得系统在接收端通过解码这种特定相关性,而具备一定的自动检错或者纠错的能力。在信道编码中,码字的选择一般都是针对特定信道情况,在信道条件比较复杂的情况下,一般码字很难满足系统需求。

　　从构造的方法上讲,纠错码可以分为分组码和卷积[8]。信道编码时,在长度为 k 的信息序列后面,按照一定的规则增加长度为 $n-k$ 位的校验码元所组成的 n 位的序列叫作码字。如果校验码元的产生只与本组的 k 个信息位有关,而与其他组的信息位无关,则这种码称为分组码,用 (n,k) 表示分组码集合。如果本组的校验码元的产生不仅与本组的信息位有关,还与此时刻之前输入编码器的信息位有关,译码时同样也要利用前面码组的有关信息,则这种码称为卷积码,常用(n,k,m)表示卷积码的集合,这里m为约束长度。

在前向纠错码中 Turbo 码和 LDPC 码性能比较出色,近几年来研究较多。与 Turbo 码相比,LDPC 码是一种线性分组码,其校验矩阵具有稀疏性,并且具有译码复杂度低,可以实现并行处理和译码延时短等优势。本章在介绍几种常用信道编码基本原理的基础上,将重点介绍 Turbo 码和 LDPC 码在 RoF 中的应用。

13.2　分组码

如果一个码字在传输过程中发生了错误,那么接收端就可以判断出误码。接收端一般按照最大似然算法进行译码,即选择距离最近的码元作为判断结果。一般来说,最小距离越大,码元的性能越好。对于一个普通的分组码,只要定义了信息和码字之间的映射关系,这个线性的编码方式就确定了。

对于线性分组码,信息位与校验位的映射关系可以通过一个矩阵来表示。线性分组码,就是把要编码的信息分成长度为k的信息码组,每组分别编码为长度为n的码字,一般情况下,$n>k$。其中,在一个长度为k的信息块中,共有2^k种组合,这些信息块所对应的码字被称为许用码组。

这里主要介绍线性分组码的基本概念和基本原理。

13.2.1　线性分组码

一码长为n的分组码,其信息比特位数为k,则称之为(n,k)分组码,其校验码元位数为$r=n-k$。一个分组码也称为一个码字,长度为n的码字有$2n$种组合,从中选出$2k$种组合作为许用码组。对于(n,k)分组码,其码率为$R=k/n$。

1. 生成矩阵和奇偶校验矩阵

当n位分组码的码字与k位信息位呈线性映射关系时,称之为线性分组码。假设k位信息位为$d_1,d_2,\cdots,d_k$,表示成k维向量为

$$\boldsymbol{d}=(d_1,d_2,\cdots,d_k) \tag{13-1}$$

与之对应的码字使用n维向量表示:$\boldsymbol{c}=(c_1,c_2,\cdots,c_k,c_{k+1},c_{k+2},\cdots,c_n)$

在分组码中,n维码字向量的前k位为信息位,即$c_1=d_1,c_2=d_2,\cdots,c_k=d_k$。$r=n-k$位校验位由信息位线性产生:

$$\begin{cases} c_{k+1}=d_1h_{11}+d_2h_{21}+\cdots+d_kh_{k1} \\ c_{k+2}=d_1h_{12}+d_2h_{22}+\cdots+d_kh_{k2} \\ \vdots \\ c_n=d_1h_{1n}+d_{2n}h_{2n}+\cdots+d_kh_{kn} \end{cases} \tag{13-2}$$

使用矩阵形式表示为

$$\boldsymbol{c}=\boldsymbol{dG} \tag{13-3}$$

其中,

$$\boldsymbol{G} = \begin{bmatrix} g_{11} & \cdots & g_{1n} \\ \vdots & \ddots & \vdots \\ g_{k1} & \cdots & g_{kn} \end{bmatrix} \tag{13-4}$$

为 k 行 n 列生成矩阵。

由于线性分组码是一种系统码,生成码字 c 的前 k 个比特为信息比特,因此生成矩阵的前 k 列构成单位矩阵 $\boldsymbol{I}_k$,后 $n-k$ 列为系数 g_{ik} 构成的加权矩阵,将其记为 $\boldsymbol{P}$,则生成矩阵可以表示为

$$\boldsymbol{G} = [\boldsymbol{I}_k \boldsymbol{P}] \tag{13-5}$$

$$\boldsymbol{P} = \begin{bmatrix} h_{11} & \cdots & h_{r1} \\ \vdots & \ddots & \vdots \\ h_{1k} & \cdots & h_{rk} \end{bmatrix} \tag{13-6}$$

接收端使用奇偶校验算法对接收到的码字进行检错和纠错。由于发送码字的产生是基于生成矩阵的,即

$$c = dG = d[\boldsymbol{I}_k \boldsymbol{P}] = [dc_P] \tag{13-7}$$

c_P 为 $r = n-k$ 比特的奇偶校验位,如果接收端接收的码字正确,则有

$$c_P \oplus dP = 0 \tag{13-8}$$

即

$$[dc_P] \begin{bmatrix} \boldsymbol{P} \\ \boldsymbol{I}_{n-k} \end{bmatrix} = 0 \tag{13-9}$$

其中,$\oplus$ 表示模 2 加;$\boldsymbol{I}_{n-k}$ 表示 $(n-k)$ 阶单位矩阵。上式可以记为

$$c\boldsymbol{H}^{\mathrm{T}} = 0 \tag{13-10}$$

其中,

$$\boldsymbol{H}^{\mathrm{T}} = \begin{bmatrix} \boldsymbol{P} \\ \boldsymbol{I}_{n-k} \end{bmatrix} \tag{13-11}$$

$\boldsymbol{H} = [\boldsymbol{P}^{\mathrm{T}} \boldsymbol{I}_{n-k}]$ 定义为监督矩阵,对于正确的码字 c,均有

$$c\boldsymbol{H}^{\mathrm{T}} = 0 \tag{13-12}$$

当码字在传输中发生差错时,接收端接收到的码字为

$$r = c \oplus e \tag{13-13}$$

其中,e 表示差错向量,也称为差错图样,发生差错的比特位上为 1,其余位上为 0。使用监督矩阵进行校验,有

$$r\boldsymbol{H}^{\mathrm{T}} = (c \oplus e)\boldsymbol{H}^{\mathrm{T}} = e\boldsymbol{H}^{\mathrm{T}} = S \tag{13-14}$$

S 为 r 维向量,称为校验子。当 S 为非零向量的时候,表示有一位或多位码字发生了差错,但 S 为零向量并不能表示没有差错,因为校验子无法检测出所有的错误图样。

假设传输码字的第 i 位发生了错误,则有

$$S = e\boldsymbol{H}^{\mathrm{T}} = [h_{i1} \quad h_{i2} \quad \cdots \quad h_{ik}]^{\mathrm{T}} \tag{13-15}$$

此时校验子即为 $\boldsymbol{P}$ 矩阵的第 i 列。

2. 线性分组码的最小码距

在一组码字中,两个码字对应位上数字不同的位数称为码距,又称为汉明距离(Hamming

distance),其衡量了码字之间的差异程度；码组中各码字之间距离的最小值称为最小码距，又称最小汉明距离。

一种编码中最小码距 d_0 直接关系到编码的检错和纠错性能。为了能够检出 e 个错码，要求最小码距满足 $d_0 \geqslant e+1$。而为了纠正 t 个错码，最小码距需要满足 $d_0 \geqslant 2t+1$。

13.2.2 循环码

循环码是由 Prange 在 1957 年发现的。循环码是线性码中应用最广泛的一类码，它的码的结构可以用代数方法来构造和分析，具有封闭性线性，任何许用码组的线性和还是许用码组，且最小重就是最小码距。同时由于其循环特质，循环码可以通过简单的反馈移位寄存器实现编码和伴随计算。

1. 循环码定义

对于 (n,k) 线性码组的任意码矢 $C=(C_{n-1},C_{n-2},\cdots,C_1,C_0)$，无论是左移还是右移，也无论移多少位，其所得的矢量 $(C_{n-2},C_{n-3},\cdots,C_0,C_{n-1})$，$(C_{n-3},C_{n-4},\cdots,C_{n-1},C_{n-2})$，$\cdots$ 仍然是一个码矢，则我们称 (n,k) 线性码组为循环码。

2. 循环码多项式

为了计算和表示的方便，通常将码矢的各分量作为多项式的系数，将码矢表示为多项式，码矢 C_1 左移一位得到码矢 C_2，其表达式如下所示：

$$C_1(x)=C_{n-1}x^{n-1}+C_{n-2}x^{n-2}+\cdots+C_1x+C_0$$
$$C_2(x)=C_{n-2}x^{n-1}+C_{n-3}x^{n-2}+\cdots+C_1x^2+C_0x+C_{n-1} \tag{13-16}$$

对于 $C_1(x)$，两边乘以 x，再除以 (x^n+1)，得

$$xC_1(x)=C_{n-2}x^{n-1}+C_{n-3}x^{n-2}+\cdots+C_1x^2+C_0x+C_{n-1}+C_{n-1}(x^n-1) \tag{13-17}$$

即

$$xC_1(x)=C_2(x)+C_{n-1}(x^n+1) \tag{13-18}$$

可写成

$$C_2(x)=xC_1(x)\bmod(x^n+1) \tag{13-19}$$

我们可以总结：循环一次的码多项式是原码多项式乘以 x 除以 (x^n+1) 的余式，那么循环码的码矢 i 次循环移位等效于将码多项式乘以 x^i 后再取模 (x^n+1) 的余式。

3. 生成矩阵和生成多项式

在 (n,k) 循环码 2^k 个码多项式中，取前 $k-1$ 位皆为 0 的码多项式 $g(x)$，然后经过 $k-1$ 次循环移位，得到 k 个码字如下：$g(x),xg(x),\cdots,x^{k-1}g(x)$。

因此这独立的 k 个码字就可以构成循环码的生成矩阵：

$$G(x)=\begin{bmatrix} x^{k-1}g(x) \\ x^{k-2}g(x) \\ \vdots \\ xg(x) \\ g(x) \end{bmatrix} \tag{13-20}$$

(n,k) 循环码是由 (n,k) 次码多项式 $g(x)$ 来确定，而 $g(x)$ 生成了 (n,k) 循环码，因此

$g(x)$ 被称为码的生成多项式。

当 $g(x)$ 为 (n,k) 循环码的最低次多项式,即生成多项式时,$xg(x)$,$x^2g(x)$,$\cdots$,$x^{k-1}g(x)$ 都是码字,这 k 个码字是独立的,故可作为码的一组生成基底,使得每个码多项式都是这一组基底的线性组合。因此,找到合适的 $g(x)$ 是构造循环码的关键。

4. 校验多项式和校验矩阵

生成多项式 $g(x)$ 必是 x^n+1 的因式,则

$$x^n+1=g(x)h(x) \tag{13-21}$$

其中,$h(x)$ 称为校验多项式,是一个 k 次多项式。假设校验多项式为

$$h(x)=h_kx^k+h_{k-1}x^{k-1}+\cdots+h_1x+h_0 \tag{13-22}$$

那么该循环码的校验矩阵的第一行为校验多项式的反多项式 $h^*(x)$ 的系数加上 $n-k-1$ 个零组成,第二行为第一行向右平移 1 位,接下来的以此类推。所得矩阵的为 $r\times n$ 阶。其中,$h^*(x)=h_kx^k+h_{k-1}x^{k-1}+\cdots+h_1x+h_0$。

对长为 k 位的任意消息组 $M=(m_{k-1},\cdots,m_1,m_0)$,其对应的消息多项式为

$$M(x)=m_{k-1}x^{k-1}+\cdots+m_1x+m_0$$

可乘以 $g(x)$ 而构成 $n-1$ 次的码多项式:

$$C(x)=M(x)g(x)=(m_{k-1}x^{k-1}+\cdots+m_1x+m_0)g(x) \tag{13-23}$$

如要编成前 k 位是信息元,后 $r=n-k$ 位是监督元的 n 位系统码,可以先用 x^{n-k} 乘消息多项式 $M(x)$,再用 $g(x)$ 去除,即

$$\frac{x^{n-k}M(x)}{g(x)}=q(x)+\frac{r(x)}{g(x)} \tag{13-24}$$

在检错时,

当接收码组没有错码时,接收码组 $R(x)$ 必定能被 $g(x)$ 整除,即

$$R(x)/g(x)=Q(x)+r(x)/g(x) \tag{13-25}$$

其中,余项 $r(x)$ 应为零;否则,有误码。

当接收码组中的错码数量过多,超出了编码的检错能力时,有错码的接收码组也可能被 $g(x)$ 整除。这时,错码就不能检出了。

在纠错时,

用生成多项式 $g(x)$ 除接收码组 $R(x)$,得出余式 $r(x)$;

按照余式 $r(x)$,用查表的方法或计算方法得出错误图样 $E(x)$;

从 $R(x)$ 中减去 $E(x)$,便得到已经纠正错码的原发送码组 $T(x)$。

13.2.3　BCH 码

BCH 码是 1959 年发展起来的一种能够纠正多位错误的循环码,它也是迄今为止所发现的一类最好的线性循环纠错码,它的纠错能力强,特别是在短码和中码的情形下,其性能接近香农理论值。它是由 Bose 和 Chaudhuri 以及 Hochquenghem 于 1960 年前后发现的。

由于 BCH 码具有严格的代数结构,用以生成多项式 $g(x)$ 的根描述,码的生成多项式 $g(x)$ 与码的最小间距有关,很容易根据纠错能力要求来直接确定码的结构,因此构造方便,编码简单,是一类应用广泛的差错控制码。

    BCH 码把信源待发的信息序列按固定的 K 位一组划分成消息组,再将每一消息组独立变换成长为 $n(n>K)$ 的二进制数字组,称为码字。如果消息组的数目为 M(显然 $M \geqslant 2$),则由此所获得的 M 个码字的全体便称为码长为 n、信息数目为 M 的分组码。把消息组变换成码字的过程称为编码,其逆过程称为译码。

    对于任何正整数 m 和 $t(m \geqslant 3, t<2m-1)$,存在着能纠正 t 个以内错误的 BCH 码,其参数为:

    码长:$n=2^m-1$;

    监督元位数:$n-k=mt$;

    最小码距:$d \geqslant 2t+1$。

    其生成多项式 $g(x)$ 为 $GF(2^m)$ 上最小多项式 $m_1(x), m_2(x), \cdots, m_{2t}(x)$ 的最小公倍式,即

$$g(x)=LCM[m_1(x), m_2(x), \cdots, m_{2t}(x)] \tag{13-26}$$

    由于 $d=2t+1$,式(13-26)又可以表示为

$$g(x)=LCM[m_1(x), m_2(x), \cdots, m_d(x)] \tag{13-27}$$

其中,d 为纠错个数;$m_d(x)$ 为最小多项式;LCM 代表最小公倍式。

    BCH 码是能够纠正多个随机错码的循环码。BCH 码可分为两类,如果 $g(x)$ 的 $d-1$ 个连续根中含有本原元,则称 $g(x)$ 生成的 BCH 码为本原 BCH 码;如果 $g(x)$ 的 $d-1$ 个连续根均为非本原元,则 $g(x)$ 生成的 BCH 码称为非本原 BCH 码。

    非本原 BCH 码:码长 n 是 $(2m-1)$ 的一个因子,它的生成多项式 $g(x)$ 中不含有最高次数为 m 的本原多项式。本原 BCH 码的构造步骤如下所述。

    (1) 根据码长 $n=2m-1$ 确定 m,查表找出 m 次本原多项式 $p(x)$,构造扩域 $GF(2^m)$。

    (2) 取本原元 ∂,根据设计纠错能力 t 确定 $g(x)$ 的根:$\partial, \partial^2, \partial^3, \cdots, \partial^{2t}$,查表找出根的最小多项式 $[M_1(x), M_3(x), \cdots, M_{2t-1}(x)]$。

    (3) 计算上述最小多项式的最小公倍式,得到生成多项式 $g(x)$。

    非本原 BCH 码的构造步骤如下所述。

    (1) 确定满足 $n|(2m-1)$ 的 m 的最小值,查表找出 m 次本原多项式 $p(x)$,构造扩域 $GF(2^m)$。

    (2) 在 $GF(2^m)$ 中找一个 n 阶元 $\beta=\alpha^l$,其中 l 可取 $(2^m-1)/n$,根据设计纠错能力 t 确定 $g(x)$ 的根:$\partial^l, \partial^{2l}, \cdots, \partial^{2tl}$,查表找出根的最小多项式 $[M_l(x), M_{3l}(x), \cdots, M_{(2t-1)l}(x)]$。

    (3) 计算上述最小多项式的最小公倍式,得到生成多项式 $g(x)$。

    设 $g(x)$ 是 (n,k,d)BCH 码的生成多项式,并且 $g(x)$ 以 $\beta^1, \beta^2, \cdots, \beta^{2t}$ 为连续根,$C(x)=c_{n-1}x^{n-1}+c_{n-2}x^{n-2}+\cdots+c_1x+c_0$ 为该码的码多项式。则有:$C(x)=m(x)g(x)$。

    因此,$\beta^1, \beta^2, \cdots, \beta^{2t}$ 也是 $C(x)$ 的根。

    由 $HC^T=0$ 可得

$$H=\begin{bmatrix} \beta^{n-1} & \beta^{n-2} & \cdots & \beta & 1 \\ \beta^{2(n-1)} & \beta^{2(n-2)} & \cdots & \beta^2 & 1 \\ \vdots & \vdots & & \vdots & \vdots \\ \beta^{2t(n-1)} & \beta^{2t(n-2)} & \cdots & \beta^{2t} & 1 \end{bmatrix} \tag{13-28}$$

其中，H 称为用生成多项式的根表示的校验矩阵。

由于 β^i 和 β^{2i} 属于一个共轭根系，因此校验矩阵 H 可简化为

$$H = \begin{bmatrix} \beta^{n-1} & \beta^{n-2} & \cdots & \beta & 1 \\ \beta^{3(n-1)} & \beta^{3(n-2)} & \cdots & \beta^3 & 1 \\ \vdots & \vdots & & \vdots & \vdots \\ \beta^{(2t-1)(n-1)} & \beta^{(2t-1)(n-2)} & \cdots & \beta^{2t-1} & 1 \end{bmatrix} \tag{13-29}$$

BCH 码的校验矩阵 H 中的元素为扩域 $\text{GF}(2^m)$ 上的元素，每个元素都可以表示成一个 m 重的列向量。该矩阵中只有 $n-k$ 行是线性无关的，这 $n-k$ 个线性无关的行向量即可构成 BCH 码的二进制表示的校验矩阵。

由于 BCH 码是循环码的一个子类，因此 BCH 码的编码可采用与循环码同样的方法。

实际应用中，通常采用系统码形式。其编码方程为

$$C(x) = x^{n-k}m(x) + \left[x^{n-k}m(x)\right]_{\text{Mod}g(x)} \tag{13-30}$$

实际应用的 BCH 码通常为高码率码，实现中采用 $n-k$ 级编码电路，如图 13.1 所示。

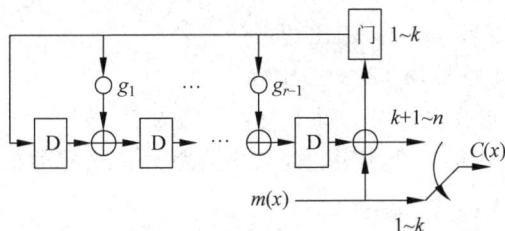

图 13.1　BCH 码编码器原理

BCH 码的译码方法可以有时域译码和频域译码两类。频移译码是把每个码组看成一个数字信号，把接收到的信号进行离散傅里叶变换（DFT），然后利用数字信号处理技术在"频域"内译码，最后进行傅里叶逆变换得到译码后的码组。时域译码则是在时域直接利用码的代数结构进行译码。BCH 的时域译码方法有很多，而且纠多个错误的 BCH 码其译码算法十分复杂。常见的时域 BCH 译码方法有彼得森译码、迭代译码等。

1960 年，彼得森（Peterson）提出了二元 BCH 码译码；不久，戈伦斯坦（Gorenstien）和齐尔勒（Zierler）将其推广到多进制情况；1968 年，伯利坎普（Berlekamp）首次提出了迭代译码算法；1975 年，丹尼斯·里奇（Dennis Ritchie）提出了欧几里得法译码等。

Peterson 译码步骤可总结如下。

（1）根据 $R(x)$ 计算伴随式 $S(s_1, s_2, \cdots s_{2t})$。

（2）$S \rightarrow E(x)$。

错误位置多项式：

$$\sigma(x) = (1-x^1 x)(1-x^2 x)\cdots(1-x^e x) = 1 + \sigma^1 x + \sigma^2 x^2 + \cdots + \sigma^e x^e。$$

求解错误位置多项式的根 $x_i, i=1, 2, \cdots, e$。

由 x^{i-1} 得到错误位置 $E(x)$。

（3）$\widetilde{C}(x) = R(x) + E(x)$。

将求解错误位置转化为解线性方程组的问题，但当设计纠错能力 t 较大时，要不断对系

数矩阵进行降阶处理,直到求得一个满秩的方阵为止,因此是非常复杂的运算,实际中较少应用。在理论上解决了 $\sigma(x)$ 的求解问题。

Berlekamp 于 1968 年提出了求解错误位置多项式的迭代算法,从根本上解决了 BCH 码译码算法的复杂度,得到了广泛的应用。

13.2.4 RS 码

RS 码是里德-所罗门(Reed-Solomon)码的简称,它是一类非二进制码,起源于 1960 年麻省理工学院(MIT)Lincoln 实验室的里德(S. Reed)和所罗门(G. Solomon)的一篇论文[9]。它是最佳的一种线性分组码,同时,RS 码编译码简单,具有严谨的代数结构,适用于中等码长和短码,性能接近于理论值。

在 (n,k) RS 码中,每组包括 k 个符号,每个符号由 m 个比特组成。GF(q) 上,码长 $n=q-1$ 的原本 BCH 码称为 RS 码。一个可以纠 t 个符号错误的 RS 码有如下参数:

码长:$n=2^m-1$ 符号,或 $m(2^m-1)$ 比特;

信息段:k 符号,mk 比特;

监督段:$n-k=2t$ 符号,$m(n-k)$ 比特;

最小码距:$d=2t+1$ 符号,$m(2t+1)$ 比特。

RS 码非常适合于纠正突发错误。对于一个长度为 2^m-1 符号的 RS 码,每个符号都可以看成是有限域 GF(2^m) 中的一个元素。而最小码距为 d 个符号的 RS 码的生成多项式具有如下形式:

$$g(D)=(D+\alpha)(D+\alpha^2)\cdots(D+\alpha^{d-1}) \tag{13-31}$$

目前,针对 RS 编码器,主要有基于乘法形式的编码器、基于除法形式的编码器以及基于校验多项式形式的编码器。

在基于乘法形式的编码器中,码字的表达式为

$$c(x)=m(x)g(x) \tag{13-32}$$

基于除法形式的编码器中,码字的表达式为

$$\begin{cases} \dfrac{x^{n-k}}{g(x)}=b(x)+\dfrac{r(x)}{g(x)} \\ c(x)=x^{n-k}a(x)+r(x) \end{cases} \tag{13-33}$$

基于校验多项式 $h(x)=(2^n+1)/g(x)$ 的编码器中,码字的表达式为

$$c_{n-k-1}=-\sum_{j=0}^{k-1}c_{n-i-j}h_j, \quad i=1,2,3,\cdots,n-k$$

RS 码的译码算法中,由于 RS 是循环码的一个子类,所以任何对循环码的标准译码算法都适用于 RS 码。目前针对 RS 码的译码算法主要有 PGZ 算法、BM 算法和 Forney 算法。PGZ 算法是解决 BCH 译码问题的通用算法,该方法易于理解且实现简单。其错误纠正过程分三步:①计算校正子(syndrome);②计算错误位置;③计算错误值。

因为 RS 码是一个非二元的 BCH 码,所以只有求出多项式系数的具体值,才能完成错误多项式的构造而实现纠错。

其中,该译码算法在求 $\varepsilon(x)$ 和 f_p 的时候,计算量很大,其计算量与系数矩阵的阶数的三次方成正比,于是两种简化算法 BM 算法和 Forney 算法被提出。鉴于此,该算法主要适

用于短码。

BM 译码算法的原理如下：根据第一个等式 $S_1 + \varepsilon_1 = 0$ 计算出 $\varepsilon^{(1)}$，将 $\varepsilon^{(1)}$ 代入第二个等式进行验证，若等式满足，则取 $\varepsilon^{(2)} = \varepsilon^{(1)}$，若不满足，则需要对 $\varepsilon^{(2)}$ 进行修正，随后将 $\varepsilon^{(2)}$ 代入第三个等式进行验证，直到确定错误位的位置和值。

1969 年，J. L. Massey 将迭代译码算法与序列的最短线性移位寄存器之间的关系进行了简化，此后这种算法称为 BM 迭代译码算法。较一般的译码算法，迭代译码算法具有计算简单、计算量不会增加等优点。

13.2.5　奇偶校验码

奇偶校验是一种简单有效的校验方法。这种方法通过在编码中增加一位校验位来使编码中 1 的个数为奇数（奇校验）或者为偶数（偶校验），从而使码距变为 2。采用奇校验（或偶校验后），可以检测代码中奇数位出错的编码，但不能发现偶数位出错的情况，即若合法编码中奇数位发生错误（编码中的 1 变为 0 或 0 变为 1），该编码中 1 的个数的奇偶性就发生变化，从而可以发现错误。采用何种校验是事先规定好的。奇偶校验能够检测出信息传输过程中的部分误码（1 位误码能检出，2 位及 2 位以上误码不能检出）。同时，它不能纠错。在发现错误后，只能要求重发。但由于其实现简单，仍得到了广泛使用。

一个二进制数位串 $C_7 C_6 C_5 C_4 C_3 C_2 C_1$，若将各位进行模 2 加，其和为 1，则此二进制数位串是奇性串；若将各位进行模 2 加，其和为 0，则此二进制数位串是偶性串。此时的奇偶性表示了这个二进制数位串自身固有的性质：奇性，说明此二进制数位串共有奇数个 1，例如，1101101 有 5 个 1，呈奇性；偶性，说明此二进制数位串共有偶数个 1 或者没 1，例如，1101100 有 4 个 1，0000000 没有 1，呈偶性。

那具体如何实现奇偶校验呢？最常用的方法是使用差错控制编码。数据信息位在向信道发送之前，先按某种关系附加上一定的冗余位，构成一个码字后再发送，这个过程称为差错控制编码过程。接收端收到该码字后，检查信息位和附加的冗余位之间的关系，以确定传输过程中是否有差错发生，这个过程称为检查过程。根据这个原理，发送方采取给二进制数位串 $C_7 C_6 C_5 C_4 C_3 C_2 C_1$ 加一位冗余位 C_0 以供校验。

C_0 的产生方法有两种。第一种方法为：$C_0 = C_7 \oplus C_6 \oplus C_5 \oplus C_4 \oplus C_3 \oplus C_2 \oplus C_1$。第二种方法为：$C_0 = C_7 \oplus C_6 \oplus C_5 \oplus C_4 \oplus C_3 \oplus C_2 \oplus C_1 + 1$。这里 $\oplus$ 是模 2 加符号。用第一种方法产生的 C_0 称偶校验码，用第二种方法产生的 C_0 称奇校验码。通过 C_0 的产生过程，可以发现 C_0 与二进制数位串 $C_7 C_6 C_5 C_4 C_3 C_2 C_1$ 的关系。

在第一种方法之下，当二进制数位串 $C_7 C_6 C_5 C_4 C_3 C_2 C_1$ 呈奇性时，C_0 亦呈奇性——即 C_0 取 1 值，这时把 C_0 编入二进制数位串 $C_7 C_6 C_5 C_4 C_3 C_2 C_1$ 后的新二进制数位串 $C_7 C_6 C_5 C_4 C_3 C_2 C_1 C_0$，按各位模 2 加就是 $C_7 \oplus C_6 \oplus C_5 \oplus C_4 \oplus C_3 \oplus C_2 \oplus C_1 \oplus C_0 = 0$；当二进制数位串 $C_7 C_6 C_5 C_4 C_3 C_2 C_1$ 呈偶性时，C_0 亦呈偶性——即 C_0 取 0 值，这时把 C_0 编入二进制数位串 $C_7 C_6 C_5 C_4 C_3 C_2 C_1$ 后的新二进制数位串 $C_7 C_6 C_5 C_4 C_3 C_2 C_1 C_0$，按各位模 2 加就是 $C_7 \oplus C_6 \oplus C_5 \oplus C_4 \oplus C_3 \oplus C_2 \oplus C_1 \oplus C_0 = 0$。

在第二种方法之下，当二进制数位串 $C_7 C_6 C_5 C_4 C_3 C_2 C_1$ 呈奇性时，C_0 反而呈偶性——即 C_0 取 0 值，这时把 C_0 编入二进制数位串 $C_7 C_6 C_5 C_4 C_3 C_2 C_1$ 后的新二进制数位串 $C_7 C_6 C_5 C_4 C_3 C_2 C_1 C_0$，按各位模 2 加就是 $C_7 \oplus C_6 \oplus C_5 \oplus C_4 \oplus C_3 \oplus C_2 \oplus C_1 \oplus C_0 = 1$；

当二进制数位串 $C_7C_6C_5C_4C_3C_2C_1$ 呈偶性时，C_0 反而呈奇性——即 C_0 取 1 值，这时把 C_0 编入二进制数位串 $C_7C_6C_5C_4C_3C_2C_1$ 后的新二进制数位串 $C_7C_6C_5C_4C_3C_2C_1C_0$，按各位模 2 加就是 $C_7 \oplus C_6 \oplus C_5 \oplus C_4 \oplus C_3 \oplus C_2 \oplus C_1 \oplus C_0 = 1$。接收端收到二进制数位串 $C_7C_6C_5C_4C_3C_2C_1C_0$ 后，检查信息位和附加的冗余位之间的关系，以判定传输过程中是否有差错发生。

按第一种方法检查信息位 $C_7C_6C_5C_4C_3C_2C_1$ 和附加的冗余位 C_0 之间的关系，看 $C_7 \oplus C_6 \oplus C_5 \oplus C_4 \oplus C_3 \oplus C_2 \oplus C_1 \oplus C_0$ 是否等于 0，若不等于 0 则说明出了错，这种检测方法叫偶校验。按第二种方法检查信息位 $C_7C_6C_5C_4C_3C_2C_1$ 和附加的冗余位 C_0 之间的关系，看 $C_7 \oplus C_6 \oplus C_5 \oplus C_4 \oplus C_3 \oplus C_2 \oplus C_1 \oplus C_0$ 是否等于 1，若不等于 1 则说明出了错，这种检测方法叫奇校验。

除上述一维奇偶校验码外，也有一些研究学者提出多维奇偶校验码的想法。多维奇偶校验码在一维检错的基础上，还具有纠错功能。文献[10]提出了一种具有较强纠错能力的多维奇偶校验码。该码组基于复数旋转理论，结合大数逻辑译码和最大似然译码。包含分组码的清晰、卷积码的关连、奇偶码的简易的优点，是一种具有独到纠错规则的纠错码。文献[11]构造了一种多维奇偶校验乘积码，该码在性能和码率上均有优势，性能与分量码的码长、码率、维数等相关。在各分量码的码长相同时，维数的增加会提高性能，但随之也降低了码率；当码率、维数相同时，选择不同码长所达到的性能相近；当码率相同，维数不同时，选择较高维数的乘积码，可以在相同的信息传输有效性的情况下，达到较好的性能。当然，维数的增加，会提高实际应用中的译码复杂性。但对于奇偶校验码，本身译码复杂性就低，而且随着硬件水平的逐步提高、运算速度的加快，译码复杂性不再是制约。关于其他种类的多维奇偶校验码的性能和分析，这里就不再赘述。

13.3　Turbo 编码

1993 年，Berrou 等提出了 Turbo 码[12-14]，这使得信道编码理论进入一个新纪元。Berrou 等将卷积码和随机交织器结合起来，同时采用软输出迭代译码算法来逼近最大后验概率译码，取得了超乎寻常的优异性能。

13.3.1　Turbo 码的编码

Turbo 码编码器原理如图 13.2 所示，Turbo 码编码器由两个卷积码 RSC1 和 RSC2、一个交织器、一个删余单元和一个复用单元组成[13-15]。

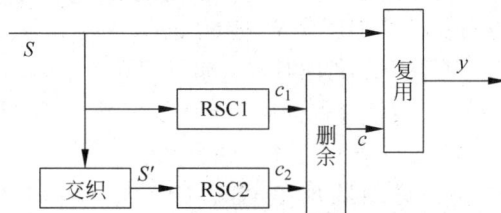

图 13.2　Turbo 码编码器原理

输入信息序列 $s=\{s_1,s_2,\cdots,s_N\}$，它一路直接输入卷积码 RSC1，经过编码后生成校验序列 c_1；另一路经过交织后，输入卷积码 RSC2，生成校验序列 c_2。为了提高码率，删余器从两个检验序列中按照一定的格式删除一些校验位，从而得到更高的码率。删余后得到的序列与原始的信息序列复用，成为最终的发送序列 y。该方法对同一个编码器使用凿孔技术来获取不同的编码率。Turbo 码中采用了并行级联方式，不但可以得到更好的距离特性和重量谱特性，而且有利于全局译码。子编码器采用系统码形式，只需发送一个编码器的系统序列，从而提高了码率。Turbo 编码中交织器是对输入的信息序列进行随机置换位置后从前向后读出。

Turbo 编码中交织器的作用主要是将信号序列按某种方式重新进行排列而得到一个新的序列，从而降低两个 RSC 编码器输入信息的相关性，编码过程互相独立。交织编码使码随机化和均匀化，对码重量分布起整形作用，交织编码的性能对 Turbo 码的性能影响很大。在译码过程中如果其中一个子译码器发生不可纠正的错误事件，经过交织后在另一个译码器被分散，使之能纠正差错。从码的重量分布角度来说，交织的作用是把小重量序列重新排列而增加码字的汉明距离，交织的逆过程是解交织。交织方式主要有规则交织、不规则交织和随机交织三种。规则交织是使用行写入而列读出，使用这种交织方式的效果相对较差。随机交织是把信号的位置随机分配，对系统的效果最好，但是由于随机交织要将整个交织信息位置信息传送给接收端的译码器，这样降低了编码效率。工程应用中一般采用不规则交织，不规则交织方式是对先对信号进行分块，然后对信号块使用固定交织方式，但块与块之间的交织器结构不一样，这样提高了译码效率。如果要获取高的编码增益，交织器的结构要优化，而且交织长度要适当增大。

13.3.2　Turbo 码的迭代译码

Turbo 码的迭代译码如图 13.3 所示。Turbo 码迭代译码译码器包括译码器 1（DEC1）编和译码器 2（DEC2）、一个交织器和一个解交织器。DEC1 和 DEC2 分别与 Turbo 编码器的 RSC1 和 RSC2 相对应。Turbo 码迭代译码时，译码器首先把接收到的信号 r_k 进行信号分离，与发送端复合器和删余器功能相反，将接收到的信号分成 x_k、y_{1k} 和 y_{2k} 信号序列，这个功能根据删余规律对接收的校验序列进行内插，在被删除的数据位上补上 0，以保证序列的完整性。DEC1 和 DEC2 采用软输入软输出译码，每次迭代有三路信息，一路信息码 x_k，两路校验码 y_{1k} 和 y_{2k}，还有外信息，软输出不仅包括本次译码对接收码字的硬估计，还包含有这些估计值的可信度[13-18]。

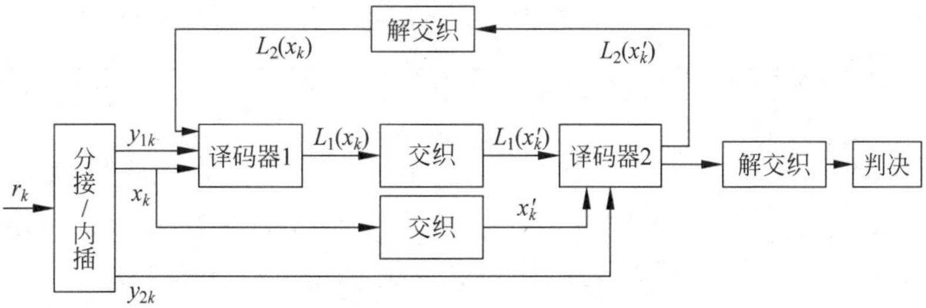

图 13.3　Turbo 迭代译码原理

Turbo 译码具体来讲是将信息序列 x_k 以及 RSC1 生成的校验序列 y_{1k} 送入软输出译码器 1(DEC1),译码器 1 生成的外信息序列 $L_1(d_k)$ 经过交织后得到的信息序列 $L_1(d_n)$ 作为软输出译码器 2(DEC2)的输入序列。信息序列 x_k 经过交织器后输出到译码器 2,译码器 2 的输入还有 RSC2 生成的校验序列 y_{2k}。译码器 2 的输出外信息 $L_2(d_n)$ 经过解交织器后得到的信息序列 $L_2(d_k)$ 反馈输入译码器 1。重复上述译码循环过程,直至译码输出结果的性能改善不明显或不改善,最后结果由译码器 2 输出后经解交织再判决输出信号。这种迭代译码的前后译码器处理过程中,不仅利用自己的信息比特和校验比特,还利用另外译码器提供的信息来进行处理,两个译码器联合处理从而提高整个译码的结果的可信度。这种迭代译码存在译码过程复杂、译码时间长的缺点,在快速处理实时系统中受到一定限制。

Turbo 码译码算法有基于最大后验概率(MAP)算法或软输出维特比算法(SOVA)。在低信噪比传输系统中,使用基于 MAP 译码算法的系统比基于 SOVA 的系统性能有改善,虽然 MAP 算法在译码过程中要考虑所有路径,而且 MAP 算法运算是乘法和指数运算,算法复杂度较高,但其精度较好。

13.3.3　MAP 译码

MAP 译码过程为:

先计算条件概率 $\lambda_k^i = \Pr\{x_k = i \mid r_1^N\}\ \forall k = 1, 2, \cdots, N,\ \forall i = \{0, 1\}$,设接收序列为 $r_1^N = \{r_1, r_2, \cdots, r_N\}$,为信息序列 x_1^N 的概率。定义 N 长码块条件下第 k 位信息 x_k 的对数似然比(log likelihood ratio,LLR)如下[13-18]:

$$\Lambda(x_k) = \log\left[\frac{P(x_k=1\mid r_1^N)}{P(x_k=0\mid r_1^N)}\right] = \log\left[\frac{P(x_k=1,r_1^N)/P(r_1^N)}{P(x_k=0,r_1^N)/P(r_1^N)}\right]$$
$$= \log\left[\frac{\sum_{s'}P(s_{k-1}=s',x_k=1,r_1^N)/P(r_1^N)}{\sum_{s'}P(s_{k-1}=s',x_k=0,r_1^N)/P(r_1^N)}\right] \tag{13-34}$$

其中 $S_{k-1} = S'$ 为 $k-1$ 时刻的状态为 S',式(13-34)简化得到

$$\Lambda(x_k) = \log\left[\frac{\sum_{s'}P(s_{k-1}=s',r_1^N)P(x_k=1,r_k,r_{k+1}^N/s_{k-1}=s',r_1^{k-1})/P(r_1^N)}{\sum_{s'}P(s_{k-1}=s',r_1^N)P(x_k=0,r_k,r_{k+1}^N/s_{k-1}=s',r_1^{k-1})/P(r_1^N)}\right]$$
$$= \log\left[\frac{\sum_{s'}P(s_{k-1}=s',r_1^N)P(x_k=1,r_k,r_{k+1}^N/s_{k-1}=s')/P(r_1^N)}{\sum_{s'}P(s_{k-1}=s',r_1^N)P(x_k=0,r_k,r_{k+1}^N/s_{k-1}=s')/P(r_1^N)}\right] \tag{13-35}$$

由于 $P(x_1^N)$ 相同以及

$$P(x_k=x,r_k,r_{k+1}^N=s') = P(r_{k+1}^N/s_{k-1}=s',x_k=x,r_k)P(x_k=x,y_k/s_{k-1}=s')$$
$$= P(r_{k+1}^N/s_{k-1}=s)P(x_k=x,r_k/s_{k-1}=s') \tag{13-36}$$

应用 BCJR 算法得到

$$
\begin{cases}
\alpha_k(s) = P(s_k = s, r_1^k) = \sum_{s'} \alpha_{k-1}(s')\gamma_k(s',s) \\
\beta_{k-1}(s') = P(r_k^N/s_k = s) = \sum_{s} \beta_k(s')\gamma_k(s',s) \\
\gamma_k(s',s) = P(x_k = x, r_k/s_{k-1} = s') = P(r_k/s_{k-1} = s', x_k = x)P(x_k = x/s_{k-1} = s')
\end{cases}
\tag{13-37}
$$

其中，$\alpha_k(s)$ 为前向递归向量；s 为当前状态；$\beta_{k-1}(s')$ 为后向递归向量；s' 为前一时刻状态；$\gamma_k(s',s)$ 为状态 s' 到状态 s 的转移概率，把式(13-37)和式(13-36)代入式(13-35)得到

$$
\Lambda(x_k) = \log\left[\frac{\sum_{x+} \alpha_{k-1}(s')\beta_k(s)\gamma_k(s',s)}{\sum_{x-} \alpha_{k-1}(s')\beta_k(s)\gamma_k(s',s)}\right]
\tag{13-38}
$$

Turbo 码编码部分分为信息码部分和校验码部分，通常表示为 $r_k = (r_k^s, r_k^p)$，这里 r_k^s 为信息位，r_k^p 为校验位。在 $x_k = i$ 的条件下，r_k^s 和 r_k^p 是统计独立的，与信息位和状态没有关联，即

$$
P(r_k/s_{k-1} = s', x_k = x) = P(r_k^s/x_k = i)P(r_k^p/x_k = i, x_k = s, s_{k-1} = s')
\tag{13-39}
$$

由上面式(13-37)、式(13-38)和式(13-39)得到

$$
\Lambda(x_k) = L(x_k) + \log\frac{P(r_k^s \mid x_k = 1)}{P(r_k^s \mid x_k = 0)} + \log\frac{\sum_s \sum_{s'} P(r_k^p \mid x_k = 1, s_{k-1} = s)\alpha_{k-1}(s')\beta_k(s)}{\sum_s \sum_{s'} P(r_k^p \mid x_k = 0, s_{k-1} = s)\alpha_{k-1}(s')\beta_k(s)}
\tag{13-40}
$$

译码结果为对 x_k 进行判决，由 $\Lambda(x_k)$ 符号的正负得到 Turbo 译码判决值，即

$$
\hat{x}_k = \text{sgn}[\Lambda(x_k)] = \begin{cases} 1, & \Lambda(x_k) \geqslant 0 \\ 0, & \Lambda(x_k) < 0 \end{cases}
\tag{13-41}
$$

而对数 MAP(log-MAP)算法是把 MAP 算法中的似然用对数似然来代替，这样 MAP 算法中的乘法运算变成加法运算。同时对译码器的输入输出相应地改为对数似然比。还有最大值 log-MAP 算法，该算法将 log-MAP 加法式中的对数忽视，使似然加法变成最大数值进行运算，虽然简单，但损失了信息的精度。

13.3.4 Turbo 均衡技术

Turbo 均衡技术由 Donillard 等于 1995 年提出，后来 Bauch 和 Franz 等对其进行了完善。Turbo 均衡技术与 Turbo 迭代译码思想相似，只是 Turbo 均衡技术中的外部信息是串行获取而不是像 Turbo 迭代译码那样并行获取。Turbo 中的均衡器迭代技术中，均衡器和译码器在迭代过程中不能进行硬判决传输，而只是在迭代中止后对信息进行硬判决。它将均衡技术与 Turbo 迭代译码技术相结合，使 Turbo 中的均衡器具有处理输入先验信息与输出后验信息的功能。Turbo 中的均衡器与 Turbo 译码器进行信息交换，降低 Turbo 编码技术的算法复杂度。而且 Turbo 均衡技术保留了 Turbo 码的交织、译码和迭代技术等功能，在高速光传输系统中，Turbo 均衡技术相对于传统的均衡器与译码器分开的传输系统，其传

输性能明显提高。传统均衡器通常采用硬判决,使得后级译码器只能采用硬输入译码,而 Turbo 均衡技术使用输入译码,最后译码系统的软输出数值又反馈到前面的均衡模块作为下一次迭代先验信息,这样循环译码和均衡,但每一次迭代获得的增益是递减的,性能到一定迭代次数后基本上稳定。所以 Turbo 迭代译码技术的软输入软输出性能要优于传统均衡器的硬输入译码。该技术能够减少光纤链路中色散和非线性效应对传输信号的 ISI,而且还能减少光链路信道估计误差的影响[19-24]。

13.3.5 OFDM 信号 Turbo 迭代均衡

在通信系统中为了提高传输系统性能,可以使用编码和均衡技术相结合的方法,利用两者各自的优点进行迭代编码均衡处理,即使用均衡技术降低传输信道的 ISI,而编码技术是在信息中添加部分冗余信息,通过牺牲系统的传输速率来提高系统的传输性能。传统的编码技术和均衡技术都是独立处理的,这样可以减少系统的复杂度,传统的 OFDM 系统均衡系统结构如图 13.4 所示。但这种将编码技术和均衡技术独立分开的方法会对系统性能有损伤。而 Turbo 迭代均衡技术把 Turbo 编译码技术和信道均衡技术结合起来,用来提高传输系统性能,通过采用合适的均衡技术降低 Turbo 迭代均衡技术的复杂度。

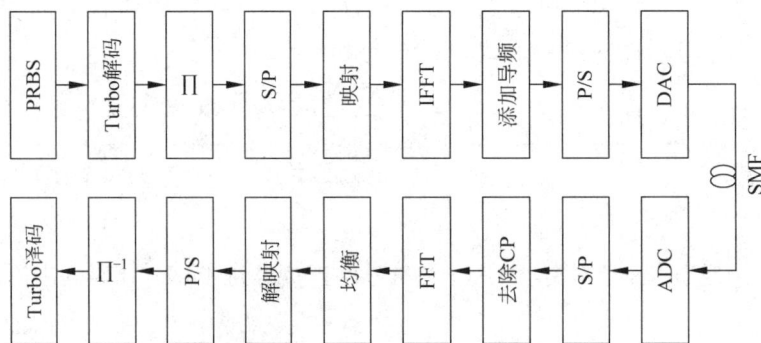

图 13.4 传统 Turbo 编码 OOFDM 系统原理图

Turbo 均衡是将 Turbo 原理和均衡技术结合的方法。通过多次迭代,在均衡器和译码器之间充分交换外信息来获得系统性能的提高。Turbo 迭代均衡系统如图 13.4 所示。

Turbo 均衡的 OOFDM 传输系统中,伪随机二进制序列(PRBS)先进行 Turbo 编码,Turbo 编码原理如 13.3.1 节所述,编码后的序列经过交织,然后对交织后的序列进行串并转换,再对信号根据传输系统需要而进行信号映射,再进行 IFFT,得到 OFDM 信号,在每一符号 OFDM 信号前加循环前缀,这样可以降低色散和非线性对 OFDM 信号的延时影响,再进行并串转换,得到的序列通过任意波形发生器(WAG)发送到光调制器上形成光 OFDM 信号。光信号经过光纤传输后在接收端通过光电检测变成电信号,用实时示波器进行采样,对采用后的 OFDM 信号先进行串并转换,进行 FFT,再进行 Turbo 均衡处理,整个系统过程原理从图 13.5 可以体现出来。

Turbo 迭代均衡技术由均衡器和译码器组成,均衡器和译码器通过迭代方式进行工作。均衡器和译码器使用软输入软输出方式,首先将 FFT 处理后的信号经均衡器后得到信息的软输出,经解映射和相应的处理得到信号的外信息,该信息经解交织后,得到均衡技术中译码器需要的先验信息,译码器利用解交织后先验信息计算软输出的外部信息,经交织器后,

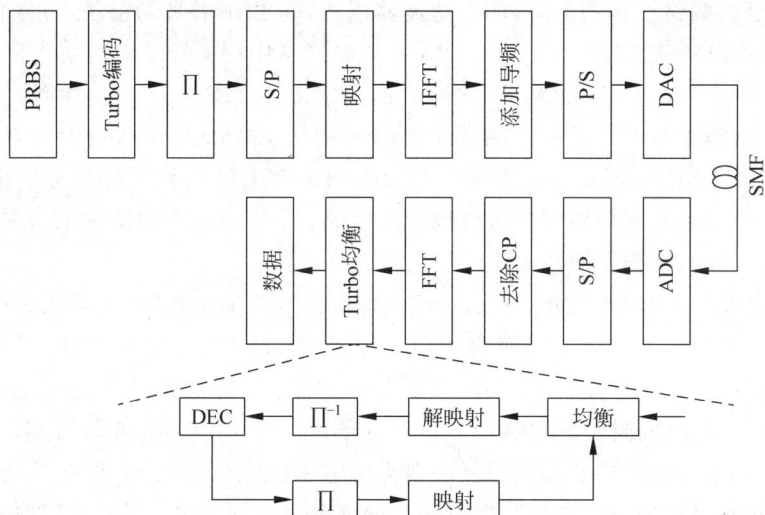

图 13.5　Turbo 迭代均衡 OOFDM 系统原理图

又可以得到均衡器的先验信息。而且均衡器可再次利用先验信息和接收信号进行相应的处理又能获取外部信息,这样进行新的迭代处理。经过几次迭代处理后,系统性能基本稳定,从译码器判决输出信号结果。

13.3.6　基于 MIMO-CMA 均衡算法

在光纤传输系统中,不但受到色度色散的影响,还受到偏振模色散的影响,色度色散会导致传输的信号展宽,使信号失真。偏振模色散造成两个偏振态之间不同的群时延(DGD)与相移,而不同的群时延则导致两个分量上的光脉冲信号到达接收端的时间不同,从而两个不同偏振态的信号传输速率不同,影响光纤链路的传输性能。而在偏振复用传输系统中,信号在光纤链路的传输过程中会受到来自偏振模色散和偏振相关损耗等一系列损伤,造成接收端两路信号之间存在相互串扰的情况,这成为影响偏振复用系统性能的主要因素。

1. 偏振复用 OOFDM 系统中基于 MIMO-CMA Turbo 均衡技术

在偏振复用 OOFDM 系统中,OOFDM 信号通过偏振分束器(polarization beam splitter,PBS)将 OOFDM 信号在任意偏振态下分为两个偏振方向上的 OOFDM 信号。MIMO-CMA 迭代均衡技术与线性最小均方误差(LMMSE)均衡技术差不多,最小均方误差均衡系统中均衡器使用的是 LMMSE 结构的滤波器,LMMSE 结构的滤波器只是对一路信号进行均衡,可以减少色散对信号的影响;而在偏振复用 OOFDM 系统中,光纤中的两个偏振态方向上都传输信号,这样系统受到偏振模色散和偏振串扰,比在光纤中单独传输一路信号受到偏振模色散信号更大。根据前面讲的偏振复用信号的自适应均衡器技术,在偏振复用 OOFDM 系统中使用 MIMO-CMA 迭代均衡技术,来对偏振复用 OOFDM 系统中两路信号联合进行 CMA 均衡,也就是 MIMO-CMA 均衡。MIMO-CMA 均衡技术能补偿传输系统中偏振模色散和偏振串扰(CPI)对系统的损伤,而且算法复杂度比基于 MAP 的均衡技术要低,比 LMMSE 均衡技术要高,但对系统的改善性能要比 LMMSE 均衡技术要好。

相比于 LMMSE 均衡技术,MIMO-CMA 迭代均衡技术中的均衡器是使用 CMA 结构的滤波器,而且是两路联合均衡,由四个滤波器组成,而 LMMSE 均衡技术仅使用一个滤波器。所以基于 LMMSE 均衡算法 OOFDM 系统原理图中用 CMA 均衡器代替 LMMSE 均衡器,迭代均衡原理就是把 LMMSE 均衡器输出结果用 MIMO-CMA 均衡器输出结果代替,其他算法一样,这里不再赘述。两者主要的不同是 LMMSE 均衡技术只对一路信号进行均衡处理,而 MIMO-CMA 均衡技术是对两个偏振态上的信号进行联合均衡处理,考虑了传输系统中色度色散和偏振模色散对信号的影响,而 LMMSE 均衡技术未充分考虑偏振模色散和偏振串扰对系统的影响。

图 13.6 是基于 MIMO-CMA Turbo 迭代均衡技术的偏振复用 DDO-OFDM 传输系统图。发送部分 OFDM 的产生与前面两种均衡技术产生 OFDM 信号一样,不再详细介绍;在传输部分使用偏振分束器分成偏振态正交的两路,然后将两路信号通过偏振合束器(PBC)进行耦合,形成偏振复用 DDO-OFDM 信号。经光纤传输后,在接收端对接收的信号进行处理。不同于传统的不使用偏振复用结构传输系统的信号处理,后者只是对一路信号进行处理,而偏振复用结构传输系统要对两个偏振态上的信号进行处理,即偏振解复用。由于偏振复用结构中存在色度色散和偏振模色散,在接收端使用 MIMO-CMA 均衡技术。

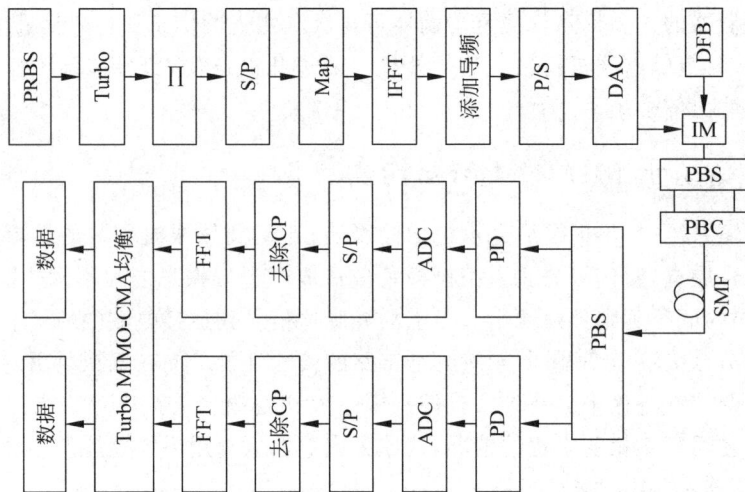

图 13.6 基于 MIMO-CMA 均衡算法 DDO-OFDM 系统原理图

图 13.7 为 MIMO-CMA 均衡器原理结构图。MIMO-CMA 均衡技术是对偏振复用系统中的两路信号分别接收和处理,两路信号进行串并转换后进行 FFT 处理和信道估计,得到两路信号序列,然后对这两路序列进行 MIMO-CMA 迭代均衡。通过 MIMO-CMA 迭代均衡,减少偏振复用结构中偏振模色散和偏振串扰对传输信号的影响。

2. 偏振复用 CO-OFDM 系统实验

图 13.8 为偏振复用 Turbo 迭代均衡 CO-OFDM 信号传输实验系统。

将经过 Turbo 编码的 OFDM 信号 I、Q 两路通过任意波形发生器发送到光 IQ 正交调制器(IQ modulator)光载波的同相及正交分量上产生光 CO-OFDM 信号。发送端 ECL 产生 15 dBm 功率,其带宽少于 100 kHz,CO-OFDM 信号由偏振分束器分成偏振态正交的 2 路,并延时其中一路,使两路信号数据不相关,然后将两路 CO-OFDM 信号通过偏振合束器进行耦合,形成偏振复用 CO-OFDM 信号。在传输 200 km SSMF 光纤信道后,经 EDFA

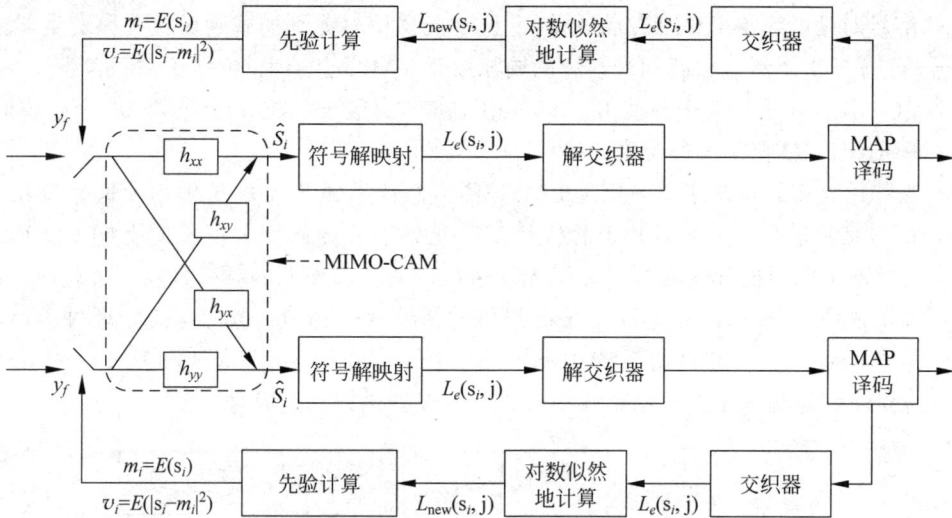

图 13.7　基于 MIMO-CMA 均衡算法原理图

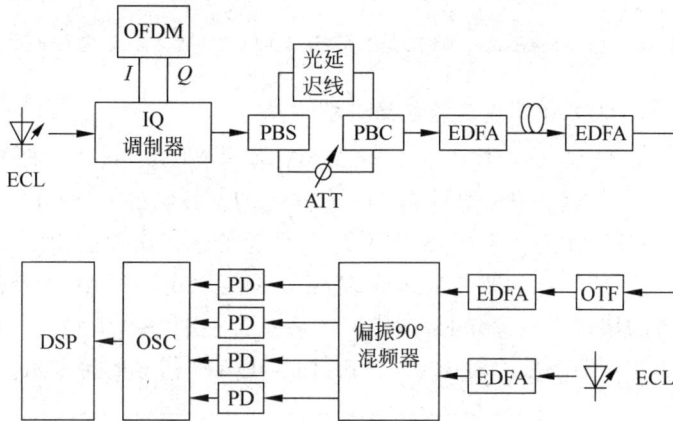

图 13.8　偏振复用 CO-OFDM 实验系统

放大,由带宽为 1 nm 的光滤波器可调谐(OTF)滤除信号带外噪声,再输入偏振分集 90°光混频器(polarization diversity 90° hybrid)与本振激光混频。光混频器分离出两个正交的偏振态上信号,随后通过 4 个相同的带宽为 10 GHz 光检测器(photodetector,PD)做单端接收。PD 输出的 4 路电信号通过带宽为 8 GHz 采样率为 20 GSa/s 的实时示波器进行采样,对采样后的信号由计算机进行离线数字信号处理和均衡分析。

　　图 13.9 为 Turbo 迭代均衡 CO-OFDM 信号产生的原理,伪随机码序列经过 Turbo 编码器编译后,再经过交织,交织可以使连续突发信号分散,译码时可以减少系统误码性能,然后经过 13QAM 映射,插入导频和 IFFT 处理,通过加循环前缀来减少色散和光纤非线性对

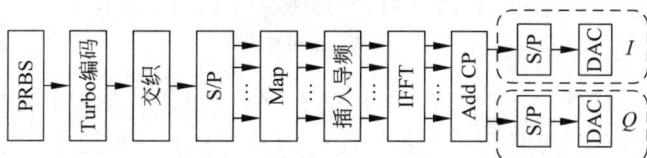

图 13.9　Turbo 迭代均衡 CO-OFDM 信号产生原理图

OFDM 信号时延的影响。OFDM 信号的 I 和 Q 两路信号分别加载到任意波形发生器，I 和 Q 信号通过光 IQ 调制器加载到光载波的同相及正交分量上产生 CO-OFDM 信号。该实验系统中 CO-OFDM 信号的子载波为 256，其中 196 个有效子载波、8 个导频、56 个 0 数值位、32 个循环前缀。IQ 调制器的带宽为 8 GHz。

图 13.10 所示的是基于 MAP 或 LMMSE 均衡技术的 Turbo 迭代均衡偏振复用 CO-OFDM 信号接收端数字信号处理流程。经归一化处理后的两个偏振方向上的 CO-OFDM 信号先通过两个固定的数字滤波器补偿光纤色散。两个激光源的频率偏差通过相应的载波恢复算法来估计和消除，然后进行 Turbo 迭代均衡处理。Turbo 迭代均衡处理过程已经在前文中详细说明。CO-OFDM 系统中基于 MAP 的 Turbo 迭代均衡和基于 LMMSE 的 Turbo 迭代均衡都是对偏振复用系统中两路信号单独进行均衡处理。

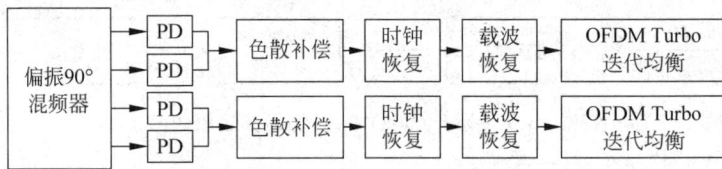

图 13.10　基于 MAP 或 LMMSE 迭代均衡 CO-OFDM 信号数字信号处理原理

3. 偏振复用 CO-OFDM 系统实验结果分析

图 13.11 为基于 MAP 均衡技术的 CO-OFDM 信号在 200 km 的 SSMF 传输后的误码性能曲线。可以看出，使用 MPA 均衡的 Turbo 迭代均衡技术的 CO-OFDM 系统比没有使用该技术的纯 CO-OFDM 系统性能要好很多，而且随着迭代次数的增加，CO-OFDM 性能更好，但每次迭代后系统性能的改善是递减的，主要是因为基于 MAP 均衡的 Turbo 迭代技术每次迭代所获得的增益也是递减的，迭代三次后系统性能基本上稳定。图 13.11 插图为偏振复用结构的两个偏振态上 OSNR 为 25 dB 时 13QAM 信号的星座图。

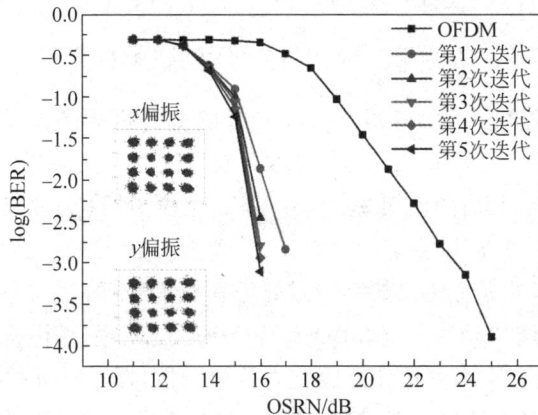

图 13.11　基于 MAP 均衡技术的系统误码性能
（请扫 2 页二维码看彩图）

基于 LMMSE 均衡和 MIMO-CMA 均衡的 Turbo 迭代均衡技术的 CO-OFDM 系统，其性能趋势跟基于 MAP 均衡 Turbo 迭代技术 CO-OFDM 系统性能趋势大体相同。随着迭代次数的增加，系统性能也随着改善，但每次迭代后系统性能的改善是递减的，主要是因为基于 LMMSE 均衡和 MIMO-CMA 均衡的 Turbo 迭代技术每次迭代获得的增益也是递减的,所以系统性能也相似,这里不再赘述。

图 13.12 是三种不同均衡技术在迭代 5 次后的 CO-OFDM 系统误码性能曲线,可以看出在相同迭代次数情况下,基于 MAP 均衡技术的系统性能最好,MIMO-CMA 均衡技术系统性能其次,LMMSE 均衡技术性能稍微差一点。主要是因为:基于 MAP 均衡器迭代均衡系统中,均衡器使用 MAP 均衡,而 MAP 均衡算法采用的是最优准则,故性能最好;而 MIMO-CMA 均衡技术和 LMMSE 均衡技术的算法复杂度比 MAP 均衡算法低很多,其系统性能要差。但是,随着迭代次数的增多,两者性能越来越逼近。MIMO-CMA 均衡技术的系统性能要好于 LMMSE 均衡技术,主要是由于:MIMO-CMA 均衡技术使用偏振态上两路信号联合均衡,消除偏振复用系统中的偏振模色散和偏振串扰的干扰;而 LMMSE 均衡技术只是对两个偏振态上的信号独立处理,所以基于 LMMSE 均衡技术的 CO-OFDM 系统性能欠佳,接收灵敏度不如 MAP 和 MIMO-CMA 均衡技术。

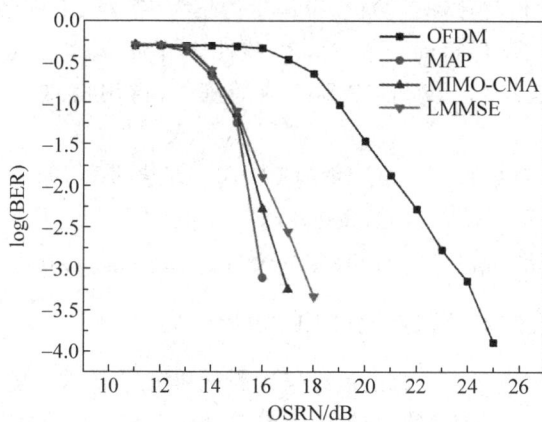

图 13.12　不同均衡技术的系统误码性能
(请扫 2 页二维码看彩图)

在偏振复用传输系统中,使用 MIMO-CMA 均衡的 Turbo 迭代均衡方法来消除偏振模色散的影响。实验结果表明,基于 MIMO-CMA 均衡的 Turbo 迭代均衡技术的 CO-OFDM 系统能有效降低光传输系统中色度色散及偏振模色散的影响,提高 CO-OFDM 系统传输性能,而且该技术能同时对偏振态上两路信号进行处理,这样不但提高了系统性能,同时降低了信号处理的计算量,从而适用于高速光实时传输系统中。

13.4　LDPC 编码

在前向纠错码中,Turbo 码和 LDPC 码性能比较出色,近几年来研究较多。与 Turbo 码相比,LDPC 码是一种线性分组码,其校验矩阵具有稀疏性,并且译码复杂度低,可以实现并行处理和译码延时短等优势。2003 年,Vasic 等将 LDPC 码和迭代译码方法应用到长距离光传输系统中,使系统的性能得到了改善[25]。2005 年,Djordjevic 等提出了 GLDPC (generalized low-density parity-check)码,并将 GLDPC 应用到光通信系统中,与 LDPC 码的性能进行了比较[26]。2007 年,Djordjevic 等提出了一种编码调制算法,将位交织编码调制与 LDPC 码相结合,在相干检测系统中实现超高速传输[27]。

13.4.1 LDPC 码的基本概念

LDPC 码是一种基于稀疏校验矩阵的线性分组纠错码,校验矩阵中绝大多数元素是 0,只有很少的一部分元素为 1,并且校验矩阵的每行中 1 的个数远小于校验矩阵的列数。按照稀疏校验矩阵中每行或每列中 1 的个数是否相同,LDPC 码可分为 LDPC 规则码和 LDPC 不规则码。如果稀疏校验矩阵中每行或每列中 1 的个数一样,则为 LDPC 规则码;如果不一样,则为 LDPC 不规则码。LDPC 规则码对应的二分图中所有的消息节点或比特节点的度是相等的,所有节点的度也是相等的,LDPC 码的编码和译码过程都是通过稀疏校验矩阵 H 来进行操作,稀疏校验矩阵 H 中 1 的排序和个数都是 LDPC 编码和译码的复杂度以及 LDPC 码性能的重要因素。LDPC 不规则码中节点的度变动范围大,选择较好的 LDPC 不规则码的校验矩阵,可以使不规则码获得比规则码更好的编译性能。

经 LDPC 编码得到信息位和校验位,设信息位长为 K,经 LDPC 编码后码长为 N,产生的校验位长为 $M=N-K$,即得到一个 (N,K) 线性分组码 C,并由其 $M \times K$ 阶的校验矩阵 H 唯一确定。校验矩阵 H 经过变换得到生成矩阵 G,再用信息 m 与 G 相乘,得到码字 $C=mG$。

LDPC 码一般采用对数似然比的 BP(LLR-BP)算法进行译码,该译码原理为:假设 LDPC 码编码器的输出序列 $\{x_k\}$ 经过二进制调制 $\{u_k=2x_k-1\}$ 后,通过信道进行传输,在接收端,假设译码器的输入端得到的信号序列为 $\{y_k=u_k+n_k\}$,其中 n_k 为噪声[28]。

随机变量 U 的二进制对数似然比(LLR)数值定义为:$L(U)=\log \dfrac{p(U=-1)}{p(U=1)}$。此对数似然比量值可以解释为:$L(U)$ 的正负号来判断随机变量 U 是 1 还是 -1,其绝对数值表示取 -1 和 1 的置信度,即 $L(U)$ 绝对值越大,说明为 -1 或 1 可能性越大。

定义:

$$
\begin{cases}
\lambda_{n \to m}(u_n) = \log \dfrac{q_{nm}(-1)}{q_{nm}(1)} \\
\Lambda_{m \to n}(u_n) = \log \dfrac{r_{mn}(-1)}{r_{mn}(1)}
\end{cases}
\tag{13-42}
$$

其中,$\lambda_{n \to m}(u_n)$ 为变量节点 n 输出到校验节点 m 的置信度;$q_{nm}(-1)$ 为在除校验节点 m 外,信息节点 n 参与的其他校验节点提供的信息上,信息节点 n 在状态 -1 的置信度;$q_{nm}(1)$ 为在除校验节点 m 外,信息节点 n 参与的其他校验节点提供的信息上,信息节点 n 在状态 1 的置信度;$\Lambda_{m \to n}(u_n)$ 为校验节点 m 输出到变量节点 n 的置信度;$r_{mn}(-1)$ 为信息节点 n 状态为 -1 和校验节点 m 其他校验节点状态已知的条件下,校验节点 m 满足的概率;$r_{mn}(1)$ 为信息节点 n 状态为 1 和校验节点 m 其他校验节点状态已知的条件下,校验节点 m 满足的概率。

LDPC 译码过程如下所述。

(1) 节点初始化。先给每一个信息节点 n 进行赋值,得到每一个信息节点 n 的后验对数似然比数值:$L(u_n)=\log\{p(u_n=\pm1|y_n)/p(u_n=-1|y_n)\}$。

在等概率输入信道中,$L(u_n)=2y_n/\sigma^2$,这里 σ^2 为噪声方差。对 $H_{m,n}=1$ 的每一对

(m,n)进行初始化设置：$\lambda_{n\to m}(u_n)=L(u_n)$，$\Lambda_{m\to n}(u_n)=0$。

（2）迭代过程。

校验节点 m 更新，对每个 m 及 $n\in N(m)$，计算校验节点 m 输出到信息节点 n 的置信度：$\Lambda_{m\to n}(u_n)=2\mathrm{arctanh}\left\{\prod\limits_{n'\in N(m)/n}\tanh[\lambda_{n'\to m}(u_n)/2]\right\}$。

变量节点 n 更新，对每个 n 及 $m\in N(n)$，计算信息节点 n 输出到校验节点 m 的置信度：$\lambda_{n\to m}(u_n)=L(u_n)+\sum\limits_{m'\in N(n)/m}\Lambda_{m'\to n}(u_n)$。

对每一个信息节点 n 计算：

$$\lambda_n(u_n)=L(u_n)+\sum\limits_{m\in M(n)}\Lambda_{m\to n}(u_n) \tag{13-43}$$

对得到的输出结果进行判决，如果 $\lambda_n(u_n)\geqslant 0$，则 $\hat{x}_n=1$；如果 $\lambda_n(u_n)<0$，则 $\hat{x}_n=0$。LDPC 迭代译码结束的条件是 $\hat{X}H^{\mathrm{T}}$ 的值是否为 0，如果 $\hat{X}H^{\mathrm{T}}=0$，则译码停止，译码器输出 $\hat{X}$；如果 $\hat{X}H^{\mathrm{T}}\neq 0$，则继续执行迭代译码过程，迭代译码不是无止境的，如果达到设置的迭代次数时还没有寻找到满足的码字，则译码失败。

13.4.2　60 GHz LDPC-TCM OFDM 光毫米波信号传输系统原理

该系统为基于光双边带调制格式的 LDPC-TCM OFDM 信号的 60 GHz RoF 系统，其实验传输系统如图 13.13 所示。在中心站使用抑制中心光载波技术产生 60 GHz 光毫米波，然后把经过 LDPC 编码编译过的信号再通过 13QAM TCM 编码调制过的 OFDM 信号调制到光毫米波上，产生 LDPC-TCM OFDM 光毫米信号，传输 20 km 标准单模光纤（SSMF）后，在接收端，即基站通过带宽大于 60 GHz 的 PD 管转换成电毫米波，电毫米波与 60 GHz 的本振信号混频和低通滤波后得到基带 LDPC-TCM OFDM 信号。

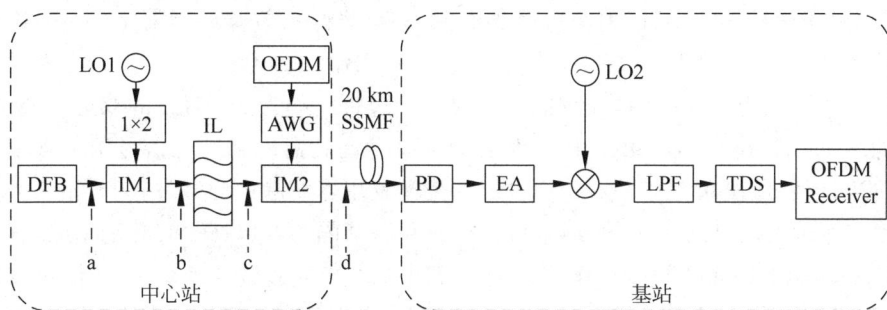

图 13.13　60 GHz LDPC-TCM OFDM 光毫米波信号传输系统图

电 LDPC-TCM OFDM 信号产生过程如图 13.13 所示，该实验 LDPC 编码使用码长为 1024、码率为 1/2、围长为 8 的非规则 LDPC 码。TCM 编码调制使用码率为 3/4，13QAM 映射，13 状态。

发送的 LDPC-TCM OFDM 信号结构如图 13.14 所示，伪随机序列信号进行 LDPC 编码，编码后的信号序列经过串并转换后，先进行 13QAM TCM 编码调制，调制后的序列中插入作为信道估计的导频，然后对数据进行 IFFT 处理得到相互正交的子载波序列，将 OFDM 符号的后部序列作为 OFDM 符号结构的头部来克服由光链路色散和非线性引起的时延的循环前缀。该实验中 OFDM 子载波数为 256,其中 192 个子载波传输信号数据,8 个子载波搭载导频,其余 56 个子载波为保护间隔,32 个子载波为循环前缀。把电 LDPC-TCM OFDM 信号经过 Tektronix® 任意波形发生器发送,通过光调制器加载到光链路上,产生光 LDPC-TCM OFDM 信号,电 OFDM 的峰峰电压值(V_{pp})为 2 V。

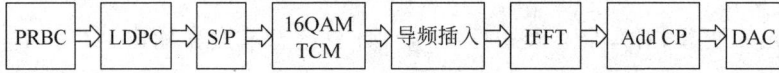

PRBC → LDPC → S/P → 16QAM TCM → 导频插入 → IFFT → Add CP → DAC

图 13.14 LDPC-TCM OFDM 信号编码调制原理图

在用户单元对接收到的基带 LDPC-TCM OFDM 信号进行相应的译码和解调处理,其接收处理过程如图 13.15 所示。对接收到的信号进行 OFDM 同步检测,通过训练序列的高相关性来确定 OFDM 信号的同步点,以此来确定 OFDM 信号数据开始位置;将 OFDM 信号去除保护前缀,通过训练序列和导频序列来估计信道;对 OFDM 信号进行 FFT 处理、TCM 译码处理和 LDPC 译码处理后恢复出传输的信号序列;将接收到的信号数据与发射端的信号数据进行比较,得到传输系统的误码率。对 LDPC-TCM OFDM 信号进行译码解调的过程是其编码调制的逆向处理过程。

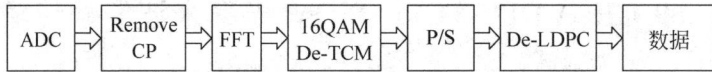

ADC → Remove CP → FFT → 16QAM De-TCM → P/S → De-LDPC → 数据

图 13.15 LDPC-TCM OFDM 信号接收译码解调原理图

该实验的信号传输系统包括中心站和基站,中心站的功能是光毫米波的产生,通过分布反馈式激光器(DBF-LD)产生光功率为 7 dBm 波长为 1542.8 nm 连续光波作为光载波,其光谱如图 13.16(a)所示。而射频信号是由模拟射频信号发生器产生的电功率为 13 dBm、频率为 14.5 GHz 的正弦波信号,然后经电放大器放大射频信号功率,再经过二倍频器产生 29 GHz 的射频信号。29 GHz 射频信号加载到马赫-曾德尔单臂调制器上,马赫-曾德尔单臂调制器的 3 dB 带宽大于 20 GHz,消光比大于 25 dB,半波电压为 7.8 V。当光调制器的直流偏置电压设置为 2.9 V 时,光调制器输出一阶边带间隔为 58 GHz 的双边带调制信号,其光谱如图 13.16(b)所示。第一个马赫-曾德尔单臂调制器出来的光信号中包含中心载波和光一阶边带信号,使用 50 GHz/100 GHz 的交叉复用器滤除中心载波,同时由于其他高阶边带功率很小而忽略其对系统的影响,可以得到频率间隔为 58 GHz 的光毫米波,其光谱如图 13.16(c)所示。LDPC-TCM OFDM 信号使用离线产生通过 Tektronix® 任意波形发生器发送,经过第二个光强度调制器加载到光链路上,产生 OFDM 光毫米波信号,任意波形发生器的发送速率为 2.5 GSa/s,V_{pp} 为 2 V。第二个光强度调制器的直流偏置电压为 6.8 V。从第二个光强度调制器出来的光谱如图 13.16(d)所示。携带 OFDM 信号的光毫米波经 EDFA 放大后入纤功率为 8 dBm,然后经 20 km 标准单模光纤传输后到达基站,标准单模光纤的损耗为 0.19 dB/km、色散系数为 17 ps/(nm·km)。

在基站中,光毫米波信号首先经 3 dB 带宽大于 60 GHz 的高速光电探测器转变成电毫米波信号,再经过 3 dB 带宽为 60 GHz 的电放大器放大,与 58 GHz 的本振信号经过混频器(mixer)混频后,通过带宽为 7.5 GHz 的低通滤波器(LPF)得到基带 OFDM 信号,其中 58 GHz 的本振信号由 14.5 GHz 正弦波信号经过四倍频器倍频后产生。OFDM 基带信号再经过 Tektronix® TDS6804B 实时数字示波器以 10 GSa/s 进行采样,对采样后的 OFDM 信号进行相应的译码解调处理,得到的信号与发送的信号进行比较得到传输系统的误码性能。后期的 OFDM 译码解调处理是通过离线使用 MATLAB 根据图 13.15 对 LDPC-TCM OFDM 信号进行译码解调等处理。

13.4.3　实验结果及分析

在传输系统中,比较了三种信号:未编码的纯 OFDM 信号、LDPC 编码 OFDM 信号和 LDPC 级联 TCM 编码调制技术 OFDM 信号。LDPC 码为非规则码,码率为 0.5,迭代译码次数为 8 次,校验矩阵为 PEG 构造,译码采用对数似然比的 BP 算法。TCM 为 13 状态,码率为 3/4。在传输 20 km 单模光纤且实验系统其他参数性能不变的条件下,通过改变基站接收的光功率来分析不同接收功率条件下上述三种信号的误码性能,从而分析 LDPC 编码和 LDPC-TCM 编码调制技术分别与 OFDM 技术结合的信号在光纤链路的抗色散性能和传输性能。系统的误码性能图如图 13.16 所示。

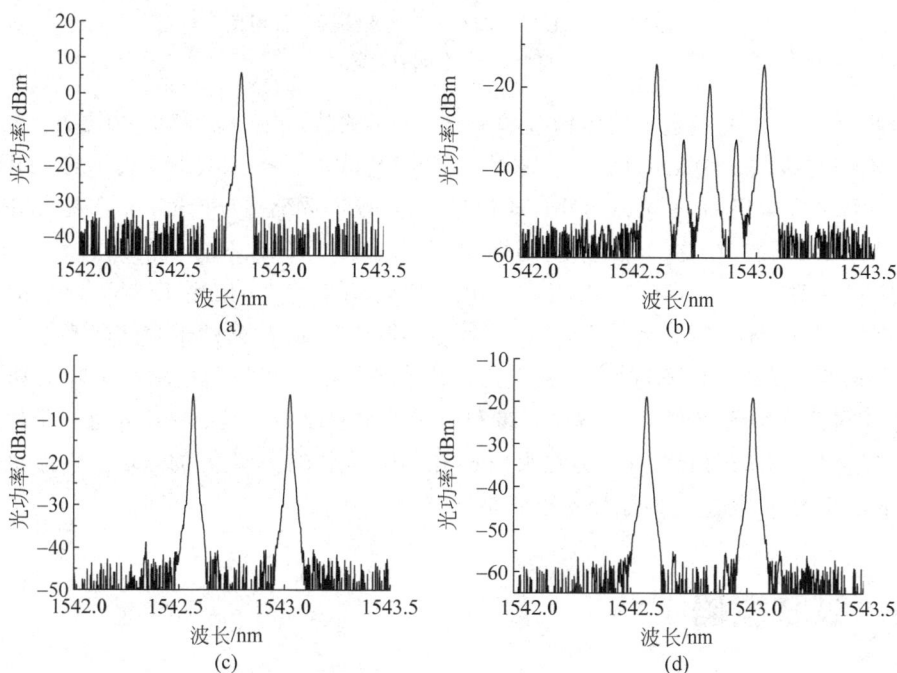

图 13.16　各点测量得到的光谱图

由图 13.16 得知,在传输 20 km SSMF 后,LDPC 级联 13QAM TCM 编码调制技术 OFDM 信号、13QAM 映射的 LDPC 编码 OFDM 信号和未编码的 13QAM OFDM 信号在 BER 为 1×10^{-3} 的情况下,接收功率分别为 -33 dBm、-32 dBm 和 -17 dBm。前两者相对于后者系统的接收灵敏度分别提高 13 dB 和 15 dB。这一结论说明了经 LDPC 编码和 TCM 编码调制技术的信号在光纤链路传输的性能优势,即以损失一定带宽和增加一定算法复杂度的代价换取高质量信息传输。

由于 LDPC-TCM 是在 LDPC 编码的基础上再用 TCM 编码调制,对 LDPC 编码信号没有太大损伤,只是增加相邻 LDPC 信号映射的距离,不增加额外开销。但误码性能比仅使用 LDPC 编码要好。说明 LPDC-TCM OFDM 信号具有比 LDPC OFDM 信号更强的纠错能力,能较好地抵抗光纤传输中的色散以及非线性效应(图 13.17)。

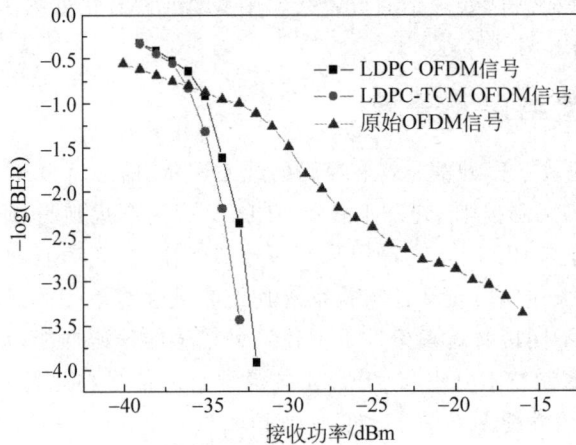

图 13.17　LDPC-TCM OFDM 系统误码性能图

(请扫 2 页二维码看彩图)

　　搭建 60 GHz 的光载毫米波传输实验系统,使用载波抑制方法产生 60 GHz 的光毫米波,并把 LDPC 级联 13QAM TCM 编码调制技术 OFDM 信号、13QAM 映射的 LDPC 编码 OFDM 信号和未编码的 13QAM OFDM 信号通过 RoF 系统进行传输,来验证 LDPC 编码结合 TCM 编码调制技术在 RoF 系统的性能,在传输 20 km SSMF 后前两者相比于后者,系统的接收灵敏度分别提高 13 dB 和 15 dB。实验结果表明,使用 LDPC 编码和 LDPC-TCM 编码调制技术在 RoF 系统中,能够有效地抑制 OFDM 信号的子载波间互拍干扰的影响及减少光纤色散带来的不利影响,而且 TCM 不降低信号频带利用率和不降低功率利用率,还能获得系统编码增益,可以解决频带利用率不足的影响。但如果需要进一步提高系统性能,可以使用大码长 LDPC 码,但在大码长 LDPC 码中,校验矩阵的选取及性能提高方面需考虑的因素太多,构造高性能校验矩阵难度较大。

13.5　级联编码

　　对于有多次编码的系统,将各级编码看成一个整体编码,这就是级联码。级联码的最初想法是为了进一步改善渐近性能,但在实际系统中,它同样可以提高较低信噪比下的性能。当由两个编码串联起来构成一个级联码时,作为广义信道中的编码称为内码,以广义信道为信道的信道编码称为外码。由于内码译码结果不可避免地会产生突发错误。因此内外码之间一般都要有一层交织器。

　　其编码器如图 13.18 所示。

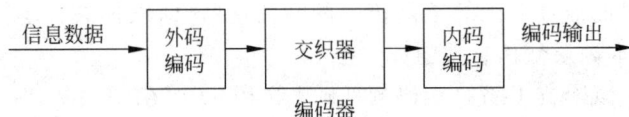

图 13.18　级联编码器

常见的级联方式是：卷积码为内码，RS 码为外码。这主要是为了充分利用卷积码的维特比译码，同时用软判决译码；而 RS 码又有较好的纠突发错误能力。

串行结构的级联码的编码关系为

$$C_1 = f(x), \quad 外码$$
$$C_2 = g(C_1), \quad 内码$$

但是，外码译码输出的关于符号 x 的信息并不能直接提供关于内码译码输入 C_2 的软信息。内码和外码均采用卷积码，特别是当内码译码可以输出软信息时，RS 码为外码时可以满足对交织器的要求。对卷积分量码来说，如果用非递归卷积码作分量码，则交织器长度的增加不能改善码的性能。

译码器如图 13.19 所示。

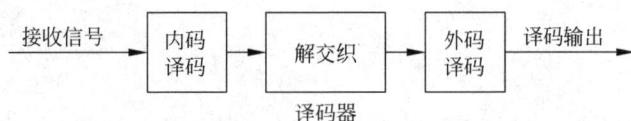

图 13.19　级联译码器

如上所述，采用卷积码为内码的一个原因就是它可以进行软判决译码，从而可以提供 $2 \sim 3$ dB 的软判决增益。进而我们可能会想到，如果内码译码输出也是一个软判决输出，则外码的译码也可以用软判决译码，从而提高整体性能。

从另一个角度，如果外码要用软判决译码，则一般也要采用卷积码，因此只能按纠随机错误来设计。为此在选择内码译码算法时，其准则就应该是输出误符号率最低，而不是输出误序列率最低。因此，此时维特比译码就不再是最优算法了。而应采用逐符号译码算法。

级联码虽然极大地提高了纠错能力，但这个能力提高量中的大部分是来源于编码效率的降低。如果从 E_b/N_0 的角度看，则级联的好处并不太大，但显然有一个好处，即在信道质量稍好时，误码可以做到非常低。

此外，也可以将 BCH 码与交织技术相结合进行级联来提高短波信道的抗干扰能力。其交织级联编码系统如图 13.20 所示。

交织级联系统的核心思想为：首先将信源码字进行编码，得到码字，再将码字进行交织，以提高码字的纠错能力，数字信号经过信道，然后再进行解交织，译码，得出码字。

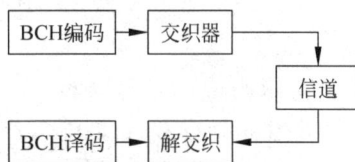

图 13.20　BCH 交织级联系统

2008 年，Djordjevic 等报道，将 LDPC 编码与 Turbo 均衡技术结合来减缓光传输系统中的非线性[29]。2009 年，Mizuochi 等证明，一个两位的基于软判决的 LDPC(9213,7936)和 RS(992,956)FEC 编码，当输出 BER 为 10^{-13}、传输速率为 31.3 Gb/s 时，其 NCG 可达 9.0 dB[30]。基于级联编码和迭代译码的思想，一些学者又提出了一些其他结构的级联码，比如 McEliece、Jin 和 Divsalar 提出的重复累积码(repeat-accumulate codes)[31-35]；李坪提出的级联树码(concatenated tree(CT)codes)[36]、级联 zigzag 码(concatenated zigzag codes)[37] 和级联 zigzag-Hadamard 码(concatenated zigzag-Hadamard codes)[38]；Richardson 提出的多边型 LDPC 码(multi-edge type LDPC codes)[39]。

13.6　总结

本章介绍了 FEC 算法中几种常见的编码技术。重点介绍了 LDPC 编码级联 TCM 编码调制技术在 OFDM-ROF 系统中的应用，以及使用 Turbo 均衡技术降低光传输系统的色散影响。前向纠错技术通过在信号中加入少量的冗余信息来发现并纠正光传输过程中由色散和非线性等原因引起的误码，降低光链路中色散和非线性等因素对传输系统性能的影响，通过牺牲信号的传输速率来降低接收端的 OSNR 容限，从而获得编码增益、降低误码率和提高通信系统的可靠性。

思考题

13.1　已知三个码组为 $A_1=[010001]$，$A_2=[001010]$，$A_3=[101101]$，若用于检错，能检测几位错码？若用于纠错，能纠正几位错码？若检错纠错结合，能同时检测和纠正几位错码？

13.2　某线性码的监督矩阵为

$$H=\begin{bmatrix} 1 & 1 & 1 & 0 & 1 & 0 & 0 \\ 0 & 1 & 1 & 0 & 0 & 1 & 0 \\ 1 & 1 & 0 & 1 & 0 & 0 & 1 \end{bmatrix}$$

试写出所有可能的码组。

13.3　已知某线性分组码的校验矩阵为

$$H=\begin{bmatrix} 1 & 0 & 1 & 1 & 0 & 0 & 1 \\ 0 & 1 & 1 & 0 & 0 & 1 & 1 \\ 0 & 0 & 1 & 1 & 1 & 1 & 0 \end{bmatrix}$$

（1）求码长 n，信息位 k。

（2）生成矩阵 G（典型阵），若信息码为 1010，求编码。

（3）若接收码字是 1010101，求校正子，其是否正确？

13.4　已知某线性分组码的生成矩阵为

$$G=\begin{bmatrix} 1 & 0 & 0 & 0 & 1 & 0 & 1 \\ 0 & 1 & 0 & 0 & 1 & 1 & 1 \\ 0 & 1 & 1 & 0 & 0 & 0 & 1 \\ 0 & 0 & 0 & 1 & 0 & 1 & 1 \end{bmatrix}$$

（1）求码长 n，信息位 k。

（2）若信息位为 1011，求编码输出。其是否为系统码？若不是，求系统码。

（3）求监督矩阵 H。

（4）若接收码字为 1100011，求校正子，其是否正确？若有错码，请纠正。

13.5　已知 $(7,4)$ 循环码的生成多项式为 $g(x)=x^3+x+1$。

（1）求相应典型生成矩阵 G，监督矩阵 H。

(2) 若输入信息码为 1010,编出系统码。

(3) 分析该码的纠检错能力。

13.6 已知一个循环码的生成多项式为 $g(x)=(x+1)(x^4+x+1)$,编码效率为 2/3。

(1) 求该循环码的 n 和 k。

(2) 试求所有非全零码中的次数最低的码多项式 $C(x)$。

(3) 当信息码组为 1010110110 时,求系统的编码输出。

13.7 已知一个 $(3,1,3)$ 卷积码输出码元与输入码元的逻辑关系如下:

$$c_i=b_i, \quad d_i=b_i \oplus b_{i-2}, \quad e_i=b_i \oplus b_{i-1} \oplus b_{i-2}$$

试画出该编码器的电路方框图、码树图、状态图和网格图。

13.8 已知一个 $(2,1,3)$ 卷积码输出码元与输入码元的逻辑关系如下:

$$c_1=b_{i-1} \oplus b_{i-2}, \quad c_2=b_i \oplus b_{i-1} \oplus b_{i-2}$$

(1) 画出该卷积码编码器框图。

(2) 求移存器状态和输入输出码元的关系。

(3) 画出该编码器的网格图。

13.9 设信息序列为 $(00110110110011\cdots)$,采用二维正交调制发送到对端。若接收端恢复载频存在 270° 的相位差,则是否可通过差分编码消除此相位误差?

13.10 如果一个 Turbo 码的 RSC 分量码的生成多项式矩阵为

$$\boldsymbol{G}(D) = \left[1, \frac{1+D^4}{1+D+D^2+D^3+D^4}\right]$$

则画出对应的 Turbo 码的编码电路图。

13.11 一简单的奇偶校验码如下:

+0.5	+1.5	+1.0
+4.0	+1.0	-1.5
+2.0	-2.5	

(1) 写出其校验方程。

(2) 画出二分图,给出其周长。

(3) 计算其密度分布多项式核码率。

13.12 已知 $(n,1,N)$ 卷积码的编码约束度和约束长度分别为 3 和 12,其输入和输出关系如下所示:

$$\begin{cases} c_1=b_1 \\ d_1=b_1 \oplus b_2 \\ e_1=b_2 \oplus b_3 \\ f_1=b_1 \oplus b_2 \oplus b_3 \end{cases}$$

(1) 画出该编码器的电路方框图并求出 n 和 N 值。

(2) 画出该编码器的码树图。

(3) 画出该编码器的状态图。

(4) 当发送信息序列为 1010 时,请求出接收序列(用网格图计算到第 4 级即可)。

13.13 已知一个循环码的码长 n 和信息位长 k 分别为 16 和 6。

(1) 下列 A 式和 B 式哪个是该循环码的生成多项式？

A：$X^{10}+X^8+X^2+1$

B：$X^{10}+X^5+X^3+1$

(2) 求出此循环码的生成矩阵和监督矩阵。

(3) 当信息码 $m(x)=X^5+X^2+1$ 时，求该信息码所对应的码多项式和码组。

(4) 若接收码组 $Z(X)=X^{15}+X^{13}+X^{10}+X^8+X^7+X^5+X^2+1$，试问有无错码。

参考文献

[1] 袁建国. 高速超长距离光通信系统中超强 FEC 码型的研究[D]. 重庆：重庆大学,2007：11-17.

[2] CAO Z,YU J,XIA M,et al. Reduction of inter-subcarrier interference and frequency-selective fading in OFDM-ROF systems[J]. Journal of Light wave Technology,2010,28(13)：2423-2429.

[3] MIZUOCHI T. Recent progress in forward error correction and its interplay with transmission impairments[J]. Selected Topics in Quantum Electronics,IEEE Journal of,2006,12(4)：544-554.

[4] TYCHOPOULOS A,KOUFOPAVLOU O,TOMKOS I. FEC in optical communications—A tutorial overview on the evolution of architectures and the future prospects of out band and inland FEC for optical communications[J]. IEEE Circuits and Devices Magazine,2006,22(6)：79-86.

[5] MORO P,CANDIANI D. 565-Mb/s optical transmission system for repeater less sections up to 200 km[C]. IEEE International Conference on Conference Record,1991：1217-1221.

[6] YAMAMOTO S,TAKAHIRA H,TANAKA M,et al. 5 Gbit/s optical transmission terminal equipment using forward error correcting code and optical amplifier[J]. Electronics Letters,1994,30(3)：254-255.

[7] UNGERBOECK G. Channel coding with multilevel/phase[J]. IEEE Trans. Information Theory. ,1982,28(3)：55-67.

[8] BLAHUT R E. Principles and practice of information theory. MA：Addison-Wesley,1987.

[9] REED I S,SOLOMON G. Polynomial codes over certain finite fields [J]. Journal of the Society for Industrial & Applied Mathematics,1960,8(2):300-304.

[10] 靳蕃,罗文辉. 新型多维奇偶校验码的探讨[J]. 西南交通大学学报,1985,1：26.

[11] 黄英,雷菁. 多维奇偶校验乘积码性能分析[J]. 电子科技大学学报,2010,39(2)：214-218.

[12] BERROU C,GLAVIEUX A. Near optimum error correcting coding and decoding：turbo-codes[J]. IEEE Trans. Comm. ,1996,44(10)：1261-1271.

[13] BERROU C,GLAVIEUX A,THITIMAJSHIMA P. Near Shannon limit error-correcting coding and decoding：turbo-codes[C]. Proc. of ICC'93,1993：1064-1070.

[14] HAGENAUER J. The turbo principle：Tutorial introduction and state of the art[C]. Proc. Int. Symp. Turbo Codes and Related Topics,Brest,France,1997：1-11.

[15] 赵晓群. 现代编码理论[M]. 武汉：华中科技大学出版社,2007：193-195.

[16] 韩双双. 无线通信系统中的迭代接收技术[D]. 济南：山东大学,2009：9-19.

[17] 罗天放. 通信系统中的 Turbo 码及 Turbo 均衡问题研究[D]. 哈尔滨：哈尔滨工程大学,2003：30-40.

[18] 金奕丹. 移动通信系统 Turbo 迭代接收及关键技术研究[D]. 北京：北京邮电大学,2006：34-35.

[19] DOUILLARD C,JEZEQUEL M,BERROU C,et al. Iterative correction of intersymbol interference：turbo equalization[J]. Eur. Trans. Telecommun,1995,6(5)：507-511.

[20] BAUCH G,KHORRAM H,HAGENAUER J. Iterative equalization and decoding in mobile

communications systems[M]. IRG TATHBERICHT,1997：307-312.

[21]　PROAKIS J G. Digital communications[M]. 5 ed. New York：McGraw Hill,2007.

[22]　SIKORA M,COSTELLO D J. A new SISO algorithm with application to Turbo equalization[J]. IEEE Proceedings International Symposium on Information Theory,2005：2031-2035.

[23]　VOGELBRUCH F, HAAR S. Reduced complexity turbo equalization by means of hard output channel decoding[C]. Conference on Signals Systems and Computers,2001：290-294.

[24]　WOERZ T,HAGENAUER J. Multistage coding and decoding for an M-psk system[C]. Multistage Coding and Decoding for an M-psk System,1990：698-703.

[25]　VASIC B,DJORDJEVIC I B,KOSTUK R. Low-density parity check codes and iterative decoding for long-haul optical communication systems[J]. IEEE/OSA Lightwave Technology,2003,21：438-446.

[26]　DJORDJEVIC I B, MILENKOVIC O, VASIC B. Generalized low-density parity-check codes for optical communication systems[J]. IEEE/OSA Light wave Technology,2005,23(13)：1939-1946.

[27]　DJORDJEVIC I B,CVIJETIC M,XU L,et al. Using LDPC-coded modulation and coherent detection for ultra-high-speed optical transmission [J]. IEEE /OSA Light wave Technology, 2007, 25：3619-3625.

[28]　张忠培,史治平,王传丹. 现代编码理论与应用[M]. 北京：电子工业出版社,2007,105-107.

[29]　DJORDJEVIC I B,MINKOV L L,BATSHON H G. Mitigation of linear and nonlinear impairments in high-speed optical networks by using LDPC-coded turbo equalization [J]. IEEE Optical Communication Newt,2008,26(6)：73-83.

[30]　MIZUOCHI T,KONNISHI Y, MIYATA Y, et al. Experimental demonstration of concatenated LDPC and RS codes by FPGAs emulation[J]. IEEE Photonics Technology Letters,2009,21(18)：1302-1304.

[31]　DIVSALAR D,JIN H,MCELIECE R J. Coding theorems for "Turbo-like" codes[C]. Proc. 36th Allerton Conf. on Communication,Control,and Computing,1998：201-210.

[32]　JIN H, KHANDEKAR A, MCELIECE R. Irregular repeat-accumulate codes [C]. Proc. 2nd International Symposium on Turbo Codes,2000：1-8.

[33]　TEN BRINK S,KRAMER G. Design of repeat-accumulate codes for iterative detection and decoding [J]. IEEE Trans. Signal Process. ,2003,51(11)：2764-2772.

[34]　YUE G,WANG X. Optimization of irregular repeat accumulates codes for MIMO systems with iterative receivers[J]. IEEE Trans. Wireless Commun. ,2005,4(6)：2843-2855.

[35]　ABBASFAR A,DIVSALAR D, YAO K. Accumulate repeat accumulate codes[C]. IEEE Proc. of Globecom 2004,Dallas,TX,USA,2004：509-513.

[36]　PING L,WU K Y. Concatenated tree codes：A low complexity,high performance approach[J]. IEEE Trans. Inform. Theory：2001,47(2)：791-799.

[37]　PING L,HUANG X,PHAMDO N. Zigzag codes and concatenated zigzag codes[J]. IEEE Trans. Inform. Theory,2001,47(2)：800-807.

[38]　LEUNG W K,YUE G,PING L,et al. Concatenated zigzag Hadamard codes[J]. IEEE Trans. Inform. Theory,2006,52(4)：1711-1723.

[39]　RICHARDSON T J. Multi-edge type LDPC codes[EB/OL]. presented at the Workshop honoring Prof. Bob McEliece on his 60th birthday,California Institute of Technology,2002：24-25.

第 14 章

高谱效率光四维调制基本原理与关键技术

21 世纪以来,信息科学和技术方兴未艾,是经济持续增长的主导力量。我国 97% 以上的信息量是通过极具宽带传输能力的光通信系统来传递的,因此光传输系统已成为国家信息基础设施中信息传输和交换的不可替代的承载平台。通信技术的迅猛发展与新业务的不断涌现,致使全球信息量呈几何级数增长,对骨干网的传输带宽提出了更高的要求。据统计,1990—2010 年,全球光通信容量增加了 10 万倍,而频谱效率(spectral efficiency,SE)从1990 年的 0.25 bit/(s·Hz)提高到 2010 年 2 bit/(s·Hz),在 2020 年达到 20 bit/(s·Hz)。可见,超宽带大容量的光传输技术已成为当前全球信息领域的迫切需求。从国际上看,欧美日等主要发达国家和地区非常重视超宽带大容量骨干网传输技术的发展。美国政府积极推行宽带激励计划以实现全美范围内大容量骨干网的建设,将其列为经济刺激计划的重点;欧盟通过其第七框架计划(7th Framework Programme,FP7)继续关注该领域的研究,并以此为契机推进欧洲大容量传输技术的探索与发展;日本通过制定"新一代宽带计划 2010"和"i-Japan 战略 2015"等国家性计划以进一步完善和建立大容量宽带骨干网的基础设施。在全球化的背景之下,我国紧紧把握超宽带大容量骨干网传输技术更新换代的历史机遇,提出"宽带中国"的国家战略,并将其作为未来国家信息领域发展的主要着眼点。由此可见,超宽带大容量光传输技术已成为国家信息发展战略的重中之重。

如何增加网络整体容量,提高光通信系统容量的技术手段如图 14.1 所示,在实际应用中,有三个自然的或者直接的选择(图 14.1):增加符号传输速率,增加载波数或者使用更高频谱效率的调制方式。简单地增加符号速率不是较好的选择,这是因为频谱效率并没有发生改变,而且,更快的符号速率增加了对光和电相关器件传输速率的要求,尤其是对数模和模数转换器以及相应的电信号处理元件的要求。另外一个选择是使用多载波而不是单载波。在给定的目标传输速率和传输距离条件下,可以根据调制格式和可调参量选择载波的数目,以优化整体网络容量。与奈奎斯特滤波或 OFDM 技术相结合,多载波传输可以非常接近或等于码元速率,形成所谓的"超级信道",该信道具有高的频谱效率和低的波分复用串扰。最后一个选择是使用更高频谱效率的调制格式,比如 16QAM,因为这种方式会增加频谱效率。比如,单载波 50 Gbaud PM-16QAM 调制方式,可以实现 400 Gb/s 传输速率。但是,增加调制阶数是以更高的 OSNR 为代价的,因为每个星座点之间的最小距离减小了。

除了使用 QAM 调制方式,使用优化的 4D 调制方式是另外一种选择。在这些格式中,光场的所有四个维度(两个偏振态的振幅和相位)都被用于调制。这与偏振复用格式略有不同,其中,4D 调制的振幅和相位会在一个偏振中联合调制,而偏振复用调制用于传输两个独立的偏振支流。优化的 4D 调制保证了比传统相位调制(PM)格式更好的噪声容限[1]。

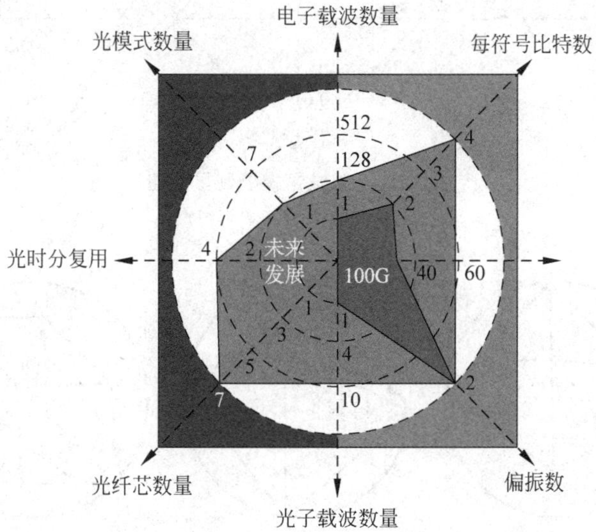

图 14.1　提高光通信系统容量的技术手段

(请扫 2 页二维码看彩图)

因此,无论是从光通信容量提升角度还是从科学研究的角度来看,对高谱效率的光四维调制的研究都极具科学价值和实用意义,而这也是国内外学术竞争的焦点和制高点。

14.1　二维、三维恒模调制的星座点分布与性能分析

在数据传输中通常需要关注的问题就是更有效地利用传输信道。在现有的信号功率、带宽、失真和噪声的限制下,需要高数据率和低误码率的信号,并且其复杂度和价格要合理。为提高容量,可提高调制阶数,而为保证误码率,须保证 $d_{\min}$ 保持不变,因为错误概率本质上取决于星座图中两星座点间的距离。若要保持 $d_{\min}$,则需增大信号发送功率,但高功率、高 PAPR 会造成系统对光纤非线性的容忍度降低,传输距离急剧下降。

使用光放大器(optical amplifier,OA)的相干光通信系统可以很好地近似为加性高斯白噪声信道(AWGN channel)。假定传输过程中无 ISI,可从接收向量最佳估计发送向量,ML接收机(maximum likelihood receiver)会根据哪个星座点到接收信号点的欧几里得距离最小来进行符号判决。有时因判决区域十分复杂而导致精确计算误符号率(SER)很困难,我们可以用联合界(union bound)近似 SER[2]。

$$\text{SER} \leqslant \frac{1}{M} \sum_{k=1}^{M} \sum_{\substack{j=1 \\ j \neq k}}^{M} \frac{1}{2} \text{erfc}\left(\frac{d_{kj}}{2\sqrt{N_0}}\right) \tag{14-1}$$

其中,d_{kj} 是星座点 k 和星座点 j 间的距离;$\text{erfc}(\cdot)$ 是互补误差函数。在式(14-1)中,含 $\text{erfc}\left(\dfrac{d_{\min}}{2\sqrt{N_0}}\right)$ 的一项起决定性作用,其中 $d_{\min} = \min\limits_{j \neq k}\{d_{kj}\}$ 是星座图最小距离。

简单起见,我们只考虑恒模调制的维度、调制阶数以及 $d_{\min}$ 的关系(图 14.2,图 14.3)。

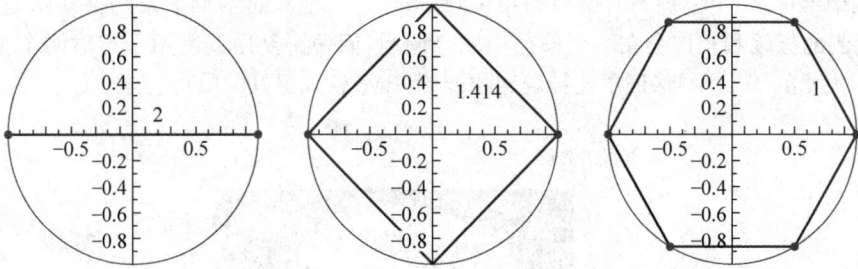

图 14.2　二维恒模调制星座图
(请扫 2 页二维码看彩图)

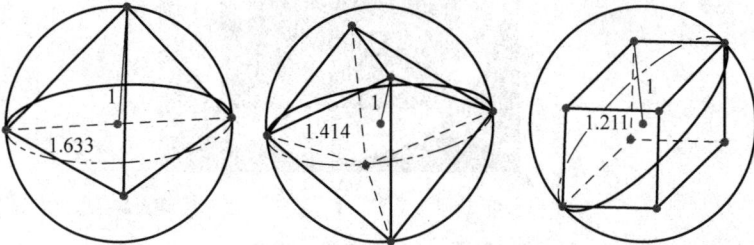

图 14.3　三维恒模调制星座图
(请扫 2 页二维码看彩图)

在图 14.2 和图 14.3 中,每个星座点到原点的距离都是 1(外接圆、外接球的半径均为 1),故信号平均符号能量 $E_S=1$。

在二维和三维调制中,许多系统使用幅度、相位或频率调制中的一种,但是考虑到信息传输的需要,人们想到了组合的幅度和相位调制。考虑到一个二维空间的信号具有峰值或平均传输功率的限制,文献[3]设计使用四维欧几里得空间的矢量表示信号,在信号的总功率固定的情况下同时考虑两个幅度和两个相位的变量,并且引入四元数来表示信号向量,使用四元数的代数来定义信号矢量之间的距离和信号符号之间的等价表示。

文献[3]设计的信号符号结构基于常规的四维多面体,使用两类相位调制信号作为参考码元,并且通过计算距离分布和误码概率假设最佳相关检测来进行符号的评估。通过评估发现,群码比最佳相位调制码在平均功率上优化了 $1.3\sim3.4\ \mathrm{dB}$,由此证明了四维调制的优越性。

计算表明:当调制阶数 M 增加时,星座点间的 $d_{\min}$ 会随着调制维数(number of dimension)N 的增加而减小得更慢,如图 14.4 所示。

结果显示,为实现高速率传输且依旧让信号的发送功率处于合理的水平,可以尝试增加信号的调制维数 N。

从上面的分析来看,有两个关键的问题摆在我们面前:

(1) 怎样创造高维(四维)空间来进行高维调制?

(2) 如何在不减小 $d_{\min}$ 的条件下,设计出一个星座图使平均符号能量 E_S 最低?

同时,为比较在相同比特率 R_B 下不同阶数的调制格式,将式(14-1)改写为

$$\mathrm{erfc}\left(\sqrt{\gamma\frac{P}{R_B N_0}}\right)=\mathrm{erfc}\left(\gamma\frac{E_b}{N_0}\right) \tag{14-2}$$

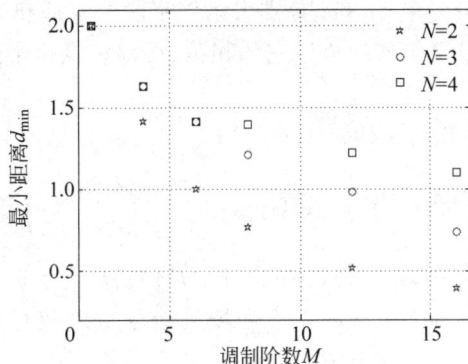

图 14.4　不同维数、阶数的恒模星座图最小距离 $d_{\min}$

引入参数

$$\gamma = \frac{d_{\min}^2}{4E_{\rm b}} \tag{14-3}$$

其中,

$$E_{\rm b} = \frac{P}{R_{\rm B}} = \frac{E_{\rm S}}{\log_2 M} \tag{14-4}$$

是平均比特能量。

参数 γ 常以 dB 为单位,称为渐进功率效率(asymptotic power efficiency),因为在趋近高信噪比时,为达到指定的 SER,所需功率正比于 $1/\gamma$。我们也可以把 γ 理解为使用相同比特率传输数据时,某一种调制格式相比于 BPSK 的灵敏度增益(sensitivity gain),因为 BPSK、QPSK、DP-QPSK 的 $\gamma = 0$ dB。事实上,相比于 BPSK,许多常见的调制格式都会有一定的功率代价。因此,需要考虑对于给定的 N、M 及渐进信噪比,哪种星座图的 γ 最高。

至此,我们指出了人们对高速率光纤通信系统的要求与光纤非线性对低功率的限制这两者间的矛盾,这可以通过提高信号调制的维数来解决。我们将在下文逐一回答(1)和(2)这两个问题。

14.2　四维多阶调制的原理与实现

上文指出,提高调制维数 N 是有好处的。下面,我们来回答第一个问题,即"怎样创造高维(四维)空间来进行高维调制?"本节首先描述电磁场的基本性质,以及我们如何把它解释为一个四维信号;其次介绍四维多阶调制的实现方式;最后举例给出四维调制码字。

14.2.1　四维多阶调制基本原理

电磁场在两偏振分量有两个正交态,因此,其共有跨越四维信号空间的 4 个自由度,光波的电场振幅可以写成

$$\boldsymbol{E} = \begin{pmatrix} E_{x,{\rm r}} + {\rm i}E_{x,{\rm i}} \\ E_{y,{\rm r}} + {\rm i}E_{y,{\rm i}} \end{pmatrix} = \begin{pmatrix} \| E_x \| {\rm e}^{{\rm i}\varphi_x} \\ \| E_y \| {\rm e}^{{\rm i}\varphi_y} \end{pmatrix} \tag{14-5}$$

其中,索引 x 和 y 表示偏振分量;r 和 i 分别表示该字段的实部和虚部。相位 φ_x 和 φ_y 的取值范围为 $[\pi,-\pi]$。电场可以等效地描述它的相位、振幅和偏振态(后者是 x 和 y 场分量之间的相对相位和振幅)为

$$\begin{aligned}
\boldsymbol{E} &= \parallel \boldsymbol{E} \parallel \exp(i\varphi_a)\boldsymbol{J} \\
&= \parallel \boldsymbol{E} \parallel \exp(i\varphi_a)\begin{pmatrix} \cos\theta\exp(i\varphi_r) \\ \sin\theta\exp(-i\varphi_r) \end{pmatrix}
\end{aligned} \tag{14-6}$$

其中,$\parallel \boldsymbol{E} \parallel^2 = |E_x|^2 + |E_y|^2, \theta = \arcsin(|E_y|/\parallel \boldsymbol{E} \parallel)$;$\boldsymbol{J}$ 表示琼斯向量,该向量通常归一化。注意,磁场绝对相位 $\varphi_a = (\varphi_x + \varphi_y)/2$ 和场矢量分量之间相对相位 $\varphi_r = (\varphi_x - \varphi_y)/2$ 是有区别的。相对相位 $\varphi_r \in (-\pi,\pi]$ 描述偏振态的椭圆度,特殊情况下,$\varphi_r = 0,\pm\pi/2,\pi$ 表示线偏振,$\varphi_r = \pm\pi/4,\pm3\pi/4$ 表示圆偏振,其他的情况称为椭圆偏振。角 $\theta \in [0,\pi/2]$ 通常被称为方位角,因为它描述了线偏振态的 XY 平面的方位,或者更一般地说是椭圆偏振的长轴。

最后,可将信号用实数表示为四维形式:

$$\boldsymbol{S} = \begin{vmatrix} E_{x,r} \\ E_{x,i} \\ E_{y,r} \\ E_{y,i} \end{vmatrix} = \begin{vmatrix} \parallel \boldsymbol{E} \parallel \cos\varphi_x \sin\theta \\ \parallel \boldsymbol{E} \parallel \sin\varphi_x \sin\theta \\ \parallel \boldsymbol{E} \parallel \cos\varphi_y \cos\theta \\ \parallel \boldsymbol{E} \parallel \sin\varphi_y \cos\theta \end{vmatrix} \tag{14-7}$$

传输的光功率为 $P = \parallel S \parallel^2 = \parallel \boldsymbol{E} \parallel^2 = E_{x,r}^2 + E_{x,i}^2 + E_{y,r}^2 + E_{y,i}^2$。注意,四维向量不应与偏振态的斯托克斯矢量的描述混淆,这是一种完全不同的方式和强度比例,而不是线性的。20 世纪 90 年代,三维(斯托克斯)空间被用作偏振键控调制的信号空间[4]。然而,由于绝对相位描述的缺乏,则星座点具有不同的绝对相位,但在斯托克斯空间中存在相同的偏振重合点,因此在加性噪声的相干通信系统中信号空间是不太有用的。然而,在讨论不同调制格式的偏振特性时,光场的斯托克斯空间描述是有用的[2]。

14.2.2 四维多阶调制的实现

1. 电域四维调制的实现

人们早已对"如何创造出 4D 星座空间进行 4D 调制"进行了研究,且常用 2 个不同载波或 2 个不同时隙来实现 4D 空间。这里简要说明用双载波实现[3,5]的情况。文献[5]根据置换码(permutation code)设计了 4D 信号,并通过与二维的幅相混合调制(2D APK)的信号对比,说明了对于给定的信息速率,4D 调制能比 2D 调制节省 1 dB 的平均功率。文献[3]借助对规则四维多胞形(regular four-dimensional polytope)的研究结果,为联合相位和幅度调制的信号设计了编码,且采用四元数(quaternion)表示法来表示信号,通过引入四元数的运算法则来计算信号点之间的距离。文献[5]提出的信号有许多能量量阶,而文献[3]提出的信号仅有一个量阶,这是文献[3]相较于文献[5]的优势。

r_1 和 r_2 是两个幅度变量,ϕ_1 和 ϕ_2 是两个相位变量。在一个时间周期 T 内,发送信号可表示为

$$s(t) = r_1 \sqrt{\frac{2}{T}} \sin(\omega_1 t + \phi_1) + r_2 \sqrt{\frac{2}{T}} \sin(\omega_2 t + \phi_2) \tag{14-8}$$

为了让式(14-8)中的两项正交，$\dfrac{\omega_1 T}{2\pi}$ 和 $\dfrac{\omega_2 T}{2\pi}$ 须是两个不同的整数。则展开可得

$$s(t) = a_1 \sqrt{\frac{2}{T}} \sin\omega_1 t + b_1 \sqrt{\frac{2}{T}} \cos\omega_1 t + a_2 \sqrt{\frac{2}{T}} \sin\omega_2 t + b_2 \sqrt{\frac{2}{T}} \cos\omega_2 t \quad (14\text{-}9)$$

这是一个正交基中各向量的线性组合，组合系数为 a_1, b_1, a_2, b_2。把发送信号写成向量的形式，即 $s = (a_1, b_1, a_2, b_2)^T$；而写成四元数的形式，即 $\sigma = a_1 e + b_1 j + a_2 k + b_2 l$。

2. 光域四维调制编码

虽然在电域里实现 4D 调制有些许复杂，但幸运的是，光通信系统有着得天独厚的优势。由于相干光通信系统允许使用两个相互正交的偏振方向、每个方向上的同相和正交分量来传输数据，因此，这已形成 4 个自由度(degree of freedom, DoF)。下面给出光域四维编码的方法。

在信号的总功率固定的情况下同时考虑两个幅度和两个相位的变量，将信号表示为一个四维欧几里得空间 V_4 的矢量 s，即一个信号码元 M 是 V_4 中单位长度的矢量的有限集合 s_i 或者等价于球体空间 S^3 中一系列的点。为了找到较好的信号编码，在 V_4 空间中使用称为多胞形的规则几何图形。在文献[6]和文献[7]的基础上总结如下。

首先为四元数定义运算 H。在运算 H 中四元数的相加是分量相加，乘法由如下规则决定：

$$\begin{cases} e \cdot \sigma = \sigma \cdot e = \sigma, & \forall \sigma \in H \\ j^2 = k^2 = l^2 = -e \\ jk = -kj = l, \quad kl = -lk = j, \quad lj = -jl = k \end{cases} \quad (14\text{-}10)$$

元素 e 是 H 的单位元素，相当于实数 1。元素 j 相当于 $\sqrt{-1}$。一个四元数可以写作

$$\sigma = z_1 k + z_2 k = (z_1, z_2) \quad (14\text{-}11)$$

其中，$z_1 = a_1 + j b_1, z_2 = a_2 + j b_2$，也可定义为 $z_1 = r_1 \exp\{j\phi_1\}, z_2 = r_2 \exp\{j\phi_2\}$。规则(14-11)显示四元数代数运算是不可交换的。令四元数 $\tau = u_1 + u_2 k$，则

$$\sigma \cdot \tau = (z_1 u_1 - z_2 \bar{u}_2) + (z_1 u_2 + z_2 \bar{u}_1) k \quad (14\text{-}12)$$

定义 σ 的复数共轭 $\bar{\sigma} = a_1 e - b_1 j - a_2 k - b_2 l = \bar{z}_1 - \bar{z}_2 k$，则有

$$\sigma \cdot \bar{\sigma} = \bar{\sigma} \cdot \sigma = z_1 \bar{z}_1 + z_2 \bar{z}_2 = r_1^2 + r_2^2 \quad (14\text{-}13)$$

引入符号 $N(\sigma) = \sigma \cdot \bar{\sigma}$。由于 $\sigma\sigma^{-1} = \sigma^{-1}\sigma = 1, H$ 中的每个元素 σ 有一个独立的逆 $\sigma^{-1} = \bar{\sigma}/N(\sigma)$。满足 $N(\sigma) = 1$ 的 σ 对应于四维向量空间 V_4 中的单位圆上的点。

定义两个四元数 σ 和 τ 之间的欧几里得距离为 $d(\sigma, \tau)$：

$$d^2(\sigma, \tau) = N(\sigma - \tau) \quad (14\text{-}14)$$

由以上计算可知，$N(\sigma^{-1}) = N(\sigma)^{-1}, N(\sigma \cdot \tau) = N(\sigma)N(\tau)$。

定义两个映射 $h_1(\sigma)$ 和 $h_2(\sigma, \mu)$：

$$h_1(\sigma): \tau \to \sigma\tau\sigma^{-1} \quad (14\text{-}15)$$

$$h_2(\sigma, \mu): \tau \to \sigma\tau\mu^{-1} \quad (14\text{-}16)$$

其中，$\tau \in H, \sigma, \mu \in S^3$。这些变换提供了从原始集 $\{\tau_1, \tau_2, \cdots, \tau_m\}$ 到转换后的集的距离特性。对于一个有限向量集 $\{s_i\}, s_i \in V_4$，当所有的向量的长度都相同，即 $\|s_i\| = 1$ 时，称该

向量集为一个信号码元。文献[8]和文献[9]研究了规则的四维多胞形,并使用四维空间中的对称和旋转来将它们分类。如果两个码元 C 和 C' 的距离分布相同的话,就认为这两个码元是相同的。前文提到的两个映射 $h_1(\sigma)$ 和 $h_2(\sigma,\mu)$ 都保留了距离,因此可以使用它们来分别构建等价码元 $h_1(\sigma)C$ 和 $h_2(\sigma,\mu)C_1$ 的类。

下面,以双环码元为例来看如何产生码元。对于 $\mu=\cos\alpha\cdot j+\sin\alpha\in S^3$ 应用转换 $h_1(\mu)$,结果为

$$\sigma=\left(\cos\frac{\pi v}{p}+\cos2\alpha\sin\frac{\pi v}{p}\cdot j,\sin2\alpha\sin\frac{\pi v}{p}\cdot j\right),\quad v=0,1,\cdots,2p-1$$

$$\left(-\cos\frac{\pi v}{p}+\sin2\alpha\sin\frac{\pi v}{p}\cdot j,-\cos2\alpha\sin\frac{\pi v}{p}\cdot j\right),\quad v=2p,2p+1,\cdots4p-1$$

当 $\alpha=0,v=0,1,\cdots,2p-1$ 时,信号是相位调制的信号;当 $v=2p,\cdots,p-1$ 时,是幅度调制的信号。当 $\alpha=\pi/4,\sigma_1,\cdots,\sigma_{2p-1}$ 时是幅度调制;当 $\alpha=\sigma_{2p},\cdots,\sigma_{4p-1}$ 时,在 Z_1 平面是相位调制,在 Z_2 平面为零。选择其他的 μ 值可以在两个时间间隔产生具有幅度和相位调制的信号。

在码元的分类方面,我们将码元元素记为 m,并根据码元元素将多胞形的分类直接转换成信号码元的分类。这些类是有部分重叠的,因此一个码元可能属于多个类。对于任何一个码元,所有信号向量对于另外的向量都有相同的距离分布,因此所有的码元都是规则的。

1)晶体图形规则的码元,如 $m=5,8,16,24$

对于单层结构编码 $m=5$ 时,如图 14.5 所示选择以下码元:

$$\sigma_1=(1,0),\sigma_2=(u,v),\sigma_3=(u,-v),\sigma_4=(\bar{u},\bar{v}),\sigma_5=(\bar{u},-\bar{v}),\text{且 }u=-\frac{1}{4}+j\frac{\sqrt{5}}{4},$$

$u=\dfrac{5}{4}+j\dfrac{\sqrt{5}}{4}$。每个向量到另外一个向量间的距离都是相等的,$d=\sqrt{5/2}$。

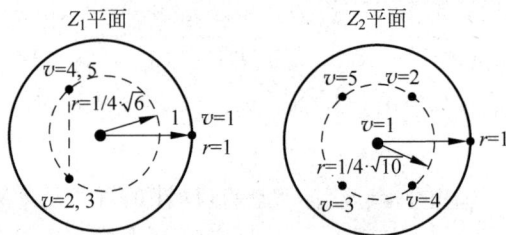

图 14.5 $m=5$ 时单层码

对于 16 胞体 $G(8)$,$m=8$ 时,表示这种多胞形的最简单方法是使用 $\pm e,\pm j,\pm k,\pm l$,这些元素组成称为四元数组 $G(8)$ 的组。向量信号如图 14.6 所示,码元生成一组双正交的信号。距离分布如下:

对于立方体结构的编码,$m=16$ 时,如图 14.7 所示,16 个顶点的坐标可以通过将所有正负符号的基向量相加获得:

$$\frac{1}{2}[\pm e\pm j\pm k\pm l]=\frac{1}{2}[\pm 1\pm j,\pm 1\pm j]$$

$$d: \quad \sqrt{2} \quad 2$$
$$数目: \quad 6 \quad 1$$

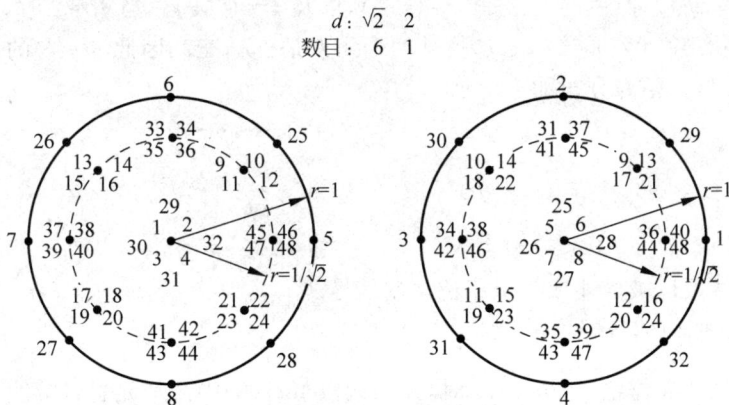

图 14.6　群码 $G(8)$，元素从 1 到 8；群码 $G(24)$码，元素从 1 到 24；群码 $G(48)$元素从 1 到 48

距离分布如下所示：

$$d: \quad 1 \quad \sqrt{2} \quad \sqrt{3} \quad 2$$
$$数目: \quad 4 \quad 6 \quad 4 \quad 1$$

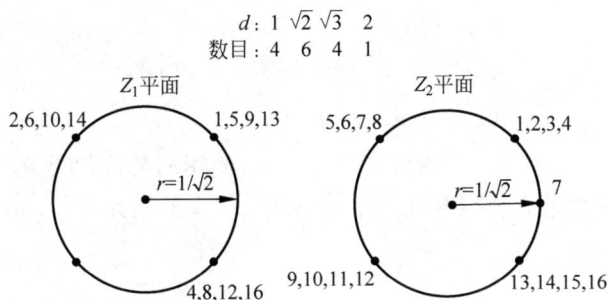

图 14.7　$m=16$ 时方形码

2）双棱镜码元，$m=p^2, p=3,4,\cdots$

对于双棱镜（相位）编码，当 $m=p^2, p=3,4,\cdots$ 时，一个 $m=p^2$ 的码元中的元素可以被表示为 $\sigma(\mu,v)=\left(\dfrac{1}{\sqrt{2}}e^{\mu}, \dfrac{1}{\sqrt{2}}e^{v}\right)$；$\mu, v=0,1,\cdots,p-1$，其中 $e=\{j2\pi/p\}$。这只是对于两个载波都有独立相位值的相位调制。令 $p=4$，则结果为与立方体等价的码元，它的距离分布是双环群码的简单修改。

3）群码，$m=p,2p,4p,24,48,120,p=2,3,\cdots$

由于性能和代数特性，群码码元是我们最关注的分类。一些晶体图形规则的码元也是群码，群码可以再分为五个子类。

（1）循环群码：$m=2,3,4,\cdots$。

对于循环群：$m=2,3,4,\cdots$，群码的产生器是 $\sigma=(e,0),e=\exp\{j2\pi/m\}$，并且群组中的元素可以被记作 $\sigma_v=(e^v,0),v=0,1,\cdots,m-1$。这是一个信号矢量退化到两维的子空间的退化情况，此时信号是纯相位调制。

（2）双环群码：$m=4p,p=2,3,\cdots$。

这类群码组成一个循环群码的拓展：

$$\sigma_v=\begin{cases} (e^v,0), & v=0,\cdots,2p-1 \\ (0,e^v), & v=2p,2p+1,\cdots,4p-1 \end{cases}$$

337

且 $e=\exp\{2\pi j/2p\}$。产生的元素是 $\sigma=(\varepsilon,0)$，以及 $\tau=(0,\varepsilon)$。当 $p=2$ 时，是一种特殊情况。σ_1 到 σ_4 的四个元素是 $\pm e,\pm j$，另外四个元素是 $\pm h,\pm l$，因此 $m=8$ 的双环群码与四元码组 $G(8)$ 等价。距离分布如下所示：

$$k: \qquad\qquad 1,2,\cdots,p-1$$

$$d: \qquad\qquad 2\sin\frac{k\pi}{2p} \qquad \sqrt{2}$$

$$数目: \qquad\quad 2 \qquad 1 \qquad 2p$$

传输的信号可以被描述成一个相位调制信号。

（3）二进制四面体群码：$m=24$。

对于二进制四面体组，当 $m=24$ 时，在四元数组 $G(8)$ 中添加元素 ω，$\omega=\frac{1}{2}(e+j+k+l)=\frac{1}{2}(1+j,1+j)$，结果为二进制四面体组 $G(24)$，它由 $G(8)$ 和陪集 $\omega G(8)$ 和 $\omega^2 G(8)$ 组成，注意到 $\omega^3=(-1,0)$。当 $e=1/2(1+j)$，$G(24)$ 中的元素如下所示：

$$\pm e,\pm j,\pm k,\pm l \equiv G(8)$$

$$(\pm e,\pm e),(\pm \overline{e},\pm \overline{e}) \equiv \omega G(8)$$

$$(\pm \overline{e},\pm e),(\pm e,\pm \overline{e}) \equiv \omega^2 G(8)$$

可以看到，每个结合了幅度和相位调制的载波，使用的幅度值是 $0,1/\sqrt{2}$ 和 1，并且使用的相位值是 8 个等距离的。所以存在一个晶体图形规则的码元与 $G(24)$ 等价。

距离分布如下所示：

$$d: \qquad 1 \qquad \sqrt{2} \qquad \sqrt{3} \qquad 2$$

$$数目: \quad 8 \qquad 6 \qquad 8 \qquad 1$$

（4）二进制八面体群码：$m=48$。

对于二进制八面体组，当 $m=48$ 时，在 $G(24)$ 中添加元素 $\omega_1=\frac{1}{\sqrt{2}}(e+j)=\frac{1}{\sqrt{2}}(1,1)$。新的组 $G(48)$ 可以被描述为 $G(24)$ 和陪集 $\omega_1 G(24)$。对于 $G(48)$ 和 $G(24)$ 使用幅度调制的幅度值是 $0,1/\sqrt{2}$ 和 1，并且使用 8 个等距离的相位值。距离分布如下所示：

$$d: \qquad \sqrt{2-\sqrt{2}} \qquad 1 \qquad \sqrt{2} \qquad \sqrt{3} \qquad \sqrt{2+\sqrt{2}} \qquad 2$$

$$数目: \qquad 6 \qquad\quad 8 \qquad 18 \qquad 8 \qquad 6 \qquad\quad 1$$

（5）二进制二十面体群码：$m=120$。

对于二进制二十面体组，当 $m=120$ 时，组 $G(120)$ 有如下产生元素：

$$\sigma_1=\frac{1}{2}(\gamma e+\gamma^{-1}j+l)=\frac{1}{2}(\gamma+\gamma^{-1}j,j)$$

$$\sigma_2=\frac{1}{2}(e+\gamma^{-1}k+\gamma l)=\frac{1}{2}(1,\gamma^{-1}+\gamma j)$$

$$\sigma_3=1=(0,j)$$

其中，$\gamma=(\sqrt{5}+1)/2$。距离分布如下所示：

$$d: \qquad \sqrt{2-\gamma} \quad 1 \quad \sqrt{3-\gamma} \quad \sqrt{2} \quad \sqrt{1+\gamma} \quad \sqrt{3} \quad \sqrt{2+\gamma} \quad 2$$

$$数目: \qquad 12 \qquad 20 \quad 12 \qquad 30 \qquad 12 \qquad 20 \quad 12 \qquad 1$$

当一个相位平面上出现三个幅度时,码元向量如下所示[6]:

$$(e^{2\mu+!},0) \qquad \mu=0,1,\cdots,9 \qquad 顶点数量:10$$
$$(e^{2\mu}\cos\lambda,e^{2v}\sin\lambda) \qquad u+v\ 是偶数 \qquad 顶点数量:50$$
$$(e^{2\mu}\sin\lambda,e^{2v}\cos\lambda) \qquad u+v\ 是偶数 \qquad 顶点数量:50$$
$$(0,e^{2v+!}) \qquad \mu=0,1,\cdots,9 \qquad 顶点数量:10$$

其中,$e=\exp\{j\pi/10\}$,$2\lambda=\arctan2$。

A. 由有限酉群生成的码元。

B. 由有限旋转群生成的码元。

C. 由有限的单一组生成的码元 $m=ns$。码元的元素为

$$\frac{1}{\sqrt{2}}(e_1^{qv+\mu}\cdot e_2^{-(qv'+d\mu)},e_1^{qv+\mu}\cdot e_2^{qv'+d\mu})$$

其中,$e_1=\exp(j\pi/n)$,$e_2=\exp(j\pi/r)$,$v=0,1,\cdots,p-1$,$v'=0,1,\cdots,s-1$,$\mu=0,1,\cdots,q-1$ 且 $2n=q\cdot p$,$2r=qs$,d 必须与 q 互质。这些码元在本质上与双相位码有相同的结构,但是在相位值上同样具有更大的自由度。在文献[7]中展示了这一类码元如何转换为具有相位和幅度调制的类。

3. 四维编码实例

一种简单的 4D 调制方式是使用 X 偏振和 Y 偏振两个偏振态,在每个偏振态上各传递 2D 星座点,如 PM-16QAM,此时 PM-16QAM 调制效率为 8 bit/sym。

Coelho 和 Hanik[10] 首先在 4D 调制中引入 Ungerboeck 的 set-partitioning(SP)方法[11],用以发送 PM-16QAM 信号,他们称为 32-level set-partitioning QAM(32-SP-QAM)和 128-level set-partitioning QAM(128-SP[12]-QAM)。Ungerboeck 的 SP 方法简单地说就是一种集合分割原则,将 QAM 星座点看作集合元素,每次将一个集合分为两个子集,使得子集中元素减少一半,且相邻星座点的欧几里得距离变为原来的 $\sqrt{2}$ 倍。SP-QAM 方法相比于传统 PM-QAM 方法在稍微牺牲频谱效率的同时,换来了能量效率的显著提升。

SP-QAM 方法的另一优势是可以利用传统 PM-QAM 信号的硬件结构,只需做稍微的调整即可,不需要额外的成本,图 14.8 为 PM-16QAM 和 128-SP-QAM 信号的发送原理图。

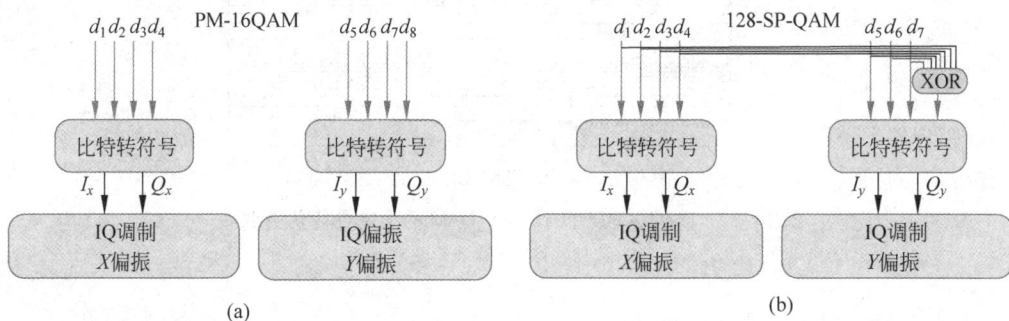

图 14.8 （a）PM-16QAM 和（b）128-SP-QAM 发送原理图

这里 PM-16QAM 和 128-SP-QAM 由于使用 X 偏振和 Y 偏振两个偏振态,可以看作四维调制信号,采用类似的发送结构,信号处理框图如图 14.9 所示。128-SP-QAM 最后 1 位

比特是其他 7 位的异或(XOR),视作校验比特,PM-16QAM 调制效率为 8 bit/sym,128-SP-QAM 调制效率 7 bit/sym。

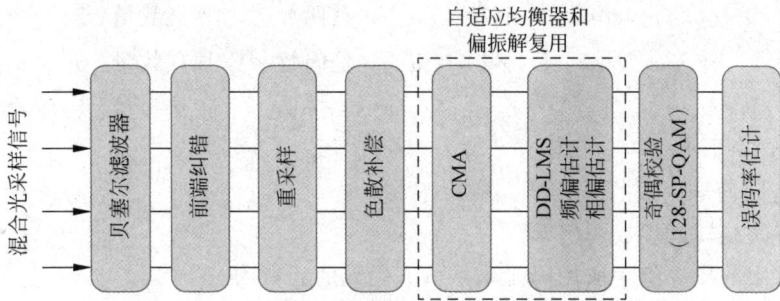

图 14.9　128-SP-QAM 和 PM-16QAM 的信号处理框图
(请扫 2 页二维码看彩图)

128-SP-QAM 解码时需要考虑比特校验,当比特校验位发现有错误时,需要调制判决星座点,将星座点移入邻近位置,由于是 4D 调制,考虑四元组星座点(X_1,X_2,X_3,X_4),其中 $X_i \in \{\pm 1, \pm 3\}$,当解码校验时发现有错误比特,此时在误差最大的位置重新调制星座点,再重新解码。具体算法参照文献[11]。

这里采用 MATLAB 等效基带模型进行蒙特卡罗仿真,信道为 AWGN 信道,图 14.10 是 PM-16QAM 和 128-SP-QAM 的仿真曲线结果,可以看出,由于 128-SP-QAM 的欧几里得距离是传统 256QAM 距离的$\sqrt{2}$倍,并且考虑了比特校验以及星座点的纠错,从而带来误码率的降低。

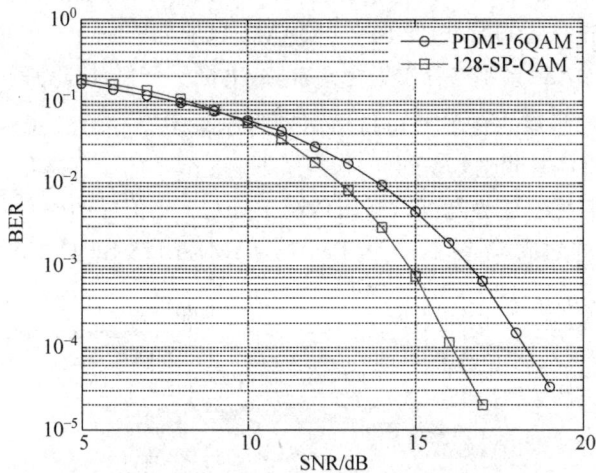

图 14.10　PM-16QAM 和 128-SP-QAM 的调制性能仿真曲线
(请扫 2 页二维码看彩图)

14.3　多维多阶调制星座图的设计依据

在成功实现 4D 调制编码之后,开始解决上文提出的第二个问题。此时我们需要考虑:对于给定的维数 N、调制阶数 M 及渐进信噪比,哪种星座图的 γ 最高。这便是第二个问题的核心。这一问题可等价于一个物理问题,即 M 个 N 维球体的最密填充问题(sphere-packing problem),也称开普勒猜想(Kepler conjecture),或等价于吻数问题(kissing-number problem)。

此处的"最密"二字,可理解为球心到原点的最大距离最小化,或所有球心到原点的均方距离最小化。在球体填充问题中,把后者称为"簇形"(cluster,聚集成的团或堆)问题,把前者称为"球形"(ball,实际上是空心的球面)问题。在给定的 N 维空间中找到 M 阶最优星座图是很困难的,一个已知的"最优"星座图通常没有形式化的数学证明,且它常来自经验,即还没找到比这个更优的星座图。由于解析方法相当困难,故常用数值办法来设计的"最优星座图"。事实上,人们通常是创造成千上万的星座图,从中选出最好的一个来当作"最优"的星座图。

14.3.1　"簇形"问题

"簇形"可理解为,如何放置 M 个球而占据最小的空间。根据文献[13],密度(density)的定义为

$$\Delta \stackrel{\text{def}}{=} 球占据空间的比例 = \frac{球的体积}{基本区域的体积} = \frac{球的体积}{\sqrt{\det(\Lambda)}} \qquad (14\text{-}17)$$

其中,Λ 表示晶格(lattice),详细介绍可参见文献[14]。

(1) 1D 情形。很明显,一条线段能获得(图 14.11)

$$\Delta(1) = 100\% \qquad (14\text{-}18)$$

这些球心形成了 1D 晶格 $\mathbb{Z}$。

(2) 2D 情形。这是平面上的开普勒问题。"正六边形(hexagonal)排列法是平面上密度最高的装球法"这一结论常被称作图厄(Thue)定理(图 14.12)。平面

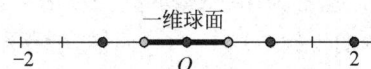

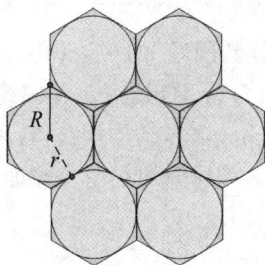

图 14.11　1D 簇形最密填充

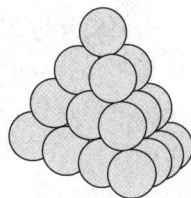

的簇形问题已得到充分的研究,而设计的最优星座图常是 M 个圆围绕原点按正六边形排布(图 14.13)。

按图 14.13 的排列方式,可获得 2D 的最密填充:

$$\Delta(2) = \frac{\pi}{2\sqrt{3}} = 0.9069 \qquad (14\text{-}19)$$

(3) 3D 情形。这正是开普勒猜想(图 14.14),即"假如在你面前放着一堆小球,怎么摆放才能最节约空间?"凭经验和直觉断定,把上一层交错地放到下一层彼此相邻的凹处,比直接一个叠一个更合理。

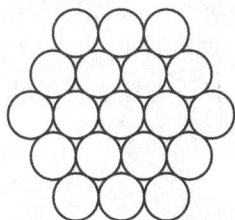

图 14.12　图厄定理图示　　图 14.13　2D 簇形最密填充　　图 14.14　开普勒猜想图示

(请扫 2 页二维码看彩图)

在箱子里堆放大小一样的球,用面心立方体(face-centered cubic,fcc)的堆积方式(即上层圆球安放在下一层圆球中间的各个凹处)可使空间利用率最高[14],其密度为

$$\Delta(3) = \frac{\pi}{3\sqrt{2}} = 0.7405 \tag{14-20}$$

(4) 4D 情形。棋盘晶格(checkerboard lattice)$\mathcal{D}_4$ 是 4D 空间中最密的排列,其密度为

$$\Delta(4) = \frac{\pi^2}{16} = 0.6169 \tag{14-21}$$

14.3.2 "球形"问题

"球形"可理解为把 M 个单位尺寸的球填入一个更大的球,而这个大球的半径越小越好。这样的描述,可能会导致人们对球形问题的误解。"球形"结构和前面的"簇形"结构很相似,但又有不同之处。"簇形"一定需要满足"占据空间最小"这一条件,这就对信号星座图的 E_S 提出要求,即要求 E_S 最小。而"球形"并不一定要求占据的空间最小,而是要求离原点最远的球心到原点的距离在所有指定 N 和 M 的星座图中最小,即对信号星座图的 $E_{S,\max}$ 提出要求。读者可从后文中逐渐体会到两者的差异。

对于"球形"结构,2D 情形下的许多最优结果可以在文献[15]中找到答案。而我们更关心高维的情形。对于 $N \geqslant 3$,可利用球形编码(spherical codes)的结果,构造出"可能是"最优的星座图[16]。在球形编码中,所有的点到原点的距离都相等,且这个距离是最小的。这可以理解为牛顿数问题。2D 的牛顿数 $\mathcal{K}_2 = 6$(图 14.15),3D 的牛顿数 $\mathcal{K}_2 = 12$(图 14.16),4D 的牛顿数 $\mathcal{K}_4 = 24$。同样,牛顿数问题证明起来也相当困难。对 2D、3D 和 4D 牛顿数的猜想已有很长的历史,其证明在近期才得以完成[14]。

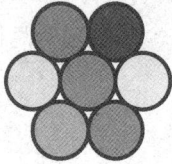

图 14.15 2D 牛顿数图示
(请扫 2 页二维码看彩图)

图 14.16 3D 牛顿数图示
(请扫 2 页二维码看彩图)

14.4 典型多维多阶星座图性能分析

根据"球体填充问题"和"牛顿数问题"的结论,我们在这里分析一些典型的星座图的性能指标。我们先分析 2D 情形,再分析 4D 情形。我们约定,在 N 维空间中,由 M 个点的星座图形成簇形结构,用 $\mathcal{C}_{N,M}$ 来表示,球形结构用 $\mathcal{B}_{N,M}$ 来表示,并将所有星座图的最小距离均设为 $d_{\min} = 2$,这样,需打包的那些球面均是单位球面。

因此,式(14-3)可以写为

$$\gamma = \frac{d_{\min}^2}{4E_b} = \frac{2^2}{4\dfrac{E_S}{\log_2 M}} = \frac{\log_2 M}{E_S} = 10\lg\left(\frac{\log_2 M}{E_S}\right) \text{dB} \tag{14-22}$$

14.4.1　$N=2$

1. $M=2,3,4$

这些最优星座图正是我们熟知的 BPSK,3-PSK,QPSK(表 14.1)。

表 14.1　BPSK,3-PSK,QPSK 星座点分布与基本性能指标

调制格式名称	$M=2$	$M=3$	$M=4$
	BPSK	3-PSK	QPSK
星座图			
$E_{S,max}$	1	$\frac{4}{3}=1.333$	2
E_S	1	$\frac{4}{3}=1.333$	2
SE/(bit/sym)	1	$\log_2 3=1.5850$	2
γ/dB	0	$\frac{3}{4}\log_2 3\rightarrow 0.75$	0

注:请扫 2 页二维码看彩图。

2. $M=6,7$

$M=7$ 是 2D 情形的牛顿数问题,$\mathcal{B}_{2,7}=\mathcal{C}_{2,7}=\{(0,0),(\pm\sqrt{3},\pm1),(0,\pm2)\}$。

当 $M=6$ 时,球形结构的星座图去掉了 $M=7$ 的星座图中位于中心的星座点,而簇形结构的星座图则去掉周围任意一个星座点,并重新调整了星座图的中心(表 14.2)。不妨去掉(0,−2)这个点。为找到星座图新的中心 O' 使 E_S 最小,设 O' 点坐标为 (x,y),如图 14.17 所示。

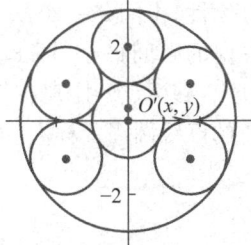

图 14.17　寻找 $M=6$,簇形结构的中心 O'

(请扫 2 页二维码看彩图)

则

$$E_S=E_S(x,y)=\frac{1}{6}\times\{[(x-0)^2+(y-0)^2]+[(x+\sqrt{3})^2+(y-1)^2]+$$

$$[(x-\sqrt{3})^2+(y-1)^2]+[(x+\sqrt{3})^2+(y+1)^2]+$$

$$[(x-\sqrt{3})^2+(y+1)^2]+[(x-0)^2+(y-2)^2]\}$$

$$\tag{14-23}$$

令

$$\frac{\partial E_{\mathrm{S}}(x,y)}{\partial x} = \frac{12x}{6} = 0 \tag{14-24}$$

$$\frac{\partial E_{\mathrm{S}}(x,y)}{\partial y} = \frac{12y-4}{6} = 0 \tag{14-25}$$

求得$(0,1/3)$为函数的唯一驻点。进一步通过黑塞矩阵(Hessian matrix)可进一步验证该驻点是函数的极小值点,也是最小值点。因此$\mathcal{O}'$的坐标为$(0,1/3)$,且$E_{\mathrm{S}}=E_{\mathrm{S}}(0,1/3)=29/9=3.22$。

表 14.2 　$N=2,M=6,7$ 的星座点分布与基本性能指标

	$M=6$		$M=7$
	簇形	球形	
星座图			
$E_{\mathrm{S,max}}$	4		
E_{S}	$\dfrac{29}{9}\approx3.22$	$\dfrac{24}{6}=4$	$\dfrac{24}{7}\approx3.43$
SE/(bit/sym)	$\log_2 6\approx2.5850$		$\log_2 7\approx2.8074$
γ/dB	$\log_2 6/E_{\mathrm{S}}\rightarrow-0.96$	$\log_2 6/E_{\mathrm{S}}\rightarrow-1.90$	$\log_2 7/E_{\mathrm{S}}\rightarrow-0.87$

注：请扫 2 页二维码看彩图。

3. $M=19$

图 14.18 和图 14.19 可以很好地说明簇形结构与球形结构之间细微的区别,当 $M=19$ 时,这两种结构都具有正六边形的对称性,中间是一个 $\mathcal{B}_{2,7}$ 结构。簇形结构最外面一圈的球形成一个正六边形,为的是满足所占据的空间最小,即 E_{S} 最小;球形结构最外面一圈球形成一个圆,为的是满足离原点最远的球心到原点的距离在指定 N 和 M 的所有星座图中最小,即 $E_{\mathrm{S,max}}$ 最小。图 14.18 和图 14.19 的虚线圆周一样大,说明簇形结构星座图的 $E_{\mathrm{S,max}}$ 更大。

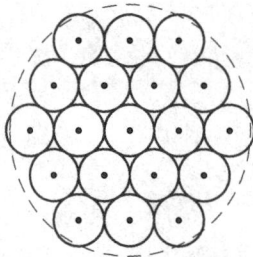

图 14.18　$M=19$,簇形结构
(请扫 2 页二维码看彩图)

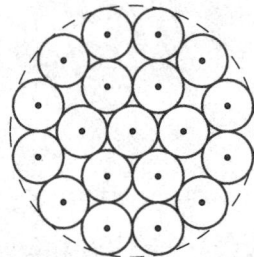

图 14.19　$M=19$,球形结构
(请扫 2 页二维码看彩图)

14.4.2　N＝4

由于我们视觉的局限性,4D 情形的星座图很难视觉化。

不过可以用一些代数的方法来表示 4D 情形,如用 4D 向量(a_1,a_2,a_3,a_4)表示星座点,或用四元数 $\sigma＝a_1e＋a_2j＋a_3k＋a_4l$ 来表示。其中,四元数表示法就像在平面上用复数(complex number)$z＝x＋yi$ 来表示星座点。同样,也可以用一些几何的方法来描述 4D 情形,例如用两个正交的平面分别来表示 2D(图 14.20、图 14.21),或用投影来表达 4D 空间里的物体(就像在一张平面的纸上画出一个立体的正方体的投影)。

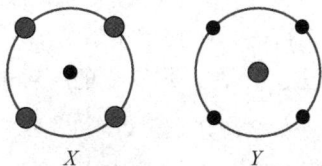

图 14.20　两个正交的偏振方向上 PS-QPSK 星座图

红色大点表示 QPSK 在 X 极化面上传播,在 Y 极化面上为零;蓝色小点表示 QPSK 在 Y 极化面上传播,在 X 极化面上为零

(请扫 2 页二维码看彩图)

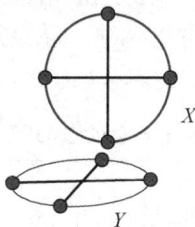

图 14.21　两个正交的偏振方向 DP-QPSK 星座图

(请扫 2 页二维码看彩图)

1. $M＝8$(PS-QPSK)

$\mathcal{C}_{4,8}$ 是满足平均比特能量最低的要求的最优 4D 星座图[17],且由于它所有星座点都位于 4D 球面上,所以 $\mathcal{B}_{4,8}＝\mathcal{C}_{4,8}$,其八个星座点遵循双正交的形式:$\mathcal{B}_{4,8}＝\mathcal{C}_{4,8}＝\{(\pm\sqrt{2},0,0,0),\cdots,(0,0,0,\pm\sqrt{2})\}$。这种结构称为交叉多面体(cross-polytope)。把 PS-QPSK 的绝对相位旋转 45°后,可得另一种坐标形式:$\mathcal{C}'_{4,8}＝\{(\pm1,\pm1,0,0),(0,0,\pm1,\pm1)\}$。$\mathcal{C}'_{4,8}$ 表明,PS-QPSK 那样仅能在 x 或 y 之间的一个方向上形成 QPSK,而不像 DP-QPSK 那样可以在两个偏振方向上同时存在分量。因此,这种调制格式被称为 PS-QPSK(polarization-switched QPSK)。

PS-QPSK 只用到 DP-QPSK 一半的点,故 SE 减少为 3 bit/sym。但它的 d_{min} 是 DP-QPSK 的 $\sqrt{2}$ 倍,导致 γ 提高 1.76 dB。

文献[17]详细地讨论了 PS-QPSK 的整体性能、编码方式,而文献[2]和文献[17]介绍了 PS-QPSK 的发送机、接收机,以及如何进行比特-符号映射(bit-to-symbol mapping)。

2. $M＝16$(DP-QPSK)

DP-QPSK 的星座点坐标是 $\mathcal{D}_{4cube}＝\{(\pm1,\pm1,\pm1,\pm1)\}$,其星座点形成了一个立方

体(cubic)。虽然无论从 $E_{S,max}$ 最小化还是 E_S 最小化来说,DP-QPSK 都不是最优的,但由于对称性,其很容易产生和检测,因此是目前相干系统中非常流行的调制格式。

3. $M=24$(6P-QPSK),25

$M=25$ 是 4D 情形下的牛顿数问题,$\mathcal{B}_{4,25}=\mathcal{C}_{4,25}=\mathcal{B}_{4,24}\bigcup\{(0,0,0,0)\}$。它的球心形成了 $\mathcal{D}_4$ 晶格的子集。

对于 $M=24$,为了保证星座图的对称性,可去掉 $(0,0,0,0)$。星座点是 $\mathcal{B}_{4,24}$ 的调制方式叫 6P-QPSK。$\mathcal{B}_{4,24}$ 的定义为 4D 正多面体的 24 个顶点。4D 正多面体称为二十四胞体(24-cell,icositetrachoron),是 4D 空间中唯一的正多面体。$\mathcal{B}_{4,24}$ 有两种表示形式。第一种是 $\mathcal{B}_{4,24}=\mathcal{D}_{4cube}\bigcup\sqrt{2}\mathcal{B}_{4,8}=\{(\pm1,\pm1,\pm1,\pm1),(\pm2,0,0,0),\cdots,(0,0,0,\pm2)\}$,这表明 DP-QPSK 可扩展为有 24 个星座点、E_S 和 d_{min} 却不变的一种新型调制方式 6Pol-QPSK。第二种是 $\mathcal{B}'_{4,24}=\{\sqrt{2}(\pm1,\pm1,0,0),\cdots,\sqrt{2}(0,0,\pm1,\pm1)\}$。文献[2]和文献[13]介绍了用 9 比特映射为两个相邻符号的方法实现 $\mathcal{B}_{4,24}$,其 γ 比 DP-QPSK 提高了 0.59 dB。

通常,光场是椭圆极化(elliptically polarized)的,但有三种重要的幅度、相位组合的情况,称为退化的极化状态(degenerate polarization states)(表 14.3)。第一种是线水平/垂直极化光(linearly horizontal/vertical polarized light,LHP/LVP),第二种是线 $\pm45^\circ$ 极化光(L+45P/L−45P),第三种是右/左圆极化(right/left circularly polarized light,RCP/LCP)。它们在数学上满足的式子及每种情况对应的图示如下。

表 14.3　退化的极化状态(引用自文献[18])

LHP:$E_{0y}=0$	LVP:$E_{0x}=0$
L+45P:$E_{0x}=E_{0y}=E_0,\delta=0$	L−45P:$E_{0x}=E_{0y}=E_0,\delta=\pi$
RCP:$E_{0x}=E_{0y}=E_0,\delta=\pi/2$	LCP:$E_{0x}=E_{0y}=E_0,\delta=-\pi/2$

星座点构成 $\mathcal{B}_{4,24}$ 这种调制方式,其极化刚好就是上述三种退化的极化状态,故被称作 6P-QPSK。关于场、偏振等内容的详细介绍,可见文献[18]。$\mathcal{C}_{4,24}$ 可以通过去掉 $\mathcal{C}_{4,25}$ 的一个非零点、平移星座图而获得,它的 γ 比 DP-QPSK 高了 0.79 dB。光 4D 调制格式的一些典型代表:DP-QPSK、PS-QPSK 和 6P-QPSK,其星座图的总结见表 14.4。

表 14.4 DP-QPSK、PS-QPSK 和 6P-QPSK 星座点分布与基本性能指标

	$M=8$	$M=16$	$M=24$
调制格式名称	PS-QPSK	DP-QPSK	6Pol-QPSK
投影表示	交叉多面体	立方体	正 24 胞体
$E_{S,max}$	2	4	4
E_S	2	4	4
SE/(bit/sym)	3	4	$\log_2 24 = 4.5850$
γ/dB	$3/2 \to 1.76$	0	$\log_2 24/E_S \to 0.59$
坐标	$\mathcal{B}_{4,8} = \mathcal{C}_{4,8} = \{(\pm\sqrt{2}, 0, 0, 0), \cdots, (0, 0, 0, \pm\sqrt{2})\}$ $\mathcal{C}'_{4,8} = \{(\pm 1, \pm 1, 0, 0), (0, 0, \pm 1, \pm 1)\}$	$\mathcal{D}_{4cube} = \{(\pm 1, \pm 1, \pm 1, \pm 1)\}$	$\mathcal{B}_{4,24} = \mathcal{D}_{4cube} \bigcup \sqrt{2} \mathcal{B}_{4,8} = \{(\pm 1, \pm 1, \pm 1, \pm 1), (\pm 2, 0, 0, 0), \cdots, (0, 0, 0, \pm 2)\}$ $\mathcal{B}'_{4,24} = \{\sqrt{2}(\pm 1, \pm 1, 0, 0), \cdots, \sqrt{2}(0, 0, \pm 1, \pm 1)\}$

注：请扫 2 页二维码看彩图。

如今随着 EDFA 的广泛部署，光纤容量不太受低光功率的影响，而类似自相位调制（SPM）和交叉相位调制（XPM）的非线性逐渐成为限制因素。忽略色散，单独研究 SPM 和 XPM 对信号的损伤表明，SPM 通常与等幅格式关系不大，而 XPM 引入的相移正比于在所有波分复用信道中的瞬时功率。γ 高的格式允许减低发送功率，因此引入更小的非线性误差。当比特率相等时，PS-QPSK 所需要的功率比 DP-QPSK 小 1.76 dB，一些研究还表明，PS-QPSK 对 XPM 非线性的容忍度好于 DP-QPSK。

值得注意的是，因为 SPM 和 XPM 取决于瞬时功率，所以非线性现象明显时，最小化 $E_{S,max}$ 比最小化平均符号功率 E_S 好，即球形星座图表现得更好。从 $E_{S,max}$ 考虑，许多簇形星座图的表现要差很多，而球形星座图在 $E_{S,max}$ 和 E_S 方面的表现都不错。反过来，在 E_S 受限时，使用球形星座图需要的代价要比在 $E_{S,max}$ 受限时，使用簇形星座图要小。因此，当 $E_{S,max}$ 和 E_S 都受限时，对于绝大多数非线性损伤，球形结构的星座图的稳健性（鲁棒性）要好。

14.5　四维高阶几何整形星座图的设计方案

为了保持或延长高速光纤系统中的传输距离,信号整形最近已成为光通信界相当关注的焦点。整形方法可以大致分为概率整形和几何整形,两者都有明显的优点和缺点。在概率整形中,长编码序列会在星座点上引起不均匀的概率分布。几何整形在非等距星座点上采用均匀分布(即等概率符号)。尽管概率整形和几何整形方案之间存在差异,但两种技术都是通过编码在多维信号空间而实现非均匀分布。多维度上的几何整形不仅可以减少与香农容量的差距,而且还可以减轻光通道中的非线性效应。

多维几何整形仅依赖于多维空间中星座点位置的选择和相应多维探测器的设计。因此,多维几何整形提供了一种有趣的方法来实现具有低实现复杂度的整形增益,而不是使用编码方法。多维几何整形也可以很容易地与 FEC 结合,并且只需要直接修改映射器和解映射器。然而,多维几何整形也增加了解映射器的计算复杂度,因为在这种情况下,需要计算所有多维符号的欧几里得距离。尽管如此,可以设计低复杂度的多维软解映射器方案来实现性能和复杂性之间的良好权衡。四维调制格式通常是在由光场的两个正交(I/Q)和两个偏振态(X/Y)组成的四个维度中进行优化。这些格式通常旨在实现较大的最小欧几里得距离。传统的偏振复用格式不是真正的四维调制格式,因为它们仅在 I、Q、X 和 Y 方面独立优化。可以通过使用球体包装参数、应用集合分区(SP)方案或将所有点扭曲为非均匀间隔坐标,来获得具有维度之间依赖性的四维调制格式。其中,32SP-QAM、64SP-QAM、128SP-QAM 分别有 5、6、7(bit/4D-symbol)的信息熵,可用于实现不同的传输距离。

对于大多数球形有界星座点,不存在格雷映射的比特标签。因此,这些调制格式与 FEC 和比特交织编码调制(BICM)的组合会导致可达信息速率(AIR)的损失。由于比特标签在设计几何形状调制格式方面起着重要作用,因此现有的基于符号的信号整形方法与基于比特的编码调制系统不兼容。最小欧几里得距离的调制格式设计方案不是最理想的。在光纤通信系统中一种理想的四维几何整形方案是通过优化四维空间中的星座点以及相应的比特标签,实现广义互信息(GMI)的最大化,该方案可以应用于具有 SD-FEC 和 BICM 的系统,具有简单且灵活的优势。同时,在几何整形设计中,可以引入正交对称约束的概念,来显著降低搜索空间的维数,克服具有挑战性的多参数优化,这可以看作简化运算量和 GMI 性能之间的权衡[19]。

14.5.1　基于 GMI 的四维几何整形优化

光通道受到放大自发发射(ASE)噪声、色散和克尔非线性之间的相互作用的影响,这些相互作用通常分为通道间和通道内效应。该通道可以通过条件概率分布函数(PDF)$p_{Y|X}$ 建模,其中 X 和 Y 分别是发送和接收的序列。假设 X 中的传输多维符号 x 是在具有 $M = 2m = |\chi|$ 个离散星座点的 χ 星座图中均匀分布的具有 N 个实维度(或等效具有 $N/2$ 个复维度)的符号。光纤通信中的一般情况是 $N = 4$ 的四维调制,它对应于使用光的两个偏振(4个实维度)的相干光通信。

一般来说,信道定律 $p_{Y|X}$ 显示了跨多个符号的记忆,即使在色散补偿之后,它也由光

纤通道引入。然而,以下只考虑信道定律 $p_{Y|X}$,这种近似与典型光接收机忽略跨多个符号的潜在记忆这一事实匹配。在 BICM 方案中,通过一组星座坐标和相应的比特标签在四维空间中对传输的符号 X 进行联合调制。在四个实维度上的第 i 个星座点由 $s_i = [s_{i1}, s_{i2}, s_{i3}, s_{i4}] \in R^4$ 表示,其中 $i = 1, 2, \cdots, M$。我们使用 $M \times 4$ 矩阵 $\boldsymbol{S} = [s_1; s_2; \cdots; s_M]$ 表示四维星座。第 i 个星座点 s_i 由长度为 m 的比特序列 $b_i = [b_{i1}, b_{i2}, \cdots, b_{im}] \in \{0, 1\}m$ 标记。比特标签矩阵由 $M \times m$ 矩阵 $\boldsymbol{B} = [b_1; b_2; \cdots; b_M]$ 表示,其中包含所有唯一的长度为 m 的比特序列。四维星座及其比特标签完全由矩阵 $\{\boldsymbol{S}, \boldsymbol{B}\}$ 确定。在四维几何整形中,要求最大化给定信噪比的 GMI。假定传输的比特是独立且均匀分布的,这意味着符号 X 是均匀分布的。接收器机假定是无记忆信道的并且使用比特度量解码(BMD),即标准 BICM 接收机。则四维符号的 GMI 可以被表示为

$$\text{GMI}(\boldsymbol{S}, \boldsymbol{B}, p_{Y|X}) = m + \frac{1}{M} \sum_{k=1}^{m} \sum_{b \in \{0,1\}} \sum_{i \in I_k^b} \int_{R^4} p_{Y|X}(y \mid x_i) \log_2 \frac{\sum_{j \in I_k^b} p_{Y|X}(y \mid x_j)}{\sum_{j'=1}^{M} p_{Y|X}(y \mid x_{j'})} \, dy$$

$$(14\text{-}26)$$

其中,I_k^b 是在第 k 个比特位置处比特标签为 b 的星座点的索引集。

对 GMI 的优化,需要在给定的信道条件 $p_{Y|X}$ 和星座点平均能量约束下,联合优化四维星座点坐标及其比特标签。注意,对于任何给定的信道条件 $p_{Y|X}$,GMI 的优化问题都是具有多个参数和约束的。对于四维高阶星座的优化,基于 GMI 的几何整形的计算复杂度很高。因此,无约束的优化是非常具有挑战性的。不受约束的四维高阶调制格式还对信号的生成,即高分辨率 DAC,以及复杂的检测器提出了很高的要求。

14.5.2　正交对称条件下的四维几何整形

为了解决上述多参数优化的挑战并降低收发机要求,我们建议对要设计的四维调制格式施加"正交对称"(OS)约束。我们提出的方法使四维调制格式完全由第一象限的星座对称生成,基于四维正交。

令 $L_q = [l_1; l_2; \cdots; l_{2q}]$,其中 $l_j \in \{0, 1\}q$ 和 $j = 1, 2, \cdots, 2q$ 表示 q 阶的 $2q \times q$ 比特标签矩阵,其中包含所有唯一的长度为 q 的比特向量。令 $\boldsymbol{H}_k$ 为 4×4 镜像矩阵,定义为

$$\boldsymbol{H}_k = \begin{bmatrix} (-1)^{l_{k1}} & 0 & 0 & 0 \\ 0 & (-1)^{l_{k2}} & 0 & 0 \\ 0 & 0 & (-1)^{l_{k3}} & 0 \\ 0 & 0 & 0 & (-1)^{l_{k4}} \end{bmatrix} \quad (14\text{-}27)$$

其中,$k = 1, 2, \cdots, 16$,$l_k = [l_{k1}, l_{k2}, \cdots, l_{k16}]$ 是 4 阶比特标签矩阵 L_4 的行。

第一象限星座标签和正交对称星座标签的定义如下所述。

定义 1(第一象限星座标签):如果 $T = [t_1; t_2; \cdots; t_{2m-4}]$ 是一个所有元素都非负的星座矩阵,并且 L_{m-4} 是一个 $m-4$ 阶的比特标签矩阵,则称矩阵对 $\{T, L_{m-4}\}$ 是第一象限星座标签。

定义 2(正交对称星座标签):如果 $S = [S_1; S_2; \cdots; S_{16}]$ 是一个 $2m \times 4$ 星座矩阵,$B =$

$[B_1;B_2;\cdots;B_{16}]$ 是一个 $2m \times m$ 比特标签矩阵,其中星座矩阵 S 通过 $S_k = TH_k$ 构造,$k=1,2,\cdots,16$,并且比特标签矩阵 B 满足 $B_k = [O_k, L_{m-4}]$,其中 $O_k = [l_k;l_k;\cdots;l_k]$,这里 l_k 是 L_4 的行。

对于定义 2 中的四维正交对称的 $2m$ 阶星座,每个象限包含 $2m-4$ 个星座点。第一象限的 $2m-4$ 个星座点对应于 $T = [t_1;t_2;\cdots;t_{2m-4}]$,并且通过 $S_1 = TH_1$ 得到。S_k 中 $k>1$ 的星座点是通过 $S_k = TH_k$ 将 S_1 第一象限的点"镜像"到其他象限而生成的。四维正交对称星座格式的比特标签中,给定象限 S_k 中的星座点使用比特标签 L_{m-4},即在象限内使用 $m-4$ 个比特。剩余的 4 个比特是用于选择象限的比特。

然后,仅对矩阵 T 中的 $2m-4$ 个星座坐标和 $m-4$ 阶的标签(即矩阵 L_{m-4})执行 GMI 的优化。这种搜索空间维数的减少将使我们能够设计具有更高 SE 的四维调制格式,以最大化 GMI。除降低优化复杂度之外,使用正交对称结构的另一个优势是可以得到一个近似的格雷映射。众所周知,格雷映射可以减少 MI 和 GMI 之间的损失。然而,由于比特标签的长度比最相邻星座点的数量要小,所以不可能得到格雷映射。为了减少非格雷映射的代价,正交对称结构可以首先保证选择象限的比特标签是格雷映射的,并尽量使同一象限中的所有相邻符号的比特标签只相差一个比特。

14.5.3　4D-OS128 设计方案

以下给出一种四维正交对称的 128 进制调制格式(4D-OS128),其 SE 为 7 bit/4D-sym,通过几何整形联合优化星座坐标和比特标签来获得最大化 GMI。对于 4D-OS128 星座,每个象限包含 8 个星座点,第一象限中的 8 个星座点即为 $T = [t_1;t_2;\cdots;t_8]$。第一象限中第 j 个星座点表示为 $t_j = [t_{j1},t_{j2},t_{j3},t_{j4}]$,其中 $j=1,2,\cdots,8$。第一个象限由 4 个比特 $[b_{j1},b_{j2},b_{j3},b_{j4}] = l_1$ 作为标签。剩下的 3 个比特 $[b_{j5},b_{j6},b_{j7}]$ 决定了对应的点 t_j。对于 4D-OS128 星座,矩阵 T 中只有 8 个四维坐标和相应的 3 阶比特标签 L_3 需要进行优化。我们在信噪比为 9.5 dB 的情况下,对四维星座点进行几何整形,以最大化 GMI。得到的 4D-OS128 调制格式在四维空间中有 128 个不重叠的点。为了更好地可视化,这些点可以投影在 X 和 Y 两个极化上。该投影在每个二维空间中产生 20 个不同的点,如图 14.22 所示。通过使用一种颜色编码策略来清楚地显示极化间的依赖性,第一个和第二个极化中的二维投影符号只有当它们共享相同的颜色时才是有效的四维符号。4D-OS128 调制格式中,矩阵 T 的 8 个向量的坐标是

$$t_j \in \{[\pm t_1, \pm t_1, \pm t_3, \pm t_3], [\pm t_2, \pm t_5, \pm t_3, \pm t_3],$$
$$[\pm t_5, \pm t_2, \pm t_3, \pm t_3], [\pm t_4, \pm t_4, \pm t_3, \pm t_3],$$
$$[\pm t_3, \pm t_3, \pm t_1, \pm t_1], [\pm t_3, \pm t_3, \pm t_2, \pm t_5],$$
$$[\pm t_3, \pm t_3, \pm t_5, \pm t_2], [\pm t_3, \pm t_3, \pm t_4, \pm t_4]\} \tag{14-28}$$

其中,$(t_1,t_2,t_3,t_4,t_5) = (0.2875, 0.3834, 0.4730, 1.1501, 1.2460)$。

这 8 个向量对应的星座点在图 14.22 中分别用灰色、红色、棕色、蓝色、绿色、洋红色、橙色和青色标记表示。7 个比特标签中的 4 个比特 $[b_{j1},b_{j2},b_{j3},b_{j4}]$ 作为 16 个象限的比特标签,其余 3 个比特 $[b_{j5},b_{j6},b_{j7}]$ 确定对应每个象限中的 8 个星座点。换句话说,$[b_{j5},b_{j6},b_{j7}]$ 决定了图中星座点的颜色,而 $[b_{j1},b_{j2},b_{j3},b_{j4}]$ 决定了相同颜色星座点的坐标。

X极化

$b_1b_2=10$　　　Q　　　$b_1b_2=00$
　　　$b_5b_6b_7=001$　　$b_5b_6b_7=000$

$b_5b_6b_7=011/100/101/110$

$b_5b_6b_7=010$

$b_5b_6b_7=111$　　$b_5b_6b_7=010$

$b_5b_6b_7=000$　　$b_5b_6b_7=000$
$b_5b_6b_7=001$

$b_1b_2=11$　　　$b_1b_2=01$

Y极化

$b_3b_4=10$　　　Q　　　$b_3b_4=00$
　　$b_5b_6b_7=110$　　$b_5b_6b_7=100$
$b_5b_6b_7=100$

$b_5b_6b_7=111/001/010/000$

$b_5b_6b_7=101$　　$b_5b_6b_7=011$　　$b_5b_6b_7=101$

$b_5b_6b_7=100$
$b_5b_6b_7=110$　　$b_5b_6b_7=100$

$b_3b_4=11$　　　$b_3b_4=01$

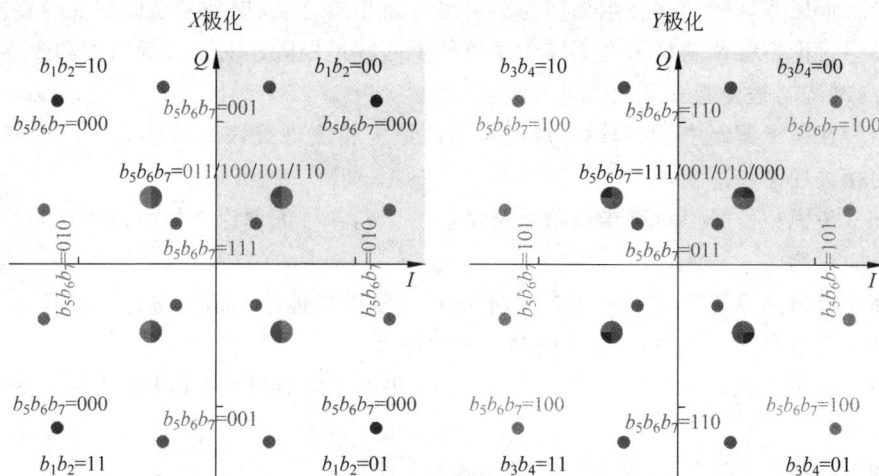

图 14.22　4D-OS128 调制格式和比特映射的两个二维投影

两个二维投影中相同颜色的符号表示 4D-OS128 调制中的四维符号;阴影区域表示四维空间中的第一个象限

(请扫 2 页二维码看彩图)

14.6　总结与展望

为满足对高速光通信系统日益增长的需求,我们可以采用更高 SE、采用更高阶的调制方式来提高系统容量,但受光纤非线性的影响,信号发射功率不能过大。为保证稍大的最小星座距离 $d_{\min}$,可提高调制信号的维数。本章简要回顾了在电域用双载波、在光域考虑偏振方向实现 4D 调制的方法,并说明,设计出给定维数 N 和调制阶数 M 且满足 E_S 和 $E_{S,\max}$ 最小的最优星座图,等价于最密球体填充和开普勒问题。本书总结了 $N=2$ 时 $M=2,3,4,6,7,19$ 和 $N=4$ 时 $M=8,16,24,25$ 的最优星座图,对比它们的渐进功率效率,讨论了 4D 调制对光纤非线性的容忍度及鲁棒性。

人们对多维多阶调制方式的青睐,使得这一课题已成为研究者们关注的热点。无论是从光通信容量提升还是从科学研究的角度来看,对高谱效率的光四维调制的研究都极具科学价值和实用意义,而这也是国内外学术竞争的焦点和制高点。随着研究的不断深入,我们必须转变观念,从以前想当然地设计所谓的最优星座图,过渡到综合考虑比特率、波特率、谱效率、功率效率、功率代价、对非线性的忍耐度和鲁棒性等因素,来设计出真正适合某一特定通信系统的调制格式。选择正确的、合适的调制格式,是建立一个灵活的、低成本、高容量的通信系统的关键。相信本章采用的思路能为日后深入研究和探讨多维多阶调制格式的整体性能,综合分析和设计某一具体的调制方式提供一定的参考价值。

思考题

14.1　请计算 AWGN 信道下,信噪比为 10 dB 时,QPSK、16QAM、64QAM 信号的近似 SER。

14.2 请思考高维调制技术如何与多信道传输相结合,以提高光通信系统的整体性能。

14.3 讨论高维调制技术在不同信道条件下的容量极限。对于理想信道和受噪声干扰的信道,高维调制是否能够逼近信道容量极限?

14.4 在高维调制中,如何设计调制符号以最大程度地提高系统容量?讨论调制符号设计中的相关理论和准则。

14.5 考虑相位噪声对高维调制系统性能的影响。讨论理论上如何最小化相位噪声对系统的负面影响。

14.6 评估高维调制技术的性能时,有哪些关键的性能指标需要考虑?

14.7 请解释 SP-128-QAM 的调制与解调原理。

14.8 请用 MATLAB 仿真并绘制图 14.11 中的 PM-16QAM 和 SP-128-QAM 调制性能仿真曲线。

14.9 请描述"簇形"问题和"球形"问题的含义。

14.10 请分别计算"簇形"问题中二维、三维和四维情形下的密度。

14.11 请分别给出二维、三维和四维下的牛顿数。

14.12 请计算 DP-QPSK 和 PS-QPSK 信号的渐进功率效率。

14.13 请给出 PS-QPSK 的星座点坐标和比特标签。

14.14 请给出 6P-QPSK 的星座点坐标和比特标签。

14.15 请用 MATLAB 仿真并绘制 AWGN 信道下,DP-QPSK 信号的广义互信息与信噪比的关系曲线。

参考文献

[1] SCHUBERT C. New trends and challenges in optical digital transmission systems[C]. ECOC 2012, Amsterdam,Netherlands,2012:We.1.C.1.

[2] AGRELL E,KARLSSON M. Power-efficient modulation formats in coherent transmission systems [J]. Lightwave Technology,2009,27(22):5115-5126.

[3] ZETTERBERG L,BRÄNDSTRÖM H. Codes for combined phase and amplitude modulated signals in a four-dimensional space[J]. IEEE Trans. Commun. ,1977,COM-25(9):943-950.

[4] BENEDETTO S,POGGIOLINI P. Theory of polarization shift keying modulation[J]. IEEE Trans. Commun. ,1992,40(4):708-721.

[5] WELTI G,LEE J. Digital transmission with coherent four-dimensional modulation[J]. IEEE Trans. Inf. Theory,1974,IT-20(4):497-502.

[6] BRIINDSTROM H,ZETTERBERG L H. Four-dimensional amplitudephase modulation based on Lie groups[C]. Technical report no 103,August 1975,Telecommunication Theory,Royal Inst. of Techn. , Stockholm,Sweden.

[7] BRANDSTROM H. Classification of codes for phase and amplitude modulated signals in four dimensional base space[C]. Technical report no 105,January 1976,Telecommunication Theory,Royal Inst. of Techn. ,Stockholm,Sweden.

[8] COXETER H S M. Regular complex polytopes[M]. Cambridge:Cambridge University Press,1974.

[9] DUVAL P. Homographies,quaternions and rotations[M]. Oxford:Oxford University Press,1964.

[10] UNGERBOECK G. Channel coding with multilevel/phase signals[J]. IEEE Trans. Inf. Theory,

1982,28(1):55-67.

[11]　CONWAY J,SLOANE N. Fast quantizing and decoding and algorithms for lattice quantizers and codes[J]. IEEE Trans. Inf. Theory,1982,28(2):227-232.

[12]　COELHO L,HANIK N. Global otimization of fiber-optic communication systems using four-dimensional modulation formats [C]. European Conference and Exhibition on Optical Communication,2011:Mo. 2. B. 4.

[13]　DING D,ZHANG J. Investigation of a novel modulation scheme of 6PolSK-QPSK signal in high-speed optical transmission system[C]. 8th International ICST,Guilin,2013:745-747.

[14]　CONWAY H,SLOANE N J A. Sphere packings[M]. New York:Springer,1999:1-62.

[15]　SPECHT E. The best known packings of equal circles in the unit circle[EB/OL]. [2024-06-05]. http://hydra. nat. uni-magdeburg. de/packing/cci/cci. html.

[16]　KARLSSON M,AGRELL E. Power-efficient modulation schemes[M]. OFCR,2011,7:219-252.

[17]　KARLSSON M,AGRELL E. Which is the most power-efficient modulation format in optical links [J]. Opt. Exp. ,2009,17(13):10814-10819.

[18]　COLLETT E. Field guide to polarization[M]. Washington Bellingham,2005:7-8.

[19]　CHEN B,ALVARADO A,VAN DER HEIDE S,et al. Analysis and experimental demonstration of orthant-symmetric four-dimensional 7 bit/4D-sym modulation for optical fiber communication[J]. Lightwave Technology,2021,39(9):2737-2753.

第 15 章

光通信系统中的机器学习算法

随着第五代(5G)移动通信技术商用化进程的加快,以及虚拟现实、增强现实等流媒体新型业务的不断涌现,数据流量呈现井喷式迅猛增长[1]。同时,以物联网和大数据为例的新型业务往往要求频谱资源以及传输网络的动态高效分配,以实现带宽资源的有效分配与功率开销的智能控制[2]。因此,作为基础性数据承载网络的光通信网络,需要朝着长距离、大容量且动态化智能化方向不断演进,以适应时代的进一步需求。

在通信网络中传输通道固定的前提下,高频谱效率的调制格式和高符号速率成为提升光通信网络容量的基石。由于高阶调制格式的更小星座点欧几里得距离以及高波特率系统更小的符号间隔,高速的光通信系统对于信噪比的要求明显提升[3]。然而,较高的入纤功率在提升系统信噪比的同时将会引起由光纤传输克尔(Kerr)效应导致的严重非线性损伤[4]。因此,高效的非线性损伤补偿数字信号处理算法成为提升传输系统性的关键因素[5]。

除了先进调制格式和高速信号处理收发机,光纤通信系统的网络架构依然经历着重大的变革,朝着复杂化、透明化和动态化方向发展。对动态网络中的各种信道损伤的实时估计,即光网络性能监测(OPM),是可靠复杂网络不可或缺的[6]。光网络性能有效地检测光传输系统中光信噪比、光色散程度以及偏振模偏斜等指标,以动态调整传输带宽、频段和调制阶数等系统关键参数。不幸的是,独立、及时、低成本地监测各种信道损伤参数是极其困难的任务,因为网络中的各种损伤常常混叠在一起,并且物理上不可区分[7]。

传统的光通信算法难以解决高阶非线性均衡问题以及光通信系统中对各种信道参数的准确估计。机器学习在过去的十年中应用于解决预测、分类、模式识别和数据挖掘的诸多问题,并在计算机视觉、语音识别、医疗领域显示出巨大潜力[8]。在某些模型难以确定的复杂高维问题中,机器学习作为一种先进算法往往会展现出卓越的性能。因此,机器学习在光通信系统中的多个关键问题中都得到了广泛的应用,如图 15.1 所示。

机器学习领域提供了许多强大的技术:从噪声数据中估计参数,确定输入和输出数据之间的复杂映射,推断概率分布,从历史输入数据预测输出并执行分类。对机器学习算法的正确选择取决于需要解决的问题。

非线性抑制:最近,机器学习应用于 IM-DD 系统以及相干光传输系统中消除非线性效应所引起的损伤,成为研究热点。文献[12]～文献[15]提出使用神经网络模型在接收端学

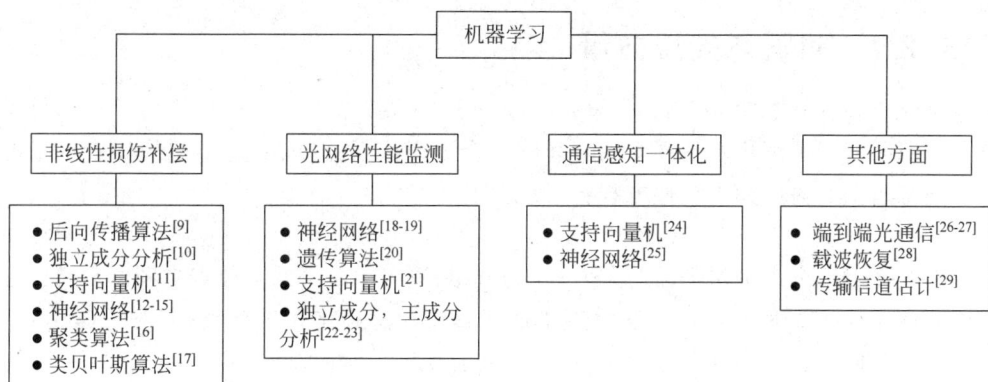

图 15.1　部分已经应用于光通信领域的经典机器学习算法

习信号非线性损伤高阶特征并有效补偿,以有效提升传输系统性能。文献[16]中借助非监督学习的 K-means 聚类方法有效消除了系统中的非高斯非线性损伤。其他用于消除光通信传输系统非线性损伤的机器学习方案还有:随机后向传播[9],类贝叶斯估计算法[17]等。

光网络性能监测:机器学习同样可以在数据中提取出特定表征量,以完成对于包括传输链路色散、偏振模色散和光信噪比等系统关键指标的测量。文献[18]和文献[19]提出借助人工神经网络有效提取数据特征以测量相应指标。文献[20]则使用遗传算法多次迭代以寻求最精确的指标测量。

通信感知一体化:是指随着通信需求的不断演进,通信系统环境信息对于通信频段与通信带宽的灵活选择。例如支持向量机、人工神经网络等机器学习算法成功应用于通信感知一体化场景之中[24-25]。

其他应用:除了上述应用领域,机器学习算法也被用于端到端传输系统[26-27]、载波恢复[28]和传输系统估计[29]等领域。本章介绍一些将机器学习算法应用于光通信领域的初步尝试,希望在光通信领域探索机器学习技术的更多潜能。

15.1　支持向量机

支持向量机(SVM)方法是 20 世纪 90 年代初,Vapnik 等根据统计学习理论提出的一种新的机器学习方法,它以结构风险最小化原则为理论基础,通过适当地选择函数子集及该子集中的判别函数,使学习机器的实际风险达到最小,保证了通过有限训练样本得到的小误差分类器,对独立测试集的测试误差仍然较小。

支持向量机的基本思想是:在线性可分情况下,在原空间寻找两类样本的最优分类超平面。在线性不可分的情况下,加入松弛变量进行分析,采用非线性映射将低维输入空间的样本映射到高维属性空间使其变为线性情况,从而使得在高维属性空间采用线性算法对样本的非线性进行分析成为可能,并在该特征空间中寻找最优分类超平面,如图 15.2 所示。

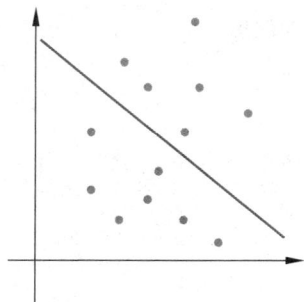

图 15.2　线性可分样本
(请扫 2 页二维码看彩图)

15.1.1　间隔与支持向量

对于给定训练样本集 $D=\{(x_1,y_1),(x_2,y_2),\cdots,(x_m,y_m)\},y_i\in\{-1,+1\}$，分类器的基本思路是基于训练集在特征空间中找到一个分离超平面，能够将不同的样本尽量地区分开。划分超平面对应如下线性方程：

$$\boldsymbol{w}^{\mathrm{T}}x+b=0 \tag{15-1}$$

其中，$\boldsymbol{w}$ 为法向量，决定了超平面的方向；b 为截距，决定了超平面与原点之间的距离。超平面可由法向量 $\boldsymbol{w}$ 和截距 b 确定。假设超平面能够将训练样本正确分类，即对于 $(x_i,y_i)\in D$，若 $y_i=1$，则有 $\boldsymbol{w}^{\mathrm{T}}x_i+b>0$；若 $y_i=-1$，则有 $\boldsymbol{w}^{\mathrm{T}}x_i+b<0$。

令

$$\begin{cases}\boldsymbol{w}^{\mathrm{T}}x_i+b\geqslant+1, & y_i=+1\\ \boldsymbol{w}^{\mathrm{T}}x_i+b\leqslant-1, & y_i=-1\end{cases} \tag{15-2}$$

如图 15.3 所示，距离超平面最近的训练样本点使式(15-2)等号成立，它们被称为支持向量(support vector)，两个异类支持向量距离超平面的和为

$$\gamma=\frac{2}{\|\boldsymbol{w}\|} \tag{15-3}$$

如图 15.3 所示，它被称为间隔(margin)。

要找到具有最大间隔的划分超平面，也就是满足：

$$\max_{\boldsymbol{w},b}\frac{2}{\|\boldsymbol{w}\|}$$
$$\text{s.t. } y_i(\boldsymbol{w}^{\mathrm{T}}x_i+b)\geqslant 1, \quad i=1,2,\cdots,m \tag{15-4}$$

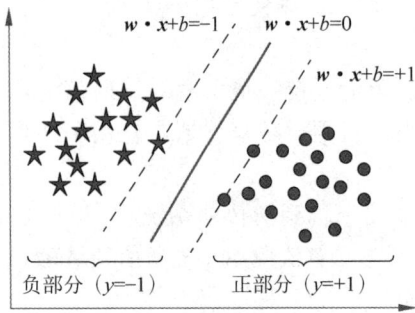

图 15.3　支持向量与间隔
（请扫 2 页二维码看彩图）

注意到，最大化 $\frac{2}{\|\boldsymbol{w}\|}$ 和最小化 $\frac{1}{2}\|\boldsymbol{w}\|^2$ 是等价的，于是得到线性可分支持向量机的最优化问题

$$\min_{\boldsymbol{w},b}\frac{1}{2}\|\boldsymbol{w}\|^2$$
$$\text{s.t. } y_i(\boldsymbol{w}^{\mathrm{T}}x_i+b)\geqslant 1, \quad i=1,2,\cdots,m \tag{15-5}$$

这就是支持向量机的最基本模型[30]。这是一个凸二次规划问题。

15.1.2　对偶问题

我们可以通过拉格朗日乘子法得到其"对偶问题"，其中拉格朗日乘子 $\alpha_i\geqslant0$，

$$\max_{\alpha}\sum_{i=1}^m\alpha_i-\frac{1}{2}\sum_{i=1}^m\sum_{j=1}^m\alpha_i\alpha_jy_iy_j\boldsymbol{x}_i^{\mathrm{T}}\boldsymbol{x}_j$$
$$\text{s.t. } \sum_{i=1}^m y_i\alpha_i=0, \alpha_i\geqslant0, \quad i=1,2,\cdots,m \tag{15-6}$$

其中，$\alpha=(\alpha_1,\alpha_2,\cdots,\alpha_m)$，解出 α 后，即可得到模型：

$$f(x) = \boldsymbol{w}^{\mathrm{T}} x + b$$
$$= \sum_{i=1}^{m} \alpha_i y_i \boldsymbol{x}_i^{\mathrm{T}} x + b \tag{15-7}$$

15.1.3　核函数

对于非线性问题,可以通过非线性交换转化为某个高维空间中的线性问题,在变换空间求最优分类超平面。这种变换可能比较复杂,因此这种思路在一般情况下不易实现。但可以看到,在上述对偶问题中,无论是寻优目标函数(15-6)还是分类函数(15-7),都只涉及训练样本之间的内积运算$(x_i \cdot x_j)$。设有非线性映射 $\Phi: R^d \to H$ 将输入空间的样本映射到高维(可能是无穷维)的特征空间 H 中,当在特征空间 H 中构造最优超平面时,训练算法仅使用空间中的点积,即 $\varphi(x_i) \cdot \varphi(x_j)$,而没有单独的 $\varphi(x_i)$ 出现。因此,如果能够找到一个函数 K 使得

$$K(x_i \cdot x_j) = \varphi(x_i) \cdot \varphi(x_j) \tag{15-8}$$

则这里的 $K(x_i \cdot x_j)$ 就是核函数。这样在高维空间实际上只需进行内积运算,而这种内积运算是可以用原空间中的函数实现的,我们甚至没有必要知道变换中的形式。根据泛函的有关理论,只要一种核函数 $K(x_i \cdot x_j)$ 满足 Mercer 条件,它就对应某一变换空间中的内积。因此,在最优超平面中采用适当的内积函数 $K(x_i \cdot x_j)$ 就可以实现某一非线性变换后的线性分类,而计算复杂度却没有增加。此时目标函数(15-6)变为

$$\sum_{i=1}^{n} \alpha_i - \frac{1}{2} \sum_{i,j=1}^{n} \alpha_i \alpha_j y_i y_j K(x_i \cdot x_j) \tag{15-9}$$

而相应的分类函数也变为

$$f(x) = \sum_{i=1}^{m} \alpha_i y_i K(x_i \cdot x_j) + b \tag{15-10}$$

算法的其他条件不变,这就是核函数形式的 SVM。概括地说,核函数形式的 SVM 就是通过某种事先选择的非线性映射将输入向量映射到一个高维特征空间,在这个特征空间中构造最优分类超平面。

15.1.4　基于 SVM 的 IM-DD 系统的非线性消除

文献[11]提出,利用 SVM 高维超平面区分能力来消除 IM-DD 系统中调制器所带来的非线性损伤。同时,该文献将 SVM 与完全二叉树(CBT)数据结构相结合,解决了传统SVM 只能应用于二分类的局限,以实现多电平符号的非线性均衡与解调。

图 15.4 展示了完全二叉树 SVM 识别过程的原理图。该算法将 SVM 不可直接求解的多分类问题分解为一系列 SVM 可直接求解的二分类的问题。以 PAM-4 调制格式为例,我们首先将 PAM-4 符号分为电平为正和电平为负两类,以进行 SVM 直接求解。之后,在这两类中分别按照电平绝对值分为高电平与低电平两类。可以看到,通过这种二叉树结构,SVM 将有效解决多分类问题。文献[11]将这种完全二叉树 SVM 算法应用于 IM-DD 多模传输系统之中,已验证该算法对于多电平传输系统中调制器非线性损伤的恢复能力。该多模传输系统的传输净速率为 60 Gb/s,传输光线距离为 50 m。图 15.5 展示了该 PAM-4 以及 PAM-8 传输系统有无完全二叉树 SVM 时的误码率性能。从图中可以看到,无论是

PAM-4 还是 PAM-8 多模传输系统,完全二叉树 SVM 都可以有效消除调制所带来的非线性损伤,以明显提升光传输系统接收机灵敏度。

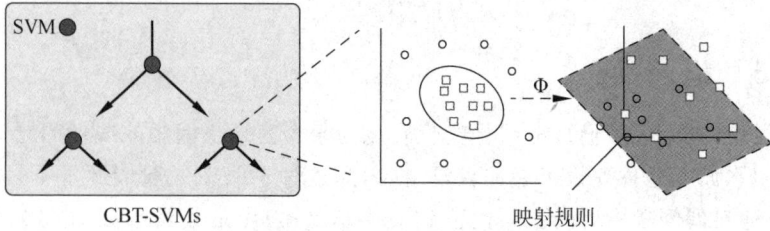

图 15.4　完全二叉树 SVM 识别过程原理图[11]

(请扫 2 页二维码看彩图)

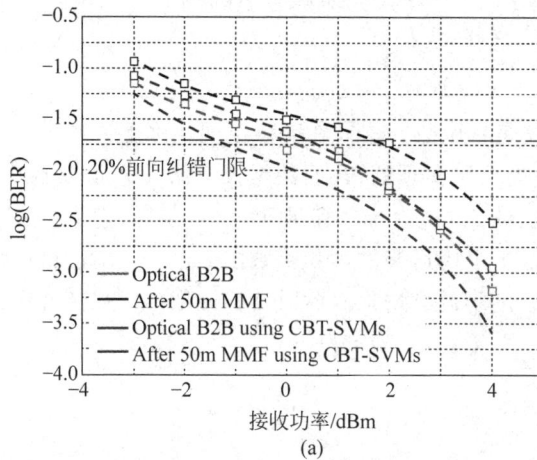

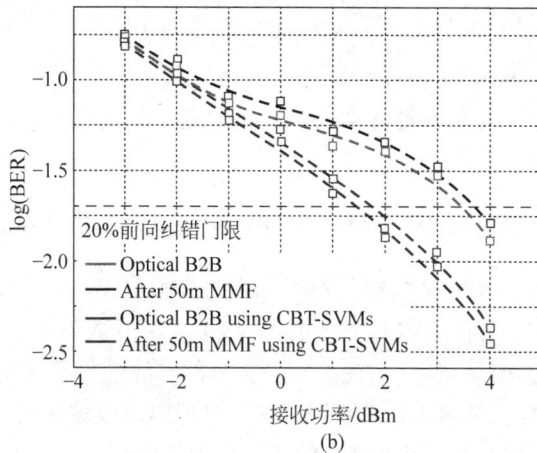

图 15.5　(a)PAM-4 和(b)PAM-8 多模传输系统的误码率曲线图[11]

(请扫 2 页二维码看彩图)

15.1.5　基于 SVM 的调制格式识别

SVM 可以利用核函数操作高维数据特征,这种思路可以应用于调制格式识别中。文献[31]取了调制信号的 8 种特征,利用 SVM 进行调制格式识别。将信号 10 倍上采样,并分为 50 帧,每帧 80000 符号。通过接收端观察到的眼图,在眼图中张开处 A 点和闭合处 B 点分别计算均值和方差而得到 4 组特征。另外 4 组特征分别为 A 点和 B 点的整体均值、方差之差、方差之比以及最后一帧均值。选取的这些特征都与调制格式相关。通过不同的调制信号训练 SVM 分类器,最终使得调制器学习到数据特征到调制格式的映射函数。

在训练过程中,我们将特征的 8 维向量以及调制格式标签加入 SVM 分类器。希望在降低训练误差的同时,对新的数据特征具有良好的泛化能力。

图 15.6 显示了在特征空间中调制格式的识别结果。选取特征 5 和特征 8 的原因是这两个特征对于调制格式具有最好的区分能力。从图中可以看出,仅仅利用这两个特征尚无法区分 16QAM 和 64QAM 信号,只有完整地利用 8 维特征向量,才可以很好地区分上述各种调制格式。

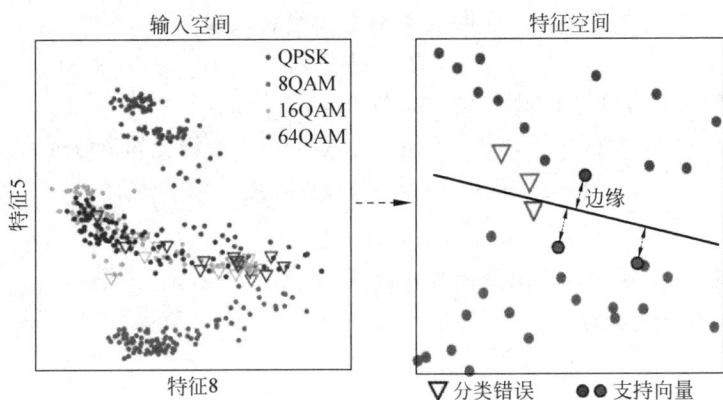

图 15.6　基于特征 5 和特征 8 调制格式的识别结果[30]

(请扫 2 页二维码看彩图)

15.2　主成分分析

主成分分析(PCA)方法,早期是由 Kitter 等在剑桥大学实验室应用于模型识别领域,目前是数据科学中应用最为广泛的降维去噪方法之一。PCA 的目标是减少数据集的维数,即从高维数据中提取低维子空间。目前,PCA 主要用于解决数据科学中的三大问题:①高维数据的降维;②机器学习中的子空间学习;③将缺失样本或严重受扰的数据有效恢复。

15.2.1　PCA 聚类算法原理

PCA 作为一种无监督学习方式,原理是将 n 维样本数据映射到 k 维全新的正交特征(也称主成分)。假设有一个样本数据集检测到 m 个指标,共有 n 个样本点,那么原始数据矩阵为

$$X = \begin{bmatrix} x_{11} & x_{12} & \cdots & x_{1n} \\ x_{21} & x_{22} & \cdots & x_{2n} \\ \vdots & \vdots & & \vdots \\ x_{m1} & x_{m2} & \cdots & x_{mn} \end{bmatrix} = (x_1, x_2, \cdots, x_m)^{\mathrm{T}} \tag{15-11}$$

其中,$(x_1, x_2, \cdots, x_m)^{\mathrm{T}}$ 代表原始数据指标向量。PCA 中重要一步是将原始数据进行归一

化,以确保之后的数据操作是有意义的。经过数据标准化之后的数据矩阵为

$$
Y = \begin{bmatrix} y_{11} & y_{12} & \cdots & y_{1n} \\ y_{21} & y_{22} & \cdots & y_{2n} \\ \vdots & \vdots & & \vdots \\ y_{m1} & y_{m2} & \cdots & y_{mn} \end{bmatrix} = (y_1, y_2, \cdots, y_m)^{\mathrm{T}} \tag{15-12}
$$

根据所得的标准化输入数据矩阵,计算可得相关系数矩阵为

$$
R = YY^{\mathrm{T}} = \begin{bmatrix} r_{11} & r_{12} & \cdots & r_{1n} \\ r_{21} & r_{22} & \cdots & r_{2n} \\ \vdots & \vdots & & \vdots \\ r_{m1} & r_{m2} & \cdots & r_{mn} \end{bmatrix} = (r_1, r_2, \cdots, r_m)^{\mathrm{T}} \tag{15-13}
$$

需要根据式(15-14)计算相关系数矩阵 R 特征值与特征向量:

$$
\mid R - \lambda E \mid = 0 \tag{15-14}
$$

若特征方程的解为 λ_j,则将 λ_j 由大到小排列: $\lambda_1 > \lambda_2 > \lambda_3 > \cdots > \lambda_j > \lambda_m$,$(u_1, u_2, \cdots, u_m)$ 用于表示 λ_j 所对应的特征向量。特征向量 $(u_1, u_2, \cdots, u_m)$ 符合如下特征:

$$
\begin{cases} u_j^{\mathrm{T}} u_k = 0, & j, k = 1, 2, \cdots, m, \quad j \neq k \\ u_j^{\mathrm{T}} u_k = 1, & j, k = 1, 2, \cdots, m, \quad j = k \end{cases} \tag{15-15}
$$

如果决定利用前 p 阶特征向量代替原数据,那么有 $U = (u_1, u_2, \cdots, u_m)$。假设 Z 为最后的各阶主成分,可表示为

$$
Z_i = u_i^{\mathrm{T}} * \begin{bmatrix} y_1 \\ y_2 \\ \vdots \\ y_m \end{bmatrix}, \quad i = 1, 2, \cdots, p \tag{15-16}
$$

最终经过这一系列的处理方式,我们能够将原来的样本总信息仅以这 p 个主成分进行表示。但是这 p 个主成分所携带的信息量并不相等,而是与其方差密切相关。由于 PCA 作为一种无监督机器学习方式无需训练序列并能有效去噪降维的特点,其在光通信多个领域,例如光网络性能检测和相位噪声补偿等方面得到广泛的应用。

15.2.2 基于 PCA 的调制格式识别

文献[22]提出,利用 PCA 有效减少相干光传输系统接收信号斯托克斯空间特征维度,以实现低计算复杂度的调制格式识别。首先,该方案将琼斯空间接收信号映射至斯托克斯三维空间得到 $3 \times N$ 维度的特征数据。借助 PCA 有效的数据降维和特征提取能力,文献[22]将特征数据维度从 $3 \times N$ 改变为 3×3,在极大地减少计算复杂度的同时,提升了调制格式识别的精确率。实验充分验证了基于 PCA 与斯托克斯空间特征的方案在多种调制格式中的鲁棒性。PDM-QPSK,PDM-16QAM,PDM-32QAM 和 PDM-64QAM 的三维空间簇如图 15.7 所示。

图 15.8 说明了不同光信噪比下以及不同估计符号数对于调制识别准确率的关系。可以看出,相较于其他调制格式,16QAM 的调制格式更难以识别。同时,文献[22]指出,相较于其他调制格式识别算法,基于 PCA 以及斯托克斯空间特征的方案可以在 2/5 计算复杂度的开销下实现 100% 的识别准确率。

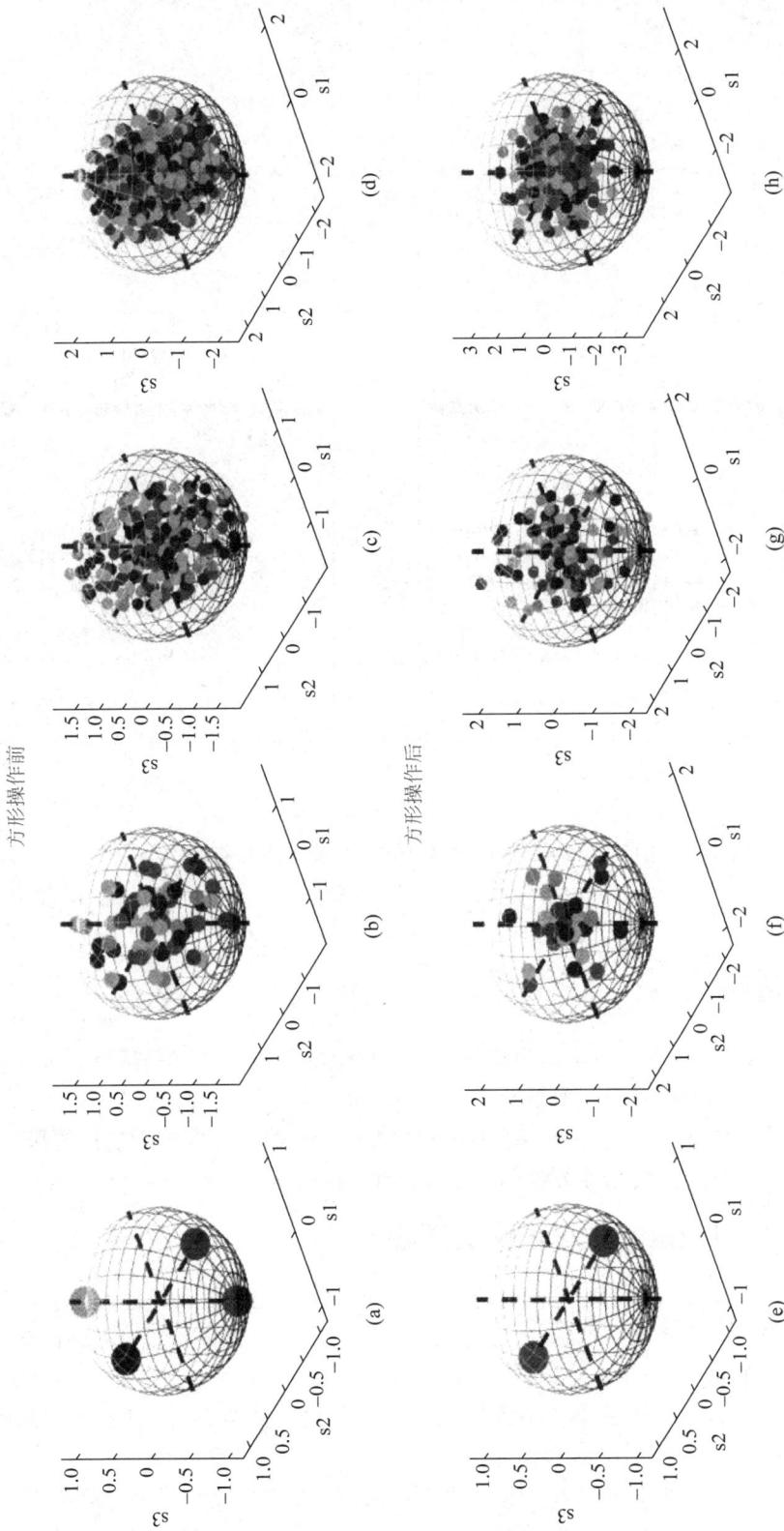

方形操作前

方形操作后

图 15.7　各种调制格式三维斯托克斯空间簇[22]

（请扫 2 页二维码看彩图）

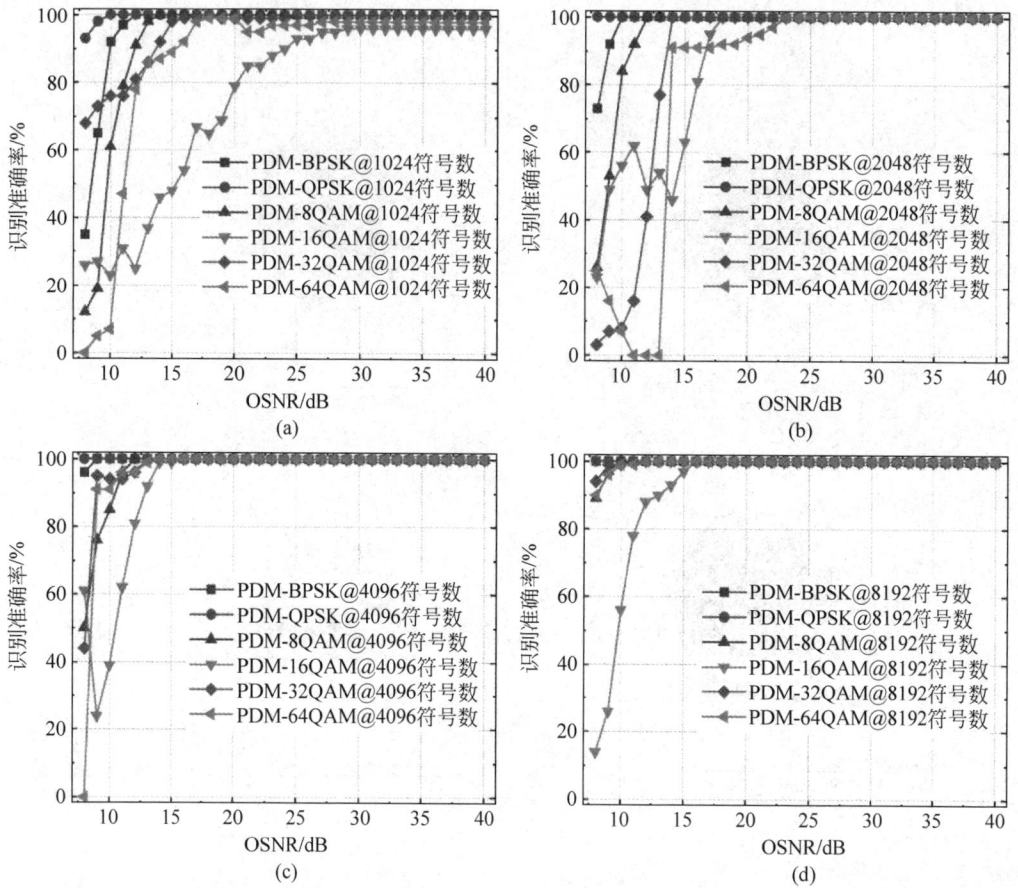

图 15.8　多种调制格式在不同符号数下识别准确率[22]

（请扫 2 页二维码看彩图）

15.3　聚类算法

物以类聚，人以群分。每个事物找到和自己相似的作为一类就是聚类。聚类算法是研究（样品或指标）分类问题的一种统计分析方法，同时也是人工智能领域的一个经典算法。常见聚类算法包含 K-means、K-medoids、GMM、DBscan 等。在应用于通信领域之前，聚类在新闻分类、用户分组、商品分类等很多场景都有广泛的应用。

15.3.1　K-means 聚类算法原理

K-means 聚类算法是一种无监督的学习，之所以称为 K-means，是因为它可以自发地将很多样本聚成 k 个不同的类别。每一个类别即为一个簇，并且簇的中心是由簇中所有点的均值计算得出的。

给定样本集 $D = \{x_1, x_2, \cdots, x_n\}$，$x_i$ 是一个 m 维的向量，代表样本集中的每一个样本，其中 m 表示样本 x 的属性个数。

聚类的目的是将样本集 D 中相似的样本归入同一集合。我们将划分后的集合称为簇，用 G 表示，其中 G 的个数用 k 来表示。每个簇有一个中心点，即簇中所有点的中心，称为质

362

心,用 μ_k 表示。

因此,K-means 算法可以表示为将 $D = \{x_1, x_2, \cdots, x_n\}$ 划分为 $G = \{G_1, G_2, \cdots, G_k\}$ 的过程,每个划分好的簇中的各点,到质心的距离平方之和称为误差平方和(sum of squared error,SSE):

$$\text{SSE} = \sum_{i=1}^{k} \sum_{x \in G} \| x - \mu_k \|^2 \tag{15-17}$$

因此 K-means 算法应达到 $G_1, G_2, \cdots, G_k$ 内部的样本相似性大、簇与簇之间的样本相似性小的效果,即尽可能地减小 SSE 的值。

输入为:样本集 D,簇的数量 k。

输出为:$G = \{G_1, G_2, \cdots, G_k\}$,即 k 个划分好的簇。

15.3.2 算法流程

(1) 首先,选定 k 的值。

(2) 在样本集 D 中,随机选择 k 个点作为初始质心,即 $\{\mu_1, \mu_2, \cdots, \mu_k\}$。计算 D 中每个样本 x_n 到每个质心 μ_k 的距离,计算距离的公式如下:

$$l_i = (x_n - \mu_k)^2 \tag{15-18}$$

(3) 若 l_i 的距离最小,则将 x_n 标记为簇 G_k 中的样本,即 $G_k = \{x_n\}$。

将所有样本点分配到不同的簇后,计算新的质心,即 G_j 中所有点的平均值,并计算误差平方和,其中,平均值计算公式为

$$\mu'_k = \frac{1}{|G_k|} \sum_{x \in G_k} x \tag{15-19}$$

(4) 比较前后两次误差平方和的差值和设定的阈值,若大于阈值,则重复步骤(3)~步骤(4)。

(5) 若误差平方和的变化小于设定的阈值,则说明聚类已完成。

15.3.3 算法展示与分析

为了便于展示,这里采用一个常用的二维数据集——4k2_far(一个公开机器学习数据集)作为测试样本。样例如表 15.1 所示。

表 15.1 测试样本集的部分样例

×1	×2
7.1741	5.2429
6.914	5.0772
7.5856	5.3146
6.7756	5.1347
…	…

其中×1、×2表示数据集中样本的属性。数据集的大致分布如图 15.9 所示。

除此之外,一些经典数据集如 Iris、Wine、Glass 等,也适用于作为聚类算法的测试数据。图 15.10 为仿真结果图,红色为聚类中心点。

从图中可以发现,随着不断地迭代,质心也不断地接近每个簇的中心位置。

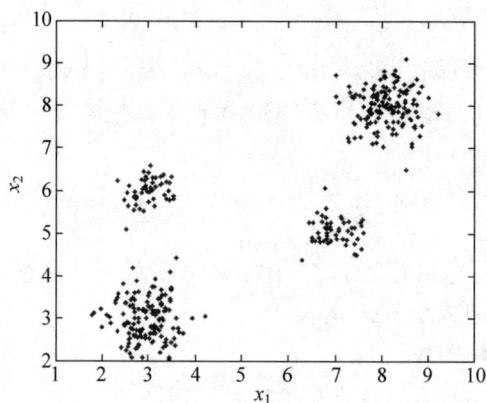

图 15.9 数据集

（请扫 2 页二维码看彩图）

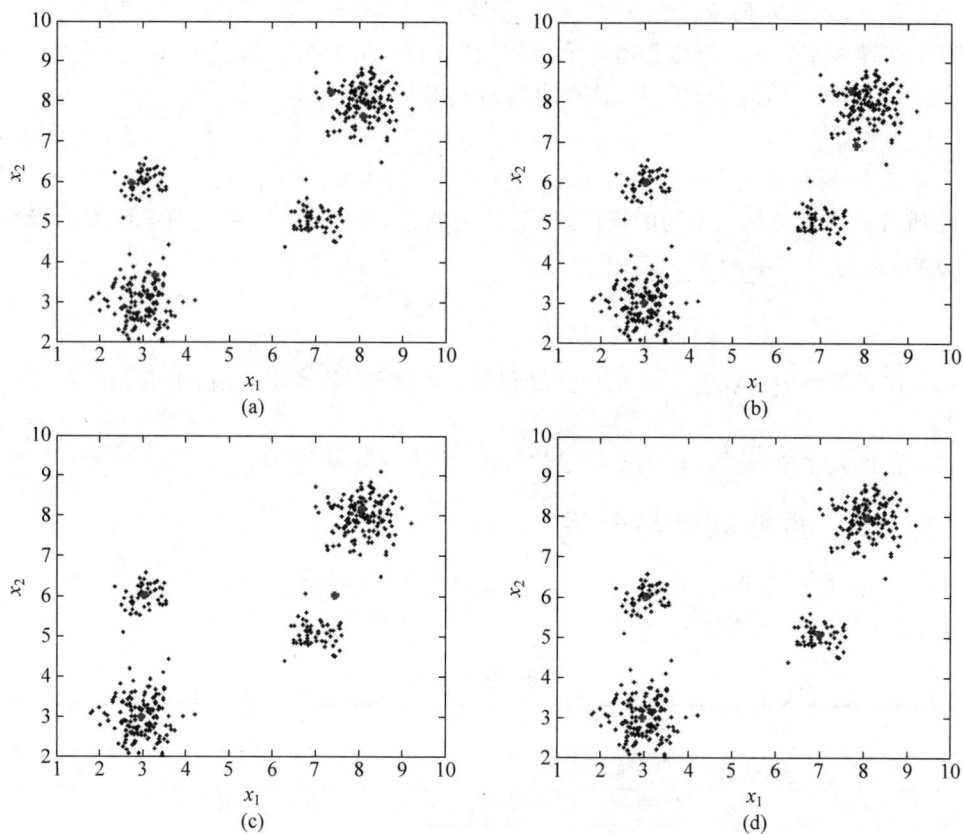

(a)

(b)

(c)

(d)

图 15.10 K-means 迭代过程

（请扫 2 页二维码看彩图）

K-means 的优点主要体现在算法简单、容易实现等方面。而在实际情况中，K-means 有一些明显的缺点需要注意。

1. k 值的选择

由于 k 值需要用户自己设定，因此在高维属性的数据集中，难以确定数据集应该被聚为几类,而 k 值的选择会对聚类效果造成很大的影响。

在通常情况下,一般会采用多次变化 k 值,观察其聚类效果。但此方法不适用于大型数据集。

2. 质心的选择

在初始质心的选择上,一般采用随机的方法,这同样会对聚类的效果造成影响。若随机选择的质心过于偏离,甚至会出现空簇的现象。

处理选取初始质心问题的一种常用技术是:多次运行,每次使用一组不同的随机初始质心,然后选取具有最小 SSE 的簇。这种策略虽然简单,但耗时,并且效果可能不好,这取决于数据集和寻找的簇的个数。

15.3.4　聚类算法在光通信系统中应用原理

一般来说,通信系统是一些相互作用的子系统的组合。在光通信系统的非线性,包括光纤信道中的克尔非线性,以及光电检测器、发射器驱动电路和放大器存在的非线性现象等。因此,有研究使用机器学习中的聚类算法(K-means)对 IM-DD 的光通信系统中存在的综合非线性线性现象进行补偿[32]。

基于聚类算法的感知决策(clustering algorithm-based perception decision,CAPD)模型适用于对使用归纳而不是扣除的失真信号的补偿。机器学习模型包括回归模型、分类模型和聚类模型。考虑到系统的特点和实用性,机器学习中的聚类模型更为合适。

采用 K-means 的聚类感知决策模型是一种仅考虑接收数据本身的统计规律的集群算法,而并不关心系统的哪一部分导致非线性效应的产生。算法流程图如图 15.11 所示,包括如下 3 个步骤。

(1) 从接收的数据 R_x 中,选择指定长度的子序列作为训练序列 $\{x_1, x_2, \cdots, x_i, \cdots, x_n\}$,如果系统具有慢变特性,则子序列可以在不影响系统性能的前提下,极大地降低复杂度。

(2) 通过 K-means 聚类算法对 IQ 的信号进行聚类,具体步骤为:

初始化中心 $\{c_1, c_2, \cdots, c_j, \cdots, c_k\}$(每个点是包含 IQ 两路的复数),其中 k 等于调制阶数,例如,CAP-16 系统中 $k=16$;

利用式(15-20)和式(15-21)计算每个 x_i 到 c_j 的最短距离。

$$d_i = \underset{j}{\arg\min} f(x_i, c_j) \tag{15-20}$$

其中,每一个 x_i 是 IQ 两路的二维向量 $[x_i(n), x_q(n)]$;c_j 为当前的聚类中心点;$f(x, c)$ 是距离函数,可以被定义为欧几里得距离(Euclidean distance)、曼哈顿距离(Manhattan distance)或者马哈拉诺比斯距离(Mahalanobis distance)等。在本书中以欧几里得距离举例,如式(15-21)所示:

$$f(x_i, c_j) = | x_i - c_j |^2 \tag{15-21}$$

在代价函数 e 的值没有超过预设的阈值 E 时,重复迭代式(15-20)～式(15-22)。其中,更新中心点的迭代式(15-15)如下所示:

$$c_j \rightarrow \frac{\sum\limits_{i=1}^{m} 1\{d_i = j\} x_i}{\sum\limits_{i=1}^{m} 1\{d_i = j\}} \tag{15-22}$$

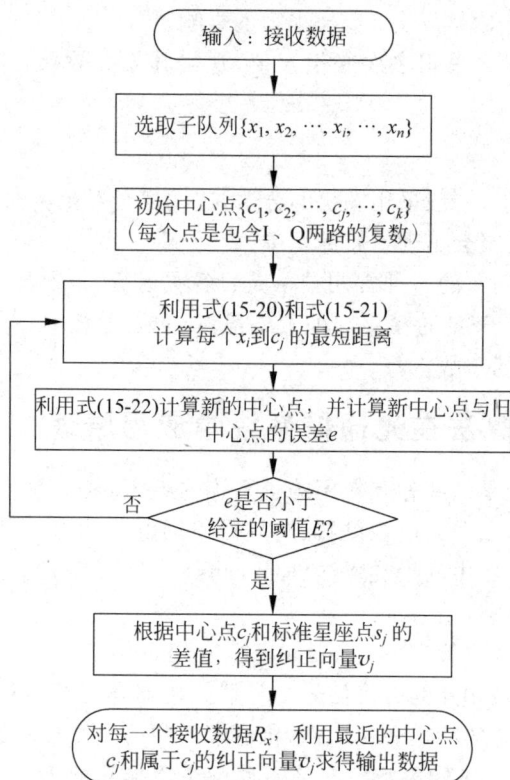

图 15.11　基于聚类算法的感知决策模型

计算纠正向量 v_j：

$$v_j = s_j - c_j \tag{15-23}$$

其中，c_j 是聚类中心点；s_j 是标准星座点；对每一个接收数据 R_x，利用最近的中心点 c_j 和属于 c_j 的纠正向量 v_j，通过 IQ 信号分别与纠正向量 v_j 的实部和虚部相乘，求得补偿数据，并输出。

15.3.5　聚类算法性能

如图 15.12 所示，原始星座点经过 CAPD 的纠偏，性能有了明显提高。为了进一步测试

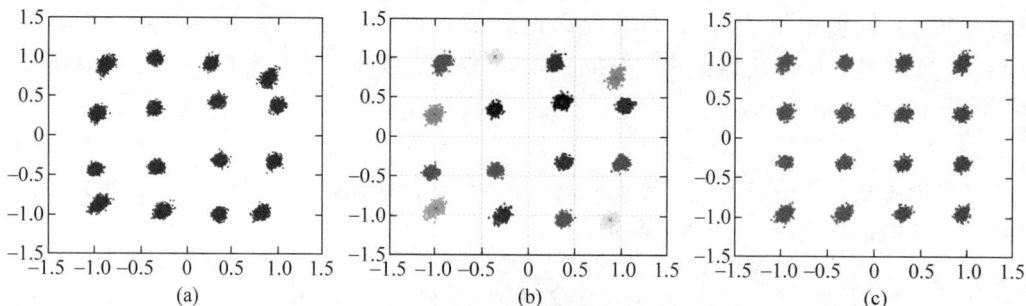

图 15.12　(a) 接收端原始星座图；(b) K-means 聚类算法结果（不同的簇由不同的颜色表示，簇中的红十字是簇中心）；(c) 由 CAPD 算法校正的最终数据

（请扫 2 页二维码看彩图）

CAPD 的反非线性,文献[32]比较了 CAPD 和 Volterra 均衡器。严格来说,CAPD 是一种决策方法,而不是均衡器。由于复杂度高,Volterra 均衡器仅在实验中实现了 2 阶或 3 阶,拟合性能在更复杂的非线性中受到限制。对于非线性补偿,CAPD 的表现优于 Volterra 均衡器。

表 15.2 比较了 Volterra 均衡器和 CAPD 的复杂性。其中,N 是非线性均衡器的抽头;L 是训练序列的长度;I 是迭代次数,实验中,I 通常在 3～7。同样,CAPD 不需要数据辅助,与盲均衡器相同。一般来说,CAPD 的复杂度低于 Volterra 均衡器。

表 15.2 抗非线性算法中 Volterra 与 CAPD 的复杂度对比

该比较以 CAP-16 系统为例	Volterra 均衡器(2 阶)	Volterra 均衡器(3 阶)	CAPD
乘法器	$2N^2$	$3N^3+2N^2$	$(L^2/2)$
加法器	N^2-1	N^3+N^2-2	L
比较器	0	0	32
迭代	all Rx data	all Rx data	$I*L(L=2000\sim3000)$
是否需要训练序列	否	否	否

15.4 人工神经网络

近些年来人工神经网络由于其在计算机视觉领域中的卓越表现,引起了众多研究人员的关注。人工神经网络是由 20 世纪 50 年代所提出的感知机模型发展而来的,逐渐演变出 BP 神经网络、循环神经网络、卷积神经网络以及最新的对抗生成网络等新型算法模型。人工神经网络凭借其优异的高维特征提取能力而在众多交叉领域中大放异彩。因此,本节将简单介绍各种神经网络的原理以及在光通信传输系统中的应用。

15.4.1 BP 神经网络原理

BP(back propagation)神经网络是 1986 年,由以 Rinehart 和 McClelland 为首的科学家小组提出的,是一种按误差反向传播算法训练的多层前馈网络,是目前应用最广泛的神经网络模型之一。BP 网络能学习和存储大量的输入-输出模式映射关系,而无须事前揭示描述这种映射关系的数学方程。它的学习规则是使用最速下降法,通过反向传播来不断调整网络的权值和阈值,使网络的误差平方和最小。如图 15.13 所示,BP 神经网络模型拓扑结构包括输入层(input layer)、隐层(hidden layer)和输出层(output layer)。

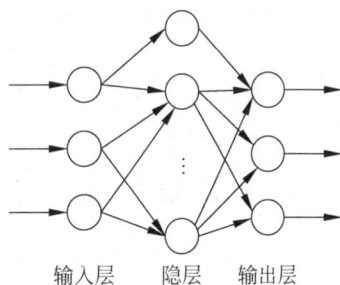

图 15.13 BP 神经网络结构图

图 15.14 给出了第 j 个基本 BP 神经元(节点),它只模拟了生物神经元所具有的三个最基本也是最重要的功能:加权、求和与转移。其中 x_1,x_2,$\cdots$,x_n 分别代表来自神经元 $1,2,\cdots,n$ 的输入;w_{j1},w_{j2},$\cdots$,w_{jn} 则分别表示神经元 1,$2,\cdots,n$ 与第 j 个神经元的连接强度,即权值;b_j 为阈值;$f(\cdot)$ 为传递函数;y_j 为第 j 个神经元的输出。第 j 个神经元的净输入值 S_j 为

$$S_j = \sum_{i=1}^{n} w_{ji} \cdot x_i + b_j = W_j X + b_j \tag{15-24}$$

其中，$X = [x_1, x_2, \cdots, x_n]^T$，$W_j = [w_{j1}, w_{j2}, \cdots, w_{jn}]^T$，若视 $x_0 = 1$，$w_{j0} = b_j$，即令 X 及 W_j 包括 x_0 及 w_{j0}，则 $X = [x_0, x_1, x_2, \cdots, x_n]^T$，$W_j = [w_{j0}, w_{j1}, w_{j2}, \cdots, w_{jn}]^T$，于是节点 j 的净输入 S_j 可表示为

$$S_j = \sum_{i=0}^{n} w_{ji} \cdot x_i = W_j X \tag{15-25}$$

净输入通过传递函数(transfer function) $f(\cdot)$ 后，便得到第 j 个神经元的输出：

$$y_j = f(s_j) = f\left(\sum_{i=0}^{n} w_{ji} \cdot x_i\right) = f(W_j X) \tag{15-26}$$

其中，$f(\cdot)$ 是单调上升函数，而且必须是有界函数，因为细胞传递的信号不可能无限增加，必有一最大值。

BP 算法由数据流的前向计算(正向传播)和误差信号的反向传播两个过程构成。正向传播时，传播方向为输入层→隐层→输出层，每层神经元的状态只影响下一层神经元。若在输出层得不到期望的输出，则转向误差信号的反向传播流程。通过这两个过程的交替进行，在权向量空间执行误差函数梯度下降策略，动态迭代搜索一组权向量，使网络误差函数达到最小值，从而完成信息提取和记忆过程。

设 BP 网络的输入层有 n 个节点，隐层有 q 个节点，输出层有 m 个节点，输入层与隐层之间的权值为 v_{ki}，隐层与输出层之间的权值为 w_{jk}，如图 15.15 所示。隐层的传递函数为 $f_1(\cdot)$，输出层的传递函数为 $f_2(\cdot)$，则隐层节点的输出为(将阈值写入求和项中)

$$z_k = f_1\left(\sum_{i=0}^{n} v_{ki} x_i\right), \quad k = 1, 2, \cdots, q \tag{15-27}$$

输出层节点的输出为

$$y_j = f_2\left(\sum_{k=0}^{q} w_{jk} z_k\right), \quad j = 1, 2, \cdots, m \tag{15-28}$$

至此 BP 网络就完成了 n 维空间向量对 m 维空间的近似映射。

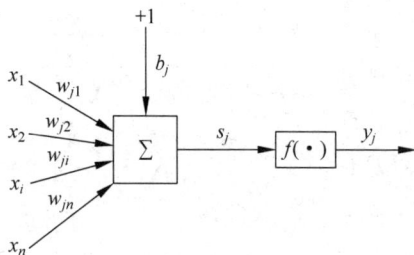

图 15.14　BP 神经元示意图

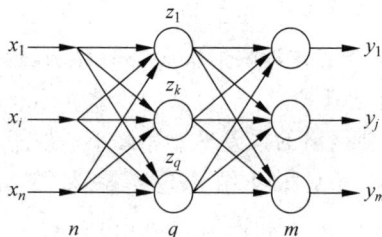

图 15.15　三层 BP 神经网络

15.4.2　循环神经网络原理

循环神经网络(recurrent neural network, RNN)是一类用于处理序列数据的神经网络，总体设计思路就是让网络在当前时刻的输入包含历史时刻提取的特征[33]。相比一般的神

经网络(neural network,NN)来说,它能够处理序列变化的数据。但一般在长序列训练过程中,容易出现梯度消失和梯度爆炸,导致网络不稳定、权重无法更新、训练效果差等问题,在最新的研究中,多数研究摒弃了传统的循环神经网络而使用了其改进型。

为了解决梯度消失与梯度爆炸等,长短期记忆(long short-term memory,LSTM)应运而生。LSTM 是一种特殊的循环神经网络,简单来说,相比于普通的循环神经网络,其能够在处理长序列中有更好的表现。LSTM 与普通循环神经网络的主要区别如图 15.16 所示。

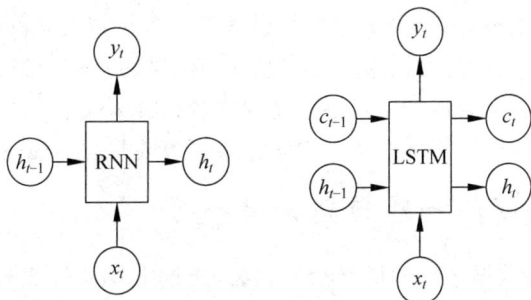

图 15.16　循环神经网络与 LSTM 神经网络结构

不同于循环神经网络只有一个传递信息 h_t,LSTM 有两个传输信息,一个 c_t(cell state)和一个 h_t(hidden state)。单元状态 c_t 的引入可以有效控制冗余信息的去除,以解决梯度消失或梯度爆炸的问题。下面具体分析 LSTM 的内部结构,如图 15.17 所示。

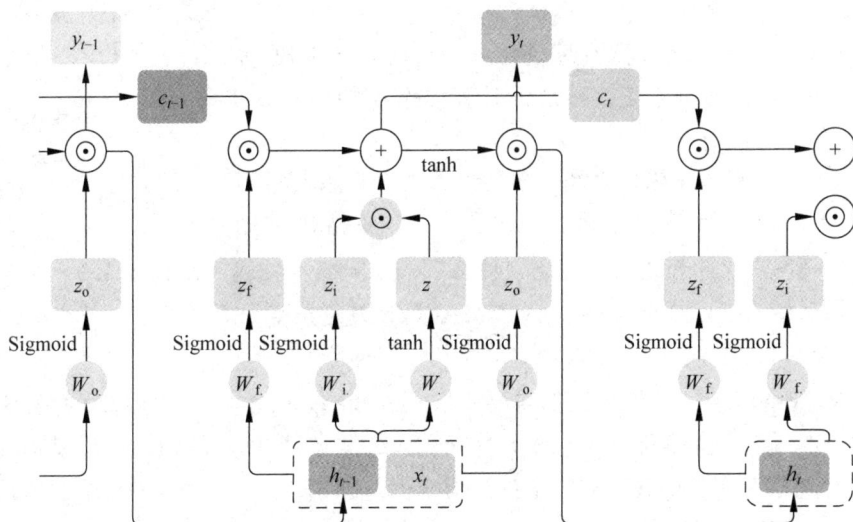

图 15.17　LSTM 内部结构图

(请扫 2 页二维码看彩图)

LSTM 网络将当前时刻的输入 x_t 与上一个时刻传递下来的 h_{t-1} 拼接成一个向量作为输入数据。输入数据与不同矩阵权值相乘后,再通过 Sigmoid 或 tanh 激活函数得到门控状态 z_f、z_i、z_o 以及输入数据 z。

这些门控状态控制着 LSTM 网络记忆有效信息,去除冗余信息,以解决传统循环神经网络梯度消失或梯度爆炸问题。

遗忘门 z_f：去除上一个时刻的传递信息 h_{t-1} 中的冗余信息。

输入门 z_i：选择性记忆当前输入中的重要信息。

输出门 z_o：筛选需要传递到下一个时刻的有效信息。

最终 LSTM 的前向信号流动过程可由下式阐明：

$$\begin{cases} c_t = z_f \odot c_{t-1} + z_i \odot z, \quad h_t = z_o \odot \tanh(c_t) \\ y_o = \sigma(W \cdot h_t) \end{cases} \tag{15-29}$$

相较于常规 BP 神经网络，循环神经网络引入了各个时刻之间的状态传递，以达到信息的循环利用。LSTM 等循环神经网络变种在循环神经网络基础上继续演进，通过对传递信息的不断选择，优化解决了循环神经网络容易梯度爆炸或梯度消失的问题。由于其对于时间信息的有效储存，循环神经网络广泛应用于光通信中的非线性损伤消除领域。

15.4.3　神经网络计算复杂度讨论

神经网络作为一种数据驱动的机器学习算法，通过大规模权值相乘以及梯度更新反传训练，与传统光通信算法相比往往会有显著的性能提升，但是其所需要付出的计算复杂度代价也是超乎寻常。因此这里将详细讨论神经网络的计算复杂度，以及减少网络计算复杂度的具体方案。由于神经网络模型主体计算结构都是矩阵张量乘法，因此算法模型的计算复杂度将以乘加数（MACC）来作为参考指标。

首先计算含有一层输入层、一层隐层和一层输出层的 BP 神经网络的 MACC 计算复杂度。隐层的计算复杂度如图 15.18 所示。

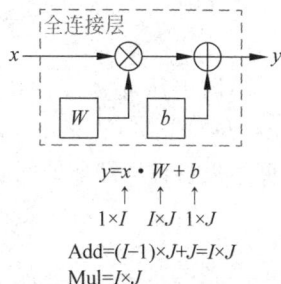

图 15.18　全连接层 MACC 复杂度计算

（请扫 2 页二维码看彩图）

因此，一个含有 I 个输入以及 J 个神经元的全连接层将需要 $I \times J$ 的 MACC 计算复杂度。大型网络中，激活函数的 MACC 可以忽略，故此处忽略。因此，假设一个 BP 神经网络输入层长度为 n_{in}，隐含层共有 n_h 个神经元，输出层维度为 $1 \times n_o$，则其 MACC 计算复杂度如下式所示：

$$\text{MACC}_{BP} = (n_{in} \times n_h + n_h \times n_o) \tag{15-30}$$

LSTM 网络由于其门控结构都需要一次矩阵相乘，因此其需要的 MACC 复杂度相较于简单的 BP 网络将会提升许多。需要额外注意的是，门控机制的输入向量是由当前时刻输入向量与之前时刻的隐含状态向量拼接而来的。如图 15.19 所示，为一个完整的 LSTM 网络，包括一个输入层、一个 LSTM 层、一个全连接层以及一个输出层。

由于一个 LSTM 块中共有 4 个门控机制，因此整个 LSTM 网络的 MACC 计算复杂度可以按照下式计算：

$$\text{MACC}_{LSTM} = [4 \times M \times (M+N) + I \times P + P \times Q] \tag{15-31}$$

15.4.4　低计算复杂度神经网络非线性均衡器设计

从 15.4.3 节可以看出，神经网络模型的计算复杂度与输入数据长度和神经元个数息息相关。相较于传统光通信算法，未经优化的神经网络受制于庞大的计算复杂度要求，难以实

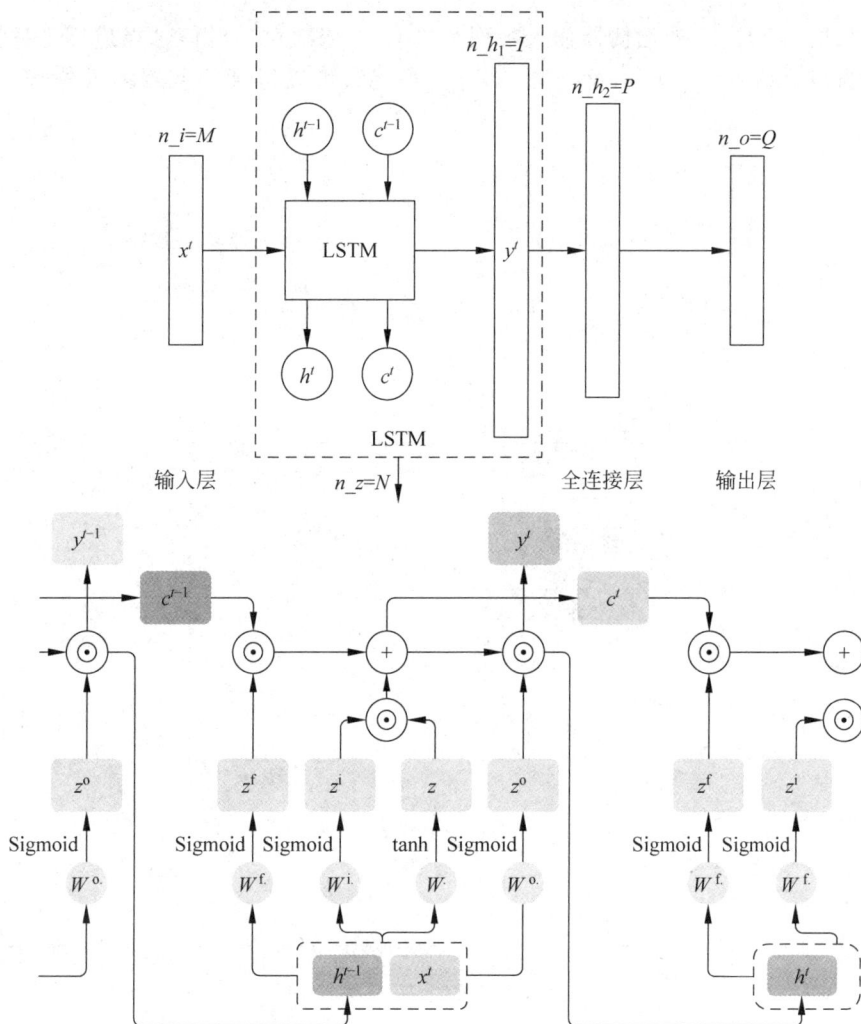

图 15.19　LSTM 神经网络结构框图

（请扫 2 页二维码看彩图）

际落地。因此，在尽量不损失网络模型性能的前提下，降低网络模型的计算复杂度，成为亟待解决的关键问题。对此，研究者提出了众多方案。文献[34]提出将 PCA 与神经网络结合，有效降低神经网络计算过程中的特征维度以减少计算复杂度。同时，文献[34]指出，将稀疏矩阵算法引入神经网络模型之中也能大幅降低算法所需的计算复杂度。这里将简单介绍通过多符号输出神经网络减少计算神经网络非线性均衡器复杂度的方案。

多符号输出神经网络相较于传统神经网络的区别在于，传统神经网络一次前向计算只输出一个符号，而多符号输出神经网络一次前向计算将会输出多个符号。为了能够合理适配多符号输出的输出机制，网络输入数据的选取机制也要相应改变，如图 15.20 所示。

以每次输出两个符号的多输出神经网络为例，假设发送端信号序列 T_x，其长度为 n，神经网络均衡器输入信号序列 y，分组截取的窗口长度为 n_{window}。对均衡器输入信号序列 y 进行分组，即在完成同步操作后，将每一对发送端信号点 (x_i, x_{i+1}) 与均衡器输入序列中的信号点对 (y_i, y_{i+1}) 对应起来，然后在该信号点对处分别向左右延展 $\dfrac{n_{\text{window}}}{2} - 1$ 个信号点，

得到一个长度为 n_{window} 的均衡器输入序列片段 g_k。依次对各对信号点进行上述操作,每次截取时窗口滑动距离为输出符号数,即 $n_{\text{symbol}}=2$,可以得到均衡器输入信号序列片段集 G:

$$G=\left[g_1,g_2,\cdots,g_{\frac{n}{2}}\right]$$

$$g_k=\left[y_{i-\left(\frac{n_{\text{window}}}{2}-1\right)},\cdots,y_i,\,y_{i+1}\cdots,y_{i+1+\left(\frac{n_{\text{window}}}{2}-1\right)}\right],$$

$$i=1,3,5,\cdots,n-1,\quad k=1,2,3,\cdots,\frac{n}{2}$$

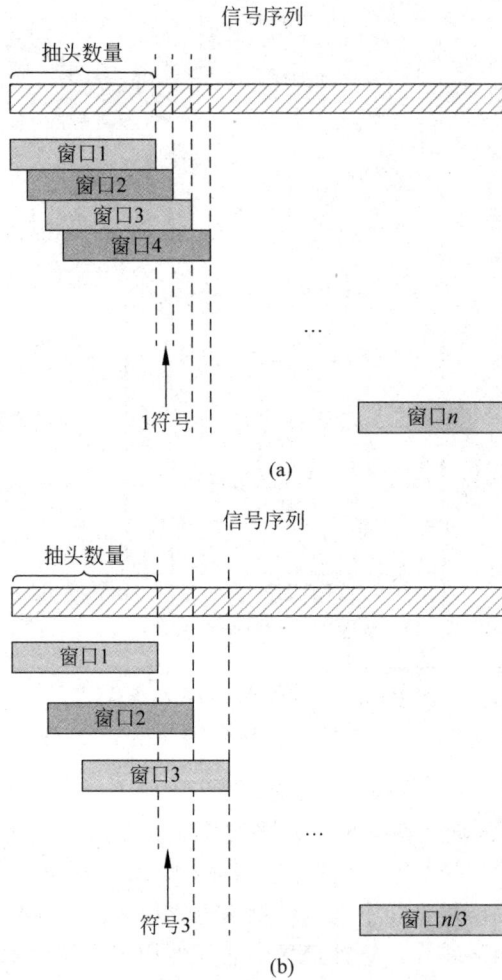

图 15.20　(a)单符号神经网络窗口滑动;(b)多符号神经网络窗口滑动
(请扫 2 页二维码看彩图)

将发送端信号序列 x 进行编码,每一对发送端信号点(x_i,x_{i+1})对应一个编码标签 x_{ck}(对于 PAM-4 信号,两个符号对应于 16 种组合,即 00 对应于 0,01 对应于 1,$\cdots$,33 对应于 15),得到编码后的发送端信号序列 x_c,其长度为 $n/2$。将编码得到的各信号点 x_{ck} 与分组截取后的均衡器输入信号序列片段集 g_k 进行一一对应,得到发送端编码信号——均衡器输入信号序列片段对集合 P。通过多符号输出神经网络,在相同训练数据下,网络所需要的训练次数将极大地缩减，以有效降低神经网络模型的时间计算复杂度。多符号神经网络在有效降低神经网络复杂度的同时提升了有效信息的获取效率，进一步提升了算法性能。

15.4.5　基于特征增强循环神经网络的非线性均衡器

文献[14]提出了基于特征增强的循环神经网络的非线性损伤均衡器。如图 15.21(a)所示，特征增强循环神经网络的输入数据由接收端信号经过 Sinc 插值与卷积滤波器之后生成。Sinc 插值又称为香农插值算法，是一种用于从离散实信号构造时间连续带限函数的方法，其原理如下式所示：

$$y(t) = \sum_{n=-\infty}^{\infty} x(n)\text{Sinc}\left(\frac{t-nT}{T}\right) \tag{15-32}$$

假设接收端信号记为 $x(n)$，经过 Sinc 插值之后的数据记为 $y(n)$。为了能够成功增强接收信号的特征，$y(n)$ 需要经过滤波器卷积之后生成特征增强的原始数据 $z(n)$，如下式所示：

$$z(n) = \sum_{n=-L}^{L} x(n)w(T-n) \tag{15-33}$$

该滤波器抽头 w 是根据输出值与目标值之间误差，通过梯度下降法反传不断迭代而来，以不断提升卷积滤波器提取信号特征的能力。通过 Sinc 插值以及滤波器卷积之后，原始数据的特定特征将得到增强。基于特征增强循环神经网络的非线性均衡器共含有三层循环隐层，以提升这个均衡器对于非线性的拟合能力，其循环结构如图 15.21(b)所示。最终，该非线性均衡器使用 softmax 层完成 PAM-8 信号解调并输出。如下式所示，softmax 函数经常用于多分类神经网络，以将网络输出结果转换为各个类别的概率。

$$p(y \mid x) = \frac{\exp(f_y)}{\sum_{n=1}^{M} \exp(f_n)} = \text{softmax}(f_y) \tag{15-34}$$

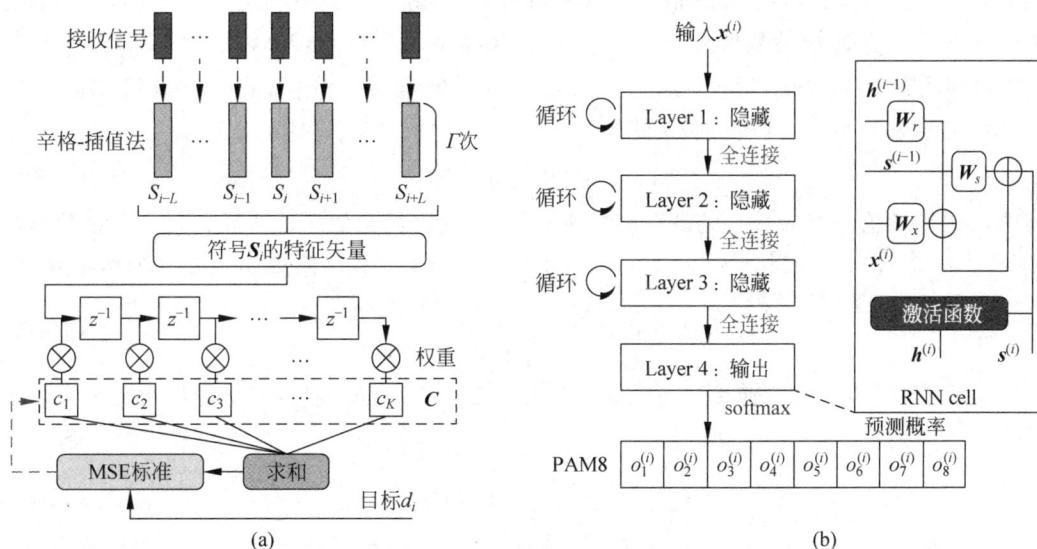

图 15.21　(a)特征增强循环神经网络原理图和(b)特征增强循环神经网络均衡器框图

(请扫 2 页二维码看彩图)

其中,f_n 代表了输出层的各个类别输出;$p(y|x)$ 则是各个类别输出的预测概率;M 则是输出类别总数。多分类网络采用 softmax 函数来输出各类别概率的原因在于:

（1）exp(·) 指数函数的非负性保证了输出概率的非负性;

（2）将经过指数函数转换后的结果除以所有结果和,以保证转换后的概率和为 1。

15.4.6 基于 BP 神经网络的 OSNR 估计器

文献[31]中提出了一种基于前馈神经网络的非线性回归模型,用于 OSNR 估计,具体结构如图 15.22 所示。这种神经网络可以看作一系列加权输入经过非线性激活函数 $h(·)$,再加权输出的过程。这里非线性激活函数为 $\tanh(·)$。图 15.22 中单隐层结构神经网络输出表达式为

$$y(x,w) = \sum_{j=1}^{3} w_{1j}^{(2)} h(w_{j1}^{(1)} x) \tag{15-35}$$

其中,x 为输入变量,如从信号眼图中得到的方差,$w = [w_{11}^{(1)}, w_{21}^{(1)}, w_{31}^{(1)}, w_{11}^{(2)}, w_{12}^{(2)}, w_{13}^{(2)}]$ 为权值向量,上标代表网络的层数。这些权值是自适应的,通过优化算法不断调整系数。

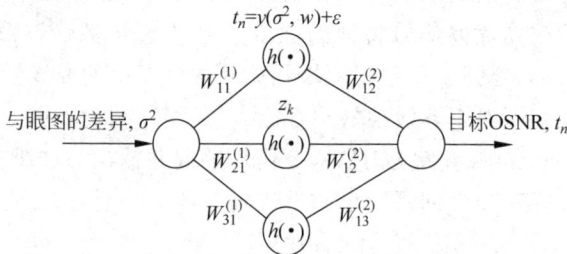

图 15.22　基于神经网络的 OSNR 估计器

如图 15.22 所示,为了得到最佳的权值向量 w,神经网络需要在监督学习模式下训练。考虑 N 个观察量组成的数据集 $S = \{(\sigma_n^2, \text{OSNR}_n) | n = 1, 2, \cdots, N\}$,每一个测试集是由从眼图得到的方差 σ_n^2 和信噪比 OSNR_n 组成。为了进行回归分析,我们假设目标值 $t_n = \text{OSNR}_n$ 符合高斯分布,其输出表达式为

$$t_n = y(\sigma_n^2, w) + \varepsilon \tag{15-36}$$

其中,ε 为零均值方差为 β^{-1} 的高斯随机变量,我们使用最大似然估计参数 w。考虑数据集 $X = [\sigma_1^2, \sigma_2^2, \cdots, \sigma_N^2]$ 和目标 $t = [t_1, t_2, \cdots, t_N]$,神经网络关于权值向量 w 的最大似然函数为

$$p(t \mid X, w, \beta) = \prod_{n=1}^{N} \frac{1}{2\pi\beta^{-1}} e^{\frac{\beta}{2}[y(\sigma_n^2, w) - t_n]^2} \tag{15-37}$$

为了得到最优化参数向量 w,需要最大化似然函数,通过整理,等价为最小化平方误差函数:

$$E(w) = \frac{1}{2} \sum_{n=1}^{N} [y(\sigma_n^2, w) - t_n]^2 \tag{15-38}$$

因为无法得到准确的误差函数表达式,所以替代方法是通过梯度下降法不断修正权值向量,最终使得误差函数降低到期望阈值以下。

思考题

15.1　请从公式推导 BP 神经网络梯度反向传播的过程。

15.2　当网络模型规模过大时,网络模型性能往往会出现过拟合问题,请思考从多个角度解决这一问题的方法。

15.3　梯度是神经网络训练中的重要参数,请思考如何在网络训练中优化梯度以进一步提升网络训练速度与精度。

15.4　请通过数学定义严格证明:在二分类情况下,如果一个数据集是线性可分的,那么一定存在无数多个超平面将这两个类别完全分开。

15.5　聚类算法的初始中心点选取对于算法性能以及算法收敛速度有着非常严重的影响,请思考如何从此方面有效提升算法性能。

15.6　如何理解一个算法模型的时间复杂度和空间复杂度。

15.7　请简要概括有监督学习和无监督学习的主要区别与优缺点,并分别列举四种。

15.8　请分析循环神经网络容易产生梯度爆炸的原因。

15.9　请分析信号的线性变换会对 PCA 产生重要影响的原因。

15.10　请简要分析 K-menas 聚类算法与 DBSCAN 聚类算法的原理区别与优缺点。

15.11　请分析在光通信系统中使用循环神经网络时相较于常规人工神经网络的优势与局限性。

15.12　请比较循环神经网络与 LSTM 的结构,并说明 LSTM 在处理长时记忆序列时会比循环神经网络具有更好的表现的原因。

15.13　请举出在 BP 神经网络反向传播过程中常用的三种函数优化算法,并分析其各自的优势与局限性。

15.14　请说明除了 15.4.4 节中提及的方案之外,还有何种技术能够降低一个模型在推理过程中的计算复杂度。

15.15　已知一个人工神经网络具有一个神经元大小为 N0 的输入层,两个神经元大小分别为 N1、N2 的隐层以及一个大小为 N3 的输出层,问该网络进行一次推理计算的 MACC。

参考文献

[1]　ANDREWS J,BUZZI S,CHOI W,et al. What will 5G be[J]. J. Sel. Areas Commun. ,2008,32(6):1065-1082.

[2]　HAYKIN S. Cognitive radio:brain-empowered wireless communications[J]. J. Sel. Areas Commun. ,2005,23(2):201-220.

[3]　IP E,LAU A P T,BARROS D J F,et al. Coherent detection in optical fiber systems[J]. Opt. Exp. ,2008,16(2):753-791.

[4]　DONG Z,KHAN F N,SUI Q,et al. Optical performance monitoring:a review of current and future technologies[J]. J. Lightwave Technol. ,2016,34(2):525-543.

[5]　SEMRAU D SILLEKENS E,KILLEY R I,et al. Modelling the delayed nonlinear fiber response in

coherent optical communications[J]. J. Lightwave Technol. ,2021,39(7)：1937-1952.

[6]　KHAN F N,DONG Z,LU C,et al. Optical performance monitoring for fiber-optic communication networks[M]//ZHOU X, XIE C. eds. Enabling technologies for high spectral-efficiency coherent optical communication networks. New York：Wiley,2016.

[7]　LU C,LAU A P T,KHAN F N,et al. Optical performance monitoring techniques for high capacity optical networks[M]. Int. Symp. on Commun. Systems Networks and Digital Signal Processing, Newcastle upon Tyne,2010,678-681.

[8]　JIANG N,GONG Y, KAROUT J, et al. Stochastic backpropagation for coherent optical communications[C]. Proc. European Conf. on Optical Commun. ,Geneva,2011：We. 10. P1. 81.

[9]　LI M,YU S,YANG J,et al. Nonparameter nonlinear phase noise mitigation by using M-ary support vector machine for coherent optical systems ［J］. IEEE Photonics Journal, 2013, 5（6）：7800312-7800312.

[10]　ZIBAR D, WINTHER O, FRANCESCHI N, et al. Nonlinear impairment compensation using expectation maximization for dispersion managed and unmanaged PDM 16-QAM transmission[J]. Opt. Exp. ,2012,20(26)：B181-B196.

[11]　CHEN G,DU J, SUN L, et al. Nonlinear distortion mitigation by machine learning of SVM classification for PAM-4 and PAM-8 modulated optical interconnection[J]. J. Lightwave Technol. , 2018,36(3)：650-657.

[12]　ZHANG F. Neural network-based fiber nonlinearity mitigation in high-speed coherent optical transmission systems[C]. OFC 2022,San Diego,CA,USA,2022：M1H. 1.

[13]　WANG K,WANG C,LI W,et al. Complex-valued 2D-CNN equalization for OFDM signals in a photonics-aided MMW communication system at the D-band[J]. J. Lightwave Technol. ,2022,40 (9)：2791-2798.

[14]　GAO Y,YANG C,WANG J,et al. 288 Gb/s 850 nm VCSEL-based interconnect over 100 m MMF based on feature-enhanced recurrent neural network[C]. OFC 2022,San Diego, CA, USA, 2022：M4H. 2.

[15]　WANG K,WANG C,ZHANG J,et al. Mitigation of SOA-induced nonlinearity with the aid of deep learning neural networks[J]. J. Lightwave Technol. ,2022,40(4)：979-986.

[16]　LU X,WANG K, QIAO L, et al. Nonlinear compensation of multi-CAP VLC system employing clustering algorithm based perception decision[J]. IEEE Photonics Journal,2017,9：5.

[17]　ZHOU S. Data-defined naïve Bayes (DNB) based decision scheme for the nonlinear mitigation for OAM mode division multiplexed optical fiber communication［J］. Opt. Express, 2021, 29（4）：5901-5914.

[18]　ZHANG Y,REN Y, WANG Z, et al. Eye diagram measurement-based joint modulation format, OSNR,ROF, and skew monitoring of coherent channel using deep learning［J］. J. Lightwave Technol. ,2019,37(23)：5907-5913.

[19]　ZHAO Y, YU Z, WAN Z, et al. Low complexity OSNR monitoring and modulation format identification based on binarized neural networks ［J］. J. Lightwave Technol. , 2020, 38（6）：1314-1322.

[20]　SKOOG R A. Accuracy enhanced microwave frequency measurement based on the machine learning technique[J]. J. Lightwave Technol. ,2021,29(13)：19515-19524.

[21]　XU Z,JIANG Y,JI J,et al. Classification,identification,and growth stage estimation of microalgae based on transmission hyperspectral microscopic imaging and machine learning[J]. Opt. Expres, 2020,28(21)：30686-30699.

[22]　TAN M C,KHAN F N,AL-ARASHI W H,et al. Simultaneous optical performance monitoring and

modulation format/bit-rate identification using principal component analysis [J]. J. Optical Communications and Networking,2014,6(5): 441-448.

[23]　KHAN F N,YU Y,TAN M C,et al. Experimental demonstration of joint OSNR monitoring and modulation format identification using asynchronous single channel sampling[J]. Opt. Exp. ,2015, 23(23): 30337-30346.

[24]　ZHANG H,YANG C,CHEN H,et al. A SVM combined pixel accumulation technique for SPAD based LiDAR system[C]. CLEO,2021: JW1A. 52.

[25]　LI J H,ZHANG F Z,XIANG Y,et al. Towards small target recognition with photonics-based high resolution radar range profiles[J]. Opt. Express,2021,29(20): 31574-31581.

[26]　PETROV K B, MATHIEV C, TELIX T, et al. End-to-end deep learning of optical fiber communications[J]. J. Lightwave Technol. ,2018,36(20): 4843-4855.

[27]　DÖRNER S,CAMMERER S,HOYDIS J,et al. Deep learning based communication over the air[J]. IEEE J. Sel. Topics in Signal Processing,12(1): 132-143.

[28]　DINIZ J,FAN Q,RANZINI S M,et al. Low-complexity carrier phase recovery based on principal component analysis for square-QAM modulation formats [J]. Opt. Express, 2019, 27 (11): 15617-15625.

[29]　YANG H,NIU Z,XIAO S,et al. Fast and accurate optical fiber channel modeling using generative adversarial network[J]. J. Lightwave Technol. ,2021,39(5): 1322-1333.

[30]　周志华. 机器学习[M]. 北京: 清华大学出版社,2016.

[31]　THRANE J, WASS J, PIELS M, et al. Machine learning techniques for optical performance monitoring from directly detected PDM-QAM signals[J]. J. Lightwave Technol. , 2017, 35(4): 868-875.

[32]　LU X,WANG K,QIAO L,et al. Nonlinear compensation of multi-CAP VLC system employing clustering algorithm based perception decision[J]. IEEE Photonics Journal,2017,9(5): 1-9.

[33]　SCHUSTER M,PALIWAL K K. Bidirectional recurrent neural networks[J]. IEEE Trans. Signal Processing,1997,45(11): 2673-2681.

[34]　SANG B,ZHOU W,TAN Y,et al. Low complexity neural network equalization based on multi-symbol output technique for 200 + Gbps IM/DD short reach optical system [J]. J. Lightwave Technol. ,2022,40(9): 2890-2900.

第 16 章

Kramers-Kronig算法原理与应用

本章将介绍和分析克拉默斯-克勒尼希(Kramers-Kronig)接收器的原理及其在直接检测(DD)系统中的应用。由于诸如城域网、移动前传网络、接入网和数据中心互联(data center interconnection,DCI)之类光互联网络中流量呈指数增长,对超高数据速率的需求不断增长[1-5]。如今,随着诸如云计算、物联网、人工智能、增强和虚拟现实等新应用的迅速发展,研究人员已将更多的注意力集中在 DCI 中的短距离链路上,其距离范围从几百米到约 80 km 或 100 km[6-7]。由于 IEEE 802.3[6-8]已将 400 Gb/s 以太网(400 GbE)标准化,因此提出了 4-λ100 Gb/s 波分复用,并且 400 GbE 标准被认为是有前途的解决方案[9-12]。近年来,四电平脉冲幅度调制(PAM-4)主要用于实现 400 Gb/s 或更高的传输速度。但是,利用 PAM-4 的方案需要基于大带宽设备或复杂的数字信号处理。在这样一个带宽匮乏的时代,使用 PAM-4 的主要限制是,即使是奈奎斯特整形方法,可实现的最大频谱效率(spectral efficiency,SE)也仅为 4 bit/(s·Hz)。对于 800 GbE 甚至 1.6 TbE 的下一代光网络,PAM-4 的使用必须基于更大带宽的设备和更复杂的数字信号处理,从而导致成本和延迟的大幅增加,这与短距离数据中心应用的成本要求不一致[6,13]。因此,应用高阶调制格式(例如具有更高频谱效率的高阶 QAM)对于实现超 800 GbE 光传输非常关键。与相干检测相比,直接检测由于其具有较低的成本、较低的功耗和较小的空间,是典型数据中心应用的首选[13-17]。为了减轻在常规的双边带(double sideband,DSB)直接检测系统中由色散引起的频谱选择性衰落失真,单边带(single sideband,SSB)信号被广泛应用于直接检测光学系统中,并且使频谱效率倍增[18-20]。基于 MZM 的 IQ 调制器或双驱动 MZM(dual-arm MZM,D-MZM)均可用于生成 SSB 信号。由于成本较低,采用 D-MZM 颇具吸引力,但是使用基于 MZM 的 IQ 调制器会产生更好的 SSB 信号[18]。由平方律检测引起的信号间拍频干扰(signal-signal beat interference,SSBI)严重降低了系统性能。为了解决这个问题,人们提出并展示了许多有效的技术,例如迭代 SSBI 估计和抵消方案[21],单级线性化滤波器[22],两级线性化滤波器[23],迭代线性化滤波器[24],Volterra 滤波器[25],以及希尔伯特(Hilbert)叠加抵消和改进的单级线性化滤波器[26]。最近,人们提出了 KK 接收器[14]这种有前途的方法,该方法可以通过在满足最小相位条件时从光检测幅度重建复杂光场,来固有地去除 SSBI。与上述 SSBI 缓解方案相比,应用 KK 接收器还可以实现接收器侧数字色散补偿和更低的数字信号处理复杂度[27]。数字信号处理复杂度的降低表明了 KK 接收器在未来 DCI 应用中的潜力。因此,将 KK 接收器与高阶 QAM 调制相结合,可以实现超过 800 GbE 标准化的未来数据中心应用。

近年来,人们通过仿真和实验证明了 KK 接收器的出色性能。在文献[20]和文献[28]中,分别展示了在 240 km 的 SSMF 上的四频段 28 Gbaud 16QAM(112 Gb/s)传输和在 80 km 的 SSMF 上具有 35 GHz 信道间隔的 28 Gbaud 64QAM(168 Gb/s)传输,证实了 KK 接收器去除 SSBI 的卓越能力。但是,在这些实验演示中,净频谱效率的理论上限仅为 4.61 bit/(s·Hz)。此外,在文献[29]中展示了在 125 km 的 SSMF 上利用 DFB 激光进行的 30 Gbaud 64QAM(180 Gb/s)SSB KK 传输。文献[30]提出了通过 KK 检测和概率整形(PS)离散多音调制(DMT)256QAM 在 100 km 的 SSMF 上的净数据传输率为 279.4 Gb/s。在高阶 QAM 系统中应用 KK 接收器需要更多的光信噪比(OSNR),数模转换器(DAC)和模数转换器(ADC)的有效位数(effective number of bits,ENOB),它对非线性更加敏感。到目前为止,尚未研究在高于 256QAM 的系统中使用 KK 接收器的主要局限性。在文献[16]中提出了一种简化的基于交流耦合光电探测的 KK 接收器,并在 D-MZM PAM 系统中进行了验证。与直流耦合的光电探测相比,交流耦合的光电探测具有避免直流漂移、减少量化噪声和增加电压增益的优势[16,31-32]。

在文献[33]中通过实验证明了在 25 GHz 网格中采用基于交流耦合光电探测的 KK 接收器在 20 km 的 SSMF 上的单道 20 Gbaud 128QAM(140 Gb/s)和 256QAM(168 Gb/s)的传输。与单信道传输相比,波分复用传输更有望实现更高的数据速率,但是它具有更高的总光功率,这可能导致更高的非线性,并且可能会受到信道间干扰(ICI)的影响。因此,在单信道系统和波分复用系统中应用具有更高阶 QAM 调制的 KK 接收器时,性能可能会有所不同。

16.1 KK 接收器原理

16.1.1 Z 拓展

首先需要引入额外的知识。在数字信号处理中我们知道,最小相位系统是相频响应唯一由其幅频响应确定的系统。我们将要介绍的最小相位信号也与此类似,且它们的证明过程相似。最小相位信号的这个性质可以用来直接从它的幅度中恢复出相位。

考察一个周期为 T,带宽为 B,使得 $M=BT$ 是整数的 SSB 信号 $a(t)$,其可以严格地表示为有限项的傅里叶系数(Fourier series,FS):

$$a(t) = \sum_{k=0}^{M-1} F_a(k) e^{-jk\Omega t} \tag{16-1}$$

其中,FS 的系数为(记 $\Omega = 2\pi/T$)

$$F_a(k) = \frac{1}{T} \int_0^T a(t) e^{jk\Omega t} dt, \quad k = 0, 1, \cdots, M-1 \tag{16-2}$$

注意到,与离散时间傅里叶变换(discrete time Fourier transform,DTFT)类似,$F_a(k)$ 隐含了周期,但我们通常只关注主值区间。

将 $a(t)$ 分解为 $a(t) = A + a_s(t)$，其中 A 是载波的幅度，因此 $F_a(0) = A$，将式(16-2)简化为

$$a(t) = A + \sum_{k=1}^{M-1} F_a(k) e^{-jk\Omega t} \tag{16-3}$$

现在我们来介绍 Z 拓展[34]，其非常类似于对信号的傅里叶系数(即其频谱)做 z 变换，即像把信号的频谱当成"信号"做 z 变换一样，信号 $b(t)$ 的 Z 拓展是

$$\mathcal{Z}_b(Z) = Z^\lambda \sum_{k=0}^{M-1} F_b(k) Z^k \tag{16-4}$$

当整数 $\lambda \geqslant 0$ 时，意味着信号 $b(t)$ 没有负频谱，是 SSB 信号。

对上述的周期 SSB 信号 $a(t)$，其 Z 拓展是

$$\mathcal{Z}_a(Z) = \sum_{k=0}^{M-1} F_a(k) Z^k \tag{16-5}$$

注意到，Z 拓展下的 Z 的幂次是通常是正数 k，z 变换中对应的 z 的幂次则是 $-n$。为了对比清晰，我们把长为 N 的因果序列 $x(n)$ 的 z 变换写出来：

$$X(z) = \sum_{n=0}^{N-1} x(n) z^{-n} \tag{16-6}$$

可以发现，Z 拓展和 z 变换的关系在形式上类似傅里叶变换(FT)和傅里叶逆变换(IFT)的关系。在式(16-5)中，可以把 $a(t)$ 按 $\mathcal{Z}_a(Z)$ 表示为

$$a(t) = \mathcal{Z}_a(e^{-j\Omega t}) \tag{16-7}$$

在 z 变换中，我们十分关心零极点的分布，Z 拓展中也是如此。注意到在式(16-5)中，$\mathcal{Z}_a(Z)$ 是一个 $M-1$ 阶的多项式，假设 $A \neq 0$，我们可以重写其为

$$\mathcal{Z}_a(Z) = \frac{A}{\prod_{k=1}^{M-1}(-Z_{a,k})} \prod_{k=1}^{M-1}(Z - Z_{a,k}) \tag{16-8}$$

其中，$Z_{a,k}(k=0,1,\cdots,M-1)$ 是 $\mathcal{Z}_a(Z) = 0$ 的根，称为 $\mathcal{Z}_a(Z)$ 的零点，或为了方便而直接称为 $a(t)$ 的零点。记 $\mathcal{Z}_a(Z)$ 零点的集合为 $\{Z_{a,k}\}_{k=1}^{M-1}$。式(16-7)表明，除了乘以了一个载波系数 A 之外，$a(t)$ 仅仅由其零点决定。

16.1.2 共轭信号和信号功率的 Z 拓展

可以证明，$a(t)$ 的共轭信号 $a^*(t)$ 的零点，是 $a(t)$ 所有零点的共轭倒数。首先求 $a^*(t)$ 的傅里叶级数，进而求 Z 拓展：

$$a^*(t) = \sum_{k=0}^{M-1} F_{a^*}(k) e^{-jk\Omega t} \tag{16-9}$$

其中，

$$F_{a^*}(k) = \frac{1}{T} \int_0^T a^*(t) e^{jk\Omega t} \, dt = F_a^*(-k) = F_a^*(M-k), \quad k = 0, 1, \cdots, M-1 \tag{16-10}$$

至此我们已经建立起 $F_{a^*}(k)$ 和 $F_a(k)$ 的关系了，于是 $a^*(t)$ 的 Z 拓展是

$$\mathcal{Z}_{a^*}(Z) = Z^{-(M-1)}\big[F_{a^*}(M-1)Z^0 + F_{a^*}(M-2)Z^1 + \cdots + F_{a^*}(1)Z^{M-2} + F_{a^*}(0)Z^{M-1}\big]$$

$$(16\text{-}11)$$

比较

$$\mathcal{Z}_a(Z) = F_a(0)Z^0 + F_a(1)Z^1 + \cdots + F_a(M-2)Z^{M-2} + F_a(M-1)Z^{M-1} \quad (16\text{-}12)$$

可以发现，$\mathcal{Z}_{a^*}(Z)$ 中 Z^k 的系数是 $\mathcal{Z}_a(Z)$ 的对应系数的翻转且取共轭，不难证明，$\mathcal{Z}_{a^*}(Z)$ 的所有零点是 $\mathcal{Z}_a(Z)$ 的所有零点的共轭倒数。

此时，可以将 $\mathcal{Z}_{a^*}(Z)$ 表示为如式(16-8)一样的多项式相乘形式，注意，$\mathcal{Z}_{a^*}(Z)$ 中 $Z^{-(M-1)}$ 和 Z^0 的系数分别是 $A^*/(\prod_{k=1}^{M-1}Z_{a,k}^*)$ 和 A^*，不同于 $\mathcal{Z}_a(Z)$ 中对应的 Z^0 和 Z^{M-1} 的 项 A 和 $A/(\prod_{k=1}^{M-1}Z_{a,k})$。

$$\mathcal{Z}_{a^*}(Z) = A^* Z^{-(M-1)} \prod_{k=1}^{M-1}(Z - 1/Z_{a,k}^*) \quad (16\text{-}13)$$

在傅里叶变换的性质中，时域两信号相乘，在频域中是对应两信号傅里叶变换的卷积，且两个因式相乘，得到的展开系数也是对于两因式系数的卷积，因此对于 $I_{aa}(t) = |a(t)|^2 = a(t)a^*(t)$，我们不难证明

$$F_{aa}(k) = F_a(k) * F_{a^*}(k), \quad -M \leqslant k \leqslant M-1 \quad (16\text{-}14)$$

其中，$*$ 是卷积号，由于两个长度为 $M-1$ 信号卷积得到长度为 $2M-1$ 的信号，为了便于计算，可以加一点 $F_{aa}(-M)=0$ 以凑够长度为 $2M$。注意，此时 $F_a(k)$，$F_{a^*}(k)$ 均需要只取一个主值周期，而其余置零，否则 $F_{aa}(k)$ 会发生混叠。式(16-14)说明，$\mathcal{Z}_{I_{aa}}(Z)$ 可以写成

$$\mathcal{Z}_{I_{aa}}(Z) = \mathcal{Z}_a(Z)\,\mathcal{Z}_{a^*}(Z) \quad (16\text{-}15)$$

可以看出，对于模平方信号，其 Z 拓展在 Z 拓展"域"中是信号波形和信号波形的共轭的乘积，即两个信号 Z 拓展的乘积，在频率域中则是两频率谱的卷积，如同傅里叶变换和逆变换一样。

16.1.3　最小相位信号具有最大载波

最小相位系统中所有延迟环节在零极点之间，以最小化相位延时，并因此得名。除此之外，最小相位系统的零点全部都在单位圆内，其一个或多个零点可以通过级联全通系统而将零点"反射"到单位圆外，变为非最小相位系统，而幅频响应保持不变。

我们即将引入的最小相位信号的概念也是类似的。最小相位信号是零点全在单位圆外。

类似于最小相位系统将零点反射出单位圆而得到非最小相位系统，我们将最小相位信号 $a(t)$ 的 1 个或多个零点，例如 $Z_{a,j}$ 反射入单位圆变为 $1/Z_{a,j}^*$，得到 $\tilde{a}(t)$，其强度和 $a(t)$ 相等，那么对应的 $F_{\tilde{a}}(0)$ 的系数就要乘以一个模小于 1 的因子变为 $A/Z_{a,j}$（因为零点在单位圆外，因此 $1/|Z_{a,j}|<1$），也即载波的大小小于 A。注意到 $a(t)$ 一共有 $M-1$ 个零点，也就是说可以反射其中的一个或多个零点，这样最多有 2^{M-1} 种组合的 $\tilde{a}(t)$，因为载波经过零点反射进入单位圆后幅度必然下降，且波形唯一。反射了 N 个零点到单位圆外的 $\tilde{a}(t)$ 的 Z 拓展可以表示为

$$\mathcal{Z}_{\widetilde{a}}(Z) = AZ^{-N} \prod_{\forall Z_{\widetilde{a},k} \in \{Z_{a,k}\}_{k=1}^{M-1}} \frac{(Z - Z_{a,k})}{-Z_{a,k}} \prod_{\forall Z_{\widetilde{a},k} \in \{1/Z_{a,k}^*\}_{k=1}^{M-1}} \left(Z - \frac{1}{Z_{a,k}^*} \right) \quad (16\text{-}16)$$

其中，$\{1/Z_{a,k}^*\}_{k=1}^{M-1}$ 是 $a^*(t)$ 的所有零点集合。式(16-16)中前一个连乘代表仍留在单位圆的零点的连乘项，注意到该连乘得到的常数项为 1，不会给载波 Z^{-N} 的系数带来幅度衰减；后一个连乘代表反射入单位圆零点的连乘项，得到的常数项为原来零点的共轭倒数乘积，给载波 Z^{-N} 的系数模值带来衰减。同时也观察到，最小相位信号的共轭信号将其全部在单位圆内的零点反射出去，载波也就变得最小。并且反射 N 个零点后，包括载波在内的项都整体乘以了 Z^{-N}，这相当于给信号做下变频(最小相位信号是 SSB 信号，其和其共轭信号分别位于频率轴的正"负"两侧)。

16.1.4 最小相位信号的 KK 关系

在希尔伯特变换中，对于输入 $x(t)$，其傅里叶变换为 $X(\mathrm{j}\Omega)$，输入希尔伯特变换 $h(t)$，傅里叶变换为 $H(\mathrm{j}\Omega)$，得到 $\hat{x}(t)$，傅里叶变换为 $\widetilde{X}(\mathrm{j}\omega)$，则有

$$\begin{cases} \hat{x}(t) = \dfrac{1}{\pi} \displaystyle\int_{-\infty}^{+\infty} \dfrac{x(\tau)}{t - \tau} \mathrm{d}\tau, \\ \widetilde{X}(\mathrm{j}\omega) = -\mathrm{j} \cdot \mathrm{sgn}(\omega) X(\mathrm{j}\omega), \\ h(t) = \dfrac{1}{\pi t}, \\ H(\mathrm{j}\omega) = -\mathrm{j} \cdot \mathrm{sgn}(\omega) \end{cases} \quad (16\text{-}17)$$

而对于最小相位信号 $a(t)$(注意其周期为 T)，其 KK 关系如下：

$$\begin{cases} \phi(t) = -\dfrac{1}{T} \displaystyle\int_0^T \cot\left[\dfrac{\pi(t - \tau)}{T} \right] \log|a(\tau)| \mathrm{d}\tau, \\ \phi(t) = -\mathrm{j} \cdot S(t) * \log|a(t)| \end{cases} \quad (16\text{-}18)$$

当周期趋于无穷 $T \to \infty$，或者 $M = BT \gg 1$ 时，式(16-18)中的 $(1/T)\cot(\pi t/T) \simeq 1/(\pi t)$，此时 $\phi(t) = -\dfrac{1}{\pi}\displaystyle\int_0^T \dfrac{\log|a(\tau)|}{t - \tau} \mathrm{d}\tau$ 为 $\log|a(t)|$ 的希尔伯特变换。

其中，$S(t) = \displaystyle\sum_{k=-\infty}^{+\infty} \mathrm{sgn}(k) \mathrm{e}^{-\mathrm{j}k\Omega t}$，这里 $\mathrm{sgn}(k)$ 是符号函数且 $\mathrm{sgn}(0) = 0$。我们现在证明式(16-18)。

展开 $\log[a(t)]$ 成傅里叶级数：

$$\begin{cases} \log[a(t)] = \displaystyle\sum_{k=-\infty}^{+\infty} L_a(k) \mathrm{e}^{-\mathrm{j}k\Omega t}, \\ L_a(k) = \dfrac{1}{T} \displaystyle\int_0^T \log[a(t)] \mathrm{e}^{\mathrm{j}k\Omega t} \mathrm{d}t, \\ \Omega = \dfrac{2\pi}{T} \end{cases} \quad (16\text{-}19)$$

围道积分是数学中积分的一种形式，即沿着闭合曲线的积分。用围道积分的方式在正向单位圆 C_u 上积分，替换 $a(t) = \mathcal{Z}_a(\mathrm{e}^{-\mathrm{j}\Omega t})$ 有

$$L_a(k) = \frac{\mathrm{j}}{2\pi} \oint_{C_u} Z^{-(k+1)} \log[\mathcal{Z}_a(Z)] \mathrm{d}Z \tag{16-20}$$

根据柯西积分公式，当 $-(k+1) \geqslant 0$ 时，$Z^{-(k+1)} \log[\mathcal{Z}_a(Z)]$ 在单位圆上和其内处处解析，因此有

$$L_a(k) = -\frac{1}{2\pi\mathrm{j}} \oint_{C_u} \frac{Z^{-k} \log[\mathcal{Z}_a(Z)]}{Z - 0} \mathrm{d}Z = 0, \quad k \leqslant -1 \tag{16-21}$$

这说明 $\log[a(t)]$ 在负频率没有分量，和 $a(t)$ 一样是 SSB 信号，傅里叶级数展开 $\log[a(t)]$ 得

$$\begin{cases} \log[a(t)] = \dfrac{1}{2}\log |a(t)|^2 + \mathrm{j}\phi(t), \\[2mm] L_a(k) = L_a^{(\mathrm{r})}(k) + \mathrm{j}L_a^{(\mathrm{i})}(k), \\[2mm] L_a^{(\mathrm{r})}(k) = \dfrac{1}{T}\displaystyle\int_0^T \dfrac{1}{2}\log |a(t)|^2 \mathrm{e}^{\mathrm{j}k\Omega t} \mathrm{d}t, \\[2mm] L_a^{(\mathrm{i})}(k) = \dfrac{1}{T}\displaystyle\int_0^T \phi(t) \mathrm{e}^{\mathrm{j}k\Omega t} \mathrm{d}t \end{cases} \tag{16-22}$$

其中，$L_a(k)$ 的前一项是共轭对称，后一项是共轭反对称的，根据式(16-21)，当 $k \neq 0$ 时有

$$\begin{cases} L_a^{(\mathrm{i})}(k) = -\mathrm{j} \cdot \mathrm{sgn}(k) L_a^{(\mathrm{r})}(k), \\[2mm] L_a^{(\mathrm{r})}(k) = [1 + \mathrm{sgn}(k)] L_a^{(\mathrm{r})}(k) \end{cases} \tag{16-23}$$

回顾式(16-17)可知，$L_a^{(\mathrm{i})}(k)$ 和 $L_a^{(\mathrm{r})}(k)$ 是希尔伯特变换对。注意，通过式(16-23)我们并不知道任何 $L_a^{(\mathrm{i})}(0)$ 的信息，也就是说，信号的平均幅度中没有任何关于信号平均相位的信息，在实际中的意思是，与时间独立的相位偏移是不能从平均幅度中获取的。但是我们可以假设 $L_a^{(\mathrm{i})}(0) = 0$，以方便推导的一致性。

式(16-23)的第一式的离散傅里叶逆变换为

$$\phi(t) = -\mathrm{j} \cdot S(t) * \log |a(t)| \tag{16-24}$$

这就证明了式(16-18)的第二式，其中，

$$S(t) = \sum_{k=-\infty}^{+\infty} \mathrm{sgn}(k) \mathrm{e}^{-\mathrm{j}k\Omega t} \tag{16-25}$$

继续证明式(16-18)的第一式。由于符号函数满足差分方程

$$\mathrm{sgn}(k) - \mathrm{sgn}(k-1) = \delta(k) + \delta(k-1) \tag{16-26}$$

两边同乘 $\mathrm{e}^{-\mathrm{j}k\Omega t}$ 并求和得

$$\sum_{k=-\infty}^{+\infty} \mathrm{sgn}(k) \mathrm{e}^{-\mathrm{j}k\Omega t} - \sum_{k=-\infty}^{+\infty} \mathrm{sgn}(k-1) \mathrm{e}^{-\mathrm{j}k\Omega t} = \sum_{k=-\infty}^{+\infty} [\delta(k) + \delta(k-1)] \mathrm{e}^{-\mathrm{j}k\Omega t}$$

$$S(t) - S(t) \mathrm{e}^{-\mathrm{j}\Omega t} = 1 + \mathrm{e}^{-\mathrm{j}\Omega t}$$

$$S(t) = \frac{1 + \mathrm{e}^{-\mathrm{j}\Omega t}}{1 - \mathrm{e}^{-\mathrm{j}\Omega t}} = -\mathrm{j}\cot\left(\frac{\pi t}{T}\right) \tag{16-27}$$

结合式(16-24)，这就证明了式(16-18)的第一式。最后，$a(t)$ 可以表示为

$$a(t) = \exp\left[\sum_{k=-\infty}^{+\infty} \mathrm{e}^{-\mathrm{j}k\Omega t} L_a(k)\right] = \exp\left[L_a^{(\mathrm{r})}(0) + 2\sum_{k=1}^{+\infty} \mathrm{e}^{-\mathrm{j}k\Omega t} L_a^{(\mathrm{r})}(k)\right] \tag{16-28}$$

其中,系数 $L_a^{(r)}(k)$ 由式(16-22)给出。注意到,尽管 $a(t)$ 及 $|a(t)|^2$ 是分别在 $[0,B]$ 和 $[-B,B]$ 中带限的,但 $\log(|a(t)|^2)$ 和 $\phi(t)$ 都不是带限的,以及系数 $L_a^{(r)}(k)$ 的个数是无穷的。这意味着 $|a(t)|^2$ 必须要先数字上采样再获取数字相位。数字上采样我们之后会讨论。然而,要注意的是,当离散傅里叶变换(DFT)。当使用 DFT 来计算 $L_a^{(r)}(k)$ 时,信号需要保持每符号有 6 个以上的采样点才能充分准确地恢复。

16.1.5 需要升采样

重写式(16-22)为

$$L_a^{(r)}(k) = \frac{1}{T}\int_0^T \frac{1}{2}\log[I_{aa}(t)]\mathrm{e}^{\mathrm{j}k\Omega t}\,\mathrm{d}t \tag{16-29}$$

从式(16-14)可知

$$I_{aa}(t) = |a(t)|^2 = \sum_{k=-M}^{M-1} F_{aa}(k)\mathrm{e}^{-\mathrm{j}k\Omega t} \tag{16-30}$$

使用 $2M$ 点的 DFT 计算 $L_a^{(r)}(k)$ 有

$$L_{a,\mathrm{DFT}}^{(r)}(k,1) = \frac{1}{2M}\sum_{h=0}^{2M-1}\frac{1}{2}\log\left[I_{aa}\left(\frac{hT}{2M}\right)\right]\mathrm{e}^{\mathrm{j}2\pi\frac{kh}{2M}}$$

$$= \frac{1}{2M}\int_0^T \sum_{h=-\infty}^{+\infty}\delta\left(t-\frac{T}{2M}h\right)\frac{1}{2}\log[I_{aa}(t)]\mathrm{e}^{\mathrm{j}k\Omega t}\,\mathrm{d}t \tag{16-31}$$

其中,$L_{a,\mathrm{DFT}}^{(r)}(k,n_0)$ 是第 k 个 DFT 的系数,这里 n_0 是升采样因子,$n_0=1$ 意味着没有升采样。使用式(16-32):

$$\sum_{h=-\infty}^{+\infty}\mathrm{e}^{-\mathrm{j}2Mn\Omega t} = \frac{T}{2M}\sum_{h=-\infty}^{+\infty}\delta\left(t-\frac{T}{2M}h\right) \tag{16-32}$$

式(16-31)变成

$$L_{a,\mathrm{DFT}}^{(r)}(k,1) = \sum_{n=-\infty}^{+\infty}\frac{1}{T}\int_0^T\frac{1}{2}\log[I_{aa}(t)]\mathrm{e}^{\mathrm{j}k\Omega t-\mathrm{j}2Mn\Omega t}\,\mathrm{d}t$$

$$= \sum_{n=-\infty}^{+\infty}L_a^{(r)}(k-2Mn), \quad -M \leqslant k \leqslant M-1 \tag{16-33}$$

这是混叠的 $L_a^{(r)}(k,1)$,在频率域以 $2M/T$ 为周期。这个情况下可以通过数字上采样(DFT 补零)去除这里的混叠:

$$L_{a,\mathrm{DFT}}^{(r)}(k,n_0) = \frac{1}{T}\int_0^T\frac{1}{2}\log\left[\sum_{k'=-n_0(M-1)}^{n_0(M-1)}F_{aa}(k')\mathrm{e}^{-\mathrm{j}k'\Omega t}\right]\mathrm{e}^{\mathrm{j}k\Omega t}\,\mathrm{d}t$$

$$= \sum_{n=-\infty}^{+\infty}L_a^{(r)}(k+2Mn) \tag{16-34}$$

其中,$-n_0 M \leqslant k \leqslant n_0 M-1$,且

$$F_{aa}(k') = \begin{cases} F_{aa}(k'), & -M \leqslant k' \leqslant M-1 \\ 0, & -n_0 M \leqslant k' \leqslant -1-M, \quad M \leqslant k' \leqslant n_0 M-1 \end{cases} \tag{16-35}$$

这表明 $L_a^{(r)}(k)$ 的混叠之间的距离被放大了 n_0 倍,将干扰进一步转移到尾部。正如实验[20]所证实的,在大载波的情况下,混叠的影响较小,因为对数的带宽随着 CSPR 值的增加而

减小。当基波是升余弦类型时,$n_0 = 3$ 的使用(对应于每个符号六个样本)已被证明是足够的。

16.1.6　可以不做升采样

在没有上采样的 IDFT 之后,在采样时间 $t_h = h/2B = hT/(2M)$ 会产生 $\log[a(t)]$ 精确值的傅里叶系数是[27]

$$L_{a,\mathrm{DFT}}(k,1) = \sum_{n=0}^{+\infty} L_a(k+2Mn) = \sum_{n=0}^{+\infty} [1+\mathrm{sgn}(k+2Mn)] L_a^{(\mathrm{r})}(k+2Mn) \quad (16\text{-}36)$$

其中,$-M \leqslant k \leqslant M-1$。我们假定 $L_a(k+2Mn)$ 是理想无混叠的傅里叶系数(就像无限倍速率采样一样),其中 $L_a(k) = [1+\mathrm{sgn}(k)] L_a^{(\mathrm{r})}(k)$ 是从式(16-23)得到的。

那么,对 $t_h = h/2B$ 做 IDFT 可以得到精确的 $a(t)$:

$$a(t_h) = \exp\left[\sum_{k=-M}^{M-1} \mathrm{e}^{-\mathrm{j}k\Omega t_h} L_{a,\mathrm{DFT}}(k,1) \right] \quad (16\text{-}37)$$

前文述及,KK 算法两倍采样的 DTF 就能得到系数,由式(16-33)有

$$L'_{a,\mathrm{DFT}}(k,1) = [1+\mathrm{sgn}(k)] L_{a,\mathrm{DFT}}^{(\mathrm{r})}(k,1) = [1+\mathrm{sgn}(k)] \sum_{n=-\infty}^{+\infty} L_a^{(\mathrm{r})}(k+2Mn)$$

$$(16\text{-}38)$$

最终,不在取对数之前对 $I_{aa}(t)$ 做升采样,由 KK 算法得到

$$a'(t_h) = \exp\left[\sum_{k=-M}^{M-1} \mathrm{e}^{-\mathrm{j}k\Omega t_h} L'_{a,\mathrm{DFT}}(k,1) \right] \quad (16\text{-}39)$$

在时间 t_h 再次采样。在采样点 $t = t_h$ 处,$a(t)$ 和 $a'(t)$ 的关系为

$$a'(t) = a(t)\Phi(t) \quad (16\text{-}40)$$

其中误差为

$$\Phi(t) = \exp[-\mathrm{j}\Delta\phi_{\mathrm{err}}(t)] \quad (16\text{-}41)$$

是一个纯相位调制项,表达式是

$$\Delta\phi_{\mathrm{err}}(t) = \sum_{k=-M+1}^{M-1} \mathrm{e}^{-\mathrm{j}k\Omega t} L_{\Delta\phi}(k) \quad (16\text{-}42)$$

其中

$$L_{\Delta\phi}(k) = -\mathrm{j}[\mathcal{L}^*(-k) - \mathcal{L}(k)] \quad (16\text{-}43)$$

并且

$$L_{\Delta\phi}(k) = [1+\mathrm{sgn}(k)] \sum_{n=1}^{+\infty} L_a^{(\mathrm{r})}(k-2Mn) \quad (16\text{-}44)$$

这里的 $L_a^{(\mathrm{r})}(k)$ 来自式(16-29)。

如果不应用上采样,则在取幂后我们得到一个函数 $a'(t)$,它具有相同的强度样本 $I_{aa}(t_h)$,但具有相位误差。这样做的结果是 $a'(t_h)$ 不是 SSB(也就是它在负频率处不为零),并且其正频率与 $a(t)$ 相比失真。负频率是 SSB 波形 $a(t)$ 和 $\Phi(t)$ 之间的卷积。对于足够大的载波,卷积中的主要项是 $\Phi(t)$ 与载波的跳动,并且 $a'(t)$ 的右边频率部分约等于被其共轭之和破坏的 $a(t)$。这提出了一种用于(近似)信号重建的简化算法。该算法的第一步是在不进行上采样的情况下通过 KK 算法对 $a(t)$ 进行评估。第二步由以下操作表示:

$$A''_{\mathrm{DFT}}(k) = [A'_{\mathrm{DFT}}(k) + A'^{*}_{\mathrm{DFT}}(-k)]u_H(k) \tag{16-45}$$

其中，$A'_{\mathrm{DFT}}(k)$ 是 $a'(t_h)$ 的 DFT 系数；$u_H(k)$ 是单位阶跃函数。从 $A''_{\mathrm{DFT}}(k)$ 的 IDFT 获得的波形 $a''(t)$ 得到了对 $a(t_h)$ 的改进估计。尽管这种修改仅是对误差元素 $\Delta\varphi_{\mathrm{err}}(t)$ 中的二阶项进行，但这种操作还是有缺点，因为它变更了重建的强度。因此，该过程的最后一步是用检测到的强度的平方根替换重建波形的幅度，保持相位不变。

16.1.7 实际应用

基带 QAM 信号上变频到中频，产生 SSB 信号。为了满足 KK 接收器的最小相位条件，需要一个振幅大于 SSB 信号振幅的光音。生成用于 SSB 传输的光学音调的最常见方法是，在用 SSB 信号驱动调制器时抵消 IQ 调制器的偏置，如图 16.2 所示。因此，在入射到光电二极管（PD）之前，发射信号的复光场包络可以表示为

$$E(t) = E_0 + s(t)e^{j\pi f_i t} \tag{16-46}$$

$$f_i = \alpha \times f_s \tag{16-47}$$

其中，E_0 是光载波的幅度；$s(t)$ 是基带 QAM 信号；f_i 是中频；f_s 是符号率；α 是确定信号和光载波之间的频率间隙的间隙因子。由 PD 检测到的没有直流阻塞的信号 $I(t)$ 可以写为

$$I(t) = E_0^2 + E_0 s(t)e^{j\pi f_i t} + E_0 s^*(t)e^{-j\pi f_i t} + |s(t)|^2 \tag{16-48}$$

其中，$s^*(t)$ 是共轭项；$E_0 s^*(t)e^{j\pi f_i t}$ 是可以通过滤波获得的有用信号；$|s(t)|^2$ 是 SSBI 分量，对信号质量产生损伤。多年来，缓解 SSBI 的算法已成为研究的热点。KK 方案是解决此问题的最有效方法之一。

检测信号的直流分量包括 E_0^2 和 $|s(t)|^2$ 项的直流分量，如果使用交流耦合的 PD，则几乎为零。直流耦合的 PD 和交流耦合的 PD 可用于实现 KK 检测。文献[31]指出，很明显会存在一些低速波动，其是由具有高发射功率的设备的缺陷所致，此问题可以被称为直流漂移。如果实际系统中使用交流耦合的 PD，并且可以更好地抑制直流周围的低频分量，则可以跳过此步骤。因此，这里将交流耦合的 PD 应用于 KK 检测。由交流耦合的 PD 检测到的信号定义为 $I'(t)$。因此，应将充当虚拟直流分量的正值添加到 $I'(t)$，可以将其表示为

$$I_{\mathrm{DC}}(t) = \beta \times |I'(t)|_{\max} + I'(t) \tag{16-49}$$

其中，β 是比例因子，该因子大于零，以调整虚拟直流分量的值。信号的相位可以写为

$$\phi(t) = H\left[\ln(\sqrt{I_{\mathrm{DC}}(t)}\right] \tag{16-50}$$

其中，$H[\cdot]$ 是希尔伯特变换运算符；$\ln(\cdot)$ 是对数运算符；开根号操作可以通过泰勒级数展开的形式完成[35]。因此，重建的 SSB 信号 $E_{\mathrm{KK}}(t)$ 可以写为

$$E_{\mathrm{KK}}(t) = \sqrt{I_{\mathrm{DC}}(t)}\,e^{j\phi(t)} \tag{16-51}$$

KK 接收器的原理框图如图 16.1 所示。要获得 KK 接收器，需要满足三个必要条件。首先是具有足够功率以满足最小相位条件的光音。换句话说，需要足够大的 CSPR：

$$\mathrm{CSPR} = 10\log(|E_0|^2 / |s(t)|^2) \tag{16-52}$$

在仿真和实验演示中，通过打开/关闭射频信号以获得信号功率 P_S 和载波功率 P_C 来测量 CSPR，因此 CSPR 可以由下式计算[36]：

$$\mathrm{CSPR} = 10\log(P_C / P_S) \tag{16-53}$$

其次，由于 KK 方案中的平方根和对数运算，足够高的数字上采样速率对于应对频谱扩

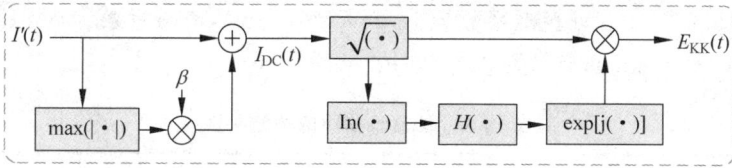

图 16.1　KK 接收器的框图

展是很重要的。根据一些的实验结果,最佳的上采样数值是 $4\sim6$[35]。在 KK 检测之后,对随后的数字信号处理程序进行下采样。

最后,发送的信号应该是 SSB 信号。

16.2　仿真设置和结果

16.2.1　仿真装置

首先进行单信道仿真,以测试 KK 方案的系统性能。图 16.2 是仿真装置,表 16.1 显示了仿真设置的关键参数。使用 VPI Design Suite 9.8 和 MATLAB R2018b 进行仿真。在发送端部分,位序列由 MATLAB 的随机函数生成,用于仿真和实验演示。然后将该序列映射到具有 20 Gbaud 符号速率的 2^{16} 个长度为 128/256/512(QAM)的符号中,并进行 4 倍的上采样。然后,信号通过带有滚降的根升余弦(RRC)脉冲整形滤波器,滚降系数为 0.01,并上转换为中频 f_i,α 为 0.51。MATLAB 生成信号的实部和虚部随后被加载到具有 80 GSa/s 采样率和 20 GHz 带宽的 DAC 中,ENOB 设置为 5。DAC 设置的参数值见实验演示。然后,将输出信号用于驱动偏置在零点以上的 IQ 调制器。IQ 调制器的半波直流和射频电压设置为 5 V,工作温度为 25℃。通过更改 IQ 调制器的偏置点,可以进一步控制 CSPR 值。连续波是由外腔激光器(external cavity laser,ECL)产生的,其在 1552.52 nm 处的线宽为 100 kHz。噪声系数为 4 dB 的 EDFA 用于增加光信号的发射功率。20 km 的标准单模光

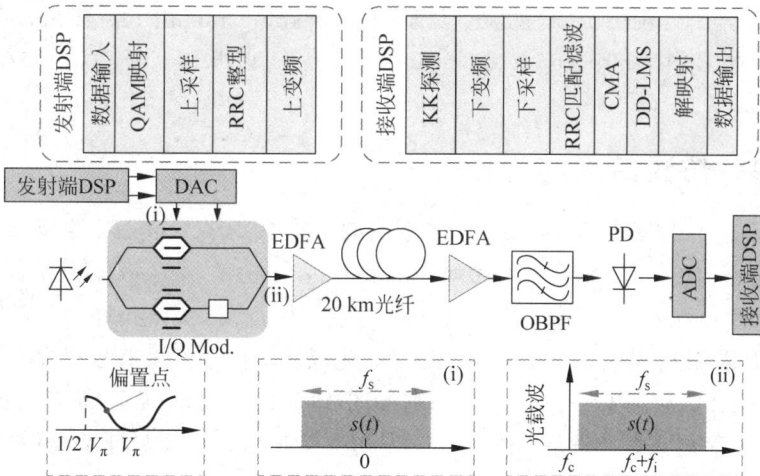

图 16.2　仿真装置

(ⅰ) 基带 QAM 信号;(ⅱ) 传输的光信号

(请扫 2 页二维码看彩图)

纤（SSMF）在 1552.52 nm 处色散系数为 16 ps/(nm·km)，衰减系数为 0.2 dB/km，色散斜率为 0.08 ps/(nm²·km)，有效面积为 80 μm²。

表 16.1　仿真设置中的关键参数

参　量	值	参　量	值
DAC 采样率	80 GSa/s	DAC ENOB	5
ECL 波长	1552.52 nm	ECL 线宽	100 kHz
ECL 平均功率	1 mW	V_πRF	5 V
V_π DC	5 V	消光比	90 dB
工作温度	25℃	EDFA 噪声系数	4 dB
EDFA 噪声带宽	4 THz	色散	16 ps/(nm·km)
色散斜率	0.08	核面积	80 μm²
衰减系数	ps/(nm²·km)	非线性指标	2.6×10^{-20}
最大步幅	0.2 dB/km	平均步幅	50 km
OBPF 传输函数	50 km	OBPF 带宽	25 GHz
OBPF 噪声系数	4 dB	OBPF 高斯阶数	1
OBPF 噪声分辨率	3 dB	PD 灵敏度	1 A/W
PD 热噪声	10 pA/Hz$^{0.5}$	PD 带宽	50 GHz
ADC 采样率	80 GSa/s	ADC ENOB	5

　　在接收器端，使用 EDFA 将接收的光功率调整为 0 dBm。25 GHz 带宽的高斯型光学带通滤波器（optical bandpass filter，OBPF）用于模拟 25 GHz 的信道间隔。然后，通过具有 1.0 A/W 响应度的 50 GHz PD 检测经过滤波的信号，以及通过具有 80 GSa/s 采样率、33 GHz 带宽和 5 位 ENOB 的 ADC 进行检测。这些参数也可以根据实验设备进行设置。完成所有这些步骤后，离线的 MATLAB 程序将处理接收到的电信号。在 KK 检测之后，执行下变频，下采样和匹配的 RRC 滤波，恒模算法（constant module algorithm，CMA）和判决引导的最小均方（decision-driven least mean squares，DD-LMS）。随后，在 QAM 解映射后恢复原始数据流。

16.2.2　仿真结果与讨论

　　图 16.3 显示了 128QAM KK 检测仿真系统的误码率（BER）、OSNR 性能与 CSPR（carrier signal power ratio）的关系。假设加性高斯白噪声（additive white Gaussian noise，AWGN）的理论误码率结果也在图 16.3 中给出。理论误码率与模拟误码率之间的差距是由实际仿真系统中存在的限制因素引起的，例如 ADC 量化噪声，光纤传输非线性等。256QAM 和512QAM 的 BER 结果与 CSPR 的关系分别如图 16.4(a)和(b)所示，很明显地证明，应用 KK 方案可以显著提高系统性能。可以通过遍历 CSPR 值来实现最佳系统性能。通过从零点调整 IQ 调制器的偏置点以获得更高的 CSPR 值，发送的光信号功率也会增加。因此，OSNR 随着 CSPR 的增加而增加。可以看出，对于所有三种 QAM 格式，KK 接收器的最佳 CSPR 约为 8 dB。使用 KK 接收器相较于不使用 KK 接收器，其 CSPR 值小 4～5 dB。例

如,对于没有 KK 接收器的 128QAM 系统,最佳 CSPR 为 13 dB;使用 KK 接收器后,最佳 CSPR 降低到 8 dB。也就是说,相对较小的 CSPR 可以与 KK 接收器结合使用,以实现良好的系统性能,从而可以降低系统功耗。在 SSBI 和过大的光载波功率之间需要权衡。CSPR 较小时,系统性能会受到 SSBI 的限制,因此,使用 KK 接收器可以提高系统性能。但是当进一步提高 CSPR 时,系统性能会受到过大的光载波功率的限制。因此,即使使用 KK 接收器也无法再提高系统性能。这个结论也可以通过图 16.5 来验证。对于 128QAM、256QAM 和 512QAM,采用最佳 CSPR,BER 分别从 0.1108 降低到 0.0091,从 0.1562 降低到 0.0326,从 0.1837 降低到 0.0583。即使具有最佳 CSPR,最低 BER 仍高于 512QAM 的 25%SD-FEC 阈值 0.04。

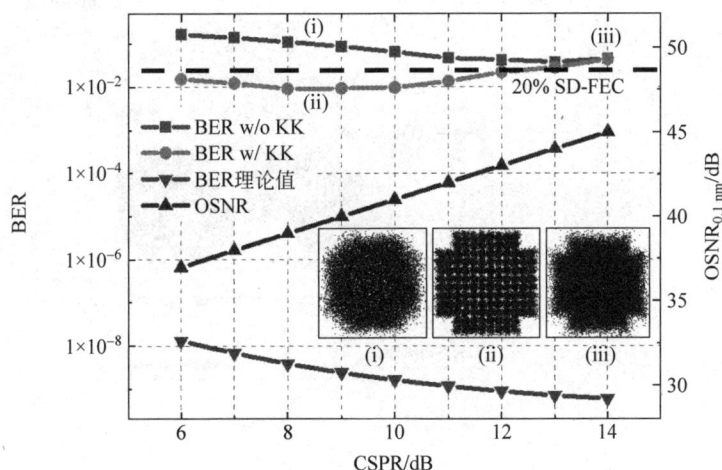

图 16.3　对于 128QAM,BER 和 OSNR 与 CSPR 的关系

插图为接收到的 128QAM 星座图:(i) 不使用 KK 接收器,8 dB CSPR;(ii) 使用 KK 接收器,8 dB CSPR;(iii) 使用 KK 接收器,14 dB CSPR

(请扫 2 页二维码看彩图)

因此,如图 16.4(c)所示,进一步研究了 BER 与 ENOB 的关系,以探索 DAC 和 ADC 的 ENOB 对 512QAM 系统性能的影响。CSPR 设置为 8 dB,以获得使用 KK 接收器的最佳系统性能,相应地测得 OSNR 为 39 dB。红线表示通过同时更改 DAC 和 ADC 的 ENOB 来实现 BER 性能变化。另外两条代表 BER 变化与 DAC 和 ADC 的 ENOB 的关系,并将 ADC 和 DAC 的 ENOB 固定为 5 位。如果 ADC 的 ENOB 高于 6,则 BER 低于 25%SD-FEC 阈值 0.04;如果 DAC 和 ADC 的 ENOB 都高于 8,则 BER 接近 20%SD-FEC 阈值 0.024。也就是说,在实际实验演示中,DAC 和 ADC 的 ENOB 可能是实现基于 KK 接收器的 512QAM 传输系统的主要障碍,因为在以下实验部分中使用的 DAC 和 ADC 的 ENOB 只有 5。DAC 和 ADC 的 ENOB 对系统性能有较大影响。ADC 的 ENOB 不应小于 DAC 的 ENOB,否则,无法进一步提高系统性能。对于高阶 QAM 系统,有/无 KK 接收器时的 BER 差值变化与 CSPR 的关系如图 16.5 所示。总体改进有所增加,因为启动 CSPR 太低,无法完全满足最小相位条件。一旦满足最小相位条件,则 KK 接收器带来的改进将在一定范围内保持稳定。在此范围之外,由于过大的光学载波功率已成为系统的主要限制,因此这种改进会迅速降低。

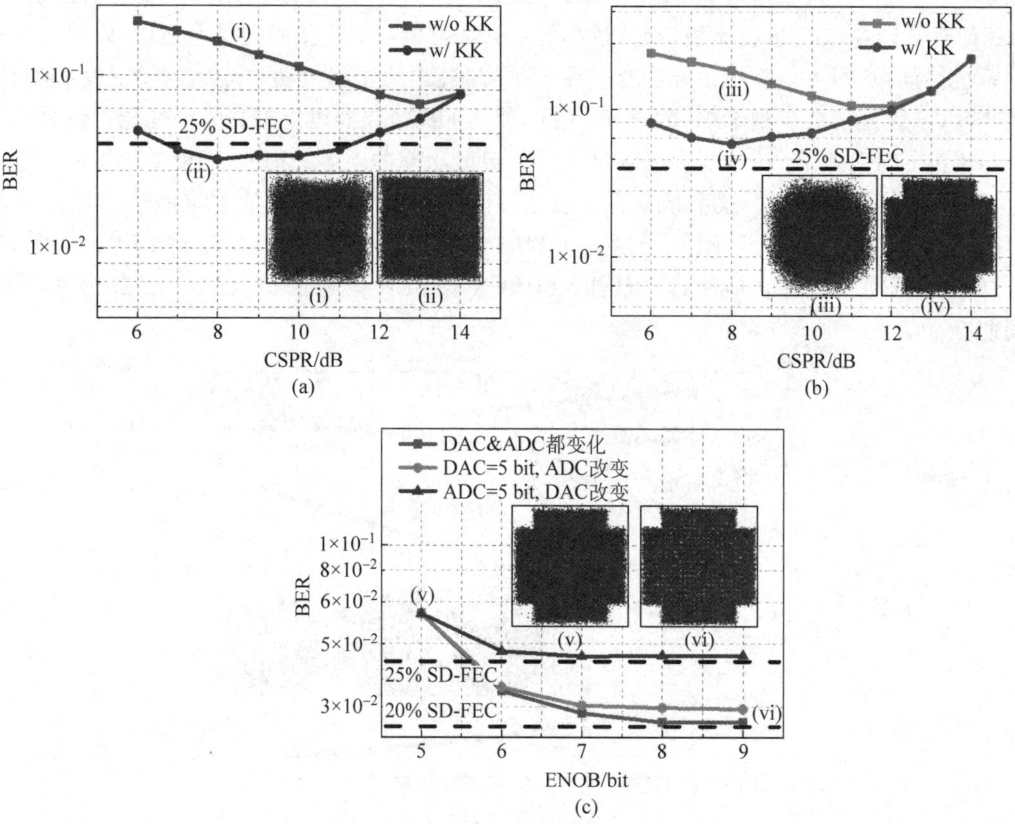

图 16.4　BER 与 CSPR 的关系(a)256QAM 和(b)512QAM。(c)512QAM 的 BER 与 ENOB 关系。
(i)不使用和(ii)使用 KK 接收器接收到的 256QAM 星座图；512QAM(iii)不使用和(iv)使用 KK 接收器星座图；
512QAM(v)使用 KK 接收器，ENOB 为 5 和(vi)使用 KK 接收器，ENOB 为 9 星座图
（请扫 2 页二维码看彩图）

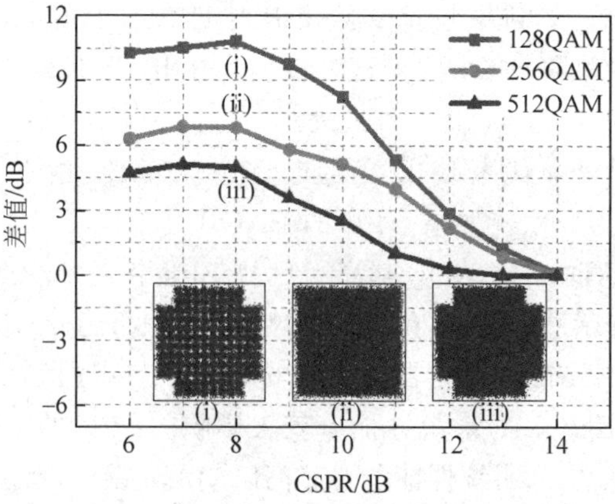

图 16.5　使用 KK 接收器的 BER 差值变化与 CSPR 的关系
插图为最佳 CSPR 为 8 dB 时，使用 KK 接收器的(i)128QAM、(ii)256QAM 和(iii)512QAM 的星座图
（请扫 2 页二维码看彩图）

16.3　研究进展

16.3.1　典型实验装置和结果

图 16.6(a)显示了使用基于交流耦合 PD 的 KK 接收器进行波分复用高阶 QAM 传输的实验装置。波分复用奇数和偶数信道是由两个带宽 30 GHz 的 IQ 调制器生成的,这些调制器由四个 ECL 驱动而成,这些 ECL 结合使用两个光耦合器(OC),且在 1551.88 nm、155.08 nm、1552.28 nm 和 1552.48 nm 处线宽小于 100 kHz。在发射端 DSP 中,首先生成四个不同的 20 Gbaud 128/256/512(QAM)基带信号。然后,基于线性 CMA 均衡器对 QAM 信号进行预均衡。无预均衡的 CMA 均衡器的有限脉冲响应(FIR)抽头系数被用作对发射机的反馈,以进行预均衡。这种预均衡方案的细节在文献[37]中给出。之后,信号被上采样、RRC 滤波,并使用与仿真中相同的参数进行上变频。四个信号被加载到两个 DAC,DAC 的采样速率为 80 GSa/s,具有 20 GHz 带宽和 5 位 ENOB。DAC 的每个输出信号均由具有 5 dB 噪声系数的级联电放大器(EA)增强,然后用于驱动 IQ 调制器。将 IQ 调制器偏置在零点上方,以生成 KK 接收器所需的光载波,并进一步手动调整偏置点以获得不同的 CSPR 值。四个信道由 25/50(GHz)交织器(interleaver,IL)复用,并具有 25 GHz 波分复用信道间隔。传输系统还有两个 EDFA 和 20 km 的 SSMF。

在传输 20 km SSMF 之后,接收到的信号被输入 25/50 GHz 的交织器中,将波分复用信号分为两个分支。随后,分别应用 50/100 GHz 和 50/200 GHz 的交织器来将两组两分支信号滤出四个单独的信号。50/200 GHz 的交织器有四个输出端口,但是只有两个用于获取 ch2 和 ch4 信号。四个带宽为 50 GHz 的光电检测器(PD)用于检测信号。注意,由于平方律检测,检测到的信号是实值和双边带,如图 16.6(b)中插图(i)所示。信号由 EA 放大后,由带宽为 33 GHz 的 80 GSa/s 数字实时示波器(Oscilloscope,OSC)采样。在接收端 DSP 中,光信息由 KK 接收器恢复,因此如图 16.6(b)中插图(ii)所示,重建了 SSB 信号。此后,通过下变频、下采样、滤波、CMA、DD-LMS 和解映射进一步处理信号以获得 BER。

16.3.2　实验结果和讨论

1. 单信道传输

首先进行单信道传输以测试系统性能。检测到的 DSB 信号和重建的 SSB 信号的频谱如图 16.6(b)所示,这清楚地证明了可以通过 KK 检测来重建复值 SSB 信号。仅应用一个 25/50 GHz 的交织器来模拟 25 GHz 波分复用信道间隔。首先研究在背对背(BtB)传输情况下,使用 KK 接收器在单信道 128QAM 系统中不同接收光功率的 BER 性能,如图 16.7 所示,当接收的光从 −2 dBm 增加到 1 dBm 时,整个系统的性能将得到改善;但是,当接收的光功率从 1 dBm 进一步增加到 2 dBm 时,由于 PD 的饱和效应,系统性能会受到限制。因此,为了进一步的实验演示,将接收到的光功率设置为 1 dBm。

然后,使用 19 dBm 接收光功率和 128QAM 格式,在有无 KK 检测的情况下测试 25/50 GHz 交织器的影响。从图 16.8 中可以看出,由于交织器的带宽有限,系统性能将会下降。有无交织器的 SSB 光信号的频谱如图 16.9 所示。通过更改 IQ 调制器的偏置点并固

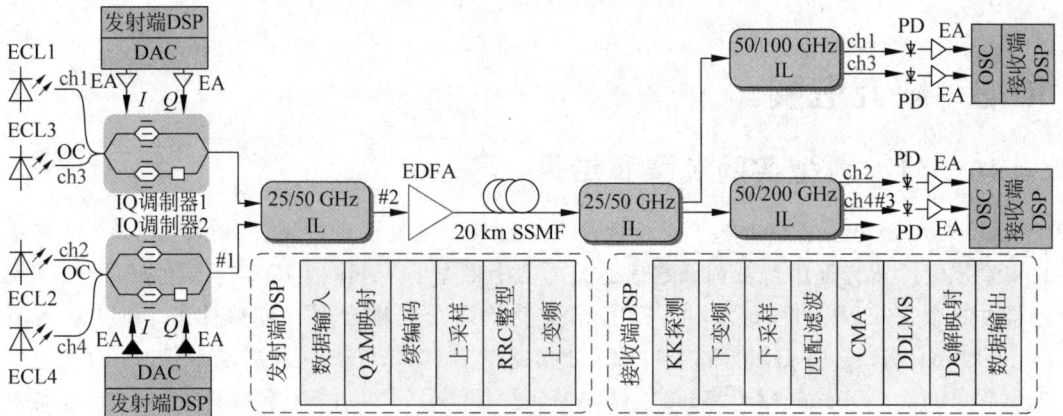

(a)

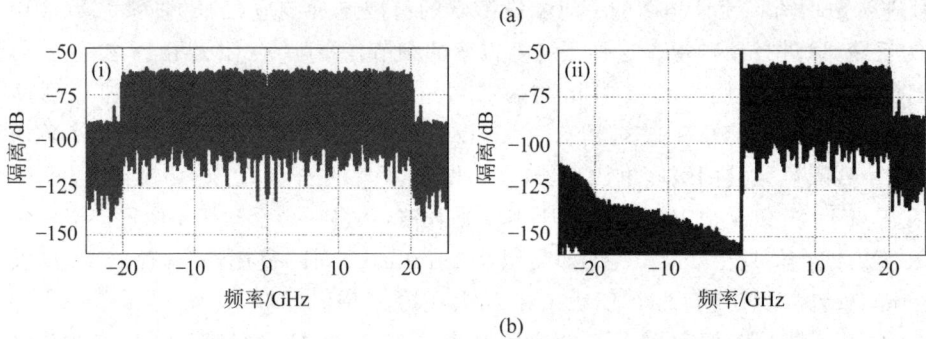

(b)

图 16.6　(a) 用 KK 接收器进行 WDM 高阶波分复用传输的实验装置；(b)(i)在 KK 接收器之后检测到的 DSB 信号和(ii)重建的 SSB 信号的频谱

（请扫 2 页二维码看彩图）

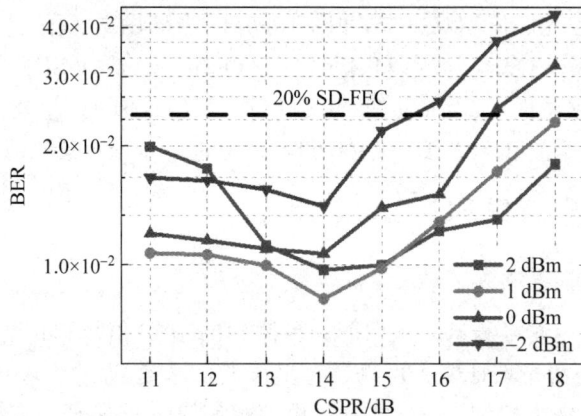

图 16.7　使用 KK 且不同的接收光功率情况下的 BER 与 CSPR 的关系

（请扫 2 页二维码看彩图）

定信号功率,然后将其加载到 IQ 调制器中,可以控制从 11~18 dB 的 CSPR 值。

图 16.10 和图 16.11 分别显示了单信道 128QAM 和 256QAM 的 KK 系统的 BER 性能与 CSPR 的关系。请注意,此处未提供 512QAM 传输的结果,因为获得的最低 BER 仍然高于 25％SD-FEC 阈值 0.04。使用 KK 接收器的最佳 CSPR 为 14 dB,这比不使用 KK 接收器的 128QAM 的最佳 CSPR 低 3 dB。在以最佳 CSPR 传输 20 km 的 SSMF 之后,在

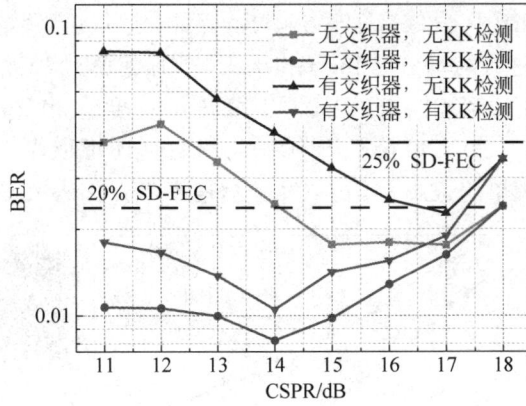

图 16.8　BER 与 CSPR 的关系

（请扫 2 页二维码看彩图）

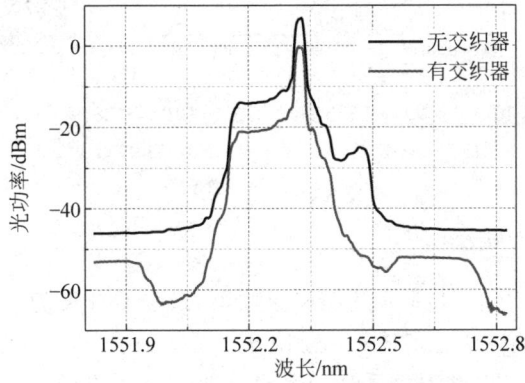

图 16.9　不使用和使用 25/50 GHz 交织器的光学 SSB 信号的频谱

（请扫 2 页二维码看彩图）

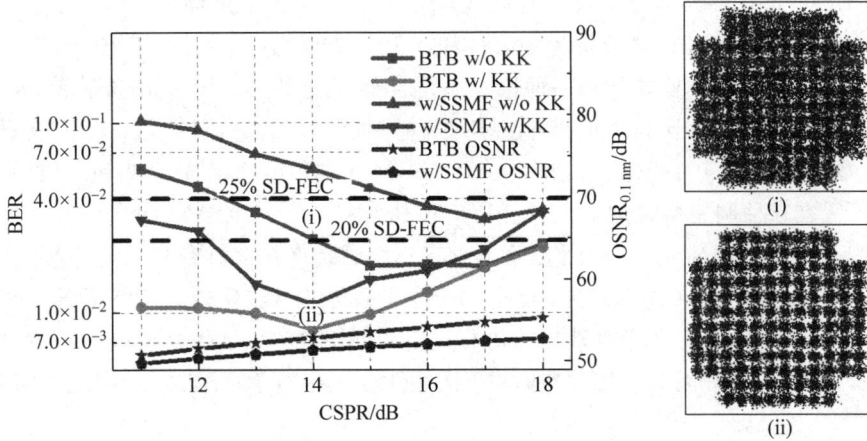

图 16.10　单信道 128QAM 系统的 BER 和 OSNR 与 CSPR 的关系

插图为(i)不使用和(ii)使用 KK 接收器接收的星座图

（请扫 2 页二维码看彩图）

20％SD-FEC 阈值下,BER 从 0.057 降至 0.011。因此,成功实现了在 20 GHz 的 SSMF 上以 25 GHz 的信道间隔进行的单信道 140 Gbit/s(净数据速率 117 Gb/s)128QAM 信号的传输。然后评估 256QAM 的系统性能。在以 14 dB CSPR 传输 20 km 的 SSMF 后,在 25％ SD-FEC 阈值以下,BER 从 0.090 降低至 0.037。因此,还可以在 20 GHz 的 SSMF 上以 25 GHz 的信道间隔实现单信道 160 Gb/s(净数据速率 128 Gb/s)256QAM 信号的传输。

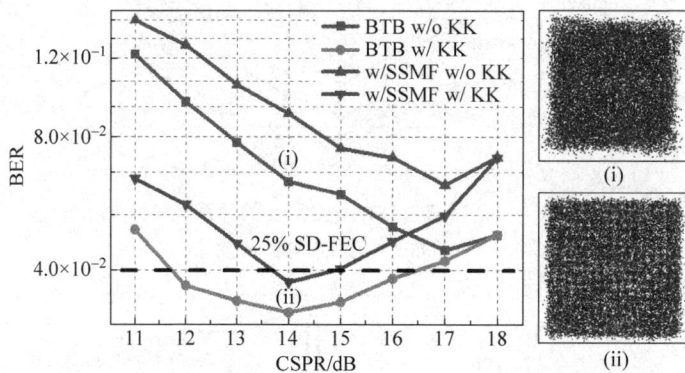

图 16.11　单信道 256QAM 系统的 BER 与 CSPR 关系图

插图为(i)不使用和(ii)使用 KK 接收器接收的星座图

(请扫 2 页二维码看彩图)

2. 波分复用传输

图 16.6 的装置,使用 128QAM 及 KK 接收器,最佳 CSPR 为 11 dB 的条件下,在背靠背和光纤传输情况下,误码率分别从 0.051 降至 0.013 以及从 0.069 降至 0.018。应用 KK 接收器可以以较小的 CSPR 来提供更高的性能改进,当最优值后继续增加 CSPR 时,KK 接收器的提升会降低。在 128QAM 和 256QAM 下,没有 KK 接收器的最佳 CSPR 值均比带有 KK 接收器的 CSPR 高约 2 dB。对于 128QAM 和 256 QAM,使用 11 dB 的 CSPR 可获得最低的 BER,这被称为 KK 接收器的最佳 CSPR,而性能改善最高的 CSPR 为 10 dB。对于 512QAM,这两个 CSPR 值分别为 10 dB 和 9 dB。有时,这两个 CSPR 值可能不相同,因为 SSBI 并不是影响系统性能的唯一原因。系统性能还受到其他因素的限制,例如 ASE 噪声、非线性和 ENOB。一旦满足最小相位条件,在一定的 CSPR 范围内,KK 接收器带来的改进就非常接近。对于 128QAM、256QAM 和 512QAM,传输的光功率和 OSNR 保持不变,这表明所有三种调制格式的最佳 CSPR 应该非常接近。512QAM 的最佳 CSPR 值略低于 128QAM 和 256QAM 的 CSPR 值,但是所有三种调制格式都具有相同的近似最佳 CSPR 范围,即 10～11 dB。对于仿真结果,最佳 CSPR 几乎与可以实现最大性能提升的 CSPR 一致,因为与实验相比,考虑到相对理想的仿真设备和环境,SSBI 是仿真系统中的主要影响因素。图 16.12 显示了有无 KK 接收器时,BER 性能改进相对于 CSPR 的变化。其基本变化趋势与仿真结果一致。

16.3.3　代表性研究进展

KK 技术在 2016 年开始成为光纤直接检测领域的研究热点。很多领先的光纤通信研究机构都在从事这方面的研究。意大利拉奎拉大学首次提出了在光纤通信中使用 KK 相干

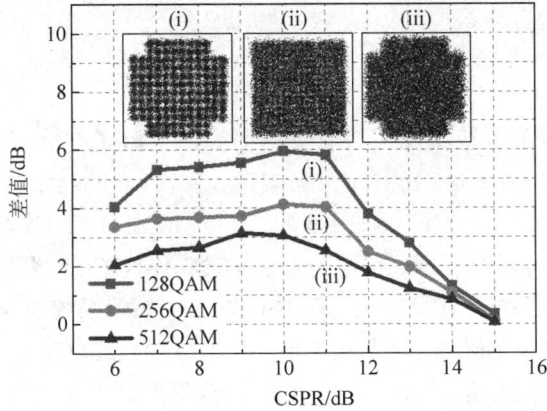

图 16.12　有无 KK 接收器时 BER 差值变化与 CSPR 的关系

插图为使用 KK 接收器以及相应的最佳 CSPR 的(i)128QAM、(ii)256QAM 和(iii)512QAM 的星座图

（请扫 2 页二维码看彩图）

接收机的方案[14]，给出了在光纤通信中 KK 相干接收的原理、证明，这是 KK 算法在光纤通信中蓬勃发展的基石；同时给出了当光信噪比高于 16 dB 时，可以在本地振荡器功率超过平均信道功率约 6 dB 的情况下实现低于 10^{-2} 的前向纠错误码率（这意味着相对于相干传输来说，总传输功率提升了 7 dB），说明 KK 方案的功率效率高于相干传输。英国伦敦大学学院通过实验研究，首次比较了 KK 接收器与采用电子色散补偿和基于数字信号处理的接收器线性化技术相结合的不同直接检测收发器的性能[28]；通过在净光信息频谱密度为 2.8 bit/(s·Hz)的 4×112 Gb/s 波分复用直接检测 SSB 16QAM 奈奎斯特副载波调制系统上进行的实验，来评估比较在长达 240 km 的标准单模光纤（SSMF）链路上的传输，明确表明 KK 接收器方案是所有其他评估的接收器线性化技术中性能最好的。在文献[20]中，KK 方案的使用有助于实现 4×168 Gb/s 波分复用直接检测 SSB 64-QAM 奈奎斯特副载波复用信号的超过 80 km 的无补偿 SSMF 传输，净信息频谱密度高达 4.61 bit/(s·Hz)；一个重要的贡献是描述了光学 CSPR 和 KK 算法采样率的联合优化。在文献[32]中，麦吉尔大学的研究者提出并演示了一种使用斯托克斯矢量 KK 收发器进行直接检测的 4D 调制，在 60 Gbaud PDM 16 QAM 单载波实验中实现了超过 80 km SSMF 的 400 Gb/s 的创纪录净数据速率（包括前向纠错开销的 480 Gb/s 原始速率），BER 低于 $2×10^{-2}$ 的阈值。在文献[38]中，作者提出了一种基于 KK 光相位重构和时间交织帧的双 SSB OFDM 系统；他们使用 BER 阈值为 $3.8×10^{-3}$ 的 40 GSa/s DAC 演示了 C 波段的超过 80 km SSMF 传输，净比特率为 88.5 Gb/s；使用两个滤光器来分离接收器处的两个边带；时间交织帧用于减轻由滤波器传递函数的缺陷引入的串扰。韩国科学技术院的研究者提出了一种不需要数字上采样的 KK 接收器的修改，并演示了 112 Gb/s SSB OFDM 的 80 km 传输[35]。在文献[27]中，来自北京邮电大学的研究者和来自武汉的合作者使用单个商用低成本双驱动 MZM 产生了 112 Gb/s(56 Gbaud)SSB PAM-4 光信号，并比较了之后的性能，使用二阶沃尔泰拉均衡器的 KK 接收器传输 80 km。在文献[39]中，来自同一机构的研究者展示了使用 KK 检测实现在 140 km SSMF 上的 56 Gb/s 单光电二极管 16QAM 传输；他们还研究了 CSPR 和共同传播的 CW 载波的频移对系统性能的影响。

16.4　结论

我们介绍了直接检测系统中 KK 接收器的研究。实验了在 20 km 的 SSMF 距离上具有 25 GHz 信道间隔的 4×140 Gb/s(净数据速率 4×117 Gb/s)波分复用 128QAM 和 4×160 Gb/s(净数据速率 4×128 Gb/s)波分复用 256QAM SSB KK 传输。在使用 KK 接收器的波分复用系统中,实验证明了可以传输最高阶 256QAM,净 SE 为 5.12 bit/(s·Hz)。

此外,本章还给出了在 128QAM、256QAM 和 512QAM 系统中应用 KK 接收器的详细系统性能评估和仿真结果;研究了不同 CSPR 对 128QAM、256QAM 和 512QAM 系统性能的影响。一旦满足最小相位条件,在一定的 CSPR 范围内,KK 接收器带来的改进就非常接近。在此范围之后,由于过大的光载波功率已成为系统的主要限制,因此这种改进迅速降低。有时候,达到系统最低 BER 时最优的 CSPR 与使用 KK 接收器时达到最大系统性能提升的 CSPR 并不一致,因为 SSBI 并不是影响系统性能的唯一因素。根据仿真结果,可能是由于 DAC 和 ADC 的 ENOB 有限,未能成功演示基于 KK 接收器的波分复用 512QAM 系统。将来,如果 DAC 和 ADC 的 ENOB 足够高且具有合适的 CSPR 和 OSNR,则有可能演示基于 KK 接收器的 512QAM 信号传输。

思考题

16.1　在 Z 拓展中,变量 Z 的含义是什么? Z 拓展与 DTFT、DFT 的关系分别是什么?

16.2　为何最小相位系统中 z 变换的零点全在单位圆内,而最小相位信号的 Z 拓展的零点全在单位圆外?

16.3　如式(16-12),证明:$\mathcal{Z}_{a^*}(Z)$ 的所有零点是 $\mathcal{Z}_a(Z)$ 的所有零点的共轭倒数。

16.4　证明式(16-14)和式(16-15),并说明如果在式(16-14)中如果不取一个主值周期则会发生什么?

16.5　证明:信号是最小相位信号的一个充分条件是,载波的模值远大于信号的模值。

16.6　既然最小相位信号 $a(t)$ 具有最大载波,那么其共轭信号 $a^*(t)$ 是否具有最小载波? 试证明。

16.7　为什么通过式(16-23)我们并不能知道任何 $L_a^{(i)}(0)$ 的信息? 这与数字信号处理中,试图使用奇序列 $x_o(n)$ 恢复任何因果序列 $x(n)$ 时,必须要加上 $x(0)$ 的信息才能完全恢复的原因有何异同?

16.8　在数字信号处理中,我们知道在信号中补零只能减少栅栏效应(将 DFT 抽样更多点从而可以将 DTFT 拟合得更清晰),而不能提升频率分辨率从而抗混叠,思考:为什么在式(16-35)中可以?

16.9　试仿真出图 16.3 的结果。

16.10　试仿真出图 16.4 的结果。

16.11　试讨论图 16.2 的仿真设置中,偏置点选取在不同位置时,对 KK 接收器性能的影响。

16.12　在 KK 系统中,只利用了系统中光的一个偏振,如果将另一个偏振也传输 KK 系统的信号,会出现什么?

16.13　在本章提到的 KK 系统的方案,是通过在数字域自行添加载波实现的。如果替换为在光域添加光载波,会出现什么?

16.14　试着思考 KK 系统和 IM-DD 系统相比的优势和劣势。

参考文献

[1]　SHU L,LI J,WAN Z,et al. Single-photodiode 112-Gbit/s 16-QAM transmission over 960-km SSMF enabled by Kramers-Kronig detection and sparse I/Q Volterra filter[J]. Opt. Express,2018,26,19: 24564-24576.

[2]　ANTONELLI C,MECOZZI A,SHTAIF M,et al. Polarization multiplexing with the Kramers-Kronig receiver[J]. J. Light. Technol. ,2017,35(24): 5418-5424.

[3]　LE S T,SCHUH K,BUCHALI F. 1. 6Tbps WDM direct detection transmission with virtual-carrier over 1200km[C]. OFC 2018,San Diego,CA,USA,2018: Tu2D. 5.

[4]　SHI J,ZHANG J,ZHOU Y,et al. Transmission performance comparison for 100-Gb/s PAM-4,CAP-16,and DFT-S OFDM with direct detection[J]. J. Light. Technol. ,2017,35(23): 5127-5133.

[5]　SHI J,ZHOU Y,ZHANG J,et al. Enhanced performance utilizing joint processing algorithm for CAP signals[J]. J. Light. Technol. ,2018,36(16): 3169-3175.

[6]　LI D,DENG L,YE Y,et al. Amplifier-free 4×96 Gb/s PAM8 transmission enabled by modified Volterra equalizer for short-reach applications using directly modulated lasers[J]. Opt. Express,2019,27(13): 17927-17939.

[7]　ZHONG K,ZHOU X,HUO J,et al. Digital signal processing for short-reach optical communications: a review of current technologies and future trends[J]. J. Light. Technol. ,2018,36(2): 377-400.

[8]　IEEE P802. 3bs 400 Gb/s Ethernet Task Force. [2018-10-1]. [Online]. Available: http://www. ieee802. org/3/bs/.

[9]　SUHR L F,VEGAS OLMOS J J,MAO B,et al. 112-Gbit/s×4-lane duobinary-4-PAM for 400GBase [C]. ECOC 2014,Cannes,France,2014: Tu. 4. 3. 2.

[10]　CHAN T,LU I,CHEN J,et al. 400-Gb/s transmission over 10-km SSMF using discrete multitone and 1. 3-μm EMLs[J]. IEEE Photon. Technol. Lett. ,2013,26(16): 1657-1660.

[11]　MIGUEL I O,ZUO T,JESPER B J,et al. Towards 400GBASE 4-lane solution using direct detection of multiCAP signal in 14 GHz bandwidth per lane//Opt. Fiber Commun. Conf. /Nat. Fiber Opt. Eng. Conf. ,Mar. 2013,Paper PDP5C. 1.

[12]　DONG P,LEE J,CHEN Y,et al. Four-channel 100-Gb/s per channel discrete multi-tone modulation using silicon photonic integrated circuits//OFC 2015,Los Angeles,CA,USA,2015,Paper Th5B. 4.

[13]　GUI T,YI L,GUO C,et al. Single-photodiode 112-Gbit/s 16-QAM transmission over 960-km SSMF enabled by Kramers-Kronig detection and sparse I/Q Volterra filter[J]. Opt. Express,2018,26(20): 25934-25943.

[14]　MECOZZI A,ANTONELLI C,SHTAIF M. Kramers-Kronig coherent receiver[J]. Optica,2016,3 (11): 1220-1227.

[15]　RASMUSSEN J C,TAKAHARA T,TANAKA T,et al. Digital signal processing for short reach optical links[C]. ECOC 2014,Cannes,France,2014: Tu. 1. 1. 3.

[16]　ZHU M,ZHANG J,YING H,et al. 56-Gb/s optical SSB PAM-4 transmission over 800-km SSMF using DDMZM transmitter and simplified direct detection Kramers-Kronig receiver[C]. OFC 2018, Los Angeles,CA,USA,2018: M2C. 5.

［17］ TANAKA T,NISHIHARA M,TAKAHARA T,et al. Experimental demonstration of 448-Gbps＋ DMT transmission over 30-km SMF［C］. OFC 2014,San Francisco,CA,USA,2014：M2I. 5.

［18］ RUAN X,LI K,THOMSON D J,et al. Experimental comparison of direct detection Nyquist SSB transmission based on silicon dual-drive and IQ Mach-Zehnder modulators with electrical packaging ［J］. Opt. Express,2017,25(16)：19332-19342.

［19］ CHEN H,KANEDA N,LEE J,et al. Experimental comparison of direct detection Nyquist SSB transmission based on silicon dual-drive and IQ Mach-Zehnder modulators with electrical packaging ［J］. Opt. Express,2017,25(6)：5852-5860.

［20］ LI Z,ERKILINÇ M S,SHI K,et al. Spectrally efficient 168 Gb/s/λ WDM 64-QAM single-sideband Nyquist-subcarrier modulation with Kramers-Kronig direct-detection receivers［J］. J. Light. Technol. ,2018,36(6)：1340-1346.

［21］ PENG W R,WU X,FENG K M,et al. Spectrally efficient direct-detected OFDM transmission employing an iterative estimation and cancellation technique［J］. Opt. Express, 2009, 17 (11)： 9099-9111.

［22］ RANDEL S,PILORI D,CHANDRASEKHAR S,et al. 100-Gb/s discrete-multitone transmission over 80-km SSMF using single-sideband modulation with novel interference-cancellation scheme［C］. ECOC 2015,Valencia,Spain,2018：0697.

［23］ LI Z,SEZER M,MAHER R,et al. Two-stage linearization filter for direct-detection subcarrier modulation［J］. IEEE Photon. Technol. Lett. ,2016,28(24)：2838-2841.

［24］ ZOU K,ZHU Y,ZHANG F,et al. Spectrally efficient terabit optical transmission with Nyquist 64-QAM half-cycle subcarrier modulation and direct-detection［J］. Opt. Lett. ,2016,41(12)：2767-2770.

［25］ LI X,ZHOU S,JI H,et al. Transmission of 4×28-Gb/s PAM-4 over 160-km single mode fiber using 10G-Class DML and Photodiode［C］. OFC 2016,Anaheim,CA,USA,2016：W1A. 5.

［26］ ZHU M,ZHANG J,YI X,et al. Hilbert superposition and modified signal-to-signal beating interference cancellation for single side-band optical NPAM-4 direct-detection system［J］. Opt. Express,2017,25(11)：12622-12631.

［27］ SHU L,LI J,WAN Z,et al. Single-lane 112-Gbit/s SSB-PAM-4 transmission with dual-drive MZM and Kramers-Kronig detection over 80-km SSMF［J］. IEEE Photon. J. ,2017,9(6)：1-9.

［28］ LI Z,ERKILINÇ M S,SHI K,et al. SSBI mitigation and the Kramers-Kronig scheme in single-sideband direct-detection transmission with receiver-based electronic dispersion compensation［J］. J. Light. Technol. ,2017,35(10)：1887-1893.

［29］ SCHUH K,LE S T. 180 Gb/s 64QAM transmission over 480 km using a DFB laser and a Kramers-Kronig receiver［C］. ECOC 2018,Rome,Italy,2018：Tu3G. 4.

［30］ CHEN X,CHO J,CHANDRASEKHAR S,et al. Single-wavelength, single-polarization, single-photodiode Kramers-Kronig detection of 440-Gb/s entropy-loaded discrete multitone modulation transmitter over 100-km SSMF［C］. IEEE Photon. Conf. ,2017：Th5B. 6.

［31］ ZHU M,ZHANG J,YI X,et al. Optical single side-band Nyquist PAM-4 transmission using dual-drive MZM modulation and direct detection［J］. Opt. Express,2018,26(6)：6629-6638.

［32］ HOANG T M,ZHUGE Q,XING Z,et al. Single wavelength 480 Gb/s direct detection transmission over 80 km SSMF enabled by Stokes vector receiver and reduced-complexity SSBI cancellation［C］. OFC 2018,Los Angeles,CA,USA,2018：W4E. 7.

［33］ ZHOU Y,YU J,WEI Y,et al. 160 Gb/s 256QAM transmission in a 25 GHz grid using Kramers-Kronig detection［C］. OFC 2019,San Diego,CA,USA,2019：Th2A. 46.

［34］ MECOZZI A,ANTONELLI C,SHTAIF M. Kramers-Kronig receivers［J］. Adv. Opt. Photon. ,2019, 11：480-517.

［35］ BO T,KIM H. Kramers-Kronig receiver operable without digital upsampling［J］. Opt. Express, 2018,26(11)：13810-13818.

［36］ ZHU Y,ZOU K,ZHANG F. C-band 112 Gb/s Nyquist single sideband direct detection transmission over 960 km SSMF[J]. IEEE Photon. Technol. Lett. ,2017,29(8)：651-654.

[37]　ZHANG J,YU J,CHI N. Time-domain digital pre-equalization for band-limited signals based on receiver-side adaptive equalizers[J]. Opt. Express,2014,22(17)：20515-20529.

[38]　FAN S,ZHUGE Q,XING Z,et al. 264 Gb/s twin-SSB-KK direct detection transmission enabled by MIMO processing[C]. OFC 2018,Los Angeles,CA,USA,2018：W4E. 5.

[39]　SHU L,LI J,WAN Z,et al. 56-Gb/s singlephotodiode 16QAM transmission over 140-km SSMF using Kramers-Kronig detection[C]. Asia Commun. and Photon. Conf. ,2017：M2B. 2.

第 ⑰ 章

多维复用光信号传输

近年来,在世界范围内,用户对高通信效果和质量的宽带视频、多媒体业务、实时/准实时业务等新兴数据业务的应用需求不断增长,从而对于光纤通信网络的带宽和容量规模的需求不断增大,超大容量、超长距离的光传输引起了人们的广泛兴趣。然而在实际的光通信系统中,由于光纤的非线性效应和光电器件速率瓶颈的影响,限制了光通信传输的容量和距离。虽然可以采用多种技术来克服和弥补这种限制,例如采用多维多阶调制格式和多载波技术提高系统传输的容量、采用相干检测提高接收机灵敏度、采用非线性补偿来增加传输距离,然而光纤传输介质的巨大频带资源还是没有得到充分的开发。因此,人们开始借鉴无线通信系统的一系列理念,在光域采用复用技术实现多信道光传输,进一步提高和突破光通信系统的带宽和容量。

目前,应用于光域的复用方式主要有:光时分复用(OTDM)[1-4]、波分复用[5-7]、空分复用(SDM)[8-31]以及光码分复用(OCDM)[32-36]。这些复用方式都可以在单根光纤中实现。而空分复用,不仅可以以多个模式在单根光纤中进行传输而实现复用,还可以通过在多根光纤中传输而实现复用,又被称为多输入-多输出(MIMO)技术。本章将分别对这些多信道光传输技术进行介绍。OTDM 和波分复用技术已比较成熟,本章将对突破香农极限的空分复用技术进行重点介绍。另外,由于光子在其传播方向上可以产生可变的动量分量,我们可以在不同的动量态上进行光信号传输,形成了轨道角动量(OAM)复用这一新的光复用方式,8.5 节将对其进行介绍。

17.1　光时分复用多信道光传输

17.1.1　OTDM 原理和关键技术

光时分复用是指把信号的传输时间分成若干时隙,不同路的光信号在不同的时隙中传输。它用多个电信道调制同一个波长,经复用后在同一根光纤上传输,有效地将电子瓶颈转到光域,利用光技术的优势,实现高速 OTDM 传输通信。

图 17.1 是数据速率大于 100 Gb/s OTDM 传输以及光信号处理技术结构示意图。在

光域实现 OTDM 功能,主要的技术包括超短光脉冲产生、时分复用、光中继、同步/时钟提取,以及时分解复用。

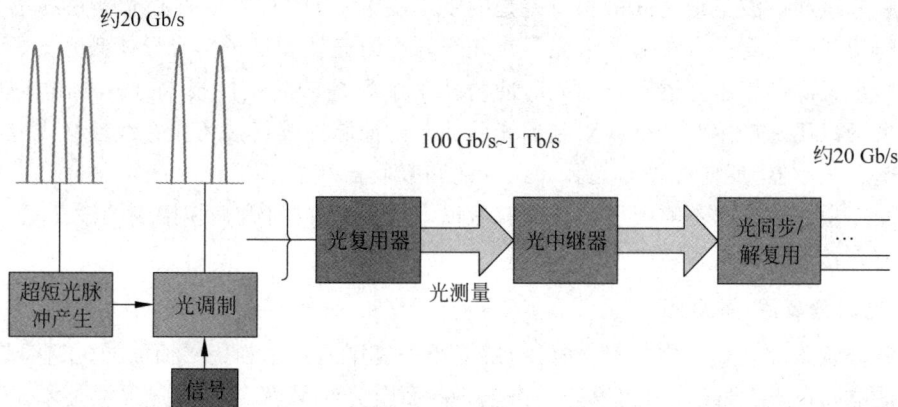

图 17.1　大于 100 Gb/s OTDM 光信号处理技术结构示意图
（请扫 2 页二维码看彩图）

1. 超短光脉冲产生技术

用于高速时分复用传输的信号脉冲,对脉冲宽度、脉冲频谱宽度、同步以及脉冲稳定性有一定要求。在 OTDM 传输系统中,光信号的脉冲宽度必须小于比特率时隙,一般用于超高速 OTDM 传输的光脉冲脉宽至少小于 1/3 码元周期,脉宽越窄,可以复用的路数越多。然而复用的路数越多,则频谱越宽,由于光纤色散效应的影响,容易引起 ISI。因此信号的脉冲宽度决定了信号传输的最大比特率,而光脉冲的频谱宽度可以决定时分复用信号的传输长度。符合限制变换的脉冲波形通过最小化频谱宽度,能够最小化传输光纤中色散效应的影响,减小传输过程中的脉冲时延扩展,降低 ISI,因而能够很好地用于高速 OTDM 中。

另外,为了实现同步传输,光脉冲须与工作频率同步,用于实现脉冲与工作频率同步的主要技术有:增益开关、EA 外调制、非线性压缩以及锁模技术。

1) 增益开关

利用增益开关技术实现脉冲与工作频率同步的原理是:采用脉冲宽度小于 100 ps 的高强度电短脉冲驱动激光二极管,由于激光二极管的弛豫振荡,会产生脉冲宽度小于 30 ps 的短光脉冲序列。采用此种方法,可以在 10 GHz 附近产生需要的任意频率的短光脉冲,且脉冲发生器与其他信号之间的同步很容易实现,因此,增益开关技术被广泛应用于高速脉冲源的产生。而如果要使光脉冲宽度小于 10 ps,则可以结合啁啾补偿和非线性压缩等方法实现。然而值得注意的是,如果是使用光纤实现线性啁啾压缩,则用于红移啁啾的补偿光纤的长度约为 1 km,当复用或解复用速率达到 100 Gb/s 时,补偿光纤上的任意波动都很容易引起时间上的抖动。

2) EA 外调制

当 EA 调制器的驱动电压有非线性衰减时,EA 调制器有脉冲压缩的效应。因此,通过余弦调制 EA 调制器,可以产生完整的符合变换限制的光脉冲序列。如果需要产生更短的光脉冲序列,则须与脉冲线性压缩或非线性压缩等方法结合起来。

3) 锁模激光器

有源锁模激光器可以用来产生同步的短光脉冲序列。锁模激光器中,激光腔的光场幅度或频率被调制。调制频率与激光器多纵模的频率间隔相等。调制信号产生多个边带,由于每个纵模的调制边带之间有重叠,因此,产生的多纵模相位同步。这意味着某个傅里叶序列中基频分量和谐波分量之间的相位差是固定不变的,因此有源锁模激光器还可以实现脉宽压缩的功能。主要的有源锁模激光器有光纤环形激光器和量子阱半导体激光器。

而同步无源锁模激光器和可控光脉冲的技术主要是谐波锁模技术。另外,碰撞脉冲锁模技术也可以用来产生符合变换限制的光脉冲。碰撞脉冲锁模技术是在线性激光腔中放置一个可饱和吸收器,反向传输激光脉冲在可饱和吸收器相互碰撞产生超短脉冲。谐波锁模的环形光纤激光器由于不需要脉冲压缩就可以产生 ps 级的符合变换限制的激光短脉冲,因而在高速光传输系统中很有吸引力。

2. 光时分复用/解复用

光时分复用在光域内进行时分复用/解复用。复用通常是利用平面波导延迟线阵列(或平面光波电路(PLC))或者高速光开关来实现;而全光时域解复用器则常常是基于四波混频(FWM)或非线性光纤环行镜(NOLM)等。

当速率大于 100 Gb/s 时,要实现光时分复用/解复用,传统的电开关已不能满足要求,高速光开关因为能打破电开关速率的瓶颈,被用来实现光时分复用/解复用。图 17.2 是各种光开关实现技术。最早提出的用于 OTDM 解复用的高速光开关主要是基于高速三阶非线性效应。而后,各种用于光开关的技术相继被提出,主要有三类:基于相移的光开关、基于频移的光开关以及基于增益/损耗变化的光开关。光克尔效应开关和萨尼亚克干涉仪是基于相移的光开关;FWM 光开关和 XPM 光开关则属于基于频移的光开关;光交叉增益开关或光吸收调制开关则是基于增益/损耗变化的光开关。

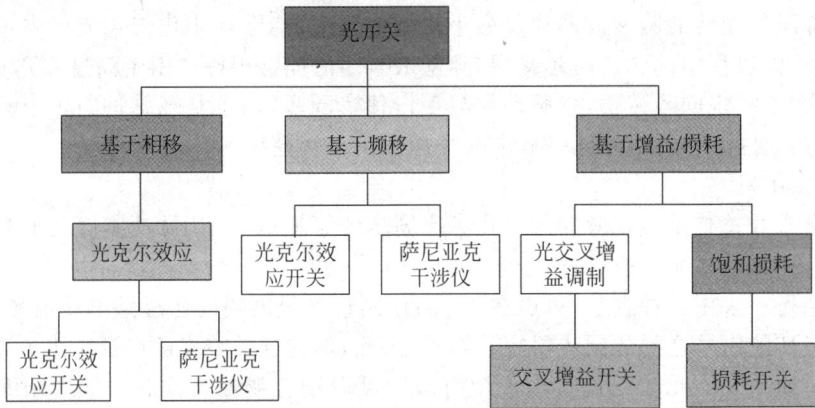

图 17.2　光开关技术分类
(请扫 2 页二维码看彩图)

在萨尼亚克干涉仪中采用 NOLM,是 OTDM 解复用器的一种典型结构。在这种结构中,光纤或半导体激光器(SLA)被用来作为光非线性媒介。图 17.3 是 NOLM 的原理图,其主要原理是基于两个反向传输信号脉冲(分别沿光纤环顺时针和逆时针传输)之间的干涉:当控制脉冲为零时,幅度相等、相位相差 π/2 的两束光在耦合器中干涉相消,最后被反射回 NOLM 结构的入口端;当控制脉冲不为零时,由于克尔效应,顺时针传输脉冲和控制脉冲间产生 XPM,有一个非线性相位,而逆时针传输脉冲不产生相移,因而,两个反向传输脉冲在耦合器中相干增强,最后从输出口输出,实现光开关的功能。所以,基于 NOLM 结构的光开关解复用功能主要取决于顺时针脉冲和控制脉冲之间产生的非线性相移,当 $\Delta\phi = \pi$ 时,可以实现光时分解复用。

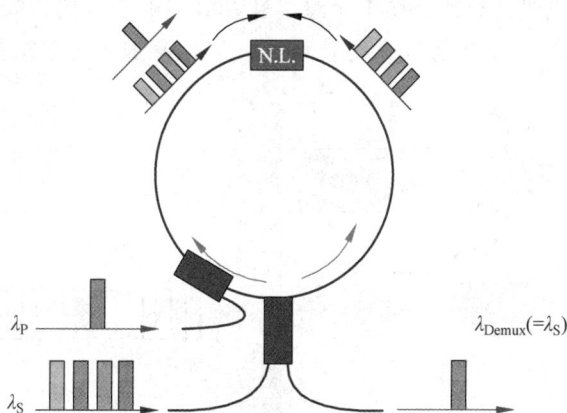

图 17.3　NOLM 结构原理图

(请扫 2 页二维码看彩图)

FWM 光开关是基于频移的光开关,对频率偏差的容限很小,其原理图如图 17.4 所示。选择合适的泵浦光的频率,利用 FWM 效应,产生新的波长,实现解复用。FWM 转换效率不仅与信号功率和泵浦光功率有关,还与三阶非线性系数以及非线性媒介的有效长度、相位匹配有关。当使用光纤作为非线性媒介时,FWM 转换效率可达 100%,而当使用半导体激光器时,由于媒介的有效长度和三阶非线性系数较小,因而 FWM 转换效率较低。

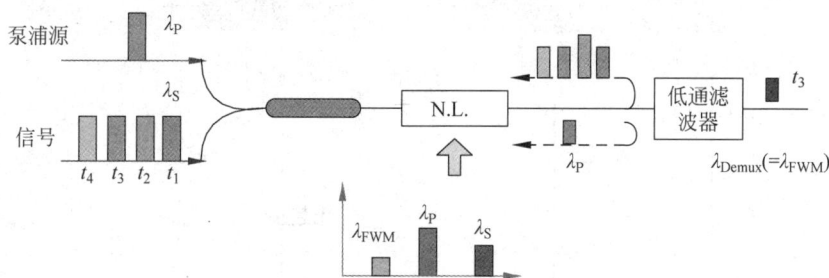

图 17.4　FWM 光开关结构原理图

(请扫 2 页二维码看彩图)

基于 NOLM 的光开关和 FWM 光开关的主要区别在于:基于 NOLM 的光开关解复用出来的信号波长与输入信号波长相同,而 FWM 光开关解复用出来的信号波长的与输入信号波长不同;另外,这两类光开关对消光比的要求也不同。在 FWM 光开关结构中,滤波器只需要将 FWM 频谱中新产生的波长信号滤出来,因而信噪比可达 30 dB。而在基于 NOLM 的光开关中,为了获得高信噪比,耦合器的耦合比例须精确控制在 1 : 1,实际应用中,信噪比超过 20 dB 都很难。

3. OTDM 复用器

OTDM 复用器主要有两种结构:并行结构和串行结构,如图 17.5 所示。并行结构是将信号分成不同的子信道,每个子信道上分别进行调制,然后通过不同的延时,将各个子信道在时间上分隔开来,在耦合器端以比特间接插的方式合在一起。并行结构的 OTDM 复用器结构比较简单,这个结构不需要使用高速的光开光,同时除光调制器外,用于延时的平面波导延迟线阵列或光线延迟线都属于无源器件。但是由于子信道间时延需要精确控制,因而稳定性较差;另外,由于将信号分成了多个子信道,集成工艺要求较高。

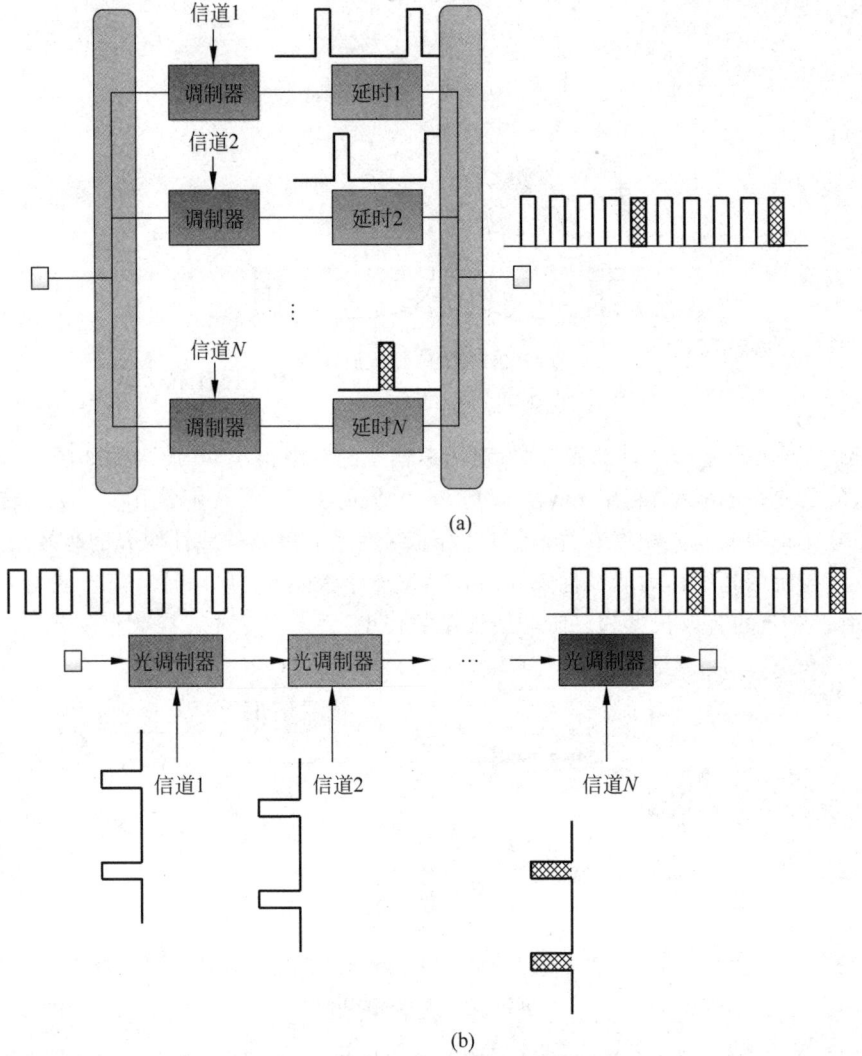

(a)

(b)

图 17.5　OTDM 复用器结构

(a) 并行结构;(b) 串行结构

(请扫 2 页二维码看彩图)

在串行结构的 OTDM 复用器中,高速时钟脉冲序列和光调制信号脉冲合成,进入光开关在高比特率信号中产生一个调制信道,如此级联重复以上过程,使每个信道分开调制,也可获得高速的 OTDM 输出。串行结构虽然对集成工艺要求很低,但需设法消除由于光调制器串联而累积的有害影响。

4. 高速时钟提取

OTDM 系统的复用、接收、解复用等操作都离不开同步时钟,因而在高速 OTDM 系统中,从接收信号中提取时钟很有必要。高速时钟提取技术主要有三类:光学谐振回路、注入锁定和锁相环技术。光学谐振回路主要是基于无源法布里-珀罗(Fabry-Perot)标准具或光纤中窄带布里渊增益从光信号中提取时钟分量。注入锁定技术可以采用自脉动半导体激光放大器实现快速时钟提取。而锁相环技术是光电结合的时钟提取技术,它通过将电时钟信号调制在半导体激光器的增益上,检测本地时钟和发送信号之间的相移,然后将相差信号反馈到压控振荡器(VCO),实现时钟提取和同步。锁相环技术由于利用了电子锁相环的频率和相位跟踪特性,又具备光信号的高速处理特性,因而应用较为广泛。

17.1.2　高速 OTDM 传输

由于频带利用率高、传输系统相对简单,自 OTDM 技术被提出以来,受到了相当大的关注。1995 年,NTT 公司第一次实现 160 Gb/s OTDM 信号的 200 km 传输,随后,NTT 公司采用各种基于光纤光信号处理技术,实现了 OTDM 的 200 Gb/s~1.28 Tb/s 传输的实验验证。2006 年,德国 Fraunhofer HHI 采用 80 Gb/s DQPSK 信号,经复用后,实现了 2.56 Tb/s 的 OTDM 数据传输。表 17.1 是部分高速传输实验的一个总结。目前,160 Gb/s OTDM 技术已经比较成熟,结合 DPSK 数据调制、平衡检测、FEC 以及拉曼放大等先进技术,160 Gb/s OTDM 能够稳定地工作在现已部署的系统中。然而,电信号处理技术不断发展,160 Gb/s 电时分复用(ETDM)将变得实际可行,因为其部署成本比 OTDM 要低,因此,Hans-Georg Weber 等预测,160 Gb/s OTDM 最终将被 160 Gb/s ETDM 代替,成为高速 OTDM 的主流技术。

表 17.1　部分高速 OTDM 传输实验

实 验 部 门	速率/(Gb/s)	光　源	传输距离/km
NTT	160	ML-FRL	200
Lucent&Fraunhofer	160	ML-LD	4320
NTT	200	ML-FRL	100
NTT	400	ML-FRL	40
NTT	640	ML-FRL	92
NTT	1280	ML-FRL	70
丹麦技术大学	1190	ERGO-PGL	56
Fraunhofer HHI	2560	MLSL	160

17.2　波分复用多信道光传输

波分复用是指在同一根光纤中同时传输两个或两个以上不同波长光信号的技术。每个波长信号经过数据调制后都在它独有的频带内传输。在现已铺设的光纤的基础上,波分复用能使光纤通信传输系统的容量大增。早期,由于结构复杂,构建成本高,波分复用发展缓慢。随着光电器件的迅速发展,特别是 EDFA 的成熟和商用化,使在光放大器(1530~1565 nm)区域采用波分复用技术成为可能;同时,利用 OTDM 技术已经接近硅和钢镓砷技术的极限,从而波分复用迅速发展,成为光通信复用技术的主流。目前,制造商已推出了 DWDM 系统,可以支持 150 多个不同波长在同一根光纤上传输。各研究机构和组织的大容量传输实验验证中,很多也是基于波分复用或多波长技术(多波长技术在本质上也是一种波分复用技术)。另外,波分复用传输系统的每个信道可携带任意的数据调制格式,在路由网络中可以实现透明的波长路由和波长交换,从而波分复用技术备受青睐。本节主要对波分复用技术予以讨论。

17.2.1 波分复用系统结构

图 17.6 是典型波分复用传输系统结构图。发送端,多个独立的调制光源在不同的波长上传输信号,波分复用器将这些不同波长的信号复合成一个连续的频谱,耦合到光纤中进行传输。接收端,解复用器将复用信号分离成不同的信道,分别对其进行检测和信号处理。由于不同的波长的信号一般都限制在其分配的频谱上,发射端信道间的干扰很小,可以忽略不计,因此,在发射端主要的挑战是如何提供低损耗的波长复用。另外,由于探测器几乎对所有波分复用信道的波长都光电敏感,因而,在接收端,如何实现不同波长的完全分离,避免不必要的波长信号进入某一个接收信道,是实现波分复用传输的另一难点。为了克服这一难点,窄频谱工作的解复用器或锐波长截止的光滤波是必不可少的。

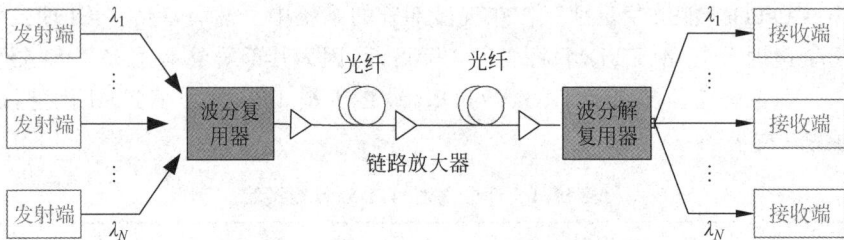

图 17.6 波分复用传输系统结构图

(请扫 2 页二维码看彩图)

波分复用传输系统的应用不同,则信道间串扰的容限也不一样。一般来说,$-30\ \text{dB}$ 的串扰水平是可以接受的。根据传输光纤数量上的不同,还可以将波分复用传输分为单向传输和双向传输。在单向传输系统中,有两根传输光纤,每一根用于不同方向的传输业务;而在双向传输系统中,只有一根传输光纤,不同方向的传输业务在同一根光纤上进行。值得一提的是,波分复用系统应用需求不同,则其所需要的复用波长数也不同,可分为三类。

(1) 粗波分复用(CWDM):信道数一般为 $2\sim8$,信道间隔为 $10\sim100\ \text{nm}$。

(2) 密集波分复用(DWDM):信道间隔为 $12.5\ \text{GHz}$、$25\ \text{GHz}$、$50\ \text{GHz}$、$100\ \text{GHz}$ 或 $200\ \text{GHz}$,现已商用的 DWDM 系统多采用 40 个、80 个复用信道。

(3) 光正交频分复用(OOFDM):信道频谱之间互相重叠,信道间隔很小,为 $0.1\sim1\ \text{nm}$。

波分复用传输系统的工程设计多采用国际电信联盟 ITU-T 标准。ITU-T G.692 建议波分复用传输系统从 $193.100\ \text{THz}$ 的频率点的窗口中选择复用信道,可选信道间隔为 $200\ \text{GHz}$、$100\ \text{GHz}$ 和 $50\ \text{GHz}$。另外,每经过 $80\ \text{km}$、$120\ \text{km}$ 和 $160\ \text{km}$ 的光纤链路后,接一个链路放大器对光纤衰减进行补偿。

17.2.2　波分复用关键技术

高频谱效率、高容量的波分复用多信道光传输是光纤通信系统的研究目标,它们主要依赖于以下几种关键技术。另外从原理方面考虑,波分复用器可以用作波分解复用器,因为在下面的介绍中,通用"复用器",而不对其分别进行介绍。

1. 波分复用器

无源器件在光域对光束进行复用和分离,是波分复用器的原型,主要有 $N \times N$ 耦合器、功率分路器、功率抽头以及星形耦合器。这些器件可以通过光纤或基于 $LiNbO_3$ 或 InP 的平面光波导来实现。一般地,大多数的无源器件都是星形耦合器的变形。星形耦合器可以实现对光数据流的合路和分离,如图 17.7 所示。

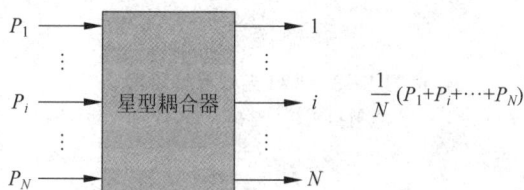

图 17.7　星形耦合器结构示意图
（请扫 2 页二维码看彩图）

波分复用器专门用来实现不同波长数据流的合路,以及将所有功率信号注入单根光纤中的复用设备。一般来说,波分复用器对所有波长均匀合路,即所有波长的信号功率相同。波分复用应用中则希望波分复用器/解复用器实现合路和分路时有低的插入损耗。

1) 基于相位阵列的波分复用器

一般来说,通用的波分复用无源器件都基于阵列波导光栅,这类器件可以用作复用器/解复用器、分插复用器和波长路由器。实际上,阵列波导光栅是 2×2 马赫-曾德尔干涉仪的推广。典型的设计是由有 M_{in} 个输入端口和 M_{out} 个输出端口的平板波导,以及传播常数为 β 的 N 个无耦合波导连接的两个星形耦合器(聚焦平面相同)组成。在中心区域,相邻波导的程度差为 ΔL,构成一个马赫-曾德尔类型的波导光栅,如图 17.8 所示。对于一个纯粹的 $N \times 1$ 复用器,$M_{in} = N$,$M_{out} = 1$;而对于 $1 \times N$ 的解复用器,则 $M_{in} = 1$,$M_{out} = N$;而如果是应用于网络路由,则 $M_{in} = M_{out} = N$。

2) 光纤光栅波分复用器

光纤光栅是另一类比较通用的波分复用无源器件。由于光纤光栅波分复用器是一个全光纤的器件,它继承了光纤低成本、低损耗、低温度系数,以及易于与其他光纤耦合、偏振不敏感、易于包装的优点。它的制造是基于传统掺锗硅光纤光敏特性:通过使用一对紫外光照射,光纤中折射率会发生周期性的变化,形成光纤光栅。当满足布拉格发射条件的波长进入光栅时,该波长被反射回来,而其他的波长可以低损耗的通过,因此,光纤光栅可以很好地用于波

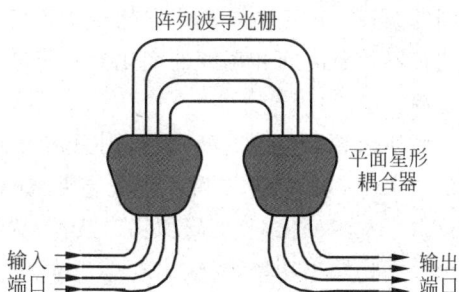

图 17.8　基于相位阵列的波分复用器

分解复用。图 17.9 是具有解复用功能的光纤光栅。为了提取所需的波长,环形器与光栅相连。在具有三个端口的环形器中,输入信号在一个端口输入,在下一个端口输出,也就是说,四个波长从端口 1 输入,被输送到端口 2。由于波长 λ_2 满足布拉格条件,因此,其他所有波长的信号都可以通过光纤光栅,而 λ_2 波长的信号被反射回端口 2,从端口 3 输出。通过上述方法,采用多个环形器和光纤光栅,可以实现更复杂的复用和解复用。

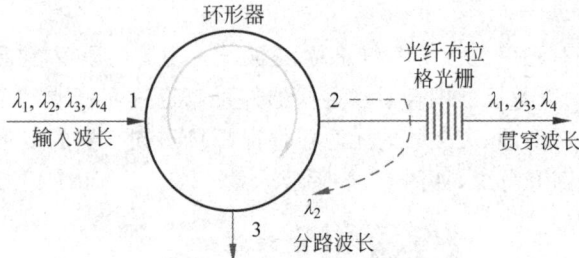

图 17.9　光纤光栅解复用器
（请扫 2 页二维码看彩图）

2. 可调谐光滤波器

在一定频带范围内动态可调谐的光滤波器,可以增加波分复用光网络的灵活性。无源可调谐光滤波器的原理基本相同,而对于有源可调谐的光滤波器,耦合器的一个分支或多个分支的长度或折射率指数通过有源的电压或温度的控制,产生细微的变化,从而允许特定的频率波长通过光滤波器。设计和制造可调谐光滤波器时,可调谐范围、信道间隔、最大信道数以及调谐速度是主要的设计参数:波分复用工作窗口不同,则可调谐范围不同;为了使相邻信道满足系统的性能需求,又同时使传输的信道数最大,其信道间隔也需要很好的设计;而如果希望快速交换分组,则从一个频率转到另一个频率的调谐时间也是需要考虑的因素。然而,根据 ITU-T 的建议,波分复用工作窗口为以 193.1 THz 为中心的频率窗口,因而,信道间隔是最重要的设计参数。信道间隔小于 100 GHz 的可调谐光滤波器主要有:可调 2×2 方向耦合器;可调谐马赫-曾德尔干涉仪;光纤法布里-珀罗滤波器;可调谐波导阵列;液晶法布里-珀罗滤波器;可调多光栅滤波器;声光可调谐滤波器(AOTF)。

3. 可调谐光源

为实现波分复用传输,有几种方法可以用来产生多个信道波长:①一系列离散的 DFB 或 DBR 激光器,②波长可调谐激光器,③多波长激光器阵列。使用多个单波长激光器是实现波分复用最简单的方法,在这种方法中,手动控制每一个激光源,使每一个激光源工作在不同的波长。由于单个激光器的成本较高,此种方法实现起来价格非常昂贵。此外,为了确保波长不随着时间和温度的变化漂移而进入其他信道的频谱范围,就必须严格控制和检测激光源。

而使用频率可调谐激光器,则只需要使用一个光源。频率可调谐激光器基于 DFB 或 DBR 结构,在激光腔中,有一个波导类型的光栅滤波器。改变器件的温度或注入电流,使有效折射率发生变化,改变峰值输出波长,从而实现频率可调谐。频率可调谐激光器的调谐范围依赖于光输出功率,光输出功率越大,可调谐范围越窄。根据式(17-1),可以估计出可调谐范围 $\Delta\lambda_{tune}$:

$$\frac{\Delta \lambda_{tune}}{\lambda} = \frac{\Delta n_{eff}}{n_{eff}} \tag{17-1}$$

其中,Δn_{eff} 为有效折射率的变化。实际应用中,折射率闭环 1%,则产生的可调谐范围为 $10 \sim 15$ nm。图 17.10 是可调谐范围、信道间距和激光频谱宽度的关系图。为了避免相邻信道间的串扰,通常信道间距为信号频谱宽带的 10 倍,也就是说,

$$\Delta \lambda_{channel} \approx 10 \Delta \lambda_{signal} \tag{17-2}$$

因此,最大信道数 N 由可调谐范围给出:

$$N \approx \frac{\Delta \lambda_{tune}}{\Delta \lambda_{channel}} \tag{17-3}$$

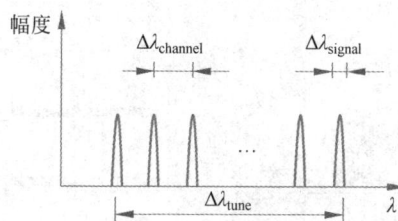

图 17.10　可调谐光源的可调谐范围、信道间距和激光频谱宽度的关系图

(请扫 2 页二维码看彩图)

4. 光交织器

光交织器是一种 3 端口无源光纤设备,如图 17.11(b)所示,它可以将两组 DWDM 通道(奇数和偶数通道)以交织方式组合(MUX)成复合信号流[37-39]。例如,光交织器采用间隔为 100 GHz 的两个复用信号并将它们交织,从而创建更密集的 DWDM 信号,通道间隔为 50 GHz[36-37]。可以重复该过程,以 25 GHz 或 12.5 GHz 间隔创建更密集的复合信号[40-41]。

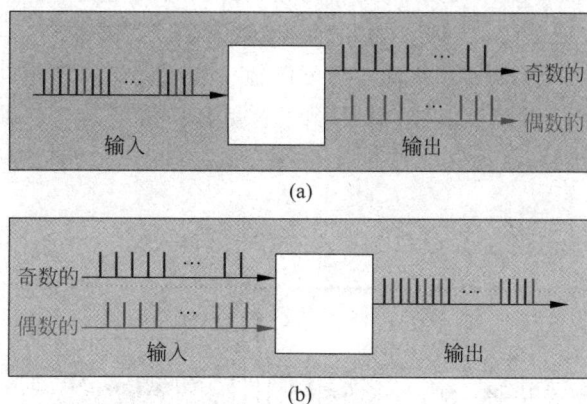

图 17.11　光交织器作用

(a) 光解交织器;(b) 光交织器

(请扫 2 页二维码看彩图)

该器件可以反向使用,形成一个光解交织器,将更密集的 DWDM 信号分离为奇数通道和偶数通道,如图 17.11(a)所示。例如,在大多数 DWDM 设备中,标准信道间隔为 100 GHz,但是,每 50 GHz 甚至 25 GHz 间隔的信号承载频率可以使每根光纤的通道数量

增加一倍甚至四倍。因此,光解交织器可以扩展每根光纤的通道数量,并且可以升级设备和/或网络,而无须升级所有设备。

光交织器基于多光束干涉[37]。目前,构建光交织器有两种方法:①步进相位迈克耳孙干涉仪,②双折射晶体网络。前者是基于迈克耳孙干涉仪并结合了 Gires-Tournois 干涉仪[39]。

5. 波长选择开关

波长选择开关(WSS)已成为现代 DWDM 可重构敏捷光网络(AOC)的核心[42-46]。WSS 可以动态地路由、阻止和衰减网络节点内的所有 DWDM 波长[42]。图 17.12 展示了WSS 的功能。

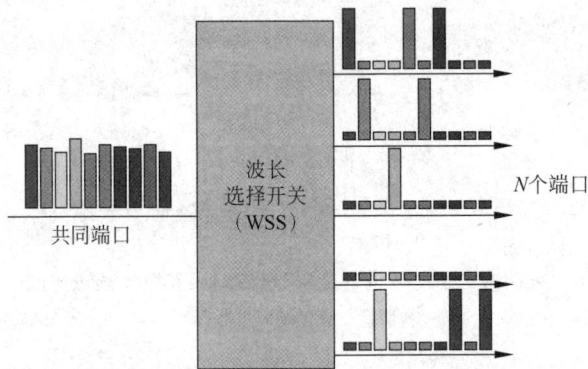

图 17.12 波长选择开关波长路由选择示意图
（请扫 2 页二维码看彩图）

如图 17.12 所示,一个 WSS 是由单个公共光端口和 N 个相对的多波长端口组成,其中从公共端口输入的每个 DWDM 波长可以切换(路由)到 N 个多波长端口中的任何一个,而与所有其他波长通道的路由方式无关。这种波长切换(路由)过程可以通过 WSS 上的电子通信控制接口动态改变。所以 WSS 如此切换 DWDM 信道或波长。对于每个波长,WSS中还存在可变衰减机制。因此,每个波长都可以独立衰减以进行信道功率控制和均衡。当今市场上有多种 WSS 开关引擎技术,作为例子这里我们将展示基于微机电系统(MEMS)设计的 WSS[42]。

1) 1×2 配置

图 17.13 显示了基于衍射光栅和 MEMS 的 1×2 WSS[46]。

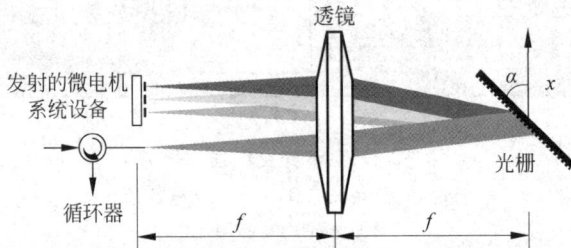

图 17.13 基于衍射光栅和 MEMS 的 1×2 WSS

来自光纤的光由焦距为 f 的透镜准直,并通过光栅衍射进行解复用。光栅后光束的方向将取决于光束的波长 λ_0。然后衍射光束第二次通过透镜,光谱分辨光聚焦在反射线性

MEMS 器件上,该器件也称为 1D MEMS 器件。然后,MEMS 设备要么改变振幅(衰减),要么改变光束的方向。反射光穿过透镜并通过光栅衍射进行波分复用,最后透镜将光耦合回光纤。输出光通过循环器与输入光分离。

2) 1×N WSS

1×N WSS 可以被认为是 1×2 WSS 的推广[46]。由于 1×N WSS 中的每个波长都可以切换到 N 个输出端口中的任何一个,因此该 WSS 可以用于具有多个分插光纤端口的完全灵活的 OADM(光分插复用器)中,每个分插光纤端口承载单个或多个波长。1×N WSS 可以级联形成更大的架构,通过背靠背 1×N WSS 互连可以构建 N×N 波长选择矩阵。让我们看看 1×N WSS 的光学设计。

在 1×N WSS 设计中,它使用傅里叶变换配置中的附加透镜在开关的第一阶段执行空间到角度的转换。此外,1×N WSS 将需要具有 N 个不同倾斜角度的倾斜镜。这些通常用模拟镜像的方式实现。图 17.14 为该设计的工作原理。

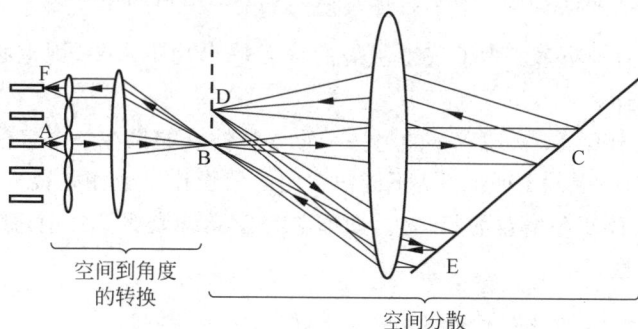

图 17.14 1×N WSS 的光学设计原理

公共输入光纤在 A 点进入 WSS,在此光被微透镜准直。下面的镜头在点 C 处的衍射光栅上成像准直光束。然后波长色散光束落在 MEMS 器件平面 D 上。在 MEMS 器件平面 D 上,光束以一定的倾斜角反射,具体取决于微镜的设置。而后所有反射光束再次聚焦在 B 点上,在该处,角度到空间转换部分将束束成像在输出光纤上。每个输出对应于微镜的特定倾斜角。这种基于 MEMS 的 WSS 可以以 50 GHz 的间隔切换多达 128 个波长。总插入损耗小于 6 dB。它使用 100 mm 焦距镜和 1100 线/mm 光栅。使用小于 115 V 的电压可以将微镜驱动±8°,并且可以通过改变微镜的倾斜角而将 WSS 用作可变衰减器。

WSS 能够用不同的引擎材料实现,包括 MEMS、液晶(LC)和 LCoS(硅上液晶)等[46]。

6. EDFA

光放大器是实现波分复用信号长距离有效传输的关键元件。通常,光纤放大器的有源媒介是由 10~30 m 长度的掺杂有稀土元素的硅纤构成的,掺铒光纤放大器(EDFA)广泛应用于长途通信中,其工作波长为 1530~1560 nm。当多信道信号的带宽小于放大器带宽时,EDFA 可以用于多个光信道信号的放大,其放大带宽为 1~5 THz。

光放大器的最重要参数是信号增益,又叫放大增益,其定义为

$$G = \frac{P_{s,out}}{P_{s,in}} \tag{17-4}$$

其中,$P_{s,out}$ 和 $P_{s,in}$ 分别为光放大器的输入和输出信号功率。为了获得放大增益,基于能

量守恒定律,要在 EDFA 中实现粒子数反转,注入 EDFA 的泵浦功率 P_p 至少应满足:

$$P_p = P_s \frac{\lambda_s}{\lambda_p} \qquad (17\text{-}5)$$

其中,λ_s 和 λ_p 分别为信号波长和泵浦波长。标准的 EDFA 泵浦波长为 980 nm 和 1480 nm。如果泵浦功率不满足式(17-5),信号功率驱动的光放大器将进入深度饱和状态,就不能获得所需的信号增益。光放大器中最主要的噪声为 ASE 噪声。ASE 噪声是由放大媒介中电子和空穴对的自发组合引起的。由于光纤的衰减,在长途光纤通信中,光放大器须周期性地对传输信号进行放大。一般来说,每一个 EDFA 的增益恰好可以完全补偿前一段光纤的衰减。在级联放大器链路中,累计 ASE 噪声是影响放大信号传输性能的最主要因素。为了补偿 ASE 累计噪声,在恒定信噪比的情况下,信号功率应至少随着传输链路长度的增加而线性增加。

实际应用中,当信道间距大于 10 kHz 时,EDFA 中不存在信道间串扰。因此,EDFA 是理想的多信道放大器件。对于多信道信号放大,N 个信道的信号功率为 $P_s = \sum_{i=1}^{N} P_{si}$,这里 P_{si} 是信道 i 的信号功率。为了获得所需的信号输出功率水平,则也必须满足式(17-5)所示的能量守恒定律。

放大增益与波长有关,是 EDFA 的另一个重要特性。如果在整个多信道信号频带内增益不相等,通过多个级联的 EDFA 后,不同信道间的信噪比就会相差很大。于是,人们提出了很多技术来实现 EDFA 增益的归一化,如增益补偿光纤光栅。目前,商用的 EDFA 都有较好的增益平坦特性。

17.2.3 波分复用工作特性

设计波分复用网络时,需要对其系统的工作特性进行综合考虑,如链路带宽、特定 BER 时的光功率需求、信道间串扰以及非线性限制等。下面将分别对这些特性进行分析。

1. 链路带宽

假定在发射端有 N 个发射机,其波特率为 $B_1 \sim B_N$,则总的带宽为 $B = \sum_{i=1}^{N} B_i$。当所有信道的传输波特率相等时,则整个链路的带宽是单个信道带宽的 N 倍。在可用的传输窗口内,波分复用链路的总容量与信道间距密切相关。波分复用链路的工程设计多采用 ITU-T 标准。

2. 特定 BER 时的光功率需求

在解复用器的接收端,信号功率水平、噪声水平以及串扰等因素是评估系统 BER 性能时必不可少的因素。波分复用信道的 BER 主要由进入 PD 探测之前的光 OSNR 决定。采用相干探测和带软判决的 FEC,100 Gb/s PM-QPSK 信道在带宽为 0.1 nm 的波分复用链路中,OSNR 需求约为 10 dB。接收端需要的 OSNR 决定了注入每个波长的信号功率、理想链路长度中 EDFA 的数量以及两个光放大器间距可容忍的光纤衰减,因此光接收模块的性能的至关重要。随着相干探测的模块的广泛使用,对 OSNR 的要求极大地降低,其传输性能得到极大的改善。

需要注意的是,在没有光放大器的波分复用链路中,传输性能主要受接收机噪声的影响;而在一个光放大链路中,发送数字"1"时,噪声指数主要来源于信号本身以及 EDFA 的 ASE 噪声,发送数字"0"时,BER 则主要由 ASE 噪声决定。

对于一个包含有多个光放大器的传输信道,发射信号的 OSNR 值应足够大,随着放大器 ASE 累计噪声的影响,OSNR 值逐渐下降。放大器中增益水平越高,ASE 噪声产生越快。然而,值得庆幸的是,虽然经过多个放大器后,OSNR 下降很快,但随着光放大器数量的增加, EDFA 的累计 ASE 噪声影响迅速下降。也就是说,当 EDFA 数量从 3 个增加到 6 个时,OSNR 大约下降 3 dB;而当 EDFA 数量从 6 个增加到 12 个时,OSNR 水平也只降低 3 dB 左右。

3. 信道串扰

在 DWDM 中,由于信道间间距很窄,串扰水平急剧上升,不容忽视。在波分复用系统中,光滤波器、波长复用器/解复用器、光开关、光放大器以及光纤等器件元件都可以引起串扰。串扰可以分为信道间串扰和信道内串扰,这两种串扰都会引起功率的损耗。当某信道存在相邻信道的干扰信号时,则产生信道间干扰。这意味着,存在干扰信号的波长与理想信号的波长不一样,而对于信道内干扰,干扰信号和理想信号在同一个波长上。由于接收机带宽的截止效应,信道间干扰可以得到抑制,因而,在某种程度上,信道内干扰比信道间干扰对系统性能的影响更严重。图 17.15 是信道内干扰产生的一个例子。两个波长相同、相互独立的信号进入一个光交换设备,交换设备将端口 1 的信号输出到端口 4,而将端口 2 的输入信号路由到端口 3,实现交叉交换。由于在交换设备内,端口 1 信号功率的小部分耦合到端口 3,则与从端口 2 路由到端口 3 的信号产生信道内干扰。

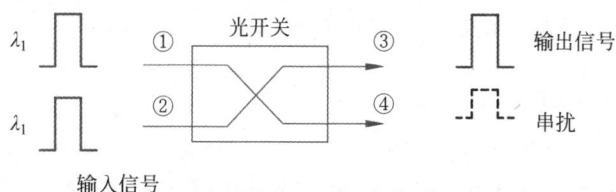

图 17.15　光开关串扰示意图
(请扫 2 页二维码看彩图)

如果平均接收信道内串扰功率与平均接收信号功率呈线性比例关系,因子为 ε,则在一个存在光放大的系统当中,噪声分量与信号相关,则信道间功率代价为

$$\text{Penalty}_{\text{intra}} = -5\log(1 - 2\sqrt{\varepsilon}) \tag{17-6}$$

如果在波分复用系统中,有 N 个独立的干扰信号,则每一个信道贡献的平均串扰功率为 $\varepsilon_i P$,则式(17-6)中因子 ε 可以表示为

$$\sqrt{\varepsilon} = \sum_{i=1}^{N} \sqrt{\varepsilon_i} \tag{17-7}$$

假设平均接收信道间串扰功率与平均接收信号功率呈线性比例关系,同样,在一个存在光放大的系统中,我们可以得到

$$\text{Penalty}_{\text{inter}} = -5\log(1 - \varepsilon) \tag{17-8}$$

在有 N 个干扰信道的 WDM 系统中,每一个信道贡献的平均串扰功率为 $\varepsilon_i P$,则式(17-8)可以表示为

$$\varepsilon = \sum_{i=1}^{N} \varepsilon_i \tag{17-9}$$

4. 系统性能限制

在波分复用系统中,ASE 噪声、非弹性散射以及光纤中存在的各种非线性效应都能限制系统传输的容量和距离。ASE 噪声对系统性能的影响在前面已分析,这里主要讲述非弹性散射以及光纤非线性效应对系统的影响。

1) 非弹性散射

非弹性散射包括受激拉曼散射(SRS)和受激布里渊散射(SBS),分别是由信号与光纤中的分子振动和声学声子振动相互作用产生的。SRS 能产生比入射光更长波长的光信号,因而可以使低频信道的信号被高频信道的信号放大,光纤中 SRS 有放大作用。当信道间距落在拉曼增益带宽内时,会产生串扰,引起损耗和功率代价,且与信道数量和信道间距密切相关。另外,当每个信道的光功率不是很高时,随着传输距离的增加,SRS 对眼图张开度的损耗影响并不明显。

SBS 是由光纤介质中产生的声学声波引起的,其产生的散射波具有在单模光纤中后向传播的特性。当信号光传输方向与散射波方向相反时,散射波能产生光增益,实现放大。在一个包含光放大器的长距离光纤链路中,一般情况下,链路中会部署光隔离器以防止后向散射的信号进入光放大器。因此,通过正确的设计,完全可以避免由 SBS 引起的损耗。在波分复用系统中,每一个波长信道的信号与其他波长信道的光子之间存在相互干扰,每个信道的 SBS 效应累计,与单信道系统中具有同样的功率阈值。

2) 非线性效应

光纤中,光传输介质的折射率 n 与信号传输的光强弱相关:

$$n = n_0 + n_2 I \tag{17-10}$$

其中,n_0 为介质的折射率指数;n_2 为与光强相关的折射率指数。非线性效应则是指由信号光强的变化,引起对折射率指数的调制,产生 FWM、SPM 以及 XPM 等效应。在一个单波长链路中,SPM 将传播光信号中光强变换转化为光相位的波动,在实际系统中,SPM 效应较小,一般可以忽略。在波分复用系统中,XPM 将某个波长信号的光强变化转化为其他传输信道的相位变化。实际光纤中,每个波长的折射率互不相同,光纤的色散-波长曲线不完全平坦,因而每个信道的群速度并不一样,不同波长的脉冲信号分别通过光纤传输,可以破坏传输信道间的相位耦合,这在某种程度上限制了 XPM 效应的频谱扩展。

FWM 是硅纤中的三阶非线性效应,与电系统中的互调变失真类似。当波分复用的波长信道在零色散波长附近时,三个光频率(v_i, v_j, v_k)将混频产生第一个互调分量 v_{ijk},表示如下:

$$v_{ijk} = v_i + v_j - v_k, \quad i, j \neq k \tag{17-11}$$

当新产生的频率落在原传输波长的传输窗口时,就会引起严重的串扰。FWM 的效率由光纤色散和信道间距决定。由于色散与波长相关,原始的信号波和新产生的光波群速度不一样,这就扰乱了相互作用波之间的相位匹配,降低了信号功率转移到新产生波长的效率。因此,波分复用信道间群速度相差越大,信道间距越宽,FWM 的效率就越低。

17.2.4 波分复用传输系统实验

目前,100 Gb/s 的波分复用系统已经商用。为了实现更大容量、更长距离的信号传输,各种技术如高阶调制、多载波技术以及相干检测技术,联合波分复用技术的大容量传输实验相继被报道。图 17.16 是一个净载荷传输速率为 24 Tb/s 的波分复用传输系统,一共有 24 个

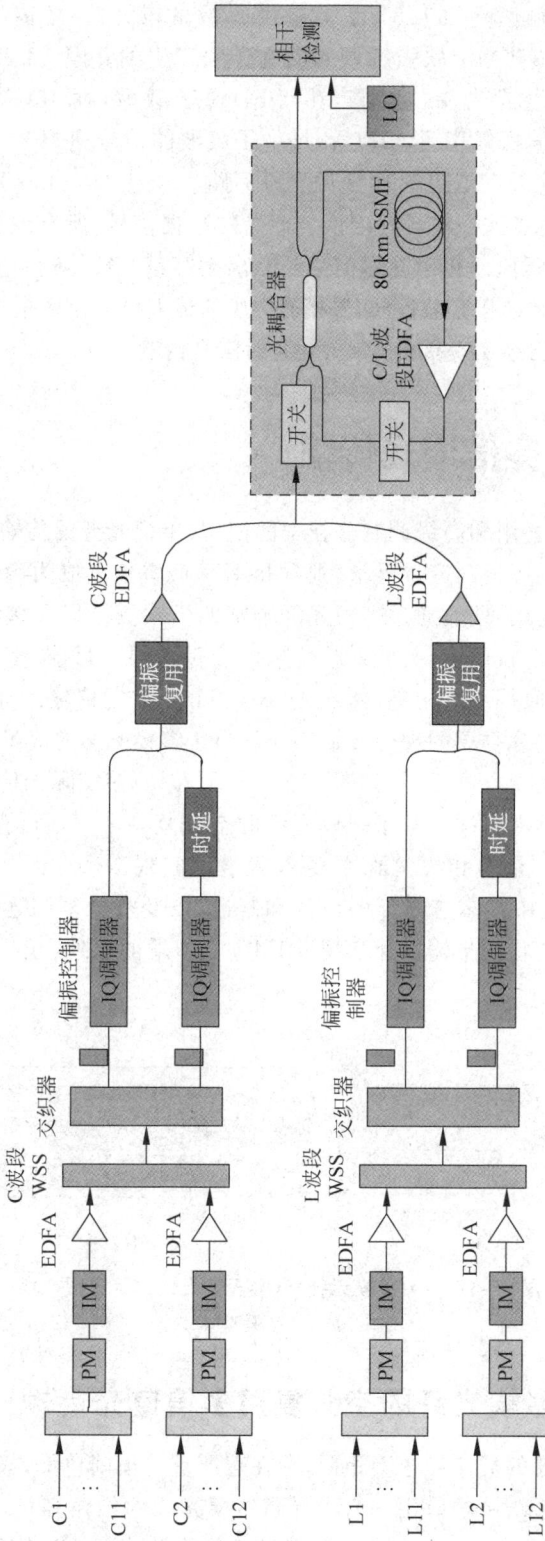

图 17.16 24 Tb/s 波分复用传输系统实验框图
(请扫 2 页二维码看彩图)

波分复用传输信道,频谱覆盖整个 C+L 波段。每个波分复用传输信道包含 13 个 OFDM
子信道,每个信道总的传输速率为 1.3 Tb/s,除去 27% 的段开销,净传输速率为 24 Tb/s。
OFDM 子载波是通过相位调制级联强度调制器的方法产生的。图 17.16 中每一个波分复
用信道都有一个独立的激光光源,激励产生 OFDM 子载波,而 IQ 调制器则用于产生
50 Gb/s 的 QPSK 信号,偏振复用后,OFDM 每个子载波的信号速率为 100 Gb/s。波分复
用传输信道是由 80 km 光纤和 EDFA 组成的光纤回路。经过 2400 km 光纤传输后,在接收
端采用数字相干接收和离线数字信号处理恢复原始的数据信号,所有波分复用信道的 BER
都小于 2×10^{-2} 的 FEC 阈值。相干光通信是长距离大容量光纤传输系统的主流发展方向,
最近几年发展迅速,当使用 C 和 L 波段时,单模光纤中的最大数据速率据报道约为 150 Tb/s;
在采用 S、C 和 L 波段后已经实现接近 200 Tb/s 的信号传输[14]。

17.3　空分复用多信道光传输

随着波分复用、偏振复用和高级调制等技术的使用,单模光纤的传输容量已经快速接近
香农极限。为了满足日益增长的容量需求,则寻找下一个增长点成为亟待解决的问题。于
是人们开始聚焦于空分复用,期冀通过多模光纤丰富的模式资源以及多芯光纤的多个物理
传输信道,增加系统的一个自由度,突破系统传输的容量极限。目前,多模和多芯光纤相关
的 MIMO 技术的研究已取得一定的进展,在未来近 Tb/s 数据传输的光传输网络中,多模
多芯光纤有望成为实现空分复用的理想传输媒介。由于多模和多芯光纤分别是利用多个模
式和多个物理传输信道实现空分复用,如图 17.17 所示,因而在实际光传输系统中所遇到的
难点以及主要技术点也不太一样。基于多模光纤的空分复用[8-24],目前的研究主要集中在
光纤设计研究、模式转换、耦合和放大器件、系统及算法实现四个方面;而基于多芯光纤的
空分复用[25-31],则主要集中在多芯光纤的设计和制造,以及空分复用连接器的研究。下面
将介绍基于这两个不同的物理传输媒介实现 MIMO 光传输的原理、光纤信道分析以及系统
设计等。

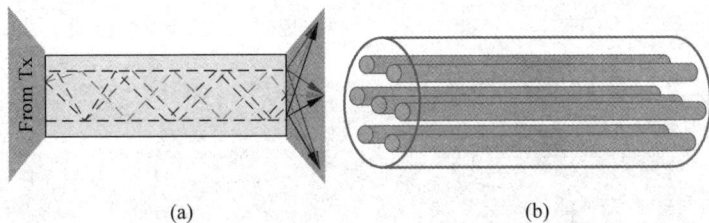

图 17.17　(a)多模光纤和(b)多芯光纤的示意图
(请扫 2 页二维码看彩图)

17.3.1　基于多模光纤的空分复用多信道光传输

多模光纤中导模传播的群速度各不相同,存在着严重的模间色散,极大地限制了多模光
纤在大容量长距离传输系统中的应用。为了提高多模光纤的传输容量,很多科研工作者开
展了各种卓有成效的研究工作。目前提高多模光纤传输性能的方法有限,主要有:模式选

择激发技术,基于多模光纤的波分复用、正交频分复用、MIMO 等技术。MIMO 技术因为能够最大限度地挖掘并利用多模光纤中的空间模式资源,从而多模光纤强势回归后,基于多模光纤的 MIMO 技术成为研究的热点。多模光纤的多个模式和模间耦合与无线通信中的多径和散射效应类似,因此,基于多模光纤的 MIMO 技术是基于无线信道的多径传输衰落与多模光纤中的模间色散,以及允许多个信道在同一根光纤中同时传输特性之间的类比。多个模式在空间上的特性增加了系统的空间自由度,基于多模光纤的 MIMO 技术是利用多模光纤中的模间色散而不是单纯避免它,这既减轻了模间色散带来的影响又增加了系统的传输容量。

1. 多模光纤

1) 基本理论

目前研究光纤波导的理论多种多样,其中较为简单形象、易于理解的方法是光线理论,而且其在芯径较粗的多模光纤中可以得到精确的结果。但是该理论不能用来解释模式分布、模式耦合等现象。考虑到信道模型和系统模型的建立要运用到模式分布以及相关的内容,这里采用波动理论,研究的光纤是平方律折射率分布。我们从最初的麦克斯韦方程推导,进行电、磁矢量分离后可以得到波动方程:

$$\nabla^2 \Phi - \varepsilon\mu \frac{\partial^2 \Phi}{\partial t^2} = 0 \tag{17-12}$$

如果光纤中传输的是单色光,则电矢量或磁矢量可以写成

$$\Phi(x,y,z,t) = \Psi(x,y,z) = e^{i\omega t} \tag{17-13}$$

把式(17-13)代入式(17-12)可以得到

$$\nabla^2 \Psi(x,y,z) + k^2 \Psi(x,y,z) = 0 \tag{17-14}$$

光纤波导中横模以驻波形式存在,纵模以行波的形式存在,可以表示成 $e^{-i\beta z}$,则把式(17-13)进行空间坐标纵横分离:

$$\Psi(x,y,z) = \psi(x,y)e^{-i\beta z} \tag{17-15}$$

代入亥姆霍兹方程(17-14)有

$$\nabla_t^2 \psi(x,y) + \chi^2 \psi(x,y) = 0 \tag{17-16}$$

其中,$\nabla_i^2 = \nabla^2 - \frac{\partial^2}{\partial z^2}$,$\chi^2 = n^2 k_0^2 - \beta^2$,$E_z$ 和 H_z 满足独立的波导场方程:

$$\nabla_t^2 \begin{bmatrix} E_z \\ H_z \end{bmatrix} + \chi^2 \begin{bmatrix} E_z \\ H_z \end{bmatrix} = 0 \tag{17-17}$$

可以把平方律折射率分布中的场分为角向函数 $e^{il\phi}$ 和径向函数 $F(r)$ 的乘积,其中,径向函数满足:

$$\frac{\partial^2 F(r)}{\partial r^2} + \frac{1}{r} \cdot \frac{\partial F(r)}{\partial r} + \left[\chi^2(r) - \frac{l^2}{r^2} \right] F(r) = 0 \tag{17-18}$$

经过一系列数学推导可以得出

$$\begin{bmatrix} E_z \\ H_z \end{bmatrix} = \begin{bmatrix} A \\ B \end{bmatrix} \left(\sqrt{2}\frac{r}{W_0} \right) L_m^l \left(\frac{2r^2}{W_0^2} \right) \exp\left[-\left(\frac{r}{W_0} \right)^2 \right] \cdot e^{il\phi} \tag{17-19}$$

其中,L_m^l 为 l 阶 m 次广义拉盖尔方程;

$$W_0 = \left(\frac{2a}{n_1 k_0 \sqrt{2\Delta}}\right)^{\frac{1}{2}} = \left(\frac{a\lambda_0}{n_1 \pi \sqrt{2\Delta}}\right)^{\frac{1}{2}} \tag{17-20}$$

导模传播常数的取值如下:

$$\beta_{lm} = n_1 k_0 \left[1 - \frac{2\sqrt{2\Delta}}{n_1 k_0 a}(2m + l + 1)\right]^{\frac{1}{2}} \tag{17-21}$$

从而可以得知空间变化给每个模式带来的相位变化 $\Delta\varphi_{lm} = \beta_{lm}L$,带来的群时延为 $\tau_g = \frac{\mathrm{d}\beta_{lm}}{\mathrm{d}\omega}$。上面虽然理论上推导了多模光纤的基本特性,包括群时延和相位时延,但是具体激发哪些模式,则与注入条件有很大的关联。

因此多模光纤的传输特性不仅与多模光纤本身的特性有关,还与发射机甚至接收机都有关系。同样的光纤在不同的条件下传输性能也不一样,因此除多模光纤的理论分析之外,实际测量的统计数据也将作为分析多模光纤传输性能的参考。

2) 信道模型

前面推导了多模光纤的相关理论,得到了模式的传播常数和群时延的相应表达式,若要充分研究多模光纤的特性,则建立一个准确的信道模型是首要的工作。目前已有的信道模型建立得比较完善的如下:

$$H(\omega) = \sqrt{1+\alpha^2} \sum_{i=1}^{N} 2i \cdot (C_{ii} + G_{ii}) \cdot \mathrm{e}^{-2\alpha_i z} \cdot \mathrm{e}^{-\frac{1}{2}\left(\frac{\beta_i^2 z\omega}{\sigma_c}\right)^2} \cdot \cos\left[\frac{\beta_i^2 z\omega}{2} + \arctan(\alpha)\right] \cdot \mathrm{e}^{\mathrm{j}\omega\tau_i} \tag{17-22}$$

其中,α 为啁啾(chirp)系数;C_{ii} 为模间耦合系数;G_{ii} 为模群内的耦合系数;α_i 为各模式群衰减系数;β_i 为归一化传输常数;τ_i 为各传输模式群的时延。这个数学模型可以很好地描述多模光纤的传输特性,考虑的因素也很完善,但是其表达式非常复杂、涉及的变量较多,实现有一定困难,只适用于对多模光纤传输特性的理论研究和分析。我们可以适当简化一些对研究影响不大的因素,建立一个相对简单的模型,比如只考虑模间色散或者只考虑模间耦合等比较少的几个因素。Koonen 等提出了一个只考虑模间色散的信道模型:

$$h_{\mathrm{MMF}}(t) = \sum_{i=1}^{n} c_i \delta(t - \tau_i) \tag{17-23}$$

其中,c_i 是每个模式的幅度耦合系数;τ_i 是模式的群时延。式(17-23)所示的模型能在一定程度上说明和解决一些问题,但是只考虑了模式的群时延,忽略的因素太多,不能很好地反映系统的特性。

3) 多模光纤

与普通单模光纤相比,多模光纤里有多个模式;设计不同,则多模光纤中存在的模式也不相同。模式越多,模间色散越严重。因而,目前,对多模光纤的设计和制造都聚焦在少模光纤,如两模光纤、三模光纤。少模光纤中的模式较少,在接收机端的计算复杂度相对来说也比较低。下面主要对现已报道的几种少模光纤进行介绍。

(1) 两模光纤。

墨尔本大学的 Li 等设计和制造的两模光纤是掺锗阶跃光纤,纤芯直径为 $11.9\ \mu\mathrm{m}$,相对折射率差 $\Delta n = 8.4 \times 10^{-3}$。两模光纤中 LP_{11} 模的截止波长为 2323 nm,衰减为 0.26 dB/km,

测量模时延色散为 3.0 ps/m，LP_{01}/LP_{11} 模式拍长 $L_B(=2\pi/(\beta_0-\beta_1))$ 为 520 μm。图 17.18
是根据设计的两模光纤参数仿真的模式指数，插图是 LP_{01} 模和两个简并模 LP_{11} 模斑图。
从图中可以看出，两模光纤可以支持三个空间模式的复用传输：一个 LP_{01} 模和两个 LP_{11}
模。使用这种设计的两模光纤作为传输的物理媒介时，光传输系统的容量理论上是传统单
模光纤的 3 倍。而我们所讨论的两模传输只包含一个 LP_{11} 模，因此，需要通过模式激发和
选择性检测等技术对两模光纤中 LP_{11} 进行控制。Li 等选用两模模式转换器，在实现模式
复用和解复用的同时，确保简并模 LP_{11} 模只有一个模式传输。

现已报道的少模传输光纤大都是采用简单的阶跃折射率光纤，因而，微分群时延和模式
耦合严重。Grüner-Nielsen 和 Randel 等提出采用渐变折射率结构设计少模光纤。Randel
等设计的渐变折射率少模光纤的折射率分布如图 17.19 所示。渐变折射率结构通过增大
LP_{01} 模和 LP_{11} 模之间有效折射率差，从而使这两个模式获得相同的群速度。另外，大的有
效折射率差还可以最小化分布式模式耦合。纤芯包层的折射率结构可以改善 LP_{01} 模的弯
曲损耗性能，因而微分模式衰减很低。

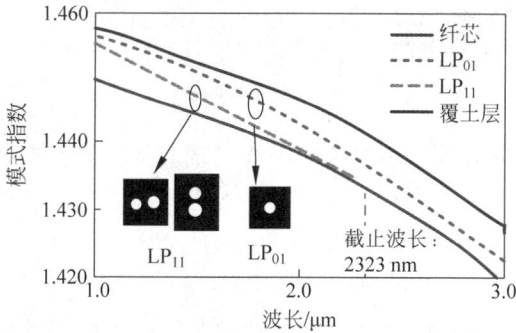

图 17.18　LP_{01} 模和 LP_{11} 模模式指数分布图
（请扫 2 页二维码看彩图）

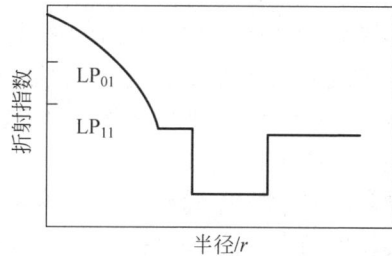

图 17.19　渐变折射率少模光纤的折射率分布图

（2）三模光纤。

Ryf 等在实验中使用的三模光纤[8]采用了一种凹形的包层折射率分布，在 1550 nm 处
的归一化频率 $V=5$，LP_{11} 模式稳定，同时能够有效地截止高阶模式（LP_{21} 和 LP_{02}）。另外，
这种折射率分布使模式之间的差分群时延最小化，在 C 波段小于 60 ps/km。模式之间低的
差分群时延对于简化 MIMO 处理很有必要。光纤在 1550 nm 处的损耗为 0.2 dB/km。
LP_{01} 和 LP_{11} 模式的有效面积分别近似为 155 μm^2 和 320 μm^2。Ryf 等通过比较 1.25 m、
2.5 m、5 m 和 10 m 长度的光纤的谱损耗曲线，发现高阶的 LP 模式在一段短直的少模光纤
中传输时，在 1400～1550 nm 显示出高损耗特性。在这种三模光纤的设计中，附加的
25 mm 直径的回路完全抑制高阶 LP 模式，使得光纤中呈现 3 个模式（LP_{01}，LP_{11a}，LP_{11b}）
的波长条件下降至 1200 nm。

2. 基于多模光纤的光 MIMO 技术

基于多模光纤的光 MIMO 技术是指通过利用多模光纤中的模间色散，改善多模光纤的
传输性能和增加系统的传输容量。Stuart 首次提出利用多模光纤模间色散进行传输的方
案，之后广大科研人员对这种技术进行了深入的探讨和实验研究。截至目前，基于多模或少

模光纤的 2×2、3×3、4×4 和 6×6 MIMO 系统[2]都已得到实验证实,并取得良好传输性能。其原理框图如图 17.20 所示,在发射端 N 个独立的比特流用相同的射频调制,用产生的信号再去调制 N 个激光器,然后耦合到多模光纤中;在接收端,分束器将光功率分配到 M 个探测器上,通过直接探测的方式把光信号转化成电信号,经过射频解调并送入 MIMO 信号处理电路后即可恢复初始的 N 路信号。值得注意的是,虽然对射频的调制格式不做要求,但是必须保证 N 路信号上的射频调制格式一致,以确保每路时钟同步。

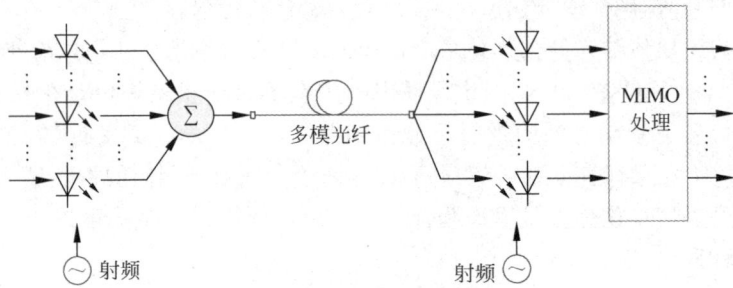

图 17.20　多模光纤 MIMO 系统框图
（请扫 2 页二维码看彩图）

1) 基于多模光纤的光 MIMO 技术的实现

在无线通信中,MIMO 主要是通过多根发射天线和多根接收天线实现。基于多模光纤的光 MIMO 技术的主要实现技术如下所述。

(1) 模式复用。

多模光纤中传输的模式与模式传播常数有关,也就是与入射角有关,以不同角度入射可以激发不同的模式,这样可以达到信道的复用。如果把多路数据分别调制后以不同入射角耦合进光纤,则能实现多路信号的并行传输。在输出端检测不同模式的功率即可把初始数据恢复出来。Yang 提出了一种用倾斜光纤布拉格(Bragg)光栅测量不同模式功率的方法。

倾斜光纤布拉格光栅可以使前向传输的模式变成辐射模耦合出光纤。这些模式需要满足的相位条件如下:

$$\beta_m + \frac{2\pi n_{\mathrm{clad}} \sin\varphi_m}{\lambda} = \frac{2\pi \cos\theta_{\mathrm{g}}}{\Lambda_{\mathrm{g}}} \tag{17-24}$$

其中,β_m 是 m 阶导模的传播常数;n_{clad} 是光纤包层折射率;φ_m 是 m 阶导模的辐射角度;θ_{g} 是光纤光栅的倾斜角;Λ_{g} 是光栅的周期。根据式(17-24)不同传播常数的模式在适当角度下可以耦合到辐射模,辐射出的功率和导模的功率成比例,如果比例系数给出,就可以把导模功率分布测出来,从而实现解复用。但是多模光纤的简并模式群中,简并模式的传播常量非常接近,对应的辐射光线的辐射角近似于连续而无法分离。而不同阶简并模式群的传播常量相差较大,对应的辐射光线在空间分离。

(2) 全息技术。

前面的方法是利用角度耦合,在发射端耦合进多模光纤和在接收端解复用后,误差比较大,处理起来麻烦。利用全息技术实现多模光纤 MIMO 系统中并行信道的复用和解复用,在相关文献中有所研究[24]。该方式是利用计算机生成全息图和光学相关器来实现。计算机生成全息图技术能实现所期望的各种入射条件,这样可以使每个信道都有其独特的入射状况,状况可以用 $h(x,y)$ 来表示,从而能利用光纤中不同的模式进行传输。在光纤的接收端面有不同的强度分布,利用光相关器处理强度的空间外形函数 $r(x,y)$ 进行处理。当 $r(x,y)$ 与滤波器设定好的传输函数 $F(u,v)$ 匹配时,相关器会产生一个强峰值 $a(x,y)=f(x,y)\otimes r(x,y)$,从而实现信道的解复用,而不需要任何复杂的电处理。

（3）空间注入。

偏心激励是实验中广泛使用的一种方式。在 Schölmann 和 Kowalczyk 的实验中都是采用这种方法。其基本原理是:在中心入射一般低阶模得到较强激励,高阶模激励较弱;偏心入射高阶模的激励较强。且偏置不同的距离,激励出的模式不同,其在光纤末端面的空间分布也不同。不同模式在多模光纤中的传输区域不同,一般低阶模在中心区域传输,高阶模在外层区域传输。图 17.21 是其原理示意图,这样根据不同模群在光纤输出端面分布位置的不同,可以利用空间探测器或多段探测器(multi-segments detector,MSD)进行探测,从而达到模式分集复用的效果。空间注入比全息技术实现起来更为简单,但是在接收端探测误差较大,需要比较复杂的算法。

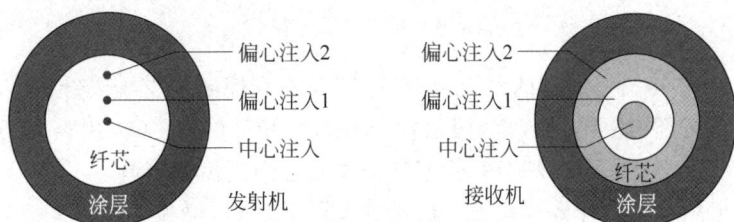

图 17.21　不同偏心距入射,输出端光纤端面的分布
（请扫 2 页二维码看彩图）

（4）低损耗模式耦合器。

模式耦合器主要是通过自由空间光学或在光纤中直接激发多个传输模式实现模式复用,下面对 Ryf 等设计的基于三模光纤的模式耦合器[8]进行介绍。

图 17.22(a)是 2011 年,Ryf 等在 OFC 会议上报道的三模光纤耦合器结构图。三模光纤(3MF)中 3 个正交的 LP 模式可以通过使用一个模式复用器(MMUX)独立地激发。MMUX 的原理,是基于自由空间光学,它有 3 个单模光纤输入,都支持两个偏振方向。校准之后,单模光穿过独立的附加了待激发模式的相移分量的相移片。经过空间相位整形之后,三个光束通过一个普通的分束器结合,结合的光束聚焦到 3MF 的输入平面上。模式耦合器的理论损耗由分束器的损耗与注入 3MF 时的模式转换损耗给出。理论上,模式转换损耗主要是由空间相位整形过程引起的,LP_{11} 模式约为 1.1 dB,LP_{01} 模式约为 0.1 dB。通过选择最优分束比,可以达到的总体最小耦合损耗为 8.5 dB。实验中采用的分束器的分束比为 37/63,测得的耦合损耗 LP_{01} 为 8.3 dB,LP_{11} 为 10.6 dB 和 9 dB。LP_{11} 模式多余的约 3 dB 损耗是由注入光束直径与 LP_{11} 模场直径之间的不匹配造成的。我们测量了一对通过 2 m 长的 3MF 连接的 MMUX 的串扰。当 LP_{01} 模式注入 MMUX 时,检测到在接收 MMUX 的 LP_{11} 输出口的串扰低于 -28 dB。图 17.22(c)给出了经过 2 m 光纤传输之后的模场分布,读者可以与仿真结果相比较(图 17.22(b))。当注入 LP_{11} 的其中一个模式时,输出模场分布随时间而变化,或者随光纤移动而变化。两个 LP_{11} 简并模式之间的强偏振相关的耦合是很明显的。当注入 LP_{01} 模式时,移动 3MF 对图 17.22(c)左图所示的输出模场没

有任何影响。10 km 光纤的串扰测量显示,典型的串扰水平约为 20 dB,因而保证了经过更长的光纤传输之后,LP_{01} 和 LP_{11} 模式也可以清楚地区分开来。相反,两个 LP_{11} 模式作为"真的"(非 LP)光纤模式线性组合的结果,在光纤中持续混杂在一起。

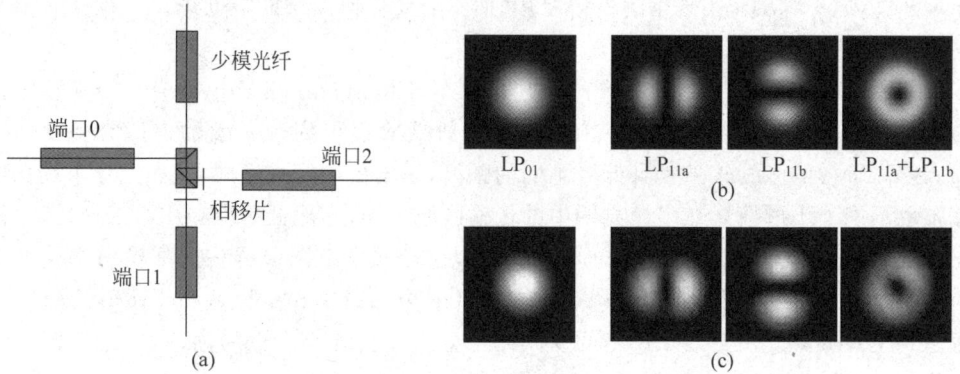

图 17.22　(a)模式耦合器;(b)LP 模式模斑图;(c)2 m 光纤传输后的模场分布图

(请扫 2 页二维码看彩图)

Ryf 等在 2012 年报道的新的模式耦合器,其并不直接激发少模光纤的传输模式,而是激发一组 6 个正交模式矩阵,使每个信道均分分布在光纤的 LP 模式中。由于 6 个注入信号在空间上相互正交,因而可以利用 MIMO 信号处理恢复传输信道。

当用一个聚焦点光源注入少模光纤的端面时,一般可以激发多个模式。通过计算电光源和少模光纤模式之间的重叠积分可以得出激发模式的数量和相位信息。当只有少数的模式被激发时,计算可以得到简化。对于只支持三个模式传输的少模光纤(LP_{01} 和两个简并模 LP_{11} 模),其模式结构可以等效于有三个等间距纤芯的多芯光纤。三个激光源和理想的 LP_{01} 和 LP_{11} 模之间的相对强度和相位关系如图 17.23(a)所示,第一列表示 LP_{01},第二列和第三列表示 LP_{11} 简并模,第四列和第五列则表示通过简并模 LP_{11} 得到的等效基模。在不减小传输容量的情况下,通过 MIMO 数字信号处理恢复原始传输信号,则用来描述激光源和少模光纤波导模式之间耦合的线性变换必须是单一的。假设从某个激光源耦合进 LP_{01} 模的能量和耦合进其等效形式 $LP_{11a} + iLP_{11b}$ 的能量相同,那么通过相应的重叠积分,对于一个对称中心分布的激光源来说,其变换是单一的。通过放射状的移动激光源,可以改变激光耦合进 LP_{01} 和 LP_{11} 模的耦合比例。在中心附近时,激光源主要激发少模光纤中的 LP_{01} 模;远离中心时,则主要激发 LP_{11} 模。对于一根纤芯直径为 17 μm,归一化频率为 $\nu = 3.92$ 的阶跃指数少模光纤,当点光源直径归一化与标准单模光纤的模场直径相等时,其离中心的最优化距离和耦合插入损耗如图 17.23(b)所示。在理想情况下——三个点光源限制在对应 120°扇形状区域,没有重叠,新型耦合器的最小损耗为 2 dB。我们可以通过使用基于三角形底面的角锥体对校准光束进行合成或通过使用锐边缘转向镜将三个点光源分开,限制在对应角度的扇形区域内。转向镜的布局以及在这种布局下点光源的强度分布如图 17.23(c)所示。基于点光源的模式复用器的完整的实验配置则如图 17.23(d)所示。三个点光源通过反射镜 M1、M2 和 M3 反射校准,实现紧凑布局后,通过由棱镜组成的成像系统,耦合注入到三模光纤中。光纤中传输模式的模场直径与有效折射面积的均方根相关,对于凹形的包层折射率分布的三模光纤,LP_{01} 模和 LP_{11} 模的模场直径分别为 155 μm^2 和

$159\ \mu m^2$；而对于渐变折射率的三模光纤,模场直径分别为 $64\ \mu m^2$ 和 $67\ \mu m^2$。对于这种设计的新型模式耦合器,实验测试中三个端口所达到的最小损耗为 3.95 dB、3.85 dB 和 3.7 dB,比理论值高不到 2 dB。

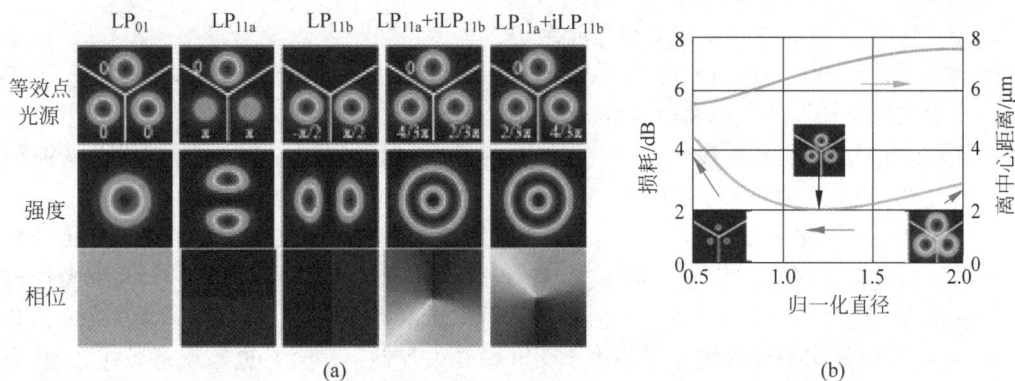

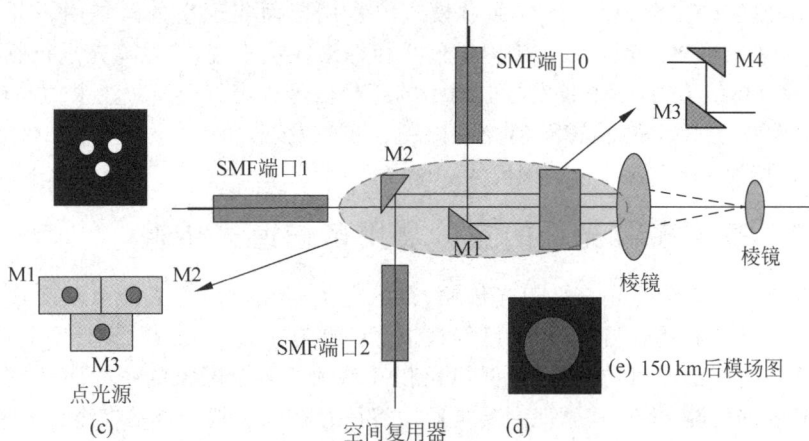

图 17.23　(a)激光源和 LP 模式强度和相位关系图；(b)插入损耗和最优化距离分布图；(c)点光源分布图；(d)MUX 结构设计图；(e)模场分布图

（请扫 2 页二维码看彩图）

2）相干光 MIMO

相干光 MIMO 系统如图 17.24 所示。激光器输出光束被分配到多个并行链路,各路经过调制之后耦合到多模光纤中进行传输。在接收端,利用本地振荡激光器进行相干解调。

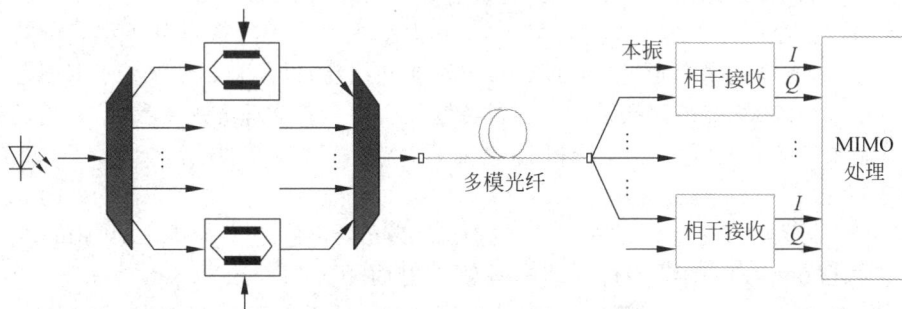

图 17.24　相干光 MIMO 系统框图

（请扫 2 页二维码看彩图）

耦合多模光纤的每个输入的模场功率稍有不同,注入条件、耦合、分离等过程会导致接收机接收到的是所有发射机不同模式功率分布的信号[25]。用于相干解调的本地振荡激光器是由原始窄带宽激光器驱动,为了确保相位和频率相同,也可以采用锁相环。相干解调后产生的信号送入 MIMO 信号处理电路中进行离线处理。

3) 基于多模光纤的空分复用应用实验系统

图 17.25 是基于微分群时延补偿三模光纤的 6×6 MIMO 相干光传输系统图[9]。基于群时延补偿三模光纤链路是由两段长度分别为 25 km 和 5 km 的三模光纤组成,在第一段光纤中,LP_{01} 模比 LP_{11} 模传播快,而在第二段光纤中,LP_{11} 模比 LP_{01} 模传播快,从而使 LP_{01} 模和 LP_{11} 模之间的群时延最小。整个 30 km 光纤链路在 C 波段的群时延小于 100 ps 以及 $\lambda = 1550$ nm 时,群时延小于 50 ps。为了更好地观察时群延补偿光纤的性能,传输实验结构设计为环形。图 17.25 中光源 ECL 在 1555 nm 处的线宽小于 100 kHz,激光经过 DMZM 调制后,产生 20 Gbaud QPSK 信号。然后 QPSK 信号被分成两路,产生 25 ns 的相对时延,实现偏振复用。传输链路环路由 $LiNbO_3$ 开关控制。信号在进入三模光纤之前,先通过模式复用器,实现空分复用,同样通过模式解复用器而实现空分解复用。考虑偏振复用,则整个实验系统可以实现 6×6 MIMO 信号传输。在接收端,信号首先进行频偏补偿和色散补偿,而后进行信道估计,离线恢复成原始的基带信号。当每个模式注入功率较大时,由于受光纤非线性效应的影响,传输距离受到限制。实验发现,每个模式注入功率为 −3 dBm 时,最远传输距离为 1200 km(FEC 阈值为 10^{-2})。

17.3.2　基于多芯光纤的空分复用多信道光传输

基于多芯光纤的空分复用多信道光传输,其难点主要在于多芯光纤以及实现空分复用所需连接器的设计和制造。目前为止,已经报道了一些有关多芯光纤的设计和制造的成果,在其满足光纤高密度的同时,又保证了低损耗和低串扰。多个国家的研究团队也演示了多个基于多芯光纤的传输系统,其原理主要是通过将信号在同一根光纤的多个纤芯之中传输,从物理上实现多路传输,从而提高光通信传输系统的容量。由于相干接收可以提高接收机灵敏度,实现离线数字信号处理,现已演示的多芯光纤传输系统都是基于相干接收。相干接收在前面章节已有详细讲述,下面将主要从多芯光纤、空分复用连接器以及基于多芯光纤的空分复用应用实验系统三个方面进行介绍。

1. 多芯光纤

对于多芯光纤传输系统,光串扰(如纤芯之间转移的最大能量)是限制长途光通信的主要因素。因而,在多芯光纤光传输系统中,串扰是其设计时需要考虑的一个重要参数。多芯光纤之间的串扰是由纤芯之间的耦合引起的,其大小主要是由光模场分布和信号的传播常数决定。另外,光纤链路中光纤的长度、布局(弯曲和绕卷)以及光载波波长也对多芯光纤的光串扰有影响。表 17.2 是已报道的大容量传输使用的多芯光纤的主要参数,目前已制造的多芯光纤主要有 3 芯光纤、7 芯光纤和 19 芯光纤,下面将对其分别进行介绍。

1) 3 芯光纤

Ryf 设计制造的多芯光纤是基于微结构的 3 芯光纤。纤芯直径为 12.4 μm,纤芯之间的折射率微差 $\Delta = 0.27\%$,因而,纤芯的有效折射面积为 (129 ± 2) μm^2。一段 60 km 的 3 芯光纤在 1550 nm 处测得的衰减为 0.181 dB/km。纤芯的截止波长为 1340～1360 nm,在 1550 nm 波长处的色散和色散斜率分别为 21 ps/(nm·km)和约 0.06 ps/(nm^2·km)。

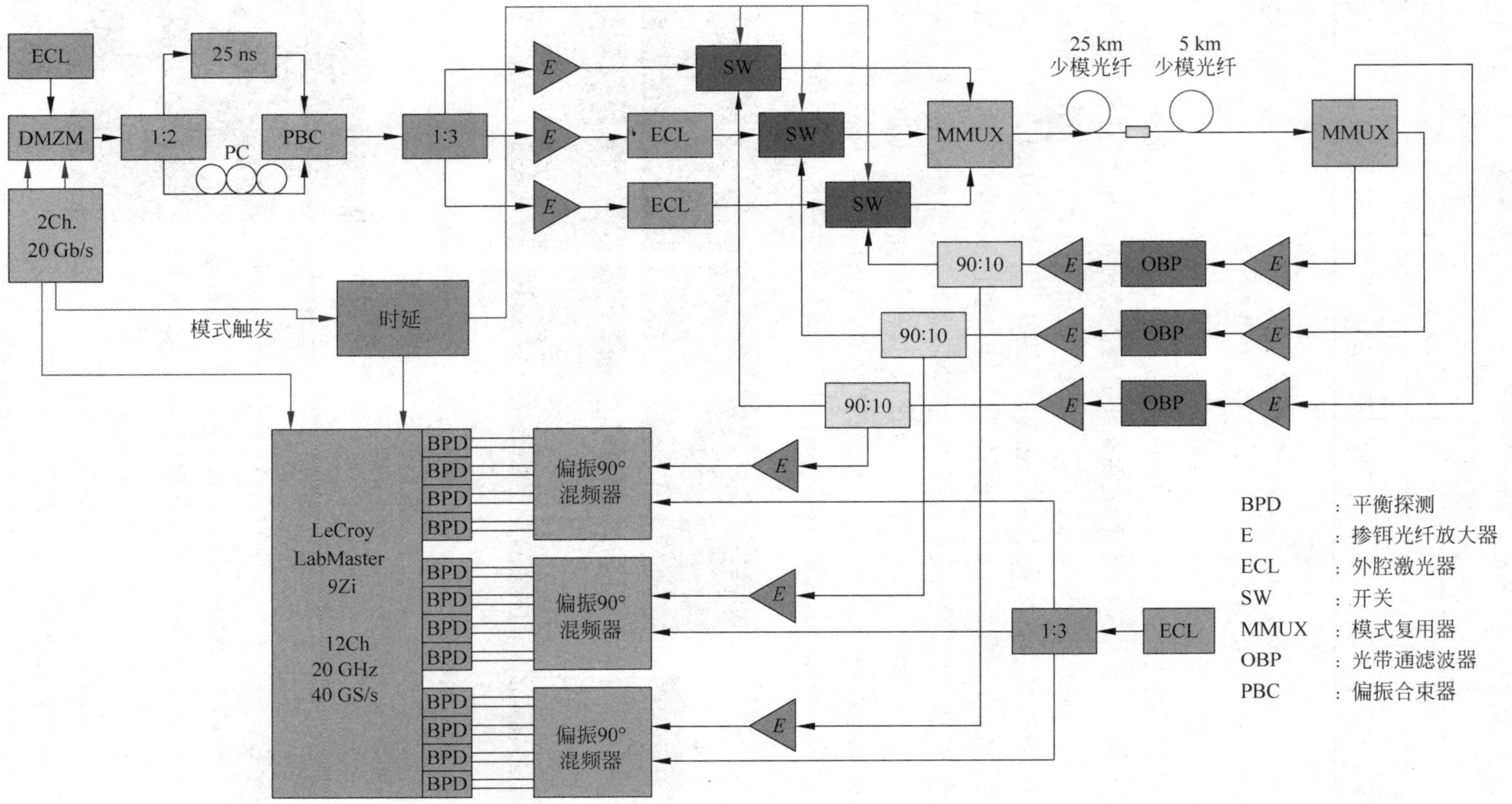
ECL
DMZM
2Ch.
20 Gb/s
1:2
25 ns
PC
PBC
1:3
E
ECL
SW
MMUX
25 km
少模光纤
5 km
少模光纤
OBP
90:10
时延
模式触发
LeCroy
LabMaster
9Zi
12Ch
20 GHz
40 GS/s
BPD
偏振90°
混频器
BPD ：平衡探测
E ：掺铒光纤放大器
ECL ：外腔激光器
SW ：开关
MMUX ：模式复用器
OBP ：光带通滤波器
PBC ：偏振合束器

图 17.25 6×6 MIMO 相干光传输系统图

（请扫 2 页二维码看彩图）

表 17.2　大容量空分复用传输实验多芯光纤

纤芯数	覆涂层直径	空分复用效率（相比于单模光纤）	包层直径	串扰/长度@1.55 μm	传输容量
7(1)	150 μm	4.9	45 μm	-92 dB/km	109 Tb/s
7(2)	186.5 μm	3.1	46.8 μm	<-40 dB/km	112 Tb/s
19	200 μm	7.4	35 μm	-42 dB/km	305 Tb/s

纤芯外面覆涂层的直径为标准的 125 μm。纤芯之间的距离为 29.4 μm。设计制造的三芯光纤的横截面图如图 17.26(a)所示。

为了减小多芯之间的多径干扰，测量串扰时，选用的光源为解偏振宽带光源。这种结构的多芯光纤其纤芯之间的串扰很大。单芯注入的光经过 60 km 三芯光纤传输后，功率变成三个纤芯之间等功率分布。强串扰时，光在光纤中的传播又可以称为"超模"。图 17.26(b)上方组图是 3 芯微结构光纤线偏振超模图，下方组图是超模的远场分布图。当所有纤芯模式的耦合相位一样时，可以激发基模，由于它与突变型少模光纤(SIFMF)中 LP_{01} 模特征相同，因此也称为 LP_{01} 模。当 $2/3\pi$ 的连续相位跳变引入每个纤芯模式中时，可以激发简并模 LP_{11} 模。图中 LP_{11}^* 是 LP_{11} 模的复共轭形式。需要注意的是，LP 模有两个相互正交的偏振态，因此，3 芯光纤中，一共有 6 个可以用于传输的信道，与有 6 个空间和偏振模式的三模光纤结构对称。这种微结构的 3 芯光纤有一个突出的特点就是，可以通过一个结构简单、低损耗的模式耦合器激发不同的模式，因而可以通过所述的模式耦合器实现空分复用和空分解复用。

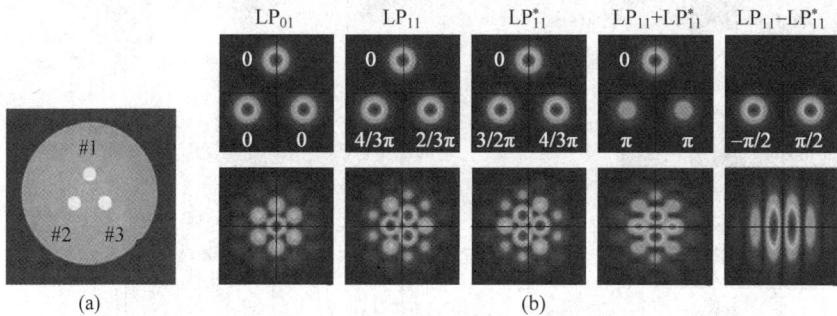

图 17.26　三芯微结构光纤的(a)横截面图和(b)线偏振超模图和远场分布图
（请扫 2 页二维码看彩图）

2) 7 芯光纤(1)

图 17.27 是 7 芯多芯光纤的横截面，图中数字是为了标识不同位置的纤芯。为了减小光纤的衰减，多芯光纤制造时采用纯硅纤芯。图 17.28 是标识符号为 1、4 和 5 的纤芯的衰减谱。从图中可以看出，在整个 C+L 波段上，纤芯的衰减都很低：$\lambda=1550$ nm 时，衰减小于 0.18 dB/km；$\lambda=1550$ nm 时，衰减小于 0.20 dB/km。纤芯的包层直径为 45 μm，覆涂层直径为 150 μm，其他关于多芯光纤纤芯的参数如表 17.3 所示。当光串扰定义为单芯传输功率/输出功率总和时，经过 17.6 km 传播后测量的相邻纤芯之间串扰的平均值在 $\lambda=$

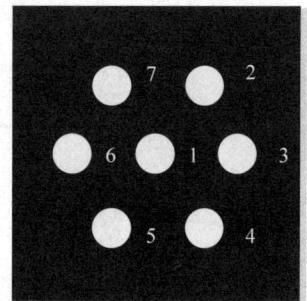

图 17.27　7 芯多芯光纤的横截面图
（请扫 2 页二维码看彩图）

1550 nm 时,为 -60.7 dB,$\lambda=1620$ nm 时,为 -59.9 dB。测量的最大串扰为 -58.5 dB,此时 $\lambda=1620$ nm。

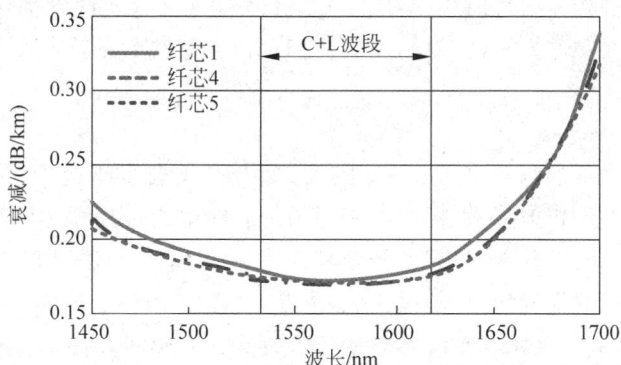

图 17.28　7 芯光纤衰减谱

(请扫 2 页二维码看彩图)

表 17.3　$\lambda=1550$ nm,纤芯的主要测量参数

	衰减/(dB/km)		截止波长	MFD /μm	有效横截面积/μm^2	色散/(ps/ (nm·km))	色散斜率/(ps/ (nm^2·km))
	OTDR	Cut-back					
设计			1496	9.86	79.6	23.3	0.063
纤芯 1	0.176	0.176	1509	9.83	80.2	22.2	0.062
纤芯 4	0.177	0.171	1498	9.85	80.8	22.2	0.062
纤芯 5	0.175	0.175	1485	9.74	79.0	22.2	0.062

3) 7 芯光纤(2)

为了实现高频谱效率和高容量的光传输,多芯光纤设计为在 C 波段和 L 波段都可进行数据的传输。文献[28]中的多芯光纤由 7 根纤芯组成,每根纤芯的直径为 9 μm,包层为 46.8 μm,分布在一个六边形的阵列上。为了减小外芯由连接塑料包层引起的衰减,覆涂层的直径增加到 186.5 μm。多芯光纤中每一根纤芯的截止波长大约为 1.44 μm,在 1550 nm 波长处的模场直径为 9.6 μm,色散和色散斜率分别为 16.5 ps/(km·nm)、0.06 ps/(km·nm^2)。中间纤芯在 1550 nm 和 1300 nm 处的衰减分别为 0.23 dB/km 和 0.37dB/km。在整个传输窗口上,所有纤芯的衰减都较小,且衰减值与单芯标准单模光纤近似。

对于多芯光纤传输系统,光串扰(如纤芯之间转移的最大能量)是限制长途光通信的主要因素。因而,在多芯光纤光传输系统中,串扰是其设计时需要考虑的一个重要参数。多芯光纤之间的串扰是由纤芯之间的耦合引起的,其大小主要是由光模场分布和信号的传播常数决定。另外,光纤链路中光纤的长度、布局(弯曲和绕卷)以及光载波波长也对多芯光纤的光串扰有影响。当注入中间纤芯光源为 ASE 宽带光源时,通过将光场能量散色分布,可以测量中间纤芯与相邻外芯之间的光串扰。另外,文献[28]中对中间纤芯与其他 6 根外芯之间的光串扰谱进行了测量,测量是在 23.5 km 多芯光纤布局成一个 18 cm 直径的线轴上进行的。光串扰定义为每根外芯检测到的能量/中间纤芯检测到的能量。在整个 1525～1575 nm 波长边带上,文献[28]中设计结构的 7 芯光纤最大的串扰小于 -40 dB。由于波长越长,模式的有效折射率越小,模场直径越大,光渗透包层的能力越强,因而随着波长长度的增加,多芯光纤的串扰会变大。需要注意的是,在串扰最严重时,7芯光纤中只有一根纤芯传输信号的串扰是所有纤芯都传输信号时中间纤芯的6倍、外芯的3倍。假设耦合能量线性累计,且平均串扰水平出现在多芯光纤的某处,那么我们可以根据测量的串扰值估计更长长度多芯光纤的串扰水平。

4) 19芯光纤

为了增大多芯光纤的空分复用效率,则纤芯直径是需要重点设计和考虑的参数。我们通过最优化每根纤芯的折射指数,同时在不增加纤芯间串扰,使纤芯保持一个足够大的有效横截面积的情况下,可以找到包层直径最优值。利用这种方法可以实现覆涂层直径为200 μm的19芯光纤的最优设计(经过10 km传输后,在1550 nm波长处的纤芯间串扰小于－30 dB)。文献[29]中将19根纤芯分成三个标识组:中间纤芯(1)、里芯(2～7)和外芯(17～19)。19芯光纤包层和覆涂层的直径分别为35 μm和200 μm。每一个纤芯标识组的光参数如表17.4所示。波长为1550 nm时平均衰减为0.23 dB/km,有效横截面积约为72 μm^2。虽然每一个标识组的截止波长不一样,但截止波长的最大值仍然小于1530 nm;且当弯曲弧度为90 mm时,文献[29]中的19芯光纤的每一根纤芯经过10.4 km传输后,在$\lambda=1550$ nm时,纤芯间串扰约为－32 dB。通过模式耦合理论,进行仿真,可以得到同样的参数特征。

表17.4　$\lambda=1550$ nm,19芯光纤纤芯组光参数

	衰减	截止波长	有效横截面面积	色散	色散斜率	PMD	宏弯曲损耗 ($R=5$ mm)
单位	dB/km	nm	μm^2	ps/(nm·km)	ps/(nm^2·km)	ps/(r·km)	dB/turn
中间纤芯	0.225	1459	71.8	19.7	0.062	0.08	0.5
里芯	0.232	1463	72.3	19.6	0.063	0.06	0.4
外芯	0.225	1350	71.1	19.5	0.063	0.06	0.4
所有纤芯	0.227	1392	71.5	19.5	0.063	0.06	0.4

2. 光空分复用/解复用

在多芯光纤中,纤芯的密集分布使每根纤芯的连接非常困难。新型的高效锥形耦合多芯光纤连接器(TMC)(图17.29),通过与多芯光纤的纤芯间距和模场特征相匹配,可以用于

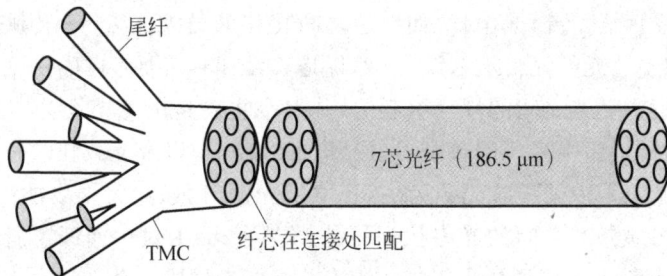

图17.29　锥形多芯光纤连接器
(请扫2页二维码看彩图)

连接多芯光纤。TMC 可以最大限度地减小纤芯之间的能量耦合,同时可以避免引入如耦合器的串扰源。与每一根纤芯连接的两个 TMC 的测量插入损耗范围为 2.77~0.45 dB,且纤芯之间的串扰小于—45 dB。连接器的高插入损耗主要是由连接器与纤芯之间细微的未对准、模场不匹配引起的。

3. 光空分复用和解复用

光空分复用和解复用的功能可以通过一个自由空间耦合设备来实现。其主要的特点有:大纤芯数量时,稳定性高;能够快速适应多芯光纤和单模光纤模场直径的细小差异;能够适应不同多芯光纤的包层直径微差。

图 17.30 是空分复用的耦合原理。多芯光纤和标准单模光纤之间通过一组棱镜,实现外扇形耦合。由于单模光纤的直径大于多芯光纤每根纤芯的包层直径,因而通过对接或分离无法立即实现单模光纤到多芯光纤纤芯的耦合。可以通过一组棱镜,将从单模光纤出来的光束耦合进多芯光纤纤芯。如图 17.30 所示,从单模光纤出来的光束,首先通过棱镜 lens-S 校准,变成平行光束。注入多芯光纤中间纤芯的光束需通过聚光棱镜 lens-M 的基准轴。而注入多芯光纤外芯的光束与 lens-M 基准轴有一个角度和位置的偏移。平行光束经过 lens-M 聚光后,耦合到多芯光纤的中间纤芯和外芯。由于可以通过同样的方法——利用一个棱镜实现光束的分离,因此,利用这种方法实现的空分复用,相邻端口之间不存在光泄露。lens-S 和 lens-M 的聚焦长度相似,这样,当多芯光纤纤芯模场直径与单模光纤模场直径匹配时,可以实现最低耦合损耗。

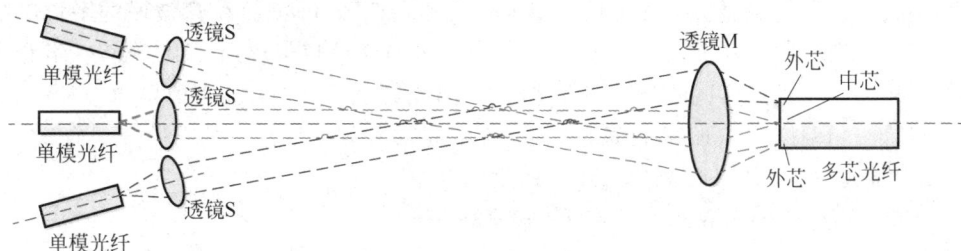

图 17.30　空分复用耦合原理
(请扫 2 页二维码看彩图)

图 17.31 是解复用的耦合原理:从多芯光纤出来的光通过一个棱镜被分成 19 束校准光束,每一束光的倾斜角度各不相同,通过一段距离的传输后,每一束光束被分隔开来。通过一个红外敏感的照相机,可以观察到这 19 束光束的成像(图 17.31 子图)。当经过足够的空间分离后,除中间光束外,其余每一个光束通过偏转棱镜,被偏转后,通过校准仪注入 19 根单模光纤中。利用自由空间耦合设备实现的复用/解复用的输入和输出的平均损耗总和约为 1.3 dB,所有 19 根纤芯的损耗偏差约为±0.2 dB。

值得一提的是,针对不同的多芯光纤,其实现空分复用/解复用的原理可以不同。例如,前面描述的 3 芯光纤,由于其可以类比三模光纤,因而可以通过低损耗的模式耦合器,实现空分复用/解复用。

4. 基于多芯光纤的空分复用应用实验系统

1) 56 Tb/s SDM-DWDM 相干光传输实验

图 17.32 为 56 Tb/s 空分复用-密集波分复用(SDM-DWDM)传输实验系统框图,采用

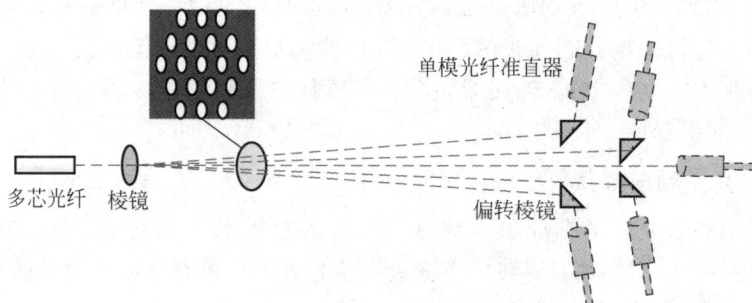

图 17.31 空分解复用原理

(请扫 2 页二维码看彩图)

的是前面所介绍的 7 芯多芯光纤(2)。WDM 发射机由 80 个 DFB 组成,波长覆盖范围为 C 波段 1530.72～1562.23 nm。WDM 信道间隔为 50 GHz。80 个信道被分成信道间隔为 100 GHz 的奇偶两路,分别通过一个 1×40 阵列的波导型光栅路由器进行复用,然后分别通过 QPSK 调制器,实现信号的光调制。QPSK 驱动信号的速率为 26.75 Gb/s。信号经过 QPSK 调制后,被分成两路,分别通过不同长度的光纤,产生相对时延,由偏振分束器实现偏振复用,每个信道的速率为 107 Gb/s。除去 7% 的 FEC 段开销,每个 DWDM 信道的净传输速率为 100 Gb/s。80 个 DWDM 信道由能量分束器分成 8 路,其中 7 路经 EDFA 放大后,由 TMC1 耦合进多芯光纤(7 芯光纤)。光纤链路为 76.8 km,由 23.5 km 和 53.3 km 的多芯线轴组成。整个链路(包括 TMC1、76.8 km 多芯光纤和 TMC2)在 C 波段的平均串扰小于 −40 dB。接收机端,从每根纤芯出来的 80 个 DWDM 信道可以通过 IL/AWG 组合实现信道的分离。接收机是典型的数字相干接收机,离线数字信号处理主要有电色散补偿、偏振解复用、频偏/相偏恢复和 BER 计算。560 个信道的平均误码和最差的误码分别为 $2×10^{-6}$ 和 $4×10^{-5}$,远小于 7%FEC 阈值($3.8×10^{-3}$)。

2) 109 Tb/s SDM-DWDM 相干光传输实验

图 17.33 为采用所介绍的 7 芯多芯光纤(1),109 Tb/s SDM-DWDM 传输实验系统框图。图中两个波分复用激光源分别是由 48 个奇信道和 49 个偶信道激光器组成,产生的光波长覆盖范围为 1534.25～1613.52 nm。所有奇偶信道,除用于测量的信道外,激光源采用 DFB 激光器,奇信道和偶信道的信道间距为 100 GHz。86 Gb/s 的 QPSK 信号通过并行双驱动的 MZM 产生。奇偶信道经偏振保持的 3 dB 耦合器耦合后,被分成两路,产生约 8.5 ns 的相对时延,由偏振分束器实现偏振复用。偏振复用后的信号,被分成 7 路,经过不同的时延后,通过 SDM MUX 进入多芯光纤。除去 7%FEC 段开销,得到传输净容量为 109 Tb/s。SDM MUX 每个输入端口的信号总能量为 3.5 dB/core。信号经过传输后,采用 SDM DEMUX 实现空分解复用。SDM MUX 和 DEMUX 是通过自由空间耦合设备实现的。接收机端,传输信号经过空分解复用后,通过一段由 5 km 单模光纤和 11 km 色散补偿光纤(DCF)组成的光纤链路以补偿 16.8 km 多芯光纤的累计色散效应。而后信号通过级联的带通滤波器,选择相应的波分复用信道,偏振解复用后,进入 60 Gbuad 光调制分析器拍频,实现相干检测。多芯光纤的残余色散在离线数字信号处理中得到补偿。传输实验中,所有 7 个空分复用信道的平均误码小于 $2×10^{-3}$(商用 FEC 模块硬判决的阈值),说明通过多芯光纤实现超大容量的数据传输是可行的。

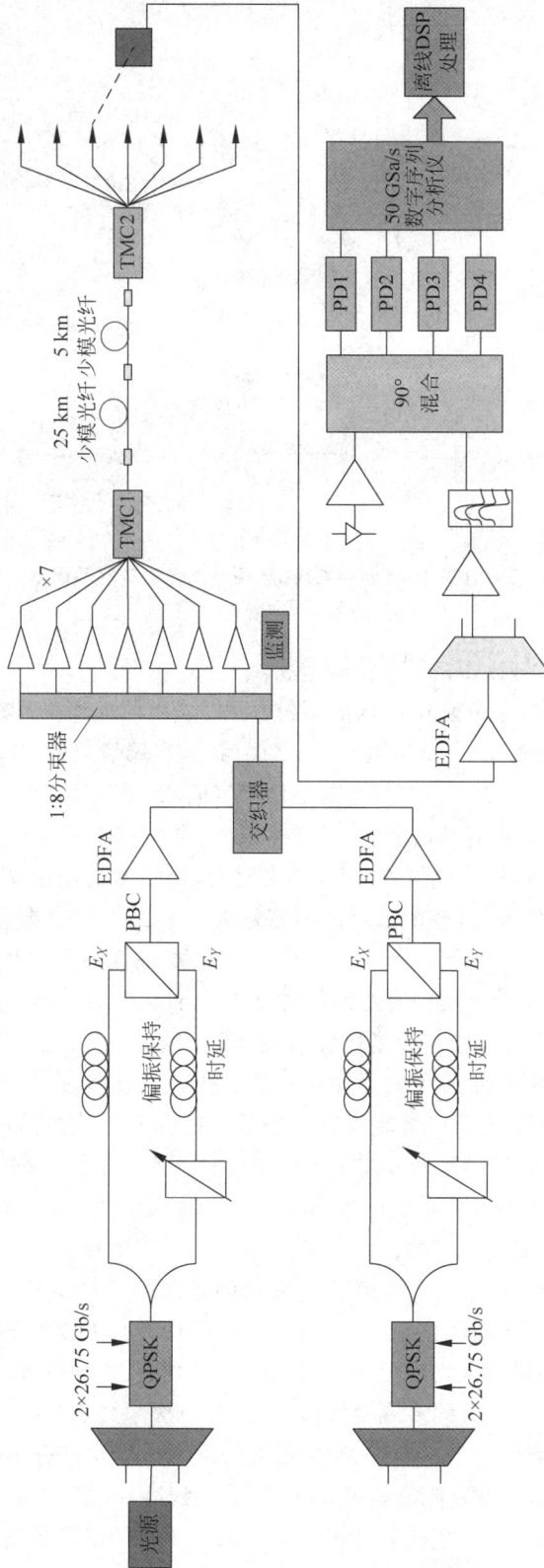

图 17.32　56 Tb/s SDM-DWDM 相干光传输实验系统图

（请扫 2 页二维码看彩图）

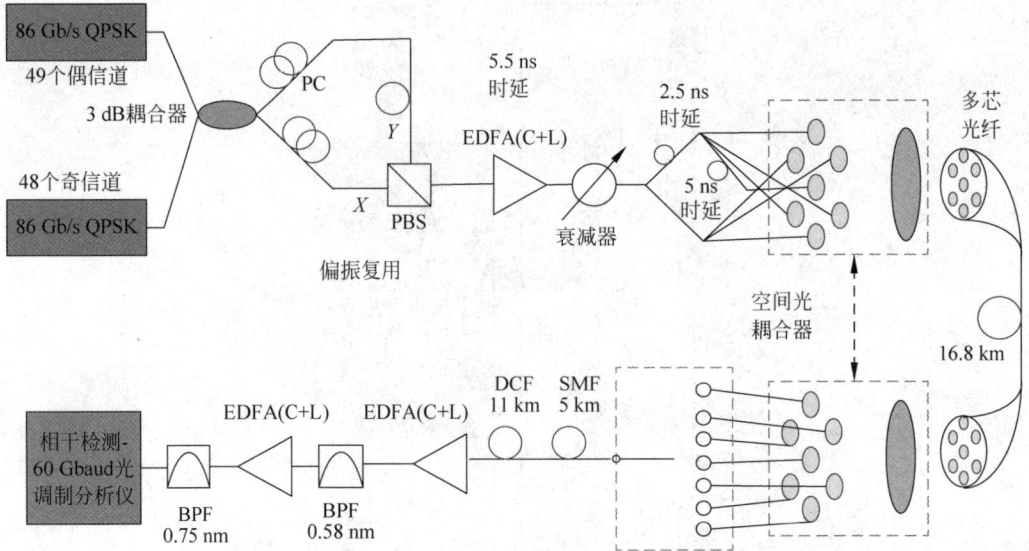

图 17.33　109 Tb/s SDM-DWDM 相干光传输实验系统图

（请扫 2 页二维码看彩图）

3）305 Tb/s SDM-DWDM 相干光传输实验

图 17.34 是 305 Tb/s 空分复用传输的系统框图,采用前面所介绍的 19 芯多芯光纤。100 个波分复用信道被分成 50 个奇信道和 50 个偶信道,奇偶信道的间距为 100 GHz,覆盖波长范围为 1533.45~1618.24 nm。所有波分复用信道,除用于测量的信道外,激光源采用 DFB 激光器。并行双驱动的 MZM 用于产生 86 Gb/s 的 QPSK 信号。奇偶信道通过一个 3 dB 的偏振保持耦合器后,被分成两路,产生相对时延,而后通过偏振复用重新合成一路信号。如果考虑 7% 的 FEC 开销,整个系统的净容量为 305 Tb/s。偏振复用后的信号,经过 EDFA 放大后,被分成 19 路信号,注入空分复用信道。每一个空分复用信道有一段长度不同的时延光纤,确保相邻空分复用信道之间的时延不小于 2.5 ns。空分复用和解复用是通过自由空间耦合设备实现的。在空分复用输入端口的信号功率大约为 7.8 dBm/core。信号经过 10.1 km 多芯光纤传输、空间解复用和信道选择后,被重新放大,通过带宽为 0.7 nm 的带通滤波器而实现波分解复用。解复用后的信号通过一个 L 波段的放大器再一次放大,进入一个商用的 60 Gbaud 光调制分析器实现相干检测。累计串扰(所有其他纤芯对中间纤芯的串扰)在 C+L 波段的最大值小于 −17 dB。所有 19 SDM×100 WDM 信道的 BER 都小于 2×10^{-3}(商可用 FEC 模块硬判决的阈值)。

SDM-DWDM 发展迅速,近年来报道了一系列创纪录的传输实验。迄今为止,在单根光纤中实现了最大数量的空间通道包括 10.16 Pb/s 的 19 芯 6 模光纤[47]以及 10.66 Pb/s 38 芯三模光纤[48]信号传输。人们用后一种光纤演示了具有 228(2×114) 个空间通道的双向传输[49]以及超过 65 km 距离的多跨度传输[50]。第一次超过 1 Pb/s 的传输实验使用有 4 芯三模光纤[51]。大多数多通道的空分复用系统光纤传输长度只有 10 km 左右[52-56],这使得使用光学循环器模拟长距离传输具有挑战性。在文献[56]里,人们使用光学循环器和单跨长度为 52.7 km 的 12 芯三模空分复用系统实现了 2500 km 的传输。

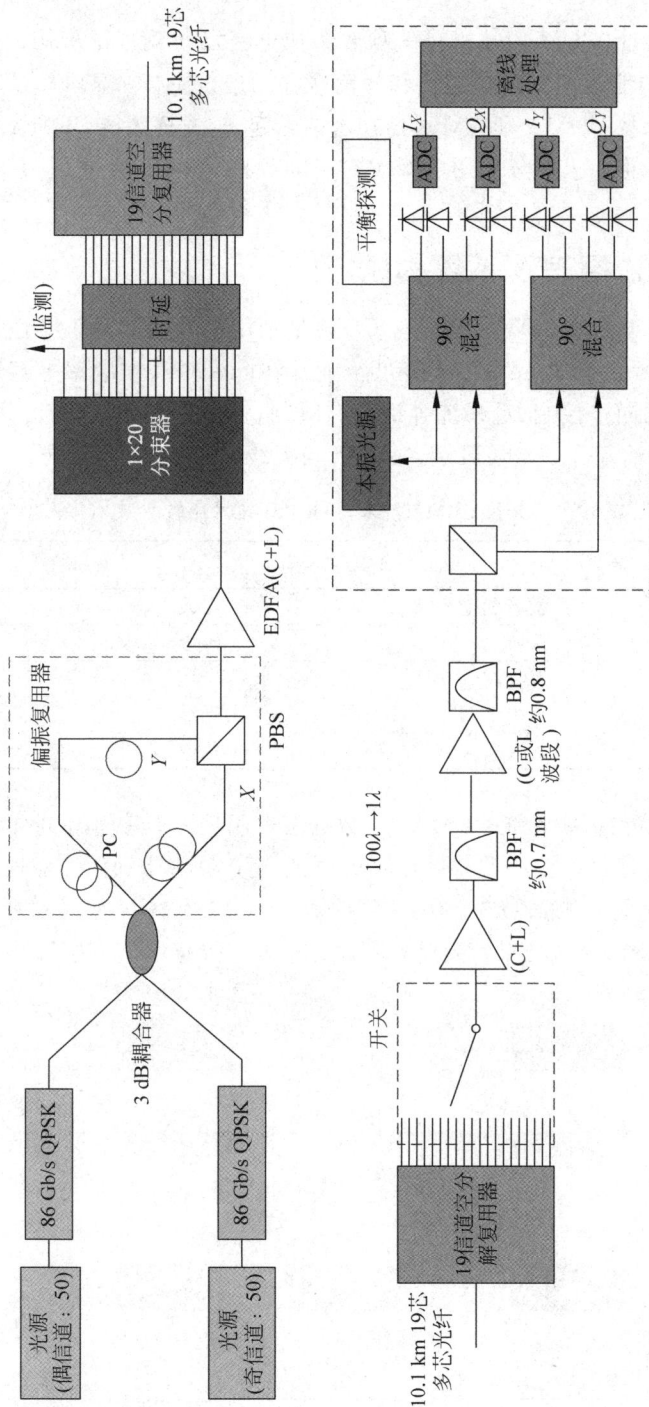

图 17.34 305 Tb/s SDM-DWDM 相干光传输实验系统图

（请扫 2 页二维码看彩图）

17.4　光码分复用多信道光传输

无线通信中,码分多址(CDMA)技术是一项较为成熟且已得到广泛应用的技术,作为一种多址方案,它已成功地应用在卫星通信和蜂窝网移动通信中,并显示出了其独特的技术特点。在光纤通信中,将 CDMA 和光纤通信技术结合起来,发挥无线 CDMA 以及光纤传输媒介的优势,这种技术称为光码分复用(OCDM)。本节将对 OCDM 原理、系统构成和关键技术进行讨论。

17.4.1　OCDM 原理及系统构成

OCDM 的思想来源于无线 CDMA 技术,OCDM 是利用信号之间的正交性实现不同信道的合路与分离。它继承了无线 CDMA 的特点:能够在同一个载波频率上容纳多个传输信道、不需要严格的时间同步控制、对系统容量没有限制、安全。表 17.5 为无线 CDMA 和 OCDM 的比较。因为传输媒介的本质区别,OCDM 与无线 CDMA 有些不同。

表 17.5　无线 CDMA 技术与 OCDM 技术比较

	无线 CDMA	OCDM
载波	微波和毫米波	光波
扩频	频域	时域/频域
编解码	射频域	光域
传输媒介	自由空间	光纤
传输限制	远近效应、多径效应	色散、非线性效应、干涉效应

如图 17.35(a)所示,在扩频无线 CDMA 中,数据信号用伪噪码序列在射频域扩频后传输。在接收端,接收信号通过匹配滤波器进行解扩,然后通过窄带带通滤波器恢复出所需的数据信号。OCDM 是无线扩频 CDMA 的一个类似。图 17.35(b)是时域扩频/解扩频 OCDM 系统的原理结构图。在发送端,频谱频率远大于数据带宽的激光短脉冲经过编码器

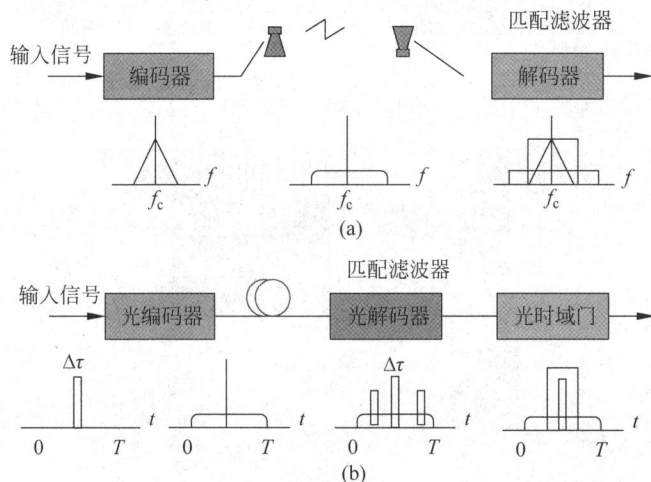

图 17.35　(a)无线 CDMA 和(b)OCDM 的扩频/解扩频原理

(请扫 2 页二维码看彩图)

后,在时域内扩频到一个比特周期 T。经过光纤传输链路后,用与发送端相同的码序列进行相关接收,光解码器将接收的信号解扩,重构原始的脉冲信号。另外,在接收端采用光时域门还可以抑制解码输出信号的自相关旁瓣和来自其他用户的互相关干扰,输出良好的自相关峰。

典型的 OCDM 系统如图 17.36 所示。发射机由光源、外调制器和光编码器组成。接收机包括光解码器、光电探测器以及阈值判决设备等。在发送端,信号的每一个比特通过一组正交码 $X(t)$：$(\alpha_1,\alpha_2,\cdots,\alpha_N)$ 被正交编码,编码信号 $f(t)$ 由数据信号 $S(t)$ 和码字 $X(t)$ 的卷积给出：

$$f(t) = S(t) \bigotimes X(t) \tag{17-25}$$

其中,

$$X(t) = \sum_{i=1}^{N} \alpha_i \delta[t - T_c(i-1)] \tag{17-26}$$

$$S(t) = e^{jw_0 t} \sum_{k=1}^{M} p_k u[t - T_b(k-1)] \tag{17-27}$$

式中,$\delta(t)$ 表示 δ 函数；N 为离散分量数；T_c 是码元中离散分量之间的时间间隔；而 $u(t)$ 为脉冲波形；p_k 是载荷数据；T_b 为比特时间。编码信号复用后,进入光纤链路传输。

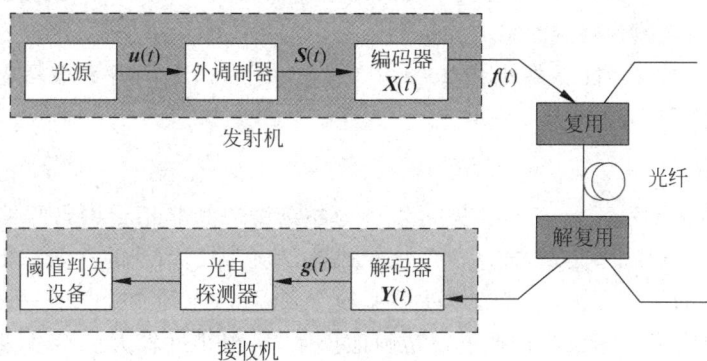

图 17.36　典型的 OCDM 系统框图
(请扫 2 页二维码看彩图)

接收端,接收信号 $f(t)$ 通过相关解码,得到

$$Y(t) = \sum_{j=1}^{N} b_i \delta[t - T_c(j-1)] \tag{17-28}$$

其中,$(b_1,b_2,\cdots,b_N)$ 表示解码序列。解码信号由下式给出：

$$g(t) = S(t) \bigotimes C_{XY}(t) \tag{17-29}$$

其中,

$$C_{XY}(t) = \int_0^{T_b} Y(t') X(t'+t) dt' \tag{17-30}$$

为 $X(t)$ 和 $Y(t)$ 的相关函数。如果 $Y(t)$ 和 $X(t)$ 相等,则 $C_{XY}(\tau)$ 为码元的自相关函数,信号 $g(t)$ 在每一个目标比特的中间点有一个大的峰值。如果 $Y(t)$ 和 $X(t)$ 不相等,则 $C_{XY}(\tau)$ 为这两个码元的互相关函数,信号 $g(t)$ 在每一个目标比特没有大的峰值。因此,可以通过在复用信号中提取目标信号,以阈值判决处理的方法再生重构载荷信号。

基于数字信号处理的光纤通信

OCDM 可以分为两个类型：用于光强度调制的单极性码和用于光相位调制的双极性码。表 17.6 是两种不同类型码的比较，都通过相位和幅度来表示标志码序列。表中 W 为码片数量，在单极性码中值为 1，又称为码重。如果两类码的码片数量相等，则双极性码的自相关峰远大于单极性码的自相关峰，且自相关峰/自相关旁瓣的比值也远大于单极性码。这是双极性码的主要优点，另外，双极性码能采用伪随机噪声序列来保证编码序列的正交性。

表 17.6 单极性码和双极性码基本特征

码序列：$X(t)$	单 极 性 码	双 极 性 码
码元分量：α_i	OOK	PSK
$|\alpha_i|$	0 或 1	1
$\arg(\alpha_i)$	0	0 或 π
$\mathrm{Re}[\alpha_i]$	0 或 1	1 或 -1
自相关峰	W	N^2
自相关旁瓣	$W-1$	$(N-1)^2$

17.4.2 OCDM 关键技术

除了光编解码，实现 OCDM 传输系统的技术都是无线 CDMA 和光纤通信技术中比较成熟的技术，因而光编解码器的结构和特性直接影响系统的功率损耗、用户容量、误码率、成本，以及整个系统的灵活性。另外，在 OCDM 系统中，用一个脉冲序列表示光纤分色散和非线性效应，也至关重要。

1. OCDM 编码

根据光源的相干程度，光编码方案可以分为相干编码和非相干编码两类。非相干光编码主要采用光纤延迟线来实现，技术已经比较成熟，但会限制系统的性能。相干光编码是基于光相位或幅度的编码方案，实现方式主要有光纤延迟线、光纤光栅阵列、平面光波回路等。由于相干光编码需要对相位或偏振进行精确地控制，实现难度较大。不过随着集成光波导的发展，相干光编码的难点已逐渐克服。

在 OCDM 系统中，光编码主要是在时域和频域进行。如图 17.35（b）所示，时域编码器在一个比特时间周期内产生时间精度为 N 的脉冲编码片信号，每一个脉冲编码组的相移表示一个编码序列。而频域编码则是产生空间精度为 N 的脉冲编码片信号。编码方式不同，则其相应的编码器结构和系统性能不同，时域编码很难产生长度较长的编码序列，而频域的空间编码只能工作在皮秒或亚皮秒状态。

2. 匹配滤波器

光域的匹配滤波器是 OCDM 中解扩的基础。尽管编码器有多种不同的结构，但都有一个共同点，解码器必须与编码器相匹配，实现相关接收，基于光域的匹配滤波，解码器实质就是一个匹配滤波器。通常来说，匹配滤波器是最大化接收信号信噪比的检测技术。匹配滤波器的脉冲响应 $h_d(t)$ 及其傅里叶变换 $H_d(w)$ 是光编码器输出的复共轭形式，由下式决定：

$$H_d(w) = H_e(w) * \varepsilon^{-jwt_0} \tag{17-31}$$

$$h_d(t) = h_e(t_0 - t) \tag{17-32}$$

436

其中，$h_e(t)$ 为光编码器的脉冲响应；$H_e(w)$ 为其傅里叶变换形式。匹配滤波器的输出是由编码器和匹配滤波器的脉冲响应的卷积决定：

$$\text{Output} = \int_{-\infty}^{\infty} H_e(w)H_d(w)\varepsilon^{jwt}\,\mathrm{d}f$$

$$= \int_{-\infty}^{\infty} \mid H_e(w)\mid^2 \varepsilon^{jw(t-t_0)}\,\mathrm{d}f$$

$$= \int_{-\infty}^{\infty} h_e(t')h_e(t'-t+t_0)\,\mathrm{d}t' = \psi(t-t_0) \tag{17-33}$$

其中，$\psi(t)$ 是输入光编码 $h_e(t)$ 的自相关函数。值得一提的是，在 OCDM 系统中，基于平方率检测的光电探测器用来实现光电转换，因此，光电探测器的输出与激光的相干程度有关。非相干解码的方案中，输出功率只有相干检测的一半，然而，在相干解码的系统中，干涉噪声成为一个主要的限制因素，不容忽视。

3. 色散效应

OCDM 信号经过长距离的光纤传输后，由于光纤中的累计色散效应，时域波形会产生延时，从而使不同时间发送出的信号相互干扰，当 OCDM 信号速率很高时，严重影响信号传输的性能，限制信号传输的距离。因而，在高速 OCDM 系统中，与 TDM 系统类似，需要行之有效的色散补偿方案。现在，数字相干通信技术飞速发展，光纤的色散效应不再是高速大容量光传输的限制因素，光纤中累计色散效应既可以通过离线的数字信号处理补偿，也可以通过设计合适距离的色散补偿光纤补偿。

17.4.3　OCDM 应用

OCDM 不仅是一种点对点的复用技术，也是一种点对多点通信接入的技术，能够实现光信号的直接复用与交换，能动态分配带宽，适合于各种高突发性的通信应用场合。

1. 点对多点通信接入

OCDM 可以很好地用于环形拓扑结构的接入网络，其结构如图 17.37 所示。节点 1 中有一个分插复用器（ADM），可以实现 λ_1 波长的分路以及所有波长的插路。

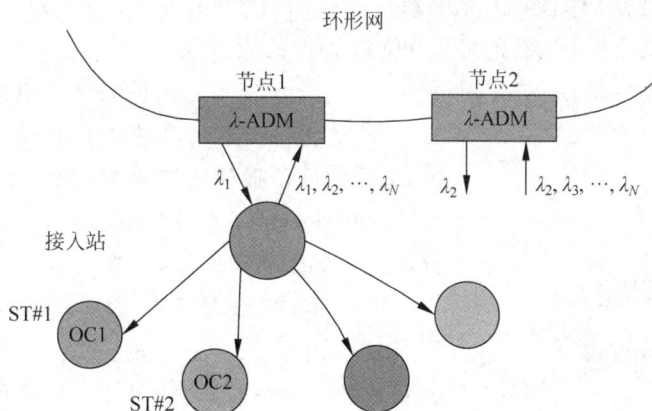

图 17.37　OCDM/WDM 环形网络

（请扫 2 页二维码看彩图）

节点 1 的接入点 ST♯1 中有可调谐编码器和针对光编码 OC1 的解码器。在所有节点,编码序列可以重复使用。OCDM 接入协议是简单的"tell-and-go"协议,没有优先的协调控制。从节点 1 的接入点 ST♯1 到如下节点的路由方式如下:

(1) 节点 1 的接入点 ST♯2。发送方通过可调谐波长变换器,将其波长调到 λ_1,用 OC2 对数据进行行光编码。发送方如此不断重复发送,直到接收到接收方的确认信号。

(2) 节点 2 的接入点 ST♯2。发送方通过可调谐波长变换器,将其波长调到 λ_2,用 OC2 对数据进行行光编码。发送方如此不断重复发送,直到接收到接收方的确认信号。

2. 光路网

将 OCDM/WDM 的概念应用到路由网络中,可以得到基于波长编码(code-wavelength)的光路网。基于波长编码的光路是端到端的逻辑光路,光路中每一条链路是一个光编码和光波长的结合链路。在 OCDM/WDM 网络中,需要实现编码波长的转换。相对于传统的同步数字系列(SDH)电路径,光路径在光域实现信道恢复,转换时延最小,且节点吞吐量大。利用半导体光放大器中非线性效应(FWM),可以很容易地实现波长和光编码的转换,因而 OCDM 在全光的交换网络中很有吸引力。

17.5　OAM 复用

根据波粒二象性原理,电磁辐射可以用波动(电磁波)和粒子(光子)两种属性来描述。光子作为一种基本粒子,具有一些基本属性,对应表现为各种电磁波宏观参数维度,如能量(频率)、动量(波矢量)、相位(相位)和自旋(偏振态)。其中,当光子的运动规律有别于普通的平面波或其他基本模式时,其总动量大小虽然仍由其波长和介质的折射率决定($k=2\pi n/\lambda$),但是其传播方向却可有不同变化,在某个方向上产生可变的动量分量,从而开拓了新的变量空间。在光子动量的各个可能分量中,轨道角动量(orbital angular momentum,OAM)是一个对应于特殊电磁波传播方式的、不太为人熟知的光子基本粒子属性。

如图 17.38 所示,在波束传播空间中,以传播方向(z 轴)为中心轴建立一个柱坐标系。波束横截面(x-y 平面)任意一处光子动量矢量(k)的方向变化,使得 k 在该坐标系的三个方向(光轴 z,波束半径 r,绕光轴的方位角 θ)上的投影 $[k_z, k_r, k_\theta]$ 形成了新的变量空间。电磁波传播空间边界条件,决定了 $[k_z, k_r, k_\theta]$ 的不同组合,即定义了电磁波的本征模式。

其中,当波矢量 k 和坡印亭矢量具有角向倾斜时($k_\theta \neq 0$),电磁波的传播轨迹变为螺旋线,即能量流是螺旋传播的。这种模式可称为 OAM 模式,其模式横截面能量分布一般呈圆环形。

1992 年,Allen 等[1,55]通过研究发现,所有具有螺旋形相位因子 exp(i$l\theta$)的光束,其每个光子携带的 OAM 为 $l\hbar$($\hbar=$普朗克常量/2π),OAM 随后受到广泛关注[57-59]。广义而言,OAM 是所有具有螺旋形相位波前波束的基本属性[57],除光束之外,其他波/粒束,如电子束、X 射线束、毫米波束以及低频无线电束等也都可

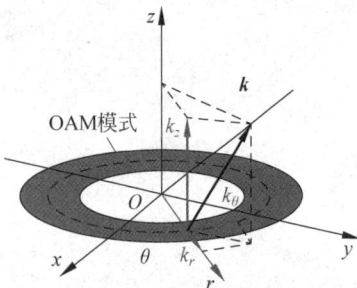

图 17.38　波矢量的分解及 OAM
模式的形成
(请扫 2 页二维码看彩图)

以携带 OAM[60-63]。自 1992 年之后,OAM 光束,又称涡旋光束,推动了多个学科新的发展,如非线性光学、量子光学、原子光学、微观力学、微流学、生物科学和天文学等[58-59];OAM 同时也开拓并被广泛应用于多个新的领域,如光学捕获、光学镊子、光学扳手、光学旋涡打结、显微检查和量子信息处理等[64-68]。目前对 OAM 基础理论及在新领域的应用研究正受到国际上的高度关注。

尤其在 OAM 通信领域,2004 年,英国格拉斯哥大学 Padgett 研究小组[67]将 OAM 用于自由空间的初步信息编码传输和通信[69],此后,OAM 通信获得了越来越多的关注,特别是在 2010—2012 年,同时在 OAM 无线通信、OAM 自由空间光通信和 OAM 光纤通信方面都有很多研究成果。不同于自旋角动量(SAM)只有两个取值,OAM 的量子数 l 可以在 $(-\infty, +\infty)$ 内取任意整数值,而且不同 OAM 之间易于区分,这一重要特性表明,可以将 OAM 应用于通信系统中以成倍地提高通信容量。其中,一种方法是利用载波的不同 OAM 阶数进行数据编码;另一种方法是将数据信息加载在携带不同阶数 OAM 的载波上进行信道复用;一个 OAM 复用通信系统的典型结构框图如图 17.39 所示。在目前通信频谱资源紧缺以及通信容量提升受限的现状下,OAM 编码和复用技术的引入将为通信系统容量的扩充带来全新的思路和契机。

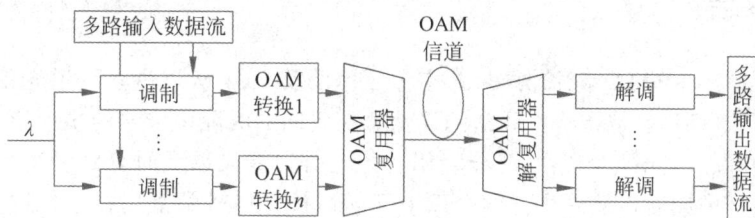

图 17.39　OAM 复用通信系统的典型结构
(请扫 2 页二维码看彩图)

以 OAM 复用为例,在 OAM 自由空间光通信中,美国南加州大学的 Wang 等[68]利用空间光调制器,为相同频率、相同偏振的多个高斯光束叠加不同的螺旋形相位分布,以产生多个携带不同 OAM 的光束;这些光束彼此间可分,当加载不同数据信息后可以进行 OAM 信息复用,以提高通信容量和光谱效率;从 2011 年到 2012 年,先后实现了 2 路、4 路和 8 路 OAM 光束的信息复用,在自由空间光通信中传输距离约 1 m;同时,结合传统光通信复用技术如 WDM 和 PDM 等,获得了自由空间光通信约 2.56 Tb/s 通信容量和 95.7 b/(s·Hz)光谱效率[70-71]。

在 OAM 光纤通信领域,2012 年,美国波士顿大学和南加州大学在 1.1 km 长的特种 OAM 光纤中实现了 OAM 信息复用以及 400 Gb/s QPSK 调制信息的稳定传输,通过利用 OAM 光束的正交特性,实验在没有借助任何 MIMO 技术情况下便获得了小于 -14.8 dB 的低噪声[72]。为了推动 OAM 系统的实用,需要将收发机集成以减少收发机体积和降低成本,这是光 OAM 研究的热点[73]。

在 OAM 无线通信领域,2011 年,来自意大利、瑞典的联合研究组的 Tamburini 等通过实验产生了携带 OAM 的无线电磁波,验证了其相位分布特性,为利用 OAM 进行无线通信奠定了基础。同年,Tamburini 等在意大利威尼斯的 San Marco 广场利用 OAM 正交性进行了多信道无线通信的现场实验。他们成功地设计出一种能远距离传输两个 OAM 模式的单频(2.4 GHz)天线收发系统[74]。用线极化天线产生一个平面无线电磁波,同时用另一个自行研制的螺旋抛物面天线产生携带 OAM 的无线电波束,两个电磁波工作在完全相同的 2.414 GHz 频率上,并都采用 FM 调制传输视频和音频信号。两个电磁波的正交性使得其在 442 m 之外的接收端被分离出来,成功实现了 OAM 无线通信[74]。在文献[73]和文献[74]中人们实现了 300 GHz 的高频率 OAM 信号传输。

虽然在 OAM 复用在光纤通信和无线传输应用中都有一定的进展,但由于其是一种新型的复用方式,其原理理论以及应用研究都还处于初级阶段。为了利用 OAM 复用,突破传统模式下无线传输和光纤介质传输容量极限,则无线 OAM、无线光 OAM 及光子辅助 OAM 信号产生、调制、发射、复用、探测和处理的方法,以及时、频、空多维复用 OAM 信号在无线传输信道中的相互制约机制与补偿机制等,都是亟须解决的问题;而为了实现无线、光传输无缝融合,智能绿色发展无线光通信,则微波光子学的基础理论研究,无线与光 OAM 信号之间高效、高速、线性、可调控转递的理论研究,无线 OAM 信号收发机与光纤介质的低损耗功率耦合,以及无线 OAM 信号的光域分路/合路方法等,也已提上了研究领域的议程。OAM 复用方式的引入,为光通信和无线通信传输开辟了一片新的天地。

17.6 小结

本章主要讲述了 OTDM、波分复用、空分复用以及 OCDM 几种多信道光传输的原理及关键实现技术。OTDM 是指将不同路的光信号在不同的时隙中传输的多信道传输方案,其主要的技术包括超短光脉冲产生、时分复用、同步/时钟提取以及时分解复用。波分复用是指在同一根光纤中同时传输两个或两个以上不同波长光信号的复用技术,目前商用的光通信系统就是采用波分复用技术实现的。波分复用传输系统的每个信道可携带任意的数据调制格式,在路由网络中可以实现透明的波长路由和波长交换,因此,在未来全光网络的蓝图中,波分复用技术备受青睐。波分复用器/解复用器、可调谐光滤波器、可调谐光源是实现波分复用通信的关键技术,而 EDFA、先进调制格式、相干接收以及数字信号处理则是实现大容量长距离波分复用通信所必不可少的技术,现都已比较成熟。而随着多媒体业务的发展,网络容量的需求量急剧增加,空分复用多信道光传输,因为能够增加系统的一个自由度,突破系统传输的容量极限,而成为最近的一个研究焦点。空分复用传输有两种形式,即多模传输和多芯传输,不同的实现形式其关键技术和应用难点不同,但都主要集中光纤设计、空分复用器件设计以及系统实现等方面。2012 年,日本科学家利用实验室拉制的 19 芯光纤实现了 305 Tb/s 的空分复用相干光传输实验验证。而在 OCDM 中多信道光传输中,主要是利用信号之间的正交性而实现不同信道的合路与分离,关键技术包括 OCDM 编码、匹配滤波器(解码),以及光纤中色散效应和非线性效应的补偿等。OCDM 技术应用广泛,既能用于点对点的通信,也可以用于点对多点的通信,动态分配带宽。在本章的 17.5 节则主要介绍了 OAM 复用这一新型的复用方式的原理及发展进程。

思考题

17.1 简述图 17.3 中 NOLM 解 OTDM 信号的工作原理,其解复用信号的速率主要是由哪些因素决定的?

17.2　简述图 17.4 基于 FWM 光开关实现 OTDM 解复用的原理。与其他解复用方式相比该方案的优缺点是什么？

17.3　简述光交织器实现的原理以及在波分复用系统中的作用。

17.4　简述 WSS 实现的原理以及在波分复用系统中的作用。

17.5　请列出 4 种不同机理的 WSS 器件，并简述其原理和优缺点。

17.6　考虑一个采用 EDFA 放大的单通道光纤传输系统，假设在发射端输入光纤的光信号输入功率是 0 dBm，OSNR 为 40 dB。每跨段光纤长度 80 km，损耗 16 dB，EDFA 的噪声系数 5 dB，经过 20 段这样的光纤传输后，光信号的信噪比大概是多少？

17.7　简述光 CDMA 的原理和使用价值。不同于无线 CDMA，为什么光 CDMA 难于在光通信系统中使用？

17.8　请列出在光纤中实现单模和多模的条件。多模光纤中光信号传输的主要问题是什么？多芯少模光纤商用化目前的主要问题是什么？

17.9　简述光 OAM 和光纤中的多模传输的区别。

17.10　简述光 OAM 和无线 OAM 产业化的前景和主要问题。

17.11　C 带和 L 带覆盖了从 $1.53 \sim 1.61\ \mu m$ 的波长范围，当信道间隔为 20 GHz 时，计算波分复用能够传输几个信道？当覆盖这两个带的波分复用信号使用 10 Gb/s 信道在 1000 km 距离上传输时，它的有效比特率-容积比是多少？

17.12　估计覆盖 C 带和 L 带的波分复用系统的容量。假设该系统使用 50 Gb/s 信道，信道间隔为 60 GHz。

17.13　通过分析 SPM 与 XPM 引起的非线性相位变化，推到波分复用系统中第 i 个信道的总相移。

17.14　请列举两种 OTDM 的解复用方案，并说明各自的优点和缺点。

17.15　请说明 OCDM 中时域编码和频域编码的区别。

参考文献

[1]　KAWANISHI S. Ultrahigh-speed optical time-division-multiplexed transmission technology based on optical signal processing[J]. IEEE Journal of Quantum Electronics,1998,34(11)：2064-2079.

[2]　HU H, MÜNSTER P, PALUSHANI E, et al. 640 Gbaud phase-correlated OTDM NRZ-OOK generation and field trial transmission[J]. Journal of Lightwave Technology,2013,31(4)：696-701.

[3]　YAMAMOTO T, YOSHIDA E, TAMURA K, et al. 640-Gbit/s optical TDM transmission over 92 km through a dispersion-managed fiber consisting of single-mode fiber and "reverse dispersion fiber"[J]. IEEE Photonics Technology Letters,2000,12(3)：353-355.

[4]　WEBER H, LUDWIG R, FERBER S, et al. Ultrahigh-speed OTDM-transmission technology[J]. Journal of Lightwave Technology,2006,24(12)：4616-4627.

[5]　KEISER G E. A review of WDM technology and applications[J]. Optical Fiber Technology,1999,5：3-39.

[6]　BRACKETT C A. Dense wavelength division multiplexing networks：principles and applications[J]. IEEE Journal on Selected Areas in Communications,1990,8(6)：948-964.

[7]　DONG Z, YU J, XIAO X, et al. 24Tb/s(24×1.3Tb/s) WDM transmission of terabit PDM-CO-OFDM superchannels over 2400km SMF-28[C]. OECC 2011,2021：756-757.

[8] RYF R,RANDEL S,GNAUCK A H,et al. Space-division multiplexing over 10 km of three-mode fiber using coherent 6×6 MIMO processing[C]. OFC 2011,Los Angeles,CA,USA,2011：PDPB10.

[9] RANDEL S,RYF R,GNAUCK A H,et al. Mode-multiplexed 6×20-GBd QPSK transmission over 1200-km DGD-compensated few-mode fiber[C]. OFC 2012,Los Angeles CA,USA,2012：PDP5C.5.

[10] GRÜNER-NIELSEN L,SUN Y,NICHOLSON J W,et al. Few mode transmission fiber with low DGD,low mode coupling and low loss[C]. OFC 2012,Los Angeles CA,USA,2012：PDP5A.1.

[11] LI A,AMIN A A,CHEN X,et al. Reception of mode and polarization multiplexed 107-Gb/s COOFDM signal over a two-mode fiber[C]. OFC 2011,Los Angeles,CA,USA,2011：PDPB8.

[12] RYF R,MESTRE M A,GNAUCK A H,et al. Low-loss mode coupler for mode-multiplexed transmission in few-mode fiber[C]. OFC 2012,Los Angeles,CA,USA,2011：PDP5B.5.

[13] FONTAINE N K,DOERR C R,MESTRE M A,et al. Space-division multiplexing and all-optical MIMO demultiplexing using a photonic integrated circuit[C]. OFC 2012,Los Angeles,CA,USA,2011：PDP5B.1.

[14] PUTTNAM B J,LUIS R S,RADEMACHER G,et al. S,C and extended L-band transmission with doped fiber and distributed Raman amplification[C]. OFC 2021,online,2021：Th4C.2.

[15] 刘德明,孙军强,鲁平,等. 光纤光学[M]. 2版. 北京：科学出版社,2008：11-44.

[16] FREUND R E,BUNGE C A,LEDENTSOV N N,et al. High-speed transmission in multimode fibers [J]. J. Lightw. Technol.,2010,28(4)：569-586.

[17] KOONEN A M J,GARCIA LARRODE M. Radio over MMF techniques—Part Ⅱ：Microwave to mm-wave systems[J]. J. Lightw. Technol.,2008,26,15：2396-2408.

[18] STUART H R. Dispersive multiplexing in multimode optical fiber[J]. Science,2000,289：281-283.

[19] SEHÖLLMANN S,SONEFF S,ROSENKRANZ W. 10.7 Gb/s over 300 m GI-MMF using a 2×2 MIMO system based on mode group diversity ultiplexing[C]. OFC 2007,Corference on Volume,25-29：1-3.

[20] SCHÖLMANN S,SCHRAMMAR N,ROSENKRANZ W. Experimental realisation of 3×3 MIMO system with mode group diversity multiplexing limited by modal noise[C]. Proc. OSA Top. Meet. Optical Fiber Communication,2008：JWA68.

[21] KOWALCZYK M,SIUZDAK J. Four-channel incoherent MIMO transmission over 4.4-km MM fiber[J]. Microwave and Optical Technology Letters,2011,53(3)：502-506.

[22] YANG C,WANG Y,XU C. Measurement of modal power distribution in multimode fibers using tilted fiber bragg gratings[C]. Lasers and Electro-Optics,2008,CLEO/Pacific Rim 2008. Pacific Rim Conference paper CWK4-2.

[23] NEO P L,WILKINSON T D. Holographic implementation of optical multiple-inputs,multiple-outputs (MIMO) on a multimode fiber[C]. Lasers and Electro-optics,2006：CMNN2.

[24] SHAH A R,HSU R C J,TARIGHAT A,et al. Coherent optical MIMO (COMIMO)[J]. J. Lightw. Technol,2005,23(8)：2410-2419.

[25] SAKAGUCHI J,AWAJI Y,WADA N,et al. Propagation characteristics of seven-core fiber for spatial and wavelength division multiplexed 10-Gbit/s Channels[C]. OFC 2011,Los Angeles,CA,USA,2011：OWJ2.

[26] HAYASHI T,TARU T,SHIMAKAWA O,et al. Low-crosstalk and low-loss multi-core fiber utilizing fiber bend[C]. OFC 2011,Los Angeles,CA,USA,2011：OWJ3.

[27] SAKAGUCHI J,AWAJI Y,WADA N,et al. 109-Tb/s (7×97×172-Gb/s SDM/WDM/PDM) QPSK transmission through 16.8-km homogeneous multi-core fiber[C]. OFC 2011,Los Angeles,CA,USA,2011：PDPB6.

[28] ZHU B,TAUNAY T F,FISHTEYN M,et al. Space-,wavelength-,polarization-division multiplexed

transmission of 56-Tb/s over a 76. 8-km seven-core fiber[C]. OFC 2011,Los Angeles,CA,USA,2011: PDPB7.

[29]　SAKAGUCHI J,PUTTNAM B J,KLAUS W,et al. 19-core fiber transmission of $19 \times 100 \times 172$-Gb/s SDM-WDM-PDM-QPSK signals at 305 Tb/s[C]. OFC 2012, Los Angeles, CA, USA, 2012: PDP5C. 1.

[30]　RYF R,ESSIAMBRE R J,GNAUCK A H,et al. Space-division multiplexed transmission over 4200-km 3-core microstructured fiber[C]. OFC 2012,Los Angeles,CA,USA,2012: PDP5C. 2.

[31]　RYF R,SIERRA A, ESSIAMBRE R J, et al. Coherent 1200-km 6×6 MIMO mode-multiplexed transmission over 3-core microstructured fiber[C]. OFC 2011,Los Angeles,CA,USA,2011: Th. 13. C. 1.

[32]　KITAYAMA K,SOTOBAYASHI H,WADA N. Optical code division multiplexing (OCDM) and its applications to photonic networks[J]. IEICE Trans. Fundamentals,1999,E82-A(12): 2616-2626.

[33]　WADA N,KITAYAMA K I. A 10 Gb/s optical code division multiplexing using 8-chip optical bipolar code and coherent detection[J]. Journal of Lightwave Technology,1999,17(10): 1758-1765.

[34]　ARGON C,MCLAUGHLIN S W. Optical OOK-CDMA and PPM-CDMA systems with turbo product codes[J]. Journal of Lightwave Technology,2002,20(9): 1653-1663.

[35]　ZENG A,YE X G,CHON J,et al. 25 GHz interleavers with ultra-low chromatic dispersion[C]. OFC 2002,Anaheim,CA,USA,2002: 396-398.

[36]　HSIEH C,WANG R,WEN Z J,et al. Flat-top interleavers using two Gires-Tournois etalons as phase-dispersive mirrors in a Michelson interferometer[J]. IEEE Photonics Technology Letters, 2003,15(2): 242-244.

[37]　ZHANG J,YANG X. Universal Michelson Gires-Tournois interferometer optical interleaver based on digital signal processing[J]. Optics Express,2010,18(5): 5075-5088.

[38]　YU J,JIA Z,WANG T,et al. Centralized lightwave radio-over-fiber system with photonic frequency quadrupling for high-frequency millimeter-wave generation[J]. IEEE Photonics Technology Letters, 2007,19(19): 1499-1501.

[39]　JIA Z, YU J, ELLINAS G. Key enabling technologies for optical-wireless networks: optical millimeter-wave generation, wavelength reuse, and architecture [J]. Journal of Lightwave Technology,2007,25(11): 3452-3471.

[40]　BISHOP D J,GILES C R,AUSTIN G P. The lucent lambdarouter: MEMS technology of the future here today[J]. IEEE Communications Magazine,2002,40(3): 75-79.

[41]　EVANS P,BAXTER G,HAO Z,et al. LCOS-based WSS with true integrated channel monitor for signal quality monitoring applications in ROADMs[C]. Conference on Optical Fiber communication/ National Fiber Optic Engineers Conference,2008,OFC/NFOEC 2008,San Diego,CA,USA.

[42]　GEHNER A,SCHMIDT J,WILDENHAIN M,et al. Recent progress in CMOS integrated MEMS AO mirror developments[C]. Adaptive Optics for Industry and Medicine: Proceedings of the Sixth International Workshop,National University of Ireland,Ireland,2007(Imperial College Press,2008): 53-58.

[43]　DUNAYEVSKY J,SINEFELD D,MAROM D. Adaptive spectral phase and amplitude modulation employing an optimized MEMS spatial light modulator[C]. OFC 2012,Los Angeles CA,USA,2012: OM2J. 5.

[44]　https://www. fiberoptics4sale. com/blogs/archive-posts/95046534-what-is-wavelength-selective-switch-wss.

[45]　SOMA D,WAKAYAMA Y,BEPPU S,et al. 10. 16 peta-bit/s dense SDM/WDM transmission over low DMD 6-mode 19-core fibre across C+L band[C]. ECOC 2017,Gothenburg Sweden,2017,doi:

10. 1109/ECOC,2017：8346082.

[46] RADEMACHER G,PUTTNAM B J,LUÍS R S,et al. 10. 66 petabit/s transmission over a 38-core-three-mode fiber[C]. OFC 2020,online,2020：1. 3.

[47] SAKAGUCHI J,KLAUS W,AWAJI Y,et al. 228-spatial-channel bi-directional data communication system enabled by 39-core 3-mode fiber[J]. J. Lightwave Technol. ,2019,37：1756-1763.

[48] RADEMACHER G,PUTTNAM B J,LUÍS R S,et al. Multi-span transmission over 65 km 38-core 3-mode fiber[C]. ECOC 2020,online,2020,doi：10. 1109/ECOC48923. 2020. 9333329.

[49] LUÍS R S,RADEMACHER G, PUTTNAM B J,et al. 1. 2 Pb/s throughput transmission using a 160 μm cladding,4-core,3-mode fiber[J]. J. Lightwave Technol. ,2019,37：1798-1804.

[50] WINZER P J,NEILSON D T. From scaling disparities to integrated parallelism：a decathlon for a decade[J]. J. Lightwave Technol. ,2017,35：1099-1115.

[51] SOMA D,WAKAYAMA Y,BEPPU S,et al. 10. 16-peta-B/s dense SDM/WDM transmission over 6-mode 19-core fiber across the C+L band[J]. J. Lightwave Technol. ,2018,36：1362-1368.

[52] PUTTNAM B J,LUÍS R S,KLAUS W,et al. 2. 15 Pb/s transmission using a 22 core homogeneous single-mode multi-core fiber and wideband optical comb[C]. ECOC 2015,Valencia,Spain,2015,doi：10. 1109/ECOC,2015：7341685.

[53] PUTTNAM B J, RADEMACHER G, LUÍS R S. Space-division multiplexing for optical fiber communications[J]. Optica,2021,8：1186-1203.

[54] SHIBAHARA K, MIZUNO T, ONO H, et al. Longhaul DMD-unmanaged 6-mode-multiplexed transmission employing cyclic mode-group permutation[C]. OFC 2020,online,2020.

[55] ALLEN L,BEIJERSBERGEN M W,SPREEUW R J C,et al. Orbital angular momentum of light and the transformation of Laguerre-Gaussian laser modes[J]. Phys. Rev. A,1992,45：8185-8189.

[56] FRANKE-ARNOLD S,ALLEN L,PADGETT M. Advances in optical angular momentum[J]. Laser Photon. Rev. ,2008,2：299-313.

[57] YAO A M,PADGETT M J. Orbital angular momentum：origins,behavior and applications[J]. Adv. Opt. Photon. ,2011,3：161-204.

[58] THIDÉ B,THEN H,SJÖHOLM J,et al. Utilization of photon orbital angular momentum in the low-frequency radio domain[J]. Phys. Rev. Lett. ,2007,99：087701.

[59] VERBEECK H T J,SCHATTSCHNEIDER P. Production and application of electron vortex beams [J]. Nature,2010,467：301-304.

[60] MCMORRAN B J,AGRAWAL A,ANDERSON I M,et al. Electron vortex beams with high quanta of orbital angular momentum[J]. Science,2011,331：192-195.

[61] SASAKI S,MCNULTY I. Proposal for generating brilliant X-ray beams carrying orbital angular momentum[J]. Phys. Rev. Lett. ,2008,100：124801.

[62] PATERSON L,MACDONALD M P, ARLT J, et al. Controlled rotation of optically trapped microscopic particles[J]. Science,2001,292：912-914.

[63] PADGETT M J,BOWMAN R. Tweezers with a twist[J]. Nature Photon. ,2011,5：343-348.

[64] DENNIS M R,KING R P,JACK B,et al. Isolated optical vortex knots[J]. Nature Phys. ,2010,6：118-121.

[65] BARREIRO J T,WEI T C,KWIAT P G. Beating the channel capacity limit for linear photonic superdense coding[J]. Nature Phys. ,2008,4：282-286.

[66] LEACH J,JACK B, ROMERO J, et al. Quantum correlations in optical angle-orbital angular momentum variables[J]. Science,2010,329：662-665.

[67] GIBSON G,COURTIAL J,PADGETT M J,et al. Free-space information transfer using light beams carrying orbital angular momentum[J]. Opt. Express,2004,12：5448-5456.

［68］　WANG J，YANG J Y，FAZAL I M，et al. Terabit free-space data transmission employing orbital angular momentum multiplexing［J］. Nature Photon.，2012，6：488-496.

［69］　WILLNER A E，WANG J，HUANG H. A different angle on light communications［J］. Science，2012，337：655-656.

［70］　BOZINOVIC N，YUE Y，REN Y，et al. Orbital angular momentum（OAM）based mode division multiplexing（MDM）over a km-length fiber［C］. ECOC 2012，Amsterdam，The Netherlands，2012.

［71］　SONG H，ZHOU H，ZOU K，et al. Demonstration of a tunable，broadband pixel-array-based photonic-integrated-circuit receiver for recovering two 100-Gbit/s QPSK orbital-angular-momentum multiplexed channels［C］. OFC 2021，online，2021：1-3.

［72］　TAMBURINI F，MARI E，SPONSELLI A，et al. Encoding many channels on the same frequency through radio vorticity：first experimental test［J］. New J. Phys.，2012，14：033001.

［73］　SU X，SONG H，ZHOU H，et al. THz integrated circuit with a pixel array to multiplex two 10-Gbit/s QPSK channels each on a different OAM beam for mode-division-multiplexing［C］. OFC 2022，San Diego，CA，USA，2022：Th4B. 4.

［74］　MINOOFAR A. Experimental demonstration of sub-THz wireless communications using multiplexing of Laguerre-Gaussian beams when varying two different modal indices［J］. Journal of Lightwave Technology，2022，40（10）：3285-3292.